한 권으로 끝내는
과학

한 권으로 끝내는
과학

ⓒ 비지블 잉크 프레스, 2016

개정판 1쇄 인쇄일 2019년 2월 27일
개정판 1쇄 발행일 2019년 3월 4일

편저 피츠버그 카네기 도서관　**옮긴이** 곽영직
펴낸이 김지영　**펴낸곳** 지브레인Gbrain
제작·관리 김동영　**마케팅** 조명구

출판등록 2001년 7월 3일 제2005-000022호
주소 04021 서울시 마포구 월드컵로 7길 88 2층
전화 (02)2648-7224　**팩스** (02)2654-7696

ISBN 978-89-5979-583-3 (04400)
　　　978-89-5979-588-8 (SET)

- 책값은 뒤표지에 있습니다.
- 잘못된 책은 교환해 드립니다.

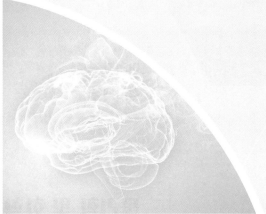
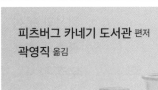

한 권으로 끝내는

과학

피츠버그 카네기 도서관 편저
곽영직 옮김

지브레인

물리학 및 화학   15

우주   57

CONTENTS

식물의 세계   330

동물의 세계   366

인간의 몸   427

건강과 의학

473

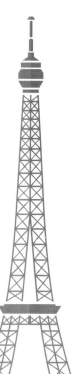

무게, 측정, 시간, 도구, 무기

541

건물, 다리, 그리고 다른 구조물

582

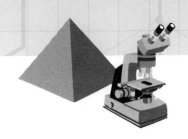

혁명은 언제 어디서나 일어난다. 과학과 기술의 진보 속도는 빛의 속도(30만km/s)와 비교할 수 있을 정도이다. 이렇게 빨리 변해가는 과학을 어떻게 따라가며, 일상생활에서 생기는 의문을 어디에서 해결할 수 있을까?

예를 들어 플로피 디스크에는 얼마나 많은 양의 정보를 저장할 수 있을까? (400KB에서 2MB 이상) 나는 개를 좋아하지만 냄새는 싫어한다. 그러면 어떤 개를 선택해야 하나? (푸들, 케리 블루 테리어 또는 슈나우저) 내가 매일 읽는 신문은 얼마나 많은 폐지를 만들어내나? (매년 250kg) 화성에는 생명체가 있을까? (아직 발견하지 못했음)

과학과 기술은 현대 생활의 기초가 되었다. 컴퓨터가 없는 세상을 상상해 보라. 20년 전만 하더라도 대부분의 사람들은 컴퓨터가 대기업에서나 사용하는 고도로 전문화된 장비가 될 것으로 생각했다. 그러나 오늘날에는 가정용 컴퓨터도 예전의 슈퍼컴퓨터의 계산 능력을 가지고 있다. 많은 사람들이 컴퓨터를 이용하여 웹 서핑, 쇼핑, 인사장 만들기, 디지털 사진 보기, 음악 듣기 등을 즐긴다. 뿐만 아니라 네트워크를 통해 복잡한 과학 방정식을 풀거나 가정 경제를 운영하기도 한다. 컴퓨터는 이제 삶의 일부가 되었고, 사용자들의 생활 패턴을 바꾸어 놓았다.

과학자들은 컴퓨터를 이용한 분석을 통해 유전정보의 신비를 밝혀냈다. 유전자 수준에서의 조작으로 암이나 다른 질병의 치료법을 찾아낼 것이며, 그것은 인간 생활에 큰 영향을 줄 것이다. 과학자들은 동물을 복제할 수 있게 되었지만 정치권에서는 윤리적인 이유로 인간 복제를 금지하고 있다. 하지만 줄기세포 연구에 대한 제한을 완화하겠다고 발표했다. 한편 휴대전화는 거리에 상관없이 개인들을 연결해준다. 또한 우주에 대한 우리의 지식은 지구 궤도를 도는 망원경들과 먼 우주에 대한 분석을 해내는 컴퓨터 덕분에 혁명적인 속도로 늘어나고 있다. 어쩌면 머지않은 장래에 모든 것의 시작이라 여겨지는 빅뱅도 증명하게 될지 모른다.

우리는 과학과 기술의 비약적인 발전에 의존하고 당연하게 받아들인다. 그러나 생활이 더 복잡하고 정교해질수록, 그리고 세상과 우주에 대한 전문 지식이 증가할수록 기초 과학과 기술에 대한 기본적인 이해는 오히려 줄어들고 있다. 알고 싶은 것이 많지만 답을 찾아내기가 쉽지 않다.

현대는 너무 빠르게 변해가고 그래서 우리는 혼란스럽다. 때문에 기초 과학에 대한 의문과 기본 이해를 원하는 사람들에게 《한 권으로 끝내는 과학》은 아주 유용할 것이다.

이해하기 쉽도록 잘 정리된 이 책은 사람의 몸에서부터 우주, 수학과 컴퓨터, 비행기, 기차, 자동차에 이르는 수백 가지 흥미로운 과학과 기술에 대한 주제들을 다루고 있다.

1902년에 피츠버그의 카네기 도서관(강철 업계의 거장이었던 카네기$^{Andrew\ Carnegie}$가 1895년에 설립한)은 미국 공공 도서관 중 처음으로 독립된 과학 기술부를 설치했다. 그 뒤 직접 방문, 이메일, 우편, 새롭게 도입된 웹을 기반으로 하는 가상 참고 서비스 등을 통해 들어오는 매년 60,000건 이상의 다음과 같은 각종 질문에 성실하게 답해왔다.

'화장실은 중앙 홀 한쪽에 있다. 버스 정류장은 모퉁이에 있다. 1배럴의 석유는 42갤런이다. 마멋은 마멋 날의 날씨를 28%만 정확하게 예측했다. 남극을 덮고 있는 얼음에서 가장 두꺼운 곳의 두께는 4,785m이다.'

이로써 과학 기술부는 천문학에서 동물학에 이르는 엄청난 양의 참고 파일을 보유하게 되었다. 특히 많이 받는 질문은 과학, 유사 과학 그리고 기술 분야이다.

과학 기술부의 100주년을 축하하기 위해 그중 가장 흥미 있고 특별한 항목의 질문과 답을 모아 《한 권으로 끝내는 과학》을 출간했다. 그 뒤 과학 기술부의 책임자인 제임스 보빅$^{James Bobick}$과 나오미 발라반$^{Naomi Balaban}$이 새로운 질문을 추가해 개정판을 출간했다. 개정판은 그림과 표로 내용이 더욱 풍부해졌다.

어떤 면에서 과학은 우리 생활−주변 환경, 집, 일터 또는 우리 몸−과 너무 밀접하게 관계되어 있어서 무엇이 과학인지를 규정짓기가 쉽지 않다. 《한 권으로 끝내는 과학》에서 다루는 질문은 순수 과학에 한정하지 않았으며, 사람들의 관심도나 연구에 들어간 시간 그리고 특수성의 측면에서 가치 있다고 생각되는 질문에 초점을 맞추려고 노력했다. 예를 들면 다음과 같다.

영화의 스턴트맨이 사용하는 유리는 어떻게 만들까? 제비는 어떻게 카피스트라노로 돌아올 수 있을까? 왜 개들은 사이렌 소리를 들으면 짖을까? 장미의 다양한 색깔은 무엇을 상징할까? '열려라 참깨'라는 말은 실제 참깨와 무슨 관계가 있을까? 퍼니본이란 무엇일까? 일기예보를 해주는 나무가 있을까? 자동차의 속도가 연비에 어떤 영향을 미칠까?

카네기 도서관의 직원들이 최선을 다해 숫자나 날짜를 검증했지만 아직도 문제가 될 수 있다는 것을 염두에 두기 바란다. 대부분의 숫자의 차이는 전문가의 관점 차이에 기인하지만 숫자를 반올림하는 과정 때문에 발생하는 경우도 있다. 이 책에 실려 있는 대부분의 숫자나 날짜는 자문위원들의 합의에 따른 것이다. 하지만 다른 의견이 있는 경우에는 그 내용을 함께 실었다.

가정용 참고서로 기획된 《한 권으로 끝내는 과학》은 어린이들도 읽기 쉽게 구성되었으며 세상에 대한 호기심을 불러일으키고 만족할 만한 답을 줄 수 있도록 정리되어 있다. 답들은 전문용어가 아닌 일상용어로 설명했으며, 질문의 성격에 따라 간결하게 답하거나 좀 더 심층적인 답을 제공하기도 했다. 과학 용어의 정의는 답변 안에 포함되어 있다. 단위는 미터법으로 통일하여 표시했다. 책 뒷부분에는 참고 문헌(대부분이 답을 하는 데 사용되었던)이 정리되어 있고, 도움이 될 만한 웹 사이트도 소개했다.

1994년에 처음 초판이 출판된 이후 많은 사람들로부터 흥미 있는 조언을 들을 수 있었다. 사람들은 이 모든 정보를 한 권의 책 속에 잘 정리해 담은 것을 좋아했다. 앤드루 카네기는 과학 기술부와 이 책을 자랑스럽게 여길 것이다.

감사의 글

책을 쓰기 위해서는 많은 일을 해야 하고, 많은 사람들로부터 도움을 받아야 한다. 많은 사람들이 《한 권으로 끝내는 과학》 3판의 출판에 공헌했다. 프로젝트 관리자였던 발라반^{Naomi Balaban}은 신속하고, 정확하고, 열정을 담아 풍부한 내용을 담은 수정 작업을 완료했다. 그녀는 최고의 전문적인 사서였다! 나는 그녀가 그녀의 남편 캐리와 딸들이 했던 질문과 그에 대한 대답을 고마워한다는 것을 알고 있다. 나 역시 개인적으로 때로는 단체로 질문을 수집하고, 검토하고, 답하고, 검증하고, 이 책에 실려 있는 문제보다 훨씬 많은 수의 질문을 검토했던 과학 기술부의 모든 사서에게 감사의 말을 전하고 싶다.

그레이스 알바, 조앤 앤더슨, 그레그 카터, 존 돈세빅, 메리 프라이, 다이앤 거버, 테리 람퍼스키, 주디 레소, 맷 마스텔러, 데이브 무르독, 도나 스트로브릿지가 그들이다.

사서들은 도서관 고객들의 끝없는 요구와 자주 다가오는 원고의 마감 사이에서 놀라운 균형 감각을 보여주었다. 그들의 노고에 대해 내가 얼마나 감사해하는지 그들 모두 잘 알고 있다.

피츠버그 대학의 정보 대학원에서 지난 몇 년 동안 내가 강의한 '과학과 기술의 자원과 봉사'를 수강한 학생들도 흥미 있고 도전적인 질문을 제공해주어 이 책에 많은 공

13

헌을 했다. 그들에게도 감사를 전한다.

이 책을 펴낸 Visible Ink Press의 발행인 마티 코너스, 편집장 크리스타 브렐린, 편집자 케빈 힐, 교정자 마리 맥니와 수전 솔터, 찾아보기를 만든 래리 베이커, 사진 연구가 채드 울람, 사진 편집자 밥 후프만, 카피라이터 P. J. 버틀런드, 기획자 메리 클레어 크르제윈스키, 조판을 담당한 그래픽 그룹의 마르코 디 비타에게 감사드린다.

새로운 판은 때를 맞추어 출판되었다. 100년 전인 1902년에 피츠버그의 카네기 도서관은 독립된 과학 기술부를 설치한 미국 최초의 공공 도서관이 되었다. 나는 이 책이 과학 기술부의 100주년을 기념하여 출판하게 된 것을 기쁘게 생각한다.

마지막으로 그동안 나를 격려하고 참고 기다리며 이해해준 나의 아내 샌디와 아들 앤드루, 마이클에게 감사한다.

제임스 E. 보빅
피츠버그 카네기 도서관 과학 기술부 부서장

물리학 및 화학

에너지, 운동, 힘, 열

절대영도는 어떻게 정의할까?

절대영도는 모든 물질이 최소의 열에너지를 가지는 이론적인 온도이다. 이 온도에서는 압력이 일정할 때 이상기체의 부피가 0으로 줄어든다. 열역학에서 매우 중요한 온도인 절대영도는 절대온도의 기준점이 된다. 0K로 나타내는 절대영도는 섭씨온도로는 $-273.15℃$, 화씨온도로는 $-459.67℉$에 해당한다.

물질을 이루는 분자들의 속도는 온도에 의해 결정된다. 분자들은 빨리 운동할수록 더 많은 공간을 필요로 하고, 온도는 더 높아진다. 실험을 통해 도달한 가장 낮은 온도는 1989년 10월에 핀란드 헬싱키 공과대학의 저온 실험실 연구팀이 얻은 것으로 10억 분의 2K$(2 \times 10^{-9}K)$였다.

뜨거운 물이 차가운 물보다 더 빨리 얼까?

양동이에 담겨 있는 뜨거운 물이 차가운 물보다 빨리 얼지는 않는다. 그러나 가열하거나 끓였다가 식힌 물은 같은 온도로 차갑게 유지했던 물보다 더 빨리 언다. 가열하거나 끓이면 물속에 포함되어 있던 공기가 물 밖으로 나간다. 그런데 공기를 많이 포함하고 있는 물은 열전도율이 낮기 때문에 빨리 얼지 않는다. 뜨겁게 가열했던 물이 얼면 더 단단한 얼음이 되는 것이나, 뜨거운 물이 들어 있던 파이프가 차가운 물이 들어 있던 파이프보다 먼저 얼어 터지는 것은 이 때문이다.

초전도는 어떤 현상인가?

초전도란 낮은 온도에서 금속, 합금, 유기물질, 세라믹과 같은 물질의 전기 저항이 없어지는 현상을 말한다. 초전도 현상은 네덜란드의 물리학자인 오네스$^{\text{Heike Kamerlingh Onnes}}$가 1911년에 발견했다. 초전도 현상을 설명하는 현대적인 이론을 제안한 사람들은 미국 물리학자인 바딘$^{\text{John Bardeen}}$, 쿠퍼$^{\text{Leon N. Cooper}}$, 슈리퍼$^{\text{John Robert Schrieffer}}$였다. 이 이론은 세 사람 이름의 머리글자를 따서 BCS 이론이라고 부른다.

BCS 이론에 의하면 초전도 현상은 물질 안에 포함되어 있는 전자들이 전자쌍을 이루어 에너지를 잃지 않고 격자 결함 사이를 마음대로 돌아다닐 수 있기 때문에 나타난다. 바딘, 쿠퍼 그리고 슈리퍼는 초전도 연구에 대한 공로로 1972년에 노벨 물리학상을 공동 수상했다.

1986년에 베드노르츠$^{\text{J. Georg Bednorz}}$와 뮐러$^{\text{K. Alex Müller}}$는 초전도 연구의 새로운 전기를 마련했다. 그들은 란타늄, 바륨, 구리 그리고 산소를 포함하고 있는 세라믹 물질이 35K(−238℃)에서 초전도체로 전환된다는 것을 발견했다. 이 온도는 그때까지 발견된 전이온도 중에서 가장 높은 것이었다. 베드노르츠와 뮐러는 1987년에 노벨 물리학상을 공동으로 수상했다. 발견이나 발명을 하고 10~20년 후에 노벨상을 수상하는 일반적인 경우와 비교할 때, 발견한 지 1년 만에 노벨상을 받은 것은 이들의 발견이 매우 중요했다는 것을 잘 나타낸다.

초전도는 어디에 응용될까?

전자공학, 교통수단, 에너지와 같이 다양한 분야에서 초전도체의 이용 가능성이 제안되었다. 초전도체를 이용하여 더 효율적이면서 강한 전기 모터를 만들거나, 질병의 진단을 위해 아주 작은 크기의 자기장을 측정할 수 있는 기기의 개발을 위한 연구가 계속되고 있다. 전기 에너지의 15% 정도는 송전하는 도선의 저항에 의해 소모되기 때문에 전기 저항이 0인 초전도체를 이용하면 에너지 효율을 크게 높일 수 있다. 또한 초전도체를 이용하여 강력한 자기장을 만들면 선로 위에 기차가 떠서 달리는 자기부상 열차를 만들 수도 있다.

끈이론은 어떤 것인가?

끈이론$^{\text{string theory}}$은 입자물리학 분야의 비교적 최근 이론으로 물질을 이루는 가장 작은 단위는 입자가 아니라 끈이나 고리 형태라고 주장하는 이론이다. 아직 실험적 증거가 전혀 발견되지 않았기 때문에 순수 이론적인 수준에 머물고 있다. 끈이론에서는 4차원 이상을 다루는 새로운 종류의 기하학이 필요하다.

관성이란 무엇인가?

관성이란 외부에서 힘이 가해지지 않으면 정지해 있던 물체는 계속 정지해 있으려고 하고 운동하고 있던 물체는 같은 속도로 직선 운동을 하려는 성질을 말한다. 이것은 뉴턴$^{\text{Isaac Newton, 1642~1727}}$이 제안한 운동의 제1법칙이다. 정지해 있는 물체를 움직이게 하려면 물체의 관성을 이길 수 있는 충분한 힘을 가해야 한다. 물체가 크면 클수록 물체를 움직이게 하는 데 필요한 힘은 더 커진다.

1687년에 출판한 《자연 철학의 수학적 원리》에서 뉴턴은 운동에 관한 세 가지 법칙을 제안했다. 제2법칙은 물체를 움직이는 데 필요한 힘은 질량과 가속

뉴턴은 1687년에 역학의 기초가 된 《자연 철학의 수학적 원리》를 출판했다.

도를 곱한 것과 같다는 가속도의 법칙이다($F=MA$). 제3법칙은 모든 힘에는 방향이 반대이고 크기가 같은 반작용이 있다고 설명한 작용 반작용의 법칙이다.

골프공에는 왜 딤플이 있을까?

딤플은 기체나 액체와 같은 유체 속을 움직이는 물체에 작용하는 저항력을 작게 한다. 따라서 딤플이 있는 골프공은 표면이 반질반질한 공보다 더 멀리 날아갈 수 있다. 딤플이 있는 공의 표면에는 와류가 생긴다. 표면 전체에 와류가 생기면 공의 앞뒤 압력 차가 줄어들어 공기에 의한 저항력이 감소한다. 딤플이 있는 공은 275m까지 날아갈 수 있지만 딤플이 없는 반질반질한 공은 겨우 65m 정도밖에 날아갈 수 없다. 하나의 골프공에는 보통 깊이가 0.25mm인 딤플이 300개에서 500개 있다.

공을 멀리 날아가게 하는 또 다른 효과는 공의 역회전이다. 역회전하는 공은 위쪽의 공기 압력이 낮아져서 더 오랫동안 공중에 머물 수 있다. 이것은 비행기가 하늘을 날아가는 것과 같은 원리이다.

커브볼은 왜 휘어져 갈까?

커브볼이 실제로 휘어져 가느냐 아니면 시차 때문에 휘어져 가는 것처럼 보이냐를 놓고 오랫동안 많은 논란이 있었다. 1959년에 브리그스$^{Lyman\ Briggs}$는 실험을 통해 야구공이 투수와 포수 사이의 거리인 18.4m를 날아가는 동안에 44.45cm를 휘어갈 수 있다는 것을 보여주었다. 빠르게 회전하는 야구공에는 날아가는 동안에 휘어져 가도록 하는 두 가지 힘이 작용한다. 하나는 독일 물리학자 마그누스$^{H.\ G.\ Magnus,\ 1802~1870}$의 이름을 딴 마그누스 힘이며, 다른 하나는 후류 편향에 의한 힘이다. 마그누스 힘은 공 양옆의 공기 압력이 같지 않아 옆으로 휘어지게 하는 힘이다. 야구공 표면에 있는 실밥은 공 한쪽의 압력을 반대쪽의 압력보다 크게 만든다. 이 때문에 공의 한쪽이 다른 쪽보다 더 빨리 움직여 휘어져 간다. 한편 공의 뒤쪽에 만들어지는 후류가 공의 회전에 의해 한쪽으로 기울어져 생기는 힘도 공이 한 방향으로 휘어져 가도록 한다. 회전하는 공의 점성에 의해 공기가 공과 함께 회전하려고 하기 때문에 후류의 방향도 휘어지는 것이다.

왜 부메랑은 던진 사람에게 돌아올까?

잘 알려진 두 가지 과학 원리에 의해 부메랑은 제자리로 돌아오게 된다.

(1) 둥글게 휘어진 표면에 의한 양력
(2) 회전하는 자이로스코프의 위치를 옮기는 것에 저항하는 성질

잘 던진 부메랑은 수직으로 회전하면서 날아간다. 이때 부메랑에는 양력이 작용한다. 그러나 이 양력은 위쪽으로 작용하는 것이 아니라 옆으로 작용하게 된다. 부메랑이 수직으로 회전하면서 앞으로 날아가면 어느 순간 위쪽에 있는 날개를 지나는 공기의 흐름이 아래쪽 날개를 지나는 공기의 흐름보다 빠르다. 따라서 위쪽 날개는 아래쪽 날개보다 큰 양력을 발생시키기 때문에 비틀어지려고 한다. 그러나 부메랑은 빠르게 회전하고 있기 때문에 자이로스코프처럼 옆으로 돈다. 공중에 충분히 오래 머문 부메랑은 원을 그리면서 던진 사람에게 돌아오게 된다. 모든 부메랑은 회전 반경이 있지만 던지는 속도와 회전 속도를 잘 조절하여 던지는 사람에게 이것은 큰 문제가 되지 않는다.

맥스웰의 도깨비란 무엇인가?

방을 둘로 나눈 칸막이에 출입구를 만든 뒤 한쪽에는 느리게 운동하는 분자들만 모으고(더 차갑게 만들고), 다른 쪽에는 빠르게 운동하는 분자들만 모아(더 뜨겁게 만들어) 열역학 제2법칙에 어긋난 현상이 일어나도록 하는 가상적인 존재를 맥스웰의 도깨비라고 한다.

열역학 제2법칙에 의하면 열은 저절로 낮은 온도에서 높은 온도로 흐를 수 없다. 만약 이렇게 하려면 외부에서 일을 해주어야만 한다. 이 가설은 1871년에 19세기 최고의 이론 물리학자였던 맥스웰$^{James\ C.\ Maxwell,\ 1831~1879}$이 제안했다. 도깨비는 특정한 속도로 운동하는 분자들만 출입구를 통과하도록 함으로써 분자의 운동에너지를 효과적

으로 한쪽으로 흐르게 한다. 이렇게 모인 에너지는 일을 할 수 있다. 따라서 이런 장치는 영구기관이 될 수 있다. 그러나 1950년경에 프랑스의 물리학자 브릴루앙^{Léon} ^{Brillouin}은 맥스웰의 가설이 옳지 않다는 것을 증명했다. 그는 도깨비가 특정한 속도로 운동하는 분자만 통과시켜 감소하는 엔트로피는 빠른 분자와 느린 분자를 선택하기 위해 증가하는 엔트로피보다 적다는 것을 보여주었다.

자기학의 창시자는 누구인가?

영국의 길버트$^{William\ Gilbert,\ 1544\sim1603}$는 지구가 거대한 자석이라고 주장하고 지구 자기장의 세기를 측정했다. 자기와 정전기에 관련된 많은 현상을 연구해 자기장의 세기를 나타내는 데 사용하는 길버트(Gb)라는 단위가 그의 이름에서 따온 것이다.

윌리엄 길버트는 자기와 전기의 관계를 설명했다.

현대 자기학의 발전에 중요한 공헌을 한 미국 물리학자 밴블렉$^{John\ H.\ Van\ Vleck,\ 1899\sim1980}$은 많은 원소와 화합물의 전기, 자기 그리고 광학적 성질을 리간드장 이론으로 설명했다. 또한 온도가 상자성체(밴블렉 상자성체라고 부르는)에 미치는 영향과 원자와 화합물의 자기적 성질을 설명하는 이론을 제안하기도 했다.

자연 발화는 언제 시작되는가?

자연 발화는 무더기로 쌓여 있던 물질에서 외부의 작용 없이 연소가 시작되는 것을 말한다. 이것은 산화작용으로 발생한 열이 물질 내에 축적되어 일어난다. 산화작용은 물질이 산소와 결합하거나 수소와 분리되는 것을 말하는데 물질을 구성하는 원자는 이 과정에서 전자를 잃게 된다. 산화작용으로 발생한 열이 외부로 방출되지 못하면 물질의 온도가 발화점까지 올라가서 불이 붙는다.

290년경에 쓰인 중국 기록에는 기름이 묻은 옷에서 발생한 자연 발화에 대한 내용이 있다. 서양에서 자연 발화 현상을 처음 관찰한 사람은 1757년 뒤아멜$^{J.\,P.\,F.\,Duhamel}$이었다. 그는 기름이 묻은 돛을 7월 햇볕에 말리다가 발생한 화재를 설명하는 글을 남겼다. 자연 발화가 알려지기 전에는 화재를 모두 방화범의 소행이라고 생각했다.

플로지스톤이란 무엇인가?

플로지스톤은 18세기에 연소 과정에서 물질로부터 달아난다고 믿었던 가상의 물질을 가리킨다. 플로지스톤설은 1700년대에 독일의 화학자이며 물리학자였던 슈탈$^{Georg\,Ernst\,Stahl,\,1660\sim1734}$이 제안했다.

슈탈은 석탄이나 나무와 같이 불에 잘 타는 물질은 '플로지스톤'을 풍부하게 포함하고 있으며, 연소하고 남은 재는 플로지스톤을 가지고 있지 않아 더 이상 연소하지 않으며, 금속에 녹이 스는 것 역시 플로지스톤과 관련되어 있다고 생각했다. 이 이론의 등장으로 이전에는 설명할 수 없었던 많은 현상을 설명할 수 있었다. 플로지스톤을 잃으면 무게가 줄어들거나 늘어날 수도 있다고 생각했기 때문에 금속이 녹거나 숯이 탄 후 가벼워지는 현상 등이 플로지스톤설로 설명되었다.

그 후 프랑스의 화학자 라부아지에$^{Antoine\,Laurent\,Lavoisier,\,1743\sim1794}$는 금속이 산화할 때 늘어나는 무게가 용기 속의 줄어든 공기 무게와 정확하게 일치한다는 것을 알아냈다. 그는 일부 공기(산소)는 연소되지 않을 뿐만 아니라 산소가 없으면 아무것도 연소할 수 없다는 것도 보여주었다. 결국 슈탈의 플로지스톤설은 18세기 말에 라부아지에의 산소 이론으로 대체되었다. 이는 현대 화학의 탄생을 의미하는 것이었다.

종이의 발화점은 얼마인가?

종이는 230℃에서 발화한다.

단열과정이란 무엇인가?

외부와 열의 출입이 없는 상태에서 이루어지는 열역학적인 과정을 말한다.

배수구로 흘러드는 물의 회전 방향은 위도에 따라 어떻게 다른가?

만약 완전하게 대칭적인 구조의 싱크대나 욕조에서 물이 배수구로 흘러 들어가고 있다면 북반구에서는 반시계 방향으로 돌고, 남반구에서는 시계 방향으로 돌면서 흘러들 것이다. 그리고 적도 위에서는 회전하지 않고 똑바로 배수구로 흘러들 것이다. 이것은 지구의 자전이 지구 위에서 움직이는 물체의 운동에 영향을 주는 코리올리 효과 때문이다. 그러나 작은 규모로 움직이는 물의 운동에서는 물의 흐름에 영향을 주는 다른 요소들보다 코리올리 효과가 훨씬 작기 때문에 잘 나타나지 않는다.

사이클로트론은 누가 발명했나?

사이클로트론은 1934년에 캘리포니아 대학의 로런스$^{\text{Ernest Lawrence, 1901~1958}}$가 원자핵의 구조를 연구하기 위해 발명했다. 사이클로트론은 강한 전기장을 이용하여 직선 방향으로 입자를 가속하는 선형 가속기와는 달리 자기장을 이용하여 나선형으로 회전시키면서 입자를 가속한다.

레이던병은 무엇인가?

레이던병은 전기를 저장하는 장치이다. 1745년에 처음으로 클라이스트$^{\text{E. Georg von}}$ $_{\text{Kleist, 1700~1748}}$가 발명한 후 곧 레이던 대학의 물리학 교수였던 뮈스헨브룩$^{\text{Pieter van}}$ $_{\text{Musschenbroek, 1692~1761}}$도 독자적으로 만들어 사용하기 시작했다.

레이던병은 많은 양의 전기를 저장할 수 있는 최초의 축전기로, 초기 레이던병의 안쪽에는 도체 전극이 물이나 수은과 접촉해 있었고, 바깥쪽 전극은 사람의 손이었다. 발전된 레이던병에서는 안쪽과 바깥쪽에 별도로 금속 박막을 입혔다. 안쪽 금속 막에 전기 발생기로부터 도선이 연결되어 액체 상태의 전극이 필요 없게 되었다. 레이던병은 정전 발생장치를 이용하여 충전했으며 아직도 수업 시간에 정전기 실험용으로 사용되고 있다.

빛, 소리 그리고 다른 파동

빛의 속도는 얼마인가?

빛의 속도는 299,792km/s이다.

빛의 삼원색은 무엇인가?

빛의 색깔은 파장에 따라 달라진다. 파장이 긴 것부터 짧은 순서로 나열하면, 붉은색, 주황색, 노란색, 초록색, 푸른색, 남색, 보라색이 된다. 여기서 남색을 제외한 색깔들은 스펙트럼에서 넓은 영역을 차지한다. 각 색깔은 프리즘을 이용하여 흰색의 빛을 분산하면 볼 수 있다. 보통 스펙트럼에서 넓은 영역을 차지하는 여섯 가지 색깔을 원색이라고하지만 대부분의 물리학자들은 붉은색(R), 초록색(G), 푸른색(B)을 삼원색이라고 부른다. 그외의 색깔은 두 가지 원색을 적당한 비율로 섞어서 만들 수 있다. 과학자들은 가시광선 스펙트럼에서 55가지의 다른 색깔을 구별해낼 수 있다. 한편 가시광선 바깥쪽에는 사람의 눈에 보이지 않는 적외선과 자외선이 있다.

편광 선글라스는 어떻게 눈부심을 방지할까?

물이나 유리 또는 눈의 표면에서 반사되는 빛은 부분적으로 편광되어 있다. 이 경우 편광의 방향은 표면에 평행하며 반사되는 빛은 매우 강해 화상을 입을 수도 있다. 편광 물질은 편광축에 수직인 빛은 통과시키지 않는다. 따라서 편광축이 수직 방향으로 배열되어 있는 선글라스는 물이나 유리의 표면에서 반사된 수평 방향의 편광을 차단한다.

왜 옷의 색깔은 태양 아래와 형광등 아래에서 다르게 보일까?

흰색은 모든 파장의 빛이 섞인 것이다. 색깔이 다르게 보이는 것은 빛의 파장이 다르기 때문이다. 태양 빛이나 형광등 빛이 모두 흰색으로 보이지만 두 빛은 조금씩 다른 파장의 빛을 포함하고 있다. 빛이 옷감에 흡수되면 그중 일부 파장의 빛만 반사된다. 그리고 눈이 빛을 감지할 때는 옷감에 의해 반사된 빛만을 감지한다. 즉 여러 가지 파장의 빛이 섞여 있는 정도에 따라 눈은 다른 색깔로 인식한다.

태양 빛과 형광등 빛의 파장 분포가 조금 다르므로 옷감이 태양 빛을 받았을 때와 형광등 빛을 받았을 때 반사하는 빛의 파장 분포 역시 다르다. 길거리에서와 상점 안에서 옷의 색깔이 다르게 보이는 것은 이 때문이다.

옹스트룀이 분광학 발전에 공헌한 것은 무엇일까?

스웨덴의 물리학자 겸 천문학자인 옹스트룀$^{Anders Jonas Ångström, 1814~1874}$은 분광학을 시작한 사람 중 하나다. 물체가 흡수하거나 방출하는 전자기파에 대한 그의 초기 연구는 스펙트럼 분석의 기초가 되었다. 그는 태양 빛과 오로라의 스펙트럼을 연구했으며 옹스트롬(Å)은 1907년에 10−10m를 나타내는 길이의 단위로 공식 채택되었다.

마이컬슨과 몰리의 실험이 중요한 이유는 무엇일까?

1881년 미국의 마이컬슨$^{Albert A. Michelson, 1852~1931}$과 몰리$^{E. W. Morley, 1838~1923}$의 빛에 관한 실험은 물리학의 역사에서 가장 중요한 실험 중 하나로 아인슈타인의 상대성 이론이 탄생하는 데 큰 역할을 했다. 마이컬슨 간섭계를 이용한 빛 속도 측정 실험은 빛의 파동을 전파하는 매질로 우주에 가득 차 있다고 여긴 가상의 에테르에 대한 빛의 속도를 측정하기 위한 것이었다. 마이컬슨 간섭계는 지구의 운동 방향으로 진행하는 빛과 그 방향에 수직으로 진행하는 빛의 속도 차이를 측정하도록 고안되었다. 그러나 두 가지 다른 방향으로 전파되는 빛의 속도에 아무런 차이가 없다는 것이 밝혀졌다.

이 실험 결과로 에테르의 존재를 받아들일 수 없게 되었으며, 빛의 속도는 상수라는 아인슈타인^{Albert Einstein, 1879~1955}의 상대성이론이 등장했다.

음속 장벽을 처음 돌파한 사람은 누구인가?

1947년 10월 14일 예거^{Charles E. Yeager, 1923~}가 처음으로 음속을 돌파했다. 그는 벨 X-1 비행기를 몰고 캘리포니아 빅터빌 상공 21,379m에서 1,207km/h^(마하 1.06)의 속력으로 나는 데 성공했다. 한편 음속의 장벽을 처음으로 돌파한 여성은 코크란^{Jacqueline Cochran}으로, 1953년 5월 18일에 F-86 세이버 전투기를 몰고 캘리포니아에 있는 에드워드 공군기지 상공에서 1,223km/h의 속력으로 나는 데 성공했다.

우주 왕복선이 대기로 진입할 때 이중 충격파가 생기는 이유는?

비행기가 음속보다 느리게 운행할 때는 음파가 비행기보다 빨리 퍼져 나간다. 그러나 비행기의 속도가 음속(마하 1)보다 빨라져 초음속으로 날게 되면 비행기의 앞쪽에 공기 압력이 크게 증가한다. 이는 비행기 앞쪽에 공기 분자의 밀도가 증가하여 비행기와 출동하는 횟수가 늘어나기 때문이다. 따라서 비행기가 음속을 돌파할 때는 다른 물체와 충돌한 것과 같은 충격음을 낸다. 이런 현상을 소닉붐 또는 초음파 충격이라고 한다.

초음속으로 날고 있는 비행기에는 여러 가지 종류의 충격이 가해진다. 이러한 충격들은 효과가 다른 두 가지로 나눌 수 있다. 하나는 비행기의 앞쪽에 가해지는 충격이고, 다른 하나는 비행기의 뒤쪽에 가해지는 충격이다. 각각의 충격은 서로 다른 속도로 전달된다. 만약 두 충격이 0.1초보다 긴 시간 간격으로 전달되면 사람은 두 개의 소닉

붐을 들을 수 있다. 이러한 현상은 비행기가 갑작스럽게 상승하거나 하강할 때 나타난다. 그러나 비행기가 천천히 날고 있으면 두 개의 충격이 내는 소리가 합쳐져서 하나의 소닉붐으로 들린다.

조개껍데기에서 들리는 소리는 어디에서 나는 것일까?

조개껍데기를 귀에 대면 낮은음의 소리를 들을 수 있다. 이것은 주위에 있는 여러 가지 음파 중에서 특정한 파장을 가진 음파가 조개껍데기에 의해 공명을 일으켜 증폭된 소리이다. 공명을 일으키는 소리는 조개껍데기의 크기와 모양에 따라 달라진다. 인간의 귀가 소리에 민감하다는 것은 조개껍데기의 공명 효과를 들을 수 있다는 것을 통해 확인할 수 있다.

도플러 효과란 무엇인가?

오스트리아의 물리학자 도플러$^{Christian\ Doppler,\ 1803\sim1853}$는 1842년에 소리나 빛의 파장이 파원과 관측자의 상대속도에 따라 달라진다고 발표했다.

파원이 가까워지면 파장이 짧아지고, 진동수는 증가한다. 따라서 소리는 원래보다 더 높게 들리고 빛은 푸른색 쪽으로 이동(청색편이)한 것처럼 보인다. 반대로 파원이 관측자로부터 멀어지면 파장은 길어지고 진동수는 감소한다. 이 경우에 소리는 원래보다 낮게 들리고 빛은 붉은색 쪽으로 이동(적색편이)한 것처럼 보인다.

이러한 도플러 효과는 다가오는 기차의 기적 소리나 제트기가 빠르게 지나갈 때 들리는 소리를 통해 쉽게 확인할 수 있다.

음파와 빛의 도플러 효과에는 세 가지 다른 점이 있다. 빛의 진동수 변화는 광원과 관측자 사이의 거리 변화에 따라서만 달라질 뿐이다. 따라서 광원이나 관측자 중 누가 움직였는지는 문제가 되지 않는다. 그러나 음파의 도플러 효과는 소리를 내는 음원, 관측자 또는 음을 전달하는 매질의 움직임에 따라 달라진다. 또한 빛의 도플러 효과는 광원이나 관측자가 광원과 관측자를 잇는 직선에 대해 어떤 각도로 움직이느냐에 따라 달라지지만 음파의 도플러 효과에서는 영향을 받지 않는다.

도플러 효과는 생활에서 다양하게 이용된다. 경기장에서 공의 속도를 측정하거나 과속 자동차를 단속할 때 경찰관이 사용하는 스피드건은 도플러 효과를 이용하는 대표적인 기구이다. 천체의 운동 속도와 방향을 측정하는 도플러 레이더 역시 도플러 효과를 이용한다.

도플러 효과

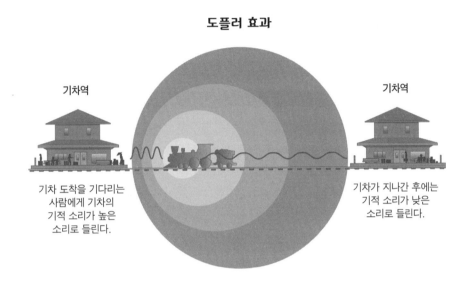

기차역

기차 도착을 기다리는 사람에게 기차의 기적 소리가 높은 소리로 들린다.

기차역

기차가 지나간 후에는 기적 소리가 낮은 소리로 들린다.

데시벨이란 무엇인가?

데시벨은 소리의 상대적 세기를 나타내는 단위이다. 20데시벨은 10데시벨보다 10배 더 큰 소리이며, 30데시벨은 10데시벨보다 100배 더 큰 소리이다. 여기서 1데시벨은 사람의 귀로 구별할 수 있는 가장 작은 세기의 차이이다.

데시벨	장소
10	작은 속삭임
20	조용한 대화
30	정상적인 대화
40	한가한 교통 상황
50	큰 소리의 대화
60	시끄러운 사무실
70	보통의 교통 상황, 조용한 기차
80	록 음악, 지하철
90	심한 교통 혼잡
100	제트기의 이륙

음악의 음계와 소리의 진동수는 어떤 관계가 있을까?

귀로 들을 수 있는 가장 낮은 소리의 진동수는 20헤르츠(Hz)이며, 가장 높은 소리는 20,000헤르츠이다. 여기서 헤르츠는 1초 동안의 진동수를 나타낸다.

음악의 음계는 소리의 진동수와 밀접한 관계가 있다.

평균 음계

음	진동수(Hz)	음	진동수(Hz)
C_b	261.63	G	392.00
C#	277.18	G#	415.31
D	293.67	A	440.00
D#	311.13	A#	466.16
E	329.63	B	493.88
F	349.23	C_n	523.25
F#	369.99		

소리의 속도는 얼마인가?

소리의 속도는 일정하지 않으며 소리를 전달하는 매질에 따라 다르다. 공기 속에서의 소리의 속도는 온도, 압력, 포함하고 있는 물질의 종류와 양에 따라 달라진다. 0℃일 때 대기압이 1기압인 해수면에서의 소리의 속도는 1,191.6km/h에서 1,193.22km/h 사이의 값을 가진다. 온도가 올라가면 소리의 속도는 빨라진다. 소리의 속도는 공기에서보다 물속에서 더 빠르고 금속에서는 더욱 빠르다. 공기 중에서 소리가 전달되는 데 5초가 걸릴 때, 물속에서는 1초 만에 전달되고, 금속에서는 3분의 1초밖에 걸리지 않는다.

방사선은 엑스선, 감마선, 중성자, 양성자, 전자, 헬륨 원자핵 등 원자가 에너지를 잃으면서 내는 모든 종류의 전자기파나 입자를 말한다. 대부분의 원자는 안정한 상태에 있으므로 방사선을 내지 않는다. 그러나 불안정한 원자는 입자나 전자기파를 방출한다. 또한 안정한 원자가 방사선과 충돌하고 방사성 원자로 바뀌어 방사선을 내기도 한다.

알파선	베크렐(Antoine Henri Becquerel, 1852~1908)이 처음 발견한 방사선으로 양성자 두 개와 중성자 두 개로 이루어진 헬륨 원자핵의 흐름이다. 알파 입자는 질량이 크기 때문에 물질을 잘 투과하지 못한다. 이것은 공기 중에서 5cm 정도 나갈 수 있으며, 얇은 종이로도 차단할 수 있다.
베타선	러더퍼드(Ernest Rutherford, 1871~1937)가 처음 발견한 방사선으로 전자의 흐름이다. 방사성 원소에서 나오는 베타선의 전자들은 빛의 속도와 비교할 수 있을 정도로 빠른 속도로 운동한다.
감마선	마리 퀴리(Marie Curie, 1867~1934)와 피에르 퀴리(Pierre Curie, 1859~1906)가 처음 발견했다. 감마선은 모든 전자기파 중에서 가장 파장이 짧으며 에너지가 제일 크다. 또 알파선이나 베타선보다 물질을 잘 투과하여 무려 18cm 두께의 납도 통과할 수 있다.

물질

원자모형을 처음 제안한 사람은 누구인가?

현대적인 원자모형은 일본의 물리학자였던 나가오카$^{\text{Hantaro Nagaoka, 1865~1950}}$가 1904년에 처음 제안했다. 그의 원자모형에서는 전자들이 작은 원자핵 주변을 고리 형태로 돌고 있기 때문에 토성 모형이라고도 불린다. 1911년에 러더퍼드는 작고 밀도가 높은 원자핵 주위를 가벼운 전자들이 돌고 있는 새로운 원자모형을 제안했다. 1913년에는 덴마크의 보어$^{\text{Niels Bohr, 1885~1962}}$가 전자들이 허용된 에너지 준위에서만 원자핵을 돌고 있는 원자모형을 제안했다.

물질의 네 번째 상태는 무엇인가?

전자나 양성자, 원자핵 그리고 이온과 같이 전하를 띤 입자들이 섞여 있는 플라스마를 물질의 제4의 상태라고 부른다. 플라스마는 태양과 같은 별의 내부에서 열에너지에 의해 만들어지거나 빠르게 운동하는 입자들의 충돌에 의해 만들어진다. 기체의 온도가 충분히 높아지면 원자 사이에 격렬한 충돌이 일어나면서 전자들이 원자에서 떨어져 나간다. 그 결과 기체는 음전하를 띤 가벼운 전자와 양전하를 띤 무거운 원자핵을 포함하게 되는데 이런 상태를 플라스마라고 한다.

모든 물질은 원자로 이루어져 있다. 동물과 식물은 유기물이고 광물이나 물은 무기물이다. 물질은 분자 사이의 결합 형태에 따라 고체, 액체, 기체로 나눌 수 있다. 고체는 분자들이 단단한 형태로 결합되어 있어 부피와 모양이 일정하다. 그러나 액체에서는 분자들 사이의 거리가 일정하게 유지되어 부피는 변하지 않지만 모양은 쉽게 변할 수 있다. 한편 기체에서는 분자들 사이의 탄성 충돌을 제외한 다른 상호작용은 거의 일어나지 않는다. 기체는 부피와 모양이 일정하지 않다. 이러한 고체, 액체, 기체를 물질의 3태라고 한다. 물질의 제4의 상태인 플라스마는 전하를 띤 입자들을 포함하기 때문에 전기적으로 중성인 분자로 이루어진 기체와는 다른 성질을 가지고 있다.

핵분열과 핵융합의 다른 점은 무엇인가?

핵분열은 원자핵이 두 개 이상의 작은 원자핵으로 분열되는 현상이며, 핵융합은 작은 원자핵이 융합하여 큰 원자핵을 형성하는 반응을 말한다. 핵분열과 핵융합 반응에서는 에너지가 방출된다.

전자, 양성자, 중성자는 누가 발견했는가?

음극선관에 흐르는 음극선의 정체를 밝혀내기 위한 연구를 하던 영국의 물리학자 톰슨Joseph John Thomson, 1856~1940은 음극선이 음전하를 띤 작은 알갱이의 흐름이라는 것을 밝혀냈다. 전자의 발견은 원자의 구조에 관한 연구에 과학자들의 관심을 모으는 계기가 되었다. 이 때문에 톰슨은 현대 원자물리학의 창시자라고 불린다.

러더퍼드는 1919년에 양성자를 발견했다. 그가 존재를 예측했던 중성자는 그의 동료였던 채드윅$^{James\ Chadwick,\ 1891\sim1974}$이 1932년에 발견했다. 채드윅은 중성자를 발견한 공로로 1935년 노벨 물리학상을 수상했다.

개기일식은 어떻게 아인슈타인의 일반상대성이론이 옳다는 것을 증명해주었을까?

일반상대성이론에서 아인슈타인은 태양과 같이 질량이 큰 물체는 주변의 시공간을 휘게 하기 때문에 빛이 굽어져 진행할 것이라고 주장했다. 따라서 태양의 가장자리를 통해 오는 별빛은 태양이 없을 때보다 1.75초($''$) 정도 벗어난 위치에 있는 것처럼 보일 것이라고 했다. 영국의 천문학자 에딩턴$^{Arthur\ Eddington,\ 1882\sim1944}$은 1919년 3월 29일 개기일식이 일어나는 동안의 관측을 통해 아인슈타인의 주장이 옳다는 것을 확인했다.

에딩턴의 증명으로 아인슈타인은 과학계는 물론 일반 대중으로부터도 관심과 존경을 받는 위대한 과학자가 되었다.

쿼크는 어떻게 그런 이름을 갖게 되었을까?

지금까지 밝혀진 물질의 가장 작은 단위인 이 입자의 이름은 미국의 물리학자이자 노벨 물리학상 수상자인 겔만$^{Murray\ Gell-Mann,\ 1929\sim}$이 명명했다.

별 의미 없이 장난스럽게 쿼크^{kwork}라고 불렀던 겔만은 제임스 조이스의 소설 《피네간의 경야》에서 '매스터 마크를 위한 세 개의 쿼크$^{Three\ quarks\ for\ Master\ Marks}$'라는 말을 우연히 읽고, 정체를 알 수 없는 어떤 것을 가리키는 이 말이 새로운 입자의 이름으로 적당하다고 생각하여 쿼크라고 부르게 되었다.

쿼크에는 업^{up}, 다운^{down}, 스트렌지^{strange}, 참^{charm}, 톱^{top} 그리고 바텀^{bottom}의 여섯 가지 종류가 있다. 이것을 쿼크의 여섯 가지 향기라고도 부른다. 실제로 쿼크가 여러 가지 향기를 가진 것이 아니라 여섯 가지 종류를 향기라고 부르기로 한 것이다.

쿼크에는 세 가지 색깔(red, green, blue)도 있다. 이 경우에도 실제 색깔과는 관계없이 한 종류의 쿼크가 가질 수 있는 세 가지 상태를 색깔이라고 부르는 것이다.

여섯 가지 향기가 각각 세 개의 색깔을 가지고 있기 때문에 쿼크에는 모두 열여덟 가지 상태가 존재한다. 세 개의 쿼크가 모여 양성자나 중성자 같은 중립자를 만들고, 중간자는 두 개의 쿼크(하나의 쿼크와 하나의 반쿼크)로 형성된다. 다른 모든 입자들과 마찬가지로 쿼크들도 질량은 같지만 전하의 부호가 반대인 반쿼크를 가지고 있다.

머리 겔만은 그가 쿼크라고 부른 기본적인 입자의 존재를 설명하는 이론을 제안했다.

파인먼이 물리학에 공헌한 바는 무엇인가?

파인먼$^{Richard\ Feynman,\ 1918\sim1988}$은 전자, 양전자, 그리고 양성자 사이의 상호작용을 설명하는 새로운 형태의 양자 전자기학을 만든 사람이다. 그는 파인먼 다이어그램이라고 부르는 새로운 방법을 이용하여 양자역학과 전자기학을 새롭게 구성했다. 파인먼은 1965년에 노벨 물리학상을 수상했다.

아원자 입자에는 어떤 것들이 있는가?

원자보다 작은 입자들을 아원자 입자라고 부른다. 처음에는 원자를 구성하는 입자들인 전자, 양성자, 중성자를 아원자 입자라고 불렀지만 현재는 이 입자들과 수많은 소립자들을 합쳐 아원자 입자라고 부르고 있다. 이에 대한 연구는 20세기에 매우 정밀한 실험 기구가 개발된 후 가능해졌다. 그리고 20세기 후반에 많은 아원자 입자들이 새롭게 발견되었다.

스핀, 질량 또는 다른 여러 가지 성질을 이용하여 이 입자들을 조직화하기 위한 많은 이론들이 제안되었다. 그중 하나가 표준모델이라고 부르는 체계이다. 이 체계에서는 아원자 입자들을 경입자와 쿼크로 나눈다. 힘을 매개하는 다른 입자들은 보손^{boson}이라고 부른다. 광자, 글루온, 위콘은 보손이다. 경입자에는 전자, 뮤온, 타우 입자와 세 종류의 중성미자가 포함된다. 쿼크는 자연 상태에서 단독으로 존재하지 않으며 항상 강입자라고 부르는 입자들을 구성하고 있다.

표준모델에 의하면 모든 다른 아원자 입자들은 쿼크의 조합으로 만들어진다. 예를 들어 양성자는 두 개의 업 쿼크와 하나의 다운 쿼크로 이루어지고, 중성자는 하나의 업 쿼크와 두 개의 다운 쿼크로 구성된다.

총괄성이란 어떤 성질인가?

총괄성은 용액 속에 녹아 있는 입자의 종류에는 관계없이 입자의 수에 의해서만 용액의 성질이 달라지는 것을 말한다. 용액 속에 녹아 있는 용질의 양에 따라 어는점이 내려가는 몰내림이나 끓는점이 올라가는 몰오름은 대표적인 총괄성이다. 생물체에서는 삼투압이 가장 중요한 총괄성이다.

물 외에 어떤 물질이 고체보다 액체일 때 밀도가 더 클까?

비스무트와 물만이 액체에서 고체보다 밀도가 크다. 단위 부피 속에 들어 있는 질량을 의미하는 밀도는 물질이 얼마나 조밀하게 분포하고 있느냐를 나타내는 양이다. 예를 들면 물의 밀도는 $1g/cm^3$(1kg/l)이고, 바위의 밀도는 약 $3.3g/cm^3$이며, 철의 밀도는 $7.9g/cm^3$이다. 지구 전체의 평균 밀도는 약 $5.5g/cm^3$이다. 얼음은 물보다 밀도가 작기 때문에 물에 뜬다. 만약 얼음의 밀도가 물의 밀도보다 크다면 얼음이 바닥에 가라앉아 조금만 추워도 강이나 호수 전체가 얼어붙을 것이다. 그러나 얼음이 물 위에 떠서 물의 열이 공기 중으로 빠져나가는 것을 막기 때문에 물이 바닥까지 어는 일은 좀처럼 일어나지 않는다.

왜 물의 밀도가 얼음의 밀도보다 클까?

순수한 물은 3.98℃에서 밀도가 가장 크고 고체인 얼음이 되면 밀도가 작아진다. 얼음 속에서는 물 분자들이 수소결합을 통해 빈 공간이 많은 구조로 결합된다. 액체인 물에서는 분자들이 좀 더 자유롭게 움직일 수 있어 같은 부피 속에 더 많은 분자가 들어간다. 따라서 액체인 물이 고체인 얼음보다 밀도가 크다.

반감기란 무엇인가?

반감기는 방사성 동위원소가 붕괴하여 원래 있던 양의 반만 남게 되는 데 걸리는 시간을 말한다. 만약 어떤 방사성 동위원소의 반감기가 1년이라면 1년 후에는 방사성 동위원소의 양이 반으로 줄고 2년 후에는 4분의 1이 되며, 3년 후에는 8분의 1만 남는다. 반감기는 온도, 화학 결합 상태, 밀도와 같은 물리화학적 상태의 영향을 받지 않고 일정하다. 천연 방사성 동위원소는 1896년에 프랑스의 물리학자 베크렐이 처음 발견했다. 그의 발견으로 원자핵 물리학이 시작되었다.

무기물로부터 유기물을 처음 합성한 사람은 누구인가?

스웨덴의 화학자 베르셀리우스^{Jöns Jakob Berzelius, 1779~1848}는 무기물과 유기물은 전혀 다른 자연법칙에 의해 만들어진다고 주장했다. 또한 유기물은 생명력이 있어야만 만들어지기 때문에 인공적으로는 절대로 합성할 수 없다고 했다. 그러나 유기물과 무기물의 이러한 구분은 뵐러의 실험으로 의미가 없어졌다.

1828년 뵐러^{Friedrich Wöhler, 1800~1882}는 암모니아와 시안산을 이용하여 요소를 처음으로 합성했다. 뵐러의 요소 합성으로 무기물과 유기물은 근본적으로 다른 물질이며, 유기물은 생명체 안에서만 합성될 수 있다는 오래된 믿음이 깨졌다.

화학 정원은 무엇이며 어떻게 만들까?

먼저 세제 네 스푼, 소금 네 스푼, 암모니아 한 스푼을 잘 섞는다. 그리고 적당한 크기의 접시에 석탄이나 벽돌을 담고 그 위에 이 혼합물을 붓는다. 그 뒤 초록색 잉크나 머큐로 크롬을 벽돌 여기저기에 뿌린 후 여러 날 동안 그대로 놓아둔다.

이제 결정이 식물이나 산호 모양으로 자란 화학 정원이 나타나기 시작한다. 얼마나 빨리 결정이 나타나는가는 방의 온도와 습도에 의해 결정된다. 오래지 않아 결정이 여기저기서 자라는 것을 볼 수 있다. 결정은 순백색으로 눈과 같은 결정구조를 하고 있을 것이다.

결정학의 창시자는 누구인가?

프랑스의 사제였던 아위$^{\text{René Just Haüy, 1743~1822}}$는 결정학의 창시자라고 불린다. 1781년 실수로 방해석을 떨어트려 산산조각을 내게 된 아위는 방해석이 일정한 각도를 가진 면으로 쪼개진다는 것을 알게 되었다. 그는 단위체가 일정한 방법으로 계속 쌓여 결정이 만들어진다고 가정했다. 또한 여러 가지 형태의 결정이 존재하는 것은 결정을 이루는 원자들과 그것들이 쌓이는 방법이 다르기 때문이라고 생각했다. 이것이 결정학의 시작이었다.

1800년대 초에 많은 물리학자들은 결정을 가지고 여러 가지 실험을 하였다. 그들은 특히 결정에 의해 빛이 굴절되거나 분산되는 것에 관심이 많았다. 결정 광학의 선구자로 불리는 영국의 브루스터$^{\text{David Brewster, 1781~1868}}$는 현재 알려진 물질 대부분의 광학적 성질을 밝혀냈다.

1800년대 중반의 프랑스 화학자 파스퇴르$^{\text{Louis Pasteur, 1822~1895}}$의 연구는 한 방향으로 배열된 결정을 이용하여 편광을 만드는 결정 편광학의 기초가 되었다. 피에르 퀴리와 그의 형 자크 퀴리$^{\text{Jacques Curie, 1855~1941}}$는 압전 현상을 발견했다. 압전 현상은 특정한 결정에 압력을 가해 변형하면 전압이 발생하는 현상이다.

X선 결정학은 X선을 이용해 결정이나 분자의 구조를 연구하는 분야이다. X선 결정학을 처음 시작한 사람은 독일의 물리학자 라우에$^{\text{Max von Laue, 1879~1960}}$였다. 그의 실험

을 발전시킨 브래그 부자[William Henry Bragg 1862~1942, William Lawrence Bragg 1890~1971]는 노벨 물리학상을 공동 수상했다. 페니실린과 인슐린의 합성이 성공할 수 있었던 것도 X선 결정학 때문에 가능했다.

화학 원소

현대 화학을 시작한 사람은 누구인가?

현대 화학의 창시자라는 칭호는 여러 사람이 나누어 가질 수 있다. 스웨덴의 화학자 베르셀리우스는 화학 기호를 고안하고 원자량을 결정했으며, 새로운 원소를 여러 개 발견하여 원자론의 발전에 공헌했다. 1810년과 1816년 사이에는 2,000여 가지 화합물을 정제하고 분석하는 방법을 알아냈다. 또한 그는 실험을 통해 40여 가지 원소의 원자량을 결정했으며 그림을 이용하여 화합물을 나타내던 기존의 방법 대신에 문자와 숫자를 사용하여 화합물의 조성을 나타내는 방법도 고안했다. 뿐만 아니라 1803년에 빌헬름 히싱게르[Wilhelm Hisinger]와 함께 세륨을 발견했고, 1818년에는 셀레늄, 1824년에는 실리콘, 그리고 1829년에는 토륨을 발견했다.

영국의 자연 철학자였던 보일[Robert Boyle, 1627~1691] 역시 현대 화학의 창시자 중의 한 사람으로 꼽힌다. 일정한 온도에서 기체의 부피가 압력에 반비례한다는 보일의 법칙을 발견한 것으로 널리 알려진 그는 과학적인 실험을 시작한 선구자 중 한 사람이다. 영국 왕립협회의 설립자이기도 한 그는 연금술에서 신비적인 요소를 제거하여 순수한 화학으로 발전시키는 데 크게 공헌했다.

프랑스의 화학자 라부아지에도 현대 화학의 창시자로 불린다. 그는 오랫동안 화학 발전에 장애가 되었던 연소에 관한 플로지스톤설을 부정한 것을 비롯하여 많은 부분에서 화학의 발전에 크게 공헌했다. 화합물의 현대식 명명법을 개발했으며 처음으로 정량적인 유기물 분석 실험을 했고 화학 반응에서의 질량 보존 법칙을 제안한 것으로도 널리 알려져 있다.

영국의 기상학자이며 화학자였던 돌턴$^{John\ Dalton,\ 1766~1844}$은 현대 화학의 기초가 된 원자론을 제안했다. 1803년에 처음 제안한 원자론에서 그는 모든 화학 원소는 원자로 이루어졌으며, 같은 원자는 질량이 모두 같다고 주장했다.

주기율표를 만든 사람은 누구인가?

주기율표를 제안한 사람은 러시아의 화학자 멘델레예프$^{Dmitry\ Ivanovich\ Mendeleev,}$ $^{1834~1907}$이다. 그는 모든 원소들이 하나의 규칙적인 체계를 이룬다는 것을 처음으로 이해한 사람이었다. 그리고 여러 분야로 나누어져 있던 화학을 논리적인 과학으로 바꾸어 놓았다. 1906년에 있었던 노벨상 수상자 결정에서 한 표 차로 수상에는 실패했지만, 그의 이름은 50년 후에 발견된 101번째 원소를 멘델레븀이라고 부르게 됨으로써 역사에 영원히 남게 되었다.

멘델레예프에 의하면 원소의 성질은 원자량에 따라 주기적으로 변한다(1920년대에 원자량이 아니라 원자번호가 원소의 성질을 결정한다는 것을 알게 되었다). 그는 당시 알려져 있던 63개 원소를 차례로 배열한 주기율표를 만들었다. 멘델레예프의 주기율표에는 빠진 자리들이 남아 있었다. 그는 이 빈자리를 채울 새로운 원소들이 발견될 것이라고 예측했다. 그중 갈륨, 스칸듐, 게르마늄의 세 원소는 멘델레예프가 살아 있는 동안에 발견되었다.

자연에서 만들어지는 원소는 98가지이다. 이 원소들이 만드는 화합물의 종류는 화학 연감에 등록된 것만 해도 1,700만 종이 넘는다.

러시아 화학자인 드미트리 이바노비치 멘델레예프는 원소의 주기율표를 만든 사람으로 잘 알려져 있다.

최초로 발견된 원소는 무엇인가?

인은 1669년에 독일 화학자 브란트$^{Hennig\ Brand}$가 요산으로부터 어둠 속에서 빛을 내는 흰색 물질을 추출하는 과정에서 발견되었다. 그러나 브란트는 그의 발견을 발표하지 않았다. 그리고 1680년에 영국의 보일이 다시 인을 발견했다.

가장 달콤한 화합물은 무엇인가?

가장 달콤한 화합물은 수크론산이다.

화합물	상대 당도 (설탕의 당도를 1로 했을 때)
수크론산	200,000
사카린	300
아스파탐	180
사이클러메이트	30
설탕	1

알칼리 금속은 무엇인가?

주기율표의 왼쪽에 있는 리튬(Li, 3), 나트륨(Na, 11), 칼륨(K, 19), 루비듐(Rb, 37), 세슘(Cs, 55), 프랑슘(Fr, 87)과 같은 원소를 알칼리 금속이라고 부른다. 나트륨족 원소 또는 I족 원소라고 부르기도 하는 알칼리 금속은 쉽게 양이온이 되기 때문에 다른 원소와 활발하게 화학 반응을 한다. 따라서 자연 상태에서는 원자로 존재하지 않는다.

알칼리 토금속은 무엇인가?

베릴륨(Be, 4), 마그네슘(Mg, 12), 칼슘(Ca, 20), 스트론튬(Sr, 38), 바륨(Ba, 56), 라듐(Ra, 88)이 알칼리 토금속에 속하는 원소들이다. 알칼리 토금속은 II족 원소라고도 부르며, 알칼리 금속과 마찬가지로 자연에서 원자 상태로 존재하지 않는다. 그리고 알칼리 금속보다 단단하고 반응성이 약하다. 이 원소들은 모두 공기 중에서 연소된다.

전이원소는 무엇인가?

전이원소는 II족과 XIII족 사이에 있는 10개의 아족에 속한 원소들을 말한다. 여기에는 금(Au, 79), 은(Ag, 47), 백금(Pt, 78), 철(Fe, 26), 구리(Cu, 29) 등의 원소가 포함된다. 전이원소는 모두 금속이고 일반적으로 알칼리 금속이나 알칼리 토금속에 비해 단단하고 잘 부서지며 녹는점이 높다. 전이금속은 전기와 열의 전도도가 높다. 전이원소의 화합물은 대개 색깔을 나타낸다. 이 원소들을 전이원소라고 부르게 된 것은 강한 양이온이 되는 I족과 II족의 원소로부터 강한 음이온이 되는 VI족과 VII족 원소로 전기적 성질이 점차 변해가기 때문이다.

현자의 돌은 무엇인가?

현자의 돌은 중세 연금술사들이 값싼 금속을 금이나 은으로 변화시킬 수 있는 능력을 지녔다고 믿었던 물질이다. 어떤 사람들은 현자의 돌이 생명을 연장하고, 상처나 질병을 치료하는 능력도 있다고 믿었다. 현자의 돌을 찾아내려고 노력하는 과정에서 많은 새로운 화학물질이 발견되었다. 그러나 마술적인 능력을 지닌 현자의 돌은 실제로 존재하지 않는다는 것이 밝혀졌다.

초우라늄 원소는 무엇인가?

초우라늄 원소는 우라늄(원자번호 92)보다 원자번호가 큰 원소들을 말한다. 이 원소들의 대부분은 매우 불안정해서 실험실 밖에서는 발견할 수 없다.

원소주기율표

1 H 수소 Hydrogen

3 Li 리튬 Lithium	4 Be 베릴륨 Beryllium

11 Na 소듐(나트륨) Sodium	12 Mg 마그네슘 Magnesium

19 K 칼륨(포타슘) Potassium	20 Ca 칼슘 Calcium	21 Sc 스칸듐 Scandium	22 Ti 티타늄(타이타늄) Titanium	23 V 바나듐 Vanadium	24 Cr 크롬 Chromium	25 Mn 망간 Manganese	26 Fe 철 Iron	27 Co 코발트 Cobalt
37 Rb 루비듐 Rubidium	38 Sr 스트론튬 Strontium	39 Y 이트륨 Yttrium	40 Zr 지르코늄 Zirconium	41 Nb 나이오븀 Niobium	42 Mo 몰리브덴 Molybdenum	43 Tc 테크네튬 Technetium	44 Ru 루테늄 Ruthenium	45 Rh 로듐 Rhodium
55 Cs 세슘 Caesium	56 Ba 바륨 Barium	57~71 La 란탄족 Lanthanoids	72 Hf 하프늄 Hafnium	73 Ta 탄탈럼 Tantalum	74 W 텅스텐 Tungsten	75 Re 레늄 Rhenium	76 Os 오스뮴 Osmium	77 Ir 이리듐 Iridium
87 Fr 프랑슘 Francium	88 Ra 라듐 Radium	89~103 Ac 악티늄족 Actinoids	104 Rf 러더포듐 Rutherfordium	105 Db 더브늄 Dubnium	106 Sg 시보귬 Seaborgium	107 Bh 보륨 Bohrium	108 Hs 하슘 Hassium	109 Mt 마이트너륨 Meitnerium

57 La 란탄 Lanthanum	58 Ce 세륨 Cerium	59 Pr 프라세오디뮴 Praseodymium	60 Nd 네오디뮴 Neodymium	61 Pm 프로메튬 Promethium	62 Sm 사마륨 Samarium
89 Ac 악티늄 Actinium	90 Th 토륨 Thorium	91 Pa 프로탁티늄 Protactinium	92 U 우라늄 Uranium	93 Np 넵투늄 Neptunium	94 Pu 플루토늄 Plutonium

범례

알칼리금속
알칼리토금속
전이금속
전이후금속
준금속
비금속
할로겐
비활성 기체
란탄족
악티늄족
초우라늄 원소

					2 **He** 헬륨 Helium
5 **B** 붕소 Boron	6 **C** 탄소 Carbon	7 **N** 질소 Nitrogen	8 **O** 산소 Oxygen	9 **F** 불소(플루오린) Fluorine	10 **Ne** 네온 Neon
13 **Al** 알루미늄 Aluminium	14 **Si** 규소 Silicon	15 **P** 인 Phosphorus	16 **S** 황 Sulfur	17 **Cl** 염소 Chlorine	18 **Ar** 아르곤 Argon

28 **Ni** 니켈 Nickel	29 **Cu** 구리 Copper	30 **Zn** 아연 Zinc	31 **Ga** 갈륨 Gallium	32 **Ge** 게르마늄(저마늄) Germanium	33 **As** 비소 Arsenic	34 **Se** 셀레늄 Selenium	35 **Br** 브롬 Bromine	36 **Kr** 크립톤 Krypton
46 **Pd** 팔라듐 Palladium	47 **Ag** 은 Silver	48 **Cd** 카드뮴 Cadmium	49 **In** 인듐 Indium	50 **Sn** 주석 Tin	51 **Sb** 안티몬 Antimony	52 **Te** 텔루륨 Tellurium	53 **I** 요오드(아이오딘) Iodine	54 **Xe** 제논 Xenon
78 **Pt** 백금 Platinum	79 **Au** 금 Gold	80 **Hg** 수은 Mercury	81 **Tl** 탈륨 Thallium	82 **Pb** 납 Lead	83 **Bi** 비스무트 Bismuth	84 **Po** 폴로늄 Polonium	85 **At** 아스타틴 Astatine	86 **Rn** 라돈 Radon
110 **Ds** 다름스타튬 Darmstadtium	111 **Rg** 렌트게늄 Roentgenium	112 **Cn** 코페르니슘 Copernicium	113 **Nh** 니호늄 Nihonium	114 **Fl** 플레로븀 Flerovium	115 **Mc** 모스코븀 Moscovium	116 **Lv** 리버모륨 Livermorium	117 **Ts** 테네신 Tennessine	118 **Og** 오가네손 Oganesson

63 **Eu** 유로퓸 Europium	64 **Gd** 가돌리늄 Gadolinium	65 **Tb** 터븀 Terbium	66 **Dy** 디스프로슘 Dysprosium	67 **Ho** 홀뮴 Holmium	68 **Er** 어븀 Erbium	69 **Tm** 툴륨 Thulium	70 **Yb** 이터븀 Ytterbium	71 **Lu** 루테튬 Lutetium
95 **Am** 아메리슘 Americium	96 **Cm** 퀴륨 Curium	97 **Bk** 버클륨 Berkelium	98 **Cf** 칼리포늄 Californium	99 **Es** 아인슈타이늄 Einsteinium	100 **Fm** 페르뮴 Fermium	101 **Md** 멘델레븀 Mendelevium	102 **No** 노벨륨 Nobelium	103 **Lr** 로렌슘 Lawrencium

초우라늄 원소

원자번호	이름	기호	원자번호	이름	기호
93	넵투늄	Np	106	시보	Sg
94	플루토늄	Pu	107	보륨	Bh
95	아메리슘	Am	108	하슘	Hs
96	퀴륨	Cm	109	마이트너륨	Mt
97	버클륨	Bk	110	다름스타튬	Ds
98	캘리포늄	Cf	111	뢴트게늄	Rg
99	아인슈타이늄	Es	112	코페르니슘	Cn
100	페르뮴	Fm	113	니호늄	Nh
101	멘델레븀	Md	114	플레로븀	Fl
102	노벨륨	No	115	모스코븀	Mc
103	로렌슘	Lr	116	리버모륨	Lv
104	러더포듐	Rf	117	테네신	Ts
105	더브늄	Db	118	오가네손	Og

주기율표에서 여성의 이름을 딴 두 개의 원소는 무엇인가?

원자번호가 96번인 퀴륨은 방사성 원소 연구의 선구자인 마리 퀴리와 그녀의 남편 피에르 퀴리의 이름을 따서 명명되었다. 또한 원자번호가 109번인 마이트너륨은 원자핵 분열 연구의 선구자인 마이트너Lise Meitner, 1878~1968의 이름을 따서 명명되었다.

어떤 원소가 귀금속인가?

금(Au, 79), 은(Ag, 47), 수은(Hg, 80) 그리고 백금(Pt, 78)족에 속하는 금속을 귀금속이라고 한다. 백금족에는 백금을 비롯해 팔라듐(Pd, 46), 이리듐(Ir, 77), 로듐(Rh, 45), 루테늄(Ru, 44), 오스뮴(Os, 76)이 포함되어 있다. 이들을 귀금속이라고 부르는 것은 다른 금속 원소들과는 달리 화학 반응을 잘 하지 않을 뿐만 아니라 부식도 잘 되지 않기 때문이다. 고대 연금술에서는 철이나 구리와 같은 값싼 금속을 화학적인 방법으로 처리하여 귀금속으로 바꾸려고 했다. 귀금속이라는 용어는 연금술사들이 사용하기 시작했다. '희유금속'이라는 말과 귀금속이라는 말은 동의어가 아니다. 그러나 백금과 같은 금속은 귀금속이면서 동시에 희유금속에 속한다.

백금족 원소들은 다양한 용도로 이용된다. 미국에서는 95% 이상의 백금족 금속이 공업용으로 사용되고 있다. 백금은 귀금속상이 탐내는 금속이지만 로듐이나 팔라듐처럼 자동차 엔진에서 연소를 조절하는 촉매로 사용된다. 로듐은 백금이나 팔라듐과 합금하여 난로의 열선, 열전대 소자, 비행기 엔진의 점화 플러그 등으로 사용된다. 오스뮴은 약물의 재료로 사용되거나 합금으로 만들어 축음기의 바늘이나 회전축으로 사용되기도 한다.

금과 은은 어떤 특성이 있는가?

귀금속으로 사용되는 외에 금과 은은 다른 금속과는 구별되는 독특한 특징이 있다. 금은 연성이 좋아 금속 중에 가공성이 가장 뛰어나다. 금을 얇게 펴면 0.0001mm의 두께를 가진 박막을 만들 수 있다. 또한 은은 빛을 가장 잘 반사하는 금속이다. 따라서 거울의 재료로 사용되기도 한다.

하킨의 법칙은 무엇인가?

원자번호가 짝수인 원소가 홀수인 원소보다 우주에 풍부하게 존재한다는 법칙을 하킨의 법칙Harkin's rule이라고 한다. 원소의 화학적 성질은 원자핵 속에 들어 있는 양성자의 수를 나타내는 원자번호에 의해 결정된다.

원소기호가 영어 이름에서 비롯되지 않은 원소는 무엇인가?

원소기호는 대부분 영어 이름에서 두 글자를 따서 사용하지만 다음 11가지 원소는 영어 이름이 아니라 라틴어 이름에서 따서 원소기호로 사용하고 있다.

이름	기호	영어 이름	라틴어 이름
안티몬	Sb	antimony	stibium
구리	Cu	copper	cuprum
금	Au	gold	aurum
철	Fe	iron	ferrum
납	Pb	lead	plumbum
수은	Hg	mercury	hydrargyrum
칼륨	K	potassium	kalium
은	Ag	silver	argentum
나트륨	Na	sodium	natrium
주석	Sn	tin	stannum
텅스텐	W	tungsten	wolframium

상온에서 액체인 원소에는 어떤 것이 있는가?

액체 은이라는 뜻의 수은(Hg, 80)은 상온에서 액체이다. 녹는점이 29.8℃인 갈륨(Ga, 31)과 28.4℃인 세슘(Cs, 55)은 상온보다 약간 높은 온도에서 액체가 된다.

우주에 가장 풍부하게 존재하는 원소는 무엇인가?

수소(H, 1)는 우주 전체 질량의 75%를 차지한다. 우주에 존재하는 원자의 90% 이상이 수소이며, 나머지는 대부분 헬륨(He, 2)이다.

지구에 가장 풍부하게 존재하는 원소는 무엇인가?

지구의 지각, 물 그리고 공기에 존재하는 원소 중 가장 많은 원소는 산소(O, 8)로, 지구 총질량의 49.5%를 차지한다. 규소(실리콘 Si, 14)는 두 번째로 많이 존재하는 원소이다. 이산화규소와 규산염은 지각을 이루는 물질의 87%를 차지한다.

희유기체와 희토류 원소에 '희稀'자가 사용되는 이유는 무엇인가?

희유기체는 헬륨, 네온, 아르곤, 크립톤, 크세논, 라돈을 가리킨다. 이들 원소들은 상온에서 기화되어 밀도가 낮은 기체 상태로 존재한다. 공기 중에 이들 기체는 소량으로 존재하기 때문에 희유기체라고 부른다. 희유기체는 다른 원소들과 화학 결합을 하지 않아 화합물 형태로 존재하지 않는다.

원자번호 57번부터 71번까지의 원소와 이트륨(Y, 39), 토륨(Th, 90)을 희토류 금속이라고 부르는데 이는 광석에서 분류하는 것이 매우 어렵기 때문이다. 이 경우 '희'자는 이 원소가 자연에 희귀하게 존재함을 의미하지는 않는다.

전기 전도도가 가장 좋은 원소와 가장 나쁜 원소는 무엇일까?

전기 저항이 가장 작은 원소는 은이다. 다음으로 구리, 금, 알루미늄 순으로 전기 전도도가 좋다. 금속 중 전기 전도도가 가장 나쁜 금속은 망간, 가돌리늄, 테르븀이다.

납-산 전지는 어떻게 작동할까?

납-산 전지는 희석된 황산의 전해질에 납으로 된 양극과 음극이 꽂혀 있다. 전지가 방전되는 동안에는 전해질 속에 있던 황 이온이 납과 결합하면서 전자를 내놓는다. 이때 전자가 흘러가는 것이 전류이다.

가장 많은 수의 동위원소를 가지고 있는 원소는 무엇인가?

동위원소가 가장 많은 원소는 36가지의 동위원소를 가지고 있는 크세논(Xe)과 세슘(Cs)이다. 크세논은 1920년에서 1922년 사이에 발견된 아홉 개의 안정한 동위원소와 1939년에서 1981년 사이에 발견된 27개의 동위원소를 가지고 있다. 그리고 세슘은 1921년에 발견된 한 개의 안정한 동위원소와 1935년에서 1983년 사이에 발견된 35개의 불안정한 동위원소를 가지고 있다.

가장 적은 수의 동위원소를 가지고 있는 원소는 동위원소가 세 개인 수소(H)이다. 수소는 1920년과 1931년에 발견된 안정한 동위원소 두 개(수소, 중수소)와 1934년에 발견된 하나의 불안정한 동위원소(삼중수소)를 가지고 있다.

수소 동위원소

경수소: ^1H 중수소: ^2H 삼중수소: ^3H

탄소를 짝수 개 가지고 있는 화합물이 홀수 개 가지고 있는 화합물보다 많은가?

약 700만 가지의 탄소 화합물에 대한 정보를 보관하고 있는 바일슈타인 정보 연구소 자료에 의하면 짝수 개의 탄소 원자를 가지고 있는 화합물의 종류가 홀수 개의 탄소 원자를 포함하고 있는 화합물의 종류보다 월등하게 많은 것으로 확인되었다. 《케임브리지 결정학 자료집》이나 《물리 및 화학에 관한 CRC 핸드북》과 같은 다른 자료를 이용한 분석에서도 같은 결과가 나왔다. 이 결과에 대한 한 가지 가능한 설명은 유기물이 생명물질에서 유래하고, 자연은 탄소 원자 두 개를 포함하고 있는 아세테이트를 주원료로 하여 유기물을 합성하기 때문이라는 것이다. 그리고 유기물을 생산하는 사업자나 화학자들은 경제적인 이유로 주위에서 쉽게 구할 수 있는 재료를 이용할 가능성이 크다. 그 결과 탄소 화합물 중에는 짝수 개의 탄소 원자를 포함하고 있는 화합물의 수가 더 많게 되었다는 것이다.

끓는점이 가장 낮은 원소와 가장 높은 원소는 무엇인가?

헬륨은 모든 원소 중에서 끓는점이 가장 낮아 $-268.93℃$이고, 그 다음으로 낮은 원소인 수소의 끓는점은 $-252.87℃$이다. 끓는점이 가장 높은 원소는 레늄으로 $5,596℃$이며, 그 다음은 텅스텐으로 끓는점은 $5,555℃$이다.

공기의 밀도는 얼마인가?

습기를 포함하지 않은 공기의 밀도는 0℃, 1기압(760mmHg)에서 $1.29kg/m^3$이다. 공기의 밀도는 온도에 따라 변하는데 1기압에서 오른쪽과 같이 변한다.

온도(℃)	밀도(kg/m³)
10	1.24
15.5	1.22
21.1	1.20

밀도가 가장 높은 원소는 무엇인가?

오스뮴이나 이리듐이 가장 밀도가 높은 원소이다. 둘 중 어떤 원소가 더 밀도가 높은지를 결정할 수 있는 충분한 자료가 과학자들에겐 없지만 전통적인 측정 방법을 사용하면 오스뮴이 가장 밀도가 높다. 그러나 좀 더 과학적인 방법이라고 할 수 있는 결정 구조를 이용하여 계산한 밀도는 이리듐이 22.65로 22.61인 오스뮴보다 크다.

가장 단단한 원소와 가장 무른 원소는 무엇인가?

탄소는 가장 단단한 원소이며 동시에 가장 무른 원소이다. 탄소의 동소체인 다이아몬드는 가장 단단한 물체이고, 또 다른 동소체인 흑연은 가장 무른 물질이기 때문이다.

다이아몬드는 눕의 경도^{Knoop hardness scale}에서 가장 큰 숫자인 90에 해당하며 조금 덜 정확한 기준인 모스^{Mohs} 경도에서는 10이다. 흑연은 매우 연한 물질이어서 모스 경도에서는 0.5, 눕의 경도로는 0.12이다.

이성질체란 무엇인가?

이성질체는 같은 원자로 구성된 분자이지만 분자 내에서의 원자들의 배열 상태가 달라 다른 성질을 가지는 것을 말한다. 구조적인 이성질체에서는 원자들이 다른 방법으로 결합되어 있다. 기하학적인 이성질체에서는 이중결합을 기준으로 볼 때 결합 방향이 다르다. 광학적 이성질체는 원자들의 배열이 거울처럼 대칭이다.

기체 법칙이란 무엇인가?

기체의 행동을 나타내는 법칙을 기체 법칙이라고 한다. 기체 법칙에는 일정한 온도에서 기체의 부피는 압력에 반비례한다는 보일의 법칙과 일정한 압력에서 기체의 부피는 온도에 비례한다는 샤를의 법칙을 포함하고 있다. 이 두 가지 법칙을 결합하면 기체에 관한 일반적인 법칙을 유도해낼 수 있다.

$$(압력 \times 부피)/온도 = 상수$$

아보가드로의 법칙에 의하면 같은 온도, 같은 압력에서 같은 부피 속에는 모두 같은 수의 입자들이 들어 있다.

하지만 실제 기체는 정확하게 기체 법칙에 따르지 않는다. 그러나 높은 온도와 낮은 압력과 같이 특수한 조건에서는 대부분의 기체가 기체 법칙에 따라 행동한다.

중수란 무엇인가?

중수(D_2O)는 중수소 두 개와 하나의 산소 원자가 결합되어 만들어진 물이다. 중수소는 양성자 하나와 중성자 하나를 포함하고 있어 보통의 수소보다 두 배 더 무거운 원자이다. 결과적으로 중수의 분자량은 보통 물의 분자량인 18보다 무거운 20이다. 보통 물에는 중수가 약 6,500분의 1만큼 섞여 있다. 중수는 보통 물에서 분별 증류를 통해 추출할 수 있으며 원자폭탄의 제조, 원자력 발전, 화학이나 생물학에서 물질의 이동을 추적하는 용도로 사용된다. 중수는 유리[Harold C. Urey]가 1931년에 발견했다.

루이스 산이란 무엇인가?

미국의 화학자 루이스[Gilbert Newton Lewis, 1875~1946]의 이름을 따라 명명된 것이다. 루이스는 다른 원자로부터 전자를 받아들일 수 있는 것을 산, 전자를 공여할 수 있는 원자는 염기라고 정의했다. 수소 이온은 다른 원자로부터 전자를 받아들이는 대표적인 입자이다. 루이스 산에는 수소 이온 외에도 3플루오르화 보론(BF_3), 염화알루미늄($AlCl_3$)과 같은 많은 물질이 포함된다. 이런 물질들은 암모니아와 같은 물질과 반응하여 루이스 염을 형성한다.

가장 많이 사용되는 화학물질은 무엇인가?

소금이라고 부르는 염화나트륨($NaCl$)의 용도는 14,000가지가 넘는다. 소금은 양적으로도 가장 많이 사용되고 있는 화학물질이다.

어떤 화학물질이 오늘날 방부제로 사용되고 있는가?

19세기 미국에서는 방부제가 매우 중요한 관심거리였다. 당시에는 주로 비소, 안티몬, 납, 수은, 구리와 같은 중금속염이 시체의 부패를 막거나 세균의 증식을 억제하기 위한 방부제로 사용되었다. 그러나 1900년대 초에는 방부제로 중금속염을 금지하는 법이 제정되었다. 그 후 포름알데히드(폼알데하이드)가 방부제로 가장 널리 사용되었다. 포름알데히드는 값이 싸고, 취급이 간단해서 매우 인기 있는 방부제가 되었다.

포름알데히드는 여러 가지 산도에서 세포를 잘 유지해주었다. 일반적으로 장의사들은 시체에서 피를 뽑아낸 후 포름알데히드 용액을 주입한다. 이 경우 포름알데히드에 의한 색깔 변화를 방지하기 위해 여러 가지 조치를 하게 된다. 하지만 포름알데히드의 발암 효과와 시체의 피부가 잿빛으로 변하는 등의 같은 부작용이 문제가 되어 1955년부터는 글루타르알데히드라는 물질이 방부제로 사용되기 시작했다. 그럼에도 아직까지 방부제로는 포름알데히드가 가장 널리 사용되고 있다.

측정, 방법론

화학의 네 가지 주요 분야는 무엇인가?

화학은 전통적으로 유기화학, 무기화학, 분석화학 그리고 물리화학으로 나누어진다. 유기화학은 탄소를 주요 구성 원소로 하는 물질의 성질을 다룬다. 알려진 화합물의 90% 이상은 탄소 화합물이다. 무기화학에서는 탄소를 포함하지 않은 모든 물질의 성질을 연구한다. 분석화학은 화합물이나 혼합물의 구조나 성분을 결정하는 방법을 연구한다. 또한 분석에 필요한 장비를 개발하고, 실험 방법을 개선하는 연구도 한다. 물리화학은 물리 원리를 이용하여 화학적 현상을 설명하는 일을 한다.

아인슈타인의 주요 업적은 무엇인가?

아인슈타인$^{Albert\ Einstein,\ 1879\sim1955}$은 현대 이론 물리학의 창시자라고 할 수 있다. 그의 상대성이론(빛의 속도는 관측자나 광원의 상대속도에 따라 달라지지 않는다는 광속 불변의 원리를 바탕으로 하는)은 세상에 대한 인간의 이해를 근본적으로 변화시켰다. 상대성이론에 의하면 에너지와 물질은 $e=mc^2$으로 나타내는 식에 의해 상호 변환될 수 있다.

1905년 한 해 동안에 아인슈타인은 브라운 운동이라고 부르는 입자의 운동을 설명한 논문, 빛은 입자로서 전자와 상호작용한다는 광양자설을 이용하여 광전효과를 설명한 논문, 그리고 특수상대성이론을 다룬 논문을 발표했다. 이 중에서 상대성이론이 가장 널리 알려졌지만 아인슈타인이 1921년 노벨 물리학상을 수상한 것은 광전효과에 대한 논문에 의해서였다.

과학 분야에서의 업적과 더불어 정치적이고 사회적인 주요 문제에서 강력하게 인본주의적 태도를 취한 것 때문에 그는 20세기 가장 위대한 인물로 평가된다.

알베르트 아인슈타인은 물리 세계에 대한 인간의 이해에 혁명적인 변화를 가져왔다.

반입자란 무엇인가?

반입자는 보통 입자와 반대되는 입자이다. 반입자는 영국의 물리학자 디랙$^{\text{Paul Dirac, 1902~1984}}$이 이론적 분석을 통해 처음 그 존재를 예측했다. 그는 전자의 행동을 나타내는 방정식과 상대성이론의 방정식을 통합하려고 시도했다. 디랙은 그의 방정식이 의미가 있기 위해서는 질량은 전자와 같지만 음전하가 아닌 양전하를 가지고 있는 양전자가 존재해야 한다는 것을 알게 되었다.

디랙이 예측했던 양전자는 1932년에 발견되었다. 1955년까지 다른 반입자들은 발견되지 않았지만 그 후 입자 가속기를 이용하여 반중성자와 반양성자가 발견되었으며 반양성자와 양전자로 이루어진 반원자가 존재한다는 것도 확인되었다.

양자물리학의 창시자는 누구인가?

독일의 물리학자 하이젠베르크$^{\text{Werner Karl Heisenberg, 1901~1976}}$는 작은 입자들의 행동을 다루는 양자물리학의 창시자로 여겨지고 있다. 1927년에 발표한 그의 불확정성원리는 뉴턴역학이나 전자기학의 이론이 원자보다 작은 입자들을 다루는 데는 아무 쓸모가 없다는 것을 밝혀냈다. 이 이론에 의하면 입자의 위치와 운동량(질량×속도)을 동시에 정확히 결정하는 것은 가능하지 않다. 즉 전자와 같은 입자들의 행동은 확률을 통해서만 이해할 수 있다.

pH는 무엇을 나타내는가?

pH는 용액 중의 수소 이온(H^+) 농도를 나타낸다. 이것은 용액의 산성도를 나타내는 지표로 사용되고 있다. pH는 0에서 14까지 변한다. 중성 용액의 pH는 7이고, pH가 7보다 큰 용액은 알칼리 용액, 7보다 작은 용액은 산성 용액으로 분류된다.

pH가 낮을수록 산성도가 높다. pH가 1만큼 차이가 나는 것은 산성도가 10배 차이가 난다는 것을 뜻한다.

pH	용액의 종류
0	염산, 전지 전해액
1	위액(1.0~3.0)
2	레몬주스(2.3)
3	식초, 포도주, 맥주, 오렌지주스, 산성비
4	토마토, 포도, 바나나(4.6)
5	커피, 면도용 로션, 빵, 보통 빗물
6	오줌(5~7), 우유(6.6)
7	순수한 물, 피(7.3~7.5)
8	달걀흰자(8.0), 바닷물(7.8~8.3)
9	제빵용 소다, 표백제
10	비눗물
11	가정용 암모니아(10.5~11.9)
12	세탁용 소다(탄산나트륨)
13	제모제, 요리 기구 세척제
14	수산화나트륨(NaOH)

온도계의 발명자는 누구인가?

고대 그리스 시대의 과학자들은 공기의 부피가 온도에 따라 변한다는 것을 알고 있었다. 알렉산드리아의 헤론[Hero]과 비잔티움의 필로[Philo]가 간단한 온도계를 제작했지만 실제로 온도를 측정할 수는 없었다. 1592년에 갈릴레이[Galileo Galilei, 1564~1642]는 기압계로도 사용할 수 있는 온도계를 만들었다. 1612년에는 갈릴레이의 친구였던 산토리오[Santorio Santorio, 1561~1636]가 공기를 이용한 온도계를 이용하여 체온의 변화를 측정했다. 이 온도계는 공기의 팽창에 의해 색깔을 넣은 액체가 움직이도록 되어 있었다. 그러나 고정된 눈금을 이용하여 온도를 측정하기 시작한 것은 1713년 파렌하이트^{Daniel Fahrenheit, 1686~1736}부터였다.

얼음이 녹는 온도와 건강한 사람의 체온을 기준으로 하는 온도계를 고안했던 파렌하이트는 얼음이 녹는 온도는 항상 일정하지만 얼음이 어는 온도는 변한다는 것을 알게 되었다. 그는 온도계에 얼음, 물 그리고 소금물을 넣고 그것을 0도로 정했다. 그렇게 하면 얼음이 녹는 온도는 32도, 체온은 96도가 되었다. 1835년에 건강한 사람의 체온은 $98.6°F(37°C)$라는 것이 밝혀졌다. 파렌하이트는 가끔 온도계에 포도주를 넣었지만 대개의 경우에는 순수한 수은을 넣었다. 후에 물이 끓는 온도인 $212°F(100°C)$가 기준 온도로 정해졌다.

온도의 세 가지 단위는 무엇인가?

온도는 기체, 액체, 고체가 포함하고 있는 열에너지의 정도를 나타내는 물리량이다. 물이 어는점과 끓는점은 섭씨온도와 화씨온도에서 중요한 두 기준점이 되었다. 섭씨온도에서는 물이 어는점과 끓는점 사이를 100등분하고 한 눈금을 1도로 정했다. 그리고 화씨온도에서는 물이 어는점과 끓는점 사이를 180등분했다. 그런데 온도는 물체를 이루는 입자들의 운동이 정지하는 절대 0도로부터 측정할 수도 있다. 열역학적으로 의미 있는 온도는 절대영도를 기준으로 측정한 온도이다. 이렇게 측정한 온도를 1848년에 처음 도입한 켈빈^{William Thomson Kelvin, 1824~1907}의 이름을 따서 켈빈온도라고 부른다.

켈빈온도는 섭씨온도와 마찬가지로 물이 어는점과 끓는점 사이를 100등분한다. 그러나 켈빈온도는 −273.15℃를 0도로 하기 때문에 섭씨온도와 273.15도 차이가 난다. 널리 사용되고 있는 세 가지 온도를 비교하면 다음 표와 같다.

특정한 온도	절대온도(K)	섭씨온도(℃)	화씨온도(°F)
절대 0도	0	-273.15	-459.67
섭씨=화씨	233.15	-40	-40
화씨 0도	255.37	-17.80	0
물의 어는점	273.15	0	32
체온	310.15	37	98.60
화씨 100도	310.93	37.80	100
물의 끓는점	373.15	100	212

섭씨온도를 켈빈온도로 바꾸기 위해서는 273.15를 더하면 된다(K=C+273.15). 화씨온도를 섭씨온도로 바꾸기 위해서는 32를 뺀 다음 9로 나눈 후 5를 곱하면 된다($C=\frac{5}{9}[F-32]$). 섭씨온도를 화씨온도로 바꾸기 위해서는 1.8을 곱한 후 32를 더하면 된다($F=\frac{9}{5}C+32$ 또는 F=1.8C+32).

초기 섭씨온도계의 특이한 점은 무엇인가?

1742년 스웨덴의 셀시우스[Anders Celsius, 1701~1744]는 물이 어는점을 100℃, 끓는점을 0℃로 하는 온도계를 만들었다. 한편 지금 우리가 사용하는 것처럼 물이 어는점을 0℃, 끓는점을 100℃로 한 온도계를 만든 사람은 린네[Carl von Linné, 1707~1778]이다. 그러나 후세 사람들은 이렇게 수정된 온도를 섭씨온도(셀시우스 온도)라고 부른다.

크로마토그래피는 누가 발명했나?

크로마토그래피는 1900년대 초에 러시아의 식물학자 츠베트[Mikhail Tsvet, 1872~1919]가 발명했다. 처음에는 식물의 서로 다른 색소를 분리하기 위해 사용되었던 이 기술은 이후 여러 가지 다양한 성분을 분류해내는 방법으로 널리 사용하게 되었다. 크로마토그래피에는 액체 크로마토그래피, 기체 크로마토그래피, 종이 크로마토그래피의 세 가지가 있다. 법의학이나 분석 실험실에서는 서로 다른 종류의 크로마토그래피가 사용된다.

핵자기공명이란 무엇인가?

핵자기공명NMR은 특정한 원자의 원자핵이 외부 전자기장의 에너지를 흡수하는 과정을 말한다. 분석화학자들은 알려지지 않은 물질의 성분을 분석하거나 불순물의 종류를 알아내기 위해 NMR 분광기를 사용한다. 여기서 그들은 원자에 따라 흡수하는 전자기파의 진동수가 다르다는 것을 이용한다.

STP는 무엇인가?

STP는 표준온도와 압력$^{Standard\ Temperature\ and\ Pressure}$을 나타내는 말이다. 과학자들은 기체의 부피를 쉽게 비교하기 위해 특정한 온도와 압력을 표준상태로 정해 사용하고 있다. 표준상태는 0℃(273K), 1기압이다.

전류의 단위인 암페어(A)는 어디에서 유래했나?

전류의 단위인 암페어는 전자기학의 중요한 법칙을 밝혀낸 프랑스 과학자 앙페르$^{André\ Marie\ Ampère,\ 1775~1836}$의 이름을 따서 명명되었다.

암페어는 전류의 단위로 1A는 나란하게 놓여 있는 무한히 긴 두 개의 직선 도선에 같은 크기의 전류가 흐를 때 도선 1m에 작용하는 힘이 2×10^{-7}N인 경우의 전류의 세기를 나타낸다. 예를 들면 100W 전구를 100V의 전원에 연결했을 때 이 전구에 흐르는 전류는 1A이다. 토스터에는 약 10A의 전류가 흐르고, 텔레비전에는 약 3A, 자동차가 시동을 걸 때는 전지로부터 약 50A의 전류가 흐른다. 여기서 뉴턴(N)은 힘의 단위로서 1kg을 $1m/s^2$의 가속도로 가속할 수 있는 힘이다.

전압의 단위인 볼트는 어디에서 유래했나?

전압의 단위인 볼트(V)는 현대적인 전지를 최초로 만든 이탈리아의 볼타$^{Alessandro\ Volta,\ 1745~1827}$의 이름에서 유래했다(납으로 된 극과 식초로 만든 전지가 고대 이집트에서 만들어졌다는 기록이 남아 있다). 전압은 전하가 가지고 있는 전기 에너지의 크기를 나타낸다. 보통 사용하는 건전지는 1.5V이며 자동차에 사용되는 전지는 대부분 12V이다. 그리고 가정에 공급되는 전기의 전압은 대개 220V이다.

전력의 단위인 와트(W)는 어디에서 유래했나?

스코틀랜드의 엔지니어로 증기기관을 개량한 와트[James Watt, 1736~1819]의 이름에서 유래했다. 1V의 전압에 의해 1A의 전류가 흐를 때의 전력이 1W이다.

화학에서 몰은 무엇을 나타내는가?

몰mol은 물질의 양을 재는 기본 단위이다. 1몰은 원자나 분자 6.02×10^{23}개를 나타낸다. 이 숫자는 아보가드로의 법칙을 발견한 아보가드로[Amedeo Avogadro, 1776~1856]의 이름을 따서 아보가드로의 수라고 부른다. 원자량은 원자 1몰의 질량을 나타낸다. 따라서 원자량이 12라는 것은 이 원자 1몰의 질량이 12g이라는 뜻이다.

몰데이는 무엇인가?

몰데이Mole Day는 화학에 대한 관심을 높이기 위해 몰데이 협회에서 정한 날이다. 해마다 10월 23일에 기념 행사를 한다.

그램원자량은 그램당량과 어떻게 다른가?

그램원자량은 원자량과 같은 그램 수의 원자들을 나타낸다. 다시 말해 원자량이 12인 탄소의 1그램원자량은 탄소 12g이다. 반면 그램당량은 특정한 원소와 화학 반응을 하는 양을 나타낸다.

우주

우주론

빅뱅이란 무엇인가?

빅뱅이론은 우주의 기원에 대해 설명하는 이론으로 대부분의 천문학자가 받아들이는 우주론이다. 빅뱅이론에서는 우주가 약 137억 년 전에 한 점에서 갑자기 팽창하면서 시작되었다고 설명한다.

빅뱅이론을 지지하는 관측적 증거는 두 가지가 있다. 첫 번째 증거는 미국의 천문학자 허블[Edwin Hubble, 1889~1953]이 발견한 것으로 우주가 팽창하고 있다는 것이다. 허블은 은하들이 멀어지는 속도가 거리에 비례하여 커진다는 것을 밝혀내 우주가 팽창하고 있다는 것을 알아냈다. 두 번째 증거는 빅뱅 직후 우주를 가득 채우고 있었던 빛의 잔해인 우주배경복사이다. 우주배경복사는 벨연구소의 연구원이었던 펜지어스[Arno A. Penzias, 1933~]와 윌슨[Robert W. Wilson, 1936~]이 1964년에 발견했다. 빅뱅 과정에서 만들어진 물질은 커다란 조각으로 나누어져 은하를 형성하게 되었다. 은하 안에 형성된 물질 덩어리에서는 별들이 만들어졌는데 그 덩어리 중 하나에서 태양계가 만들어졌다.

빅 크런치 이론은 어떤 것인가?

빅 크런치 이론에 의하면 미래의 어느 시점이 되면 우주를 구성하는 모든 물질이 팽창을 멈추고 다시 한 점으로 수축할 것이라고 한다. 우주의 미래를 예측하는 이론은 이외에도 두 가지가 더 있다. 하나는 빅 보레 이론으로 우주가 영원히 팽창을 계속할 것이라는 이론이다. 또 다른 하나인 플래토 이론은 우주의 팽창 속도가 점차 느려져서 결국에는 팽창이 멈추게 될 것이라는 이론이다. 이 시점이 되면 우주는 거의 변하지 않은 채 그대로 존재할 것이라고 주장한다.

현재 태양계의 구조

우주의 나이는 얼마나 되었나?

허블 망원경이 최근에 수집한 자료에 의하면 우주는 80억 년밖에 안 됐다는 결론이 도출되기도 했다. 이것은 우주가 130억 년에서 200억 년 전 사이에 시작되었다던 기존의 관측 결과와는 다르다. 이전의 결과는 우주가 빅뱅 이후 같은 속도로 팽창하고 있다는 가정하에서 얻은 결과였다. 이 팽창 속도는 허블 상수로 알려져 있다. 지구에서 은하까지의 거리를 은하가 멀어지는 속도로 나눈 것이 우주의 나이라고 생각한 것이다. 두 은하 사이의 거리를 두 은하가 멀어지는 속도로 나누면 우주의 나이를 계산할 수 있다. 그러나 은하까지의 거리 측정이나 멀어지는 속도의 측정에는 항상 오차가 있다. 게다가 우주의 팽창 속도가 일정하지 않다는 증거도 많이 발견되었다. 따라서 우주의 나이는 아직도 정확하게 정해졌다고 할 수 없다.

태양계의 크기는 얼마나 되는가?

태양계의 크기를 어림잡아 보기 위해 태양을 탁구공 크기로 줄였다고 생각해보자. 그렇게 하면 지구의 지름은 0.25mm가 되고 태양으로부터 2.7m 떨어진 곳에 위치할 것이다. 그리고 달의 지름은 0.06mm가 되고 지구로부터 6.3mm 떨어져서 지구를 돌 것이다. 태양계에서 가장 큰 행성인 목성은 지름이 2.5mm 정도 되고, 태양으로부터 14m 떨어진 곳에서 태양을 돌 것이다. 한편 왜행성인 명왕성은 지름이 0.02mm이고, 태양으로부터 108m 떨어진 곳에 위치할 것이다.

스티븐 호킹은 누구인가?

호킹 Stephen Hawking, 1942~2018 은 20세기 후반의 가장 위대한 이론 물리학자 중 한 사람이다. 근육 수축증으로 인한 심한 장애에도 불구하고 시공간에 대한 연구를 통해 블랙홀과 우주의 기원에 대한 연구에 많은 공헌을 했다. 예를 들면 호킹은 블랙홀이 복사선을 방출할 수 있다고 제안했다. 또한 블랙홀의 모든 질량이 에너지로 바뀐 다음에는 블랙홀이 사라질 것이라고 예측하기도 했다.

그는 양자론과 상대성이론을 통합하여 양자 상대론을 연구했고, 《시간의 역사》《호두 껍데기 속의 우주》를 비롯한 여러 권의 책을 썼다.

스티븐 호킹은 20세기 후반의 최대 이론 물리학자로 인정받고 있다.

퀘이사란 무엇인가?

퀘이사는 1963년에 캘리포니아에 있는 팔로마 천문대에서 처음으로 발견했다. 퀘이사라는 이름은 전파를 내는 준성이라는 의미를 지닌다. 퀘이사는 별과 같이 보인다. 그러나 퀘이사는 빛의 속도의 90%나 되는 빠른 속도로 멀어지고 있는 멀리 떨어진 천체이다. 퀘이사의 정확한 정체는 아직 밝혀지지 않았지만 많은 과학자들은 우리가 관측한 천체 중에서 가장 먼 곳에 있는 은하의 핵이라고 믿고 있다.

시저지는 무엇인가?

시저지^{syzygy}는 일식이나 월식 때 지구와 달 그리고 태양이 일직선으로 늘어서 있는 것처럼 세 개의 천체가 일렬로 배열되는 현상을 말한다. 행성이 지구를 중심으로 태양의 반대편에 배열되는 시저지를 충이라고 한다.

우리 은하에서 가장 가까이 있는 은하는 무엇인가?

우리 은하에서 가장 가까운 은하는 사수자리에 있는 몇 개의 소규모 은하들이다. 이들 소규모 은하 다음으로 가까이 있는 은하는 대마젤란은하와 소마젤란은하이다. 이 두 은하는 우리 은하를 돌고 있는 위성은하로 일정한 모양을 갖추지 않은 불규칙 은하이다. 대마젤란은하^{LMC}는 우리 은하로부터 약 18만 광년 떨어져 있으며 소마젤란은하까지의 거리는 약 25만 광년 정도 된다. 우리 은하가 포함되어 있는 은하 그룹에서 가장 큰 은하는 안드로메다은하이다. 안드로메다은하까지의 거리는 약 250만 광년이다. 우리 은하보다 더 큰 안드로메다은하는 나선은하로 달빛이 없는 캄캄한 밤에는 맨눈으로 볼 수 있다.

별

초신성은 무엇인가?

초신성은 질량이 큰 별의 진화 마지막 단계에서 폭발하는 별이다. 초신성이 폭발한 직후에는 은하의 모든 별 중에서 가장 밝게 빛나지만 점차 어두워진다. 초신성 폭발은 자주 관측할 수 있는 현상이 아니다. 우리 은하에서 가장 최근에 초신성이 관측된 것은 1604년이다. 1987년에는 우리의 이웃 은하인 대마젤란은하에서 1987A 초신성 폭발이 관측되었다.

성운의 종류에는 어떤 것이 있는가?

우주 공간에 흩어져 있는 기체와 먼지로 이루어진 성운에는 발광성운, 암흑성운, 행성상 성운, 반사성운의 네 가지가 있다. 별의 탄생지이기도 한 성운은 기체와 먼지로 이루어진 구름이다. 발광성운과 반사성운은 밝은 성운이다. 발광성운은 스스로 빛을 내며 여러 가지 다양한 색깔로 보인다. 맨눈으로도 볼 수 있는 오리온 대성운은 발광성운의 대표적인 예이다. 반사성운은 기체와 먼지로 이루어진 차가운 구름이다. 반사성운은 스스로 빛을 내는 것이 아니라 주위에 있는 별빛을 받아 반사한다. 암흑성운은 빛을 내지 않고 배경에서 오는 빛을 흡수하기 때문에 공간에 있는 커다란 구멍처럼 보인다. 오리온자리에서 관측되는 말머리성운은 암흑성운의 대표적인 예이다. 행성상 성운은 죽어가는 별이 방출한 기체와 먼지로 이루어진 성운이다.

별은 왜 반짝일까?

별빛은 일정한 밝기로 빛나고 있다. 그런데도 별빛이 반짝이는 것처럼 관측되는 것은 지구를 둘러싸고 있는 공기의 산란 현상 때문이다. 대기 중에 포함되어 있는 먼지

입자와 공기 분자들이 별에서 오는 빛의 진행을 일시적으로 방해하기 때문이다. 불규칙적이고 단속적으로 계속되는 이런 방해 작용으로 별빛이 깜박거리는 것처럼 보인다.

별의 잔해는 무엇인가?

지구에 분포해 있는 철, 규소, 산소, 탄소와 같은 무거운 원소들은 별의 내부에서 만들어졌다. 별들은 진화의 마지막 단계에서 폭발하면서 이런 무거운 원소들을 우주 공간에 흩어놓았다. 사람을 비롯해 지구에 살고 있는 생명체는 이렇게 흩어진 별들의 잔해를 재료로 만들어졌다.

이중성은 무엇인가?

이중성은 공통의 질량 중심을 돌고 있는 두 개의 별이다. 별들의 반은 이중성을 이루고 있거나 세 개 이상으로 구성된 다중성을 이루고 있다.

지구에서 약 8.6광년 떨어져 있는 가장 밝은 별인 시리우스는 태양의 2.3배 되는 질량의 별과 목성의 980배 되는 질량의 백색왜성으로 이루어진 이중성이다. 태양계에서 가장 가까운 곳에 위치한 켄타우루스자리의 알파별은 알파 켄타우리 A, 알파 켄타우리 B, 알파 켄타우리 C의 세 별로 이루어진 다중성이다.

블랙홀은 무엇인가?

태양의 4배가 넘는 질량을 가진 큰 별이 붕괴하면 중성자도 중력으로 인한 압력을 견딜 수 없게 된다. 자연에는 이런 별의 붕괴를 막을 힘이 존재하지 않는다. 따라서 이런 별은 계속 수축한다. 수축이 진행됨에 따라 중력이 증가하며 결국 물질은 물론 빛도 빠져 나올 수 없는 상태가 된다. 1967년에 미국의 물리학자 휠러[John Wheeler]는 이러한 천체를 블랙홀이라고 불렀다. 블랙홀에서는 빛이 나올 수 없기 때문에 직접 관측하는 것은 가능하지 않다. 그러나 블랙홀이 다른 별 근처에 존재하면 이웃한 별로부터 물질을 끌어들인다. 이때 블랙홀로 빨려 들어가는 물질이 강한 X선을 방출하기 때문에 블랙홀의 위치를 파악할 수 있다. 백조자리에는 백조자리 X-1이라고 부르는 강한 X선 방출원이 있다. 관측되지 않는 이 X선 방출원은 태양 질량의 10배나 되는 중력 작용을 하는 것으로 밝혀져 블랙홀로 추정된다.

한편 원시 블랙홀이라고 부르는 다른 종류의 블랙홀이 빅뱅 순간부터 존재했을 가능성이 있다. 최근에 천문학자들은 우리 은하의 중심 부근에 있는 사수자리 A로부터 짧은 시간 동안 X선이 방출되는 것을 관측했다. 이 X선의 근원을 조사한 과학자들은 우리 은하의 중심에도 커다란 블랙홀이 있을 것으로 추정하고 있다.

과학자들은 블랙홀을 네 가지 종류로 분류한다. 전하나 각운동량을 가지고 있지 않은 슈바르츠실트 블랙홀, 전하는 가지고 있지만 각운동량을 가지고 있지 않은 라이스너-노드스트롬 블랙홀, 전하는 없지만 각운동량은 가지고 있는 커 블랙홀, 전하와 각운동량을 모두 가지고 있는 커-뉴먼 블랙홀이 그것이다.

펄서란 무엇인가?

펄서는 빠르게 회전하는 중성자별로 주기가 0.001초에서 4초 사이의 전파를 낸다. 수소 원자가 헬륨 원자핵으로 융합하는 핵융합 반응으로 빛을 내는 별들은 수소를 다 사용하고 나면 수축하기 시작한다. 수축하는 과정에서 에너지를 방출하면서 별의 외곽을 이루고 있던 물질들을 공간으로 밀어낸다. 별의 중심에서 멀어진 외곽층은 온도가 내려가 붉은색으로 보인다. 이 단계에 있는 별이 적색거성이다. 태양 의 두 배가 넘는 질량을 가지고 있는 별은 계속 팽창하여 초거성이 된다. 또한 이 단계에서 폭발하여 초신성이 되기도 한다. 초신성 폭발의 중심부에서는 전자와 양성자가 결합하여 중성자가 만들어진다. 질량이 태양의 1.4배에서 4배 사이인 별들은 지름이 20km밖에 안 되는 중성자별이 된다. 중성자별은 빠르게 회전한다. 예를 들어 게성운의 중심에 있는 중성자별은 1초에 30번 회전한다.

펄서는 질량이 태양의 1.4배에서 4배 사이에 있는 별이 붕괴하면서 만들어진다. 일부 중성자별은 자극으로부터 전파를 낸다. 중성자별이 내는 전파는 1967년에 케임브리지 대학의 벨^{Jocelyn Bell, 1943~}에 의해 처음 발견되었다. 신호가 규칙적이었기 때문에 이것을 외계 문명이 보내오는 신호라고 생각하는 사람들도 있었다. 그러나 펄서는 회전하는 중성자별이라는 설명이 설득력을 얻게 되었다.

별의 색깔은 무엇을 나타내는가?

별의 색깔은 별 표면의 온도를 나타낸다. 별은 스펙트럼형에 따라 분류된다. 온도가 높은 별에서 낮은 별의 순서로 나열한 별의 스펙트럼형은 다음과 같다.

각 스펙트럼형은 다시 0에서 9까지 나누어지는데 태양은 G2로 분류된다.

형	색깔	온도(℃)
O	푸른색	25,000~40,000
B	푸른색	11,000~25,000
A	푸른색–흰색	7,500~11,000
F	흰색	6,000~7,500
G	노란색	5,000~6,000
K	주황색	3,500~5,000
M	붉은색	3,000~3,500

가장 무거운 별은 어떤 별인가?

피스톨별은 가장 밝고 질량이 가장 큰 별로 알려졌다. 태양계로부터 사수자리 방향으로 25,000광년 떨어진 이 젊은(나이가 100만 년에서 300만 년 사이인) 별은 태양보다 1,000만 배 더 밝으며 질량은 태양의 200배나 된다.

가장 밝은 별은 어떤 별인가?

별의 밝기는 등급으로 표시한다. 실시등급은 실제로 관측되는 밝기를 나타낸다. 등급이 낮을수록 더 밝은 별이다. 맑은 날 밤에는 맨눈으로 6등급의 별까지 관측할 수 있으며, 대형 망원경으로는 27등급의 별까지 관측할 수 있다. 아주 밝은 별은 마이너스의 등급을 갖는다. 태양은 −26.8등성이다.

별	별자리	등급
시리우스	큰개자리	−1.47
카노푸스	용골자리	−0.72
아르크투루스	목동자리	−0.06
리길 켄타우루스	켄타우루스자리	+0.01
베가	거문고자리	+0.04
카펠라	마차부자리	+0.05
리겔	오리온자리	+0.14
프로키온	작은개자리	+0.37
베텔게우스	오리온자리	+0.41
아케르나르	에리다누스강자리	+0.51

은하수는 무엇인가?

은하수는 여름 밤하늘을 가로지르는 희미한 띠이다. 은하수를 이루는 희미한 빛은 우리 은하를 구성하고 있는 수많은 별빛이다. 은하는 수천억 개의 별들로 이루어진 거대한 체계이다. 천문학자들은 우리 은하에 적어도 1,000억 개 이상의 별이 포함되어 있으며, 지름은 10만 광년이나 된다고 추정한다. 은하는 중심 부분이 부푼 납작한 원반 모양을 하고 있으며 중심부로부터 나선팔이 뻗어 나와 있다.

북두칠성은 무엇인가?

북두칠성은 큰곰자리를 이루는 별의 일부인 일곱 개의 별이다. 이 별들은 긴 자루가 달린 국자 모양으로 배열되어 있다. 영국에서는 이 별들을 쟁기라고 부른다. 북반구에서는 일 년 내내 북두칠성을 관측할 수 있다. 북두칠성은 다른 별들을 찾아내는 데 사

큰곰자리는 북두칠성을 이루는 일곱 개의 별을 포함하고 있다.

용되는 길잡이별로 적당하다. 예를 들면 북두칠성의 끝에 있는 두 별의 연장선을 그으면 북극성에 연결된다.

북극성은 어디에 있는가?

지구의 북극에서 표면에 수직인 직선을 하늘을 향해 그으면 1도의 범위 안에서 북극성을 만나게 된다. 지구가 자전축을 중심으로 자전함에 따라 북반구에서는 모든 별들이 한 자리에 정지해 있는 북극성을 중심으로 회전하고 있는 것처럼 보인다.

북극성은 항상 같은 자리에 있는가?

지구의 자전축은 세차운동에 의해 큰 원을 따라 움직이고 있다. 세차운동의 주기는

26,000년이다. 고대 이집트 시대에는 북극성이 용자리의 투반이었고, 14,000년 후에는 거문고자리의 베가가 북극성이 될 것이다.

여름의 대삼각형은 무엇인가?

여름의 대삼각형이란 백조자리의 데네브, 거문고자리의 베가(직녀성), 독수리자리의 알타이르(견우성)가 여름 밤하늘에 만드는 커다란 삼각형을 말한다.

얼마나 많은 별자리가 있으며 별자리의 이름은 어떻게 정해졌는가?

별자리는 사람이나 동물 또는 물체의 모양으로 배열되어 있는 별들의 무리이다. 별자리를 이루는 별들은 지구에서 볼 때 가까이 있는 것으로 보일 뿐 실제로는 멀리 떨어진 경우가 대부분이다. 1920년에 열렸던 국제천문연맹의 회의에서는 88개의 별자리를 공식적으로 인정하고 별자리의 경계를 정했다.

많은 민족들은 자신들의 고유한 문화를 반영한 별자리를 가지고 있다. 그러나 현대 과학이 유럽에서 발달했기 때문에 현대 별자리에는 그리스와 로마의 신화에 등장하는 인물이나 동물, 그리고 물체를 나타내는 것이 많다. 유럽 사람들이 16세기와 17세기에 남반구를 탐험하기 시작하면서 망원경의 도움을 받아 새로운 별자리를 발견했다.

별자리의 이름은 대개 라틴어로 불린다. 별자리 내에서의 개개의 별 이름은 밝기의 순서에 따라 그리스 알파벳을 이용하여 나타낸다. 가장 밝은 별은 알파별, 다음으로 밝은 별은 베타별, 그 다음 밝은 별은 감마별 등으로 부르는데 별 이름 다음에 별자리 이름을 붙여 부른다. 예를 들어 알파 오리온은 오리온자리에서 가장 밝은 별을 의미한다.

라틴어 이름	약자	한국어 이름
Andromeda	And	안드로메다자리
Antlia	Ant	공기펌프자리
Apus	Aps	극락조자리
Aquarius	Aqr	물병자리
Aquila	Aql	독수리자리
Ara	Ara	제단자리
Aries	Ari	양자리
Auriga	Aur	마차부자리
Boötes	Boo	목동자리
Caelum	Cae	조각칼자리
Camelopardalis	Cam	기린자리
Cancer	Cnc	게자리
Canes Venatici	CVn	사냥개자리
Canis Major	CMa	큰개자리
Canis Minor	CMi	작은개자리
Capricornus	Cap	염소자리
Carina	Car	용골자리
Cassiopeia	Cas	카시오페이아자리
Centaurus	Cen	켄타우루스자리
Cepheus	Cep	세페우스자리
Cetus	Cet	고래자리
Chamaeleon	Cha	카멜레온자리

라틴어 이름	약자	한국어 이름
Circinus	Cir	컴퍼스자리
Columba	Col	비둘기자리
Coma Berenices	Com	머리털자리
Corona Australis	CrA	남쪽왕관자리
Corona Borealis	CrB	북쪽왕관자리
Corvus	Crv	까마귀자리
Crater	Crt	컵자리
Crux	Cru	남십자자리
Cygnus	Cyg	고니자리
Delphinus	Del	돌고래자리
Dorado	Dor	황새치자리
Draco	Dra	용자리
Equuleus	Equ	조랑말자리
Eridanus	Eri	에리다누스자리
Fornax	For	화로자리
Gemini	Gem	쌍둥이자리
Grus	Gru	두루미자리
Hercules	Her	헤르쿨레스자리
Horologium	Hor	시계자리
Hydra	Hya	바다뱀자리
Hydrus	Hyi	물뱀자리
Indus	Ind	인디언자리

라틴어 이름	약자	한국어 이름
Lacerta	Lac	도마뱀자리
Leo	Leo	사자자리
Leo Minor	LMi	작은사자자리
Lepus	Lep	토끼자리
Libra	Lib	천칭자리
Lupus	Lup	이리자리
Lynx	Lyn	살쾡이자리
Lyra	Lyr	거문고자리
Mensa	Men	테이블산자리
Microscopium	Mic	현미경자리
Monoceros	Mon	외뿔소자리
Musca	Mus	파리자리
Norma	Nor	직각자리
Octans	Oct	팔분의자리
Ophiuchus	Oph	뱀주인자리
Orion	Ori	오리온자리
Pavo	Pav	공작자리
Pegasus	Peg	페가수스자리
Perseus	Per	페르세우스자리
Phoenix	Phe	불사조자리
Pictor	Pic	화가자리
Pisces	Psc	물고기자리

라틴어 이름	약자	한국어 이름
Piscis Austrinus	PsA	남쪽물고기자리
Puppis	Pup	고물자리
Pyxis	Pyx	나침반자리
Reticulum	Ret	그물자리
Sagitta	Sge	화살자리
Sagittarius	Sgr	궁수자리
Scorpius	Sco	전갈자리
Sculptor	Scl	조각가자리
Scutum	Sct	방패자리
Serpens	Ser	뱀자리
Sextans	Sex	육분의자리
Taurus	Tau	황소자리
Telescopium	Tel	망원경자리
Triangulum	Tri	삼각형자리
Triangulum Australe	TrA	남쪽삼각형자리
Tucana	Tuc	큰부리새자리
Ursa Major	UMa	큰곰자리
Ursa Minor	UMi	작은곰자리
Vela	Vel	돛자리
Virgo	Vir	처녀자리
Volans	Vol	날치자리
Vulpecula	Vul	작은여우자리

지구에서 가장 가까운 별은 어떤 별인가?

태양은 지구에서 약 1억 5,000만km 떨어져 있는 가장 가까운 별이다. 태양 다음으로 가까운 별은 세 개의 별로 이루어진 켄타우루스자리의 알파별이다. 이 별은 지구에서 4.3광년 떨어진 곳에 있다.

태양의 온도는 얼마나 되나?

태양의 중심부 온도는 1,500만℃ 정도이며 태양의 표면인 광구는 약 5,500℃이다. 자기장의 교란으로 인해 광구에는 온도가 낮은 부분이 있는데 이곳은 다른 부분보다 어둡게 보여서 흑점이라고 부른다. 흑점의 온도는 약 4,000℃ 정도이다. 태양의 아래층 대기인 채층은 매우 얇은 층으로 두께는 수천 km 정도이다. 채층 아래쪽의 온도는 4,300℃이다. 그러나 고도가 높아져 태양의 바깥쪽 대기층인 코로나에 이르면 온도는 높아져 100만℃나 된다.

태양의 구성 성분은 무엇인가?

플라스마로 이루어진 태양의 질량은 1.9891×10^{30}kg(지구 질량의 332,950배)이다. 태양의 구성 성분은 오른쪽 표와 같다.

원소	질량(%)	원소	질량(%)
수소	73.46	질소	0.09
헬륨	24.85	규소	0.07
산소	0.77	마그네슘	0.05
탄소	0.29	황	0.04
철	0.16	기타	0.10
네온	0.12		

태양의 수명은 얼마나 될까?

현재 태양의 나이는 약 45억 년이다. 지금부터 50억 년 후에는 태양이 모든 수소를 헬륨으로 전환하게 될 것이다. 이 단계가 되면 태양은 노란색에서 적색거성으로 부풀어 태양의 지름은 금성의 공전궤도 지름보다 커질 것이다. 또한 지구 궤도까지 부풀어 오를 가능성도 있다. 만약 태양이 지구까지 부풀어 오르지 않는다고 해도 그때가 되면 지구는 모두 타버리고 재만 남을 것이다.

황도란 무엇인가?

황도는 태양이 지나가는 하늘의 길을 말한다. 지구가 태양 주위를 일 년에 한 번 공전하는 동안 지구에서 보면 태양이 하늘의 별자리 사이를 일 년에 한 바퀴 도는 것처럼 보인다. 북반구에서 봄에는 황도가 높은 고도에 있지만 가을에는 황도가 지평선에 훨씬 가까워진다.

태양의 색깔이 변하는 것은 무엇 때문인가?

태양 빛에는 무지개 색깔이 모두 들어 있다. 따라서 태양 빛은 색깔이 없는 흰빛이다. 그러나 일부분의 빛, 특히 푸른빛이 공기에 의해 산란되면 태양 빛이 색깔을 띠게 된다. 태양의 고도가 높을 때는 공기에 의해 푸른빛이 주로 산란되어, 하늘은 푸른색으로 보이고 태양은 노란색으로 보인다. 그리고 태양이 뜨거나 질 때는 태양의 고도가 낮아 빛이 공기를 길게 지나야 하기 때문에 다른 빛은 공기에 의해 산란되고 붉은빛만 남아 태양이 붉은색으로 보인다.

빛이 태양에서 지구까지 오는 데는 얼마나 걸리나?

299,792km/s의 속력으로 달리는 빛이 태양에서 지구까지 오는 데는 약 8분 20초가 걸린다. 그러나 이 시간은 지구의 위치에 따라 태양과 지구 사이의 거리가 달라지기

때문에 조금씩 차이가 난다. 1월에는 약 495초, 7월에는 505초가 걸린다.

태양 주기는 얼마나 되나?

태양 주기는 태양 흑점의 수가 변하는 주기를 말한다. 태양 흑점의 수가 최소인 시점에서 다시 최소가 되는 시점까지의 기간을 태양 주기라고 하는데 이 주기는 약 11.1년이다. 이 동안에 태양에서는 플레어, 흑점의 수, 자기장의 변화와 같은 여러 가지 활동이 극대에서 극소로 그리고 다시 극대로 변한다. 태양 주기에 관한 연구는 대기의 물리적 변화와 화학적 변화를 연구하기 위해 기획된 10번의 ATLAS 연구 프로젝트의 중요한 과제였다. 이 연구는 지구 대기와 태양의 변화 사이의 관계를 밝혀낼 것으로 기대된다.

일식은 언제 일어나는가?

일식은 달이 지구와 태양 사이를 지나갈 때 일어난다. 일식이 일어나기 위해서는 지구, 달 그리고 태양이 일직선에 배열되어야 한다. 달에 의해 태양이 완전히 가려지면, 다시 말해 달 그림자의 어두운 부분이 지구 표면에 도달하면 개기일식이 나타난다. 개기일식은 지구 전체에서 관측할 수 있는 것이 아니라 달의 그림자가 지나가는 160km에서 320km 너비의 좁은 통로 지역에서만 볼 수 있다. 개기일식이 일어나기 직전에는 달 표면에 있는 산과 골짜기 사이로 태양의 일부를 볼 수 있는데 이것을 베일리의 목걸이라고 부른다. 또한 때때로 보이는 밝은 섬광 같은 것은 다이아몬드 링 효과라고 한다. 개기일식이 진행되는 2.5분에서 7.5분 동안에는 하늘이 어두워져 별과 행성들을 관측할 수 있다. 이때 태양의 대기인 코로나도 볼 수 있다.

만약 달이 태양을 전부 가릴 만큼 충분히 크게 보이지 않는다면 달 그림자 둘레에 태양 빛이 보인다. 이것을 금환일식이라고 한다. 금환일식이 일어나는 동안에는 달이 태양을 모두 가리지 않기 때문에 코로나를 관측할 수 없고, 하늘의 별들도 볼 수 없다.

달이 태양의 일부만 가리는 부분일식은 개기일식이나 금환일식을 관측할 수 있는 지역의 주변에서 관측된다. 부분일식 때는 달이 태양의 일부만 가리기 때문에 하늘은 조금 어두워질 뿐이다.

일식

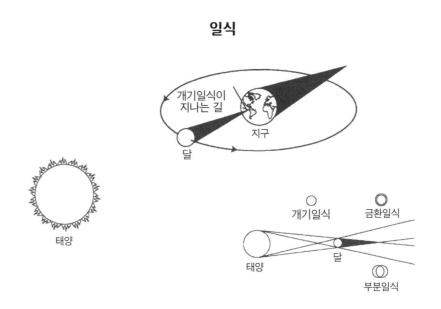

선도그는 무엇인가?

환일, 가짜 태양이라고도 불리는 선도그$^{sun\ dog}$는 태양 양쪽의 22도 되는 지점에 나타나는 밝은 점을 말한다.

태양풍은 무엇인가?

태양풍은 태양의 가장 바깥쪽 대기인 코로나의 팽창으로 발생한다. 코로나는 100만℃에 이를 만큼 온도가 높기 때문에 기체 분자들이 큰 속도로 충돌하여 전자를 잃고 이온이 된다. 이 이온의 흐름이 태양풍이다. 태양풍은 500km/s의 속도로 불어온다. 태양풍의 밀도는 1cm³당 5개의 이온 정도이다. 지구는 강한 자기장으로 둘러싸여 있기 때문에 태양풍으로부터 보호된다. 1959년에 소련의 우주선 루나 2호가 처음으로 태양풍의 존재를 확인했고, 그 성질을 밝히기 위한 측정을 실시했다.

일식을 관측하는 가장 안전한 방법은 무엇인가?

두꺼운 종이에 구멍을 뚫은 뒤 다른 종이 앞쪽으로 약 60cm에서 100cm 떨어지게 놓는다. 그렇게 하면 작은 구멍이 만든 일식의 상이 뒤에 있는 종이 위에 만들어질 것이다. 상이 맺히는 종이를 상자 안에 넣고 종이 대신 알루미늄 호일을 이용하면 더 선명한 상을 얻을 수 있을 것이다. 알루미늄을 입힌 렌즈를 구입하여 사용할 수도 있다. 그러나 카메라 렌즈, 망원경 등 다른 기구를 이용하여 태양을 직접 관측하는 것은 눈에 손상을 입힐 수 있으니 조심해야 한다.

바늘구멍 사진기를 이용하여 일식의 상을 안전하게 관측할 수 있다.

다음에 일어날 개기 일식은 언제 어디에서 관측할 수 있나?

연월일	관측 가능 장소
2019년 7월 2일	태평양, 칠레, 아르헨티나
2020년 12월 14일	유럽, 아프리카, 오스트레일리아
2021년 5월 26일	아시아, 오스트레일리아, 태평양, 아메리카
2021년 12월 4일	태평양, 남아메리카 아메리카
2022년 5월 16일	유럽, 동아시아, 오스트레일리아, 태평양
2022년 11월 8일	아메리카, 유럽, 아프리카
2023년 4월 20일	아시아, 태평양
2024년 4월 8일	아메리카, 태평양
2035년 9월 2일	강원도 고성을 비롯한 아시아, 태평양 등

개기 일식

행성과 위성

맨눈으로 볼 수 있는 행성은 무엇인가?

수성, 금성, 화성, 목성, 토성은 맨눈으로 관측이 가능하다. 이 행성들을 관측할 수 있는 시기는 매년 달라진다.

태양계의 나이는 얼마나 되었는가?

태양계는 약 45억 년 전에 형성되었다고 여겨진다. 태양계는 거대한 기체와 먼지로 이루어진 성운에서 태어났다. 중력과 회전력이 기체 구름을 납작하게 만들었고 많은 물질이 중심으로 밀려들었다. 중심부에 집중된 물질은 태양이 되었고, 태양을 만들고 남은 물질은 작은 덩어리로 뭉쳐 수많은 미행성을 형성했다. 미행성들은 서로 충돌하여 점점 더 크게 자라나 행성이 되었다. 이런 과정이 진행되는 데는 약 2,500만 년 정도가 걸렸으리라고 추정된다.

기체 구름(a)으로부터 현재 구조(e)로의 태양계의 진화

태양에서 행성까지의 거리는 얼마나 될까?

행성들은 태양을 하나의 초점으로 하는 타원궤도를 따라 태양 주위를 돌고 있다. 따라서 태양에서 행성까지의 거리는 계속 변한다. 아래 표에 주어진 태양에서 행성까지의 거리는 평균 거리이다.

행성	평균 거리(km)
수성	57,909,100
금성	108,208,600
지구	149,598,000
화성	227,939,200
목성	778,298,400
토성	1,427,010,000
천왕성	2,869,600,000
해왕성	4,496,700,000
명왕성(왜행성)	5,913,490,000

고리를 가지고 있는 행성은?

목성, 토성, 천왕성, 해왕성은 고리를 가지고 있다. 1979년에 보이저 탐사선에 의해 발견된 목성의 고리는 목성 중심으로부터 129,130km까지 펼쳐져 있다. 고리의 너비는 약 7,000km이며 두께는 약 30km 정도이다. 희미한 안쪽 고리는 목성의 대기와 닿아 있을 것이라고 여겨진다.

한편 토성은 태양계에서 가장 크고 화려한 고리를 가지고 있다. 토성의 고리는 네덜란드의 천문학자 하위헌스[Christiaan Huygens, 1629~1695]가 1656년에 처음 발견했다. 토성 고리의 지름은 약 273,200km이지만 두께는 아주 얇아 16km밖에 안 된다. 토성의 고리는 크게 여섯 개인데 이 중에서 가장 큰 고리는 다시 수천 개의 작은 고리들로 구성된다. 각 고리는 모래알 정도의 크기에서부터 지름이 수십 미터인 얼음 조각들로 이루어져 있다.

1977년에 천왕성이 별의 앞을 지나가는 것을 관측한 천문학자들은 별이 천왕성 뒤로 사라지기 전에 여러 번 밝기가 변하는 것을 발견했다. 이와 같은 현상은 별이 천왕성의 반대편에 나타날 때도 일어났다. 그 이유는 천왕성을 둘러싸고 있는 고리 때문이라는 것이 밝혀졌다. 천왕성에서는 아홉 개의 고리가 발견되었다. 그 후 보이저 2호는 1986년에 두 개의 고리를 더 찾아냈다. 천왕성의 고리는 얇고 좁으며 매우 어둡다.

보이저 2호는 1989년에 해왕성 주변에서 적어도 네 개의 고리를 찾아냈다. 일부 고리는 특정한 부분이 다른 부분보다 더 많은 물질을 포함하고 있었다.

토성 고리의 두께는 얼마나 될까?

토성의 고리는 수천 개의 작은 고리로 이루어져 있다. 고리의 두께는 고리에 따라 다르다. 얇은 고리는 두께가 100m 정도인 것도 있다.

토성의 고리를 발견한 사람은 누구인가?

갈릴레이는 1610년에 토성의 고리를 발견했다. 그러나 당시 사용했던 망원경이 작은 것이어서 고리를 제대로 볼 수 없었기 때문에 그는 그것을 위성이라고 생각했다. 1656년에 하위헌스는 갈릴레이가 사용했던 것보다 더 성능이 좋은 망원경을 이용하여 토성의 고리를 발견했다. 1675년에는 카시니 Jean Dominique Cassini가 두 개의 고리를 발견했다. 그 후 더 많은 고리들이 발견되었고, 1980년 이후에는 고리를 구성하는 세부 고리도 발견되었다.

행성의 공전주기는 얼마나 될까?

행성	공전주기(일)	공전주기(년)
수성	88	0.24
금성	224.7	0.62
지구	365.26	1.00
화성	687	1.88
목성	4,332.6	11.86
토성	10,759.2	29.46
천왕성	30,685.4	84.01
해왕성	60,189	164.80
명왕성(왜행성)	90,777.6	248.53

행성의 지름은 얼마나 될까?

행성	지름(km)
수성	4,878
금성	12,104
지구	12,756
화성	6,794
목성	142,984
토성	120,536
천왕성	51,118
해왕성	50,530
명왕성(왜행성)	2,290

행성은 무슨 색깔인가?

행성	색깔
수성	주황색
금성	노란색
지구	푸른색, 갈색, 초록색
화성	붉은색
목성	노란색, 붉은색, 갈색, 흰색
토성	노란색
천왕성	초록색
해왕성	푸른색
명왕성(왜행성)	노란색

행성이나 달에서의 중력의 크기는 얼마나 될까?

지구에서의 중력의 크기를 1이라 하면 다른 행성과 달에서의 중력은 다음과 같다.

만약 어떤 사람의 몸무게가 지구에서 45.36kg이라면 달에서는 45.36×0.16, 즉 7.26kg이다.

태양	27.9
수성	0.37
금성	0.88
지구	1.00
달	0.16
화성	0.38
목성	2.64
토성	1.15
천왕성	0.93
해왕성	1.22
명왕성(왜행성)	0.06

항성일은 무엇인가?

항성일은 지구가 먼 곳에 있는 별들을 기준으로 하여 한 바퀴 자전하는 데 걸리는 시간을 말한다. 1항성일의 길이는 23시간 56분 4초이다. 이것은 태양을 기준으로 한 자전주기보다 약 4분 짧다.

내행성과 외행성은 무엇인가?

내행성은 공전궤도가 지구의 공전궤도보다 안쪽에 있는 행성으로 수성과 금성이 여기에 속한다. 외행성은 공전궤도가 지구의 공전궤도보다 바깥쪽에 있는 행성으로 화성, 목성, 토성, 천왕성, 해왕성이 여기에 속한다. 외행성과 내행성의 구별은 행성의 물리적 성질과는 아무런 관계가 없다.

하루의 길이는 모든 행성이 같을까?

행성이 태양을 기준으로 하여 한 바퀴 자전하는 데 걸리는 시간인 하루는 행성마다 다르다. 금성과 천왕성은 공전 방향과 반대로 자전한다. 오른쪽 표는 각 행성에서 하루의 길이를 나타낸다.

행성	하루의 길이
수성	58일 15시간 30분
금성	243일 32분
지구	23시간 56분
화성	24시간 37분
목성	9시간 50분
토성	10시간 39분
천왕성	17시간 14분
해왕성	16시간 3분
명왕성(왜행성)	6일 9시간 18분

목성형 행성과 지구형 행성은 무엇인가?

목성, 토성, 천왕성, 해왕성을 목성형 행성이라고 한다. 목성형 행성들은 모두 큰 행성으로 주로 수소나 헬륨과 같은 가벼운 원소로 이루어져 있다.

반면 수성, 금성, 지구, 화성은 지구형 행성에 속한다. 지구형 행성은 모두 작고 암석과 철로 이루어져 있으며 표면이 단단하다. 명왕성은 지구형 행성과 비슷하지만 다른 행성과는 다른 기원을 가지고 있을 것으로 여겨진다.

금성의 자전이 다른 행성과 다른 점은 무엇인가?

지구를 비롯한 다른 행성들과는 달리 금성은 공전 방향과 반대로 자전한다. 금성은 아주 느리게 자전하기 때문에 1년에 두 번만 해가 뜨고 진다. 금성 외에 천왕성도 공전 방향과 반대로 자전한다.

지구의 자전 속도가 변하고 있다는 것은 사실일까?

지구의 자전 속도는 7월 말에서 8월 초 사이에 가장 빠르고 4월에 가장 느리다. 자전 주기의 차이는 0.0012초이다. 1900년 이후 지구의 자전주기는 매년 약 1.7초씩 길어지고 있다. 과거에는 지구의 자전 속도가 훨씬 빨라 하루의 길이가 짧았다. 그 때문에 1년 동안 더 많은 날들이 있었다. 3억 5천만 년 전에는 1년이 400일에서 410일이었고, 2억 8천만 년 전에는 1년이 390일이었다.

북반구가 겨울일 때 지구는 여름보다 더 태양에 가까워질까?

지구의 자전축은 공전면에 대해 23.5° 기울어져 있다. 지구가 태양에 가장 가까이 다가가는 1월 3일에 북반구는 태양 빛을 비스듬하게 받고, 남반구는 태양 빛을 수직으로 받기 때문에 북반구는 겨울, 남반구는 여름이 된다. 그리고 지구가 태양에서 가장 멀리 떨어지는 7월 4일에는 북반구가 태양빛을 수직으로 받게 되어 북반구는 여름, 남반구는 겨울이 된다.

지구 둘레의 길이는 얼마인가?

지구는 구가 아니라 약간 납작한 타원체이다. 적도에서의 지구 둘레는 40,075km이고, 북극과 남극을 지나는 둘레는 40,008km이다.

계절

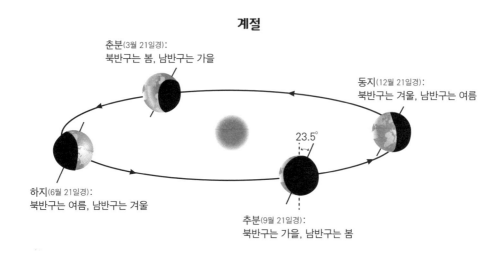

춘분(3월 21일경):
북반구는 봄, 남반구는 가을

동지(12월 21일경):
북반구는 겨울, 남반구는 여름

23.5°

하지(6월 21일경):
북반구는 여름, 남반구는 겨울

추분(9월 21일경):
북반구는 가을, 남반구는 봄

춘분점과 추분점의 세차운동이란 무엇인가?

지구의 자전축은 26,000년을 주기로 세차운동을 하고 있다. 지구의 자전축이 원을 그리며 도는 세차운동은 지구의 적도 부분이 자전에 의해 부풀어 있기 때문에 일어난다. 태양이 적도를 지나는 춘분점과 추분점은 세차운동으로 인해 매년 조금씩 달라진다. 춘분점과 추분점은 동쪽으로 계속 움직여 26,000년에 한 바퀴 돌게 된다.

중성자별의 세차운동

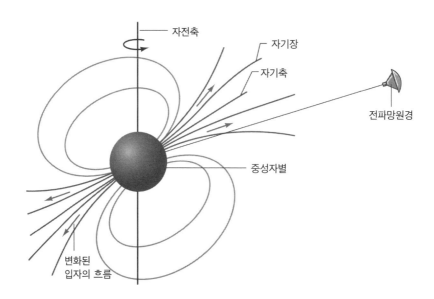

자전축

자기장

자기축

전파망원경

중성자별

변화된
입자의 흐름

화성에는 생명체가 존재할까?

이 질문의 해답은 아직 찾아내지 못했다. 화성에 얼음이 있다는 증거는 많다. 그러나 탐사선을 이용한 탐사에서 생명체의 흔적을 찾아내지는 못했다. 이 문제의 답을 알기 위해서는 더 많은 정밀한 탐사가 이루어져야 할 것이다.

명왕성이 항상 해왕성 바깥쪽에 있지 않은 것이 사실인가?

명왕성은 이심률이 큰 타원궤도를 돌고 있어서 1979년 1월 23일부터 1999년 3월 15일까지는 해왕성 궤도 안쪽으로 들어와서 태양을 돌았다. 그러나 두 행성은 아주 멀리 떨어져 있어 충돌할 염려는 없다.

1930년 미국의 천문학자 톰보^{Clyde Tombaugh, 1906~1997}에 의해 발견된 명왕성은 2006년 8월 24일 행성에서 왜행성으로 강등되었다. 암석과 얼음으로 이루어진 명왕성의 표면은 언 상태의 메테인으로 덮여 있으며 얇은 대기 또한 주로 메테인으로 구성되었다. 지름이 1,192km인 명왕성의 위성 카론은 1978년에 발견되었고 2006년에 명왕성과 같은 왜행성으로 승격되었다. 카론의 크기는 명왕성의 반이나 되어 행성에 비해 위성이 너무 크기 때문에 명왕성과 카론을 이중 행성으로 보아야 한다고 주장하는 학자들도 있었다. 그러나 이제 명왕성과 카론은 똑같이 왜행성의 지위를 갖게 되었다.

구의 음악이란 무엇인가?

구의 음악은 행성과 천체의 운동에 의해 연주되는 음악으로 인간은 들을 수 없다. 피타고라스를 비롯한 다른 고대 수학자들은 구의 음악이 존재한다고 주장했다.

행성 X는 무엇인가?

천문학자들은 천왕성과 해왕성의 공전이 예상된 궤도에서 조금씩 벗어난다는 것을 발견했다. 그들은 천왕성과 해왕성이 다른 천체의 중력의 영향을 받고 있다고 생각하게 되었다. 1930년에 발견된 명왕성은 두 행성의 궤도 운동에 영향을 주기에는 너무 작았다. 따라서 과학자들은 명왕성보다 먼 곳에서 태양을 돌고 있는 행성X가 존재하리라고 생각하게 되었다. 아직 이 행성은 발견되지 않았지만 그것을 찾기 위한 노력은 계속되고 있다.

행성이 충의 위치에 있다는 것은 무슨 뜻인가?

지구에서 볼 때 행성이 태양의 반대편에 있는 것을 충의 위치에 있다고 한다. 행성이 충의 위치에 있을 때는 자정에 하늘의 정점을 통과한다.

행성과 별을 어떻게 구별할 수 있을까?

행성은 일정한 밝기로 보이지만 별은 반짝이는 것처럼 보인다. 별이 반짝이는 이유는 별까지의 거리가 먼 것과 지구 대기가 별빛을 산란하는 효과가 더해졌기 때문이다. 행성은 별에 비해 지구에 가까이 있어서 점이 아니라 일정한 크기를 가지고 있는 것으로 보이기 때문에 깜박이는 효과가 잘 나타나지 않는다. 그러나 행성이 지평선 부근에서 관측될 때는 행성도 깜박거리는 것처럼 보인다.

지구에서 달까지의 거리는 얼마나 될까?

달의 공전궤도가 타원이기 때문에 지구에서 달까지의 거리는 계속 변한다. 달이 근지점에 있을 때는 달까지의 거리가 356,334km이지만 원지점에 있을 때는 405,503km이다. 지구에서 달까지의 평균 거리는 384,392km이다.

행성들은 얼마나 많은 위성들을 가지고 있는가?

행성	위성의 수	주요 위성의 이름
수성	0	
금성	0	
지구	1	달
화성	2	데이모스, 포보스
목성	112 (비주기 위성 포함)	이오, 유로파, 가니메데, 칼리스토
토성	62	타이탄, 엔켈라두스, 이아페투스
천왕성	27	오필리아, 미란다, 아리엘
해왕성	14	트리톤, 네레이드

목성이 가장 많은 수의 위성을 가지고 있다. 관측된 것은 112개이지만 비주기 위성을 빼면 2018년 79개로 알려져 있다. 과학자들은 탐사가 진행되면 목성에서 더 많은 위성을 발견하게 될 것으로 생각하고 있다. 목성의 4대 위성인 이오, 유로파, 칼리스토, 가니메데는 1610년에 갈릴레이가 발견했다.

달에도 대기가 있는가?

달에도 대기가 있다. 그러나 달의 대기는 매우 희박해서 $1cm^3$에 50개의 원자가 들어 있는 정도이다.

달의 지름과 둘레는 얼마나 되나?

달의 지름은 3,475km이고 둘레는 10,864km이다. 달은 지구 크기의 27%이다.

달의 위상 변화는 왜 일어나는가?

달의 모양은 한 달을 주기로 변한다. 달의 모습이 다른 것은 지구에서 볼 때 태양 빛이 비추는 면이 다르게 보이기 때문이다. 달이 지구와 태양 사이에 있을 때는 지구에서 태양 빛이 비추는 면을 볼 수 없다. 따라서 그믐달이 된다. 달이 지구를 공전하면서 지구와 태양 사이에서 벗어나면 지구에서는 태양 빛이 비추는 면을 볼 수 있다. 이때 달의 모습이 초승달이다. 그믐달에서 약 1주쯤 지나면 달의 모습이 반달로 보인다. 다음 1주 동안은 달이 반달보다 크게 보인다. 그믐달에서 2주쯤 지나면 지구에서 볼 때 달이 태양의 반대편에 오게 된다. 이때는 태양 빛이 비추는 면을 모두 볼 수 있어서 보름달로 보인다. 다음 2주 동안에는 달의 모습이 점점 작아져서 다시 그믐달이 된다. 이때의 달을 하현달이라고 부른다.

왜 달은 항상 같은 면이 지구를 향하고 있을까?

달의 한 면만 볼 수 있는 것은 달의 공전주기와 자전주기가 같기 때문이다.

월진이란 무엇인가?

지진과 마찬가지로 달에서도 용암의 운동에 의해 월진이 발생한다. 월진은 대부분 매우 약하다. 월진 중에는 운석이 달 표면에 떨어질 때 받는 충격으로 발생하는 것도 있다. 지구의 조석 현상이 달의 중력 때문인 것처럼 주기적으로 발생하는 월진은 지구 중력의 영향 때문인 것으로 여겨진다.

블루문일 때 달은 정말 푸른색인가?

같은 달에 두 번째 보는 보름달을 블루문이라고 부르는데 이것은 달의 색깔을 나타내는 말이 아니다. 블루문은 약 2.72년에 한 번씩 나타난다. 보름달에서 다음 보름달까지는 29.53일이고 한 달은 30일이나 31일이기 때문에 한 달에 두 번 보름달을 보는 것이 가능하다. 한 달의 길이가 28이나 29일인 2월에는 절대로 블루문이 나타나지 않는다. 아주 드물게는 같은 해에 블루문이 두 번 나타나기도 하지만 일부 지방에서만 관측할 수 있다. 다음에 관측 가능한 블루문은 다음과 같다.

블루문 관측 가능 날짜		
2018년 3월 31일	2020년 10월 31일	2023년 8월 31일
2026년 5월 31일	2028년 12월 31일	

참고로 달이 푸르스름하게 보이는 것은 지구 대기의 영향이다. 예를 들면 1950년 9월 26일에 있었던 캐나다 산림의 화재로 대기 중에 먼지가 많이 포함되어 북아메리카에서 관측한 달이 푸르스름하게 보였다.

월식은 왜 일어나는가?

월식은 지구에서 볼 때 달이 태양의 반대편에 있고, 같은 평면 위에 위치할 때 나타난다. 달과 지구 그리고 태양이 이렇게 배열되면 지구가 태양 빛을 가리게 된다. 개기월식 동안에는 달 전체가 지구의 그림자 안으로 들어가 달이 하늘에서 사라진 것처럼 보인다. 개기월식은 1시간 40분 정도 계속된다. 달의 일부가 지구의 그림자 안으로 들어가면 부분월식이 된다. 달이 지구의 반그림자 안에 들어가면 달의 밝기가 조금 어두워지는 반영식이 나타난다. 지구에서는 이런 현상을 관측하는 것이 쉽지 않다. 만약 달에 가서 보면 지구 때문에 태양의 일부만 보이는 것을 쉽게 확인할 수 있을 것이다.

월식

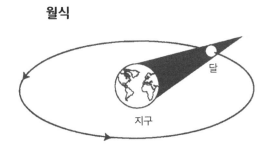

태양

천문학자들이 발견한 달의 꼬리는 무엇인가?

달에서 뻗어 나온 나트륨 원자로 된 길이 24,000km의 꼬리를 말한다. 나트륨 원자가 내는 희미한 주황빛은 맨눈으로는 볼 수 없고 망원경과 같은 기구를 이용해야 관측할 수 있다. 천문학자들은 이 나트륨 원자가 어디에서 왔는지 아직 밝혀내지 못하고 있다.

달에서 가장 큰 크레이터는 무엇인가?

달에서 가장 큰 크레이터는 지름이 296km인 베일리이다.

달의 크레이터 중에서 퀴리 가족의 이름을 따서 명명된 크레이터는 무엇인가?

퀴리	프랑스 화학자이며 노벨상 수상자인 피에르 퀴리의 이름을 따서 명명
스클로도프스카 Sklodowska	프랑스 화학자이며 노벨상 수상자인 퀴리 부인의 결혼 전 이름을 따서 명명
졸리오	프랑스 물리학자로 노벨상 수상자이며 퀴리 부부의 사위인 졸리오의 이름을 따서 명명

창세기의 돌은 무엇인가?

창세기의 돌은 아폴로 15호가 달에서 지구로 가져온 돌을 말한다. 이것은 약 41억 5,000만 년 전에 만들어진 것으로 밝혀졌다. 이 돌의 나이는 달의 나이보다 5억 년이 적을 뿐이다.

혜성과 운석

소행성은 어디에서 발견되는가?

소행성은 행성보다는 작으면서 행성의 위성이 아닌 천체들을 말한다. 소행성을 뜻하는 영어 단어 asteroid는 별과 같은 천체라는 의미가 있다. 망원경으로 소행성을 관측하면 별과 같이 점으로 보이기 때문이다.

대부분의 소행성들은 태양에서 2.1AU에서 3.3AU 떨어져 있는 화성과 목성 사이의 소행성대에 존재한다(AU는 태양에서 지구까지의 거리를 1로 하는 거리의 단위이다). 1801년 1월 1일 피아치^{Giuseppe Piazzi}에 의해 최초로 발견된 가장 큰 소행성인 케레스는 지름이 936km이다. 두 번째 소행성인 팔라스는 1802년에 발견되었다. 그 후 천문학자들은 18,000개가 넘는 소행성을 발견하였고 5,000개 소행성의 궤도를 알아냈다. 이들 중에는 지름이 1km밖에 안 되는 것도 있다. 소행성이 파괴된 행성의 잔해라고 주장하는 사람들도 있었지만 현재는 목성의 강력한 중력의 영향으로 행성이 되지 못한 물질이라고 생각하고 있다.

모든 소행성이 소행성대 안에 있는 것은 아니다. 세 가지 부류의 소행성이 지구 궤도 안쪽에도 존재한다. 아텐 소행성은 지구 궤도 안쪽에 궤도가 있는 소행성들이다. 그러나 원일점은 지구 궤도 밖에 있어 공전하는 동안에 지구 궤도를 지나간다. 아폴로 소행성 역시 지구 궤도를 지나가는 소행성들이다. 지구에 근접할 때는 달보다 더 가까이 다가오기도 한다. 아모르 소행성은 화성 궤도 안쪽으로 들어오는 소행성이다. 이들은 때때로 지구에 가까이 접근하기도 한다. 트로이 소행성들은 목성과 같은 궤도에서 태양을 돌고 있는 소행성들로 목성보다 $60°$ 앞쪽 또는 $60°$ 뒤쪽에 위치한다.

1977년에 코월^{Charles Kowal}은 현재 키론 궤도라고 알려져 있는 토성과 천왕성 사이에서 작은 천체를 발견했다. 처음에는 소행성이라고 생각했지만 후에 혜성으로 밝혀졌다.

툰구스카 사건은 무엇이었나?

1908년 6월 30일 중앙 시베리아의 폿카멘나야툰구스카 강 상공에서 대규모 폭발이 있었다. 이것은 수소폭탄이 폭발하는 것과 비슷해서 수천 km^2의 숲이 폐허로 변했다. 폭발의 충격음이 1,000km 밖에서도 들릴 정도였다. 이 사건을 설명하기 위한 여러 가지 이론이 제기되었다.

어떤 사람들은 반물질로 이루어진 커다란 운석이 떨어졌을 것이라고 주장했다. 그러나 암석과 금속으로 이루어진 운석은 크레이터를 만드는데 반해 툰구스카에는 크레이터가 만들어지지 않았다. 또한 반물질과 물질의 충돌이 있었다면 발견되어야 할 높은 수준의 방사선도 발견되지 않았다. 또 다른 주장에는 초소형 블랙홀의 충돌과 외계 우주선의 충돌도 있었다. 그러나 초소형 블랙홀은 지구를 통과했을 텐데 지구 반대편에서는 그런 징후가 발견되지 않았다. 외계 우주선이 충돌했다는 주장도 우주선의 잔해가 전혀 발견되지 않아 받아들이기 어렵다.

가장 설득력 있는 추정은 혜성이 지구 대기로 돌진해 들어와 대기 중에서 폭발했다는 것이다. 혜성은 주로 얼음으로 되어 있기 때문에 파편들은 대기를 통과하는 동안 녹아버려서 충돌 크레이터나 잔해들을 남기지 않는다. 툰구스카 사건은 지구가 엥케 혜성의 궤도를 지나가는 시기에 일어났기 때문에 이 혜성의 잔해에 의한 것일 가능성이 크다.

2002년에 지구 가까이 다가왔던 소행성이 지구와 충돌했다면 얼마나 많은 피해가 발생했을까?

2002년에 지구 가까이 다가왔던 소행성 EM7은 70m 길이의 암석이었다. 이 소행성은 4 메가톤의 원자폭탄과 맞먹는 위력을 가지고 있었다.

혜성은 어디에서 오는가?

네덜란드의 천문학자 오르트^{Jan Oort}의 이론에 의하면 태양에서 100,000AU 정도 떨어진 곳에 기체, 먼지 그리고 혜성들로 이루어진 구름이 태양을 돌고 있다. 가까운 별의 중력의 영향으로 이 중의 일부가 태양계 안쪽으로 들어와 태양 가까이 오게 된다.

혜성은 주로 얼음과 먼지들로 이루어져 있다. 혜성이 태양 가까이 다가오면 핵의 온도가 올라가 기체와 먼지를 분출하고 이것이 긴 꼬리를 만든다. 꼬리는 태양풍에 의해 밀려나기 때문에 항상 태양의 반대 방향을 향한다.

대부분의 혜성은 이심률이 매우 큰 타원 궤도를 돌고 있어서 태양 가까이 다가왔다가 태양에서 멀리 떨어진 곳으로 날아가 다시는 돌아오지 않는다. 그러나 행성 가까이 지나가는 혜성은 궤도를 바꿔 태양계 안에서 태양을 돌게 된다. 그러한 혜성은 주기적으로 태양을 다시 찾아오기 때문에 단주기 혜성이라고 부른다. 단주기 혜성 중에서 가장 유명한 핼리 혜성의 주기는 약 76년이다. 주기가 3.3년인 엥케 혜성은 또 다른 단주기 혜성이다.

언제 핼리 혜성이 다시 돌아올까?

핼리 혜성은 약 76년마다 다시 나타난다. 최근에 핼리 혜성이 태양에 다가왔던 것은 1985/1986년이었다. 따라서 2061년과 2134년에 다시 태양 가까이 다가올 것이다. 핼리 혜성의 출현은 기원전 239년부터 계속 관측되었다.

핼리 혜성의 이름은 영국의 천문학자 핼리^{Edmund Halley, 1656~1742}의 이름을 따서 지어졌다. 1682년에 핼리는 밝은 혜성이 1531년과 1607년에 나타났던 혜성의 궤도와 비슷한 궤도를 따라 움직인다는 것을 발견했다. 그는 이 세 개의

에드먼드 핼리는 그의 이름을 따서 명명된 핼리 혜성을 관측하고 이 혜성이 76년마다 다시 돌아올 것이라고 예측했다.

혜성이 같은 혜성이라고 결론짓고 76년의 주기로 태양을 돌고 있다고 주장했다. 1705년에 출판한 《혜성의 천문학 A Synopsis of the Astronomy of Comets》에서 핼리는 1531년, 1607년 그리고 1682년에 보였던 이 혜성이 1758년에 다시 돌아올 것이라고 예측했다. 1758년 크리스마스에 독일 농부이자 아마추어 천문가였던 팔리츠 Johann Palitzsch가 핼리가 예측했던 것과 비슷한 장소에서 이 혜성을 찾아냈다.

핼리 이전에는 혜성이 아무 때나 나타나는 것으로 재앙의 신호이거나 신의 분노를 나타내는 것이라고 생각했었다. 하지만 핼리는 혜성이 중력의 법칙을 따르는 천체의 하나라는 것을 증명했다.

운석과 유성체는 어떻게 다른가?

운석은 외계에서 온 물체로 지구 대기를 뚫고 지구 표면에 도달한 물체이다. 반면 유성체는 지름이 10m 이하인 작은 물체로 지구 밖에 있는 물체를 말한다. 유성은 물체가 지구 대기를 통과하면서 대기와의 마찰에 의해 온도가 높아져 타버리는 현상을 가리킨다. 유성체가 지구 대기로 들어오면 유성이 된다. 만약 유성체의 일부가 지구 표면까지 도달하면 운석이 된다.

운석에는 세 가지 종류가 있다. 철질운석은 85%에서 95%가 철이며 나머지는 니켈이다. 석철운석은 50%는 철이며 나머지 50%는 규소로 이루어진 운석으로 드물게 발견된다. 석질운석은 대부분이 규소를 비롯한 암석물질로 되어 있다.

유성우가 나타나는 것은 언제인가?

지구와 마찬가지로 태양을 돌고 있는 유성체들의 그룹이 여러 개 있다. 지구가 이러한 유성체의 궤도와 만나면 유성체의 일부가 지구 대기 안으로 들어온다. 이들은 대기와의 마찰에 의해 타면서 밝게 빛나는 유성이 된다. 때로는 많은 유성체들이 한꺼번에 대기 중으로 들어와 유성이 소나기처럼 내리는 경우도 있다. 이것을 유성우라고 한다. 유성우의 이름은 유성우가 나타나는 별자리의 이름을 따서 붙여진다. 다음 표에는 유성우가 나타나는 별자리와 나타나는 시기가 정리되어 있다.

유성우의 이름	나타나는 시기
사분의자리	1월 1~6일
거문고자리	4월 19~24일
물병자리 에타	5월 1~8일
페르세우스자리	7월 25일~8월 18일
오리온	10월 16~26일
황소자리	10월 20일~11월 20일
사자자리	11월 13~17일
불사조자리	12월 4~5일
쌍둥이자리	12월 7~15일
큰곰자리	12월 17~24일

1년에 얼마나 많은 운석이 지구에 떨어지나?

무게가 100g 이상인 운석은 1년에 대략 26,000개 정도가 지구 표면에 도달한다. 이 중에 3,000개 정도는 무게가 1kg을 넘는다. 이것은 캐나다 카메라 네트워크가 관측한 유성의 숫자를 토대로 계산한 것이다. 이들 중에서 5개에서 6개 정도만이 관측되거나 사람들에게 피해를 준다. 대부분은 지구 표면의 70% 이상을 차지하는 바다에 떨어지기 때문이다.

운석의 이름	발견 장소	무게(톤)
호바 웨스트	나미비아	66.1
아니히토	그린란드	33.5
바쿠베리토	멕시코	29.8
므보시	탄자니아	28.7
아그팔리크	그린란드	22.2
아만티	외몽골	22.0
윌라메트	미국	15.4
추파데로	멕시코	15.4
캄포 델 시엘로	아르헨티나	14.3
문드라빌라	오스트레일리아	13.2
모리토	멕시코	12.1

지금까지 발견된 운석 중에서 가장 큰 운석은 무엇인가?

미국 자연사 박물관에 전시되어 있는 윌라메트(오리건 주) 철이 미국에서 발견된 가장 큰 운석이다. 이 운석의 길이는 3.048m이고 폭은 1.524m이다.

과학자들은 남극에서 발견된 운석이 달에서 왔다는 것을 어떻게 알았는가?

달에서 채취해온 달 암석의 표본을 분석하여 성분을 자세하게 알고 있기 때문이다. 1979년과 그 후 남극에서 발견된 10개의 운석이 달에서 온 것으로 확인되었다.

관측과 측정

초대 영국 왕립 천문대 대장은 누구였는가?

초대 영국 왕립 천문대장은 플램스티드John Flamsteed, 1646~1719였다. 그는 왕립 그리니치 천문대가 세워지던 1675년에 왕립 천문대장에 임명되었다. 1972년까지 왕립 천문대장은 그리니치 천체 관측소 소장도 겸직했다.

체계적인 천문학의 창시자는 누구인가?

그리스의 천문학자 히파르코스Hipparchus, B.C.146?~B.C.127?가 체계적인 천문학의 아버지라고 불린다. 그는 천체들의 위치를 정밀하게 측정했고, 최초로 850개의 별을 포함하는 별들의 목록을 만들었다. 그의 목록에는 별들의 위치가 정확하게 표시되어 있었다. 히파르코스는 별들을 밝기에 따라 등급으로 분류했다.

광년이란 무엇인가?

광년은 시간의 단위가 아니라 길이의 단위이다. 1광년은 1초에 299,792km/s의 속도로 달리는 빛이 진공에서 1년(365.25일) 동안 진행하는 거리인 9.46조km를 나타낸다.

광년 외에 천문학에서 거리를 나타낼 때 사용하는 단위에는 어떤 것이 있는가?

천문단위^{AU}는 태양에서 지구까지의 평균 거리를 1로 하는 거리의 단위이다. 1AU는 149,597,870km이다. 또한 1파섹은 3.26광년(30.82조km)을 나타내는 거리의 단위이다.

새로운 천체의 이름은 어떻게 붙이나?

많은 별들과 행성의 이름은 고전에서 유래했다. 20세기부터는 전문적인 천문가들의 모임인 국제천문연맹^{IAU}이 새로 발견되는 천체와 천체 위의 지형지물에 대해 이름을 붙이는 방법을 표준화하려고 시도해왔다.

별들은 대부분 그리스나 로마 또는 아랍 시대부터 유래된 전통적인 이름으로 불린다. 이와 함께 별자리 이름과 별자리 내에서 밝기의 순서를 그리스 문자로 나타낸 이름도 사용하고 있다. 예를 들어 시리우스는 큰개자리 알파별이라고도 부르는데 이는 큰개자리에서 가장 밝은 별이라는 뜻이다. 다른 별들은 목록 번호로 부른다. 천문학자들을 어렵게 만드는 것은 상용으로 만든 수없이 많은 목록이 존재한다는 것이다. 이런 목록에 별 이름을 올리기 위해서는 요금을 내야 한다. 그러나 이렇게 올린 이름들은 IAU로부터 공식적으로 인정받지 못한다.

IAU는 행성이나 위성의 표면에서 발견된 지형지물에 이름을 붙이는 방법에 대해서도 규칙을 만들었다. 예를 들면 수성에서 발견된 지형지물에는 작곡가, 시인, 작가의 이름을 붙이고, 금성의 지형지물에는 여성의 이름을, 토성의 위성 미마스에서 발견된 지형지물에는 아서왕의 전설에 등장하는 인물의 이름을 붙이는 것이다.

혜성은 발견자의 이름을 따서 부른다. 새롭게 발견된 소행성에는 발견된 연도에다 두 개의 문자를 더한 이름을 일시적으로 붙인다. 첫 번째 문자는 1년을 24개로 나누었을 때 발견된 시기를 나타내며 두 번째 문자는 그 시기에 발견된 소행성의 순서를 나타낸다. 따라서 2002EM은 2002년 3월 초순에 13번째로 발견된 소행성이란 뜻이다. 소행성의 궤도가 정해진 후에는 고유 번호가 부여되고 발견자에게 이름을 붙일 수 있는 영예가 주어진다. 소행성은 신화의 등장인물(세레스, 베스타), 항공사(스위스에어), 비틀스 멤버(레넌, 매카트니, 해리슨, 스타)와 같이 다양한 이름을 가지고 있다.

아스트롤라베는 무엇인가?

아스트롤라베는 고대 알렉산드리아에서 발명된 2차원 천체 모형이다. 이것은 지표면을 나타내는 고정된 편평한 원반과 특정한 시간에 관측할 수 있는 천체를 보여주기 위해 회전할 수 있는 구로 이루어져 있었다. 위도와 날짜, 시간만 알면 태양의 위치와 별이나 행성의 밝기도 알 수 있었다. 이것을 이용하면 천체의 위치를 측정하여 시간을 알아낼 수도 있었다. 아스트롤라베는 태양이 뜨고 지는 시간을 알아내거나, 탑의 높이나 우물의 깊이를 측정하는 데도 이용되었다. 1600년 이후에는 좀 더 정밀한 기구로 대체되었다.

망원경은 누가 발명했는가?

네덜란드의 렌즈 및 안경 제작자였던 리퍼세이$^{Hans\ Lippershey,\ 1570~1619}$가 1608년에 처음으로 특허를 출원했기 때문에 그를 망원경의 발명자로 보고 있다. 두 명의 다른 발명자 얀센$^{Zacharias\ Janssen}$과 메티우스$^{Jacob\ Metius}$도 망원경을 발전시켰다. 현대 사학자들은 리퍼세이와 얀센을 망원경 발명자 후보로 올려놓았다. 그러나 리퍼세이가 우세한 입장이다. 리퍼세이는 망원경을 멀리 있는 지상의 물체를 관측하는 데 사용했다.

1609년에 자신의 망원경을 만든 갈릴레이는 망원경을 천체 관측에 사용했다. 오늘날의 망원경과 비교하면 매우 작은 것이었지만 그는 이것을 통해 은하수가 멀리 있는 별들이라는 것과 달에 크레이터가 있다는 것을 발견했다.

최초의 천문 관측소는 무엇인가?

기원전 2500년에서 기원전 1700년 사이에 건축된 영국의 스톤헨지가 최초의 천문 관측소 겸 사원이었다. 이것의 기본적인 기능은 하지와 동지를 정하는 것이었다고 여겨진다.

굴절망원경와 반사망원경의 다른 점은 무엇인가?

반사망원경은 오목거울을 이용하여 빛을 모으는 반면 굴절망원경은 렌즈를 이용하여 빛을 모은다. 반사망원경의 장점은 (1) 거울을 이용하여 빛을 모으기 때문에 색수차가 없다는 것과 (2) 크기를 작게 만들 수 있다는 것이다. 렌즈를 이용하여 빛을 모을 때 발생하는 색수차를 제거하기 위해 뉴턴은 1668년에 거울로 빛을 모으는 반사망원경을 만들었다.

VLA는 무엇이며 이것으로 어떤 정보를 알 수 있는가?

VLA는 여러 개의 전파망원경을 연계하여 정밀한 관측이 가능하도록 한 천체 관측 설비이다. VLA는 Y자형으로 늘어선 27개의 전파망원경으로 구성되어 있다. 전파망원경이 늘어서 있는 거리는 36km로 워싱턴 D.C. 지름의 1.5배이다. 각각의 전파망원경은 지름이 25m이다. 36km에 걸쳐 늘어서 있는 각각의 전파망원경은 서로 연결되어 지름 130m의 원형 안테나와 같은 정도의 정밀도를 나타낸다. VLA를 구성하는 27개의 전파망원경은 집 하나의 크기이며 선로를 따라 움직일 수 있다. 22년 동안의 운영을 통해 VLA는 가장 효과적인 관측 장비라는 것이 입증되었다. 이 기간 동안에 2,200명의 과학자들이 VLA를 이용하여 10,000개 이상의 관측 프로젝트를 수행했다. VLA는 수성에서 물을 발견했고, 보통의 별들 주위를 둘러싸고 있는 강한 전파를 내는 코로나를 측정했으며, 우리 은하 내에 있는 소형 퀘이사, 멀리 은하 주위에 중력 작용으로 만들어진 아인슈타인 고리, 감마선 폭발 지점의 전파원 등을 발견하는 데 결정적인 역

할을 했다. VLA의 거대한 구조는 우주에서 발생하는 초고속 제트나 우리 은하의 중심부의 구조에 대한 연구를 가능하게 하고 있다.

뉴멕시코에 설치된 전파망원경들이 VLA를 구성하고 있다.

허블 망원경의 이름에 사용된 허블은 어떤 사람인가?

허블은 미국 천문학자였다. 그는 성운을 연구하여 안드로메다 성운이 수많은 별들로 이루어진 또 다른 은하라는 것을 밝혀냈다. 허블은 은하를 모양에 따라 나선은하, 타원 은하, 불규칙 은하로 분류했다.

또한 그는 은하에서 오는 빛의 스펙트럼의 도플러 효과(적색편이)를 관측하여 은하의 후퇴속도가 은하까지의 거리에 비례한다는 허블의 법칙을 발견했다.

허블 망원경은 1990년 4월 25일 우주 왕복선 디스커버리에 의해 지구 궤도에 올려 졌다. 지구 대기에 의해 영향을 받지 않는 이 망원경은 지상의 어떤 망원경보다도 멀리 있는 천체를 관측할 수 있도록 설계되었다. 그러나 1990년 6월 27일 미항공우주국(NASA)은 허블 망원경의 거울 하나에 손상이 생겨 제대로 작동하지 못한다고 발표했다. 적외선을 관측하는 장비와 같은 다른 장비들은 제대로 작동하고 있었지만 연구 프로젝트의 40% 정도는 수리를 마칠 때까지 연기될 수밖에 없었다.

1993년 12월 2일에 우주인들이 우주 공간에서의 수리를 통해 이 문제를 해결했다. 이 수리에서 여섯 개의 자이로스코프 중에 네 개를 교체했고, 두 개의 태양전지도 교체 했다. 거울에 문제가 생겼던 주 카메라 역시 교체되었다. 그 후 네 번의 수리를 통해 허블 망원경의 성능이 놀라운 정도로 개선되었다.

우주 탐사

우주 로켓을 처음 제안한 사람은 누구인가?

1903년에 러시아의 고등학교 교사였던 치올코프스키^{Konstantin E. Tsiolkovsky}는 우주여행에서 로켓의 사용을 제안한 최초의 과학적인 논문을 발표했다. 수년 후에 미국의 고더드^{Robert H. Goddard}와 독일의 오베르트^{Herman Oberth}가 우주여행에 과학계가 관심을 두도록 했다. 이 세 사람은 우주여행이나 로켓과 관련된 기술적인 문제에 대해 독자적으로 연구했다. 따라서 그들은 우주 비행의 아버지들로 불린다.

1919년에 고더드는 〈초고도에 이르는 방법〉이라는 논문을 발표했다. 이 논문에서 그는 대기의 상층부를 탐사하는 방법과 로켓을 달에 보내는 문제에 대해 설명했다.

1920년대에 치올코프스키는 다단계 로켓에 대한 자세한 설명을 포함한 많은 새로운 연구 결과를 발표했다. 1923년에 오베르트는 〈행성간 공간을 여행하는 로켓〉이라는 제목의 논문에서 우주여행의 기술적 문제를 설명하고 우주선이 어떤 기능을 가지고 있어야 되는지에 대해 설명했다.

무중력과 미소중력의 차이는 무엇인가?

무중력은 말 그대로 중력이 없는 상태를 말한다. 다시 말해 중력의 영향을 받지 않는 상태, 즉 무게를 느낄 수 없는 상태이다. 미소중력은 중력이 아주 작은 상태로 무중력에 다가가는 것이다. 무중력이거나 미소중력 상태인 우주선 안에서 자유낙하시킨 물체는 공중에 떠 있게 된다. 그러나 두 가지는 모두 정확한 용어가 아니다. 지구 궤도 위에서의 중력은 지상에서의 중력에 비해 조금 작을 뿐이다. 우주선이나 우주선 안에 있는 물체들은 중력의 영향으로 지구를 향해 계속 낙하하고 있다. 지구를 향해 계속 낙하하는데도 우주선이 지상으로부터 일정한 높이에 계속 머무는 것은 우주선이 아주 빠른 속도로 달리고 있기 때문이다. 계속적인 낙하로 인해 우주선 안에 있는 물체들이 무게를 느낄 수 없는 상태를 무중력 상태라고 부르기도 한다.

다른 행성에 지적인 생명체가 존재할 가능성은 얼마나 되는가?

지적인 생명체가 존재할 확률은 여러 가지 변수에 의해 결정된다. 지적인 생명체가 존재할 확률은 미국의 천문학자 드레이크$^{Frank\ Drake,\ 1930\sim}$가 처음 제안한 드레이크 방정식으로 계산한다. 드레이크 방정식은 $N = N_* f_p n_e f_l f_i f_c f_L$로 나타낸다. 여기서 N은 은하에 존재할 문명의 수를 나타낸다. 이 식에 포함된 문자가 나타내는 변수들은 다음과 같다.

N_*	은하에 포함되어 있는 별들의 수
f_p	행성을 가지고 있는 별들의 비율
n_e	행성이 생명체를 가질 조건을 만족하는 비율
f_l	조건이 맞는 행성 중에서 실제로 생명체를 가질 비율
f_i	생명체가 고등 생명체로 진화할 비율
f_c	고등 생명체가 발달된 문명을 가질 비율
f_L	문명이 존속할 수 있는 기간

이 방정식은 매우 주관적이다. 그리고 방정식의 각 변수에 낙관적인 숫자를 대입하느냐 비관적인 숫자를 대입하느냐에 따라 결과가 크게 달라진다. 그러나 은하는 매우 넓은 공간이어서 은하의 다른 곳에 생명체가 존재할 가능성을 배제할 수는 없다.

'은하의 초록화'라는 말은 무엇을 뜻하나?

인류와 인류가 개발한 기술, 문화가 은하 전체로 퍼져나가는 것을 의미한다.

언제 우주협약이 조인되었나?

UN 우주협약은 1967년 1월 23일 조인되었다. 이 협약은 우주를 탐사하는 기본 지침이 되고 있다. 이것은 달이나 행성 또는 다른 천체를 탐사하고 이용하기 위한 각국의 활동을 규제한다. 이 협약은 인본주의와 평화주의에 입각하여 어떤 나라도 우선권을 가질 수 없으며 모든 나라가 자유롭게 우주를 탐사할 수 있다고 규정하고 있다. 세계의 많은 나라들이 이 협약에 가입했다.

세계 각국, 국제적인 조직, 사기업의 우주 활동을 규제하기 위한 우주 법률은 국제연합이 우주 평화이용 위원회를 설치한 1957년 이후 추진되어 왔다. 이 위원회에 속한 한 소위원회에서 1967년의 우주협약 초안을 작성했다.

외계인을 찾고 있는 사람도 있는가?

SETI(외계 지적 생명체 탐사)라고 불리는 외계 탐사 연구 프로젝트는 1960년에 시작되었다. 미국의 천문학자 드레이크는 웨스트버지니아의 그린뱅크에 있는 국립 전파 관측소에서 3개월 동안 고래자리 타우별과 에리다누스감자리 엡실론별에서 오는 전파를 측정했다. 이 연구에서 아무런 신호를 잡아내지 못해 연구 프로젝트가 실패로 끝났지만 이를 계기로 외계 생명체에 대한 관심이 높아졌다.

매사추세츠에 있는 하버드 대학의 오크리지 관측소의 전파망원경을 이용한 센테니얼 프로젝트는 동시에 128,000가지 다른 파장의 전파를 수신했다. 이 프로젝트는 1985년 영화 제작자 스티븐 스필버그로부터 일부의 재정을 지원받아 META(100만 채널)로 확대되었다. META는 동시에 840만 채널을 수신할 수 있다. NASA는 1992년에 푸에르토리코에 있는 아레시보 전파망원경과 캘리포니아 바스토에 있는 전파망원경을 사용하여 외계에서 오는 신호를 수신하는 10년 프로젝트를 진행했다.

과학자들은 자연에서 발생하는 여러 가지 전파 중에서 외계에서 오는 신호를 찾아내려고 노력하고 있다. 그러한 신호는 규칙적으로 반복되거나 수학적인 수열을 이루고 있을 것으로 추정하고 있다. 수없이 많은 전파 채널이 있고 검색해야 할 천체도 많기 때문에 이 일은 매우 어려운 작업이다. 1995년 10월에는 BETA(10억 채널)가 시작되어 META보다 검색하는 채널 수가 300배 증가되었다. 그러는 동안 SETI는 다른 프로젝트를 발전시켰다. 1999년에 시작된 SETI@HOME 프로젝트는 가정용 컴퓨터를 사용하지 않는 동안에 전파망원경이 수신한 전파를 분석하도록 하는 프로그램이다.

'세 번째 접촉'이란 무엇을 뜻하는가?

UFO 전문가 하이넥^{J. Allen Hynek, 1910~1986}은 외계인 또는 외계 우주선과의 조우를 다음과 같이 여러 가지 단계로 나누었다.

1단계 조우	다른 물리적 증거가 없이 UFO를 본 단계
2단계 조우	UFO를 가까이에서 관측하고 사진과 같은 증거를 입수한 단계
3단계 조우	외계인을 실제로 본 단계
4단계 조우	외계 우주선에 의해 납치된 단계

최초의 우주인은 누구인가?

1961년 4월 12일 우주선 보스톡호를 타고 지구 궤도를 도는 데 성공한 소련의 우주 비행사 가가린^{Yuri Gagarin, 1934~1968}이 최초의 우주인이다. 가가린의 최초 우주 비행은 단지 4시간 48분 동안에 이루어졌다. 그러나 첫 번째 우주인으로서 가가린은 국제적 영웅이 되었다.

소련의 우주 비행 성공으로 미국의 케네디^{John F. Kennedy, 1917~1963} 대통령은 1961년 5월 25일, 미국이 1960년대가 끝나기 전에 달에 사람을 보내겠다고 선언했다. 미국은 이 목표를 향한 첫 번째 단계로 1962년 2월 20일에 최

러시아 공군의 유리 가가린 소령이 1961년 4월 12일 최초의 우주인이 되었다.

초로 미국인을 지구 궤도에 올려놓았다. 우주 비행사 글렌^{John H. Glenn Jr., 1921~}은 프렌드십 7호를 타고 130,329km를 날아 지구 궤도를 세 바퀴 도는 데 성공했다. 이보다 앞선 1961년 5월 5일에는 셰퍼드^{Alan B. Shepard Jr., 1923~1998}가 프리덤 7호를 타고 고도 187.45km까지 도달했다.

NASA가 보이저 1호와 2호의 탐사를 '대탐사'라고 하는 이유는 무엇인가?

176년마다 목성, 토성, 천왕성, 해왕성이 지구에서 목성을 향해 발사한 탐사선으로 하여금 다른 행성들도 탐사할 수 있도록 배열된다. 보이저 탐사선은 행성의 중력을 이용하여 가속하는 방법으로 다음 행성을 향해 날아갈 수 있었다. 이러한 탐사여행이 가능했던 해가 1977년이었다.

보이저 탐사선에 실어 보낸 메시지는 무엇인가?

1977년 9월 5일에 발사된 보이저 1호와 이보다 앞선 1977년 8월 20일 발사된 보이저 2호는 외계 행성을 탐사한 후 태양계 밖으로 나가도록 설계되었다. 이 탐사선들에는 우주를 여행하는 동안에 혹시 만나게 될지도 모르는 외계인에게 보내는 메시지가 담긴 금을 입힌 구리 레코드판이 실려 있다. 이 레코드에는 지구를 소개하는 음성과 영상 메시지가 담겨 있다.

이 메시지는 118장의 그림으로 시작한다. 이 그림들에는 은하에서 지구의 위치, 다른 그림에 사용된 수학적인 표현을 이해하는 열쇠, 태양, 태양계의 다른 행성들, 인간의 해부도, 지구의 다양한 모습(해변, 사막, 산 등), 식물과 동물의 모습, 여러 가지 활동을 하고 있는 다양한 모습의 사람들, 다양한 건축물(초막집, 타지마할, 시드니 오페라 하우스 등), 도로, 자동차, 비행기, 우주선을 비롯한 여러 가지 교통수단의 모습이 담겨 있다.

그림 다음에는 당시 미국 대통령 지미 카터와 당시 UN 사무총장 발트하임의 인사말이 들어 있다. 고대 수메르 언어에서 영어에 이르는 54개 언어로 된 간단한 메시지도 포함되어 있으며 혹등고래의 노래도 담겨 있다.

다음 부분에는 지구에서 익숙한 소리들이 녹음되어 있다. 여기에는 천둥소리, 빗소리, 바람 소리, 불타는 소리, 개가 짖는 소리, 발자국 소리, 웃음소리, 연설, 아기의 울음소리, 사람의 심장이 뛰는 소리, 사람의 뇌파 등이 담겨 있다.

이 레코드의 마지막 부분에는 약 90분 길이의 음악이 녹음되어 있다. 음악은 다양한 문화를 반영하는 것들이 선택되었다. 예를 들어 피그미 소녀의 노래, 아제르바이잔의 파이프 연주, 베토벤의 5번 교향곡 1악장, 그리고 척 베리$^{Chuck\ Berry}$의 〈조니 B. 구드〉 같은 곡들이 실렸다.

보이저가 다른 별에 도달하기까지는 수만 년에서 수십만 년이 걸릴 것이다. 따라서 이 메시지는 전해지지 않을 가능성이 크다. 그러나 이 메시지는 우주 어디에선가 외계 생명체를 만날 수 있으리라는 인류가 가지고 있는 희망의 상징이다.

달 위를 걸었던 우주인은 누구인가?

12명의 우주 비행사들이 달 위를 걸었다. 아폴로 우주선에는 3명의 우주 비행사들이 탑승했다. 그중의 한 명은 달 주위를 돌고 있던 사령탑에 남아 있었고 나머지 두 명만 실제로 달에 착륙했다.

우주선	날짜	우주인
아폴로 11호	1969년 7월 16일~24일	닐 암스트롱(Neil A. Armstrong) 에드윈 올드린(Edwin E. Aldrin, Jr.) 마이클 콜린스(사령선, Michael Collins)
아폴로 12호	1969년 11월 14일~24일	찰스 콘래드(Charles P. Conrad) 앨런 빈(Alan L. Bean) 리처드 고든(사령선, Richard F. Gordon, Jr.)
아폴로 14호	1971년 1월 31일~2월 9일	앨런 셰퍼드(Alan B. Shepard, Jr.) 에드거 미첼(Edgar D. Mitchell) 스튜어트 루사(사령선, Stuart A. Roosa)
아폴로 15호	1971년 7월 26일~8월 7일	데이비드 스콧(David R. Scott) 제임스 어윈(James B. Irwin) 앨프리드 워든(사령선, Alfred M. Worden)
아폴로 16호	1972년 4월 16일~27일	존 영(John W. Young) 찰스 듀크(Charles M. Duke) 토머스 매팅글리(사령선, Thomas K. Mattingly)
아폴로 17호	1972년 12월 7일~19일	유진 서난(Eugene A. Cernan) 해리슨 슈미트(Harrison H. Schmitt) 로널드 에번스(사령선, Ronald E. Evans)

우주에 가장 오래 머문 사람은 누구인가?

폴리아코프 박사^{Dr. Valerij Polyakov}는 1994년 1월 8일 우주 정거장 미르Mir에 가서 1995년 3월 22일 소유즈 TM-20호를 타고 지구로 귀환했다. 그는 총 438일 18시간 동안 우주에 머물렀다.

최초로 우주 공간에 올려진 동물은 무엇이었으며 언제였는가?

1957년 11월 3일 발사된 소련의 스푸트니크 2호를 타고 우주여행을 한 라이카라

라이카는 소련의 스푸트니크 2호를 타고 최초로 지구 궤도를 돈 생명체가 되었다.

는 작은 개가 최초로 우주를 여행한 동물이다. 라이카는 1957년 10월 4일 소련이 최초의 우주선인 스푸트니크 1호를 성공적으로 지구 궤도에 올려놓은 직후에 우주여행을 했다. 라이카는 압력을 높인 500kg짜리 캡슐에 넣어져 우주선에 실렸다. 지구 궤도에서 며칠을 보낸 후 라이카는 죽었고 스푸트니크 2호는 1958년 4월 14일 지구로 귀환했다.

최초로 우주 공간에 올라간 원숭이와 침팬지는?

1958년 12월 12일 미국에서 발사된 주피터에는 올드 리라이어블이라는 이름을 가진 다람쥐원숭이가 실려 우주로 보내졌지만 지구 궤도에 도달하는 데는 실패했다. 이 원숭이는 우주선을 회수하는 동안 질식사했다.

1959년에 발사된 또 다른 주피터는 두 마리의 암컷 원숭이를 싣고 고도 482.7km까지 올라갔다. 에이블은 2.7kg의 붉은털원숭이였고, 바커는 0.3kg의 다람쥐원숭이였다. 두 마리 모두 살아서 귀환했다.

1961년 1월 31일 발사된 머큐리에는 햄이라는 이름의 침팬지가 탑승했다. 햄은 고

도 253km까지 올라갔지만 지구 궤도에 도달하지는 못했다. 그가 탔던 캡슐은 최고 9,426km/h의 속력까지 도달했으며 대서양에 착지했고 햄은 다치지 않은 채 구조되었다.

1961년 11월 29일에는 미국에서 에노스라는 이름의 침팬지를 지구 궤도에 올려 지구를 두 바퀴 선회한 후 귀환했다. 주로 개를 보냈던 소련처럼 미국도 실제로 사람을 보내기 전에 동물을 보내 우주여행이 생명체에 주는 영향에 대한 정보를 입수했다.

우주를 산책한 최초의 남자와 여자는 누구인가?

1965년 3월 18일 소련의 우주 비행사 레오노프^{Alexei Leonov, 1934~}는 우주선 보스코드 2호 밖에서 10분 동안 보냄으로써 우주를 산책한 최초의 우주인이 되었다. 우주 산책을 한 최초의 여성은 소련의 우주 비행사 사비츠카야^{Svetlana Savitskaya, 1947~}로 그녀는 자신의 두 번째 우주여행에서 소유즈 T-12(1984년 7월 17일) 우주선 밖으로 나와 3시간 30분 동안 여러 가지 선외활동을 했다.

한편 미국 우주 비행사 맥캔들리스 2세^{Bruce McCandless II, 1937~}는 1984년 2월 7일 우주 왕복선 챌린저에서 나와 생명선 없이 수동 활동 장치MMU를 메고 우주를 산책하는 데 성공했다.

최초의 여성 우주인은 누구인가?

소련의 우주 비행사 테레시코바^{Valentina V. Tereshkova, 1937~}가 최초로 우주 비행을 한 여성이다. 그녀는 1963년 6월 16일에 발사된 보스톡 6호를 타고 3일 동안 지구 궤도를 48바퀴나 도는 우주여행을 했다. 비록 우주 비행 훈련은 단기간만 받았지만 그녀는 우주 비행을 위한 엄격한 조건에 특히 잘 맞았다.

한편 미국의 우주 프로그램은 1983년 6월 18일 라이드^{Sally K. Ride, 1951~}가 우주 왕복선 챌린저 STS-7을 탑승하여 우주 비행에 오르기 전까지 여성을 우주 비행 프로그램에 참여시키지 않았다. 1987년에 라이드는 NASA의 행정부서로 근무처를 바꾸어 미

래 NASA가 나아갈 방향을 제시하는 〈라이드 보고
서〉를 제출했다. 그녀는 1987년 NASA에서 은퇴한
후 챌린저 사고를 조사하는 대통령 위원회에서 일했
고, 스탠포드 대학의 연구원으로도 일했다. 현재 샌
디에이고에 있는 캘리포니아 대학 캘리포니아 우주
연구소의 소장으로 일하고 있다.

소련 우주 비행사 테레시코바는 1963년
6월에 세계 최초 여성 우주인이 되었다.

**미국에서 발사한 아폴로 11호의 우주 비행사들이
달에 착륙한 후 가장 먼저 한 말은 무엇이었나?**

1969년 7월 20일 오후 4시 17분 43초(미국 동부
시간, 그리니치 표준 시간으로는 같은 날 오후 20시 17분 43초, 우리나라 시간으로는 21일 오전 5
시 17분 43초)에 암스트롱Neil A. Amstrong, 1930~과 올드린Edwi E. Aldrin Jr., 1930~이 달 착륙선
이글호를 타고 달 표면 고요의 바다에 착륙했다. 착륙 직후 암스트롱은 휴스턴에 '휴스
턴, 여기는 고요의 바다다. 이글은 착륙했다'라고 보고했다. 몇 시간 후 암스트롱이 착
륙선 사다리를 타고 내려가 달 표면에 뛰어내렸다. 이때 그는 "이것은 한 사람에게는
작은 발걸음이지만 인류에게는 거대한 도약이다That's one small jump for man, one giant leap
for mankind"라고 말했다. 현장에서 중계된 목소리에는 man 앞에 a라는 관사가 빠져 있
었다. 후에 다시 이 부분을 녹음하면서 a를 끼워 넣어 'one small step for a man'
으로 수정했다.

암스트롱과 올드린이 달 표면에 꽂은 미국 국기는 무슨 재료로 만들어졌는가?

우주 비행사들은 항상 펴져 있도록 하기 위해 위쪽의 가장자리에 스프링 와이어를
넣은 미국 국기를 달 표면에 꽂았다.

달에서 처음 먹은 음식은 무엇이었나?

미국의 우주 비행사 암스트롱과 올드린은 1969년 7월 20일 달 표면을 걷기 전에 베이컨 네 조각, 설탕 쿠키 세 개, 복숭아, 파인애플–그레이프프루트 주스, 그리고 커피를 마셨다.

달에서 처음으로 골프 샷을 날린 사람은 누구인가?

1971년 1월 31일 발사된 아폴로 14호의 선장이었던 셰퍼드는 달에서 처음으로 골프공을 쳤다. 그는 6번 아이언의 헤드를 예비 표본 채집통의 손잡이에 매단 후 골프공을 달 표면에 떨어뜨린 후 한 손으로 몇 번의 스윙을 했다. 첫 번째는 실패했지만 두 번째는 성공했다. 그는 볼이 아주 멀리 날아갔다고 말했다.

함께 우주여행을 한 최초의 부부는 누구인가?

우주 비행사 데이비스^{Jan Davis}와 리^{Mark Lee}는 우주 공간을 방문한 최초의 부부가 되었다. 그들은 1992년 9월 12일에 시작된 8일간의 엔데버 우주 왕복선 비행에 함께 탑승했다. NASA는 일반적으로 결혼한 부부가 함께 비행하는 것을 금지하고 있다. 그러나 데이비스와 리는 아이들이 아직 없었고, 결혼하기 훨씬 전부터 이 임무를 위해 훈련해왔기 때문에 예외로 인정했다.

2000년에는 얼마나 많은 우주선이 지구 궤도에 올려졌는가?

2000년에는 모두 82회 우주선을 지구 궤도에 올리는 데 성공했다.

1990년에는 116번의 로켓 발사가 있었다. 소련이 75회, 미국이 7번의 상업적인 로켓 발사를 포함하여

나라 또는 기구	발사 수
소련	35
미국	28
유럽 우주국	12
중국	5
우크라이나	2

27회, 유럽 우주국이 5회, 중국이 5회, 이스라엘이 1회였다.

우주에서 가장 오랜 시간을 보낸 사람은 누구인가?

아브데예프$^{Sergel\ Vasilyevich\ Avdeyev}$는 세 번의 우주 비행을 통해 총 747일을 우주에 머물렀다.

최초의 인공위성은 언제 발사되었나?

1957년 10월 4일에 소련이 무게가 83.5kg이나 되는 커다란 인공위성 스푸트니크 1호를 저궤도에 올려놓는 데 성공했다. 이 인공위성은 대기 상층부의 온도와 밀도를 측정할 수 있는 장비를 가지고 있었다. 이 인공위성의 발사는 우주 시대를 여는 계기가 되었다.

미국은 소련보다 약 4개월 늦게 최초의 인공위성을 지구 궤도에 올려놓았다. 1958년 1월 31일에 미국 육군에 의해 발사된 익스플로러 1호가 첫 번째 미국 인공위성이다. 14.06kg의 익스플로러 1호는 우주 비행을 통해 아이오와 대학 교수였던 밴 앨런$^{James\ A.\ Van\ Allen,\ 1914~2006}$의 이름을 따서 밴앨런대라고 불리는 지구의 전리층을 발견했다.

갈릴레오 우주 탐사선의 임무는 무엇이었나?

1989년 10월 18일 발사된 갈릴레오 탐사선은 금성을 돌면서 한 번, 지구를 돌면서 두 번 가속된 후 목성까지 여행하는 데 거의 6년이 걸렸다. 갈릴레오 탐사선은 여러 해 동안 목성, 목성의 고리 그리고 위성들을 자세하게 탐사하는 임무를 띠고 있었다.

1995년 12월 7일 갈릴레오 탐사선은 목성 대기를 관측하기 위한 탐사봉을 목성 대기 속으로 내려보냈으며 목성, 목성의 거대한 네 개의 위성, 강력한 자기장에 대해서도 많은 조사를 했다. 1997년 말까지 탐사 임무가 계획되었던 갈릴레오는 그 후에도 계속 작동해 1997년과 1999년 그리고 2001년에 새로운 위성을 발견했다.

갈릴레오호는 지구를 떠나 우주에서 14년, 목성 궤도에서 8년을 보낸 후인 2003년 9월 21일 50km/s의 속력으로 목성의 대기 속으로 뛰어들어 임무를 마쳤다.

소련 우주 프로그램의 창시자는 누구인가?

코롤레프[sergei P. Korolev, 1907~1966]는 소련 우주 개발에 많은 공헌을 한 사람으로 초기에 소련이 수행한 대부분의 중요한 우주 프로그램은 그와 연관되어 있다. 항공우주공학의 엔지니어가 되기 위한 교육을 받은 후 그는 로켓의 원리를 연구하는 모스크바 연구팀의 책임자가 되었고, 1946년에는 장거리 로켓을 개발하는 소련 연구팀의 책임자가 되었다. 코롤레프의 지도 아래 소련은 이 로켓을 우주 프로젝트에 사용해 1957년 10월 4일 세계 최초의 인공위성을 발사했다.

무인 인공위성을 발사하는 프로젝트 외에 코롤레프의 목표는 인간을 우주 공간에 올려놓는 것이었다. 코롤레프는 동물을 이용하여 실험한 후에 가가린을 우주 공간에 올려놓음으로써 그 목표를 달성했다.

우주 계획을 수행하는 동안에 사고로 목숨을 잃은 희생자는 얼마나 되는가?

채피와 그리섬 그리고 화이트는 아폴로 1호의 시험 비행 중 화재로 숨졌다. 코마로프는 소유즈 1호의 캡슐 낙하산이 펴지지 않아 숨졌다. 도브로폴스키, 파차예프, 그리고 볼코프는 소유즈 2호를 타고 지구로 귀환하던 중 밸브가 열리면서 공기가 빠져나가는 사고로 목숨을 잃었다. 또한 우주 왕복선 챌린저 STS 51L이 발사된 지 73초 후에 공중 폭발하는 사고로 자비스를 비롯한 일곱 명의 우주 비행사가 목숨을 잃었다.

이 외에도 19명의 우주 비행사들이 우주 비행과 관계없는 사고로 목숨을 잃었다. 이 중의 14명은 비행기 사고로 숨졌고, 네 명은 자연재해로, 그리고 한 사람은 자동차 사고로 죽었다.

다음 명단 속 14명의 우주 비행사들이 사고와 관련하여 목숨을 잃었다.

날짜	우주 비행사	임무
1967년 1월 27일	채피(Roger Chaffee, 미국)	아폴로 1
1967년 1월 27일	화이트(Edward White II, 미국)	아폴로 1
1967년 1월 27일	그리섬(Virgil Gus Grissom, 미국)	아폴로 1
1967년 4월 24일	코마로프(Vladimir Komarov, 소련)	소유즈 1
1971년 6월 29일	파차예프(Viktor Patsayev, 소련)	소유즈 11
1971년 6월 29일	볼코프(Vladislav Volkov, 소련)	소유즈 11
1971년 6월 29일	도브로폴스키(Georgi Dobrovolsky)	소유즈 11
1986년 1월 28일	자비스(Gregory Jarvis, 미국)	STS 51L
1986년 1월 28일	매콜리프(Christa McAuliffe, 미국)	STS 51L
1986년 1월 28일	맥네어(Ronald McNair, 미국)	STS 51L
1986년 1월 28일	오니주카(Ellison Onizuka, 미국)	STS 51L
1986년 1월 28일	레스닉(Judith Resnik, 미국)	STS 51L
1986년 1월 28일	스코비(Francis Scobee, 미국)	STS 51L
1986년 1월 28일	스미스(Michael Smith, 미국)	STS 51L

미국 우주 프로그램 중에서 최악의 사고와 그 원인은 무엇이었나?

챌린저 STS 51L은 1986년 1월 28일 발사되었지만 발사 후 73초 만에 폭발하고 말았다. 이 사고로 우주 왕복선은 완전히 파괴되었고, 탑승했던 7명의 승무원 전원이 목숨을 잃었다. 챌린저 사고의 조사는 전 국무장관이었던 로저스$^{William Rogers}$를 단장으로 하는 로저스 위원회에 의해 진행되었다.

수개월 동안 사고를 조사한 로저스 위원회는 우측 로켓 모터의 아랫부분을 연결하는 나사못의 이상이 원인이라고 결론지었다. 로켓의 모터가 연소할 때 발생하는 뜨거운 기체가 새나가지 못하도록 밀봉하는 연결 부위에 이상이 생긴 것이다. 위원회가 수집한 자료에 의하면 이것 외에 다른 원인은 없었다.

위원회가 특정인을 비난하지는 않았지만 공개된 자료에 의하면 우주 왕복선은 그날 발사되지 말았어야 했다는 것이 확실했다. 그날은 케이프커내버럴의 날씨가 유난히 추워 밤에는 온도가 영하로 내려갔다. 로켓 부스터를 밀봉하는 O링이 추운 날씨 때문에 그 기능을 발휘하지 못했던 것이다.

아홉 번의 챌린저 발사를 통해 최초로 달성한 업적은 무엇인가?

최초 미국 여성 우주인	라이드(Sally Ride)
최초 미국 흑인 우주인	블루포드(Guion S. Bluford Jr.)
우주 산책을 한 최초 미국 여성 우주인	설리번(Kathryn Sullivan)
우주 산책을 한 최초 우주 왕복선	페터슨(Donald Peterson)과 무스그레이브(Story Musgrave)
생명줄 없이 우주 산책을 한 최초 우주인	스튜어트(Robert Stewart)와 맥캔들리스(Bruce McCandless)
최초의 인공위성 수리	넬슨(Pinky Nelson)과 호프톤(Ox Van Hofton)
우주에서의 최초 코크와 펩시	1985

우주 왕복선 아래쪽 타일의 성분은 무엇이며 몇 도까지 견딜 수 있는가?

세라믹으로 강화된 순도 높은 실리카 섬유로 만든 가벼운 타일 20,000장이 우주 왕복선 아래쪽에 붙어 있다. 각각의 타일은 우주 왕복선 본체에 단단하게 접착되었다. 우주 왕복선이 대기로 들어올 때 올라가는 가장 높은 온도는 649℃에서 704℃ 사이이다.

우주 왕복선이 사용하는 액체연료는 무엇인가?

액화수소가 연료로 사용되고 이것을 태울 때는 액체 산소가 사용된다. 이 두 가지 연료는 별도의 용기에 보관되어 있다가 연소시킬 때 혼합한다. 액체 상태를 유지하기 위해 산소는 −183℃ 이하, 수소는 −253℃ 이하로 보관해야 한다. 두 연료는 다루기 어렵지만 로켓의 연료로 널리 사용된다.

지구

대기

지구 대기의 구성 성분은 무엇인가?

지구 대기의 구성 성분은 수증기와 공해 물질을 제외하면 질소 78%, 산소 21%, 그리고 1% 미만의 아르곤과 이산화탄소이다. 이 밖에도 소량의 수소, 네온, 헬륨, 크립톤, 크세논, 메테인, 오존이 포함되어 있다. 초기 지구의 대기는 대부분이 암모니아와 메테인으로 구성되어 있었지만 20억 년 전부터 다양한 성분을 포함하기 시작했다.

지구 대기는 몇 개의 층으로 이루어졌는가?

지구를 둘러싸고 있는 대기는 온도로 구별되는 다섯 개의 층으로 이루어져 있다.

대류권은 대기의 가장 낮은 층이다. 대류권의 평균 높이는 11km이지만 지역에 따라 달라 극지방에서는 8km, 적도 지방에서는 16km이다. 구름의 형성과 기후의 변화는 모두 대류권에서 일어난다. 대류권에서는 고도가 높아질수록 온도가 낮아진다.

성층권은 고도 11km에서 48km에 이르는 부분이다. 이 층에는 해로운 자외선을 흡수하여 지구상의 생명체를 보호하는 오존층이 존재한다. 고도가 높아짐에 따라 온도가

제임스 밴 앨런은 지구 적도 위에 높은 에너지의 입자들로 이루어진 두 영역을 발견했다.

조금씩 올라 최고 0℃까지 올라간다.

중간권은 고도 48km에서 85km에 이르는 부분이다. 고도가 높아짐에 따라 온도가 낮아져 −90℃까지 낮아진다.

열권은 고도 85km에서 700km에 이르는 부분이다. 열권의 온도는 1,475℃까지 올라간다.

외기권은 고도 700km 이상의 대기층이다. 외기권에서는 온도가 별 의미를 갖지 않는다.

전리층은 고도 48km에서 402km에 이르는 부분으로 다른 대기층과 겹친다. 이 층에서는 공기 분자들이 태양 빛에 포함된 자외선에 의해 이온화되어 있다. 전리층은 전파의 반사와 투과에 영향을 주며 세 개의 층으로 나누어져 있다. D층은 56km에서 88km 사이에 있는 전리층이고, E층(케널리−헤비사이드층)은 88km에서 153km 사이의 층이며, F층(애플턴층)은 153km에서 402km 사이에 있는 층이다.

밴앨런대는 무엇인가?

밴앨런대는 지구 자기장에 의해 잡힌 이온화된 입자들로 이루어진 층으로 적도 상공에 있으며 두 개의 영역으로 이루어져 있다. 첫 번째 대는 고도 수백 km에서 3,200km 사이에 형성되어 있으며, 두 번째 대는 14,500km에서 19,000km 사이에 형성되어 있다. 주로 전자와 양성자인 이 입자들은 태양풍에서 왔거나 우주선에서 온 것이다. 밴앨런대의 명칭은 인공위성 익스플로러 1호(1958년)와 익스플로러 2호(1959년)에 실렸던 방사능 계수기의 도움으로 1958년과 1959년에 이것을 발견한 미국의 물리학자 밴 앨런의 이름을 따서 명명되었다.

1998년 5월에 태양 폭풍이 안쪽 밴앨런대와 바깥쪽 밴앨런대 사이에 '슬롯 지역'이라고 부르는 새로운 밴앨런대를 만들었다. 새로운 밴앨런대는 태양의 활동이 잠잠해

지자 사라졌다. 이 지역에 새로운 밴앨런대가 형성된 것은 그때가 처음이 아니었다. 이 지역에 많은 입자들이 모이기 위해서는 태양 폭풍이 상당한 기간 동안 불어야 한다.

하늘은 왜 파란색인가?

태양 빛이 대기와 상호작용하여 하늘을 파란색으로 보이게 한다. 지구 대기 바깥으로 나가면 공기가 없는 우주 공간은 검은색으로 보인다. 태양 빛은 파장이 다른 빛들로 이루어져 있다. 빛의 파장이 다르면 다른 색으로 보인다. 공기 중에 포함되어 있는 입자와 공기 분자는 태양 빛을 받아 산란한다. 태양 빛 중에서 파란색의 빛이 가장 많이 산란된다. 그 이유는 파란빛의 파장이 짧아 공기 분자와 상호작용을 잘하기 때문이다. 공기 분자의 크기가 가시광선의 파장보다 작으면 선택적 산란이 일어난다. 공기 분자가 특정한 빛만을 산란시키면 하늘은 그 색깔로 보인다. 파란 빛이 가장 효과적으로 공기 분자에 의해 산란되기 때문에 태양은 노란색으로 보인다(백색광에서 파란색을 제거하면 노란색으로 보인다). 해가 질 때는 태양이 지평선 가까이 있기 때문에 하늘의 색깔이 바뀐다. 이때는 태양 빛이 더 길게 공기층을 통과해야 하므로 파란빛을 더 많이 잃어버린다. 따라서 태양 빛에는 주황색과 붉은색이 더 많이 포함된다.

물리적 특징

지구의 질량은 얼마인가?

지구의 질량은 5.97×10^{24}kg이고, 평균 밀도는 5.515이다. 이것은 1964년 국제천문연맹에서 채택된 측정값을 바탕으로 계산한 것으로 1967년 국제 지구과학회에 의해 공인된 것이다.

지구 내부는 어떻게 생겼을까?

지구는 몇 개의 층으로 나누어진다. 가장 위에 있는 층은 지각이다. 지각은 지구 전체 부피의 0.6%를 차지하고 있다. 지각의 깊이는 해양에서는 5~9km 사이이고 산이 있는 지역에서는 80km 정도이다. 지각은 대부분 화강암이나 현무암과 같은 암석으로 이루어져 있다.

지각과 맨틀 사이에는 모호로비치치 불연속면이 있다. 이는 1909년 이것을 발견한 크로아티아의 지진학자 모호로비치치[Andrija Mohorovicic, 1857~1936]의 이름을 따서 명명되었다. 모호로비치치 불연속면 아래에서 2,900km까지는 맨틀이다. 지구 부피의 82%를 차지하고 있는 맨틀은 대부분 산소, 철, 규소, 마그네슘으로 이루어져 있다. 대부분 고체이지만 암류권이라고 부르는 맨틀의 윗부분은 부분적으로 액체 상태이다.

맨틀과 핵의 경계면은 독일 출신 미국 지진학자 구텐베르크[Beno Gutenberg, 1889~1960]의 이름을 따서 구텐베르크 불연속면이라고 부른다. 주로 니켈과 철로 이루어진 핵은 지구 부피의 17%를 차지한다. 외핵은 액체 상태이고 맨틀 바닥으로부터 5,155km의 깊이까지이다. 외핵의 바닥부터 지구 중심까지는 고체 상태인 내핵이 자리 잡고 있다. 내핵의 온도는 3,850℃ 정도이다.

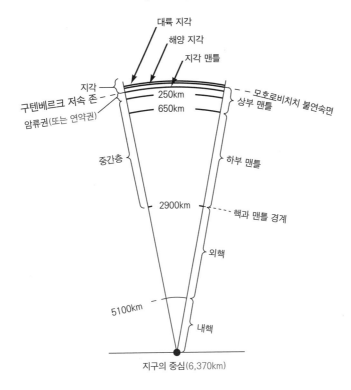

지구의 내부 구조

대륙 지각
해양 지각
지각 맨틀
지각
구텐베르크 저속 존
암류권(또는 연약권)
모호로비치치 불연속면
250km
650km
상부 맨틀
중간층
하부 맨틀
2900km
핵과 맨틀 경계
외핵
5100km
내핵
지구의 중심(6,370km)

싱크홀은 왜 생기는가?

싱크홀은 지구 표면에 우물이나 깔때기 모양으로 움푹 꺼진 곳을 말한다. 대부분 석회암 지역에서 발견되는 싱크홀은 지하수의 용해작용이나 지상을 흐르던 물이 석회암의 아래쪽으로 스며들어 암석에 균열을 가져와서 생긴다. 동굴의 천장이 무너지는 경우에도 커다란 싱크홀이 생긴다. 때에 따라서는 싱크홀의 지름이 수 km나 되기도 한다.

지구의 중심 부분은 어떤 상태인가?

지구 물리학자들은 1940년대 이래 지구의 내핵은 부분적으로 결정체를 이루고 있는 철과 니켈로 구성되었으며 식어가면서 팽창하고 있다고 믿고 있다. 내핵은 철과 니켈,

그리고 산소나 황과 같은 가벼운 원소로 이루어진 액체 상태의 외핵으로 에너지를 방출하면서 식어간다. '원자핵 지구 모형'이라고 부르는 다른 모형에서는 지구 내부에 폭이 불과 8km밖에 안 되는 작은 핵이 있으며, 이것은 니켈과 규소 화합물로 둘러싸인 우라늄과 플루토늄으로 이루어져 있다고 주장한다. 우라늄과 플루토늄은 자연적인 원자로 역할을 하고 있어 열에너지를 발생시키는 동시에 지구 자기장을 형성하는 전하를 띤 입자들도 생산한다. 전통적인 지구 핵의 모형이 일반적으로 받아들여지지만 원자핵 지구 모형이 틀렸다는 것이 증명되지도 않았다.

지구 내부로 들어가면 온도의 변화가 생기는 원인은 무엇인가?

지구 내부로 들어가면 온도가 올라간다. 깊은 광산을 이용하거나 구멍을 뚫어서 측정한 결과에 의하면 지구의 온도는 지역에 따라 다르기는 하지만 1km 깊어질 때마다 15~75℃ 정도 올라간다. 구멍을 뚫어서 측정할 수 있는 지하 10km보다 아래쪽은 실제로 온도를 측정하는 것이 가능하지 않다. 간접적인 추정에 의하면 지구 중심부의 온도는 2,760℃보다 높다.

지구에서 가장 높은 지점과 가장 낮은 지점은 어디인가?

지구에서 가장 높은 지점은 히말라야의 에베레스트로 높이는 8,848m이다. 에베레스트의 높이는 눈에 따라 3m 정도 높아지거나 낮아진다. 이 높이는 1954년에 인도 탐사팀이 측정했으며 국제 지리학회에 의해 공인되었다. 이전에는 에베레스트의 높이를 8,840m로 추정했다. 1987년 인공위성을 이용해 측정한 높이는 9,102m이다. 그러나 이 측정은 국제 지리학회에 받아들여지지 않았다.

육지에서 가장 낮은 지점은 이스라엘과 요르단 사이에 있는 사해로 해수면 아래 399m이다. 지구 전체에서 가장 낮은 지점은 서부 태평양의 마리아나 해구로 깊이는 11,034m이다. 이 해구는 괌의 남동쪽에서부터 마리아나 군도 동서쪽까지 뻗어 있다.

지구 표면에서 바다와 육지의 넓이는 얼마나 되나?

육지는 약 148,300,000km²로 지구 표면의 약 30%를 차지하며,
바다는 약 361,800,000km²로 지구 표면의 약 70%를 차지한다.

지각에는 어떤 원소들이 포함되어 있는가?

지각에 가장 많이 포함된 원소는 오른쪽과 같다. 이 외에도 니켈, 구리, 납, 주석과 은이 0.02% 정도 포함되어 있으며 다른 원소들은 모두 합해도 0.48% 이하이다.

원소	함량(%)	원소	함량(%)
산소	47.0	칼륨	2.5
규소	28.0	티타늄	0.4
알루미늄	8.0	수소	0.2
철	4.5	탄소	0.2
칼슘	3.5	인	0.1
마그네슘	2.5	황	0.1
나트륨	2.5		

물

바닷물은 순환하는가?

바닷물은 계속 움직이고 있다. 바닷물이 수평 방향으로 움직이는 것을 해류라고 한다. 바닷물은 수평 방향으로만 운동하는 것이 아니라 수직 방향으로도 운동한다. 바람, 조석작용, 온도나 염도에 의한 밀도의 차이가 바닷물이 운동하도록 하는 주원인이다. 적도 지방의 바닷물은 온도가 높고 극지방의 바닷물은 온도가 낮다. 북반구에서는

해류가 시계 방향으로 흐르고 남반구에서는 시계 반대 방향으로 흐른다. 적도 지방에서는 해류가 반대 방향으로 흐른다. 북쪽에서는 좌측에서 우측으로, 남쪽에서는 우측에서 좌측으로 흐른다.

적도 지방에서 남쪽이나 북쪽으로 흐르는 해류는 더운물을 극지방으로 날라다 주고 극지방에서 적도 지방

주요 한류	주요 난류
캘리포니아 해류	북대서양 해류(걸프 해류)
훔볼트 해류	남대서양 해류
래브라도 해류	남인도양 해류
카나리아 해류	남태평양 해류
벵겔라 해류	북태평양 해류
포클랜드 해류	몬순 해류
서오스트레일리아 해류	오호츠크 해류

으로 흐르는 해류는 차가운 물을 적도 지방으로 날라다 준다.

바닷물에는 금이 포함되어 있는가?

바닷물에는 소량의 금이 포함되어 있다. 바닷물에 있는 금을 모두 합하면 지구에 사는 모든 사람에게 4kg씩 나누어줄 수 있을 것이다.

만약 지구가 완전한 구형이라면 바닷물의 깊이는 얼마나 될까?

지구에 존재하는 물의 97%는 바다에 있으며 그 양은 $1.234 \times 10^{15} m^3$이다. 만약 지구가 완전한 구형이어서 이 물이 지구 표면을 골고루 덮는다면 바닷물의 깊이는 244m가 될 것이다.

만약 지구의 모든 얼음이 녹는다면 해수면은 얼마나 높아질까?

만약 지구의 얼음이 모두 녹는다면 2,300만 km^3의 물이 될 것이다. 이것은 바닷물의 약 1.7%로 해수면은 60m 정도 높아질 것이다. 이는 엠파이어스테이트 빌딩의 20층까지 물에 잠기게 하기에 충분한 높이이다.

물 밖에 나와 있는 것은 빙산의 몇 %일까?

빙산은 총질량의 7분의 1 내지 10분의 1만 물 밖에 나와 있다.

빙산의 색깔은 무엇인가?

대부분의 빙산은 파란색이거나 흰색이다. 그러나 남극의 빙산은 1,000개 중 하나꼴로 에메랄드빛을 띤다. 이런 빙산은 남극지방에서만 발견된다. 왜냐하면 북극지방은 남극지방만큼 춥지 않기 때문이다.

대수층이란 무엇인가?

지각의 윗부분에 있는 암석 중에는 작은 구멍을 많이 포함한 다공질인 경우가 있다. 구멍들이 크거나 서로 연결되어 있는 경우에는 물이 쉽게 흘러들 수 있는데 이런 암석을 침투성 암석이라고 한다. 침투성이 있는 암석이 대규모로 분포해 물을 저장할 수 있거나 물이 흐를 수 있는 구조를 대수층이라고 한다. 대수층을 뜻하는 영어 단어 aquifer는 라틴어의 '물'과 '포함하는'이라는 뜻의 단어에서 유래했다. 사암이나 자갈은 대표적인 침투성 암석이다.

대수층은 식수의 60% 이상을 저장하는 저장고이다. 중앙 평원 아래 자리 잡고 있는 2백만 에이커에 달하는 거대한 오갈랄라^{Ogallala} 대수층은 미국 중앙부의 중요한 물 저장소이다. 5천만km^{3}의 물을 저장하고 있는 대수층은 13억 7천만km^{3}의 물을 포함하는 바다 다음으로 많은 물을 저장하고 있다. 물은 암석 사이를 흐르는 동안 정화된다. 그러나 대수층의 물은 오염물질의 투기나 누출, 산성비 등의 원인으로 오염될 수도 있다. 그리고 다량으로 사용한 지하수는 빗물로 보충되기 어렵다. 오갈랄라 대수층에 저장된 물은 2020년까지 25%나 줄어들 수 있다.

바다는 왜 파란색일까?

바다의 색깔은 여러 가지 원인에 의해 결정된다. 물에 의한 흡수와 산란, 물에 포함되어 있는 물질, 대기의 상태, 하늘의 색깔과 밝기 같은 것들이 바닷물의 색깔을 결정하는 요소들이다. 언제 어디서 관측하느냐에 따라서도 바다의 색깔이 달라진다. 여러 가지 색깔의 빛을 포함하고 있는 햇빛의 일부는 물에 흡수되고, 일부는 물 분자에 의해 산란된다. 깨끗한 물에서는 붉은빛과 적외선이 가장 많이 흡수되고, 파란빛이 가장 적게 흡수된다. 따라서 파란빛은 물 밖으로 반사된다. 이런 효과로 물이 파랗게 보이기 위해서는 물의 깊이가 적어도 3m는 되어야 한다.

바닷물의 화학적 조성은 어떠한가?

바닷물에는 알려진 모든 원소와 기체, 화합물, 그리고 광물이 포함되어 있다. 다음 표에는 바닷물에 가장 많이 포함된 원소가 정리되어 있다.

원소	포함된 양(ppm)
염소	18,980
나트륨	10,560
황	2,560
마그네슘	1,272
칼슘	400
칼륨	380
중탄산염	142
브롬	65
스트론튬	13
보론	4.6
플루오르	1.4

대양에서 파도를 일으키는 원인은 무엇인가?

표면파의 주원인은 바람과 같은 공기의 이동이다. 바다 내부에서의 파동은 조석작용, 파도 사이의 상호작용, 바다 밑에서의 화산활동 등에 의해 만들어진다. 파도의 크기는 바람의 속도, 바람이 지속되는 시간, 바람이 부는 거리 등에 따라 달라진다. 바다 위를 부는 바람이 강하면 강할수록 파도는 높아진다. 바다 위를 부는 바람은 표면의 물을 끌고 가려고 한다. 그러나 표면의 물은 바람과 같이 빠른 속도로 이동할 수 없기 때문에 수면이 높아진다. 수면이 높아지면 중력이 아래로 잡아당긴다. 이렇게 움직이는 물은 운동량에 의해 평균 해수면 아래까지 내려간다. 그렇게 되면 물의 압력에 의해 물은 다시 밖으로 밀려난다. 중력과 물의 압력 사이의 줄다리기에 의해 물은 계속 운동하게 된다. 속도가 2노트 이하인 미풍은 잔잔한 파도를 만들지만 바람의 속도가 1노트 이상인 경우에는 파도가 높아지고 빨라진다. 이런 파도들이 만나 부서지면 흰색 물보라가 만들어진다. 흰색 물보라가 만들어지기 위해서는 파도의 높이가 파장의 7분의 1 이상이어야 한다.

바다의 깊이는 얼마나 되나?

바다의 평균 깊이는 4,000m이다. 4대양의 평균 깊이는 다음과 같다.

바다 아래의 지표면은 매우 울퉁불퉁하기 때문에 바다의 깊이는 변화가 크다. 지각 판의 경계인 해구에서 깊이의 변화가 제일 심하다. 가장 깊은 곳은 마리아나 군도 동쪽에 있는 마리아나 해구로 깊이가 11,034m나 되어 가장 높은 산의 높이보다 더 깊다. 1960년 1월에 프랑스의 해양학자 피카르Jacques Piccard와 미국의 해군 중위 월시David Walsh는 심해용 잠수정을 마리아나 해구의 바닥까지 내려보냈다.

해양	가장 깊은 곳	깊이(m)	평균 깊이(m)
태평양	마리아나 해구	11,033	4,188
대서양	푸에르토리코 해구	8,648	3,735
인도양	자바 해구	7,725	3,872
북극해	유라시아 해분	5,450	1,038

태양 빛은 바다의 어디까지 침투할 수 있나?

바닷물은 비교적 투명하기 때문에 태양 빛의 5%는 80m까지 침투할 수 있다. 해류에 의해 물이 탁해지거나 부유물을 많이 포함하게 되면 빛이 침투할 수 있는 깊이는 50m까지 줄어든다.

해일은 무엇인가?

해일은 크게 소용돌이치면서 물의 벽을 만들고 움직여가는 파도이다. 해일은 내륙이나 강 깊숙이 들어올 수 있다. 해일의 높이는 3m에서 5m나 되며, 10노트에서 15노트나 되는 빠른 속도로 움직인다.

세계에서 가장 파도가 높은 곳은 어디인가?

캐나다 뉴브런즈윅에 있는 펀디 만이 세계에서 가장 파도가 높은 지역이다. 펀디 만의 북쪽에서는 파도의 평균 높이가 14m나 된다. 이것은 바다의 평균 파도 높이인 0.8m보다 훨씬 높은 것이다.

해수면의 높이는 모두 같은가?

해수면의 높이는 바다 표면의 평균 높이를 말한다. 과학자들은 측정치를 바탕으로 전 세계 해수면의 평균 높이를 계산했다. 해수면의 평균 높이를 계산하는 데는 19년 동안 발생한 모든 파도의 영향도 고려되었다. 바다 표면의 불규칙성이나 경사 때문에 해수면의 높이를 정확히 계산하는 것은 힘든 일이다.

대양과 바다는 어떻게 다른가?

바다와 대양을 구분하는 명확한 정의는 없다. 어떤 사람들은 대양을 지구 표면의 71%를 차지하고 있는 바닷물을 연결한 거대한 구조라고 정의한다. 대양은 태평양, 대서양, 인도양, 북극해의 4개가 있다. 그러나 어떤 사람들은 북극해를 대양에 포함하지 않는다. 또한 대양과 바다라는 말은 흔히 같은 뜻으로 쓰이지만 일반적으로 대양보다 규모가 작은 것을 바다라고 한다. 바다는 주로 지중해와 같이 대양 가장자리에 있는 작은 지역을 가리킨다.

반염수에는 얼마나 많은 소금이 포함되어 있는가?

포함되어 있는 소금의 양이 민물과 바닷물의 중간인 물을 반염수라고 한다. 반염수는 0.05%에서 3% 사이의 염분을 함유한 물이다. 바닷물은 평균 3.5%의 소금을 포함하고 있다.

바닷물에는 얼마나 많은 소금이 포함되어 있는가?

바닷물에 포함되어 있는 소금의 양은 지역에 따라 다르다. 바닷물은 평균적으로 3.3%에서 3.7%의 소금을 포함하고 있다. 녹은 얼음, 강 그리고 비에 의해 많은 양의 민물이 공급되는 북극이나 남극지방 같은 지역에서는 염도가 낮다. 반면에 페르시아 만이나 홍해 같은 곳에서는 염도가 4.2%나 되기도 한다. 만약 바닷물에 포함된 소금을 모두 말리면, 아프리카 대륙 크기의 소금이 만들어질 것이다. 바닷물에 포함된 소금의 대부분은 수억 년 동안 육지에 있던 소금이 물에 녹아 흘러들어 간 것이다. 그리고 일부는 바다 아래서 분출하는 화산이 내뿜는 암석에 포함되어 있던 소금이다.

이안류는 무엇이며 왜 위험한가?

파도가 높은 지역에서는 파도에 의해 물이 해변으로 몰려온다. 이 물은 파도가 낮은 곳을 만날 때까지 해변을 따라 이동한다. 이런 물이 파도가 낮은 곳을 만나면 빠른 속도로 해변에서 멀어지는 방향으로 흐른다. 그러므로 해수욕을 즐기던 사람들이 이안류를 만났을 때 해변과 평행한 방향으로 수영하지 않으면 익사할 수도 있다.

사해는 정말로 죽음의 바다인가?

이스라엘과 요르단 국경에 있는 사해는 지구 표면에서 가장 낮은 곳에 있는 호수여서 물이 흘러들기만 하고 흘러나가지는 않는다. 이 호수를 사해라고 부르는 것은 염도가 매우 높아 박테리아를 제외하고는 동물이나 식물이 살 수 없기 때문이다. 요르단 강이나 다른 강을 따라 사해로 들어간 물고기는 즉시 죽는다. 이곳에서는 염분이 많은 곳에 사는 식물만 자랄 수 있다. 그리고 호수의 바닥으로 가면 염도가 더 높아진다. 사해는 높은 염도 때문에 물의 밀도가 높아서 멱을 감는 사람이 물 위에 쉽게 뜬다.

얼음이 견딜 수 있는 무게는 얼마나 되나?

다음 표에는 얼음이 견딜 수 있는 최대 하중을 정리해놓았다. 이 표에 나타난 수치는 깨끗한 호수의 얼음에만 적용된다. 초겨울에 언 연한 얼음은 강도가 이것의 반밖에 안 된다.

얼음 두께(cm)	견딜 수 있는 예	최대 하중(kg)
5	한 사람	
7.6	여러 사람	
19	자동차, 스노모빌	907.2
20.3	가벼운 트럭	1,361
25.4	중간 크기의 트럭	1,814.4
30.5	무거운 트럭	7,257.6
38		9,072
50.8		22,680

세계에서 가장 깊은 호수는 어떤 것인가?

러시아의 남부 시베리아에 있는 바이칼 호가 세계에서 가장 깊은 호수이다. 호수의 가장 깊은 곳인 올크혼 크레비스는 깊이가 1,638m이다. 콩고민주공화국과 탄자니아에 있는 탕가니카 호는 깊이가 1,435m로 세계에서 두 번째로 깊은 호수이다.

세계의 호수 중에서 가장 큰 다섯 개의 호수는 어떤 것인가?

호수	면적(km²)	길이(km)	깊이(m)
카스피 해	370,922	1,225	1,025
슈피리어 호	82,103	560	406
빅토리아 호	69,464	360	85
아랄 해	64,501	450	67
휴런 호	59,600	330	229

야주는 무엇인가?

큰 강이 높은 둑으로 막혀 있어 강에 합류하지 못하고 강과 평행하게 흐르는 지류를 야주yazoo라고 한다. 이 이름은 미시시피 강의 지류인 야주가 미시시피 강으로 합류하지 못하고 미시시피 강과 평행하게 흐르는 데서 유래했다.

5대호 중에서 가장 큰 호수는 무엇인가?

호수	면적(km²)	깊이(m)
슈피리어 호	82,103	406
휴런 호	59,600	229
미시간 호	57,757	281
이리 호	25,667	64
온타리오 호	9,529	244

5대호 중에서는 슈피리어 호가 가장 크다. 북아메리카 대륙에 있는 5대호는 모두 세인트로렌스 강으로 흐르는 하나의 물길에 있다. 5대호에 저장되어 있는 물의 총량은 22.7조 리터나 되어 지구에 존재하는 모든 민물의 20%를 차지한다. 미시간 호만이 미국 영토 내에 있고 다른 호수들은 미국과 캐나다의 경계에 있다. 어떤 사람들은 휴런

호와 미시간 호의 수면 높이가 같고, 깊이가 36.5m이며 너비가 6km에서 8km 사이인 매키노 수로로 연결되어 있어 한 호수의 두 지역이라고 주장하기도 한다. 두 호수는 엄밀하게 말하면 하나의 호수지만 이 호수를 발견하고 이름을 붙인 사람들이 다른 이름으로 부르면서 역사적으로 두 개의 호수로 간주되고 있다.

세계에서 가장 긴 강은?

세계에서 가장 긴 두 강은 아프리카에 있는 나일 강과 남아메리카에 있는 아마존 강이다. 그러나 두 강 중에서 어떤 강이 더 긴지에 대해서는 논란의 여지가 있다. 아마존 강은 바다로 나가는 여러 개의 수로가 있어 어디가 정확히 아마존 강의 끝인지 정하기가 어렵다. 만약 가장 멀리 있는 파라 강 어귀에서부터 측정하면 아마존 강의 총 길이는 6,750km이다. 또한 아스완 댐의 건설로 만들어진 나세르 호수

강	길이(km)
나일 강	6,670
아마존 강	6,404
양쯔 강	6,378
미시시피－미주리 강	6,021
예니세이－안가라 강	5,540

로 인해 강의 길이가 수 km 짧아지기 전의 나일 강의 총 길이는 6,670km였다. 위의 표는 세계에서 가장 긴 강들을 정리한 것이다.

세계에서 가장 높은 폭포는?

폭포는 물이 한 줄기가 아니라 여러 갈래로 나뉘어 떨어지기 때문에 폭포의 높이를 정하는 것은 생각보다 어렵다. 발견자인 에인절[Jimmy Angel]의 이름을 따서 붙인 베네수엘라의 카라오 지류에 있는 에인절 폭포(앙헬 폭포)가 세계에서 가장 높은 폭포이다. 에인절 폭포의 전체 높이는 979m이고, 물이 바위에 부딪히지 않고 떨어지는 가장 긴 높이는 807m이다.

1848년 나이아가라 폭포가 38시간 동안 막혀 있었던 이유는?

나이아가라 폭포에 흐르는 물의 양은 버펄로 이리 호의 수위에 따라 달라진다. 이리 호의 수위는 바람의 방향과 세기에 따라 최대 2.5m까지 달라진 적도 있다. 1848년 3월 29일 이리 호에 떠다니던 큰 얼음덩어리가 폭풍에 의해 나이아가라 폭포의 입구를 막으면서 나이아가라 폭포로 흐르는 물의 대부분이 막혔다. 단 하루만이었지만 이로 인해 나이아가라 폭포의 두 폭포 중 미국 폭포는 걸어서 건널 수 있을 정도로 낮아졌다.

언젠가는 나이아가라 폭포가 사라질까?

나이아가라 폭포에서 떨어지는 물이 바닥에 큰 웅덩이를 만들며 암석으로 된 폭포의 벽을 조금씩 깎아내고 있다. 이로 인해 10,000년 전에 형성된 나이아가라 폭포는 현재 뒤로 11km 정도 후퇴했다. 이 속도로 진행된다면 나이아가라 폭포는 22,800년 안에 사라질 것이며 그렇게 되면 나이아가라 강이 이리 호와 온타리오 호를 연결하여 미국과 캐나다의 국경이 될 것이다.

육지

대륙은 정말 이동하고 있을까?

1912년에 독일 지질학자 베게너Alfred Lothar Wegener, 1880~1930는 대륙들이 판게아(그리스어로 모든 지구라는 뜻)라고 부르는 하나의 대륙으로부터 갈라져 현재 위치로 이동했다는 이론을 발표했다. 판게아는 2억 년 전에 로라시아와 곤드와나라고 부르는 두 개의 대륙으로 갈라졌다. 이 두 대륙은 현재의 위치와 모양이 될 때까지 계속 이동했다.

처음에는 베게너의 이론이 받아들여지지 않았지만 대륙이 판의 움직임 때문에 매년 19mm씩 옆으로 움직이고 있다는 것이 측정을 통해 확인되었다. 미국의 지질학자 유잉William Maurice Ewing, 1906~1974과 헤스Harry Hammond Hess, 1906~1969는 지각이 하나의 조각이 아니라 8개의 큰 판과 7개의 보조판으로 이루어져 있으며 이 판들은 서로 충돌하기도 하고, 옆으로 지나가거나 한 판 위로 다른 판이 겹치기도 한다는 이론을 제안했다. 두 판이 만나는 곳은 산이 만들어지고 지진과 화산활동이 활발한 지역이 된다.

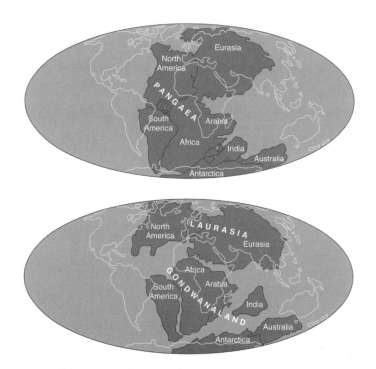

판게아 초대륙(위)이 로라시아와 곤드와나 대륙(아래)으로 분리되었다.

육지에도 바다와 마찬가지로 조석작용이 있을까?

바다에서 조석작용을 일으키는 달과 태양의 중력으로 인해 육지도 11.4cm에서 35.6cm까지 뒤틀리고 있다. 달의 중력이 지구에서 달 쪽에 있는 물을 잡아당길 때는 지구의 단단한 부분도 잡아당겨 반대쪽은 물과 멀어지게 된다. 따라서 달에 가까운 쪽과 먼 쪽에서 밀물이 된다. 이런 일은 12.5시간마다 반복된다. 그리고 물이 빠져나가

밀물 지역으로 이동하는 부분에서 썰물이 발생한다.

태양도 달에 의해 일어나는 조석작용의 33%에서 46%만큼 영향을 미친다. 그믐달이나 보름달일 때는 태양과 달이 일직선으로 배열되어 달에 의한 조석작용과 태양에 의한 조석작용이 더해진다. 이런 경우에는 사리가 나타난다. 반면 반달일 때는 태양과 달이 수직으로 배열되어 달과 태양의 영향이 일부 상쇄되기 때문에 조석작용이 작아져서 조금이 된다. 호수와 같이 작은 물에서는 전체 물과 바닥이 함께 움직이기 때문에 조석작용이 나타나지 않는다.

지구 표면에서 얼음이 뒤덮고 있는 부분은 얼마나 될까?

육지의 약 10.4%는 얼음으로 덮여 있거나 얼어 있다. 약 15,600,000km^{2}의 육지가 얼음이나 얼음층 또는 빙하로 덮여 있는 셈이다. 얼음층은 넓은 지역의 산과 골짜기를 모두 뒤덮고 있는 얼음을 말한다. 얼음층의 면적은 50,000km^{2}나 된다. 한편 중력에 의해 매년 약 300m의 속도로 흘러내리는 많은 양의 얼음을 빙하라고 한다. 경사가 급한 곳에서는 빙하의 속도가 빠르다. 예를 들면 그린란드의 콰라요크 빙하는 하루 평균 20m에서 24m만큼 흘러내린다. 얼음으로 덮여 있는 주요 지역은 다음과 같다.

장소	면적(km^2)
남극	12,588,000
북극(그린란드, 캐나다 북부, 북극해의 섬들)	2,070,000
아시아	115,800
알래스카, 로키 산맥	76,900
남아메리카	26,500
아이슬란드	12,170
유럽의 알프스 지역	9,280
뉴질랜드	1,050
아프리카	12

빙하의 얼음과 보통 얼음 중 어떤 것이 더 순수한가?

눈에 포함된 불순물은 어는 동안 대부분 얼음의 바깥쪽으로 밀려나기 때문에 빙하의 얼음은 세 번 증류한 물 정도로 순수하다. 따라서 빙하의 얼음이 보통 얼음보다 훨씬 더 순수하다.

지구 표면의 몇 %가 영구동토인가?

지구 표면의 약 5분의 1이 영구동토이다. 이것은 온도에 의해서만 구분한 것이어서 육지의 상태와는 관계없다. 암석, 모래, 얼음을 불문하고 2년 동안 온도가 0℃ 이하인 곳을 영구동토라고 정의한다. 영구동토의 대부분은 수천 년 동안 얼어 있다.

가장 북쪽과 남쪽에 있는 육지는 어디인가?

육지 중에서 가장 북쪽에 있는 지역은 그린란드의 북쪽 끝에 있는 케이프 모리스 K. 제섭Cape Morris K. Jesup이다. 이 지역은 북극에서 708km 떨어져 있으며 위도는 북위 83도 39분이다. 그러나 기네스북에는 너비가 30m인 우다크Oodaq라고 불리는 작은 섬이 북극에서 706km 떨어진 북위 83도 40분에 위치한다고 기록되어 있다. 가장 남쪽에 있는 육지는 남극이다. 남극은 북극과는 달리 육지이기 때문이다.

남극대륙을 덮고 있는 얼음의 두께는 얼마나 되는가?

남극대륙을 덮고 있는 얼음의 두께는 가장 두꺼운 곳에서 4,785m나 된다. 이것은 시카고에 있는 시어스 타워 건물 높이의 10배에 해당한다. 그러나 평균 두께는 2,164m이다.

남극대륙에 가장 먼저 발을 디딘 사람은 누구인가?

역사학자들은 지구의 5대륙 중 하나로 면적인 1,400만km^{2}인 남극대륙에 누가 최초로 발을 디뎠는지에 대해 확신하지 못하고 있다.

1773년과 1775년 사이에 영국의 선장 쿡$^{James\ Cook,\ 1728~1779}$은 남극대륙을 일주하는 항해를 했다. 미국의 탐험가 파머$^{Nathaniel\ Palmer,\ 1799~1877}$는 1820년에 파머 반도를 발견했지만 이것이 남극대륙의 일부라는 것은 알지 못했다. 같은 해에 벨링스하우젠$^{Fabian\ Gottlieb\ von\ Bellingshausen,\ 1779~1852}$이 남극대륙을 관찰했다. 미국의 항해가 데이비스$^{John\ Davis}$는 1821년 2월 7일에 휴스 만$^{Hughes\ Bay}$의 해변에 상륙했다. 1823년에는 웨들$^{James\ Weddell,\ 1787~1834}$이 그 당시에는 아무도 가보지 않았던 가장 남쪽(남위 74도)까지 가서 웨들 해에 들어갔다. 1840년에는 해안을 따라 2,400km를 여행했던 미국인 윌크스$^{Charles\ Wilkes,\ 1798~1877}$가 이것이 남극대륙이라고 선언했다. 1841년에는 로스$^{James\ Clark\ Ross,\ 1800~1862}$가 빅토리아 랜드와 로스 섬, 에러버스 산, 그리고 로스 빙붕을 발견했다. 1895년에는 고래를 잡던 불$^{Henryk\ Bull}$이 남극대륙에 상륙했다. 노르웨이의 탐험가 아문센$^{Roald\ Amundsen,\ 1872~1928}$은 1911년 12월 14일에 처음으로 남극에 도달했다. 34일 후에 영국의 스콧$^{Robert\ Falcon\ Scott,\ 1868~1912}$도 남극 위에 섰다. 그러나 그와 그의 동료들은 귀환하는 도중 목숨을 잃었다.

빙하기는 언제였나?

빙하기는 23억 년 동안 불규칙하게 반복되었다. 빙하기 동안에는 빙판이 대륙의 많은 부분을 덮었다. 지구의 기후가 변하는 정확한 원인은 알려져 있지 않다. 그러나 일부에서는 태양을 도는 지구의 궤도 변화가 지구 기후 변화의 원인일지도 모른다고 생각하고 있다.

대빙하기는 약 200만 년 전에 시작되어 약 11,000년 전에 끝난 플라이스토세에 있었다. 절정기에는 전 세계 육지의 27%가 얼음으로 덮였고, 북아메리카에서 빙하가 캐나다를 덮은 후 남쪽으로 내려와 뉴저지에 이르렀고, 중서부 지방에서는 세인트루이스까지 도달했으며, 작은 빙하와 얼음이 서부의 산들을 뒤덮었다. 그린란드는 오늘날처

남극대륙에 있는 61m 높이의 로스 빙붕이 지평선까지 뻗어 있다.

럼 얼음으로 덮였고, 유럽에서는 얼음이 스칸디나비아에서 독일과 폴란드까지 밀고 내려왔으며, 영국의 섬들과 알프스의 산들도 정상은 얼음으로 덮였다. 빙하는 러시아의 북쪽 평원을 덮었고, 중앙아시아의 고원지대와 시베리아, 그리고 캄차카 반도까지 도달했다.

빙하의 흔적은 오늘날도 발견할 수 있다. 오하이오 강의 수로와 5대호의 위치는 빙하의 영향을 받았다. 중서부의 비옥한 토양도 빙하에서 근원을 찾을 수 있다. 유타, 네바다 그리고 캘리포니아에 있는 커다란 호수들은 빙하의 남쪽에 내린 비로 생긴 호수들이다. 유타의 솔트레이크는 이렇게 생긴 호수 중의 하나이다. 커다란 얼음판이 많은 물을 육지에 가두었다. 그 결과 해수면의 높이는 오늘날보다 137m나 낮았다. 따라서 플로리다와 같은 주는 빙하기에는 현재보다 훨씬 컸었다.

마지막 빙하기는 약 11,000년 전에 물러갔다. 어떤 사람들은 빙하기가 아직 끝난 것이 아니라고 주장한다. 빙하는 주기적으로 전진과 후퇴를 반복하고 있다. 아직 지구에는 얼음으로 뒤덮인 지역이 있다. 어쩌면 현재는 빙하기의 중간에 해당하는 시기일지도 모른다.

빙퇴석이란 무엇인가?

빙퇴석은 빙하의 직접적인 작용으로 퇴적된 물질이 쌓여 있는 것을 말한다.

후두는 무엇인가?

후두^{hoodoo}는 건조한 지역에서 풍화작용으로 생긴 이상한 모양의 바위나 산을 가리키는 말이다. 대표적인 후두는 유타의 브라이스 캐니언에 형성된 와사치 형상들이다.

애리조나 크리추아 국립 기념물인 후두 형상

시끄러운 소리는 정말 눈사태를 일으키나?

많은 양의 눈이 산비탈로 흘러내리는 현상인 눈사태는 잡음에 의해 시작되지는 않는다. 그러나 눈사태는 개인이 일으킬 수 있는 유일한 자연재해이다. 오래전에 내려 단단해진 눈 위로 새로 내린 눈이 흘러내리거나, 눈이 얼어붙어 만들어진 커다란 판이 비탈로 미끄러져 내리는 경우도 있으며, 얼음과 눈, 바위와 부스러기들이 섞여 흘러내리기도 한다. 마른 눈 판이 미끄러져 내리는 눈사태는 속도가 100km/h에서 130km/h나 되어 가장 위험하다.

모래언덕은 무엇이며 어떻게 만들어지는가?

사막이나 해안가에서 바람에 날려온 모래가 만든 언덕을 모래언덕이라고 한다. 바람은 모래를 운반해 장애물 가까이 쌓아서 언덕을 만든다. 바람의 방향, 모래의 종류, 그리고 얼마나 많은 식물이 사느냐에 따라 언덕의 종류가 결정된다. 모래언덕은 모양에 의해 별 모양 모래언덕, 포물선 모래언덕 등으로 불리며 바람 방향과의 관계에 따라 평

리비아의 페잔에 있는 사하라 사막의 모래언덕

행 모래언덕, 수직 모래언덕 등으로 불리기도 한다.

세계에서 가장 큰 사막은 무엇인가?

사막은 강수량이 적고 식물이 거의 자라지 못하는 지역이다. 많은 사막은 위도 20도 되는 지역에 적도와 평행하게 만들어진다. 왜냐하면 수증기를 포함한 바람이 이 지역에 비를 내리지 않기 때문이다. 수분을 포함하고 있는 바람이 높은 위도에서 적도에 접근하면 온도가 올라가게 된다. 따라서 가벼워져 더 높이 올라가게 된다. 바람이 적도 지방에 다다라 지구 대기의 차가운 부분과 접촉하면 온도가 내려가 모든 수증기를 비로 내리게 되는데 이것이 적도 지방의 열대우림을 형성한다.

사하라 사막은 세계 최대의 사막으로 지중해 면적의 세 배이다.

사막	위치	면적(km^2)
사하라	북아프리카	9,065,000
아라비아	아라비아 반도	2,330,000
오스트레일리아	오스트레일리아	1,554,000
고비	몽고, 중국	1,295,000
리비아	리비아, 이집트, 수단	1,165,500

유사란 무엇인가?

유사는 많은 양의 물을 포함하고 있는 모래와 진흙을 말한다. 얇은 물층이 하나하나의 모래알을 둘러싸고 있어 액체처럼 행동한다. 유사는 큰 강의 어귀나 물이 계속 공급되는 곳에서 발생한다. 유사에는 사람과 같은 무거운 물체가 가라앉을 수 있다. 그러나 모래와 물이 섞인 물질의 밀도는 사람 몸의 밀도보다 약간 크기 때문에 대부분의 사람은 유사 위에 뜬다.

동굴 탐험과 동굴학은 어떻게 다른가?

동굴 탐험 또는 동굴 스포츠는 동굴을 취미나 레크리에이션으로 탐험하는 것을 말한다. 그리고 동굴학은 동굴이나 동굴과 관련된 현상을 과학적으로 연구하는 것을 말한다. 세계에서 가장 깊은 동굴은 깊이가 1,602m인 프랑스 오트사부아에 있는 루소 장 버나드 동굴이며, 가장 긴 동굴은 길이가 560km인 미국 켄터키에 있는 매머드 동굴이라는 것을 밝혀내는 것이 바로 동굴학에 속한다.

모든 크레이터는 화산의 일부인가?

모든 크레이터가 화산에서 연유한 것은 아니다. 변성된 퇴적암으로 된 원형 지역의 중심부에는 다른 곳보다 낮은 부분이 있는 것이 보통이다. 일부 크레이터는 지하에 있는 석회암이나 소금이 녹아서 지반이 내려앉아 만들어지기도 한다. 지하수가 고갈되거나 빙하가 녹는 것도 지표면을 가라앉게 하여 크레이터를 만든다.

크레이터는 지구와 충돌한 큰 운석이나 혜성, 소행성에 의해서도 만들어진다. 잘 알려진 충돌 크레이터는 애리조나의 윈즐로 부근에 있는 메테오 크레이터이다. 이 것은 지름이 1,219m이고 깊이가 183m이다. 이 크레이터는 대략 30,000년 전에서 50,000년 전에 형성된 것으로 추정된다.

동굴은 어떻게 만들어지는가?

해변에서 가까운 곳에서 발견되는 대부분의 동굴은 물의 침식작용에 의한 것이다. 내륙의 동굴 역시 침식작용으로 만들어진다. 특히 석회암이 지하수에 의해 녹으면서 지하 수로와 동굴이 형성된다.

동굴 2차 생성물은 어떻게 정의되나?

동굴 2차 생성물은 동굴이 형성된 후 만들어진 여러 가지 구조물들을 말한다. 이들은 용액이나 액체의 응고로 만들어진 광물이 쌓인 것이다. 이러한 광물에는 대개 탄산칼슘과 석회암이 포함되어 있으며 석고나 규산도 발견된다. 종유석, 석순, 동굴 진주는 모두 동굴 2차 생성물의 일부이다.

종유석과 석순은 어떻게 다른가?

종유석은 탄산칼슘 침전물이 만든 동굴의 천장에 달린 원뿔 또는 원통형의 암석을 말한다. 이것은 동굴 위쪽에 있는 석회암으로부터 스며 나온 물에 녹아 있던 광물이 오랫동안 침전되어 만들어진다. 탄화칼슘을 포함하고 있는 물이 증발하면 일부 이산화탄소를 잃고, 적은 양의 탄산칼슘을 침전시킨다. 이것이 천천히 자라 종유석이 되는 것

거대한 종유석과 석순이 남아프리카 캉고 동굴의 중앙 무대를 장식하고 있다.

이다.

석순은 고드름이 거꾸로 커가는 것처럼 동굴의 바닥으로부터 위쪽으로 자란다. 이것은 동굴의 석회암 천장이나 벽으로부터 떨어지는 방해석을 포함하고 있는 물에 의해 형성된다. 때로는 석순과 종유석이 연결되어 기둥처럼 되기도 한다.

북미 대륙에 있는 대륙 분수령은 무엇이며 어디에 있는가?

거대한 분수령이라고도 부르는 북미 대륙의 대륙 분수령은 로키 산맥의 이어진 산과 봉우리들로 북아메리카의 서쪽으로 흐르는 강과 동쪽으로 흐르는 강들의 경계를 이룬다. 대륙 분수령의 동쪽에서는 물이 허드슨 만이나 미시시피 강을 거쳐 대서양으로 흐른다. 반면 서쪽에서는 물이 컬럼비아 강이나 콜로라도 강을 거쳐 태평양으로 흘러든다.

그랜드캐니언은 얼마나 긴가?

콜로라도 강에 의해 1,500만 년 동안 침식되어 만들어진 애리조나의 북서부에 위치한 그랜드캐니언은 세계에서 가장 큰 계곡이다. 위쪽의 너비는 6.4km에서 21km 사이이고 깊이는 1,219m에서 1,676m 사이이다. 소 콜로라도 강 입구에서부터 그랜드 워시 클리프까지의 길이는 349km이다(마블캐니언까지 포함하면 총 길이는 445.88km이다).

그러나 그랜드캐니언은 미국에서 가장 깊은 계곡은 아니다. 가장 깊은 계곡은 캘리포니아의 이스트 포레스트 부근에 있는 세쿼이아 국립 산림에서 시에라에 걸쳐 있는 킹스캐니언으로 가장 깊은 곳의 깊이는 2,500m이다. 아이다호와 오리건 사이에 있는 스네이크 강의 헬스캐니언은 미국 저지대에 있는 가장 깊은 계곡이다. 스네이크의 그랜드캐니언이라고도 불리는 이 계곡은 데빌 산으로부터 스네이크 강에까지 이르는 깊이가 2,408m이다.

라브레아 타르 피트는 무엇인가?

캘리포니아의 로스앤젤레스 부근에 위치한 라브레아 타르 피트는 이전에는 란초 라브레아로 알려져 있었다. 땅에서 스며 나온 끈적끈적한 타르는 지하의 거대한 석유 저장소로부터 나온 것이다. 이 지역은 동물들에게는 매우 위험한 장소였다. 오늘날에는 타르 피트가 많은 화석과 지질시대의 동물을 실제 크기로 복원하여 전시하고 있는 행콕 공원의 일부가 되었다.

타르 피트는 1875년에 처음으로 화석이 많이 있는 지역이라는 것이 알려졌다. 그러나 1901년까지는 과학적 발굴이 이루어지지 않았다. 란초 라브레아의 화석과 현재 살고 있는 가장 유사한 동물을 비교함으로써 고생물학자들은 빙하기의 기후, 식물상, 동물의 생활방식 등에 대해 많은 것을 이해할 수 있었다. 아마도 가장 흥미 있는 화석은 매머드나 검치 고양이 같은 멸종한 큰 포유동물의 뼈 화석일 것이다. 고생물학자들은 북미 대륙에서 시작되어 다른 지역으로 퍼져 나간 후 빙하기 말에 북미 대륙에서는 멸종된 서부 말과 낙타와 같은 동물의 화석도 찾아냈다.

러시모어 국립 기념물로 조각된 암석의 종류는 무엇인가?

화강암이다. 사우스다코타의 남서부에 위치한 블랙힐에 있는 기념물은 미국의 네 대통령인 조지 워싱턴, 토머스 제퍼슨, 에이브러햄 링컨, 시어도어 루스벨트의 얼굴을 18m 높이로 조각한 것이다. 조각가 보글럼^{Gutzon Borglum, 1867~1941}은 이 기념물을 설계했지만 도중에 사망해 그의 아들 링컨이 완성했다. 1927~1941년에 대부분 건축 노동자와 광부로 이루어진 360명이 다이너마이트를 이용하여 형상을 조각했다.

지브롤터 암석의 조성은 무엇인가?

서쪽 경사면은 어두운 색의 이판암이 부분적으로 덮여 있지만 대부분은 회색 석회암이다. 스페인의 남쪽 끝 반도에 자리 잡고 있는 지브롤터의 암석은 대서양과 지중해를 연결하는 좁은 수로인 지브롤터 해협의 동쪽 끝에 있는 산이다. 이 암석의 높이는 425m이다.

화산과 지진

가장 유명한 화산은 무엇인가?

79년에 이탈리아에서 있었던 베수비오 화산 폭발이 아마 세계에서 역사적으로 가장 유명한 화산 폭발일 것이다. 베수비오는 오랫동안 휴화산이었다. 분출을 시작하자 베수비오는 폼페이, 스타비아 그리고 헤르쿨라네움의 전체 도시를 파괴했다. 폼페이와 스타비아는 화산재에 묻혔고, 헤르쿨라네움은 진흙 속에 묻혔다.

화산의 종류에는 어떤 것이 있는가?

화산은 분화구 주위에 형성된 원뿔 모양의 언덕이나 산이다. 지각 내부의 압력에 의해 위로 밀어 올려진 용암이 지각의 약한 곳을 뚫고 외부로 배출되는 것이 화산이다. 마그마는 용암류의 형태로 흘러나오거나 용암의 파편과 먼지, 재 등이 섞여 공중으로 날아가기도 한다. 이러한 화산 분출물이 쌓여서 큰 화산을 만든다. 화산에는 네 종류가 있다.

분석구는 용암의 조각들이 쌓인 것이다. 분석구의 경사는 30도에서 40도 정도이고 높이는 500m를 넘지 않는다. 애리조나의 선셋 크레이터, 멕시코의 파리쿠틴 크레이터는 분석구의 예이다.

복합화산은 용암과 재가 이루는 층이 번갈아 나타나는 화산이다. 이 화산의 경사는 정상 부근에서 30도 정도이고 아래쪽에서는 5도 정도이다. 일본의 후지 산, 워싱턴의 세인트헬렌스 산은 복합화산이다.

순상화산은 용암류에 의해 만들어진 화산이다. 순상화산의 경사는 정상 부근에서 좀처럼 10도를 넘지 않으며 아래쪽에서는 2도 이하이다. 마우나로아는 세계에서 가장 큰 활동적인 순상화산으로 높이가 4,161m에 이른다.

용암 돔은 점성이 큰 용암이 치약을 짜내듯이 배출되어 만들어진 화산이다. 캘리포니아의 모노돔이나 래슨 산은 대표적인 용암 돔이다.

화산 분출 시기를 어떻게 알 수 있나?

오래된 화산의 분출 연대를 알아내는 가장 일반적인 방법은 방사성 탄소를 이용하는 것이다. 방사성 탄소 방법은 원자량이 14인 방사성 탄소가 붕괴하고 남은 양을 조사하여 연대를 결정한다. 이 방법은 분출된 지 200년이 넘는 화산의 연대를 측정할 때 사용한다. 화산 분출 시에 탄 나무의 숯이나 재는 거의 순수한 탄소이다. 이 탄소 중에 들어 있는 방사성 탄소가 화산의 분출 연대를 알려준다.

환태평양 화산대는 어디에 있는가?

태평양을 둘러싸고 있는 화산대를 환태평양 화산대라고 부른다. 지구의 지각은 부분적으로 녹아 있는 층 위에 떠 있는 15개의 판으로 이루어져 있다. 대부분의 화산과 지진, 조산작용은 불안정한 판의 경계면을 따라 나타난다. 환태평양 화산대는 태평양 아래 있는 판과 주변 판들 사이의 경계면이다. 이 화산대는 아메리카 대륙의 서부 해안을 따라 올라가 알래스카까지 이르고(안데스 산맥, 중앙아메리카, 멕시코, 캘리포니아, 캐스케이드 산맥, 알류샨 열도를 거쳐), 시베리아에서 시작해 아시아의 동부 해안을 따라(캄차카 반도, 쿠릴 열도, 일본, 필리핀, 셀레베스, 뉴기니, 솔로몬 군도, 뉴칼레도니아, 뉴질랜드를 거쳐) 뉴질랜드에 이른다. 전 세계 850개의 활화산 가운데 75%가 환태평양 화산대에 분포한다.

환태평양 화산대는 태평양을 둘러싼 화산대이다.

세인트헬렌스 화산은 언제 폭발했나?

워싱턴 주의 남서부에 위치한 세인트헬렌스 화산은 1980년 5월 18일 폭발했다. 이 화산 폭발로 61명이 목숨을 잃었다. 이것이 미국 본토에서 사람의 목숨을 앗아간 첫 번째 화산 폭발이었다. 지질학자들은 세인트헬렌스를 가파른 측면 경사와 여러 개의 용암층과 화산 분출물로 이루어진 대칭적인 원뿔 모양을 하고 있는 복합화산으로 분류한다. 복합화산은 폭발적으로 분출하는 특징을 가지고 있다. 캐스케이드 산맥에 있는 세인트헬렌스 화산과 인접한 다른 활화산들은 파괴적인 화산활동이 잦은 환태평양 화산대에 속해 있다.

화산활동은 워싱턴 주뿐만 아니라 캘리포니아, 알래스카, 하와이에서도 활발하다. 래슨 산은 캐스케이드 산맥에 있는 활화산 중의 하나이다. 이 화산은 1921년 분출했다. 알래스카에 있는 카트마이 산은 1912년에 분출했는데, 화산에서 분출된 뜨거운 재의 홍수가 24km 떨어져 있는 텐사우전드 스모크 계곡을 만들었다. 하와이는 마우나로아 화산으로 유명하다. 이것은 세계에서 가장 큰 화산으로 바닥의 너비가 97km에 이른다.

세계에서 가장 파괴적인 화산은 어떤 화산인가?

1700년 이래 가장 파괴적인 화산 5개는 아래 표와 같다.

화산	폭발 일시	사망자 수	사망 원인
탐보라 화산(인도네시아)	1815년 4월 5일	92,000	10,000 직접적인 화산폭발, 82,000 사후 기아 등으로
카카토아(인도네시아)	1883년 8월 26일	36,417	90% 쓰나미로 사망
플레 산(마르티니크)	1902년 8월 30일	29,025	화산 분출물의 흐름
네바다 델 루이즈(콜롬비아)	1985년 11월 13일	23,000	진흙 홍수
운젠(일본)	1792년	14,300	70% 산사태, 30% 쓰나미

어떤 섬 지역에 활화산이 가장 많이 분포해 있는가?

1990년대 초에 이스터 섬 주변에서 1,133개의 해저 화산이 발견되었다. 이 중 많은 화산은 그 높이가 해저로부터 1,600m 이상이었으며 가장 높은 것은 2,134m나 되는 것도 있었다. 그러나 이렇게 높은 산의 정상도 해수면을 기준으로 760m에서 1,500m 아래에 있다.

쓰나미는 무엇인가?

쓰나미는 바다 밑이나 바다에 가까운 지역에서 일어나는 지진에 의해 지반이 수직으로 이동할 때 발생하는 대규모 파도를 말한다. 수직으로 움직이는 지반이 물을 위로 밀어 올려서 쓰나미가 시작된다. 쓰나미는 파장이 161km에서 322km에 달하는 긴 파장의 파도로 속도가 매우 빨라 805km/h나 된다. 쓰나미가 해변에 도달하여 얕은 물을 만나면 파장이 갑자기 짧아지면서 높이가 30m에 이르는 높은 파도가 된다. 리히터 규모 6.5 이하의 바다 밑 지진이나 지반이 수평 방향으로만 운동하는 지진은 쓰나미를 만들지 않는다. 지금까지 가장 높았던 쓰나미는 1958년 7월 9일 알래스카의 리투아 만에 있었던 쓰나미로 높이가 524m나 되었다. 거대한 지반이 미끄러지면서 발생한 이 쓰나미는 160km/h의 속력으로 이동했다. 이 쓰나미의 높이는 세계에서 가장 높은 건물로 높이가 452m인 말레이시아 쿠알라룸푸르에 있는 페트로나스 타워를 잠기게 할 수 있는 높이였다.

단층에는 어떤 종류가 있는가?

단층은 지각의 균열이다. 단층은 정단층, 역단층, 주향이동단층으로 나뉜다. 정단층은 한 지반의 끝이 다른 지반의 아래로 미끄러져 내려간 것을 말한다. 역단층은 한 지반의 끝이 다른 지반의 끝 위로 밀려 올라간 것을 말한다. 주향이동단층은 두 개의 지반이 수평으로 움직인 경우 만들어진다. 사교단층에서는 지반이 수평과 수직 방향으로 동시에 움직인다.

세 가지 주요 단층 운동

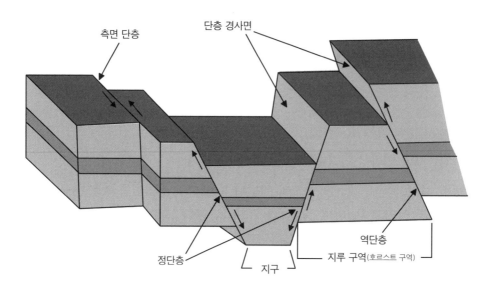

산안드레아스 단층은 어디에 있는가?

세계에서 가장 유명한 단층인 산안드레아스 단층은 멕시코 북부에서 시작하여 캘리포니아를 관통한다. 산안드레아스 단층은 하나가 아니라 여러 개의 단층이 연결된 것이다. 샌프란시스코 부근에 있는 단층의 북쪽 반은 역단층이며 대부분 산악 지역에 있다. 로스앤젤레스 부근에 있는 남쪽 반은 대부분 정단층이다. 지형이 변형되어 샌프란시스코 남쪽에 있는 산안드레아스를 비롯한 몇몇 지역을 제외하면 단층을 보기 힘들다. 이 단층의 이름은 1906년 샌프란시스코 지진을 연구한 지질학자 로슨[Andrew Lawson, 1861~1952]의 이름을 따서 붙여졌다.

지진계는 어떻게 작동하나?

지진계는 지진파를 기록한다. 지진이 일어나면 세 종류의 파동이 만들어진다. 처음 두 개는 P파와 S파로, 지구 내부를 통하여 전달되는 파동이다. 러브파와 레일리파로 구성된 세 번째 파동은 지구 표면을 통해 전달된다. P파는 5.6km/s의 속도로 전파되어 가장 먼저 도달하는 파동이다. S파는 P파 속도의 반이 조금 넘는 속도로 전달된다.

여러 가지 지진파의 전달 속도를 알면 진앙까지의 거리를 구할 수 있다. 지진 관측소에서는 빨리 도착하는 파동과 늦게 도착하는 파동의 시간차를 측정하여 진앙까지의 거리를 추정한다.

땅이 흔들리더라도 지진계에 달려 있는 추는 관성에 의해 거의 움직이지 않지만 땅의 진동이 종이가 감겨 있는 원통에 전해져 파동이 기록된다.

리히터 규모는 무엇인가?

지진계는 지진이나 지진과 유사한 땅의 흔들림 정도를 리히터 규모를 이용하여 나타낸다. 리히터 규모는 미국의 지질학자 리히터$^{Charles\ W.\ Richter,\ 1900\sim1985}$에 의해 제안되었다. 리히터 규모가 1 증가하면 지진의 강도는 10배 증가한다.

리히터 규모

진도	가능한 영향
1	기계로만 감지할 수 있는 정도
2	진앙 부근에서도 겨우 감지할 수 있는 정도
3	집 안에서 느낄 수 있는 정도
4	대부분의 사람들이 감지할 수 있는 정도, 가벼운 부상
5	모든 사람이 감지, 경미하거나 중간 정도의 부상
6	중간 정도로 파괴적인 지진
7	심각한 피해 발생
8	전체적인 파괴

수정 머칼리 규모는 무엇인가?

수정 머칼리 규모는 지진의 세기를 측정하는 단위이다. 지진의 세기를 나타내기 위해 수학적 계산을 해야 하는 리히터 규모와는 달리 수정 머칼리 규모는 사람이나 건물에 주는 영향 정도를 이용하여 지진의 세기를 결정한다. 머칼리[Guiseppe Mercalli, 1850~1914]가 1902년에 고안했으며 우드[Harry Wood]와 노이만[Frank Neumann]이 고층 건물이나 자동차와 같은 현대 발명품에 주는 영향을 고려하기 위해 1930년에 수정했다.

수정 머칼리 규모

I.	측정하기 좋은 장소에 있는 소수의 사람들만 느낄 수 있는 정도.
II.	자고 있는 사람, 특히 건물의 위층에서 자고 있는 사람이 느낄 수 있는 정도.천장에 매달린 물체가 흔들린다.
III.	실내에서 느낄 수 있는 정도. 특히 건물의 위층에 살고 있는 사람이 뚜렷이 느낄 수 있다. 그러나 지진에 의한 것이라고는 인식하지 못할 수도 있다. 서있는 자동차가 조금 흔들린다. 트럭이 지나가는 정도의 흔들림을 느낀다.
IV.	낮에는 실내에 있는 사람 대부분이 느낄 수 있지만 실외 활동을 하는 사람들은 소수만 느낄 수 있다. 밤에는 잠에서 깨는 사람도 있다. 접시, 창문, 문이 흔들리고, 벽이 갈라지는 것 같은 소리를 낸다. 트럭에 건물에 충돌한 것과 같은 느낌을 받는다. 서 있는 자동차가 눈에 띄게 흔들린다.
V.	거의 모든 사람이 느끼고 많은 사람들이 잠에서 깬다. 접시와 창문의 일부가 깨진다. 벽에 붙인 타일에 금이 가고, 불안정한 물건이 넘어진다. 나무, 깃대와 같은 높이가 높은 물체가 쓰러지기도 한다. 괘종시계가 멈추어 서기도 한다.
VI.	모든 사람이 느낄 수 있고, 많은 사람들이 공포를 느낀다. 무거운 가구의 일부가 움직이고, 벽에 걸어놓은 물건이 떨어지거나 굴뚝이 피해를 입기도 한다. 가벼운 피해가 발생한다.
VII.	모든 사람들이 건물 밖으로 뛰어나간다. 설계가 잘된 건물에는 거의 피해가 발생하지 않지만 중간 정도의 내진 설계를 한 건물에는 어느 정도의 피해가 발생하고, 내진 설계를 하지 않은 건물은 굴뚝이 붕괴하는 것과 같은 피해가 발생한다.
VIII.	특별한 내진 설계를 한 건물에는 경미한 피해가 발생한다. 보통의 건물은 부분적으로 파괴되는 피해를 입는다. 지진에 취약한 건물은 대부분 심각한 피해가 발생한다. 벽에 패널을 붙인 건물에서는 패널이 떨어져 나간다. 굴뚝, 공장 물건 적치장, 기둥, 기념물, 벽 등이 넘어진다. 실내에서는 무거운 가구가 넘어진다. 적은 양의 모래와 진흙이 분출된다. 샘물의 양이 변한다. 자동차를 운전하는 사람이 진동을 느낀다.
IX.	내진 설계가 잘된 건물에도 피해가 발생한다. 보통의 건물은 부분적으로 붕괴하는 심각한 피해가 발생한다. 건물이 바닥으로부터 기울어진다. 땅에 눈에 띄는 균열이 발생한다. 지하에 매설한 파이프가 터진다.
X.	잘 설계된 목재 건물이 파괴된다. 대분의 저택과 건물이 기초부터 파괴된다. 땅에 매우 큰 균열이 발생한다. 철로가 휜다. 강둑이나 급경사 지역에서 사태가 발생한다. 모래와 흙이 움직인다. 물결이 일고, 호수의 물이 둑 위로 넘친다.
XI.	소수의 건물만 넘어지지 않고 서 있다. 다리가 파괴된다. 땅에 넓은 틈이 생긴다. 지하에 매설된 파이프라인이 전면적으로 작동을 중지한다. 땅이 꺼지고, 단단하지 않은 흙이 흘러내린다. 철로가 심각하게 휜다.
XII.	전체적인 파괴가 일어난다. 지표면에서 파동을 볼 수 있다. 시야가 흔들린다. 물건이 공중으로 튕겨 나간다.

관측과 측정

가이아 가설은 무엇인가?

영국의 과학자 러브록$^{James\ Lovelock,\ 1919~}$과 마르굴리스$^{Lynn\ Margulis,\ 1938~}$가 1970년대에 가이아 가설을 발표했다. 이 이론에 의하면 지구에 존재하는 모든 생명체와 무생물은 자체 조절이 가능한 하나의 체계를 형성한다. 따라서 전체 행성을 거대한 하나의 생명체로 간주할 수 있다. 이 이론의 증거로는 오랜 세월 동안 대기가 안정한 상태를 유지해온 것을 들 수 있다.

방위각은 무엇인가?

방위각은 지표면의 한 지점에서 지자기의 북극과 진북이 이루는 각이다. 방위각의 크기는 지역과 계절에 따라서 달라진다.

지자기의 북극에서는 나침반의 바늘이 수직으로 땅을 가리킨다.

푸코 진자는 무엇인가?

푸코 진자는 1851년에 푸코$^{\text{Jean Foucault, 1819~1868}}$에 의해 고안된 것으로 지구가 자전하고 있다는 것을 증명하는 실험 장치이다. 푸코 진자는 매우 긴 끈에 무거운 추가 매달려 있는 진자이다. 푸코 진자의 바닥에 있는 모래가 진자의 진동면이 시간이 흐름에 따라 회전하는 것을 기록한다.

오리건 주의 포틀랜드에는 푸코의 실험을 재현한 실험 장치가 비치되어 있다. 길이가 27.4m나 되는 케이블에 매달려 있는 이 진자는 세계에서 가장 긴 진자이다.

피리레이스 지도는 무엇인가?

1929년에 콘스탄티노플에서 발견된 지도가 사람들의 관심을 끌었다. 1541년에 양피지에 인쇄된 이 지도에는 피리레이스$^{\text{Piri Re'is}}$라고 알려진 오스만 해군 제독의 서명이 들어 있다. 이것은 아메리카 대륙의 가장 오래된 지도 중의 하나이다. 이 지도에는 남아메리카와 아프리카가 정확한 위도에 그려져 있다. 지도 제작자는 서부는 콜럼버스가 그린 지도를 참조했다고 명시했다. 수 세기 동안 지리학자들이 콜럼버스가 서인도 제도에서 그렸다고 알려진 지도를 찾아내기 위해 노력해왔기 때문에 이러한 설명은 중요한 의미를 가지는 것이었다.

지질시대는 어떻게 구분하는가?

시간을 측정하는 현대 기술은 여러 가지 지질시대가 언제 시작되었는지를 밝혀냈다. 지질시대의 구분과 시작 연대는 다음 표와 같다.

대	기	세	시작된 연대(백만 년)
현생대	4기	홀로세	10,000년
		플라이스토세	1.9
	3기	플라이오세	6
		마이오세	25
		올리고세	38
		에오세	55
		팔레오세	65
중생대	백악기		135
	쥐라기		200
	트라이아스기		250
고생대	페름기		285
	석탄기		350
	데본기		410
	실루리아기		425
	오르도비스기		500
	캄브리아기		570
선캄브리아대	원생대		2,500
	시생대		3,800
	생물이 없던 시대		4,600

본초 자오선이란 무엇인가?

지도에서 북극과 남극을 연결하는 선을 자오선이라고 부른다. 자오선을 뜻하는 영어 단어 meridian은 정오라는 의미를 가지고 있다.

자오선 위의 한 지점이 정오이면 같은 자오선 위에 있는 모든 지점도 정오이다. 자오선은 특정한 지역이 동쪽이나 서쪽으로 얼마나 떨어져 있는지를 나타내는 경도를 측정하는 기준이 된다. 적도 지방에서 경도가 1도 차이 나는 두 지점은 약 111km 떨어져 있다. 자오선에 수직인선들은 경위선이라고 한다. 모든 경위선은 자오선과는 달리 평행이다. 경위선은 특정한 지점이 적도로부터 북쪽이나 남쪽으로 얼마나 떨어져 있는지를 나타내는 위도를 측정하는 기준이 된다. 경도와 위도의 1도는 모두 60분으로 나누어져 있고, 1분은 다시 60초로 나누어져 있다.

본초 자오선은 경도가 0도인 자오선으로 경도를 재는 출발점으로 사용된다. 영국의 그리니치 천문대를 지나는 자오선이 국제적으로 인정된 본초 자오선이다.

지도의 메르카토르 도법은 어떤 것인가?

메르카토르 도법은 표준적인 원통 도법을 수정한 것으로 지도 제작자들이 둥근 지구 표면을 평면인 지도 위에 투영한 것이다. 가로세로의 비율을 유지하기 위해 위도선의 간격이 극지방으로 갈수록 넓어지도록 했다. 따라서 극지방에서는 넓이가 심하게 왜곡되어 나타난다. 예를 들어 그린란드는 실제보다 5배나 더 크게 나타난다.

폴랑드르 지방의 지도 제작자였던 메르카토르$^{Gerhardus\ Mercator}$가 1569년에 고안한 이 도법을 이용하면 자침이 가리키는 선이 직선으로 나타나기 때문에 항해에 유용한 지도를 만들 수 있다.

양각 지도가 처음으로 사용된 것은 언제인가?

지역의 경계면을 모델을 이용하여 나타낸 양각 지도를 최초로 사용한 사람들은 중국 사람들이었다. 중국의 양각 지도는 기원전 3세기로 거슬러 올라간다. 초기의 지도 중에는 쌀이나 조각된 나무 조각을 이용하여 지형지물을 나타냈다. 양각 지도에 대한 아이디어는 중국으로부터 아랍에 전해졌고, 다시 서유럽으로 전파되었다. 유럽에서 알려진 가장 오래된 양각 지도는 1510년에 폴 독스$^{Paul\ Dox}$가 만든 오스트리아의 일부를 나타낸 지도였다.

걸프 해류를 처음으로 지도에 나타낸 사람은 누구인가?

외교관으로서 미국과 프랑스 사이를 왕래하던 프랭클린$^{Benjamin\ Franklin,\ 1706\sim1790}$은 여행하는 방향에 따라 배의 속도가 다르다는 것을 알게 되었다. 그는 배의 속도가 다른 이유를 알아내기 위해 배들의 항해일지를 조사했다. 결과적으로 그는 멕시코의 걸프 만에서 시작되어 북대서양을 건너 유럽으로 흐르는 해류가 있다는 것을 발견했다. 1770년에 프랭클린은 이러한 해류를 지도에 나타냈다.

프랭클린은 이 해류가 멕시코 만에서 시작하는 것으로 생각했다. 그러나 걸프 해류는 서부 카리브 해에서 시작되어 멕시코의 걸프 만과 플로리다 해협을 거친 다음 미국의 동부 해안을 따라 북쪽으로 진행하여 노스캐롤라이나의 해터러스 곶에 도착하면 방향을 북동쪽으로 바꾼다. 걸프 해류는 캐나다의 뉴펀들랜드 부근에서 작은 여러 개의 해류로 나누어진다. 이 중의 일부가 영국과 노르웨이 방향으로 향한다. 영국과 노르웨이는 이 해류로 인해 북유럽의 다른 지역보다 온화한 날씨가 된다.

인공위성은 지표면으로부터 얼마나 높이 위치하는가?

인공위성은 다양한 높이에서 지구를 돌고 있다. 저궤도 인공위성은 160km에서 483km의 고도에서 지구를 돌고 있고, 중궤도 위성은 804km에서 1,609km의 고도에서 지구를 돌고 있다. 일부는 35,880km의 높은 궤도에서 지구를 돌고 있다.

랜드샛 지도는 무엇인가?

지상 912km에서 지구 궤도를 돌고 있는 랜드샛 위성에서 찍은 지형을 랜드샛 지도라고 부른다. 랜드샛 위성은 1970년대에 발사되었다. 이 위성은 카메라 대신에 가시광선 영역의 초록색과 파란색, 그리고 적외선과 근적외선 영역의 네 가지 파장의 빛을 스캔할 수 있는 스캐너를 사용하여 지형의 지도를 작성한다. 이 스캐너는 흙, 암석, 물, 식물, 식물의 상태(건강한지 또는 적절히 수분이 공급되었는지), 그리고 광물의 성분에 따른 차이를 구별할 수 있다. 여러 가지 파장을 스캔한 결과를 비교하면 그러한 차이를 더 정확하게 분석해낼 수 있다. 가시광선을 이용한 영상도 유용하다는 것이 증명되었다. 최초의 랜드샛 영상을 이용해 태평양의 한 작은 섬의 위치가 지도에 표시된 것과 16km 정도 차이가 난다는 것을 찾아냈다.

스캔한 결과는 가상 색깔을 입혀 지도로 만든다. 이 지도는 농부, 석유회사, 지리학자, 산림관리원, 외국 정부를 비롯한 땅을 관리하는 데 관심이 있는 많은 사람들이 사용하고 있다. 하나의 영상은 약 $185km^2$ 넓이의 지역을 나타낸다. 지도는 미국 지질조사소에 의해 판매된다.

프랑스의 SPOT 위성, 러시아의 살류트, 미르 유인 우주 정거장, 128가지 적외선을 스캔하고 있는 NASA의 영상 스펙트로미터도 비슷한 영상을 제작하여 제공하고 있다. NASA의 제트 추진 연구소는 식물이 흡수한 특정한 광물을 알아낼 수 있을 정도의 정밀도를 가진 적외선 영역의 224 파장을 스캔할 수 있는 장비를 개발하고 있다.

GPS는 어떤 원리로 작동하는가?

GPS^{Global Positioning System}는 우주, 사용자 그리고 제어의 세 부분으로 구성되어 있다. 우주 부분은 24개의 위성이 고도 20,300km에서 지구를 돌면서 일정한 신호를 발사하고 있다. 사용자 부분에서는 GPS 수신기를 이용하여 이 신호를 받아들여 자신의 위치를 계산하고 그 결과를 지도 위에 표시한다. GPS 수신기는 개인이 휴대하거나 자동차에 부착되어 있다. 제어 부분은 인공위성이 올바로 작동할 수 있도록 감시하고 있는 다섯 곳의 지상 관제소이다. GPS 수신기를 이용하면 개인들도 지상이나 공중에서 자신의 위치를 90m의 오차 내에서 알아낼 수 있다.

기후와 기상

온도

엘니뇨란 무엇인가?

엘니뇨는 태평양의 적도 부근 넓은 지역의 해수면 온도가 비정상적으로 높아지는 현상을 말한다. 크리스마스를 전후해서 나타나기 때문에 아기 예수의 이름을 따서 이렇게 부르게 되었다. 엘니뇨는 3년에서 5년마다 발생한다. 엘니뇨가 발생하면 페루, 에콰도르 그리고 캘리포니아 남부에 많은 비가 내리고 홍수가 나며, 미국의 북동부에는 눈이 적게 내리고 온화한 겨울 날씨가 계속된다.

연구에 의하면 엘니뇨는 전 세계적인 대기와 해수의 대류 패턴 변화와 관계가 있다. 1982년과 1983년에 있었던 엘니뇨는 영향을 준 영역이나 온도가 올라간 정도(8℃)에서 20세기 최대의 기후적 사건이었다.

라니냐란 무엇인가?

라니냐는 엘니뇨의 정반대 현상으로 태평양의 적도 지방 해수면 온도가 낮아지는 현상이다. 라니냐가 발생하면 미국 북동부의 겨울이 몹시 춥고 눈이 많이 오며, 태평양의 북서부에는 비가 많이 온다.

세계는 정말로 더워지고 있는가?

지난 세기 동안 지구 표면의 온도는 100년마다 0.6℃의 비율로 올라갔다. 지난 25년 동안에는 온도의 상승 속도가 빨라져 100년마다 2℃가 높아지고 있다. 지난 세기 동안 두 번의 지속적인 온도 상승 시기가 있었다. 한 번은 1910년에 시작되어 1945년까지 계속되었고 또 한 번은 1976년에 시작되었다. 1998년은 가장 온도가 높았던 해로 평균 온도가 1880년에서 2000년까지의 평균 온도 8.5℃보다 0.75℃ 높았다. 두 번째로 온도가 높았던 해는 2001년으로 1880년에서 2000년까지의 평균 온도 8.5℃보다 0.5℃ 높았다.

북극과 남극 중 어느 곳이 더 추운가?

남극이 북극보다 훨씬 춥다. 남극의 평균 온도는 −49℃로 북극의 평균 온도보다 20℃나 낮다. 남극은 흰 눈으로 덮인 남극대륙에 위치해 있어 햇빛을 대부분 반사하기 때문이다. 그리고 기상 관측소가 있는 위치의 높이가 3,660m나 되는 것도 남극의 기온이 낮은 이유 중의 하나이다. 이 높이에서는 태양 에너지를 저장할 공기의 양이 훨씬 줄어든다.

지구에서 기록된 가장 높은 온도와 가장 낮은 온도는 얼마일까?

역사상 가장 높은 온도는 1922년 9월 13일 리비아의 알아지지야에서 측정된 58℃ 이다. 1953년 8월에 멕시코의 델타에서 측정된 60℃와 1933년 멕시코의 산루이스에서 측정된 58℃는 공식적으로 인정받지 못하고 있다. 가장 낮은 온도는 1983년 7월 21일 남극의 보스톡 기지에서 측정된 −89.6℃이다. 사람이 살고 있는 지역의 최저 온도는 1933년 2월 6일 인구 4,000명의 시베리아 오이먀콘에서 측정된 −68℃였다. 이

온도는 1885년 1월 3일, 그리고 1892년 2월 5일과 7일에 시베리아의 베르호얀스크에서 측정한 온도와 같다.

체감온도란 무엇인가?

체감온도는 여러 가지 온도와 상대습도에서 보통 사람이 느끼는 온도를 말한다. 열에 의한 탈진과 일사병은 체감온도가 40℃를 넘을 때 주로 발생한다. 다음 표는 여러 가지 온도와 상대습도에서의 체감온도를 정리한 것이다.

공기의 온도 (℃)

상대습도(%)	체감온도(℃)										
	21.1	23.9	26.7	29.4	32.2	35.0	37.8	40.6	43.3	46.1	48.9
0	17.8	20.5	22.8	25.6	28.3	30.5	32.8	35.0	37.2	39.4	41.7
10	18.3	21.1	23.9	26.7	29.4	32.2	35.0	37.8	40.6	43.9	46.7
20	18.9	22.2	25.0	27.8	30.5	33.9	37.2	40.6	44.4	48.9	54.4
30	19.4	22.8	25.6	28.9	32.2	35.6	40.0	45.0	50.6	57.2	64.4
40	20.0	23.3	26.1	30.0	33.8	38.3	43.3	50.6	58.3	66.1	
50	20.5	23.9	27.2	31.1	35.6	41.7	48.9	57.2	65.6		
60	21.1	24.4	27.8	32.2	37.8	45.6	55.6	65.0			
70	21.1	25.0	29.4	33.9	41.1	51.1	62.2				
80	21.7	25.6	30.0	36.1	45.0	57.8					
90	21.7	26.1	31.1	38.9	50.0						
100	22.2	26.7	32.8	42.2							

태양 빛을 많이 받는 곳과 적게 받는 곳은 어디일까?

애리조나의 유마는 90%가 맑은 날이어서 일 년에 4,000시간 이상 햇빛을 받는다. 플로리다의 세인트피터즈버그에서는 1967년 2월 9일부터 1969년 3월 17일까지 768일간 맑은 날이 계속되기도 했다. 반대로 남극은 182일 동안, 그리고 북극은 176일 동안 전혀 햇빛을 보지 못한다.

1816년은 왜 여름이 없었던 해라고 하는가?

1815년에 있었던 인도네시아 탐보라 화산의 폭발로 많은 양의 먼지가 24km 상공까지 뒤덮었다. 성층권까지 먼지가 올라갔기 때문에 바람이 먼지를 전 세계로 확산시켰다. 이 화산활동의 영향으로 1816년 여름의 기후가 크게 달라졌다. 유럽의 일부 지방과 영국의 섬들에서는 온도가 평년 기온보다 1.6℃에서 3.2℃ 정도 내려갔다. 그해 뉴잉글랜드에서는 6월 6일과 11일에 큰 눈이 내렸고, 매달 서리가 내렸다. 이로 인해 서유럽과 캐나다 그리고 뉴잉글랜드 지방에 흉년이 들었다. 1817년 먼지가 사라지자 기후는 정상으로 돌아왔다.

귀뚜라미 울음소리를 듣고 어떻게 온도를 알 수 있는가?

1분 동안에 들리는 여치나 귀뚜라미의 울음소리 횟수를 세어 다음 식의 C에 그 숫자를 대입하면 온도를 계산할 수 있다.

여치 온도(℃)　　　=5[{60+(C-19)/3}-32]/9

귀뚜라미 온도(℃) =5[{50+(C-50)/4}-32]/9

왜 덥고 습도가 높은 날을 개의 날이라고 하는가?

북반구에서 매우 덥고 습도가 높은 날씨가 계속되는 7월에서 8월 사이를 개의 날이라고 부르는 것은 큰개자리의 알파별인 시리우스 때문이다. 매년 이때가 되면 모든 별 중에서 가장 밝게 보이는 별인 시리우스가 태양과 같은 시간에 동쪽 하늘에서 떠오른다. 고대 이집트인들은 이 밝은 별의 열기가 태양의 열기에 더해져서 날씨가 더워진다고 믿었다. 그들은 시리우스가 이 시기에 발생하는 가뭄과 질병, 그리고 불쾌감의 원인이라고 생각했다. 전통적인 개의 날은 7월 3일에 시작되어 8월 11일에 끝난다.

인디언 서머란 무엇인가?

인디언 서머라는 말을 사용하기 시작한 것은 1778년 이전부터이다. 이 말은 미국 원주민들이 겨울 직전에 잠시 계속되는 좋은 날씨를 월동 준비를 위해 잘 활용하는 데서 유래했다. 인디언 서머는 늦가을에 처음으로 된서리가 내린 후 일정 기간 동안 계속되는 건조하고, 따뜻한 날들을 지칭하는 말이다.

대기 현상

해무리는 무엇인가?

태양 주위에 둥글게 나타나는 붉은 테두리를 가진 원이다. 화산 분출이 있은 후 항상 나타나는 것으로 보아 공기 중에 포함되어 있는 먼지에 의한 현상일 가능성이 크다.

태양이 초록색으로 보이는 것은 언제인가?

태양이 지기 직전에 아주 잠깐 동안 초록색으로 보이는 경우가 있다. 이러한 현상이 나타나는 이유는 붉은빛은 지평선 너머로 사라지고 초록빛은 대기에 의해 산란되기 때문이다. 대기 아래 층에 포함되어 있는 먼지와 오염물질 때문에 이 초록빛은 거의 볼 수 없으며 구름이 없고, 바다와 같이 지평선이 잘 드러나는 곳에서만 볼 수 있다.

오로라는 얼마나 자주 나타나는가?

오로라는 태양풍(태양에서 날아온 전하를 띤 입자)과 흑점 활동에 의해 나타나므로 주기를 정할 수 없다. 오로라는 보통 태양에서 플레어(태양 표면에서 입자들이 격렬하게 분출하는 현상)가 나타나고 2일 후에 보이며 11년 주기의 흑점 활동 기간 동안 2년간 절정을 이룬다. 극지방에서 나타나는 오로라는 다양한 색깔의 빛이 하늘을 뒤덮는 현상이다. 영어에서는 북극과 남극에 나타나는 오로라의 이름이 달라, 북극지방에 나타나는 것은 오로라 보레알리스 또는 북극광이라 부르고 남극에 나타나는 오로라는 오로라 오스트랄리스라고 부른다.

오로라가 알래스카 베어 호 상공의 하늘을 아름답게 물들이고 있다.

구름을 처음 분류한 사람은 누구인가?

프랑스의 자연학자 라마르크[Jean Lamarck, 1744~1829]는 1802년에 처음으로 구름을 분류하는 체계를 제안했다. 그러나 그의 제안은 폭넓은 지지를 받지 못했다. 일 년 후 영국의 하워드[Luke Howard, 1772~1864]가 새로운 구름의 분류체계를 제안한 뒤 오늘날까지 사용되고 있다.

구름은 모양과 지상에서의 높이에 따라 구분한다. 구름의 영어 이름은 구름의 특성을 나타내는 라틴 이름 또는 그 머리글자를 이용하여 지어졌다. 일반적으로 구름의 모양을 나타내는 라틴어에는 높이를 나타내는 접두어가 붙어 있는데 낮은 고도가 아닌 높은 고도에 있는 구름에만 접두어를 붙인다. 우리나라에서는 새털구름, 뭉게구름, 양떼구름 등과 같이 모양을 나타내는 우리말 이름과 권운, 적운, 권적운 등과 같이 모양을 나타내는 한자 이름을 동시에 사용하고 있다.

구름의 종류에는 어떤 것이 있는가?

1. 높은 구름: 주로 얼음 알갱이로 되어 있는 구름. 이 구름의 고도는 5,000m에서 13,650m까지 분포한다.

새털구름 (권운)	좁은 띠나 작은 조각으로 분포해 있는 얇은 새털 모양의 구름. 커다란 얼음 결정들로 이루어져 있으며 아래쪽으로 꼬리처럼 늘어져 있다. 이것을 당나귀의 꼬리라고 부른다.
털층구름 (권층운)	얇은 천이나 종이 모양의 흰색 구름. 이 구름들은 얼음 알갱이들을 많이 포함하고 있어서 해무리나 달무리를 만든다.
털쌘구름 (권적운)	작은 흰색 목화솜 조각 같은 구름으로 과냉각된 물방울을 포함하는 경우가 많다.

2. 중간 구름: 주로 물방울로 이루어진 구름으로 구름의 높이는 2,000m에서 7,000m 사이에 있다.

높층구름(고층운)	붓이나 회색 베일처럼 보이는 구름으로 서서히 합쳐져서 고적운이 된다. 태양은 이 구름 사이로 겨우 보이지만 두터운 부분에서는 태양이 가려진다.
높쌘구름(고적운)	흰색 또는 회색으로 보이는 둥근 가장자리가 있는 구름이다.

3. **낮은 구름**: 대부분 물방울로 이루어져 있고, 때때로 과냉각되어 있다. 빙점 이하의 온도에서는 눈과 얼음 알갱이도 함께 존재할 수 있다. 이 구름의 아랫부분은 거의 땅에 닿아 있고 2,000m까지 분포한다.

층구름(층운)	비교적 낮은 곳에 종이처럼 층을 이루며 분포해 있는 구름으로 조각을 이루거나 모양이 없는 회색 구름이다. 이 구름은 매우 얇아서 태양 빛이 쉽게 통과하며 비나 눈을 내리게 한다.
두루마리구름(층적운)	층의 위쪽에 둥근 구형으로 물방울이 쌓여 있는 구름
비구름(난층운)	회색 또는 검은색으로 보이는 특별한 모양이 없는 구름으로 많은 비, 눈 그리고 얼음 조각을 포함하고 있다.

4. **수직으로 발달한 구름** : 과냉각된 물방울을 포함하는 구름으로 매우 높은 곳까지 발달해 있다. 이런 구름의 아래쪽은 300m 정도의 높이에 있고, 위쪽의 높이는 3,000m이다.

쌘구름(적운)	아래쪽은 비교적 평평하고 위쪽은 돔 형태로 발달한 구름이다. 이 구름은 그리 높게까지 발달하지 않으며 비를 내리지 않는다.
쌘비구름(적란운)	불안정하고 크며, 수직으로 높게 발달한 구름으로 소나기, 우박, 천둥과 번개를 동반한다. 소나기구름이라고도 한다.

번개는 무슨 색깔인가?

대기의 상태가 번개의 색깔을 결정한다. 공기 중에 얼음 알갱이가 많이 포함되어 있으면 번개가 파란색으로 보이고, 물방울을 많이 포함하고 있으면 붉은색, 먼지가 많으면 노란색이나 주황색으로 보인다. 번개가 흰색으로 보이는 것은 공기 중에 수증기가 많이 포함되어 있지 않다는 것을 나타낸다.

번개는 몇 볼트나 될까?

번개가 칠 때는 1,000만에서 1억 볼트의 전압에 의해 전기 방전이 일어난다. 번개가 칠 때 흐르는 평균 전류는 30,000A이다.

번갯불은 얼마나 길게 뻗어가나?

번갯불의 길이는 지형에 따라 많이 다르다. 구름이 낮게 드리운 산악 지방에서는 번갯불의 길이는 매우 짧아 270m 정도이다. 그러나 구름이 높은 평평한 지형에서는 6km가 넘기도 한다. 번갯불의 일반적인 길이는 1.6km 정도이지만 32km가 넘는 번갯불이 관측되기도 했다. 번갯불이 지나가는 통로는 폭이 1.27cm 정도로 매우 좁다. 이 통로는 지름이 3m에서 6m 정도 되는 하전입자 층으로 둘러싸인다. 번갯불에서 아래로 향하는 불꽃의 속도는 161km/s에서 1,610km/s 사이이고 아래서 위로 향하는 되돌림 불꽃의 속도는 빛 속도의 반인 140,070km/s나 된다.

벼락은 같은 장소를 두 번 치지 않는다?

벼락은 같은 장소를 두 번 치지 않는다는 것은 사실이 아니다. 실제로 뉴욕에 있는 엠파이어스테이트 빌딩과 같은 높은 건물은 한 번 비가 오는 동안에도 여러 번 벼락을 맞는다. 엠파이어스테이트 빌딩은 한 번 비가 올 때 무려 12번 벼락을 맞은 적도 있다.

번개가 치는 곳까지의 거리는 어떻게 알 수 있나?

번갯불을 본 후 천둥소리를 들을 때까지의 시간을 측정한다. 번개는 치는 것과 거의 동시에 전달되지만 천둥소리는 약 340m/s의 속도로 전달된다. 따라서 번갯불을 본 후 천둥소리를 들을 때까지의 시간(초)에다 340을 곱하면 번개가 친 곳까지의 거리(m)가 된다.

구전이란 무엇인가?

흰색 또는 색깔이 있는 공 모양의 불덩이가 이동해가는 흔치 않은 번개를 구전[ball lightning]이라고 한다. 이것의 지속 시간은 수 초에서 수 분 사이이며 걸어가는 속도로 이동한다. 불덩어리는 피해를 주지 않고 사라진다. 때로는 방 안이나 방 밖으로 이동하거나 창문과 같은 곳에 구멍처럼 지나간 흔적을 남기기도 한다. 불덩어리 공의 크기는 지름이 10cm에서 20cm 정도이다.

번개는 주로 구름에서 땅으로 지그재그 형태로 나타나는 여러 개의 선 또는 한 개의 선으로 보인다. 동시에 두 개의 가지를 만드는 번개를 포크 번개라고도 부르고, 넓은 지역을 밝히는 뚜렷한 형체가 없는 번개는 판형 번개, 바람에 의해 불려서 평행하게 연속적으로 나타나는 것처럼 보이는 번개는 리본형 번개, 구슬과 같이 단절된 여러 개의 번개가 목걸이처럼 늘어서 나타나는 번개를 체인형 번개, 그리고 더운 날 지평선 너머 멀리서 일어난 번개를 반사하여 보여주는 번개를 열 번개라고 부른다.

섬전암은 무엇인가?

섬전암[fulgurite]은 벼락이 마른 모래를 칠 때 만들어지는 원통형의 유리질을 말한다. 벼락의 높은 온도가 주변의 모래를 녹여 벼락이 지나간 자리를 둘러싸는 거친 유리질의 원통을 만든다. 이 원통의 지름은 1.5cm, 길이는 3m 정도이다. 이것은 쉽게 부서지거나 깨진다. 원통의 안쪽 벽은 유리로 빛이 나지만 바깥쪽은 모래가 붙어 있어 거칠다. 섬전암의 색깔은 대개 검은색이지만 반투명한 흰색의 섬전암이 발견된 적도 있다.

성 엘모의 불은 무엇인가?

성 엘모의 불Saint Elmo's fire은 높은 곳에 설치된 금속 물체, 굴뚝의 꼭대기, 배의 마스트 등에서 전기 방전으로 만들어진 코로나라고 알려져 있다. 폭풍과 폭우가 올 때 주로 나타나는 것으로 보아 전원은 번개일 가능성이 있다. 또 다른 설명은 전기를 띤 구름이 높은 곳에 있는 물체와 접촉하여 물체가 정전기를 띠면서 나타나는 현상이라는 것이다. 이러한 설명에 의하면 전기를 띤 물체 부근의 공기 분자가 이온화되어 빛을 내는 것이다. 배의 마스트에 이러한 불꽃이 나타나는 것을 처음 목격한 선원이 자신의 수호성인인 성 엘모의 이름을 붙였다.

무지개 색깔의 순서는 어떻게 되나?

빨강, 주황, 노랑, 초록, 파랑, 남색, 보라가 무지개의 색깔이다. 무지개는 물방울이 햇빛을 반사할 때 만들어진다. 햇빛이 물방울에 들어가면 서로 다른 파장의 빛이 다른 각도로 굴절되어 색깔이 나타난다. 각 관측자는 조금 다른 각도에 있는 다른 물방울들을 보고 있다. 관측자로부터 다른 각도에 있는 물방울들은 다른 파장의 빛(다른 색깔)을 관측자의 눈으로 보낸다. 무지개는 굴절에 의해 나타나는 연속스펙트럼이기 때문에 색깔의 순서는 관측자가 어떻게 감지하느냐에 따라 달라진다.

바람

하부브는 어디에서 부는가?

불어온다는 뜻의 아랍어 habb에서 따온 하부브haboob는 거센 모래바람이다. 하부브는 아프리카의 사하라 사막과 미국 남서부의 사막, 오스트레일리아와 아시아의 사막에서 자주 발생한다.

윈드 시어는 무엇인가?

윈드 시어^{wind shear}는 짧은 거리에서 바람의 방향이나 속도가 급격하게 변하는 것을 말한다. 윈드 시어는 보통 폭풍우와 관련이 있다. 이것은 비행기에게는 매우 위험하다.

순간 돌풍이 비행기에 주는 영향은 무엇인가?

지름 4km 이하의 아래로 내려가서 부는 회오리 바람을 순간 돌풍^{microburst}이라고 한다. 폭풍우와 관련이 있는 순간 돌풍은 갑자기 방향을 바꾸는 허리케인의 위력을 가진 바람을 만들 수 있다. 앞에서 불던 바람이 순간적으로 뒤에서 부는 바람이 되어 비행기가 속도와 고도를 잃게 된다. 1970년대와 1980년대에 순간 돌풍이 여러 번의 항공사고를 일으킨 후 연방 항공국^{FAA}은 비행사들에게 윈드 시어와 순간 돌풍을 알려주기 위해 공항에 레이더 체계를 갖추도록 했다.

국지 기후는 어떤 조건에서 만들어지나?

국지 기후^{microclimate}는 평균 기상 상태가 주변의 다른 지역과 상당히 다른 것을 말한다. 온도, 강수량, 바람, 구름의 양 차이가 국지 기후를 만들어낼 수 있다. 국지 기후의 원인은 대부분 고도의 차이, 바람의 방향을 바꾸는 산, 해안선, 고층 건물과 같이 사람이 만든 구조물과 같은 것들이다.

코리올리 효과는 무엇인가?

19세기에 프랑스 엔지니어 코리올리^{Gaspard G. Coriolis, 1792~1843}가 지구의 자전이 공기의 흐름을 바꾸어 놓는다는 것을 발견했다. 지구가 동쪽으로 자전하기 때문에 북반구에서는 움직이는 모든 물체는 오른쪽으로 휘어지고 남반구에서는 왼쪽으로 휘어진다. 코리올리 효과는 적도 지방이나 극지방에서 남쪽이나 북쪽을 향해 부는 바람이 없는 이유를 설명해준다. 북동쪽이나 남동쪽에서 부는 무역풍과 극지방에 부는 동풍은 모두 코리올리 효과에 의해 서쪽으로 휘어지기 때문에 나타나는 바람들이다.

제트 기류는 언제 발견되었나?

제트 기류는 인접 지역보다 빠르게 지나가는 바람의 좁은 통로를 말한다. 제2차 세계대전 중 일본과 지중해 상공을 비행했던 폭격기의 비행사들에 의해 발견된 제트 기류는 고도 9,000m 이상을 날 수 있는 비행기가 출현하면서 매우 중요해졌다. 제트 기류는 서쪽에서 동쪽으로 흐르며 좌우 폭은 160km 정도이고, 아래위 폭은 수 km이며, 전체 길이는 1,600km 정도 된다. 흐르는 속도는 92km/h 정도이다.

남반구와 북반구에는 각각 하나씩 극지방 제트 기류가 있다. 이 제트 기류는 위도 20도와 70도 사이, 고도는 760m에서 10,700m인 곳에서 나타나며 최대 속도는 368km/h이다. 적도 지방의 제트 기류 역시 남반구와 북반구에 각각 하나씩 있으며 위도 20도와 50도 사이에서 나타난다. 이 제트 기류는 주로 고도 9,000m 내지 13,700m 사이에서 550km/h가 넘는 속도로 흐른다.

제트 기류

왜 말 위도라는 이름을 갖게 되었는가?

말 위도$^{horse\ latitude}$는 북위와 남위 30도 부근에 있는 바람이 적은 고기압 지역을 말한다. 초기 선원들이 두려워했던 이 지역은 바람이 없는 고요한 날들이 일정 기간 동안 계속된다. 북반구의 버뮤다 부근에서는 스페인에서 출발하여 신대륙으로 말을 싣고 가던 배들이 멈춰 서곤 했다. 식수가 떨어지기 시작하면 우선 동물들에게 물을 주지 않았다. 동물들은 사람들에게 마실 물을 남겨주기 위해 희생되어야 했다. 탐험가들과 선원들은 바다에 버린 말의 시체가 떠다녔다고 보고했다. 아마 이것이 이곳을 말 위도라는 부르는 이유일 것이다. 어쩌면 이것은 선급을 받고 항해하던 선원들이 배가 이 지역을 천천히 항해하자 불평하던 말에서 유래했을지도 모른다. 이때가 되면 그들은 "죽은 말에서 내려라"라는 말을 했다고 한다.

핼시언 데이는 무엇인가?

이 말은 평화롭고 번영하는 시기를 지칭한다. 선원들은 낮이 가장 짧은 12월 21일 전후 2주 정도의 날씨가 조용한 기간을 핼시언 데이라고 불렀다. 이 말은 고대 그리스인들이 킹피쉬에 붙인 이름에서 따왔다. 전설에 의하면 핼시언은 바다 표면에 보금자리를 만들고 알들이 부화하는 동안 바람을 잠재웠다고 한다.

시베리아 특급은 무엇인가?

이 말은 매우 춥고 강한 바람을 말한다. 이 바람은 알래스카나 캐나다 북부로부터 미국의 여러 지역으로 불어 내려왔다.

치누크는 무엇인가?

치누크^{Chinook}는 로키 산맥의 동쪽 면에서부터 불어오는 바람으로 일반적으로 따뜻한 바람이다. 이 바람은 남서쪽으로부터 경사를 따라 아래로 불어 내려가며 따뜻해져서 로키 산맥 동쪽에 있는 평원을 따뜻하게 한다.

치누크는 카타바틱 하강풍으로 분류된다. 카타바틱 하강풍은 차갑고 무거운 공기가 아래로 내려가면서 앞에 있는 따뜻하고 가벼운 공기를 밀어내기 때문에 생긴다. 공기가 아래로 내려가면 건조해지고 따뜻해진다. 카타바틱 하강풍의 온도가 공기의 온도보다 따뜻해지면 다시 올라간다. 일부 카타바틱 하강풍은 재미있는 이름을 가지고 있다. 알래스카의 차가운 바람은 타쿠라고 부르고, 시에라에서 부는 따뜻한 바람은 산타아나라고 부른다.

누가 윈드칠^{wind chill}의 개념을 발전시켰는가?

남극 탐험가 시플^{Paul A. Siple, 1908~1968}이 1939년 그의 논문 〈탐험가가 남극 기후에 적응하는 방법〉에서 이 말을 처음으로 사용했다. 시플은 1928년부터 1930년 까지 미국의 버드^{Richard Byrd}가 이끈 남극 탐험대의 최연소 대원이었다. 그리고 후에는 버드의 보좌관으로 미국 내무부가 주관한 남극 탐험에 동참하기도 했다. 그 밖에도 그는 추운 기후와 관련된 많은 활동을 했다.

윈드칠 지수(바람냉각지수)란 무엇인가?

바람이 불면 실제 온도와는 다른 효과가 나타난다. 윈드칠 지수^{wind chill factor}는 여러 가지 온도에서 바람의 냉각효과 정도를 나타내는 수치이다. 이 수치는 몸으로부터 얼마나 많은 열이 공기 중으로 달아나는가를 측정하여 결정한다. 미국 기상청에서는 1973년부터 실제 공기의 온도와 함께 체감온도도 알려주고 있다. 초기 몇 년 동안은 바람의 냉각효과가 과대평가되었다는 지적이 있어 2001년과 2002년에 수정된 수치가 만들어졌고, 다시 수정되었다.

윈드칠 지수를 계산하는 식은 무엇인가?

이전에 사용하던 윈드칠 지수를 계산하는 식은 다음과 같다.

$$T_{\mathrm{wc}} = 0.081 \times (3.71 \times \sqrt{v} + 5.81 - 0.25 \times v) \times (T - 91.4) + 91.4$$

2001~2002년에 수정된 윈드칠 지수를 계산하는 식은 다음과 같다.

$$T_{\mathrm{wc}} = 35.74 + 0.6215T - 35.75v^{0.16} + 0.4275Tv^{0.16}$$

최근 계산하는 식은 다음과 같다.

$$T_{\mathrm{wc}} = 35.74 + 0.6215T_a - 35.75v^{0.16} + 0.4275T_a v^{0.16}$$

이 식들에서 모든 온도는 화씨($\degree$F)이며 v는 바람의 속도(mile/hour)이다.

사이클론은 허리케인이나 토네이도와 어떻게 다른가?

세 가지 바람은 모두 기압이 낮은 중심과 위쪽을 향해 소용돌이치면서 분다는 공통점이 있다. 이들 바람의 차이는 크기와 바람의 속도, 진행 속도, 지속 기간에 있다. 일반적으로 바람의 속도가 빠를수록 지속 시간이 짧고, 크기도 작다.

사이클론은 바람의 속도가 16km/h에서 97km/h 사이이고 지름은 1,600km나 되는 것도 있으며, 진행 속도는 40km/h 정도로 수주일 동안 활동한다. 허리케인(태평양에서는 태풍이라고 부른다)은 바람의 속도가 120km/h에서 320km/h 사이이며, 진행 속도는 16km/h에서 32km/h이고 지름은 960km 정도이다. 허리케인의 지속 시간은 수일에서 일주일이 넘는 경우도 있다. 토네이도는 바람의 속도가 400km/h에 이를 수 있으며, 40km/h에서 64km/h의 속도로 이동한다. 토네이도는 대개 몇 분 동안 지속되지만 경우에 따라서는 다섯 시간에서 여섯 시간 동안 지속되기도 한다. 토네이도의 지름은 274m에서 1.6km이고 진행하는 평균 거리는 26km이지만 483km까지 진행한 경우도 있었다.

태풍과 허리케인, 그리고 사이클론은 북위와 남위 5도에서 15도 사이의 적도 지방

해수면 위에서 발생한다. 반면 토네이도는 일반적으로 지상 수천 미터 상공에서 따뜻하고 습도가 많은 날씨에 폭풍우와 연관하여 발생한다. 토네이도는 여러 장소에서 발생할 수 있지만 대부분 북미 대륙의 중부 평원 지대에서 발생한다. 82%의 토네이도가 하루 중에서 가장 온도가 높은 시간(정오에서 자정 사이)에 발생했고, 특히 오후 4시부터 6시 사이에 발생한 토네이도가 23%나 되었다.

후지타 피어슨 토네이도 스케일은 무엇인가?

후지타[T. Teodore Fujita]와 피어슨[Allen Pearson]이 개발한 후지타 피어슨 토네이도 스케일은 토네이도의 속도, 경로, 진행 거리, 너비 등에 따라 F0에서 F6까지 등급을 매긴 것이다.

F0	경미한 피해	나무, 간판, 굴뚝에 피해를 당한다.
F1	중간 정도의 피해	자동차가 길에서 밀려난다.
F2	상당한 피해	지붕이 찢겨지고, 큰 나무가 쓰러진다.
F3	심각한 피해	잘 지어진 집이 쓰러지고, 자동차가 공중으로 뜬다.
F4	대규모 피해	집이 파괴되고, 자동차가 날려가며, 물건이 미사일처럼 날아간다.
F5	엄청난 피해	건물의 기반이 붕괴되고, 자동차가 미사일처럼 날아간다. 이 등급에 해당하는 토네이도는 전체의 2% 이하이다.
F6		풍속의 최댓값은 511km/h를 넘지 않을 것으로 추정된다.

후지타 피어슨 토네이도 스케일

스케일	바람의 속도(km/h)	진행 거리(km)	너비(m)
0	115 이하	1.6 이하	15 이하
1	116~180	1.6~5	16~50
2	181~252	6~16	51~160
3	253~331	17~50	161~500
4	332~418	51~160	500~1,500
5	419~511	161~507	1,600~5,000
6	512~611	508~1,600	5,100~16,000

보퍼트 풍력계급은 무엇인가?

보퍼트 풍력계급은 영국의 해국 제독 보퍼트[Francis Beaufort, 1774~1857]가 1805년 배의 항해를 돕기 위해 만든 척도이다. 이것은 0에서 17까지의 수치를 이용하여 바람의 속도를 나타내는 것으로 육지와 바다에서 모두 사용할 수 있다.

보퍼트 수	이름	비람의 속도(km/h)
0	고요	1.5 이하
1	실바람	1.5~4.8
2	남실바람	6.4~11.3
3	산들바람	12.9~19.3
4	건들바람	21~29
5	흔들바람	30.6~38.6
6	된바람	40.2~50
7	센바람	51.5~61.1
8	큰 바람	62.8~74
9	큰 센바람	75.6~86.9
10	노대바람	88.5~101.4
12~17	싹쓸바람(허리케인)	119.1 이상

토네이도가 가장 많이 발생했던 해는 언제인가?

관측 기록이 남아 있는 1916년부터 1999년까지 중 1998년이 토네이도가 가장 많이 발생했던 해이다. 그해에 1,424개의 토네이도가 발생하여 130명이 목숨을 잃었다. 가장 큰 토네이도는 1974년 4월 3일과 4일에 발생한 것이었다. 미국의 중부 대평원과 중서부 주에서는 초대형으로 분류되는 토네이도가 148번 발생했다. 이 중 여섯 개는 바람의 속도가 420km/h가 넘었다. 1990년대에는 특히 많은 토네이도가 매년 발생했다.

연도	토네이도 발생 수
1995	1,234
1996	1,173
1997	1,148
1998	1,424

폭풍우 추적자들은 누구인가?

폭풍우 추적자들은 폭풍우와 토네이도를 따라다니는 과학자와 아마추어 탐사자들을 말한다. 이들이 폭풍우를 추적하는 이유는 두 가지이다. 하나는 폭풍우에 관한 자료를 수집하기 위한 것이고, 다른 하나는 멀리 있는 레이더 시설에 시각적 관측 자료를 전달하기 위해서이다. 특히 텔레비전과 관계된 일을 하는 사람들은 생생한 영상을 얻기 위해 폭풍우를 따라다닌다.

폭풍우를 추적하는 일은 빠른 바람의 속도, 폭우, 우박, 벼락 때문에 매우 위험하다. 그러므로 이런 일을 하는 사람들은 사전에 안전교육을 받는다.

미국에서 토네이도가 가장 많이 발생하는 달은 언제인가?

한 조사 자료에 의하면 5월이 평균 329회로 미국에서 가장 토네이도가 많이 발생하는 달이며 2월이 3회로 가장 적게 발생하는 달이다. 다른 조사에 의하면 12월과 1월이 가장 안전하며 가장 위험한 달은 4월, 5월 그리고 6월이다. 2월에는 토네이도 발생 수가 증가하기 시작하는데 주로 중부에 있는 걸프 만에 인접한 주에서 발생한다. 3월에는 토네이도 발생 지역이 동쪽으로 이동해 주로 남동부에 있는 대서양에 인접한 주에서 발생하고 4월에 절정기를 맞는다. 5월에는 토네이도 발생의 중심이 서부 평원에 있는 주로 이동했다가 6월에는 북부 평원과 5대호 인접 주로 이동한다. 가장 피해가 컸던 토네이도는 1999년 5월에 오클라호마와 캔자스에서 발생했던 토네이도로 48시간 동안에 74개의 토네이도가 발생하여 11억 달러의 피해를 남겼다. 이 중에서 오클라호마 시의 근교에서 발생했던 토네이도는 등급 F5에 해당했다.

허리케인은 어떻게 분류하나?

허리케인의 바람과 동반한 폭우로 인한 피해 가능성 규모를 1에서 5까지의 숫자로 나타내는 사피어/심프슨 허리케인 피해 가능성 등급이 있다. 1971년 사피어[Herbert Saffir]와 심프슨[Robert Simpson]이 제안한 이 등급의 목적은 재해 대책 기구에 허리케인의 심각성 정도를 미리 알려주어 대비하도록 하는 데 있다.

사피어/심프슨 허리케인 스케일

등급	중심기압(mmHg)	바람 속도(km/h)	피해 정도
1	735 이상	119~153	미미
2	723.9~734.3	154~177	중간
3	708.9~723.1	178~209	심각
4	690.1~708.1	210~249	위험
5	690.1 이하	250 이상	대재해

피해 정도

미미	건물에 거의 피해가 없음. 일부 나무와 관목이 피해를 봄. 해변 도로 침수. 일부 방파제가 피해를 입음.
중간	일부 지붕, 창문, 문이 피해를 입음. 식물, 자동차, 방파제가 피해를 입음. 허리케인의 중심이 도달하기 두세 시간 전에 해변 도로가 침수됨. 방호시설이 없는 장소에 놓였던 작은 항공기들이 피해를 입음.
심각	작은 건물이나 주택에 일부 피해가 발생. 해변에 설치한 시설물들이 파손되고 해수면보다 1.5m 높은 곳에 지어진 건축물이 침수됨.
위험	지붕, 창문, 문이 파손됨. 해변에 있는 건물의 아래층에 심각한 피해가 발생함. 해안 전체가 심각하게 침식됨. 해수면보다 3m 높은 곳까지 침수되고 바닷물이 육지로 9.5km까지 들어와 대규모 대피가 필요함.
대재해	많은 건물의 지붕이 완전히 파괴됨. 작은 부속 건물이 날아감. 해안에서 550m 이내의 건물 아래층에 심각한 재해 발생. 해수면보다 5.75m 높은 곳까지 침수. 해안에서 16km 떨어진 지역까지 대피가 필요함.

강수

화이트 아웃이란 무엇인가?

화이트 아웃white-out에 대한 공식적인 정의는 없다. 이것은 눈이 올 때 시각이 심각한 장애를 받는 것을 가리키는 구어적인 표현이다. 만약 햇빛과 함께 흰 눈에 의해 반사되는 빛을 받으면 상황은 더욱 나빠진다. 그것은 헤드라이트를 켜고 짙은 안개 속을 운전하는 것과 같다. 안개에 의해 반사된 헤드라이트의 빛이 눈으로 들어가 아무것도 볼 수 없게 된다.

이슬점이란 무엇인가?

공기가 더 이상의 수증기를 포함할 수 없는 온도를 말한다. 상대습도가 100%일 때 이슬점은 공기의 온도와 같거나 낮다. 만약 물체의 표면과 접촉하고 있는 얇은 공기층의 온도가 이슬점 이하로 내려가면 표면에 이슬이 맺힌다. 밤이나 이른 아침에만 이슬이 맺히는 것은 이 때문이다. 온도가 내려가면 공기가 포함할 수 있는 수증기의 양도 줄어든다. 그래서 여분의 수증기는 작은 물방울이 된다. 안개와 구름은 많은 양의 공기 온도가 이슬점 아래로 내려갔을 때 발생한다.

빗방울은 어떤 모양일까?

빗방울을 종종 배 모양이나 눈물방울 모양으로 나타내지만 고속 촬영을 통해 확인한 빗방울의 모양은 가운데 구멍이 나 있는 구형이어서 도넛처럼 보인다. 물의 표면 장력에 의해 이런 모양이 만들어진다. 빗방울의 지름이 2mm보다 크면 모양이 뒤틀어진다. 공기의 압력이 아래쪽을 편평하게 만들고 위쪽은 볼록하게 만들기 때문이다. 빗방울의 지름이 6.4mm 이상이 되면 더욱 옆으로 벌어지고 중간 부분은 가늘어져 나비넥

타이와 같은 모양이 되었다가 결국은 두 개의 작은 빗방울로 나누어진다.

측정된 가장 많은 강수량은 얼마인가?

강수 시간	양(mm)	장소	시기
1분	38	서인도제도 과들루프 바스트	1970년 11월 26일
24시간	187	인도양 레위니옹 실라오스	1952년 3월 15일~16일
	483	텍사스 앨빈	1979년 7월 25일~26일
한 달	9,300	인도 메갈라야 체라푼지	1861년 7월
12개월	26,460	인도 메갈라야 체라푼지	1986년 8월 1일~1861년 7월 31일
	18,770	하와이 마우이 쿠퀴	1981년 12월~1982년 12월

세계에서 가장 비가 많이 오는 곳은 어디인가?

세계에서 가장 비가 많이 오는 지역은 콜롬비아의 투투넨도로 연간 강수량이 11,770mm나 된다. 비가 오는 날이 가장 많은 지역은 하와이의 카우아이에 있는 와이알레알레 산으로 1년에 350일은 비가 온다.

이와는 대조적으로 세계에서 가장 오랫동안 비가 안 오는 지역은 칠레의 아리카로 1903년 10월부터 1918년 1월까지 무려 14년 동안 비가 안 오기도 했다.

빗방울은 얼마나 빠른 속도로 떨어질까?

빗방울의 속도는 빗방울의 크기, 바람의 속도에 따라 달라진다. 바람이 없는 경우 전형적인 빗방울의 속도는 11km/h이다.

뇌우는 어디에서 발생하는가?

미국에서는 뇌우가 주로 여름, 특히 5월에서 8월 사이에 발생한다. 이때는 늦은 봄과 여름으로 적도 지방의 해양에서 덥혀진 공기가 미국으로 유입되는 시기이다. 뇌우는 보통 땅이 가장 많이 덥혀지는 오후 2시에서 4시 사이에 많이 발생한다. 공기가 차가운 뉴잉글랜드, 노스다코타, 몬태나와 다른 북부(위도 60도)에 있는 주들에서는 뇌우가 잘 발생하지 않는다. 또한 여름에도 공기가 건조한 태평양 연안에서는 뇌우가 잘 발생하지 않는다. 반면에 플로리다를 비롯한 걸프 만에 인접한 주와 남동부에 위치한 주에서는 매년 70에서 90번의 뇌우가 발생한다. 남서부의 산악 지방에서는 매년 평균 50에서 70번의 뇌우가 발생한다. 세계적으로는 북위 35도와 남위 35도 부근에 위치한 지역에서 뇌우가 가장 많이 발생한다. 이 지역에서는 밤사이 12시간 동안 3,200번의 뇌우가 발생하기도 한다. 세계 전역에서는 동시에 1,800번의 뇌우가 발생할 수도 있다.

벼락은 지구가 공기 중으로 빼앗겼던 음전하를 다시 지구로 돌려주는 역할을 한다. 미국에서 매년 벼락으로 목숨을 잃는 사람은 토네이도나 허리케인으로 목숨을 잃는 사람들보다 많다. 150명의 미국인이 매년 벼락 때문에 죽고 250명이 부상을 당한다.

천둥소리는 얼마나 먼 곳까지 들릴까?

천둥은 번개와 관계된 것으로 전기 방전에 의해 가열된 공기가 폭발적으로 팽창하면서 내는 소리이다. 천둥소리는 11km 떨어진 곳에서도 들을 수 있다. 때로는 32.2km 떨어진 곳까지 소리가 전달되기도 한다. 아주 큰 천둥소리는 번개로 이미 데워진 공기에서 반복적으로 전기 방전이 일어날 때 발생한다. 이런 경우에는 빛의 속도로 전파되는 충격파가 발생한다.

우박은 얼마나 크게 자랄까?

우박의 평균 크기는 지름 약 0.64cm 정도지만 1939년 인도의 하이데라바드에서는 무게가 3.4kg이나 되는 우박이 떨어진 적도 있다. 과학자들은 여러 개의 우박이 부분적으로 녹은 후 다시 얼어붙어 하나의 우박이 된 것으로 추정하고 있다. 1986년 4월 14일에 무게가 1kg이나 되는 우박이 방글라데시의 고팔강 지역에 떨어진 적도 있다.

우박은 구형의 얼음 알갱이로 생겨나며 보통 양파처럼 여러 겹의 층으로 되어 있다. 작은 핵을 중심으

지름 약 6cm의 우박 실제 크기.

로 부분적으로 녹았다가 다시 어는 과정을 반복하면서 여러 겹의 층이 만들어지는 것이다. 우박은 적란운이나 소나기구름 속에서 먼지와 같은 입자에 차가운 물이나 얼음이 달라붙어 있을 때 만들어진다. 바람이 이런 입자들을 온도가 다른 지역으로 보내면 새로운 얼음층이 만들어진다. 이런 과정을 거치면서 우박은 크기가 점점 더 커진다.

우박의 크기 추정

비교	크기(cm)	비교	크기(cm)
콩알	0.63	골프공	4.44
1센트 동전	1.90	달걀	5.08
5센트 동전	2.23	테니스공	6.35
25센트 동전	2.54	야구공	6.99
50센트 동전	3.17	그레이프프루트	10.10
탁구공	3.80		

진눈깨비와 얼음비의 차이는 무엇인가?

얼음비는 액체 상태로 땅까지 떨어지지만 물체와 접촉하는 순간 얼음으로 바뀌는 비로 물체의 표면을 감싸는 얼음을 만든다. 보통 얼음비는 비나 눈으로 바뀌기 때문에 짧은 시간 동안만 계속된다. 그러나 진눈깨비는 얼음 알갱이 형태로 얼거나 부분적으로 얼어서 땅에 떨어지는 것이다. 진눈깨비는 온도가 높은 구름에서 만들어진 비가 내리면서 아래에 있는 차가운 공기층을 통과할 때 만들어진다. 이때는 매우 단단한 얼음 알갱이가 만들어지기 때문에 빠른 속도로 땅에 부딪히면서 튀어 오른다.

눈은 어떻게 만들어질까?

눈은 얼어서 내리는 비다. 눈은 수증기가 액체의 단계를 거치지 않고 직접 고체인 얼음으로 변하는 승화에 의해 만들어진다. 고도가 높은 곳에서 차가워진 수증기는 온도가 이슬점 이하로 내려가면 얼음으로 변한다. 이런 승화작용의 결과로 육각형의 얼음 결정이 만들어진다. 눈은 높은 구름에서 작은 육각형 얼음 결정으로 시작하여 커다란 눈송이로 자라난다. 상승기류에 의해 공기 중으로 수증기가 보충되면 더 많은 수증기가 얼음 결정에 달라붙어 크기가 커진다. 곧 큰 결정의 일부가 눈송이가 되어 땅으로 떨어진다.

너무 추우면 눈이 만들어지지 않는다?

공기의 온도가 아무리 내려가도 약간의 수증기는 포함하고 있다. 따라서 아주 작은 크기의 눈 결정이 만들어질 수 있다. 눈이 내리지 않는 추운 날씨가 되는 것은 북쪽에서 유입되는 공기가 한랭전선 뒤에서 날씨가 맑을 조건을 만들기 때문이다. 온난전선 앞에 있는 비교적 온화한 공기는 많은 눈을 내리게 한다. 북극지방에 해마다 많은 눈이 쌓이는 것은 아주 추워도 눈은 내린다는 것을 나타낸다.

모든 눈송이는 같은 모양일까?

일부 눈송이는 놀랍도록 비슷한 모양을 하고 있다. 그러나 이러한 눈송이들도 분자의 크기에서 보면 동일하지 않다. 1986년에 구름 물리학자 나이트^{Nancy Knight}가 비행기에 달려 있던 오일을 바른 슬라이드 위에서 아주 똑같은 모양의 결정을 발견했다. 이 결정들은 별 모양의 결정이 나누어진 것이거나 나란히 붙어 있어 똑같은 기상 조건을 동시에

눈송이는 비슷한 모양으로 보이지만 분자 수준에서 보면 모두 다른 모습을 하고 있다.

겪었을 가능성이 크다. 불행하게도 사진에는 분자의 구조가 나타나 있지 않아 이 눈 결정의 더 작은 구조에 대해서는 알아볼 수 없었다. 따라서 사람의 눈에는 똑같게 보이더라도 작은 단위에서는 다른 구조를 가진 눈송이일 가능성이 크다.

서리는 언제 내리는가?

어는점보다 낮은 온도에서 물체 표면에 얇은 얼음 결정이 생겨 쌓이는 것을 서리라고 한다. 서리는 공기 중에 포함되어 있던 수증기가 액체 상태를 거치지 않고 직접 얼음으로 변하는 승화가 일어날 때 생긴다. 대개 서리는 초가을 공기가 수증기를 많이 포함하고 있으면서 맑고 바람이 없는 저녁에 내린다. 한편 영구동토는 땅이 완전히 녹는 일이 없이 항상 얼어 있는 지역을 말한다.

> ### 눈이 녹으면 얼마나 많은 물이 생길까?
>
> 평균적으로 25cm의 눈이 녹으면 2.5cm 깊이의 물이 된다. 수분을 많이 포함하는 눈은 10cm에서 12cm 깊이의 눈이 녹아야 2.5cm 깊이의 물이 되지만 수분을 별로 포함하지 않은 눈은 38cm 정도가 녹아야 2.5cm 깊이의 물이 된다.

일기예보

기상청에서 발령하는 주의보와 경보는 어떻게 다른가?

대한민국의 기상청에서는 특별한 주의를 요하는 기상 현상에 대하여 주의보와 경보를 발령하여 피해를 예방하도록 하고 있다. 주의보와 경보는 기상 현상의 종류에 따라 호우주의보(경보), 강풍주의보(경보), 풍랑주의보(경보), 대설주의보(경보) 등이 있다. 기상청에서는 각각의 기상 상황에 대해 주의보와 경보를 발령하는 기준 및 주의보나 경보가 발령되었을 때 국민이 어떻게 행동해야 하는지를 규정한 국민 행동요령도 정해 놓고 있다. 주의보는 기상이 피해를 유발할 수 있는 심각한 상태로 변할 가능성이 큰 경우 발령하며 국민들은 긴급 대피 준비를 하고 피해 예방을 위한 대책을 수립해야 한다. 경보는 기상이 피해를 유발할 상태에 이른 경우에 발령하므로 국민들은 즉각 안전한 곳으로 대피해야 하고 피해 예방과 복구를 위해 노력해야 한다.

도플러 레이더는 무엇인가?

도플러 레이더는 다가오는 물체와 멀어지는 물체가 반사하는 전자기파의 진동수 차이를 측정하여 물체의 속도를 알아낸다. 도플러 레이더를 이용하면 비, 눈, 얼음 결정, 심지어는 공기와 함께 이동 중인 곤충의 속도까지 알 수 있다. 또한 바람의 방향이나 속도를 예측할 수 있고, 얼마나 많은 비나 눈이 내릴지도 예측할 수 있다.

미국 국립 기상청에서는 미국 전역에 도플러 레이더인 NEXRAD를 설치하여 운영하고 있다. 이것은 토네이도와 격렬한 뇌우를 예측하는 데 특히 효과적이다.

현대적 일기예보는 언제 시작되었는가?

1692년 5월 14일 주간지인 〈농업과 상업의 증진을 위한 정보지〉에 한 주 동안의 기압과 바람에 대한 정보를 전년도의 값들과 비교하여 실었다. 독자들은 이 자료들을 이용해서 스스로 날씨를 예측해야 했다. 다른 잡지들도 곧 그들 나름대로의 방법으로 일기를 다루기 시작했다. 1771년에 〈월간 기상 신문〉이라는 이름의 잡지가 처음으로 날씨만을 전문적으로 다뤘다. 1861년에는 영국의 기상 관측소가 매일 일기예보를 하기 시작했다. 일기예보 방송을 처음 시작한 것은 1921년 1월 3일 위스콘신의 매디슨에 있는 위스콘신 대학의 9XM 방송국이었다.

대기압이란 무엇인가?

대기압이란 대기의 무게가 지표면을 누르는 압력을 말한다. 대기압은 기압계를 이용하여 측정한다. 고도가 낮은 곳에서는 더 두꺼운 공기층이 누르기 때문에 대기의 압력이 크다. 해수면에서의 평균 기압은 1,013.15hPa이며, 고도 304m에서는 기압이 972.1hPa이고, 고도 5,486m에서는 503.32hPa로 해수면에서의 기압의 약 절반이다. 기압의 변화는 날씨의 변화를 불러온다. 고기압 지역은 맑은 날씨가 되고, 저기압 지역은 궂은 날씨가 된다. 기압이 매우 낮은 곳에서는 허리케인과 같은 심각한 폭풍이 발생한다.

마멋은 실제로 날씨를 정확하게 예측할 수 있는가?

60여 년 동안 마멋이 마멋의 날인 2월 2일의 날씨를 정확하게 예측한 것은 28%에 지나지 않는다. 마멋의 날은 원래 독일에서 지키던 명절이었다. 그곳의 농부들은 오소리들이 동면에서 깨어나는 것을 지켜보았다. 그날이 맑은 날이면 오소리들은 자신의 그림자에 놀라 다시 굴속으로 들어가 6주 동안 잠을 더 잤다. 만약 흐린 날이면 봄이 온 것으로 알고 그대로 밖에 머물렀다. 미국의 펜실베이니아로 이민 온 독일의 농부들은 미국에서 오소리를 발견할 수 없자 대신 마멋을 선택했다.

모충의 애벌레로 날씨를 예측할 수 있을까?

다가오는 겨울의 날씨를 가을에 모충 주위에 있는 갈색 띠 무늬의 간격을 보고 예측할 수 있다는 미신이 있다. 만약 갈색 띠의 간격이 넓으면 온난한 겨울이 되고, 간격이 좁으면 매우 추운 겨울이 된다고 전해졌다. 뉴욕에 있는 미국 자연사 박물관의 조사 결과 모충의 무늬와 날씨 사이에는 아무 관계가 없다는 것이 밝혀졌다. 이것은 과학적 근거가 없는 미신에 지나지 않았던 것이다.

나무들이 일기예보를 할 수 있을까?

나무의 잎들을 관찰하여 날씨를 예측하는 것은 낡은 방법일지도 모른다. 그러나 농부들은 단풍나무의 잎이 바람에 말리고 뒤집어지면 곧 비가 오리라는 것을 안다. 벌목을 하는 사람들은 참나무에 기생하는 지의류가 얼마나 많으냐를 보고 겨울이 얼마나 혹독할지를 예측한다. 또한 나무들은 놀랍도록 시간을 잘 지킨다. 서부 아프리카의 적도 지방에 자라는 그리포니아에는 5cm 크기의 꼬투리가 열리는데 이것은 큰 소리를 내면서 터진다. 이 소리는 아크라 평원의 농부들에게 곡식을 심을 때가 됐다는 것을 알려준다. 2월과 8월에 꽃이 피는 18m 높이의 트리칠리아 나무는 두 번째 우기가 시작된다는 것과 두 번째 곡식을 파종할 때라는 것을 알려준다. 피지 섬에서는 코랄 나무에 꽃이 피는 것을 보고 마를 심는다.

태양과 달 주위의 원은 비나 눈이 곧 올 것이라는 것을 나타내나?

태양이나 달 주위에 고리가 나타나는 것은 고도가 높은 곳에 얼음 결정이 권층운을 만들고 있다는 것을 나타낸다. 고리가 밝을수록 빠른 시간 안에 비나 눈이 올 확률은 커진다. 고리가 있다고 해서 비나 눈이 항상 오는 것은 아니다. 그러나 세 번에 두 번은 12시간에서 18시간 안에 비나 눈이 오기 시작한다. 권운들은 다가오는 온난전선의 선발대로 저기압과 연관이 있기 때문이다.

개구리나 두꺼비가 소나기처럼 하늘에서 떨어지는 원인은 무엇인가?

1794년 이래 개구리가 하늘에서 쏟아진 기록이 여러 번 남아 있다. 대개 여름에 폭우가 쏟아질 때 일어난다. 회오리바람, 용오름, 토네이도가 그 원인일 것이라는 것이 일반적인 설명이다. 물고기나 새 또는 다른 동물들이 떨어진 사례도 보고되었다.

광물과 기타 물질

암석과 광물

암석은 어떻게 구분하는가?

암석은 크게 화성암, 퇴적암, 변성암의 세 종류로 분류할 수 있다.

화성암은 화산활동을 통해 지각 바깥으로 나온 마그마가 굳어서 된 암석으로 화강암, 페그마타이트, 유문암, 흑요석, 반려암, 현무암 등이 이에 속한다. 화성암의 성분이나 성질은 원래 마그마의 성분과 마그마가 굳어지던 환경에 의해 크게 달라진다. 화성암에는 수천 가지 다른 형태가 있다. 예를 들면 화강암은 지표면 아래서 서서히 식어서 만들어지며 커다란 수정과 장석, 그리고 운모의 결정을 포함한다.

퇴적암은 미세한 암석 입자들, 미생물, 침식작용으로 암석에서 나온 광물과 같은 퇴적물이 쌓여서 만들어지는 암석으로 각력암, 사암, 이판암, 석회암, 규질암, 그리고 석탄이 여기에 속한다. 퇴적물은 물 아래에 쌓인 후 그 위에 쌓이는 다른 퇴적물에 의해 오랫동안 압력을 받는다. 가장 일반적인 퇴적암인 사암에는 수정 결정이 많이 포함되어 있다.

변성암은 화성암이나 퇴적암이 열이나 압력에 의해 변화되어 만들어지는 암석으로 대리석, 점판암, 편마암, 규암, 혼펠스와 같은 암석이 여기에 속한다. 물리적 화학적 변

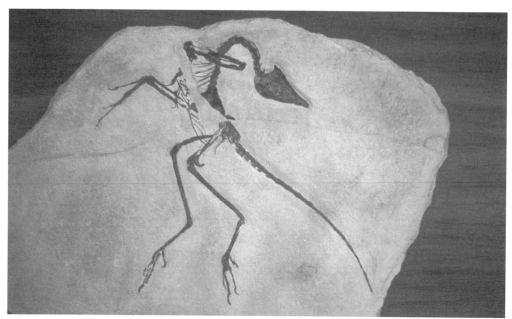

시조새의 화석

화의 한 예는 석회암이 열에 의한 변화를 통해 대리석이 되는 것이다.

암석학이란 무엇이며 암석학자들은 어떤 일을 하는가?

암석학은 암석에 대해 연구하는 과학이며, 암석학자는 암석의 구성 성분, 암석이 가지고 있는 지질학적 역사 등을 연구하는 일을 한다. 암석학자는 암석으로부터 과거의 기후, 지형, 과거와 현재의 지구의 구성 성분, 지구 내부의 상태 등을 알아낼 수 있다.

화석은 어떻게 만들어지는가?

화석은 역사가 기록되기 이전에 암석 속에 남겨진 동물이나 식물의 흔적이다. 화석을 통해 생물체의 완전한 형태가 보존되는 것은 희귀한 경우이다. 화석은 보통 뼈나 껍질 또는 식물의 잎이나 씨앗, 줄기같이 생물체의 딱딱한 부분을 나타낸다.

일부 화석은 비교적 짧은 기간 동안 보존된 뼈나 이빨 또는 껍질 그 자체이다. 다른

양치식물의 화석

형태의 화석은 식물이나 동물이 땅속에 묻힌 후 분해되고 생명체의 구성 성분이었던 탄소로 된 얇은 막을 남겨 만들어진 동식물의 흔적이다.

어떤 화석은 석화하는 과정에서 생명체를 이루고 있던 원래의 물질이 규암이나 다른 물질로 대체되어 만들어진다. 일부 나무는 마노와 오팔로 완전히 대체되어 세포 구조까지도 복제된다. 이런 화석의 가장 좋은 예들은 애리조나에 있는 석화림 국립공원에서 발견할 수 있다.

몰드와 캐스트 역시 일반적인 화석의 하나이다. 몰드는 공룡의 발자국과 같이 부드러운 진흙이나 침니 위에 만들어진 동식물의 흔적을 말한다. 이러한 흔적이 굳어진 후 다른 물질로 덮이는데 이런 경우 원래의 흔적은 몰드가 되고 이 흔적을 채운 다른 퇴적물은 캐스트가 된다.

화석은 얼마나 오래되었을까?

알려진 가장 오래된 화석은 35억 년 전에 살았던 박테리아의 흔적이다. 그리고 가장 오래된 동물의 화석은 약 7억 년 전에 살았던 무척추동물의 화석이다. 가장 많은 수가 발견되는 화석은 5억 9,000만 년 전에서 5억 500만 년 전까지 계속된 캄브리아기 화석이다. 캄브리아기에는 생명체들이 골격과 같은 단단한 부분을 갖추기 시작했다. 이런 부분들은 오래 보존되기 때문에 흙 속에서 화석화될 수 있었다.

텍타이트란 무엇인가?

텍타이트tektite는 지표면의 일부 지역에서만 발견되며 이산화규소를 많이 포함하고 있는 흑요석과 비슷한 유리질 물질이다. 텍타이트는 보통 검은색이고 길쭉하며, 눈물방울이나 아령처럼 생겼고 길이는 수 cm 정도이다. 이것은 운석, 소행성 또는 혜성의 파편이 지구 표면에 충돌할 때 열에 의해 녹은 암석이 굳으면서 만들어진다. 녹은 암석은 공중으로 튀어 오르고 온도가 낮은 공중에서 빠르게 굳으면서 독특한 모양과 특성을 갖게 된다. 텍타이트의 형성은 충돌이 있었다는 확실한 증거가 된다. 텍타이트는 70만 년에서 3,500만 년 사이에 형성되었다.

진사란 무엇인가?

진사는 수은을 포함하고 있는 광석이다. 진사의 적갈색이 화려한 색깔의 광석을 만든다. 진사는 주로 미국(캘리포니아, 오리건, 텍사스, 아칸소), 스페인, 이탈리아, 멕시코에서 생산된다. 이것은 때로 안료로 사용된다.

인디언 달러란 무엇인가?

인디언 달러란 탄산칼슘의 이중 결정이 방해석으로 변했지만 원래 형태는 남아 있는 여섯 개의 면을 가진 접시 형태의 결정을 말한다. 이 결정은 콜로라도의 북부 지방에서 많이 발견되는데 그곳에서는 이것을 인디언 달러라고 부른다. 한편 뉴멕시코에서는 아즈텍의 돈이라고 부르고 캔자스 서부 지역에서는 개척자의 달러라고 부른다.

암석과 광물은 어떻게 다른가?

광물학자들은 다음 네 가지 성질을 모두 갖춘 경우에만 광물이라는 단어를 사용한다. 첫째 자연에서 발견되어야 하고, 둘째 생명체의 일부가 아니어야 하며, 셋째 발견된 곳에서는 화학 성분이 같아야 하며, 넷째 원자들이 규칙적으로 배열되어 결정을 이루고 있어야 한다.

반면에 암석은 하나 또는 두 가지 이상의 광물을 포함하는 집합체이다. 지질학자들은 암석에 진흙, 모래, 석회암을 포함하기도 한다.

모스 경도는 무엇인가?

모스 경도는 광물의 강도를 측정하는 데 사용되는 10가지 표준 광물을 말한다. 이것은 1812년 독일의 광물학자 모스Friedrich Mohs, 1773~1839에 의해 도입되었다. 광물은 연한 것부터 단단한 것의 순서로 배열된다. 그리고 서로 다른 두 광물을 문지르면 경도가 더 높은 단단한 광물은 연한 광물에 긁힌 자국을 남긴다.

경도	광물	비고
1	활석	경도 1~2는 손톱에 긁힌다.
2	석고	경도 2~3은 동전에 긁힌다.
3	방해석	
4	형석	경도 3~6은 칼에 긁힌다.
5	인회석	
6	정장석	경도 6~7은 유리에 긁힌다.
7	석영	
8	황옥	경도 8~10은 유리에 긁히지 않는다.
9	강옥	
10	다이아몬드	

다이아몬드 다음으로 단단한 물질은 무엇인가?

가장 강한 세라믹인 질소화보론이 다이아몬드에 이어 두 번째로 단단한 물질이다.

광물의 색깔을 표준화하는 작업을 처음 시도한 사람은 누구인가?

독일의 광물학자 베르너[Abraham Gottlob Werner, 1750~1817]는 광물의 색깔을 포함한 외양적 특징을 나타내는 방법을 제안했다. 그는 광물을 색깔에 따라 배열하고 이름을 붙였다.

전략적 광물이란 무슨 뜻인가?

전략적 광물이란 국방을 위해서 꼭 필요한 광물로 수요만큼 자체 생산이 되지 않는 것을 말한다. 산업용으로 사용되는 80여 종의 광물 중에 3분의 1 내지 반 정도는 전략적 광물로 분류할 수 있다. 미국과 같이 부유한 나라는 정치적 상황에 의해 공급이 중단되었을 때 경제나 군사력이 약화되는 것을 방지하기 위해 이런 광물을 비축하고 있다. 예를 들어 미국은 보크사이트(1,050만 톤), 망간(170만 톤), 크롬(140만 톤), 주석 (59,993톤), 코발트(189톤), 탄탈룸(635톤), 백금족 금속(백금 4,704kg, 팔라듐 16,715kg, 이리듐 784kg)을 확보해놓고 있다.

역청이란 무엇인가?

역청은 광맥에서 발견되는 우라늄 광물이나 산화우라늄을 비롯한 다양한 물질로 이루어진 광석을 말한다. 역청은 방사성 원소인 우라늄을 포함하고 있는 가장 중요한 광석이다. 1898년에 마리와 피에르 퀴리는 역청에서 희귀한 원소인 라듐을 발견했다. 이것은 현재까지 의학이나 과학에서 중요하게 사용되고 있다.

방연석은 무엇인가?

방연석은 황화납으로 86.6%의 납을 포함하고 있는 가장 일반적인 납 광석이다. 방연석은 납과 같은 회색으로 금속광택을 가지고 있으며, 비중은 7.5, 모스 경도는 2.5인 무른 광석이다. 또한 일반적으로 육면체 또는 팔면체이다. 방연석은 오스트레일리아에서 주로 생산되며 캐나다, 중국, 멕시코, 페루, 미국(미주리, 캔자스, 오클라호마, 콜로라도,

몬태나, 아이다호)에서도 생산된다.

스티브나이트는 무엇인가?

스티브나이트^{stibnite}는 납과 같은 회색 광석(Sb_2S_3)으로 금속광택을 가지고 있다. 안티몬의 가장 중요한 광석인 스티브나이트는 휘안티몬석이라고도 알려져 있다. 성냥불(525℃)에서도 쉽게 용접이 되는 스티브나이트는 모스 경도가 2이고 비중은 4.5에서 4.6 사이이다. 스티브나이트는 주로 열수가 흐르는 곳이나 온천수의 침전물에서 발견되며, 독일, 루마니아, 프랑스, 볼리비아, 페루, 멕시코 등에서 생산된다.

케이프 메이 다이아몬드란 무엇인가?

여러 가지 색깔과 크기의 순수한 수정으로 뉴저지의 케이프 메이 해안 경비대 부근 지역에서 발견된다. 연마하면 진짜 다이아몬드와 아주 비슷해 현대적 감정 기기가 등장하기 전에는 많은 사람들이 이 수정을 다이아몬드라고 속이기도 했다. 케이프 메이 다이아몬드를 발견할 수 있을지도 모른다는 기대와 가공된 수정을 구할 수 있다는 이유로 케이프 메이 지역은 관광 명소가 되었다.

미국에도 다이아몬드 광산이 있는가?

미국에는 상업적인 다이아몬드 광산이 없다. 북미에서 유일하게 다이아몬드를 매장하고 있는 지역은 아칸소의 머프리즈버러 근처에 있는 다이아몬드 스테이트 파크 크레이터이다. 이 지역은 미국 정부 소유의 땅으로 체계적으로 개발된 적이 없다. 약간의 돈을 내면 관광객들은 그곳에서 다이아몬드를 찾기 위해 땅을 조금 파볼 수 있다. 그 지역에서 발견된 가장 큰 다이아몬드는 40.23캐럿으로 엉클 샘이라는 이름이 붙었다.

다이아몬드는 1,400℃의 고온과 높은 압력에서 마그네슘을 많이 포함하고 이산화탄소가 포화되어 있는 용암에서 형성된다. 이 용암은 지하 150km 아래에 있는 맨틀에서 올라온 것이다.

다이아몬드는 탄소 원자가 등축적으로 배열된 결정이다. 가장 단단한 물질로 밀도는 3.53이다. 그러나 흑색 다이아몬드는 밀도가 낮아 3.15이다. 다이아몬드는 알려진 물질 중에서 가장 좋은 열전도체이다. 따라서 좀처럼 뜨거워지지 않아 물건을 잘라내는 도구에 자주 사용된다.

진짜 다이아몬드는 어떻게 구별할 수 있을까?

기계를 사용하지 않고 다이아몬드를 감별하는 방법은 여러 가지가 있다. 표면의 광택, 표면이 얼마나 편평한가, 빛의 반사율이 얼마나 좋은가를 살펴보는 것만으로도 다이아몬드의 진위를 어느 정도 구별할 수 있다.

다이아몬드는 따뜻한 방에서는 따뜻해지고 추운 곳에서는 차가워진다. 그러므로 다이아몬드를 따뜻한 곳이나 차가운 곳에 놓아둔 다음 입술에 대어서 온도 차이를 느껴본다. 진짜 다이아몬드와 함께 이 실험을 해보면 더 확실하게 알아낼 수 있다. 또 다른 방법은 축축한 손으로 집어 들어 올릴 수 있다면 진짜 다이아몬드일 가능성이 크다. 다른 많은 암석들은 이 방법으로 들어 올릴 수 없다. 물을 이용하는 방법도 있다. 탁자 위에 떨어뜨린 물방울에 다이아몬드를 가까이 가져가면 물을 자화시켜 물이 흩어지지 않는다. 또한 다이아몬드 탐사봉이라고 부르는 기계를 사용하면 거의 모든 가짜를 구별해낼 수 있다. 보석 감정사들은 대개 이것을 이용하여 다이아몬드를 감정한다.

바보의 금이란 무엇인가?

황철석(FeS_2)은 일반적으로 바보의 금으로 알려져 있다. 황철석의 광택과 색깔 때문에 종종 금으로 오인되기 때문이다. 진짜 금은 훨씬 무겁고 연하며, 부서지지 않고 홈이 파여 있지 않다.

다이아몬드의 가치는 어떻게 결정되는가?

수요, 아름다움, 영구성, 희소성, 무결점과 뛰어난 가공이 보석의 가치를 결정한다. 그러나 다이아몬드의 가치를 결정하는 중요한 요소는 중앙 판매 조직^{CSO}에 속해 있는 다이아몬드 거래소의 공급과 가격의 통제이다. CSO는 드비어스 콘솔리데이티드 광산에 속한 조직이다.

다이아몬드에서 네 개의 'C'는 무엇인가?

네 개의 C는 cut, color, clarity, carat의 약자이다. 컷^{cut}은 다이아몬드의 비율, 마감 처리, 대칭성, 연마 정도를 나타낸다. 이 요소는 다이아몬드가 얼마나 빛나는가를 결정한다. 컬러^{color}는 다이아몬드가 얼마나 많은 색깔을 가지고 있는지를 나타낸다. 다이아몬드의 색깔은 무색, 노란색, 회색, 갈색 등이 있다. 또 진한 노란색부터 파란색, 분홍색, 붉은색까지 분포하기도 한다. 투명성^{clarity}은 얼마나 깨끗한지 즉 얼마나 순수한지를 나타내는 것으로 불순물의 수와 크기에 의해 결정된다. 캐럿^{carat}은 다이아몬드의 무게를 나타낸다.

다이아몬드의 무게는 어떻게 재나?

다이아몬드의 무게를 재는 기본 단위는 200mg을 나타내는 캐럿^{carat}이다. 잘 가공된 1캐럿짜리 다이아몬드는 지름이 6.3mm이다. 다이아몬드의 무게를 재는 또 다른 단위에는 100분의 1캐럿을 나타내는 포인트^{point}가 있다. 따라서 1캐럿은 100포인트이다. 다이아몬드의 무게를 나타내는 carat을 금의 순도를 나타내는 karat과 혼동해서는 안 된다.

세계에서 가장 큰 다이아몬드는 무엇인가?

1905년 1월 25일 남아프리카 트란스발에 있는 프레미어 다이아몬드 광산에서 발견

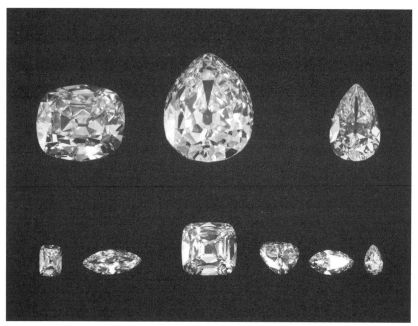

가공된 컬리난 다이아몬드 아홉 개. 맨 위 왼쪽의 것은 '아프리카의 위대한 별'이라 불린다.

된 컬리난 다이아몬드로 무게가 3,106캐럿이나 된다. 프레미어 다이아몬드 회사의 회장이었던 컬리난^{Thomas M. Cullinan}의 이름을 따서 컬리난 다이아몬드라고 부르는 이것은 아홉 개의 큰 다이아몬드와 96개의 작은 다이아몬드로 가공되었다. 가공된 다이아몬드의 총 중량은 1,063캐럿으로 원석의 35%였다.

아프리카의 위대한 별 또는 아프리카의 첫 번째 별로도 알려진 컬리난 I은 배 모양의 다이아몬드로 530.2캐럿이다. 이것의 길이는 5.4cm이고 너비는 4.4cm이며, 가장 두꺼운 부분의 둘레는 2.5cm이다. 컬리난 I은 1907년 영국 왕 에드워드 7세^{Edward VII}에게 보내져 십자가와 함께 왕의 지팡이 장식에 사용되었다. 이것은 아직도 세계에서 가장 큰 가공된 다이아몬드이다.

아프리카의 두 번째 별이라고도 알려진 컬리난 II는 317.4캐럿으로 영국 국왕의 왕관 장식에 사용되었다.

보석의 일반적인 커팅에는 어떤 것이 있는가?

대부분의 투명한 보석의 커팅에는 면 커팅 방법이 사용된다. 이 방법은 보석이 빛을 잘 반사하여 아름다운 색깔이 나타나도록 면을 기하학적으로 배치한다. 네 가지 가장 일반적인 커팅 방법으로는 브릴리언트, 로즈, 바게트, 그리고 스텝 또는 트랩이 있다. 에메랄드 커팅이라고도 알려져 있는 스텝 또는 트랩 커팅은 에메랄드 커팅에 주로 사용되고, 브릴리언트 커팅이나 로즈 커팅은 다이아몬드 커팅에 자주 사용된다.

큐빅은 무엇인가?

큐빅^{cubic zirconium}은 1937년 독일의 광물학자에 의해 발견되었다. 1970년대에 소련 과학자들이 이것을 실험실에서 키우는 방법을 알아내면서 보석 디자이너들에게 인기를 끌게 되었다. 시장에 나와 있는 대부분의 큐빅은 산화지르코늄과 산화이트륨을 이용하여 상업적으로 성장시킨 것이다. 이 두 가지 화합물을 2,760℃에서 녹인 후 조심스럽게 식히면 보석으로 사용되는 흠이 없는 큐빅 결정이 만들어진다.

큐빅과 다이아몬드의 차이는 무엇인가?

큐빅은 다이아몬드의 모조품 보석이다. 여기서 핵심은 모조품이라는 것이다. 미국 연방 무역 협회는 모조품은 겉모양만 비슷하게 만든 것이라고 정의했다. 큐빅도 다이아몬드와 같은 방법으로 가공할 수 있다. 큐빅은 매우 단단하며 같은 크기일 때 다이아몬드보다 1.7배 무겁다.

컬리난 다이아몬드 외에는 무엇이 가장 가치 있는 보석인가?

가장 큰 루비는 8,500캐럿으로 높이는 14cm이며, 자유의 종을 새겨 넣었다. 가장 큰 스타루비는 인도에서 온 6,465캐럿의 '현저한 별'이다. 가장 크게 커팅한 에메랄드는 1974년 8월에 브라질의 카나이바에서 발견된 것으로 무게가 86,136캐럿이다. 오스트레일리아 퀸즐랜드의 아나키에서 발견된 2,302캐럿의 사파이어는 1,318캐럿의 아브라함의 머리로 조각되어 가장 크게 조각된 사파이어가 되었다. 9,719.5캐럿의 '론 스타'는 가장 큰 스타사파이어이다. 자연산 진주 중 가장 큰 것은 알라의 진주라고도 불리는 라오쩨 진주이다. 1934년 5월에 필리핀 팔라완의 거대한 대합 안에서 발견된 이 진주는 무게가 6.4kg이나 되었다.

에메랄드는 어떻게 색깔을 내는가?

녹주석의 구조에서 알루미늄 대신에 들어가 있는 약간의 크롬에 의해 빛을 내는 다양한 형태의 녹주석($Be_3Al_2Si_6O_{18}$)을 에메랄드라고 한다. 여러 가지 녹주석이 존재하지만 크롬을 포함하지 않으면 에메랄드가 아니다.

스타사파이어의 별은 어떻게 만들어지는가?

사파이어는 보석 수준의 강옥(Al_2O_3)이다. 소량의 철과 티타늄이 포함되어 있으면 색깔이 나타난다. 스타사파이어는 바늘 형태의 금홍석을 포함한다. 강옥을 돔이나 볼록 렌즈 형태로 커팅하면 바늘 형태의 금홍석이 여섯 줄의 별빛을 띤다. 가장 높은 가격을 받는 것은 파란색 스타사파이어이다. 검은색이나 흰색 스타사파이어는 가치가 덜 하다. 루비는 붉은색 강옥이므로 스타루비도 존재한다.

호안석은 무엇인가?

호안석[tiger's eye]은 고양이의 눈처럼 수직의 발광 띠가 있는 수정이다. 고양이 눈의 효과를 내기 위해서는 평행한 파란색 석면 섬유를 우선 산화철로 바꾸고 이를 다시 산화규소로 치환해야 한다. 이 보석은 진한 노란색 또는 황갈색이나 갈색이다.

금속

콜탄이란 무엇인가?

콜탄^{coltan}은 컬럼바이트-탄탈라이트라고 부르는 금속 광석의 줄임말이다. 이 암석을 정제하면 열에 강하며 많은 양의 전하를 띠는 탄탈륨을 얻을 수 있다. 이러한 성질 때문에 탄탈륨은 전기 회로에서 전기를 저장하는 축전기를 만드는 데 꼭 필요한 금속이다. 탄탈륨 축전기는 거의 모든 휴대전화, 컴퓨터, 호출기와 같은 전자장치에 사용되고 있다.

어떤 금속이 가장 풍부하게 존재하는가?

지구와 달 표면에 가장 풍부하게 존재하는 금속 원소는 알루미늄이다. 알루미늄은 지각을 이루는 원소의 8%를 차지한다. 알루미늄은 산소나 철, 티타늄 등과 항상 결합해 있어 자연에는 순수한 알루미늄이 존재하지 않는다. 알루미늄으로 이루어진 가장 중요한 광석은 알루미늄 수산화물인 보크사이트이다. 거의 모든 암석, 특히 화성암은 알루미늄이나 알루미늄 규소 화합물을 포함하고 있다.

나폴레옹 3세$^{Napoléon\ III,\ 1808~1873}$는 알루미늄의 가벼운 성질이 군수산업에 혁명을 가져올 수 있을 것으로 생각하고 프랑스의 화학자 드빌$^{Sainte-Claire\ Deville,\ 1818~1881}$에게 많은 보조금을 지원하여 알루미늄을 상업적으로 사용할 방법을 연구하도록 했다. 드빌은 1854년에 염화알루미늄을 정제하여 처음으로 순수한 알루미늄을 얻었다. 1886년에는 미국의 홀$^{Charles\ Martin\ Hall,\ 1863~1914}$과 프랑스의 에루$^{Paul\ Héroult,\ 1863~1914}$가 각각 전기분해를 이용해 보크사이트로부터 알루미늄을 분리하는 방법을 알아냈다.

알루미늄은 내식성이 강하고 가벼우며, 열전도가 크기 때문에 포장용으로 널리 사용된다. 특히 음료수나 식료품 용기, 랩, 포일 등으로 쓰인다. 또한 전기전도도가 좋아 도선으로도 사용되며, 여러 가지 형태의 자동차 생산에도 다량 사용되고 있다. 알루미늄 합금은 인장강도가 강해서 항공기 산업에서도 중요한 재료이다. 건축 분야에서는 지붕, 창문틀, 패널, 홈통 등에 쓰인다. 이 밖에도 알루미늄이나 알루미늄 합금은 조리 기구, 골프 클럽, 에어컨, 자동차 번호판, 페인트, 냉장고, 로켓 연료, 지퍼 등 다양한 용도로 사용된다.

왜 금속의 원소기호와 행성의 기호가 같은가?

고대 그리스인들과 로마인들은 일곱 가지 금속과 별 사이를 움직여가는 일곱 개의 천체(수성, 금성, 화성, 목성, 토성, 태양, 달)를 알고 있었다. 그들은 각각의 금속과 천체를 연관시켰다. 기원전 3세기경에 시작된 연금술에서는 납과 같은 기초 금속을 금으로 바꾸려고 시도했다. 한때는 연금술이 신비적인 경향을 띠기도 했지만 수 세기 동안 화학적 경험을 축적하면서 현대 화학 발전의 기초가 되었다.

금속	화학 기호	라틴어 이름	연금술의 기호
금	Au	aurum	☉(태양)
은	Ag	argentum	☽(달)
구리	Cu	cuprum	♀(금성)
철	Fe	ferrum	♂(화성)
수은	Hg	hydrargyrum	☿(수성)
주석	Sn	stannum	♃(목성)
납	Pb	plumbum	♄(토성)

귀족 금속이란 무엇인가?

금, 은, 수은과 팔라듐, 이리듐, 로듐, 루테늄, 오스뮴을 포함하는 백금족 금속을 귀족 금속noble metal이라고 한다. 내식성이 강해 다른 물질과 쉽게 화학 반응을 하는 기초 금속과 구별되기 때문에 이렇게 부른다. 귀족 금속이라는 말은 금속과 화학약품을 이용해 완전성을 가진 금속으로 변화시키려고 했던 연금술에서 기원했다. 이 말은 '귀금속'이라는 말과 동의어가 아니다. 하지만 백금은 귀족 금속인 동시에 귀금속이다.

귀금속은 무엇인가?

이것은 동전, 보석, 장신구 등을 만드는 비싼 금속을 이르는 말이다. 일반적으로 금, 은, 백금을 귀금속precious metal이라고 한다. 그러나 가격이나 희귀성이 귀금속 여부를 결정하지는 않는다. 귀금속의 가격은 법에 의해 정해진다.

24K금은 어떤 금인가?

순수한 금은 너무 물러서 사용하기 어려우므로 다른 금속과 합금하여 사용한다. 캐럿karat은 보석이나 장식용으로 사용되는 이러한 합금에 함유된 금의 함량 비를 나타낸다. 1K(karat)는 전체의 24분의 1이 금인 것을 나타낸다. 따라서 24K는 100% 금이며 18K는 18/24, 즉 75%가 금이다.

K(karat)	함량(%)
24	100
22	91.75
18	75
14	58.5
12	50.25
10	42
9	37.8
8	33.75

31.1035g의 금으로 얼마나 긴 실을 뽑을 수 있을까?

연성은 물질이 길게 늘어나는 성질이다. 금은 연성이 좋아 31.1035g으로 80km나 되는 긴 실을 뽑을 수 있다.

금박은 얼마나 얇게 만들 수 있나?

순수한 금은 망치로 두드리거나 압연하여 아주 얇게 만들 수 있다. 이렇게 만든 금박은 2.54cm의 두께에 300,000장을 쌓을 수 있다. 금박 하나의 두께는 약 0.00000889cm이다. 금박의 두께는 그것을 만드는 장인의 솜씨에 따라 크게 달라진다. 금박은 건축물의 외장이나 인쇄물의 장식에 사용된다.

금박을 입히는 모습

금을 가장 많이 생산하는 나라는?

금을 가장 많이 생산하는 나라는 남아프리카 공화국으로, 전 세계 매장량의 반을 차지한다. 미국은 두 번째로 금을 많이 생산하는 나라이다. 1998년에 금의 상업적 수요는 보석과 예술품 제작용으로 79%, 산업용(주로 전자 부품용)으로 4%, 치과용으로 2%였다.

2001년 세계 주요국 금 생산량

나라	생산량(톤)
남아프리카 공화국	400
미국	350
오스트레일리아	290
중국	185
캐나다	160
러시아	155

화이트 골드는 진짜 금인가?

화이트 골드는 백금platinum을 대체하기 위해 만든 합금이다. 주로 20%에서 50%의 니켈과 금을 섞어서 만들지만 여러 가지 다른 금속을 섞어 만들기도 한다. 질이 좋은 화이트 골드는 90%의 금과 10%의 팔라듐으로 만든다. 화이트 골드를 만드는 데 사용되는 다른 금속에는 구리와 아연이 있다. 이 합금의 주요 용도는 금이 흰색을 내게 하는 것이다.

스털링 실버는 무엇인가?

스털링 실버sterling silver(순은)는 92.5% 이상의 은을 포함하고 있는 합금으로 나머지 7.5%는 주로 구리이다.

독일은은 무엇인가?

니켈은 또는 니켈 황동이라고도 부르는 독일은german silver은 50%에서 80%의 구리, 10%에서 35%의 아연, 그리고 5%에서 35% 사이의 니켈을 섞어서 만든 합금이다. 여기에는 소량의 납과 주석이 포함되기도 한다. 다른 형태의 니켈은도 있다. 독일은이라는 말은 은제품의 교역에서 사용하는 말이다.

양은의 주요 성분은 어떤 금속인가?

주석이 최소한 90% 이상 포함되어 있다. 안티몬, 구리, 아연을 납 대신에 넣어 강한 양은pewter을 만들 수도 있다. 양은에는 납이 들어 있을 수 있다. 그러나 납의 함량이 많아지면 변색이 되고 음식물이나 음료수 속으로 녹아서 독이 될 수 있다. 오늘날 사용되는 양은은 유럽의 기준에 의하면 최소 91%에서 95%의 주석, 최대 8%의 안티몬, 최대 2.5%의 구리, 최대 0%에서 5%의 비스무트를 포함해야 한다.

고속도강은 무엇인가?

고속도강high speed steel은 아주 높은 온도에서도 강도를 유지할 수 있어 주로 금속을 가공하는 공구로 사용되는 합금강을 통칭하는 말이다. 모든 고속도강은 주요 내열 합금 원소로 텅스텐이나 몰리브덴 또는 두 가지를 모두 사용한다. 이 합금강은 충분히 열을 가해야 특유의 성질이 드러난다. 생산 과정에서는 충분한 양의 탄화물이 생성되도록 합금강을 1,175℃에서 1,315℃까지 가열한 후 상온으로 급하게 냉각한 후에 다시 535℃ 내지 620℃에서 열처리한 후 상온으로 식힌다.

누가 스테인리스 스틸을 발명했나?

여러 나라의 금속학자들이 부식을 방지하기 위해 철에 크롬을 첨가한 스테인리스 스틸을 개발했다. 1872년에 미시시피 강 상류에 있는 이즈브리지에서는 강철을 더 단단하게 하기 위해 소량의 크롬을 첨가했다. 그러나 녹이 슬지 않는 합금이 개발된 것은 1900년대의 일이다. 여러 나라의 금속학자들이 1903년에서 1912년 사이에 스테인리스 스틸을 개발했다. 여러 가지 합금을 개발한 미국의 헤인즈Elwood Haynes는 1911년에 스테인리스 스틸을 생산했다. 영국의 브리얼리Harry Brearly는 스테인리스 스틸을 개발한 공로를 대부분 차지했다. 캐나다 출신으로 미국에서 활동한 금속학자 베킷Frederick Beckett, 독일의 과학자 몬나츠P. Monnartz와 보르셔W. Borchers도 스테인리스 스틸의 초기 개발자들이다.

소리굽쇠는 무엇으로 만드는가?

다른 물건으로 쳤을 때 항상 같은 진동수의 소리를 내는 소리굽쇠는 주로 강철로 만들지만 알루미늄이나 망간 합금 또는 탄성이 큰 다른 금속으로 만들기도 한다.

우라늄 매장량이 많은 나라는 어디인가?

우라늄은 자연에서 발견되는 원소 중 방사성 원소이다. 우라늄 동위원소 중에서도 천연 우라늄에 40분의 1 정도 포함되어 있는 우라늄 235만이 중성자의 충돌로 핵분열을 할 수 있다. 세계 여러 곳에서 생산되는 우라늄은 정제하는 과정에서 산화우라늄(UO_2)으로 바뀐다. 우라늄은 전 세계에 걸쳐 매장되어 있다. 우라늄이 많이 매장된 나라는 미국(콜로라도 고원, 플로리다, 테네시, 노스다코타, 사우스다코타), 캐나다(온타리오, 북동부, 중서부), 남아프리카(비트바테르스란트), 가봉(오클로)이다. 낮은 수준의 우라늄을 매장하고 있는 나라들은 브라질, 러시아, 북부 아프리카, 스웨덴이다. 자이르에도 상당한 양의 우라늄이 매장되어 있었지만 지금은 거의 고갈되었다.

테크네튬은 어떤 원소인가?

원자번호가 43번인 테크네튬(Tc)은 순수한 형태든 화합물 형태든 자연에서 발견되지 않는 방사성 동위원소이다. 테크네튬은 우라늄의 핵분열 생성물에도 포함되어 있다. 이 원소는 1937년 인공적으로 만든 원소로 페리어[C. Perrier]와 세그레[Emilio Segrè, 1905~1989]가 분리해냈다.

테크네튬은 질병의 진단과 치료에 효과적이라는 것이 입증되었다. 액화된 테크네튬 화합물을 주사하면 간에 모이는 경향이 있어 방사선을 이용하여 간을 검사하는데 효과적이다. 또한 혈청 성분에 테크네튬을 포함시켜 순환계와 관련된 질병을 조사할 수 있다.

자연 자원

흑요석이란 무엇인가?

흑요석은 용암의 윗부분에서 만들어지는 유리이다. 작은 핵에서부터 성장을 통해 결정이 만들어지는 흑요석은 검은색이고 불투명하다. 만약 산화철 먼지가 포함되어 있으면 붉은색이나 갈색의 흑요석이 된다. 옐로스톤 공원이나 아이슬란드의 헤클라 산의 절벽과 같이 흑요석으로 형성된 유명한 지형지물도 있다.

로드스톤은 자석인가?

로드스톤[lodestone]은 자연에서 발견되는 자철석이라고도 부르는 산화철이다. 로드스톤은 철을 포함한 물건을 끌어당기고 극을 가지고 있기 때문에 자연 자석이라고 부른다. 초기의 선원들은 이것을 이용하여 방향을 알아냈다. 로드스톤은 로드스톤[loadstone], 리딩스톤, 헤라클레스 스톤이라고도 불린다.

레드독은 무엇인가?

레드독red dog은 석탄 폐기물이 타고 난 다음에 남아 있는 찌꺼기이다. 석탄 폐기물은 탄광에서 부수적으로 발생하여 버려지는 물질들이다. 폐기물에 압력이 가해지면 자연 발화되어 붉은 재를 남기기도 하는데 이 재는 도로, 주차장 등의 포장에 사용된다.

석탄은 에너지원 외에 어떤 용도로 사용되는가?

과거에는 벤젠, 톨루엔, 크실렌과 같은 방향성 화합물을 석탄으로부터 얻었다. 그러나 현재는 이런 화합물을 대부분 석유로부터 얻고 있다. 나프탈렌이나 페난트렌은 아직도 콜타르에서 얻는다. 석탄의 부산물인 콜타르는 지붕에 사용되기도 한다.

규조토란 무엇인가?

규조토는 흰색이나 크림색의 부스러지기 쉬운 다공질 암석으로 이산화규소로 된 세포벽을 가지고 있는 조류의 일종인 규조류의 잔해가 변한 암석이다. 조류의 화석이 바다 바닥에 쌓여 규조토가 되는데 이때 규조토로 이루어진 건조한 땅이 형성되기도 한다. 규조토는 화학적으로 안정하며 조직이 거칠고 다른 특별한 물리적 성질도 가지고 있어 과학 또는 산업용으로 다양하게 사용되고 있다. 규조토의 용도로는 걸러내는 물질, 단열재, 방음재, 촉매 운반체, 의약품 제조용 등이 있다. 다이너마이트는 폭발성이 있는 니트로글리세린 용액을 규조토에 흡수시킨 것이다.

플라이 애시는 무엇인가?

석탄을 연소시킬 때 공기 중에 섞여 나오는 매우 고운 입자의 먼지를 플라이 애시fly ash라고 한다. 석탄을 연소시킬 때는 연소된 기체를 공기 중으로 내보내기 전에 플라이 애시를 전기적인 방법으로 제거한다. 미국에서 매년 발생하는 5,700만 톤의 플라이 애시 중 약 31%는 유용하게 사용되고 있다. 그리고 나머지는 연못이나 땅을 메우는 곳에

버려진다.

탄광의 유독가스는 무엇인가?

광산에는 독성이나 폭발성이 있는 기체가 있다. 가장 일반적인 유독가스는 폭발성이 있는 메테인 가스이다. 갱내에서 발생하는 일산화탄소 역시 유독가스이다. 검은 유독가스는 갱내의 화재나 가스의 폭발로 발생한 이산화탄소와 질소의 혼합물이다. 이것은 화재를 진압하는 데는 도움이 되지만 사람들을 질식시킨다.

백토란 무엇인가?

백토$^{fuller's\ earth}$는 자연에서 출토되는 흙으로 알루미늄, 망간, 규소산화물 등을 포함하고 있다. 백토는 모직물이나 옷감에 묻은 기름때를 제거하거나 촉매로 사용되기 때문에 이런 이름으로 불리게 되었다. 백토는 또한 기름이나 지방의 색깔을 연하게 하거나 염료의 첨가물, 필터, 흡수제(예를 들면 동물의 배설물을 흡수하는 작은 상자), 바닥 청소제로 사용된다.

목탄은 어떻게 만드는가?

상업용 목탄^{charcoal}은 톱밥이나 대패질을 할 때 나오는 부스러기와 같이 목재를 다루는 일을 할 때 나오는 부스러기를 이용하여 만든다. 물질에 따라 가마나 노에 넣은 다음 산소의 함량이 줄어들도록 가열한다.

1톤의 종이를 생산하는 데는 얼마나 많은 나무가 필요한가?

종이를 만드는 데는 지름이 작은 통나무나 펄프재를 이용한다. 종이의 재료가 되는 목재의 양은 주로 무게나 코드($3.6246m^3$, 즉 $128ft^3$의 부피를 나타내는 단위)를 이용하여 나타낸다. 종이를 만들 때는 목재의 섬유가 주로 사용되지만 그 밖에 다른 성분들도 많이 필요하다. 1톤의 종이를 생산하는 데는 약 2코드의 목재가 필요하다. 또한 목재 외에도 208,000리터의 물, 46kg의 황, 159kg의 석회, 131kg의 진흙, 1.2톤의 석탄, 112kWh의 전력, 9kg의 염료, 49kg의 전분과 다른 성분들이 있어야 한다.

도마는 무슨 목재로 만들까?

도마의 재료로 사용되는 목재는 단단한 플라타너스이다. 플라타너스는 표면을 장식할 때 쓰는 베니어판의 원료나 울타리 기둥, 철도 침목, 땔감으로 사용된다.

1에이커에 있는 나무를 베면 얼마나 될까?

1에이커(약 4,046m²)의 숲에는 약 660그루의 나무가 있다. 이 나무를 모두 베어내면 30톤 이상의 종이를 만들 수 있고, 16코드의 땔감을 얻을 수 있다.

전봇대로 사용되는 나무는?

전봇대로 사용되는 나무는 주로 소나무, 전나무, 미국 삼나무 등이다. 이 밖에도 많은 목재들이 전봇대의 재료로 사용된다.

철도 침목으로 사용되는 나무는?

다양한 종류의 목재가 철도 침목으로 사용된다. 가장 자주 사용되는 목재는 참나무, 고무나무, 전나무, 솔송나무, 소나무 등이다.

열대림에서 생산되는 것은 무엇인가?

열대림의 생산품

식료품	아보카도, 바나나, 코코넛, 그레이프프루트, 레몬, 라임, 망고, 오렌지, 파파야, 시계풀 열매, 파인애플, 요리용 바나나, 탄제린, 브라질너트, 사탕수수, 캐슈 호두, 초콜릿, 커피, 오이, 마카다미아 호두, 타피오카, 오크라, 땅콩, 후추, 콜라 콩
기름	장뇌유, 카스카릴라 기름, 코코넛 기름, 유칼립투스 기름, 스타아니스 기름, 팜유, 파촐리 기름, 로즈우드 기름, 톨루발삼 기름, 아나토, 쿠라레, 디오스게닌, 키니네, 레세르핀, 스트로판투스, 스트리크닌, 양양
향신료	올스파이스, 후추, 소두구, 카옌, 칠리, 계피, 정향, 생강, 육두구, 파프리카, 참깨, 강황, 바닐라 콩
관상식물	앤슈리엄, 크로톤, 디펜바키아, 드라세나, 피들리프무화과, 산세비에리아, 거실 아이비, 필로덴드론, 고무나무, 쉐플레라, 스위스 치즈나무, 얼룩말 나무
수지	치클 라텍스, 코파이바, 코펄, 구타페르카, 고무 라텍스, 동유
섬유	대나무, 황마, 케이폭, 라피아야자, 등나무
목재	발사, 마호가니, 자단, 백단향, 티크

나무 화석은 어떻게 만들어지는가?

나무 화석은 탄산칼슘이나 산화규소 같은 광물이 용해되어 있는 물이 나무나 다른 구조 속으로 침투할 때 만들어진다. 이 과정은 수천 년의 시간이 걸린다. 외부에서 들어온 물질이 원래의 물질을 대체하거나 둘러싸서 식물의 구조를 매우 상세한 부분까지 그대로 보존한다. 식물학자들은 이것을 통해 이미 멸종된 식물의 구조를 연구할 수 있기 때문에 이것은 매우 중요한 자료가 된다. 원래의 모양이나 구조가 그대로 남아 있기 때문에 시간이 지남에 따라 목재가 암석으로 변한 것처럼 보이지만 실제로 그런 것은 아니다.

물에 가라앉는 나무도 있는가?

여러 가지 단단하고 무거운 목재를 경질목재라고 한다. 경질목재 중에는 비중이 1보다 커서 물에 뜰 수 없는 목재도 있다. 자작나무의 일종인 서어나무, 콩과의 관목인 메스키트, 리드우드와 같은 목재의 비중은 1.34에서 1.42 사이이다.

가장 무거운 목재는 남아프리카 아이언우드라고도 불리는 검은 아이언우드로 서인도제도에서 자라며 비중은 1.49이다. 가장 가벼운 나무는 쿠바에서 자라는 아쉬노멘 히스피다로 비중이 0.044이다.

애리조나의 페인티드 사막에 있는 천연 기념물인 석화된 나무들

호박은 무엇인가?

호박은 나무의 수지가 화석으로 변한 것이다. 호박이 가장 많이 발견되는 곳은 도미니카 공화국과 발트 해이다. 호박은 지금은 멸종된 침엽수에서 만들어지는데 보통 노란색이나 주황색이며, 반투명하거나 불투명하고, 표면은 광택이 난다. 이것은 장인들이나 과학자들이 주로 이용한다.

로진은 무엇인가?

로진은 여러 종류의 소나무의 수지인 송진에서 테레빈유를 증류하고 남은 것을 말한다. 잉크의 제조, 접착제, 페인트, 밀폐제, 화학물질 제조 등 산업용으로 다양하게 사용되며 운동선수나 음악가들이 미끄러운 표면을 덜 미끄럽게 하는 데 쓰기도 한다.

해군 군수품이란 무엇인가?

해군 군수품[naval stores]이란 소나무나 가문비나무와 같은 침엽수의 생산품을 말한다. 여기에는 수지, 타르, 테레빈유, 소나무 기름 등이 포함된다. 해군 군수품이란 용어는 17세기에 이런 물질들이 배를 만들거나 유지하는 데 사용된 데서 유래했다.

에센셜 오일에서 에센셜은 무슨 뜻인가?

에센셜 오일은 알코올에 쉽게 녹아 향수(에센스)를 만들 수 있기 때문에 이런 이름이 붙게 되었다. 에센셜 오일은 향수, 방향제, 살균제, 의약품 등의 원료로 식물의 여러 부분(잎이나 열매)에 들어 있는 자연 상태에서 생산되는 방향성 오일이다. 이 오일의 주요 성분은 테르펜 그룹에 속하는 물질이다. 에센셜 오일의 예는 배의 일종인 베르가모트 유, 유칼립투스 기름, 생강 기름, 소나무 기름, 박하유, 윈터그린 오일 등이 있다. 증류나 기계적인 가압기를 이용하여 추출할 수 있다. 최근에는 이런 오일을 화학적인 방법으로 합성하기도 한다.

구타페르카란 무엇인가?

구타페르카[gutta percha]는 인도네시아나 말레이시아에 자라는 사포타과의 나무에서 채취하는 우유 같은 수액에 포함된 고무 같은 물질이다. 한때는 경제적으로 매우 중요시되었지만 지금은 많은 용도에서 플라스틱으로 대체되었다. 그러나 아직도 치과용이나 절연용으로 일부 사용되고 있다. 영국의 자연사학자 트라데스칸트[John Tradescant, 1570~1638]가 1620년대에 유럽에 구타페르카를 소개했고, 고유한 특성으로 인해 서서히 세계 무역에서 입지를 넓혔다. 그러나 제2차 세계대전이 끝나고 많은 생산자들이 구타페르카보다 더 다양하고 가격이 싼 플라스틱으로 재료를 바꾸었다.

익셀시어는 무엇인가?

익셀시어^{excelsior}는 19세기 중엽부터 파손을 방지하기 위해 포장 안에 넣는 고운 대팻밥과 같은 나무 부스러기를 가리키는 무역 용어이다. 딱딱한 물건의 쿠션용으로도 쓰이며 주로 포플러, 사시나무포플러, 참피나무, 사시나무 등으로 만든다.

용연향은 무엇인가?

용연향^{ambergris}은 적도 지방의 바다 위에 떠다니는 심한 냄새가 나는 밀랍 같은 물질로 향유고래의 분비물이다. 고래는 오징어와 같은 연체동물의 날카로운 뼈로부터 위를 보호하기 위해 용연향을 분비한다. 용연향은 향기가 오래가게 하기 위해 향수에 사용하거나 음식물이나 음료수에 향기를 내는 데 사용한다. 오늘날 향수 업계에서는 향유고래의 남획을 막기 위해 자발적으로 천연 용연향의 매매를 금지하고 용연향을 합성해서 사용하고 있다.

유향과 몰약은 어디에서 나는가?

유향^{frankincense}은 보스웰리아에 속하는 나무줄기를 쳐서 얻는 것으로 향기가 나는 수지이다. 우유 형태의 이 수지는 공기에 노출되면 굳어서 불규칙한 형태의 덩어리를 만들며 이 덩어리 형태로 시장에서 거래된다. 올리바눔이라고도 부르는 유향은 향수, 고착제, 훈증제, 방향제로 사용된다. 몰약^{myrrh}은 아라비아와 북동 아프리카가 원산지인 콤미포라라는 나무의 줄기에서 생산되는 수지로, 향수나 치약에 사용된다.

아이징글라스는 어디에서 생산되나?

아이징글라스^{isinglass}는 가장 순수한 형태의 동물 젤라틴으로 철갑상어를 비롯한 물고기의 부레를 이용하여 만든다. 이것은 포도주나 맥주의 정화, 잼, 젤리, 수프의 재료로 사용되기도 한다.

캐시미어는 무엇인가?

중국 북부에서 몽고에 걸쳐 살고 있는 카슈미르^{Kashmir} 염소는 추운 날씨를 견디기 위해 바깥쪽이 거친 털로 덮여 있다. 그리고 안쪽에는 열의 방출을 막기 위해 부드럽고 가는 털이 나 있다. 매년 이 가는 털을 깎아 캐시미어^{cashmere}를 만든다. 한 마리의 염소는 4년마다 하나의 스웨터를 짤 수 있는 정도의 캐시미어를 생산한다.

사람이 만든 물질

세라믹의 가장 큰 특징은 무엇인가?

세라믹은 금속이나 비금속의 결정질 혼합물로 모든 물질 중에서 가장 단단하고 연성을 거의 나타내지 않는 물질이다. 또한 녹는점이 매우 높아 가장 높은 것은 3,870℃나 된다. 대부분의 세라믹은 녹는점이 1,927℃ 정도이다. 유리, 벽돌, 시멘트, 석고, 도자기와 같은 것이 세라믹의 대표적인 예이다.

스티로폼이 좋은 단열재인 이유는 무엇인가?

스티로폼이 좋은 단열재인 이유는 스티로폼에 들어 있는 기포가 열이 통과하는 거리를 길게 하기 때문이다. 이것은 열이 흐르는 단면적을 작게 하는 효과도 있다.

드라이아이스는 어떻게 만드나?

고체 상태의 이산화탄소(CO_2)인 드라이아이스는 부패하기 쉬운 물건을 얼려서 한 지역에서 다른 지역으로 수송할 때 주로 사용된다. 상온에서 기체인 이산화탄소는 7,398kPa의 압력을 가하면 액체 상태가 된다. 드라이아이스를 만들기 위해서는 이산화탄소 액체를 구멍이 많은 주머니에 넣고 상온에서 기화시킨다. 빠르게 진행되는 기화가 많은 양의 열을 빼앗아 가기 때문에 나머지 이산화탄소 액체의 온도가 −78℃ 이하로 내려가 얼게 된다. 언 이산화탄소를 기계로 압축하여 덩어리를 만든 것이 드라이아이스이다. 드라이아이스를 상온에 노출하면 기체 상태의 이산화탄소로 변한다.

1925년 뉴욕 롱아일랜드의 프레스트−에어 디바이스 컴퍼니에서 일하던 슬레이트Thomas Benton Slate의 노력으로 드라이아이스가 처음 상업적으로 생산되기 시작했다. 이것은 1925년 7월 뉴욕의 슈라프트에 의해 아이스크림이 녹는 것을 방지하기 위해 사용되었다. 그해 말에 뉴욕의 브라이어 아이스크림 컴퍼니에 대량의 드라이아이스가 팔렸다. 대부분의 드라이아이스가 냉장용으로 사용되지만 사마귀를 얼려서 제거하는 것과 같은 의학용, 바람을 강하게 불어서 하는 청소용, 동물 냉각 낙인용, 공연장이나 영화의 분위기를 내는 효과용으로도 사용되고 있다.

황산이 중요한 이유는 무엇인가?

황산(H_2SO_4)은 가장 중요한 화학물질 중의 하나이다. 하지만 18세기에 소다를 생산하는 데 필수적인 물질이 되기 전까지는 그다지 널리 사용되지 않았다. 황산은 물과 삼산화황을 반응시켜 만든다. 삼산화황은 접촉법이나 연실법을 이용하여 이산화황과 산소를 반응시켜 만든다. 일상생활에서 사용하는 많은 공업 생산품들은 생산과정에서 여러 가지 방법으로 황산과 관련되어 있다. 황산은 정유과정과 비료 생산에 대량으로 사용된다. 또한 다양한 화학물질, 자동차 전지, 폭약, 염료, 철을 비롯한 금속의 제련, 제지 과정에서도 사용된다.

왕수는 무엇인가?

염산과 질산을 3:1로 섞어 혼합한 것을 왕수라고 부른다. 이것은 산들 사이의 화학적 반응에 의해 은을 제외한 모든 금속을 녹일 수 있다. 왕수와 금속의 반응에는 일반적으로 금속이 산화되어 이온이 되는 반응과 질산이 산화질소로 변하는 반응이 포함된다. 왕수라는 이름은 귀족 금속이라고 부르는 금과 백금을 녹일 수 있기 때문에 붙여졌다.

암모니아 제조법을 개발한 사람은?

암모니아는 고대부터 알려졌던 물질이지만 상업적으로 중요하게 된 것은 100년 정도 된다. 처음으로 대량의 암모니아를 합성한 사람은 하버$^{Fritz\ Haber,\ 1868~1934}$였다. 1913년에 하버는 촉매(소량의 세륨과 크롬을 포함하고 있는 산화철)를 이용하면 온도 55℃, 200기압에서 질소와 수소를 결합하여($N_2+3H_2 \rightleftharpoons NH_3$) 암모니아를 합성할 수 있다는 것을 발견했다. 이 과정은 보슈$^{Carl\ Bosch,\ 1874~1940}$에 의해 대규모 생산에 적용되었다. 그 후 하버와 보슈의 과정을 기초로 암모니아 합성법이 개선되어 다양한 조건에서 암모니아를 생산할 수 있게 되었다. 미국에서 가장 많이 생산되는 다섯 가지 무기물 중의 하나인 암모니아는 냉각제, 세척제, 폭약, 직물, 비료 등의 생산에 사용되고 있다. 미국에서 생산되는 대부분의 암모니아는 비료 생산에 사용된다. 한편 몸무게 1kg당 암모니아를 1,000mg 이상 포함하고 있으면 피부에 암을 유발할 수 있다는 것이 밝혀지기도 했다.

H_2O_2는 무엇을 나타내는 화학식인가?

H_2O_2는 과산화수소로 강한 표백제나 산화제 또는 살균제로 사용되는 액체 화합물이다. 과산화수소는 안스라퀴논에 수소를 첨가한 후 공기(산소)로 산화시키는 자동 환원법에 의해 제조한다. 이전에는 전기분해법으로 과산화수소를 제조하기도 했다.

과산화수소의 가장 중요한 용도는 종이의 원료인 펄프를 표백하는 것이다. 또 3% 용액을 만들어 살균제나 소독제로 사용하기도 한다. 희석하지 않은 과산화수소 용액은 피부에 화상을 입힐 수 있고, 불이 나거나 폭발할 위험이 있으며 독성이 매우 강하다.

가장 가벼운 고체는 무엇인가?

가장 가벼운 고체는 액체와 고체의 중간 상태인 젤에서 액체 성분을 제거하고 그 자리에 기체를 채워 만든 에어로젤이다. 에어로젤 중에는 규소와 산소가 체인 형태로 길게 연결되고 그 사이사이를 기체가 채우고 있는 실리카 에어로젤이 가장 가볍다. 에어로젤은 모든 물질 중에서 가장 밀도가 작으며 열전도율이 낮고, 표면적의 비율이 높으며 유전율이 가장 크다. 따라서 여러 가지 용도로 사용되고 있으며 앞으로 그 용도는 더욱 늘어날 전망이다. 현재는 비싼 가격 때문에 수요가 한정되어 있지만 단열효과가 뛰어나 유리섬유나 폴리우레탄 폼을 대체할 것이며 에너지 소비와 온실가스의 방출을 감소하는 데 도움을 줄 것이다.

벅민스터풀러렌은 무엇인가?

벅민스터풀러렌은 60개의 탄소 원자로 이루어져 있으며, 32개의 면 중에서 12개는 오각형이고 20개는 육각형인 축구공 모양의 분자이다. 이 분자의 구조가 풀러 R. Buckminster Fuller, 1895~1983가 설계한 다각형을 짜 맞추어 만든 측지선 돔을 닮았기 때문에 이런 이름으로 불리게 되었다. 이 분자는 레이저로 흑연의 표면을 증발시켜 만든다. 탄소 분자만 포함하고 있는 큰 분자는 특별한 형태의 탄소가 풍부한 별 근처에 존재한다고 알려져 있었다. 비슷한 분자가 생물체를 불완전 연소시킬 때 나오는 그을음 속에도 존재한다고 생각되었다. 1985년에 벅민스터풀러렌을 발견한 화학자 스몰리 Richard Smalley는 이것이 우주에 흔하게 존재하는 물질일 것이라고 생각했다. 그 후에 안정하고 크며, 짝수 개의 탄소 원자를 포함하고 있는 다른 분자들이 발견되었다. 이 새로운 종류의 분자들은 모두 측지선 돔의 형태를 하고 있었기 때문에 풀러렌이라고 부르게 되었다. 이 분자들은 버키볼이라는 이름으로도 널리 알려져 있다.

벅민스터풀러렌(C_{60})은 다양한 화합물에서 절연체, 도체, 반도체 또는 초전도체로 행동한다. 아직 실용적인 용도가 개발되지는 않았지만 새로운 형태의 물질, 윤활제, 코팅, 촉매, 전기 광학적 소자, 의약품에 널리 사용될 것으로 기대하고 있다.

유리는 고체인가 아니면 액체인가?

상온에서 유리는 고체처럼 보인다. 그러나 유리는 점성이 아주 높은 액체이다. 점성은 액체의 내부 마찰 정도를 나타내는 것으로 액체의 흐름이 점차 느려지는 것은 점성 때문이다. 온도가 올라가면 점성은 작아진다. 점성은 일상생활 속에서 쉽게 경험할 수 있다. 포도주 병을 기울이면 중력의 영향으로 포도주가 쉽게 흘러나온다. 그러나 토마토 케첩은 느리게 흘러나와 쉽게 쏟을 수 없다. 케첩은 포도주보다 점성이 크기 때문이다. 100년 된 창문이 흘러내린 흔적이 보인다는 보고가 있다.

유리는 보통 산화규소(SiO_2)를 기반으로 하여 여러 가지 산화물을 포함하고 있는 전기 절연체이며, 화학적으로 매우 안정한 물질이다. 상업용 유리는 모래(실리카, SiO_2), 석회석($CaCO_3$), 그리고 소다(탄산나트륨, Na_2CO_3)를 혼합한 후 1,400℃ 내지 1,500℃로 가열하여 만든다. 식히면 용액이 매우 끈적끈적해지고 유리의 전이온도인 500℃ 부근에서 응고하여 소다 유리가 된다. 여기에 소량의 금속산화물을 첨가하면 색유리가 된다. 산화납(부드럽게 하고 밀도와 굴절률을 증가시킴), 붕사(열팽창률을 현저하게 낮추어 조리 기구나 실험 용기로 사용할 수 있게 함)와 같은 물질을 첨가하면 유리의 물리적 성질을 바꿀 수 있다. 액체나 기체 상태로부터 빠르게 식히는 경우 규칙적인 결정이 형성되는 것을 막고 유리가 형성되는 것을 돕기 위해 다른 물질을 사용하기도 한다.

이집트와 메소포타미아에서는 기원전 2,500년경부터 유리가 사용되었다. 유리를 불어서 성형하는 기술은 기원전 100년경에 페니키아에서 이미 사용했다.

크라운 유리는 무엇인가?

1800년대 초에 사용되던 창문용 유리를 크라운 유리라고 한다. 이 유리는 불어서 유리 방울을 만든 다음 납작해질 때까지 회전시켜서 만들었다. 이렇게 만든 유리는 한가운데 툭 튀어나온 부분이 있었다. 불어서 창문 유리를 만드는 데는 숙련된 기술이 필요했기 때문에 비용이 많이 들었다. 그럼에도 크라운 유리는 뒤틀어져 있어 그것을 통해 보면 파도치는 것처럼 보였다. 유리 자체에도 흠이 많았고 두께가 고르지 않았다. 19세기 말에는 판유리가 대량으로 생산되어 일반적으로 사용하게 되었다.

판유리의 제작법에는 녹은 유리를 위로 끌어올려 만드는 인상법과 연속적으로 롤러 사이로 흘려보내 만드는 롤링법이 있다. 인상법에는 푸르콜법, 콜번법, 피츠버그법이 있으며, 이 밖에 높은 온도로 가열해서 녹인 유리를 아연이나 주석과 같은 금속을 녹인 액체 위에 뜬 채로 서서히 지나가게 하면서 냉각시켜 만드는 플로트법도 있다.

강화유리의 특징은 무엇인가?

강화유리는 열처리된 유리이다. 판유리를 670℃에서 710℃ 정도로 가열한 후 압축한 다음 차가운 공기로 급랭하여 유리 표면을 압축변형하고 내부를 인장변형 하여 강화한 유리이다. 높은 온도로 가열한 유리 표면에 찬 공기를 불어주면 유리는 급격하게 줄어드는 힘이 발생한다. 그러나 열전도율 때문에 유리 내부는 바로 식지 않는다. 그래서 유리 표면에는 압축응력이, 유리 내부에는 인장응력이 발생한다. 내부의 인장응력과 표면의 압축응력이 균형을 이루고 있는 강화유리의 표면은 영구적인 압축응력을 받는 상태에 있게 된다. 강화유리는 보통 유리에 비해 굽힘 강도는 3배에서 5배 증가하고, 충격에 견디는 능력은 5배에서 8배 강화된다. 온도 변화에 견디는 능력은 유리가 약 80℃인데 비해 강화유리는 약 180℃나 된다. 강화유리는 주로 자동차, 문과 같이 높은 강도가 요구되는 곳에 사용된다.

방탄유리는 어떻게 만드는가?

방탄유리는 두 장의 판유리 사이에 투명한 수지를 끼워 넣은 후 높은 온도와 압력에서 성형하여 만든다. 이 유리는 강한 충격을 받으면 깨져 흩어지는 것이 아니라 금이 간다. 오늘날 주로 사용하는 방탄유리는 프랑스 화학자 베네딕투스Edouard Benedictus가 발명한 것으로 유리와 플라스틱을 여러 겹 겹쳐서 만든 다층유리이다. 또 유리 사이에 아크릴을 채워 넣어 강도와 내구력을 높이기도 한다. 방탄 효과를 더욱 높이기 위해 유리 사이에 공기층을 주입하여 충격을 흡수하는 방법도 사용된다.

유리벽돌은 언제 발명되었나?

유리벽돌은 1847년부터 전신줄용 절연체로 사용되기 시작했다. 건축용 유리벽돌보다 작고 두꺼웠던 이 유리벽돌은 세라믹과 같은 다른 물질로 대체될 때까지 미국 남부에서 주로 사용되었다. 건축용 유리벽돌은 1900년대에 유럽에서 발명되었다. 미국에서는 피츠버그 코닝사가 1938년에 건축용 유리벽돌을 생산한 것이 최초였다. 당시에 만들어진 유리벽돌은 빛이 통과하면 초록색으로 보이도록 했다. 오늘날에는 여러 가지 다른 크기와 색깔, 조직을 가진 유리벽돌이 사용되고 있다.

이중창문은 누가 발명했나?

이중창문은 1930년에 미국의 헤이븐^{C. D. Haven}이 발명했다. 이것은 두 개의 유리판을 그 사이에 공기층을 두고 접합한 것이다. 종종 이 공기층을 불활성기체로 채워 넣거나 진공으로 만들어 단열효과를 높인다. 유리는 태양 빛에 포함되어 있는 짧은 파장의 빛은 잘 통과시키지만 온도가 낮은 물체가 내는 긴 파장의 빛은 통과시키지 않는다.

판유리 제조 공정에서 플로트법은 무엇인가?

산업용으로 사용되는 넓은 면적을 가진 질이 좋은 판유리 생산에는 1952년에 필킹턴^{Alastair Pilkington}이 발명한 플로트법이 주로 사용되고 있다. 플로트법은 용해된 유리를 길이 약 49m, 너비 약 3.5m의 주석을 녹인 용액 위로 떠서 지나가게 하면서 서서히 굳히는 방법이다. 녹은 주석 위를 지나가는 동안 두께가 일정하고 표면이 고른 판유리가 만들어진다. 이 방법으로 생산된 판유리는 연마 과정을 거치지 않아도 표면이 매끄럽다.

영화의 스턴트에서는 어떤 유리가 사용되는가?

캔디나 플라스틱으로 만든 유리가 종종 사용된다. 이것은 유리처럼 보이고 깨질 때

유리처럼 흩어지지만 연기자를 다치게 하지는 않는다.

유리섬유는 누가 개발했나?

거친 유리섬유는 고대 이집트에서 장식용으로 이미 사용되었다. 로마 시대에도 유리섬유를 사용한 예가 있다. 프랑스의 공예가 보넬$^{Dubus-Bonnel}$이 1836년에 유리실을 꼬는 방법으로 특허를 신청했다. 1893년에는 리비 유리 회사가 거친 유리섬유와 명주실을 함께 사용하여 만든 전등갓을 시카고에서 열렸던 세계 콜럼버스 박람회에 전시했다. 그러나 이것은 유리섬유로 짠 것이라고 할 수는 없었다.

1931년에서 1939년 사이에 오웬스 일리노이사와 코닝 글래스 워크사는 상업적인 유리섬유를 생산하는 방법을 개발했다. 일단 가는 유리섬유를 뽑아내는 기술적인 문제가 해결되자 유리섬유가 단열재와 필터용으로 생산되기 시작했다.

제2차 세계대전 중에는 유리섬유와 플라스틱을 결합하여 새로운 물질을 만들었다. 철근이 콘크리트의 강도를 높여주는 것과 마찬가지로 유리섬유는 플라스틱의 강도와 유연성을 높여주었다.

유리섬유 강화 플라스틱^{GFRP}은 현대 산업에서 매우 중요한 재료가 되었다. 에폭시 수지 또는 폴리에스테르와 결합한 유리섬유는 현재 보트나 배, 스포츠 용품, 자동차 차체, 전자회로 기판 등을 만드는 데 널리 사용되고 있다.

시멘트는 언제 처음 사용되었나?

시멘트는 물과 혼합하면 단단해지는 고운 가루이다. 고대 이집트인들은 태워서 생석회가 되게 한 석고를 시멘트로 사용했고, 그리스나 로마에서는 태운 석회석을 시멘트로 사용했다. 로마의 콘크리트(시멘트와 모래, 그리고 다른 고운 물질들을 섞은)는 포졸란 석회 모르타르에 깨진 벽돌을 섞어 만들었다. 모르타르는 벽돌 가루나 화산재를 섞은 석회 접착제이다. 콘크리트에 포함된 여러 가지 성분들은 수분의 도움을 받아 천천히 진행되는 화학 작용에 의해 단단하게 굳는다. 로마제국의 몰락과 함께 콘크리트도 더 이상 사용되지 않았다.

시멘트가 다시 등장한 것은 영국의 엔지니어 스미턴[John Smeaton, 1724~1792]이 일정한 양의 진흙을 포함하는 석회를 태우면 물을 가둘 수 있다는 것을 발견한 1756년이었다. 이 시멘트는 로마인들이 사용하던 것과 비슷했다. 비슷한 시기에 진행된 파커[James Parker]의 연구가 시멘트의 상업적인 생산을 가능하게 했다. 1824년에 영국의 아스프딘[Joseph Aspdin, 1799~1855]은 석회석과 진흙을 혼합하여 만든 포틀랜드 시멘트의 특허를 신청하였다. 그가 이것을 포틀랜드 시멘트라고 부른 것은 이것이 도싯 해변에서 조금 떨어진 곳에 있는 포틀랜드 섬의 채석장에서 캐낸 건축용 석재와 닮았기 때문이었다. 1870년에는 이 시멘트가 유럽과 미국에 전해졌다.

초기의 쇄석도로와 현대의 포장도로는 어떻게 다른가?

영국과 프랑스에서 개발된 쇄석도로[macadam]는 스코틀랜드의 엔지니어 매캐덤[John McAdam, 1756~1836]의 이름을 따서 머캐덤[macadam]이라고도 부른다. 원래 머캐덤은 잘게 부순 돌을 잘 맞물리도록 배열하고 무거운 물건으로 다지거나 사이사이에 모래나 흙을 채워 넣고 물을 부어 다져서 만든 깨끗한 도로 표면이나 바닥을 뜻하는 말이었다. 역청에서 얻은 타르나 아스팔트를 메움재로 사용하게 되면서 새로운 역청 머캐덤과 구별하기 위해 원래의 머캐덤은 단순 머캐덤, 일반 머캐덤 등으로 불리게 되었다. 일반 머캐덤은 가격이 비쌀 뿐만 아니라 자동차의 진공효과에 의해 느슨해지기 때문에 미국에서는 더 이상 사용하지 않는다. 그러나 역청을 이용하는 머캐덤은 아직도 일부에서 사용되고 있다. 많은 교통량을 감당해야 하는 오늘날의 도로는 주로 내구성이 좋은 포틀랜드 시멘트로 포장한다.

벨기에 벽돌은 무엇인가?

벨기에 벽돌은 벨기에의 브뤼셀에서 처음 사용하기 시작해 1850년에 미국에 도입된 도로용 벽돌이다. 이 벽돌은 끝을 자른 피라미드와 같은 모양을 하고 있는데 바닥은 한

변이 13cm에서 15cm인 정사각형이며 높이는 18cm에서 20cm이다. 바닥과 윗부분의 크기 차이는 2.5cm 미만이다. 초기에는 뉴저지에 있는 팔리세이드의 암벽에서 잘라냈다.

벨기에 벽돌은 모양이 일정해 보기 좋았으므로 자갈을 대치했다. 그러나 둥글게 닳아서 이음새가 벌어져 쉽게 구멍이 생겼기 때문에 널리 사용되지는 않았다. 자갈길보다는 고른 도로면을 만들지만 표면이 매우 거칠어 달릴 때 덜컹거린다.

땜납은 무엇인가?

땜납은 두 종류 또는 그 이상 금속을 이용하여 만든 합금으로 다른 금속을 이어 붙이는 데 사용한다. 납과 주석을 반반 섞은 땜납이 주로 사용되지만 알루미늄, 카드뮴, 아연, 니켈, 금, 은, 팔라듐, 비스무트, 구리, 안티몬도 자주 사용된다. 합금하는 금속의 종류와 비율을 조정하면 녹는점이 다양한 땜납을 만들 수 있다.

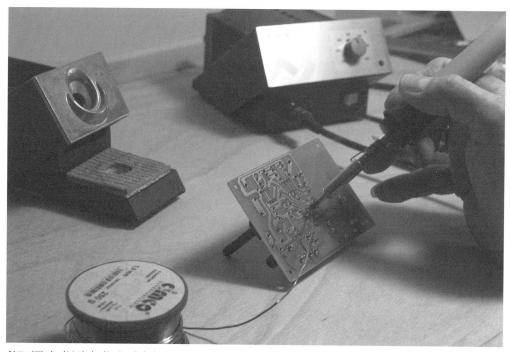

회로기판의 기본적인 기능은 땜납의 사용에 달려 있다

땜납은 성경(이사야 41:7)에도 언급되어 있는 오래된 접착 방법이다. 5,000년 전에 메소포타미아에서 땜납을 사용한 흔적이 발견되었으며, 후에 이집트와 그리스, 로마에서도 사용했다. 현재는 다양한 형태의 땜납이 사용되고 있고 앞으로도 더 많은 땜납이 사용될 전망이다. 전자회로를 이용하는 전기 제품들이 사용되는 한 땜납은 필수불가결한 물질로 남아 있을 것이다.

슬래그는 무엇인가?

슬래그^{slag}는 용광로의 쇳물 위에서 얻어지는 철 생산 과정에서 나오는 비금속 부산물이다. 슬래그는 구리나 납과 같은 다른 금속을 제련하는 과정에서도 나온다. 철을 생산하는 용광로에서 나오는 슬래그에는 석회, 산화철, 실리카 등이 포함되어 있다. 그리고 구리와 납을 생산할 때 나오는 슬래그는 규산화철과 다른 금속의 산화물을 소량 포함한다. 슬래그는 시멘트, 콘크리트, 철도와 도로의 바닥에 까는 재료 등으로 사용된다.

크레오소트는 무엇인가?

크레오소트는 석탄이나 목탄을 증류할 때 나오는 노란색의 독성이 있는 액체이다. 콜타르를 증류하여 얻는 크레오소트 원액은 목재의 보존재로 사용된다. 철도의 침목, 전봇대, 울타리 기둥, 실외에서 사용하는 목재를 크레오소트가 담긴 커다란 용기 속에 담그면 목재의 수명이 현저하게 증가한다. 목탄에서 증류한 크레오소트는 의료 분야에서 사용된다. 크레오소트의 다른 용도는 방충제와 용매이다. 1986년에 미국 환경보존청(EPA)은 크레오소트가 독성이 있어 암을 유발할 위험성이 있다는 이유로 목재 보존제로 사용하는 것을 금지했다.

우족유은 무엇인가?

우족유$^{neatsfoot\ oil}$는 소의 발굽을 물에 삶아서 얻어낸 노란색 기름으로 식용으로는 사용할 수 없다. 우족유는 가죽에 바르는 기름 또는 정밀한 기계의 윤활유로 사용된다.

시계의 숫자판이 잘 보이게 하기 위해 사용하는 물질은 무엇인가?

어두운 곳에서 시계를 볼 수 있게 하기 위해서는 일반적으로 방사성 물질을 포함한 페인트가 사용된다. 이런 페인트는 외부에서 에너지를 공급해 주지 않아도 여러 해 동안 빛을 낼 수 있다. 과거에는 라듐이 주로 형광 시계에 사용되었지만 위험한 감마선을 낸다는 것이 밝혀진 이후 사용이 중단되었다. 현재 사용되는 방사성 물질은 훨씬 약한 방사선을 내므로 시계 유리나 케이스로 쉽게 차단할 수 있다. 이런 물질에는 삼중수소, 크립톤 85, 프로메튬 147, 탈륨 204 등이 있다.

카본 블랙이란 무엇인가?

카본 블랙은 메테인이나 탄화수소 기체가 불완전 연소할 때 나오는 그을음 속에 포함되어 있는 미세한 탄소 분말이다. 탄소를 95% 이상 포함하는 카본 블랙은 매우 진한 검은색을 나타내기 때문에 페인트, 잉크, 코팅, 종이나 플라스틱의 색깔을 내는 재료로 사용된다. 또한 타이어에 사용되는 가황고무를 생산할 때도 대량으로 쓰인다.

양피지는 어떻게 만드는가?

현재 사용되는 대부분의 양피지는 식물 양피지이다. 이런 양피지는 목화나 워터리프라고 알려진 알파 셀룰로오스로 만든 종이를 재료로 만든다. 워터리프를 황산으로 처리하여 셀룰로오스의 일부를 젤라틴 같은 아밀로이드로 전환한다. 그리고 황산을 씻어내면 종이 위에서 아밀로이드 막이 굳는다. 그래서 물에 완전히 젖어도 종이의 강도가 약해지지 않는다. 양피지는 열에도 강하며 물건이 달라붙지 않는다.

샌드페이퍼는 무엇으로 만드는가?

샌드페이퍼는 종이 위에 접착제를 이용하여 거친 입자를 입혀 만든다. 여기에는 여러 가지 종류의 수지와 고성능 접착제가 사용된다. 처음 사용된 샌드페이퍼는 13세기 중국에서 부순 조개껍데기를 자연적인 접착제로, 종이에 접착하여 사용한 것이었다. 샌드페이퍼에 대한 최초의 연구논문은 1808년에 출판되었다. 이 논문에는 샌드페이퍼를 만드는 방법이 자세하게 설명되어 있었다.

아직도 모래를 입힌 종이라는 뜻의 샌드페이퍼라는 이름이 그대로 쓰이지만 현재 사용되는 대부분의 샌드페이퍼는 산화알루미늄 또는 실리콘 카바이드로 만든다. 샌드페이퍼에 사용되는 종이는 무겁고 단단하면서도 잘 휘며, 입자들은 강력 접착제로 단단하게 붙어 있다.

왜 산화티타늄이 흰색 염료로 가장 널리 사용되는가?

티타니아 또는 타이타늄백으로도 알려진 산화티타늄(TiO_2)은 빛의 반사율이 좋고 가시광선을 잘 흡수하지 않으며, 원하는 양을 쉽게 생산할 수 있고, 화학적으로 안정하기 때문에 흰색 염료로 가장 널리 사용된다. 산화티타늄은 색깔, 불투명성, 얼룩 방지, 지속성 등에서 다른 염료보다 훨씬 뛰어나며 흰색을 가장 잘 나타내는 염료이다. 더구나 독성도 없다. 산화티타늄을 가장 많이 사용하는 곳은 페인트, 인쇄 잉크, 플라스틱이나 세라믹을 생산하는 업체들이다. 산화티타늄은 바닥 마감재, 종이, 고무, 용접봉을 생산하는 곳에서도 사용되고 있다.

언제 그리고 어디에서 화약이 발명되었나?

염초(질산칼륨)와 황, 그리고 숯을 섞어 만든 화약은 850년경에 중국에서 사용되기 시작했다고 알려져 있다. 화약을 제조하는 방법은 아마도 중국의 연금술사들이 인공적인 금을 만드는 방법을 연구하는 과정에서 발견되었을 것으로 보인다. 초기에는 염초가 너무 적게(50%) 들어가 폭발력이 낮았다. 폭발하기 위해서는 염초가 적어도 75%

이상 들어가야 한다. 후에 중국인들은 이것을 화재를 유발하는 무기에 사용하였다. 결국 중국인들은 폭약을 만드는 정확한 배합 비율을 알아냈고 이것의 폭발력을 이용하여 '대나무 총알'이라고 부르는 로켓 무기를 만들었다.

그러나 일부 학자들은 중국의 화약은 불을 일으키는 정도였고 총을 발사하는 데 사용한 화약은 유럽에서 발명되었다고 주장한다. 베이컨[Roger Bacon, 1214~1292]은 화약 만드는 법을 알고 있었으며, 독일의 수도사였던 슈바르츠[Berthold Schwartz, 1353~?]도 화약 제조법을 알고 있었다. 14세기에 화약을 이용하여 발사하는 무기들이 사용되기 시작했다. 화약을 광산, 토목 공사 등 평화적인 목적으로 사용하게 된 것은 17세기 이후의 일이다.

여러 가지 색깔의 불꽃놀이는 어떻게 만드나?

불꽃놀이는 9세기에 중국에서 염초(질산칼륨)에 황과 숯을 섞어 아름다운 불꽃을 만들면서 사용되기 시작했다. 밝은 흰색을 내며 타는 마그네슘은 밝은 불꽃을 만들기 위해 사용된다. 여러 가지 원소를 넣으면 다양한 색깔의 아름다운 불꽃이 만들어진다. 스트론튬을 넣으면 붉은색 불꽃을 만들며, 바륨은 황록색, 구리는 청록색, 리튬은 자주색, 나트륨은 노란색 불꽃을 만든다. 철과 알루미늄 알갱이들은 금색과 흰색의 스파크를 만들어낸다.

TNT의 화학식은 어떻게 되나?

TNT는 3질소화 톨루엔[trinitrotoluene]($C_6H_2(CH_3)(NO_2)_3$)의 약자이다. TNT는 폭탄에서 주로 사용되는 강력한 폭약이다. 1863년에 빌브란트[J. Wilbrand]가 발명한 TNT는 톨루엔을 질산과 황산에 반응시켜 만든다. 녹는점이 낮은 노란색의 결정체인 TNT는 충격에 예민하지 않으며 폭발하지 않고 연소되기도 한다. 따라서 다루기 쉽지만 일단 폭발이 시작되면 매우 격렬하다.

누가 다이너마이트를 발명했는가?

다이너마이트는 우연히 발명된 것이 아니라 스웨덴의 기술자 노벨[Alfred Nobel, 1833~1896]의 체계적인 연구의 결과였다. 니트로글리세린은 이탈리아의 생화학자 소브레로[Ascanio Sobrero, 1812~1888]가 1849년에 발명했지만 너무 쉽게 폭발해 다루기 힘들었으므로 별로 쓸모가 없었다. 노벨은 니트로글리세린을 구멍이 많은 다른 물질에 흡수시켜 다루기 쉬운 고체로 만드는 방법을 찾기 시작했다.

1866년에서 1867년 사이에 노벨은 규조토를 이용하여 쉽게 다룰 수 있는 반죽 형태의 폭약을 만들었다. 또한 뇌산수은을 이용하여 이 폭약을 폭발시키는 데 사용되는 기폭장치도 발명했다.

노벨은 다이너마이트를 이용하여 많은 재산을 모았고, 죽은 후에 이 재산을 과학, 문학 그리고 세계 평화에 기여한 사람들에게 수여하는 노벨상의 기금으로 기증했다.

플라스틱은 누가 처음 발명했나?

1850년대 말에 파크스[Alexander Parkes, 1813~1890]가 니트로셀룰로오스로 실험을 했다. 니트로셀룰로오스를 장뇌와 섞자 단단하면서 잘 구부러지고 투명한 물질이 만들어졌다. 그는 그것을 파크신이라고 불렀다. 그는 이 물질을 생산하기 위한 회사를 설립했지만 수요가 없어 회사는 파산했다. 미국인 하이엇[John Wesley Hyatt, 1837~1920]은 1868년 당구공을 만드는 데 쓰이는 인조 상아를 특허 등록했다. 질을 높이고 효율적인 생산설비를 갖춘 그는 셀룰로이드라고 이름 붙인 이 물질을 당구공 외에 다른 가정용품을 만드는 데도 사용하려고 시도했다. 셀룰로이드는 곧 단추, 편지 오프너, 상자, 모자 핀, 빗과 같은 물건을 만드는 데 사용되기 시작했다. 셀룰로이드로 만든 얇은 띠에 빛에 민감한 필름을 입힌 영사기용 필름은 영화의 제작과 감상에 널리 사용되게 되었다.

벨기에의 과학자 베이클랜드[Leo Hendrik Baekeland, 1863~1944]가 1904년에 포름알데히드와 페놀을 이용하여 베이클라이트라고 부르는 합성 고분자 화합물을 만드는 데 성공할 때까지는 셀룰로이드가 유일한 플라스틱이었다. 베이클라이트는 높은 온도와 압력에서 열처리하면 매우 단단해지고 열에도 잘 견디는 물질이었다. 베이클라이트와 다른

다양한 플라스틱이 셀룰로이드 시장을 위축시켰고 1940년 이후에는 셀룰로이드가 더이상 상업적으로 중요성을 갖지 않게 되었다.

왜 금속으로 만든 용기는 전자오븐에 사용할 수 없나?

금속으로 만든 용기는 전자기파를 반사시켜 열이 음식 속으로 파고들 수 없게 하므로 전자오븐에 사용해서는 안 된다. 만약 음식물이 전자기파의 에너지를 충분히 흡수할 만큼 많지 않으면 금속 부분과 내부의 공간 또는 개폐장치 사이의 방전에 의해 오븐이 망가질 수도 있다.

케블라는 무엇인가?

케블라Kevlar라는 이름으로 등록된 것은 액체결정 고분자라고 불리는 합성섬유이다. 크월렉Stephanie Kwolek, 1923~에 의해 발견된 케블라는 가늘면서도 매우 강한 섬유이다. 이것은 방탄조끼를 만드는 데 주로 사용된다.

테플론은 누가 발명했나?

듀퐁사에서 일하고 있는 미국의 엔지니어 플렁킷Roy J. Plunkett, 1910~1994은 1938년에 우연히 폴리테트라플루오로에틸렌PTFE이라고 하는 고분자화합물을 발견했다. 이 물질은 영국에서는 플루온, 그리고 미국에서는 테플론이라는 이름으로 판매되기 시작했다. 1939년에 특허를 받았고, 1954년에 상업적으로 사용되기 시작한 PTFE는 모든 산에 견딜 수 있었고, 화학적으로 매우 안정하며 뛰어난 전기 절연체였다. 테플론은 부식성이 강한 화학물질을 다루는 파이프, 전기 절연체, 펌프 개스킷, 컴퓨터 마이크로 칩 등의 제작에 사용되고 있다. 또한 끈적거리지 않기 때문에 표면 코팅에도 자주 사용되고 있다. 1956년에 프랑스의 엔지니어 그레구아르Marc Gregoire는 알루미늄 표면에 얇은 테플론 막을 입히는 방법을 알아냈다. 그는 이 방법을 조리 기구를 만드는 데 응용하였다. 이렇게 해서 달라붙지 않는 프라이팬이 만들어졌다.

벨크로를 발명한 사람은 누구인가?

벨크로에 대한 아이디어는 스위스의 엔지니어 마에스트랄$^{George\ de\ Maestral}$이 강아지의 털이나 양말에 잘 달라붙어 귀찮게 하는 도꼬마리를 자세히 살펴보다가 얻었다. 그는 자신이 발견한 것을 새로운 형태의 고정 장치로 재창조했다.

우주선에는 열을 견디기 위해 어떤 종류의 물질이 사용되고 있나?

우주 왕복선의 가장자리, 로켓 모터의 노즐, 지구 대기 속으로 재진입하는 우주선의 머리 부분과 같이 높은 열을 견뎌야 하는 부분에는 탄소-탄소 복합물질이 사용된다. 탄소 물질로 이루어진 바탕에 탄소섬유가 들어가 만들어진 탄소-탄소 복합물질은 2,760℃까지 견딜 수 있다. 여러 가지 형태의 섬유와 섬유를 짜는 방법에 따라 넓은 범위의 물리적 성질을 가지는 복합물을 만들 수 있기 때문에 용도에 맞는 탄소-탄소 복합물을 만들어 사용할 수 있다. 탄소-탄소 복합물은 가볍고 강하며 온도에 잘 견디는 등 좋은 성질을 많이 가지고 있다.

누가 처음으로 인조 보석을 만들었는가?

1902년에 베르누이$^{Auguste\ Victor\ Louis\ Verneuil,\ 1856\sim1913}$가 처음으로 인조 루비를 합성했다. 베르누이는 짧은 기간 동안에 불꽃 퓨전이라는 방법을 이용하여 루비와 다른 강옥의 결정을 만들어내는 데 성공했다.

에너지

비핵연료

지구 표면에 계속 흐르고 있는 세 가지 형태의 에너지는 무엇인가?

지열은 지각 내부에 저장되어 있는 에너지이며 기체나 온수 또는 화산 분출물의 형태로 지표면으로 방출된다. 지열의 근원은 지각 내에 존재하는 방사성 물질이 붕괴할 때 발생되는 열에너지이다. 철이나 니켈이 녹아 있는 고온의 지구 중심부의 열은 지각과 지구의 핵 사이에 있는 열을 잘 전달하지 않는 맨틀 때문에 지표로 거의 방출되지 못한다. 지열은 발전, 공업, 난방 등에 사용되고 있다. 아이슬란드에 있는 대부분의 건물은 지열로 난방을 하며, 미국에서도 아이다호의 보이시와 같은 일부 지역에서 지열을 이용하여 난방을 하고 있다. 캘리포니아 간헐천 프로젝트는 200개의 증기공에서 1,300MW(메가와트)의 전력을 생산하는 세계 최대의 지열 발전 시설이다. 최초의 지열 발전소는 1904년 이탈리아의 라데렐로에 지어졌다.

태양 에너지의 이용률은 날씨와 일조량, 밤까지 에너지를 저장할 수 있는 능력에 따라 달라진다. 태양열을 모으고 저장하는 과정은 쉽지 않다. 모하비 사막에 있는 태양열 시설(LUZ 국제 태양열 발전소)에서는 274MW를 생산하여 로스앤젤레스 설비 회사에서 필요로 하는 에너지를 공급하고 있다. 일본에는 400만 개의 태양열 지붕이 설치되어 있고, 이스라엘의 주택 3분의 2와 키프로스의 주택 90%에도 태양열 지붕이 설치되어 있다. 태양전지는 태양 빛에 노출되면 전류가 흐른다. 1958년 이후에 발사된 거의 모든 우주선과 인공위성은 태양 에너지를 이용하고 있다.

조석과 파도 역시 많은 양의 에너지를 가지고 있다. 1100년에 최초로 조력을 이용한 정미소가 영국에 세워졌다. 또한 1170년 영국 우드브리지에 세워진 조력 정미소는 800년 동안 가동되었다. 1966년에 건설된 프랑스의 랑스 강 발전소는 160MW의 전력을 생산하는 최초의 대규모 조력 발전소였다. 조류에 의해 물이 흘러가는 힘으로 터빈을 돌려 발전하는 조력 발전소는 수력 발전소와 비슷한 방법으로 작동한다. 하지만 조석의 주기가 13.5시간이어서 사용량이 많은 시간과 많은 양의 전기를 생산할 수 있는 시간을 일치시킬 수 없다는 것이 조력 발전이 극복해야 할 어려움이다. 미래에는 대양의 파도가 가지고 있는 에너지도 전력 생산에 사용될 수 있을 것이다.

태양 에너지 체계에서 수동형과 능동형의 차이는 무엇인가?

수동형 태양 에너지 체계는 건축설계, 자연물 또는 건물의 에너지 흡수 구조를 에너지 절약에 사용하는 것이다. 건물 자체는 태양 에너지를 흡수하고 저장하는 역할을 한다. 예를 들어 돌이나 흙으로 만든 두꺼운 벽은 낮에 에너지를 서서히 흡수했다가 밤에 방출한다. 그러므로 수동형 체계는 많은 투자나 외부 설비가 필요 없다.

반면에 능동형 태양 에너지 체계는 태양 에너지의 수집, 저장 및 에너지가 필요한 곳으로 열을 보내는 것을 통제하는 별도의 장치가 필요하다. 능동형 체계에서는 일반적으로 열을 흡수하는 유체(공기, 물)를 열 수집 장치를 통해 흐르도록 한다. 단열된 물탱크와 같이 열을 모으는 장치의 크기는 그 지방의 태양이 없는 날수에 따라 달라진다. 또 다른 열 수집 장치는 작은 부피에 많은 양의 에너지를 저장하기 위해 열을 받으면 상태가 변하는 화학물질을 사용하기도 한다.

태양전지는 어떻게 전기를 일으킬까?

태양전지는 p형 반도체와 n형 반도체를 여러 층으로 접합하여 만든다. 맨 위에 있는 p형 반도체층은 빛 에너지를 흡수한다. 이 에너지는 접합층의 전자 수를 증가시킨다. 자유 전자는 아래에 있는 p형 반도체층에서 흡수한다. 위층에서 전자를 잃으면 정공이 만들어지고 이 정공은 다른 전자에 의해 채워진다. p형 반도체와 n형 반도체를 도선으로 연결하면 전류가 흐르게 된다.

태양전지는 국제 우주 정거장에 전력을 공급하고 있다.

바이오매스 에너지는 무엇인가?

바이오매스^{biomass}에는 한 지역의 모든 유기물이 포함된다. 나무, 곡식, 음식의 폐기물, 식물의 폐기물, 동물의 구성물이 바로 바이오매스이다. 이들 대부분은 불에 태워 열을 얻거나 썩혀서 메테인을 만들어낼 수 있는 쓰레기이다. 그러나 사탕수수, 수수, 대형 갈조류, 히아신스, 다양한 종류의 나무와 같은 일부 식물은 에너지 생산을 위해 재배하기도 한다. 미국에서 발생하는 쓰레기의 90%를 소각하여 나오는 열을 이용한다면 1억 톤의 석탄을 태울 때 나오는 에너지와 맞먹을 것이다. 미국은 소모하는 에너지의 5% 이하만 바이오매스에서 얻고 있다.

반면에 전기 에너지의 소비율이 낮은 발전 도상 국가에서는 바이오매스에서 얻는 에너지의 비율이 훨씬 크다. 예를 들면 인도에서는 소모되는 에너지의 55% 정도를 바이오매스에서 얻는다. 또 서유럽에는 쓰레기를 태워 전기를 발전시키는 발전소가 200개 이상 설치되어 있다. 프랑스, 덴마크, 스위스에서는 각각 50, 60, 80%의 쓰레기를 에너지원으로 이용하고 있다.

바이오매스는 바이오가스, 메테인, 메탄올, 에탄올과 같은 바이오 연료로 바꿀 수 있다. 그러나 이 과정은 화석연료를 사용하는 것보다 비용이 많이 든다. 땅에 묻힌 쓰레기는 분해되어 메테인 기체를 생성하는데 1톤의 쓰레기는 $227m^3$의 메테인을 생산할 수 있다.

벽난로에서 나무를 태우면 어떤 나무가 가장 많은 열을 낼까?

1코드의 목재가 757리터에서 946리터의 석유 또는 $7m^3$에서 $8.5m^3$의 천연가스와 같은 양의 열을 내는 고열 목재에는 너도밤나무, 참나무, 노란자작나무, 물푸레나무, 서어나무, 사탕나무, 사과나무 등이 있다.

1코드의 목재가 567리터에서 757리터의 석유 또는 $5.5m^3$에서 $7m^3$의 천연가스와 같은 양의 열을 내는 중열 목재에는 흰자작나무, 미송, 붉은단풍나무, 낙엽송, 큰잎단풍나무, 느릅나무가 있다.

1코드의 목재가 378리터에서 567리터의 석유 또는 $4m^3$에서 $5.5m^3$의 천연가스와 같은 양의 열을 내는 저열 목재에는 사시나무, 붉은오리나무, 백송, 삼나무, 미루나무, 서양측백나무 등이 있다.

어떤 식물이 석유의 원료로 연구되고 있는가?

여러 종류의 식물이 석유의 원료로 연구되고 있다. 등대풀에 속하는 관목은 라텍스라고 부르는 탄화수소가 물에 녹은 우유와 같은 수액을 상당히 많이 생산한다. 또 다른 석유 원료 후보는 필리핀이 원산지인 돈나무이다. 석유 호두라고도 부르는 이 나무는 상당히 큰데, 그 열매에서 채취한 기름은 불을 밝히는 데 사용해왔다. 현재 식물과 씨에서 채취한 기름으로 중유를 대체하기 위한 다양한 연구가 진행 중이다.

석탄, 석유, 가스를 왜 화석연료라고 하는가?

이들은 약 5억 년 전에 살았던 생명체가 변해서 된 것들이다. 식물성 플랑크톤과 같은 생명체들은 지하에 퇴적물의 일부로 쌓였다가 시간이 지남에 따라 석유나 가스로 변했다. 석탄은 풀이나 나무가 땅속에 묻힌 후 수백만 년 동안 높은 압력과 높은 온도에서 화학 변화를 통해 토탄 상태를 거쳐 갈탄이 되었다.

석탄은 언제 그리고 어떻게 만들어졌나?

석탄은 식물의 잔해가 토탄으로 변하는 여러 가지 화학적 변화를 거쳐서 만들어 진다. 수백만 년 동안 지각의 운동으로 땅에 묻힌 토탄은 높은 압력을 받아 석탄으로 변한다. 석탄기는 약 2억 5,000만 년 전에 있었다. 미국의 지질학자들은 이 시기를 미시시피기와 펜실베이니아기로 나눈다. 질이 좋은 대부분의 석탄은 펜실베이니아기의 층에 포함되어 있다.

어떤 형태의 석탄이 있는가?

석탄이 만들어지는 첫 번째 단계는 토탄이 진한 갈색의 석탄인 갈탄으로 변하는 것이다. 그리고 위에 쌓인 물질에 의해 갈탄에 높은 압력이 가해지면 아역청탄으로 변한다. 더 높은 압력이 가해지면 아역청탄이 다시 역청탄으로 바뀐다. 역청탄에 높은 압력이 가해지면 가장 단단한 석탄인 무연탄이 된다.

촉탄은 무엇인가?

촉탄^{cannel coal}은 석유의 특징을 일부 가지고 있는 석탄이다. 빠르게 불이 붙기 때문에 널리 사용되며 오랫동안 타고 밝은 빛을 낸다. 촉탄은 진흙과 이판암이 섞인 혼합물로 석탄처럼 보인다. 단단하고 옅은 검은색인 촉탄은 검은 이판암처럼 보이기도 한다.

석탄은 어떻게 캐내는가?

석탄을 캐내는 방법에는 기본적으로 두 가지가 있다. 하나는 방과 기둥 방법이고 하나는 긴 벽 방법이다. 방과 기둥 방법은 기둥이 될 수 있는 석탄을 남겨둔 채 다른 부분의 석탄을 캐내는 것이다. 그리고 긴 벽 방법은 긴 터널을 만들어가면서 석탄을 캐내는 것이다. 미국에서는 약 3분의 2의 탄광에서 방과 기둥 방법을 사용하고 나머지 3분의 1에서는 긴 벽 방법으로 석탄을 캐낸다. 영국과 같은 다른 곳에서는 주로 긴 벽 방법을 이용한다.

광부의 카나리아는 무엇인가?

광부의 카나리아는 광부들이 갱 안에 들어갈 때 공기의 오염 여부를 확인하기 위해 가지고 들어갔던 새를 말한다. 선발대가 적어도 세 마리의 새를 가지고 들어가 그중 한 마리라도 쓰러지면 일산화탄소의 오염을 경고했다. 일부 광부들은 새 대신 쥐를 사용하기도 했다. 이런 방법은 민감한 전자장비가 개발되기 이전에 사용하던 것이다.

세계에서 가장 큰 유전은 어디인가?

1948년 사우디아라비아에서 발견된 가와르 유전으로 넓이가 241km×35km나 된다.

최초의 해저 유전은 언제 개발되었나?

1896년 캘리포니아 샌타바버라의 서머랜드 해안에 설치된 것이 최초의 해저 유전이다.

탄화수소의 크래킹이란 어떤 과정인가?

크래킹은 열을 이용하여 복잡한 물질을 분해하는 과정이다. 탄화수소 크래킹은 열을 이용하여 석유나 석유 제품을 끓는 온도가 낮은 물질로 분해하는 과정이다. 이때 촉매가 사용되기도 하고 사용되지 않기도 한다. 버턴$^{\text{William Burton}}$이 1913년에 개발한 열 크래킹은 크고 무거운 탄화수소 분자를 열과 압력을 이용하여 휘발유급의 탄화수소로 바꾼다. 분해된 탄화수소는 여러 가지 탄화수소가 분류되는 플래시쳄버로 보내진다. 열 크래킹은 휘발유의 생산을 두 배로 높일 뿐만 아니라 휘발유의 질을 높여 불완전 연소를 감소시킨다.

왜 휘발유에 납을 첨가했으며 자동차에 무연 휘발유를 사용하게 되었나?

휘발유의 연소를 돕기 위해 40년 이상 테트라에틸납이 사용되었다. 테트라에틸납은 커다란 고출력 엔진과 작은 고압력 엔진에서 불완전 연소에 의한 '노킹'을 줄여주었다. 이것은 씻겨나가거나 타버려서 기름을 윤활유로 사용할 수 없는 꼭 맞도록 짜인 엔진 부품들 사이의 윤활 작용을 도와주었다. 그러나 납은 새로운 자동차에 장착되는 출력 제어 장치의 촉매를 파괴하거나 기능을 저하시킨다. 따라서 무연 휘발유만 사용하게 되었다.

리포뮬레이티드 휘발유는 무엇인가?

석유회사는 깨끗하게 연소되어 환경에 영향을 덜 주는 휘발유의 공급을 요구받고 있다. 리포뮬레이티드 휘발유는 벤젠, 방향족 탄소 화합물, 에틸렌계 탄화수소, 황을 덜 포함하며, 일정한 양의 메틸3부틸에테르^{MTBE}와 같은 비방향족 산소 공급 물질을 포함하고 있다. MTBE는 아이소뷰틸렌과 메탄올의 작용으로 만들어지는 물질로 옥탄가가 높은 휘발유 첨가물이다. 이 휘발유는 오존에 관한 공기 기준을 만족하기 위해 제조되었다. 그러나 물을 오염시킬 가능성 때문에 환경보호협회로부터 공기 청정법, 안전 식수법, 지하 저장 탱크 프로그램의 기준을 충족하라는 요구를 받았다. 공기 청정법은 1995년 1월 1일부터는 리포뮬레이티드 휘발유를 가장 심하게오존 기준을 충족하지 못하는 아홉 개 지역에서만 판매하도록 했다.

휘발유에는 어떤 첨가물이 사용되고 있으며 그 이유는 무엇인가?

첨가물	기능
노킹 방지 물질	옥탄가를 높인다.
스캐빈저	노킹 방지 물질의 연소 생성물을 제거한다.
연소실	표면 발화를 방지하고 점화 플러그 접착물 방지
산화방지제	저장 안정성을 높임
금속 불활성제	저장 안정성을 높임
녹 방지제	휘발유를 다루는 장치에 녹을 방지
부동제	카뷰레터를 비롯한 연료체계가 어는 것을 방지
세척제	카뷰레터와 연소 시스템을 깨끗하게 유지
윗 실린더 윤활제	실린더의 윗부분을 윤활시키고, 흡입장치의 축적물을 제어
염료	노킹 방지제의 유무와 메이커, 휘발유의 등급을 나타냄

휘발유의 옥탄가는 무엇인가?

휘발유의 옥탄가는 연료의 불완전 연소로 나타나는 엔진의 노킹을 방지하는 능력을 나타낸다. 옥탄가를 나타내기 위해서는 일반적인 헵탄과 이소옥탄을 섞어서 만든 기준 연료와 비교해 옥탄가를 정한다. 일반적인 헵탄의 옥탄가는 0이고 이소옥탄은 100이다. 휘발유를 두 물질을 섞은 연료와 비교하여 어느 비율로 섞은 연료와 같은 정도의 노킹을 나타내는지 실험한다. 옥탄가는 같은 노킹 효과를 나타내는 연료의 이소옥탄 부피(%)를 나타낸다. 예를 들면 휘발유가 이소옥탄 85%를 섞은 연료와 같은 정도의 노킹을 나타내면 이 휘발유의 옥탄가는 85이다. 주유소의 주유기에 표시되어 있는 옥탄가는 실험실에서 엔진을 천천히 작동하면서 얻은 옥탄가의 평균값이다.

세계 최초의 주유소는?

최초의 주유소는 1895년 12월에 바롤[A. Barol]이 프랑스의 보르도에 연 것이었다. 이 주유소는 밤샘 주차, 수리, 휘발유의 보충과 같은 서비스를 제공했다. 1897년 4월에는 영국의 브라이턴에 주차와 휘발유 주입 서비스를 하는 브라이턴 싸이클 앤드 모터스가 문을 열었다.

1885년 9월에 인디애나의 포트웨인에서 바우저[Sylanus Bowser]가 고안하여 후에 휘발유를 제공하게 된 펌프는 처음에는 등유를 제공했다. 20년 후에 바우저는 최초로 스스로 자동제어장치가 달린 펌프를 만들었다. 1912년에는 테네시의 멤피스에 스탠다드 석유회사가 운영하는 슈퍼스테이션이 문을 열었는데 13개의 펌프와 여자 화장실, 기다리는 손님들에게 얼음물을 제공하는 종업원 등이 배치되었다. 1913년 12월 1일에는 펜실베이니아의 피츠버그에 걸프 정유회사가 하루 24시간 운영하는 최초의 드라이브 인 주유소를 열었다. 문을 연 첫날에는 단지 114리터만 팔았다.

가소올은 어떻게 만드는가?

무연 휘발유 90%에다 10%의 에틸알코올을 섞어서 만든 가소올[gasohol]은 자동차 연료로서 인정을 받았다. 가소올은 100% 무연 휘발유와 같은 정도의 노킹 방지 효과를 나타내면서도 다른 장점도 가지고 있다. 가소올을 사용하기 위해 엔진을 개조할 필요가 없는 것도 장점 중의 하나이다.

미국에서는 옥수수가 가장 많이 생산되기 때문에 알코올을 생산하는 데 주로 옥수수를 사용하지만 귀리, 보리, 밀, 수수, 사탕무, 사탕수수, 감자, 셀룰로오스로도 알코올을 만들 수 있다. 옥수수 전분은 익힌 다음 설탕으로 변환하는 과정을 거친다. 그 다음에는 효소를 이용하여 발효시켜 알코올을 얻는다. 증류를 통해 만들어진 이 알코올은 물을 전혀 포함하지 않은 순수한 알코올이다.

1에이커에서 재배한 옥수수로 946리터의 알코올을 생산할 수 있다. 반면에 사탕수수를 심은 1에이커에서는 2,385리터의 알코올을 생산할 수 있다. 미래에는 자동차 연료를 대부분 쓰레기로부터 충당할 것이다. 그러나 현재로서는 에너지의 전환 과정에 많은 비용이 든다.

휘발유 대신에 사용할 수 있는 연료와 장단점은 무엇인가?

휘발유가 연소될 때 나오는 물질이 도시의 주요 공기 오염원이기 때문에 연구자들은 휘발유의 대용품을 찾고 있다. 현재로서는 어떤 연료도 휘발유와 같은 에너지를 공급하지 못한다. 따라서 같은 거리를 주행하는 데 휘발유보다 더 많은 양을 소모해야 한다. 가장 널리 사용되는 대용품은 휘발유와 메탄올을 섞어 만든 것인데 이것을 사용하기 위해서는 더 큰 저장 탱크와 비싼 연료 센서가 필요하기 때문에 차량 가격이 비싸진다.

대용품	장점	단점
전기 (전지)	공해가 없다. 출발과 정지가 쉽다.	전지의 생명이 짧다. 주행거리가 짧다.
에탄올 (바이오매스)	깨끗한 연료이다.	비싸고 부식성이 있다.
수소(전기분해)	풍부한 공급 비독성 물질 배출	비싸고 화재 위험이 있다.
메탄올 (석탄, 바이오매스)	깨끗한 연소 휘발성이 적다.	부식성이 있다. 자극적 물질을 배출한다.
천연가스 (탄화수소, 석유)	값이 싸다. 상대적으로 깨끗하다.	저장 탱크가 비싸다. 성능이 떨어진다.

자동차 매연의 주요 성분은 무엇인가?

자동차 매연의 주요 성분은 질소, 이산화탄소 그리고 물이다. 여기에 소량의 산화질소, 일산화탄소, 탄화수소, 알데히드 그리고 불완전 연소된 다른 물질도 섞여 있다. 배출되는 양으로 볼 때 가장 많은 영향을 끼치는 공기 오염원은 일산화탄소, 산화질소 그리고 탄화수소이다.

열병합 발전이란 무엇인가?

한 가지 연료를 이용하여 동시에 열(수증기나 온수)과 전기를 생산하는 것을 열병합 발전이라고 한다. 같은 시설을 이용하여 두 가지 에너지를 생산함으로써 연료의 효율을 30%에서 90%까지 높일 수 있다. 열병합 발전은 비용뿐만 아니라 환경오염도 줄일 수 있다는 장점이 있다. 열병합 발전소는 정유소, 화학 공장, 제지 공장, 탄광과 같은 다양한 장소에 설치되고 있다.

가장 큰 풍력 발전소는 어디에 있는가?

풍력 발전소는 바람의 힘으로 터빈을 돌려 전기를 일으키는 시설이다. 세계에서 가장 큰 3대 풍력 발전소가 모두 캘리포니아에 있다. 하나는 샌프란시스코 동쪽에 있는 알타몬트 패스에 있고, 다른 하나는 컨 카운티에 있는 테하차피 산에 있으며, 마지막 하나는 팜스프링스의 북쪽에 있는 샌고고니오 고개에 있다.

캘리포니아에 가장 많은 풍력 발전소가 있는 것은 여러 가지 이유 때문이다. 캘리포니아의 풍력 발전소는 바람이 잘 부는 여건이 좋은 곳에 설치되어 있다. 이들은 또한 도시에서 가까운 곳에 위치하여 전력 공급 체계와 연결이 쉽다. 바람이 가장 많이 부는 시간이 도시의 전력 수요가 가장 많은 시간과 일치한다는 것도 장점 중의 하나이다. 이것이 소비자에게 공급하는 전력의 가치를 높일 수 있다. 또 다른 중요한 이유는 캘리포니아 주가 전기 공급자들에게 적정한 가격에 풍력 발전소에서 생산된 전기를 구입하도록 하고 있기 때문이다.

누가 연료전지를 발명했나?

연료전지는 화학적 에너지를 직접 전기 에너지로 바꾸는 장치이다. 가스전지라고 알려진 최초의 연료전지는 그로브^{William Grove, 1811~1896}에 의해 1839년에 발명되었다. 그로브의 연료전지는 수소와 산소가 들어 있는 두 개의 시험관과 백금 전극을 사용한 것이었다. 후에 베이컨^{Francis Thomas Bacon, 1904~1992}은 전극을 백금 대신 니켈로 바꿨다.

니콜라 테슬라는 누구인가?

테슬라^{Nikola Tesla, 1856~1943}는 전기 분야의 뛰어난 발명가였다. 그는 100개가 넘은 특허를 가지고 있었다. 그중에는 교류와 관련된 것과 라디오에 관한 독창적인 특허도 포함되어 있다. 1880년대 테슬라의 연구 결과를 이용하여 웨스팅하우스는1895년에 나이아가라 폭포 수력 발전소를 비롯한 상업적 전기 생산이 가능하게 되었다. 또한 오랫동안의 공개적인 힘든 싸움 끝에 테슬라의 교류 체계가 에디슨의 직류 체계보다 우수하다는 것이 입증되었다. 테슬라는 그 외에도 여러 가지 기술 혁신에 크게 공헌했다. 이 중에는 테슬라 코일, 전파로 조종하는 배, 네온등과 형광등이 포함되어 있다.

최초의 수력 발전소는 어디에 건설되었나?

1882년 미국 위스콘신의 애플턴에 최초의 수력 발전소가 세워졌다.

원자력 발전

원자력 발전소의 수명은 얼마나 되나?

이 문제에 대해서는 약간의 이론이 있기는 하지만 산업체와 관련 관청에서는 원자력 발전소가 가동될 수 있는 기간을 약 40년으로 잡고 있다. 이것은 다른 형태의 발전소 수명과 비슷한 것이다.

일반에게 공개된 중요한 사고가 있었던 원자로는?

원자로 핵심 부분의 사고

사고의 내용		위치	발생 연도
가벼운 코어 사고 (방사성 물질 유출 없었음)		캐나다 온타리오 초크 리버	1952
		미국 아이다호 증식로	1955
		미국 웨스팅하우스 시험 원자로	1960
		미국 디트로이트 에디슨 페르미	1966
심각한 코어 사고 (방사성 물질 유출)	비상업용	영국 윈드스케일	1957
		미국 아이다호폴스 SL-1,	1961
	상업용	미국 펜실베이니아 드리마일 섬	1979
		소련 체르노빌	1986
		일본 후쿠시마	2011

스리마일 섬에서는 실제로 어떤 일이 있었나?

펜실베이니아에 있는 스리마일 섬 원자력 발전소에서는 원자로의 핵심 부분이 부분적으로 녹아내려 방사성 물질이 유출되는 사고가 있었다. 1979년 3월 28일, 오전 4시가 조금 지난 시각에 2호 가압 경수로의 2차 냉각 시스템 펌프가 고장을 일으켰다. 펌프가 고장 나자 안전밸브가 열렸고 방사성 물질을 포함한 물이 흘러나왔다. 이때 보조 펌프는 점검 수리 중이었다. 방사성 우라늄이 40분 동안 냉각수에 그대로 노출되었기 때문에 원자로 안의 온도가 올라가면서 연료봉이 파괴되어 부분적(52%)으로 녹아내

원자력 발전소의 수명은 약 40년으로 추정된다.

렸다. 다행히 두꺼운 철로 강화된 발전소 건물 덕분에 방사성 물질이 외부로 누출되는 것은 막았다. 공기 중으로 유출된 방사선의 양은 체르노빌 사고 때 누출된 양의 100만 분의 1 정도였다. 그러나 만약 냉각수가 빨리 교체되지 않았다면 녹은 연료가 원자로 방호벽 안으로 들어가 물과 접촉했을 것이다. 그렇게 되었다면 증기가 폭발해서 발전소 돔에 틈을 만들었을지도 모른다. 실제로 그런 일이 일어났다면 체르노빌 사고와 마찬가지로 넓은 지역을 오염시키는 큰 사고가 되었을 것이다.

세계에는 얼마나 많은 원자력 발전소가 있는가?

2019년 현재 451기의 원자력 발전소가 가동 중이고 57기가 건설 중이다.

다음은 전 세계 원자력 발전소를 표로 정리한 것이다.

국가명	운전	정지	건설	계획
미국	99	34	2	14
프랑스	58	12	1	
일본	42	18	2	9
중국	42		16	43
러시아	37	6	6	25
대한민국	24	1	4	
인도	22		7	14
캐나다	19	6		2
영국	15	30		11
우크라이나	15	4	2	2
스웨덴	8	5		
독일	7	29		
벨기에	7	1		
스페인	7	3		
체코	6			2
스위스	5	1		
파키스탄	5		2	1
대만	4	2	2	
슬로바키아	4	3	2	
핀란드	4		1	1
헝가리	4			2
아르헨티나	3		1	2

국가명	운전	정지	건설	계획
남아프리카공화국	2			
루마니아	2			2
멕시코	2			
불가리아	2	4		0
브라질	2		1	
네덜란드	1	1		
슬로베니아	1			
아르메니아	1	1		1
이란	1			4
리투아니아		2		
방글라데시			1	1
베트남				4
벨라루스			2	
아랍에미리트연합국			4	
요르단				1
이집트				2
이탈리아		4		
인도네시아				1
카자흐스탄		1		0
터키			1	3
폴란드				6
합계	451	168	57	153

* 출처: 한국원자력산업회의

라스무센 보고서는 무엇인가?

매사추세츠 공과대학^{MIT}의 라스무센^{Norman Rasmussen}은 미국 원자력 위원회에서 원자력 발전소의 안정성에 관한 조사를 했다. 1975년에 행해진 이 조사는 비용이 400

만 달러나 들고 시간이 3년이나 걸릴 만큼 대규모였다. 이 보고서는 최악의 사고가 일어날 가능성은 천만 분의 1로 매우 적다고 결론지었다. 여기서 최악의 사고는 사고 초기에 3,000명이 사망하고 오염으로 140억 달러의 재산 피해가 발생하는 것을 말한다. 이러한 사고로 후에 매년 1,500명이 암에 걸릴 수 있다. 또한 이 조사는 원자력 발전소의 안전장치들이 발전소가 녹아내리는 경우에도 최악의 결과를 방지할 수 있다고 결론지었다. 일부에서는 라스무센 보고서가 위험을 지나치게 축소했다고 비판했다. 1986년에 있었던 체르노빌 사고 이후 일부 과학자들은 대규모 원자력 발전소 사고가 10년마다 일어날 수 있다고 추정했다.

체르노빌 사고의 원인은 무엇이었나?

우크라이나의 체르노빌 원자력 발전소에 있었던 사고는 역사상 최대의 원자력 발전소 사고였다. 이 사고로 우크라이나 공화국 인구의 20%(220만 명)가 직간접으로 영향을 받았다.

1986년 4월 26일 오전 1시 23분 40초에 운영자가 발전소의 운용에 대해 더 많은 것을 배우기 위해 의도적으로 안전장치를 해제하고 허가되지 않은 실험을 실시했다. 이 과정에서 네 개의 원자로 중 하나가 갑자기 과열되면서 냉각수가 증기로 변했다. 그리고 증기에서 발생한 수소가 흑연 감속제와 반응하여 두 번 폭발하면서 화재가 발생했다. 이 폭발로 1,000톤의 원자로 뚜껑이 날아갔고, 방사성 폐기물이 공중으로 날아올랐다. 또한 3.5%의 원자로 연료와 10%의 흑연 감속제가 공기 중으로 유출된 것으로 추정된다. 인간의 실수와 설계 결함이 사고 원인으로 지적되었다.

화재를 진압하는 과정에서 31명이 목숨을 잃었고, 240명 이상이 심각한 방사능으로 인한 질환을 앓았다. 이 사고로 발전소 주변에 살던 15만 명의 주민이 이주했다. 그중 일부는 다시는 집으로 돌아올 수 없었다. 폭발로 날아간 방사성 물질 중에 포함되어 있던 세슘 137은 바람에 의해 서부로 날아가 유럽 전역을 오염시켰다.

체르노빌 원자력 발전소 사고는 광범위하고 심각한 문제를 야기했고 아직도 계속되고 있다. 1990년과 1991년 사이에 벨라루스의 어린이들이 갑상선암에 걸리는 비율이

5배나 증가한 것은 문제가 아직도 계속되고 있다는 것을 나타낸다. 가장 큰 영향을 받았던 고멜과 모길료프 어린이들의 일반적인 질병률이 높은 것도 이 사고 때문이다.

녹아내리는 것은 무엇이며 중국 신드롬과는 무슨 관계가 있는가?

원자로의 중심부가 녹아내려 많은 양의 방사능이 유출되는 것은 원자력 발전소 사고의 한 형태이다. 대부분의 경우에 원자로를 둘러싸고 있는 커다란 방호벽이 방사능 물질이 유출되는 것을 막아준다. 그러나 녹아내린 부분의 온도가 매우 높아 건물의 바닥을 뚫고 지하 깊숙이 침투할 가능성도 있다. 원자핵 공학자들은 이러한 경우를 '중국 신드롬'이라고 부른다. 이 말은 원자로가 녹아내렸을 때 일어날 수 있는 일에 대해 벌이던 이론적인 토론에서 유래했다.

한 과학자가 녹은 원자로의 핵심 부분이 지구를 뚫고 북아메리카의 반대쪽에 있는 중국으로 나올 수도 있다고 말했다. 이는 과장된 표현이었지만 어떤 사람들은 그 말을 심각하게 받아들였다. 실제로 녹아내린 원자로는 지하로 10m 이상 내려갈 수 없다. 이 깊이로 가는 것만으로도 엄청난 영향을 가져올 것이다. 모든 원자로는 이러한 사고가 일어나는 것을 방지하기 위한 설비를 갖추고 있다.

측정

여러 가지 연료 1갤런(약 3.78리터)의 무게는 얼마인가?

연료	부탄	프로판	등유	휘발유	항공유
갤런당 무게(kg)	2.2	1.9	3.1	2.7	2.9~3.2

석유 1배럴의 무게는 얼마나 되는가?

석유 1배럴의 무게는 139kg이다.

1배럴은 몇 갤런인가?

석유 1배럴은 42갤런(미국)으로 약 159리터에 해당된다.

여러 가지 에너지원의 에너지는 얼마나 되나?

다음 표는 각 에너지원의 에너지를 비교한 것이다(1BTU는 약 0.252kcal이다).

에너지 단위	해당하는 에너지원
1BTU	성냥 한 개, 250cal, 0.25kcal
1,000BTU	2.5온스 포도주, 250kcal, 0.8개의 피넛 버터 젤리 샌드위치
100만BTU	90파운드 석탄, 120파운드 마른 목재, 8갤런의 휘발유, 11갤런의 프로판, 노동자가 2개월 동안 섭취하는 음식
1,000조BTU	4,500만 톤의 석탄, 6,000만 톤의 마른 목재, 1조ft^{3}의 천연가스 1억 7,000만 배럴의 석유, 1년 동안 매일 47만 배럴의 석유를 사용 28일 동안 미국이 수입하는 석유, 26시간 동안 전 세계가 소모하는 에너지
1배럴의 석유	5,600ft^{3}의 천연가스, 0.26톤의 석탄, 1,700kWh의 전기 에너지
1톤의 석탄	3.8배럴의 석유, 21,000ft^{3}의 천연가스, 6,500kWh의 전기 에너지
1,000ft^{3}의 천연가스	0.18배럴의 석유, 0.05톤의 석탄, 300kWh의 전기 에너지
1,000kWh의 전기 에너지	0.59배럴의 석유, 0.15톤의 석탄, 3,300ft^{3}의 천연가스

전기를 생산하는 동안의 에너지 손실 때문에 1,000kWh의 전기 에너지를 생산하는 데는 해당하는 양의 3배인 1.8배럴의 석유, 0.47톤의 석탄, 10,000ft3의 천연가스가 필요하다.

여러 가지 연료의 열량은 어떻게 되나?

열량	BTU	계량 단위
석유	141,000	갤런
석탄	31,000	파운드
천연가스	1,000	ft^3
증기	1,000	ft^3
전기	3,413	kWh
휘발유	124,000	갤런

1BTU는 1파운드의 물을 1℉ 높이는 데 필요한 열량으로 약 0.252kcal이다.

1,000조BTU의 에너지와 같은 열량을 가지는 연료의 양은?

1쿼드릴리온^{quadrillion}은 다음의 연료가 가지고 있는 열량과 같은 양의 에너지이다.

1×10^{15}BTU의 에너지

252×10^{15}cal 또는 252×10^{12}kcal

6억 8,100만 리터의 석유

280억m^3의 천연가스

3,788만 톤의 무연탄

3,846만 톤의 역청탄

2,500톤의 우라늄 광석(U_3O_8)

2.93×10^{11}kWh의 전기 에너지

난방도일은 어떻게 정의되는가?

20세기 초에 엔지니어들은 난방 연료가 필요한 양을 계산하는 지표로 난방도일$^{heating\ degree\ day}$의 개념을 개발했다. 그들은 일평균 기온이 18℃(65℉)보다 낮으면 대

부분의 건물은 21℃를 유지하기 위해 난방을 해야 한다는 것을 발견했다. 평균 기온이 18℃보다 낮은 경우 18℃에서 그 온도를 뺀 값(섭씨온도로 계산한 값)이 난방도일의 값이다. 이 값이 클수록 실내 온도를 21℃로 유지하기 위해 더 많은 연료를 소비해야 한다. 예를 들면 평균 기온이 1.5℃(35℉)인 날은 평균 기온이 10℃(50℉)인 날보다 거의 두 배의 난방 연료가 필요하다. 난방도일 개념은 연료 회사가 수요를 예측하고 그에 따른 조치를 하는 데 유용하다. 미국 기상청의 경우 자세한 날짜별, 월별, 계절별 난방도일에 대한 자료를 제공하고 있다.

냉방도일cooling degree day은 무엇을 뜻하나?

건물 냉방에 필요한 연료의 양을 추정하는 데 사용되는 단위이다. 일평균 기온이 24℃(75℉) 이상일 때 일평균 기온에서 24℃(75℉)를 뺀 값(화씨온도로 계산한 값)이다.

전기나 가스의 사용량은 어떻게 재나?

예전에 사용하던 전기나 가스 계량기는 에너지 사용량을 나타내기 위해 네 개나 다섯 개의 다이얼을 가지고 있었다. 다이얼은 좌측에서 우측으로 읽었다. 만약 포인터가 두 숫자 사이에 머문 경우에는 작은 숫자를 읽었다. 전기는 kWh의 단위로 사용량을 나타내고 가스는 부피(m³)를 이용하여 사용량을 나타낸다. 새로운 계량기는 디지털 디스플레이를 가지고 있다.

1코드는 얼마나 많은 양의 목재를 나타내나?

1코드의 목재는 1.2m×1.2m×2.4m의 목재를 나타낸다.

소비와 보존

가장 많은 에너지를 소비하는 나라는 어디인가?

전 세계 에너지 소비량 (2017년)

국가	에너지 소비량(Mtoe)
중국	3,105
미국	2,201
인도	934
러시아	744
일본	429
독일	314
대한민국	296
브라질	291
캐나다	287
아란	253
프랑스	243
인도네시아	240

현재대로 에너지를 사용한다면 에너지원이 얼마나 갈까?

추정에 의하면 현재 석유 매장량은 앞으로 50년간 세계에 에너지를 공급할 수 있는 양이다. 석탄과 천연가스의 매장량도 늘어나고 있는 추세이다. 천연가스는 그 수요가 완만하게 증가한다면 60년 정도는 공급할 수 있을 것이다. 석탄의 공급도 2225년까지는 중단되지 않을 것이다. 새로 발견될 화석 에너지와 새로 개발될 에너지 확보 기술을 고려하면 에너지의 총공급량은 현재 세계 연간 에너지 소비량의 600배는 될 것이다.

에너지 스타 프로그램은 어떻게 에너지 효율을 높이고 있는가?

에너지 스타는 정부와 기업체의 공동 프로젝트로 기업체와 소비자에게 미래 세대를 위해 환경을 보호하면서 돈을 절약하게 하여 에너지 효율을 높이려는 것이다. 1992년에 미국 환경청은 온실기체를 줄이는 에너지 효율이 높은 상품에 라벨을 붙여 소비자들이 쉽게 알아보고 고르게 하는 자발적인 프로그램을 도입했다. 최초로 이 라벨을 붙인 상품은 컴퓨터와 모니터였다. 현재 에너지 스타 라벨은 주요 가정용품, 사무용품, 조명기구, 전자제품 등에 붙어 있다.

환경청은 에너지 스타 라벨을 새로운 주택, 상업용 건물이나 기업용 건물에도 적용했다. 또 7,000개가 넘는 사조직 및 공공단체와 연계하여 소비자들이 에너지를 효율적으로 사용하는 데 필요한 기술적인 정보와 방법을 제공하고 있다.

에너지 스타는 효율적인 에너지 소비 운동을 성공적으로 펼쳐 소비자, 기업, 단체들이 연간 50억 달러를 절약하도록 했다. 그리고 LED 교통 신호등, 에너지 효율이 높은 형광등의 사용, 사무실의 에너지 절약 시스템, 대기 에너지의 최소화 등과 같은 에너지를 절약할 수 있는 새로운 기술이 널리 사용되게 하는 데도 크게 기여했다.

화물 퀼트는 무엇인가?

화물 퀼트는 온도에 민감한 화물의 냉장 보관 대용으로 개발된 것이다. 화물이 트레일러나 컨테이너에 적재되면 화물 퀼트를 덮는데, 이것은 보온병과 같은 역할을 한다. 그리하여 뜨겁거나 차가운 화물의 온도를 30일 동안 유지할 수 있다.

가정용 난로 온도조절기의 온도를 낮추면 얼마나 많은 돈을 절약할 수 있을까?

실험 결과에 의하면 온도조절기의 온도를 2.6℃ 낮출 때 10%의 연료를 절약할 수 있다.

에어컨의 온도를 높이면 얼마나 많은 에너지가 절약될까?

실내 온도를 0.55℃ 높이면 에어컨이 소비하는 에너지가 3% 감소한다. 만약 미국의 모든 소비자가 실내 온도를 3.3℃ 높인다면 매일 19만 배럴의 석유를 절약할 수 있다.

주택이 적절하게 단열되어 있다면 얼마나 많은 에너지가 절약될까?

주택이 폴리스티렌과 같은 단열재로 단열 처리된다면 50년 동안에 80톤의 난방용 기름을 절약할 수 있다. 이것은 승객을 가득 실은 점보제트기가 프랑크푸르트에서 뉴욕까지 비행할 수 있는 양이다.

다른 종류의 전기기구의 에너지 효율을 비교하는 것이 가능한가?

1980년에 미국에서는 연방 정부의 전기기구 표시에 관한 규칙이 발효되었다. 이것은 새로운 냉장고, 냉동고, 온수기, 식기세척기, 세탁기, 에어컨, 열펌프, 난로, 보일러에 에너지 가이드 라벨을 붙이도록 하고 있다. 가정에서 사용하는 전기기구에는 각각 밝은 노란색 바탕에 검은 글씨로 에너지 소비량과 비용을 명시한 라벨을 붙여야 한다. 또한 이 라벨에는 연간 에너지 소비량의 추정치와 비슷한 다른 제품과 비교한 등급을 표시해야 한다. 이 등급은 비슷한 제품의 최소 에너지 소비량과 최대 에너지 소비량을 보여준다.

각종 전기제품은 얼마나 많은 전기 에너지를 사용하고 있을까?

전기제품이 사용하는 전기 에너지의 양을 계산하는 공식은 전력(W)×사용 시간(h) ÷1000＝kWh/일이다. 여기에다가 연간 사용일수를 곱하면 연간 에너지 사용량을 알 수 있다. 아래 표는 여러 가지 전기제품의 연간 에너지 소비량을 나타낸다.

전기제품	사용 시간	연간 에너지 소비량 (kWh)
시계 라디오	매일 24시간	44
세탁기	일주일 2시간	31
커피포트	매일 30분	128
제습기	매일 12시간	700
식기세척기	매일 1시간	432
전기담요	매일 8시간, 연간 120일	175
난로 팬	매일 12시간	432
헤어드라이어	매일 15분	100
다리미	매주 1시간	52
전자오븐	매주 2시간	89
이동식 히터	매일 3시간 , 연간 120일	540
스테레오라디오	매일 2시간	73
냉장고(소형)	매일 24시간	642
냉장고(대형)	매일 24시간	683
컬러텔레비전	매일 4시간	292
토스터	매일 1시간	73
진공청소기	매주 1시간	38
VCR	매일 4시간	30
온수기	매일 2시간	2,190
물 펌프	매일 2시간	730
선풍기	매일 4시간 , 연간 120일	270
창문용 팬	매일 4시간 , 연간 180일	144

가스등이 발명된 것은 언제인가?

1799년 르봉^{Philippe Lebon}이 나무에서 증류한 가스를 이용한 램프를 특허 등록했다. 1802년에는 머독^{William Murdock}이 영국 버밍엄에 있는 공장에 가스등을 설치했다. 이러한 실내 조명장치의 발명과 확산으로 상업과 생산에 큰 변화를 가져왔다.

형광등은 백열전구에 비해 어떤 장점이 있나?

형광등은 백열전구에 비해 수명이 10배 더 길다. 그리고 에너지 소비량이 4분의 1에 지나지 않는다. 또한 더 많은 빛을 내면서도 발생하는 열은 90%나 적다. 예를 들면 27W의 형광등은 1,800루멘의 빛을 내는데 이것은 100W의 백열전구가 1,750루멘의 빛을 내는 것과 비교된다. 무엇보다 형광등은 오랫동안 불을 켜놓는 곳에서 가장 효율적이다.

에너지를 절약하기 위해서는 형광등을 언제 꺼야 하나?

형광등은 불을 켤 때 많은 에너지를 소모한다. 자주 불을 켜고 끄면 형광등의 수명이 단축되고 에너지 효율도 떨어진다. 한 시간 이상 사용하지 않을 때만 형광등을 꺼놓는 것이 효율적이다.

창문의 에너지 효율을 높이기 위해 어떤 변화를 주었나?

최근까지는 깨끗한 유리가 창문에 주로 사용되었다. 그러나 유리는 태양열을 잘 통과시키고 열의 흐름도 잘 차단하지 못한다. 지난 20년 동안에 창문과 관계된 기술이 크게 발전했다. 최근에는 열효율을 높일 수 있는 다양한 형태의 창문이 사용되고 있다. 이중창과 삼중창도 사용되고 있으며, 투과율이 낮은 유리, 특정한 파장만 통과시키는 유리, 열을 흡수하는 유리, 반사율이 큰 유리 또는 이런 여러 특성을 함께 가지는 유리로 만든 창문이 개발되어 있다. 또한 단열효과를 높이기 위해 크세논, 아르곤, 크립톤과 같은 기체를 채운 창문도 있다.

자동차의 주행 속도는 연비에 어떤 영향을 주나?

대부분의 자동차는 112km/h의 속도보다 80.5km/h의 속도에서 같은 양의 휘발유로 28% 더 먼 거리를 운행할 수 있다. 그리고 88.5km/h의 속도에서는 112km/h의 속도에서보다 21%의 거리를 더 달릴 수 있다.

알루미늄 캔 하나를 재생하면 에너지를 얼마나 절약할 수 있을까?

알루미늄 캔 하나를 재생하면 텔레비전을 4시간 보는 데 사용하는 에너지 또는 1.9리터의 휘발유가 가진 에너지와 같은 양의 에너지를 절약할 수 있다고 한다. 1톤의 알루미늄을 생산하는 데는 4,086kg의 보크사이트와 463kg의 석유가 필요하다. 그러므로 알루미늄 캔을 재생하면 95%의 광석을 절약할 수 있고 알루미늄 생산에 필요한 에너지의 90%를 절약할 수 있다.

자동차의 창문을 열고 주행하는 것과 닫고 에어컨을 켜고 주행하는 것 중 경제적인 것은?

속도가 64km/h보다 빠를 때는 창문을 닫고 에어컨을 켜고 주행하는 것이 창문을 열고 주행하는 것보다 더 경제적이다. 이것은 공기의 드래그 효과 때문이다. 드래그 효과는 자동차가 공기와 같은 유체 속을 통과할 때 받는 저항이다. 자동차의 경우 드래그 효과를 이기는 데 필요한 엔진의 파워는 속도의 세제곱에 비례한다. 따라서 속도가 두 배 빨라지면 엔진의 파워는 8배 증가해야 한다. 예를 들면 속도 64km/h에서 공기의 저항을 이기기 위해서는 5마력이 필요하지만 속도가 128km/h일 때는 40마력이 필요하다. 한편 드래그 효과를 줄이는 공기 역학적 설계로 연료의 효율이 크게 향상되었다. 1990년에 생산된 자동차의 평균 드래그 계수는 0.4였다. 1960년대에는 이 수치가 0.5였고, 1970년대에는 0.47이었다. 바퀴를 달고 운행하는 자동차의 가능한 최소 드래그 계수는 0.15이다.

언제 자동차 엔진을 끄는 것이 그대로 두는 것보다 경제적인가?

미국 환경청의 실험 결과에 의하면 서 있는 시간이 60초 이상이면 엔진을 껐다가 다시 켜는 것이 그대로 두는 것보다 경제적이다.

공기압이 낮은 타이어는 얼마나 많은 연료를 낭비하나?

연료를 절약하기 위해서는 타이어의 적정한 공기 압력을 유지해야 한다. 공기압이 낮은 타이어는 91리터의 휘발유 중 4.5리터를 낭비한다. 타이어의 옆면에 표시된 최대 압력까지 공기를 채우면 마찰이 작아져서 연료의 낭비를 줄일 수 있다.

여러 가지 교통기관은 얼마나 많은 에너지를 소비하나?

교통수단	승객 수	승객 1인당 에너지 소비량(kJ/km)
자전거	1	53
자동차	4	395
오토바이	1	1,384
버스	45	395
지하철	1,000	593
747 제트기	360	2,268

여러 가지 비행기의 연료 소비량은 얼마나 되는가?

비행기	승객 수	연료 소비량(리터/1,000km)
737	128	3,785
737 연장	188	4,052
747−400	413	15,576
SST 콩코드	126	15,141
DHC−8	37	2,330
F−15 전투기	1	1,774
군용화물기 C−17	126,000파운드 화물	12,562

환경

생태계, 자원

생물다양성이란 무엇인가?

생물다양성이란 한 종 안에서의 다양성, 종의 숫자의 다양성, 자연계 안에서 종의 다양성, 세계에 분포하는 생태계와 자연계 분포의 다양성을 통틀어 일컫는 말이다. 일부 과학자들은 지구에 1,500만에서 1억 종의 생명체가 살고 있다고 주장한다. 생물의 다양성은 역사상 다른 어느 때보다도 가장 심각하게 위협받고 있다. 북아메리카에 사람들이 정착한 후 500종 이상의 식물과 동물이 멸종되었다. 현재 미국에서는 생물다양성을 위협하는 예를 많이 찾아볼 수 있다. 미국의 50%에서는 이제 더 이상 토종 식물이 자라지 않는다. 대평원에서는 99%의 초원이 사라졌다. 그리고 미국 전체에서 매년 10만 에이커의 습지가 파괴되고 있다.

바이옴이란 무엇인가?

넓은 지역을 차지하고 있는 식물이나 동물로 이루어진 생물군집을 말한다. 기후, 지질, 토양의 형태, 물, 위도와 같은 환경요소와의 복잡한 상호작용이 특정 지역에 살아가고 있는 식물이나 동물의 종을 결정한다. 바이옴^{biome}이라고 부르는 14개의 주요 생물군집 지역이 다섯 개의 주요 기후 지역과 여덟 개의 동물 지리적 지역에 걸쳐 분포한다. 중요한 생물군집에는 툰드라, 침엽수림, 활엽수림, 초원, 사바나, 사막, 관목, 열대우림이 있다.

육수학은 무엇인가?

육수학^{limnology}은 호수, 연못, 냇물과 같은 민물 생태계를 연구하는 학문이다. 이러한 생태계는 온도가 극단적인 경우가 많아 해양 생태계보다 훨씬 취약하다. 육수학에서는 화학, 물리, 생물학적으로 민물을 연구한다. 스위스의 포렐^{F. A. Forel, 1841~1912}은 육수학의 아버지라고 불린다.

애리조나 투손 부근에 있는 소노란 사막 생태계에서 사와로 선인장이 자라고 있다.

먹이사슬은 어떻게 작동하는가?

1891년에 독일의 동물학자 젬퍼^{Karl Semper}가 먹이사슬의 개념을 제안했다. 먹이사슬은 먹고 먹히는 관계를 통해 식물의 에너지를 여러 종류의 생명체로 전달한다. 먹이사슬을 이루는 단계는 대개 넷 또는 다섯 개이다. 먹이사슬의 가장 아래 단계는 식물이다. 식물을 먹고 사는 초식동물은 먹이사슬의 두 번째 단계를 형성한다. 세 번째 단계는 늑대와 같이 초식동물을 먹고 사는 육식동물이다. 그리고 네 번째 단계는 육식 고래와 같이 육식동물을 먹고 사는 동물이다. 많은 생물들은 하나 이상의 먹이를 먹고 살기 때문에 먹이사슬은 겹치게 마련이다. 따라서 먹이사슬은 사슬보다는 그물처럼 보인다.

먹이그물은 무엇인가?

먹이그물은 먹이사슬이 서로 연결되어 만들어진다. 많은 동물들은 한 종류의 동물이나 식물만을 먹고 사는 것이 아니라 여러 가지 다른 종류의 먹이를 먹는다. 다양한 종류를 먹는 동물은 한 종류만 먹는 동물보다 살아남을 확률이 크다. 그러므로 복잡한 먹

부영양화 상태의 호수

양분

열 공해

밀집된 수생 식물

림네틱 존
높은 밀도의 영양분과 플랑크톤

프로펀달 존

벤딕 존
침전물이 계속해서 저수지 바닥을 메움

침니, 모래, 진흙 바닥

이그풀은 생태계를 더욱 안정하게 유지한다.

킬러 알개 killer algae 는 무엇인가?

1980년대에 모나코의 해양 박물관이 수족관을 청소하는 과정에서 초록색 조류를 바다에 버렸다. 이 조류는 현재 프랑스, 스페인, 이탈리아, 크로아티아 해안의 32,000에이커를 점령하고 지중해의 생태계를 파괴하고 있다. 계속해서 지중해로 더 넓게 퍼져 나가고 있지만 막을 방법이 없다.

부영양화란 무엇인가?

부영양화란 호수나 연못에 식물의 영양소가 증가하는 현상을 말한다. 부영양화가 진행되면 식물이 지나치게 생장하여 물이 흐르던 곳이 마른 땅으로 변하기도 한다.

토양에서 쓸려 나온 천연 비료도 식물의 생장을 촉진해서 식물의 밀도가 지나치게 높아진다. 식물이 죽으면 분해에 참가하는 생물들이 물속의 산소를 고갈시켜 물고기들을 죽게 만든다. 죽은 식물과 동물의 잔해가 쌓여 깊은 호수가 얕아지고, 다음에는 습지로 그리고 마침내는 육지로 바뀐다.

사람들의 활동은 자연적으로 진행되는 부영양화의 속도를 가속한다. 농장에서 사용하는 비료, 하수, 산업 폐기물, 일부 세제가 문제를 더욱 심각하게 만든다.

남극의 오존 구멍은 얼마나 큰가?

오존에 관한 보도를 할 때 언론에서 구멍이라는 말을 자주 사용한다. 그러나 그것은 오존 밀도가 낮은 지역이라고 해야 정확하다. 2000년 9월에 미항공우주국 NASA의 과학자들은 1985년에 처음 발견된 남극의 오존 구멍이 지금까지 발견된 것 중에서 가장 큰 규모인 $2,850$만km^2라고 발표했다.

습지는 어떤 역할을 하는가?

습지는 육지와 물 사이에 있는 늪지나 소택지와 같은 장소를 가리킨다. 현재 과학자들은 습지가 수질을 향상하고 수면의 높이를 조절하며, 홍수를 예방하고 다양한 생명체의 보금자리가 된다는 면에서 중요한 역할을 한다는 것을 알게 되었다. 미국에서는 영국 식민지 시대부터 1970년대까지 1억 에이커의 습지가 사라졌다. 1993년의 습지 복원 계획은 소실된 습지 10만 에이커를 회복하려는 목표를 세웠다.

오존은 지구 생명체에게 어떤 이익을 주나?

두 개의 산소 원자로 이루어진 보통의 산소 분자와 달리 세 개의 산소 원자로 이루어진 오존은 독성이 강해서 공기 중에 100만 분의 1만 포함되어도 사람의 몸에 해롭다. 그러나 지구 대기층의 상층부(성층권)에 있는 오존은 지구에 생명체가 살아가는 데 중요한 요소가 된다. 지구의 오존 약 90%가 오존층에 존재한다. 오존층은 태양에서 오는 자외선이 지구로 들어오는 것을 막아준다. 과학자들은 오존층이 사라지거나 얇아지면 피부암, 면역체계의 약화, 백내장과 같은 건강 문제를 일으킬 것이라고 예측하고 있다. 자외선이 증가하면 식량 생산이 줄어들고, 해양 생태계에 혼란이 와서 바다의 먹이사슬이 교란될 수 있다.

오존은 성층권에 있으면 이롭지만 지상 근처에 있으면 오염원이 되어 광화학 스모그와 산성비의 원인이 된다.

온실효과란 무엇인가?

온실효과는 지구의 대기가 태양의 열기를 가두어 지상의 온도가 증가하는 현상을 말한다. 이때 대기는 온실의 유리와 같은 역할을 한다. 온실효과는 틴들[John Tyndall, 1820~1893]이 1861년에 발견했다. 온실효과라는 말은 1896년에 스웨덴의 화학자 아레니우스[Svante Arrhenius, 1859~1927]가 대기의 작용이 온실과 유사하다는 의미에서 붙였다. 온실효과는 지구에 생명체가 살아갈 수 있는 환경을 만든다. 공기 중에 수증기, 이산화탄소 그리고 다른 기체들이 포함되어 있지 않다면 많은 열이 지구 밖으로 빠져나가 지구는 너무 추워서 생명체가 살 수 없을 것이다. 이산화탄소, 메테인, 산화질소와 같은 온실기체들은 지구가 방출하는 적외선을 흡수하여 대기 안에 남아 있게 한다.

20세기에는 대량의 화석연료 사용으로 인한 대기 중의 이산화탄소 증가가 관심을 끌고 있다. 지구 평균 온도의 상승이 이산화탄소의 증가 때문인지 아니면 다른 원인인지에 대해서는 이견이 있다. 화산활동, 열대우림의 파괴, 농경지의 증가 역시 온도 상승의 원인일 수 있다.

정상적인 수준의 온실기체를 포함한 대기(좌)와 온실기체가 증가된 대기(우)의 비교

성층권의 오존층이 감소되는 원인은 무엇 때문인가?

1970년대의 연구는 프레온이 오존층의 감소와 관계가 있다는 것을 밝혀냈다. 1978년에 미국에서는 프레온의 사용이 금지되었고, 1987년에는 세계 각국이 프레온을 비롯한 오존층을 감소시키는 물질의 사용을 줄이겠다는 몬트리올 의정서가 채택되었다.

온실기체는 무엇인가?

과학자들은 이산화탄소(CO_2), 메테인(CH_4), 염화불화탄소(CFCs), 산화질소(N_2O)와 수증기를 가장 중요한 온실기체라고 생각한다. 온실기체는 지구 대기의 1% 이하를 차지하고 있다. 이 기체들은 열이 지구 밖으로 빠져나가는 것을 막아 대기층에 가둔다. 휘발유의 사용과 같은 인간의 활동이 대기 중에 이산화탄소와 산화질소가 증가하는 주요 원인이다.

미국의 온실기체 방출량(1990~2000) (단위: 백만 톤)

기체	1990	1995	1996	1997	1998	1999	2000
이산화탄소	4,969	5,273	5,454	5,533	5,540	5,630	5,805
메테인	31.7	31.1	29.9	29.6	28.9	28.7	28.2
산화질소	1.2		1.2	1.2	1.2	1.2	1.2
프레온 등	*	*	*	*	*	*	*

*는 5만 톤 이하

엘니뇨는 왜 해로운가?

해마다 연말이 되면 남아메리카의 서부 해안을 따라 영양분을 포함하지 않은 적도 지방의 따뜻한 해류가 남쪽으로 흘러 영양분이 풍부한 차가운 물을 밀어낸다. 이러한 일이 크리스마스 즈음에 일어나기 때문에 그 지역 주민들이 스페인어로 어린이를 뜻하는 니뇨라는 말을 붙여 그리스도의 어린이라는 의미를 가진 엘니뇨라고 부르기 시작했다. 과학자들은 바닷물의 온도가 높아지는 현상을 엘니뇨라고 부른다.

대부분의 경우에 이러한 현상은 몇 주 정도 지속된다. 만약 엘니뇨가 여러 달 지속되면 경제가 큰 타격을 입을 수도 있다. 엘니뇨 현상이 심한 해에는 많은 수의 물고기와 해양 식물이 죽는다. 죽은 생명체의 분해로 물속의 산소 함량이 줄어들고 다량의 황화수소를 내는 세균이 증가한다. 물고기(특히 멸치)의 감소는 세계 생선 공급량을 줄여 물고기를 먹이는 동물이나 가금류의 가격이 상승하게 된다. 멸치와 정어리는 바다사자나 물개와 같은 해양 동물의 주요 먹이이다. 먹이가 줄어들면 이 동물들은 먹이를 구하기 위해 더 먼 거리를 여행해야 한다. 그래서 많은 바다사자와 물개가 굶어 죽을 뿐만 아니라 많은 수의 새끼 동물들도 죽는다. 1997년에서 1998년 사이에 있었던 엘니뇨는 2,100명의 목숨을 앗아갔고, 330억 달러의 재산 피해를 가져왔다.

지구 표면의 몇 %가 열대우림인가?

열대우림은 770만km²로 지구 표면의 약 7%를 차지한다.

열대우림에서 생물의 멸종 속도는 얼마나 되나?

생물학자들은 열대우림에 지구 생명체의 약 절반이 살고 있다고 추산한다. 열대우림에는 155,000에서 250,000종의 식물과 수많은 곤충, 동물이 살고 있다. 그러나 매일 약 100종의 생명체가 멸종된다. 이것은 매시간 네 종류의 생명체가 사라진다는 것을 뜻한다. 이런 속도로 멸종이 계속된다면 10년마다 5~10%의 열대우림 생명체가 멸종될 것이다.

적조 현상은 무엇이고 그 원인은 무엇인가?

적조란 바다, 강, 호수의 물이 갈색이나 붉은색으로 변하는 현상을 말한다. 이것은 조류들의 갑작스런 증식으로 발생한다. 일부 적조 현상은 직접적인 해가 없지만 갑자기 조류가 대량으로 번식하는 블룸 현상이 일어날 때는 많은 수의 물고기가 죽을 수도 있다. 일부 적조 현상은 오염된 먹이를 먹은 조개나 새들 심지어는 인간까지도 독성의 피해를 볼 수 있다. 아직도 과학자들은 왜 블룸 현상이 나타나는지 충분히 밝혀내지 못하고 있다.

가장 큰 열대우림은 어디인가?

가장 큰 열대우림은 아마존 열대우림으로 면적이 690만km²나 된다.

산림은 얼마나 빠르게 감소하고 있나?

농경, 지나친 벌목, 산불은 산림이 줄어드는 주요한 원인이다.

산림 면적의 변화(1990~2000)

지역	1990년 면적 (천ha)	2000년 면적 (천ha)	연간 변화 면적 (천ha)	연간 변화율 (%)
아프리카	702,502	649,866	−5,262	−0.8
아시아	551,448	547,793	−364	−0.1
유럽	1,030,475	1,039,251	881	0.1
북중미	555,002	549,304	−570	−0.1
오세아니아	201,271	197,623	−365	−0.2
남아메리카	922,731	885,618	−3,711	−0.4
전 세계	3,963,429	3,869,455	−9,391	−0.2

** ha = 헥타르 = 10,000m²

열대우림은 얼마나 빠르게 파괴되고 있는가?

열대우림은 한때 16억ha나 되었다. 그러나 현재 열대우림은 거의 반이 사라졌다. 대략 3,380만 에이커의 열대우림이 매년 사라지고 있다. 이것을 월로 환산하면 280만 에이커가 되고, 하루로 환산하면 93,000에이커, 한 시간으로 환산하면 3,800에이커, 그리고 1분에 사라지는 열대우림의 면적은 64에이커가 된다. 1년에 사라지는 열대우림의 면적은 뉴햄프셔, 버몬트, 매사추세츠, 로드아일랜드, 코네티컷, 뉴저지 그리고 델라웨어를 모두 합한 넓이와 같다. 이런 속도라면 21세기 중반에는 모든 열대우림이 사라질 것이라고 과학자들은 예측하고 있다.

열대우림은 왜 중요한가?

세계에서 처방되고 있는 약의 절반이 열대우림에서 생산되는 물질로 만들어진다. 미국의 국립 암연구소는 열대우림에서 자라는 2,000여 종의 식물이 암의 치료에 사용될 가능성이 있다고 발표했다. 고무, 목재, 껌, 수지, 왁스, 살충제, 윤활유, 과일, 향신료, 염료, 스테로이드, 라텍스, 식용유, 대나무 등이 열대우림의 감소로 직접적인 영향을 받을 것이다.

가장 많은 보호구역을 가지고 있는 나라는 어디인가?

보호구역에는 국립공원, 국립 기념지역, 자원 보존지역이 포함된다. 전 세계에는 전체 면적의 10%가 넘는 44,300에이커의 보호구역이 있다.

국가	보호구역 면적(km^2)	비율(%)
베네수엘라	563,056	61.7
그린란드	1,025,405	45.2
사우디아라비아	825,717	34.4
미국	2,336,406	24.9
인도네시아	357,425	18.6
오스트레일리아	1,025,405	13.4
캐나다	925,226	9.3
중국	682,410	7.1
브라질	557,656	6.6
러시아	529,067	3.1

산불 예방 캠페인의 상징인 스모키 더 베어는 언제부터 사용되었나?

스모키 더 베어의 기원은 제2차 세계대전 동안에 미국 산림청이 안정적으로 목재를 공급하기 위하여 주민들에게 한 산불 예방 교육에서 시작되었다. 산림청은 전쟁 홍보실에 산불 예방을 위한 홍보를 지원해줄 것을 요청했고, 이에 의해 유명한 동물 화가였던 스텔레Albert Staehle 가 1944년에 스모키 더 베어의 캐릭터를 완성했다. 1944년 이래 스모키 더 베어는 미국은 물론 캐나다, 멕시코에서 산불 예방의 상징이 되었다. 이 캠페인은 미국 역사상 가장 오래 지속된 공공 캠페인이다. 1947년에는 로스앤젤레스 광고 대행사가 "오직 당신만이 산불을 막을 수

스모키 더 베어는 1944년 이래 산불 예방을 위한 아이콘으로 사용되고 있다.

있습니다"라는 광고 문구를 만들었다. 50년 이상 지난 2001년 4월 23일 이 유명한 표어는 2000년에 일어났던 야외 화재를 반영하여 "오직 당신만이 야외 화재를 막을 수 있습니다"로 바뀌었다. 1950년에는 소방관들이 뉴멕시코의 캐피털 산에서 일어난 산불에서 수컷 곰 새끼 한 마리를 구조하여 이 캠페인의 살아 있는 마스코트로 삼았다. 워싱턴에 있는 국립 동물원으로 보내진 이 곰은 1976년에 죽을 때까지 산불 예방의 상징으로 활약했다. 이 곰은 죽은 후에 뉴멕시코 캐피턴에 있는 스모키 더 베어 주립 역사 공원에 묻혔다.

매 피난소는 어디인가?

1934년 철새인 매와 독수리에게 피난처를 제공하기 위해 펜실베이니아 해리스버그 부근에 있는 키타티니 리지에 세계 최초로 매 피난소가 설치되었다. 매년 8월과 12월 사이에 15,000종의 철새들이 이곳을 지난다. 검독수리와 같은 희귀종도 이곳에서 볼 수 있다.

현대 환경 보호 운동의 창시자는 누구인가?

미국의 자연주의자 뮤어^{John Muir, 1838~1914}가 환경 보존 운동과 시에라 클럽의 창시자이다. 그는 캘리포니아의 시에라네바다 산맥의 보존과 요세미티 국립공원의 설립을 위해 투쟁했다. 또 대부분의 시에라 클럽의 환경 보존 노력을 지휘했고, 앤티쿼티 법률안을 통과시키기 위해 로비 활동을 했다.

시에라 클럽과 현대 환경 보존 운동의 창시자인 존 뮤어

환경 보존 운동에 큰 영향을 끼친 또 다른 인물은 마시^{George Perkins Marsh, 1801~1882}였다. 그가 쓴 책인 《사람과 자연》에서 그는 자연 자원의 파괴를 가져온 과거 문명의 실수를 강조했다. 19세기의 마지막 수십 년 동안 나라 전체를 휩쓴 환경 보존 운동으로 수많은 뛰어난 시민들이 자연 자원을 보존하고 야생 지역을 유지하기 위한 노력에 합세했다. 작가 버로스^{John Burroughs}, 산림가 핀초트^{Gifford Pinchot}, 식물학자 사전트^{Sprague Sargent}, 편집자 존슨^{Robert Underwood Johnson} 등은 초기 자연 보호 운동에 동참한 사람들이다.

누가 우주선 지구라는 말을 만들었나?

미국의 발명가이며 환경주의자인 풀러^{Buckminster Fuller, 1895~1983}는 스스로 모든 것을 해결하고 쓰레기를 만들지 않기 위한 기술을 필요로 한다는 의미에서 우주선 지구라는 말을 사용했다.

그린 생산품이란 무엇인가?

그린 생산품은 염화불화탄소를 포함하지 않고 분해될 수 있으며, 재생된 물질로 만들어진 환경적으로 안전한 생산품이다. 디프 그린 생산품은 환경 보호를 덕목으로 하는 작은 규모의 공급자들이 생산한 생산품을 말한다. 또한 그린 업 생산품은 대기업에서 이미 생산하던 제품을 환경적인 면에서 개선한 제품을 말한다.

누가 지구의 날을 만들었나?

1970년 4월 22일은 제1회 지구의 날이었다. 지구의 날은 위스콘신 상원의원 넬슨^{Gaylord Nelson}의 요청을 받은 헤이스^{Denis Hayes}가 정했다. 때로는 넬슨을 지구의 날의 아버지라고 부르기도 한다. 그의 목적은 나라 전체의 공공적인 시위를 조직하여 정치가들의 관심을 끌어 환경 문제를 정치적 의제로 만들려는 것이었다. 제1회 지구의 날 축제 직후 시작된 중요한 공식적인 조치는 환경청^{EPA}의 설치, 환경 문제를 다루는 대통령 위원회 설치, 국가적인 공기의 질 기준을 제시한 깨끗한 공기 법안의 제정 등이었다. 1995년에 넬슨은 환경 보호를 위한 운동에 공헌한 것을 인정받아 대통령 자유 메달을 받았다.

멸종 위기의 동식물

공룡이라는 말은 언제 처음으로 사용되었나?

공룡이라는 단어는 1841년에 오언^{Richard Owen}이 영국 파충류 화석에 관한 보고서에서 처음으로 사용했다. 이 말은 '두려운 도마뱀'이라는 뜻으로 많은 수집가들에 의해 화석으로 발견되었지만 멸종된 커다란 파충류들을 지칭하는 것이었다.

쥐라기 초기에 살았던 포유동물로 현재 멸종된 동물은 무엇인가?

포유동물 하드로코디움^{hardrocodium wui}의 화석이 발견된 곳은 중국의 윈난이다. 이 포유동물은 적어도 1억 9500만 년 전에 살았다. 이것의 무게는 2g이고 크기는 손톱보다도 작았을 것으로 추정된다.

공룡과 인간은 함께 존재한 적이 있는가?

아니다. 공룡은 2억 2000만 년 전인 트라이아스기에 나타났다가 6500만 년 전인 백악기 말에 사라졌다. 현생인류^{Homo sapiens}는 약 25000년 전에 나타났다. 영화에서 인간과 공룡을 함께 보여주는 것은 할리우드가 만들어낸 환상일 뿐이다.

가장 작은 공룡과 가장 큰 공룡은 무엇인가?

쥐라기 말인 1억 3100만 년 전에 살았던 육식 공룡 콤프소그나투스는 닭 정도의 크기로 몸길이가 89cm쯤 되었다. 평균 무게는 3kg 정도였지만 큰 것은 6.8kg까지 되는 것도 있었다.

전체 골격이 남아 있는 공룡 중에서 가장 큰 것은 브라키오사우루스이다. 베를린의 훔볼트 박물관에 보관되어 있는 표본의 길이는 22.2m이고 높이는 14m이다. 이 공룡의 몸무게는 31,480kg으로 추정된다. 브라키오사우루스는 네발로 걸었고 초식 공룡이었으며, 목과 꼬리가 길었고 1억 5500만 년 전부터 1억 2100만 년 전 사이에 살았다.

공룡은 얼마나 오랫동안 살았나?

공룡의 수명은 75년에서 300년 정도였던 것으로 추정된다. 공룡 뼈의 구조를 세밀히 조사한 결과 공룡은 천천히 성숙했고 그에 비례해서 오래 살았던 것으로 밝혀졌다.

마스토돈과 매머드는 어떻게 다른가?

두 단어가 때로는 같은 뜻으로 사용되기도 하지만 매머드와 마스토돈은 다른 종류의 동물이다. 마스토돈이 먼저 지구상에 나타났던 것으로 보이며, 마스토돈의 한 종류가 매머드로 진화했다.

마스토돈은 아프리카, 유럽, 아시아, 아메리카에 살았다. 마스토돈은 2,500만 년 전에서 3800만 년 전인 올리고세에 나타나서 100만 년 전까지 살았다. 마스토돈의 키는 최대 3m나 되었고 짙은 털로 덮여 있었다. 그리고 두 송곳니는 똑바로 앞을 향해 평행하게 뻗어 있었다.

반면 매머드는 200만 년 전에 지구상에 나타났다가 1만 년 전쯤 사라졌다. 매머드는 북아메리카, 유럽, 아시아에 살았다. 마스토돈과 마찬가지로 매머드도 짙은 털로 덮여 있었는데 겉은 거칠고 길었으며 속은 부드러웠다. 키는 마스토돈보다 약간 커서 2.7m에서 4.5m 정도였다. 매머드의 송곳니는 바깥쪽으로 휘어져 있었고 끝 부분에서 위로 향했다.

지구의 기후가 점차로 따뜻해진 것과 환경의 변화가 이 동물들 멸종의 가장 중요한 원인일 것이다. 초기 인류가 이들을 많이 죽인 것도 멸종을 앞당겼을 가능성이 있다.

공룡은 왜 멸종했나?

약 6500만 년 전에 공룡이 지구상에서 사라진 원인에 대해서는 여러 가지 설이 있다. 과학자들은 공룡이 한꺼번에 멸종했는지 아니면 서서히 멸종했는지에 대해 많은 토론을 했다. 서서히 멸종했다고 주장하는 사람들은 백악기 말에 공룡의 숫자가 점차로 감소했다고 믿고 있다.

공룡의 숫자가 줄어든 원인에 대해서는 여러 가지 이론이 제시되었다. 일부는 공룡의 멸종은 생물학적인 변화가 다른 종, 특히 막 나타나기 시작한 포유동물과의 경쟁에서 불리하게 되었기 때문이라고 주장한다. 그리고 지나치게 많은 숫자가 멸종의 원인이라고 주장하는 사람들도 있다. 포유류가 공룡의 알을 너무 많이 먹은 것이 멸종의 원인이라고 보는 사람들도 있으며, 질병이 원인이라고 주장하는 사람들도 있다. 기후 변화, 대륙의 이동, 화산 분출, 지구 자전축과 공전궤도의 변화, 지구 자기장의 변화를 공룡 멸종의 원인으로 보는 사람들도 있다.

재난설을 주장하는 사람들은 한 번의 대규모 재난이 공룡뿐만 아니라 공룡과 함께 살고 있던 많은 생물을 멸종시켰다고 주장한다. 1980년에 앨버레즈^{Walter Alvarez, 1940~} 는 대형 혜성 또는 운석이 6500만 년 전에 지구에 충돌했다고 주장했다. 그들은 백악기와 제3기의 경계에 있는 퇴적암층이 이리듐 원소를 많이 포함하고 있는 것을 지적했다. 이리듐은 지구에 드문 원소이므로 많은 양의 이리듐은 지구 밖에서 왔어야 한다. 이 이리듐은 전 세계 곳곳에서 발견되었다. 충돌

가장 흔한 새였던 전령 비둘기는 200년 전에 멸종되었다.

시의 높은 열에 의해 만들어진 것으로 보이는 작은 유리 조각이 1990년에 아이티에서 발견되었다. 또한 유카탄 반도에서 발견된 지름 177km의 퇴적물로 덮여 있는 크레이터가 형성된 시기가 6498만 년 전으로 밝혀져 공룡을 멸망시킨 혜성이나 운석의 유력한 충돌 지점으로 주목을 받고 있다.

지름이 9.3km 정도인 외계에서 날아온 물체의 충돌은 지구의 기후에 재난을 가져왔을 것이다. 엄청난 양의 먼지와 부스러기들이 공중으로 날아올라 지구 표면에 도달하는 태양 빛의 양을 크게 줄였을 것이다. 또 충돌 시에 나온 열로 대규모 산불이 발생했을 것이고 이는 많은 양의 재와 연기를 공기 중에 더했을 것이다. 태양 빛이 줄어들자 많은 식물이 죽고, 먹이사슬로 연결되어 있는 공룡을 비롯한 동물들도 죽었을 것이다.

공룡이 멸종한 것은 두 가지 원인이 결합된 결과일 가능성이 있다. 공룡은 어떤 이유에서든 서서히 사라졌을 것이다. 큰 천체의 충돌은 어쩌면 그 계기를 제공했을지도 모른다.

공룡이 멸종했다는 사실은 공룡이 적자생존에서 살아남지 못한 진화의 실패작이라는 것을 증명한다. 그러나 이 동물은 1억 5000만 년 동안 지구에 번성했다. 그에 비하면 인류의 조상은 단지 300만 년 전에 지구에 나타났을 뿐이다. 인류가 공룡 정도로

성공한 존재라는 것을 증명하기 위해서는 아직 달려갈 길이 멀다.

마지막 전령 비둘기가 죽은 것은 언제인가?

200년 전만 해도 전령 비둘기는 전 세계에 가장 많이 살고 있는 새 중 하나였다. 이 비둘기는 북아메리카에서만 발견되는 것이 아니라 남아메리카에도 3억에서 50억 마리가 살고 있었다. 이 숫자는 남아메리카에 살고 있는 모든 새들의 25%에 해당하는 수이다. 그러나 지나친 사냥으로 이 비둘기의 숫자가 생존을 위한 최소 수 이하로 줄어들었다. 1890년대에 미국 여러 주에서 이 비둘기를 보호하기 위한 법률을 제정했지만 이미 너무 늦은 상태였다. 마지막 야생 비둘기는 1900년에 총에 맞아 죽었으며 마지막 전령 비둘기였던 마사는 신시내티 동물원에서 1914년 9월 1일에 죽었다.

도도는 어떻게 멸종했나?

도도는 1800년에 멸종했다. 수천 마리가 남획되기도 하였지만 돼지나 원숭이가 도도의 알을 파괴한 것이 멸종의 주원인이었을 것이다. 도도는 인도양에 있는 마스카렌 섬이 원산지이다. 도도는 1680년에는 모리셔스에서 사라졌고, 1750년에는 레위니옹에서 사라졌다. 로드리게스에는 1800년까지 도도가 남아 있었다.

한국의 멸종위기야생동식물 1급과 2급은 어떻게 다른가?

멸종위기야생동식물 1급은 자연적 또는 인위적 위협요인으로 개체 수가 현저하게 감소되어 멸종 위기에 처한 야생동식물로서 관계 중앙행정기관의 장과 협의하여 환경부령이 정하는 종으로 정의되어 있다. 또한 멸종위기야생동식물 2급은 자연적 또는 인위적 위협요인으로 개체 수가 현저하게 감소되고 있어 현재의 위협요인이 제거되거나 완화되지 않을 경우 가까운 장래에 멸종 위기에 처할 우려가 있는 야생동식물로서 관계 중앙행정기관의 장과 협의하여 환경부령이 정하는 종으로 야생동식물 보호법에 규정되어 있다.

멸종위기야생동식물로 지정되기 위한 조건은 무엇인가?

모든 종에 공통으로 적용할 수 있는 뚜렷한 기준이 없기 때문에 멸종위기동식물로 지정하는 것은 매우 복잡한 작업이다. 현재 존재하는 개체 수가 멸종위기동식물을 지정하는 유일한 요소는 아니다. 개체 수가 수백만이 넘어도 아주 좁은 지역에만 존재한다면 멸종 위기동식물로 지정될 수 있는 반면, 개체 수는 훨씬 적어도 넓은 지역에 분포하면 멸종 위기동식물로 지정받을 수 없다. 자손을 얼마나 많이, 자주 낳는지, 그리고 새끼의 생존율은 얼마나 되는지도 중요하게 고려되는 요소들이다. 미국에서는 내무부 소관인 미국 물고기 및 야생 생물국의 책임자가 전문가, 생물학자, 식물학자, 자연학자들의 연구와 자료에 근거하여 멸종위기동식물을 지정한다. 한국에서는 중앙행정기관의 장과 협의하여 환경부령으로 멸종위기동식물을 지정한다.

미국에서는 1973년에 공포된 멸종 위기종 보호법에 따라 아래 사항 중 하나에 해당하는 종은 멸종 위기종으로 지정할 수 있도록 규정하고 있다.

1. 생육지역이 파괴되거나 줄어들고 있는 경우
2. 상업, 스포츠, 과학, 교육 등의 목적으로 이용하는 정도가 심각한 영향을 미칠 경우
3. 질병과 포식이 생존에 영향을 줄 경우
4. 개체 수의 감소나 생육지역의 축소를 방지할 적절한 방법이 없는 경우
5. 그 외 존재를 위협하는 자연적 또는 인위적 요인이 있을 경우

만약 종의 존재가 위협을 받게 되면 야생 생물국의 책임자는 그 종의 보존을 위한 물리적 생물학적 조건을 유지하기 위해 필요하다고 생각되는 지역을 보존지역으로 지정할 수 있다. 또한 종의 보존을 위해 필요하다고 인정되면 그 종이 현재 살고 있지 않은 지역도 여기에 포함할 수 있다.

1973년 미국에서 멸종위기동식물 보호법이 발효된 이후 어떤 종이 멸종했나?

미국에서는 모두 7개의 종이 멸종했다.

최초 등록일	등록 취소일	종
1967년 3월 11일	1983년 9월 2일	긴 부리 시스코
1980년 4월 30일	1987년 12월 4일	감부시아
1976년 6월 14일	1984년 1월 9일	필리머슬
1967년 3월 11일	1983년 9월 2일	강꼬치고기
1970년 10월 13일	1982년 1월 15일	펍피시
1967년 3월 11일	1990년 12월 12일	검은 해변 참새
1973년 6월 4일	1983년 10월 12일	샌타바버라 송 참새

어떤 종이 회복되어 멸종위기동식물 목록에서 제외되었나?

13개의 종이 회복되어 멸종위기동식물 목록(미국)에서 제외되었다.

최초 등록일	등록 취소일	종
1967년 3월 11일	1987년 6월 4일	미국악어
1970년 6월 2일	1985년 9월 12일	비둘기(Palu ground)
1970년 6월 2일	1999년 8월 25일	독수리(American peregrine)
1970년 6월 2일	1994년 10월 5일	독수리(Arctic peregrine)
1970년 6월 2일	1985년 9월 12일	딱새과의 작은 새
1967년 3월 11일	2001년 3월 20일	거위(Aleutian Canada)
1974년 12월 30일	1995년 3월 9일	캥거루(eastern gray)
1974년 12월 30일	1995년 3월 9일	캥거루(red)
1974년 12월 30일	1995년 3월 9일	캥거루(western gray)
1978년 4월 26일	1989년 9월 14일	자운영(Rydberg)
1970년 6월 2일	1985년 9월 12일	올빼미(Palau)
1970년 6월 2일	1985년 2월 4일	펠리컨(brown)
1970년 6월 2일	1994년 6월 16일	고래(gray)

다섯 종의 지위는 새로운 분류로 인해 바뀌었다. 그리고 다른 네 종에 대해서는 새로운 정보가 발견되었다.

얼마나 많은 종의 식물과 동물이 멸종 위기에 처해 있는가?

그룹	멸종위기 1급		멸종위기 2급		합계	회복 플랜 참여 종
	미국	미국 외	미국	미국 외		
포유류	65	251	9	17	342	53
조류	78	175	14	6	273	75
파충류	14	64	22	15	115	32
양서류	11	8	8	1	28	12
어류	71	11	44	0	126	95
조개류	62	2	8	0	72	56
달팽이류	21	1	11	0	33	27
곤충류	35	4	9	0	48	29
거미류	12	0	0	0	12	5
갑각류	18	0	3	0	21	12
동물합계	387	516	128	39	1070	396
속씨식물	568	1	144	0	713	556
침엽수	2	0	1	2	5	2
양치식물	24	0	2	0	26	26
지의류	2	0	0	0	2	2
식물합계	596	1	147	2	746	586
동식물합계	983	517	275	41	1816	982

현재 고래의 개체 수는 얼마나 될까?

종류	원래 개체 수(천)	현재 개체 수	상태
향유고래	2400	100만~200만	위험
흰긴수염고래	226	5,000 이하	위기
긴수염고래	543	50,000~90,000	위험
혹등고래	146	약 28,000	위험
북대서양수염고래	120	300~350	위기
남부수염고래		약 7,000	보호 관찰
멸치고래	254	약 50,000	위기
쇠고래	20	약 27,000	보호 관찰
북극고래	20	약 8,500	보호 관찰
밍크고래	295	610,000~1,284,000	낮은 위험

아프리카코끼리의 상태는 어떤가?

1979년부터 1989년까지 아프리카는 밀렵과 상아의 불법 거래 때문에 코끼리의 숫자가 130만 마리에서 60만 마리로 반이나 줄어들었다. 따라서 멸종위기동식물 국제 거래 협약CITES에서 1989년 10월에 아프리카코끼리를 멸종위기동물 2급에서 멸종위기동물 1급으로 격상했다. 그리고 1990년 1월 18일부터는 상아 거래가 금지됐다. 보츠와나, 나미비아, 짐바브웨는 상아의 판매를 각국에 하나씩 설치된 정부가 통제하는 시장에서만 할 수 있도록 했다. 모든 나라는 상아의 판매와 수송을 독자적으로 감시하기로 했다. 결국 세 나라도 상아 판매로 얻은 모든 수입을 코끼리 보호를 위한 감시, 연구, 법률 제정과 코끼리 보호를 위한 프로그램의 수행을 위해 사용하겠다고 약속했다 (최근 아프리카 코끼리는 상아 없이 태어나는 암컷 코끼리가 급증하고 있다. 이에 따라 밀렵을 피해 상아가 없는 유전적 특성이 전해진 것으로 보고 유전자를 연구 중에 있다).

거북이도 멸종 위기에 처해 있는가?

세계의 거북이 숫자는 생육지역의 파괴, 인간의 알 채취, 가죽 사용이나 식용을 위한 포획, 그물에 의한 피해 등의 이유로 줄어들고 있다. 특히 위기에 처한 것은 겨우 수백 마리밖에 남아 있지 않은 것으로 보이는 켐프각시바다거북을 비롯한 바다거북들이다. 멕시코강거북, 푸른바다거북, 장수거북을 포함한 다른 거북이들도 멸종 위기에 처해 있다. 육지 거북이 중에는 모난 거북, 사막 거북 그리고 갈라파고스땅거북이 멸종 위기에 처해 있다.

돌핀 세이프 튜나는 무엇인가?

고래, 돌고래, 참돌고래를 포함한 고래목에 속하는 동물들은 1만 년 전 플라이스토세 말기의 대형 포유류 멸종을 견디고 살아남았다. 그러나 기원전 1000년경부터 사람들에 의해 계속 포획되었다. 고래 포획 장비와 기술이 발달한 20세기는 고래들에게 가장 위험한 시기였다.

1972년에 미국 의회는 해양 포유류 보호 법안을 통과시켰다. 이 법안의 목적 중 하나는 건착망으로 참치를 잡는 어부들의 그물에 걸려 희생되는 작은 고래의 수를 줄이는 것이었다. 돌고래는 황다랑어 떼와 함께 수영하다가 건착망으로 참치를 잡는 어부들의 그물에 걸린다. 돌고래는 숨을 쉬어야 살 수 있기 때문에 참치를 잡는 그물에 걸리면 질식해 죽는다. 1972년에 미국 어선에만 이렇게 죽는 돌고래의 수가 368,000마리나 되었으며, 미국 국적이 아닌 어선에 희생되는 수도 55,078마리나 되었다. 1979년에는 17,938과 6,837로 잠시 줄었지만 1980년대에는 미국 국적이 아닌 어선에 희생되는 돌고래의 수가 매년 100,000마리 이상씩 늘어났다. 대부분의 돌고래가 태평양 동부인 칠레와 캘리포니아 남부 해안에서 희생되었다. 1999년에 미국은 어선이 돌고래를 추적하여 그물을 던지는 것을 허용함으로써 돌고래 세이프 튜나의 정의를 약하게 하려고 시도했었다. 그러나 이러한 조치는 미국 지방 법원이 인정하지 않았다.

참치를 잡는 동안에 죽는 돌고래의 수를 줄이기 위해 스타키스트를 포함한 미국의 세 참치 통조림 회사가 돌고래에게 해를 주는 방법으로 잡은 참치는 팔지 않기로 결정했다.

환경오염

위험한 쓰레기는 다음과 같이 네 가지 종류로 분류한다.

부식성 물질	다른 물질을 닳게 하거나 파괴할 수 있는 물질을 말한다. 대부분의 산은 부식성이 있어 금속을 파괴하고, 피부에 화상을 입히며, 눈에 피해를 주는 기체를 발생시킨다.
인화성 물질	쉽게 불이 붙는 물질을 말한다. 이런 물질은 화재를 발생시키거나 피부, 눈, 허파에 나쁜 영향을 줄 수 있다. 휘발유, 페인트, 가구에 바르는 약품 등은 인화성 물질이다.
반응성 물질	다른 화학물질과 반응하여 폭발하거나 독성이 있는 기체를 발생시킬 수 있는 물질이다. 예를 들어 염소 표백제와 암모니아가 결합하면 유독한 기체가 발생한다.
유독성 물질	인간이나 다른 생명체에 해를 줄 수 있는 물질이다. 이런 물질을 마시거나 피부를 통해 흡수하면 질병에 걸리거나 죽을 수 있다. 살충제나 가정용 세척제는 유독성 물질이다.

생물학적 환경정화란 무엇인가?

생물학적 환경정화란 박테리아나 곰팡이, 시아노박테리아와 같은 미생물을 이용하여 오염 물질을 줄이거나, 분해, 안정화하는 것을 말한다. 산소와 미생물을 오염된 물이나 토양에 주입하면 미생물이 자라면서 오염 물질이 제거된다. 그리고 오염 물질이 모두 사라지면 미생물도 죽는다.

대기 오염 기준지수란 무엇인가?

미국 환경청과 캘리포니아 엘 몬테의 남부해안 대기질관리소는 공기 중에 포함되어 있는 오염 물질의 양을 감시하고 건강에 미치는 영향을 일반인들에게 알려주기 위해 대기 오염 기준지수$^{Pollutant\ Standard\ Index,\ PSI}$(PSI 지수)를 개발했다. 오염 물질의 양을

ppm 단위를 이용하여 표시하는 이 지수는 1978년부터 미국 전역에서 사용되고 있다.

PSI 지수	건강에 주는 영향	경보
0	좋음	
50	중간	
100	건강에 안 좋음	
200	건강에 매우 안 좋음	주의: 노인이나 환자는 실내에 있을 것 실외 활동을 줄일 것
300	위험	경고: 모든 사람이 실내에 머물 것 실외 활동을 줄일 것
400	매우 위험	긴급: 창을 닫고 모든 사람이 실내에 있을 것 모든 운동을 중지
500	독성	심각한 해를 입을 수 있음

독성물질 방출 목록 Toxic Release Inventory, TRI 이란 무엇인가?

TRI는 미국에서 생산되는 650가지 유독성 화학물질의 방출에 대한 정보로 일반에 의무적으로 공개하도록 되어 있다. 법률에 의해 생산자는 공기, 토양, 물로 방출하는 화학물질의 양과 다른 장소로 이동하거나 폐기물로 쌓아놓는 양을 명시해야 한다. 미국 환경청은 이 보고서를 연간 목록으로 정리하고 이와 관련된 정보를 컴퓨터 데이터 베이스를 통해 누구나 접근할 수 있도록 하고 있다. 2000년에 23,484개의 시설에서 32억kg의 독성 화학물질이 자연으로 방출되었다. 이 중에서 1억 1,800만kg은 물로, 19억kg은 공기 중으로, 41억 3,000kg은 토양으로 방출되었고, 1억 2,600만kg은 지하 우물로 주입되었다. 2000년에 방출된 오염 물질의 총량은 1999년에 방출된 오염 물질의 총량보다 6.7% 적었다.

이산화탄소를 가장 많이 배출하는 나라는?

이산화탄소는 온실기체이다. 2017년 유엔보고서에 따르면 화석연료의 소비로 가장 많은 이산화탄소를 배출한 10개국은 다음과 같다. 우리나라는 0.8이다.

나라	CO_2 방출량 (MtCO$_2$)
중국	9,297
미국	5,073
인도	2,234
러시아	1,697
일본	1,118
독일	782
대한민국	668
캐나다	624
아란	606
사우디아라비아	589
인도네시아	485
남아프리카공화국	440

한때는 사회에 이익을 주는 것으로 환호를 받다가 현재는 사용이 금지되거나 엄격하게 통제되고 있는 화학물질은 무엇인가?

DDT$^{Dichlorodiphenyl-trichloro-ethene}$, PCBs$^{Polychlorinated\ biphenyls}$, CFCs^{chlorofluorocarbons}(프레온)가 한때 널리 사용되던 물질이지만 환경에 나쁜 영향을 준다는 것이 밝혀지면서 사용이 전면 금지되거나 엄격하게 통제되고 있다.

DDT는 환경에 어떤 영향을 주나?

DDT가 처음 합성된 것은 1874년에 자이들러$^{Othmar\ Zeidler}$에 의해서였지만 이것이 살충작용을 한다는 것을 알아낸 것은 1939년 스위스의 화학자 뮐러$^{Paul\ Müller,\ 1899~1965}$에 의해서였다. 그는 DDT의 개발에 대한 공로로 1948년 노벨 의학상을 수상했다. 당시 사용되던 비소를 바탕으로 하는 화합물과는 달리 DDT는 해충을 죽이면서도 식물이나 동물에게는 전혀 해가 없어 보였다.

그 후 20년 동안 DDT는 곤충에 의해 전염되는 질병(모기가 전염시키는 말라리아나 황열병, 이가 전염시키는 발진티푸스와 같은)을 예방하고 식물을 파괴하는 곤충을 죽이는 데 효과가 있다는 것이 증명되었다. 그러나 1962년에 카슨$^{Rachel\ Carson}$이 출판한 《침묵의 봄》이 DDT의 해로운 영향을 과학자들에게 경고했다. 그리고 점차 DDT에 강한 곤충이 늘어나고 식물과 동물에 축적된 DDT의 해로운 영향이 밝혀지면서 1970년대에는 많은 나라에서 DDT의 사용을 금지하게 되었다.

가장 많은 유독성 화학물질을 배출하는 산업은 무엇인가?

2000년에 금속 광산이 모든 유독성 화학물질의 47.3%를 배출하여 가장 많은 유독성 화학물질을 배출한 산업이었다.

산업	배출량(파운드)	비율(%)
금속 광산	3,357,765,313	47.3
제조업	2,284,399,698	32.2
전기 부품	1,152,242,786	16.2
유독성 쓰레기 처리	284,950,589	4.0
탄광	15,968,001	0.2
주유소, 유류 저장소	3,878,087	0.1
도매, 물류	1,611,790	0.02

PCBs는 무엇인가?

폴리염화바이페닐(PCBs)은 1970년 이전에 변압기 냉각제, 축전기와 같은 전기 부품에 주로 사용하던 화학물질이다. 이 물질은 분해되지 않고 물이나 공기 또는 토양을 통해 확산되기 때문에 환경에 피해를 준다. 과학자들은 PCBs가 암의 원인이 되며, 생식 기능에 문제를 일으키거나 간 기능에 이상을 가져올 수 있다는 것을 밝혀냈다. 미국을 포함한 거의 모든 나라에서는 PCBs의 생산과 사용 그리고 폐기를 엄격하게 통제하고 있다.

클로로플루오르카본(CFCs)은 오존층에 어떤 영향을 주나?

CFCs는 프레온과 같이 탄화수소 분자의 일부 수소 원자가 염소 원자로 치환된 분자로 이루어진 물질을 말한다. CFCs는 액체나 기체 상태이며, 불에 타지 않고 열에 강해 냉매, 발포제, 용매 등으로 사용된다. 이것이 공기 중에 방출되면 천천히 상층부로 올라가 강한 자외선에 의해 분해된다. 그리고 분해된 물질의 일부가 공기 중의 오존과 반응해 오존의 양이 줄어든다. CFCs 분자에 포함되어 있던 염소 원자는 두 개의 오존 분자가 세 개의 일반적인 산소 분자로 바뀌는 복잡한 화학 반응에서 촉매로 작용한다. 이로 인해 지구 환경을 위해 필요한 오존이 자연적 과정에 의해 채워지는 것보다 더 빠르게 줄어들게 된다. 이렇게 해서 생긴 오존 구멍은 더 많은 자외선을 통과시켜 피부병과 같은 질병을 유발할 수 있다. 이는 또한 식물이 씨를 덜 생산하도록 하는 등의 변화로 생태계를 교란시킬 수 있다.

1978년에 미국 정부는 플루오르탄소 에어로졸의 사용을 금지했고, 발포제도 플루오르카본에서 부탄과 같은 탄화수소로 바뀌었다. 1987년에는 몬트리올 의정서가 채택되어 CFCs의 사용을 줄이기 위해 전 세계가 협력하고 있다.

1980년대 이후 공기 중에 포함된 오존 파괴 물질인 CFC 11과 CFC 12의 증가 속도가 눈에 띄게 줄고 있다. 이러한 추세로 볼 때 CFCs의 농도는 2000년을 전후해서 정점을 맞게 될 것이라고 전문가들은 예측하고 있다. 그렇게 되면 오존층은 서서히 스스로 회복되기 시작할 것이다. 전문가들은 대기 중에 포함되어 있는 오존을 파괴하는 염소와 브롬의 함량을 자연적인 수준으로 되돌리는 데 50년에서 100년이 걸릴 것으로 예측한다. 그때까지는 이 물질들이 지구의 오존층을 계속 파괴할 것이다.

스모그의 성분은 무엇인가?

미국에서 가장 널리 퍼져 있는 오염 물질인 스모그는 광화학 반응을 통해 지상에 오존을 생성한다. 냄새와 맛이 없는 오존은 빛의 도움을 받아 연쇄적인 화학 반응을 시작할 수 있다. 성층권에 있는 오존은 좋은 영향을 주지만 지표면 부근에 있는 오존은 건강에 해를 준다. 자동차나 공장에서 배출되는 탄화수소, 탄화수소 유도물질, 산화질소와 같은 물질은 광화학 반응의 원료가 된다. 빛과 산소의 도움을 받아 산화질소는 불완전 연소된 휘발유에서 나오는 탄화수소와 같은 유기물과 결합하여 때로는 황갈색으로 보이는 흰색의 연무를 만들어낸다. 이 과정에서 여러 가지 종류의 새로운 탄화수소와 산화탄화수소가 만들어진다. 심한 스모그에 포함되어 있는 유기물의 95%는 이렇게 만들어진 2차 탄화수소 생성물이다.

대기 오염을 감소하기 위해 우리가 할 수 있는 일은 무엇이 있을까?

매연을 줄이는 것은 대기 오염의 주범인 이산화황(SO_2)과 산화질소(NO)의 양을 줄이는 것을 뜻한다. 연소할 때 발생하는 SO_2를 줄이는 데는 석회수, 나트륨 알칼리 수용액, 희석한 황산을 이용하거나 석회 현탁액, 암모니아를 매연 속에 뿌리는 방법이 있다.

1986년 체르노빌 사건으로 발생한 방사능 낙진은 어디까지 떨어졌나?

방사성 동위원소인 세슘 137과 오염된 물질을 포함하고 있는 방사능 낙진은 백러시아, 라트비아, 리투아니아, 소련의 중부 지역, 스칸디나비아 반도의 여러 나라, 우크라이나, 폴란드, 오스트리아, 체코슬로바키아, 독일, 스위스, 이탈리아 북부, 프랑스 동부, 루마니아, 불가리아, 그리스, 유고슬라비아, 네덜란드, 영국과 같은 나라들에 떨어졌다. 사고 지점으로부터 1,930km에서 2,090km에 이르는 넓은 지역에 떨어진 낙진의 양은 지역에 따라 크게 다르다.

체르노빌 원자력 발전소 사고로 대략 핵연료의 5%에 해당하는 5,000만 내지 1억 퀴리의 방사능을 포함하고 있는 오염 연료 7톤이 유출되었다. 그리고 방사능 낙진 때문에 50년 동안 암이나 유전적 결함으로 28,000명에서 100,000명이 목숨을 잃을 것으로 추정된다. 특히 비가 많이 오는 지역에 사는 가축들이 많은 양의 방사선에 노출될 것으로 보인다.

산성비란 무엇인가?

산성비라는 말을 처음 사용한 사람은 1872년에 《대기 & 비: 화학 기후학의 시작》이라는 책을 출판했던 영국의 화학자 스미스Robert Angus Smith, 1817~1884였다. 그 이후 산성비라는 말은 황산이나 질산과 같은 산으로 오염된 비, 눈, 진눈깨비 등을 가리키는 데 자주 사용하는 용어가 되었다.

휘발유, 석탄, 기름이 연소할 때 나오는 이산화황과 이산화질소는 복잡한 화학 반응을 통해 구름 속에 있는 수증기와 결합해 산으로 바뀐다. 미국에서만도 매년 4,000만 톤의 이산화황과 이산화질소를 공기 중으로 배출한다. 이것이 자연적으로 발생하는 황과 질소의 화합물과 함께 생태계를 심각하게 파괴하고 있다. 북아메리카(특히 캐나다와 미국의 북동부)와 스칸디나비아에 있는 수백 개의 호수는 산성도가 너무 높아 물고기들이 살 수 없게 되었다. 농작물, 산림, 건물, 대리석, 석회암, 사암, 청동에도 산성비가 영향을 주지만 그 정도는 자세히 알려져 있지 않다. 그러나 많은 나무가 고사한 유럽에서는 나무들이 고사하는 새로운 현상을 나타내는 '산림 사망Waldsterben'이라는 새로운 단어가 사용되고 있다.

1990년에 개정된 미국 공기 청정법에는 산성비 유발 물질을 통제하는 조항이 첨가되었다. 여기에는 이산화황의 배출량을 매년 1,900만 톤에서 910만 톤으로, 산화질소의 배출량을 매년 600만 톤에서 400만 톤으로 줄이는 내용이 포함되어 있다.

년도	이산화황 배출량 (100만 톤)	산화질소 배출량 (100만 톤)
1990	15.73	6.66
1995	11.87	6.09
1996	12.51	5.91
1997	12.96	6.04
1998	13.13	5.97
1999	12.45	5.49
2000	11.28	5.11

성비의 산성도는 어느 정도인가?

산성도는 0에서 14 사이의 값을 가지는 pH라는 단위를 이용하여 나타낸다. pH는 로그 값이기 때문에 1만큼 차이가 나는 것은 산성도가 10배 증가하거나 줄어든 것을 나타낸다. 따라서 pH가 2인 용액은 pH가 3인 용액보다 산성도가 10배 더 높으며, pH가 4인 용액보다는 산성도가 100배 더 높다. pH가 0이라는 것은 산성도가 가장 높다는 것을 의미하고, 7은 중성이며 14는 알칼리성이다. pH가 5 이하인 비를 산성비라고 한다. 과학자에 따라서는 pH가 5.6 이하인 비를 산성비로 분류하기도 한다. 보통의 비에도 약한 산성을 나타내는 이산화탄소가 녹아 있어 pH는 5.6 정도이다.

황산	1.0
레몬주스	2.3
식초	3.3
산성비	4.3
보통 비	5.0~5.6
보통 호수나 강	5.6~8.0
증류수	7.0
사람의 피	7.35~7.45
땀	7.6~8.4

비의 산성도는 지역에 따라 많이 다르다. 동부 유럽과 스칸디나비아의 일부 지역에서는 4.3에서 4.5이고, 나머지 유럽에서는 4.5에서 5.1이며, 미국 동부와 캐나다에서는 4.2에서 4.6 정도이고 미시시피 계곡에서는 4.6에서 4.8이다. 북아메리카에서 산성도가 가장 심한 이리 호와 온타리오 호 주변에서는 4.2이다. 비교를 위해서 몇 가지 물질의 pH값을 오른쪽에 정리해놓았다.

풍선을 날려 보내는 것은 얼마나 해로운가?

고무나 금속으로 만든 풍선은 모두 해롭다. 고무풍선이 물에 떨어져 색깔이 바래면 해파리같이 보여 바다에 사는 동물이 먹을 경우 소화를 시키지 못해 죽을 수 있다. 또한 금속 풍선은 전선에 걸려 정전사고를 일으킬 수 있다.

주요 기름 유출 사고가 일어난 곳은 어디인가?

1967년 3월 18일에 유조선 토리 캐니언이 영국 콘월 해안으로부터 조금 떨어진 세븐 스톤 숄에서 좌초하면서 11만 9,000톤의 쿠웨이트산 원유를 바다에 유출했다. 이것은 최초의 유조선 사고였다. 그러나 그보다 앞선 제2차 세계대전 중에 독일의 U보트들이 1942년 1월과 6월 사이에 미국 동부 해안에서 유조선을 공격하여 59만 톤의 원유를 유출시켰다. 1989년에는 유조선 엑손 발데즈가 35,000톤을 유출하여 비난을 받왔다. 그러나 1991년 1월 25일 이라크가 시아일랜드에서 페르시아 만으로 고의적으로 유출한 150만 톤에 비하면 적은 양이다. 1994년 10월에는 러시아 북극해의 코미 지역에서 286,000톤이 유출되는 사고가 있었다.

대형 사고에 더해 해저 유전에서도 사람들이 버리는 쓰레기, 폐기되는 기름, 화학물질, 진흙, 암석 등이 바다에 버려져 오염이 가속되고 있다.

날짜	원인	유출된 원유의 양(톤)
1942년 1월~6월	U-보트 공격, 미국 동해안	590
1967년 3월 18일	유조선 토리 캐니언의 침몰 영국해협 끝 부분에 있는 해안	119
1970년 3월 20일	유조선 오셀로 충돌, 스웨덴 트랄하벳 만	60~100
1972년 12월 19일	유조선 시스타의 충돌, 오만 만	115
1976년 5월 12일	스페인 라코루냐에서 우키올라호 침몰	100
1978년 3월 16일	유조선 아모코 카디즈 침몰, 프랑스 북서 해안	223
1979년 6월 3일	아이톡스 I 유정 폭발, 멕시코 만 남부	600
1979년 7월	유조선 아틀란틱 익스프레스와 아게안 캡틴 충돌, 트리니다드 토바고	300
1983년 2월 19일	페르시아 만 노르우츠 유전 폭발	600
1983년 8월 6일	카스틸로 드 빌리버호 화재 남아프리카 공화국 케이프타운	250
1991년 1월 25일	이라크가 쿠웨이트 시아일랜드에서 걸프 만에 의도적으로 기름 유출	1,450
1994년	파이프라인의 유출 방지 장치 고장 러시아 북부 코미 공화국	102,000
1999년	유조선 뉴 카리사 일부 원유 유출 오리건 쿠만	238
2010년	미국 맥시코만에서 영국 딥워터 호라이즌 석유시추 시설 폭발	420,000

해양 기름 오염의 원인은 무엇인가?

대부분의 기름 오염은 유조선의 사고로 유출된 기름에 의한 것이다. 그 외의 다른 원인은 사용된 기름의 부적절한 처리, 자동차에서의 새는 기름, 선박의 일상적인 유지 관리, 파이프라인으로 수송 중인 기름의 유출, 유류 저장시설 및 정유시설의 사고로 인한 유출 등이다.

원인	유출량 비율(%)
강을 통해서 흘러드는 기름	31%
유조선 활동(선적, 하역 등)	20%
하수 처리장, 정유소	13%
바다 밑바닥으로부터의 자연적인 유출	9%
소형 선박(고깃배, 나룻배 등)	9%
유조선 사고	3~5%

해변에서 가장 자주 수거되는 쓰레기는 무엇인가?

쓰레기 종류	수거된 횟수(2000년)	비율(2000년)
담뱃갑	1,027,303	20.25%
플라스틱 조각	337,384	6.65%
음식 포장(플라스틱)	284,287	5.60%
스티로폼 조각	268,945	5.30%
플라스틱 뚜껑	255,253	5.03%
종잇조각	219,256	4.32%
음료수 캔	184,294	3.63%
음료수 병(유리)	177,039	3.49%
빨대	161,639	3.19%

랜치 핸드 작전은 무엇이며 에이전트 오렌지는 무엇인가?

랜치 핸드 작전은 베트남 전쟁(1961~1975) 동안 남부 베트남에서 식물을 죽이는 약품인 고엽제를 공중에서 살포한 전술적 군사 프로젝트를 말한다. 이 작전에 사용된 고엽제 2,4-D와 2,4,5-T를 합해서 에이전트 오렌지라고 불렀다. 이것은 고엽제가 보관되어 있던 드럼의 색깔 코드가 주황^{orange}색이어서 붙은 이름이다. 미군은 총 7,200만 리터의 고엽제를 160만 헥타르에 살포했다.

에이전트 오렌지가 건강에 나쁜 영향을 줄 것이라는 우려가 처음 제기된 것은 1970년이었다. 그 후 이 문제는 복잡한 과학적인 토론과 정치적 토론을 거쳤다. 1993년에 전문가로 구성된 16명의 배심원이 과학적 증거를 조사했고, 고엽제와 부드러운 피부에 생기는 육종, 비호지킨 림프종, 호지킨병 사이에 통계적인 관계가 있다는 강력한 증거를 찾아냈다. 반면에 그들은 에이전트 오렌지에 노출된 것과 피부암, 갑상선암, 뇌종양, 위암 사이에는 아무런 관계가 없다고 결론지었다.

가정에서 포름알데히드 오염의 원인은 무엇인가?

포름알데히드 오염은 요소 포름알데히드 수지를 이용하여 접착한 목재 가구나 건축재 또는 포름알데히드를 포함하고 있는 제품의 사용으로 인해 주로 발생한다. 포름알데히드의 주요 근원은 바닥에 사용하는 톱밥을 압축해서 만든 합판, 합판으로 만든 가구, 압착 섬유로 만든 섬유판, 베니어판 또는 통나무이다. 요소 포름알데히드 폼 단열재는 포름알데히드 오염원으로 매스컴의 집중적인 조명을 받아 주의하여 사용하게 되었다. 포름알데히드는 휘장, 실내 장식품, 벽지 접착제, 우유팩, 자동차 차체, 가정용 소독제, 퍼머넌트 프레스 가공한 옷, 페이퍼 타월 등에도 사용되고 있다. 특히 모바일 홈은 일반 가정보다 더 많은 포름알데히드를 사용하고 있다. 미국에서만 매년 27억kg의 포름알데히드가 사용되고 있다.

이런 제품들에 의해 포름알데히드가 대기 중으로 방출되면 사람에게 여러 가지 증상이 나타날 수 있다. 미국 환경청EPA은 포름알데히드를 암 유발 가능성 물질로 분류했다.

어떤 오염 물질이 실내 오염을 야기하는가?

'폐쇄형 건물 증상'이라고 부르는 실내 공기 오염은 외부 공기의 유입을 차단하는 현대적인 에너지 효율이 높은 건물에서 발생한다. 이런 건물은 대개 적절한 환풍 시설이 갖추어지지 않은 건물에서는 화학물질 혹은 미생물에 의해 오염되어 있는 경우가 많다.

실내 공기 오염은 두통, 구역질, 눈, 코, 목의 가려움증과 같은 여러 가지 증상을 유발할 수 있다. 실내 오염은 소비자가 방출하거나 건물 자체가 내는 오염 물질, 담배 연기 등에 의해 영향을 받는다. 다음 표에는 가정에서 발견되는 오염 물질을 정리했다.

오염 물질	오염원	영향
석면	손상된 단열재, 방화타일	오랜 시간 후에 가슴이나 복부 방음타일에 암 발생, 허파 질병
생물학적 오염	병균, 곰팡이, 바이러스 동물의 비듬, 고양이 타액 진드기, 바퀴벌레, 꽃가루	눈, 코, 목구멍 가려움증, 호흡곤란, 어지러움, 혼수상태, 발열, 소화불량, 천식, 독감, 그외 감염성 질병
일산화탄소	등유와 가스히터, 굴뚝나무 스토브, 가스난로, 차고의 자동차, 담배 연기	낮은 수준 : 피곤증 높은 수준 : 시력 손실, 두통,어지러움 아주 높은 수준 : 목숨이 위험
포름알데히드	합판, 벽지, 파티클 보드,방화보드, 폼 단열재, 담배, 연기천, 접착제	눈, 코, 목구멍 간지러움, 천식, 기침, 피로감, 피부 발진, 심한,알레르기 반응, 암 유발 가능성
납	자동차 매연, 납 페인트, 땜납	어린이의 정신적 육체적 장애, 정신 능력의 저하, 신장이나 , 신경 체계 또는 적혈구 손상
수은	일부 라텍스 페인트	증기는 신장 질환 유발 가능성 장기 노출은 뇌 손상 가능성
이산화질소	등유 히터, 가스난로, 히터 담배 연기	눈, 코, 목구멍 가려움증, 허파 기능 장애 어린이의 호흡기 감염 증가
유기기체	페인트, 용제, 목재 보존제, 에어로젤 스프레이, 세척제, 소독제, 나방 퇴치제, 공기청정제,저장된 연료, 취미생활 용품, 드라이클리닝 한 옷	눈, 코, 목구멍 가려움증, 두통, 방향 감각 상실, 구역질, 간 손상, 신장이나 신경계통 손상 일부 유기기체는 동물에 암 발생 사람에게 암 발생 가능성
살충제	실내 해충을 죽이기 위해 사용하는 살충제, 외부에서 사용한 살충제가 실내로 유입한 것	눈, 코, 목구멍의 가려움증, 신경계통이나 신장의 손상, 암
라돈	집 아래 있는 흙이나 암석, 우물물, 건축재	즉각적인 증상은 없음, 폐암 사망의 10%는 이것이 원인일 가능성 흡연자는 더 위험

재활용, 보존 그리고 낭비

님비 증후군이란 무엇인가?

님비^{NIMBY}는 "내 뒷마당은 안 돼^{Not In My Back Yard}"라는 말의 머리글자를 따서 만든 말로 사회 공동체가 새로운 화장장, 매립지, 교도소, 도로 등의 건설에 저항하는 것을 뜻한다. 님피^{NIMFY}는 "내 앞마당은 안 돼^{Not In My Front Yard}"이다.

어떤 정부 기관이 핵폐기물을 관리하는가?

미국에서는 에너지부, 환경청 그리고 핵에너지 규제 위원회가 사용후 핵연료의 처리와 기타 방사성 폐기물 처리를 책임지고 있다. 에너지부^{DOE}는 사용후 핵연료와 기타 고준위 핵폐기물의 영구 폐기장을 건설할 책임이 있고, 환경청^{EPA}은 폐기장의 안전을 평가하기 위한 환경 기준을 개발할 책임이 있으며, 핵에너지 규제 위원회는 폐기장 건설 허가를 위한 환경청의 안전 기준을 이행하기 위한 규정을 개발할 책임이 있다.

핵폐기물은 어떻게 저장되는가?

핵폐기물은 우라늄, 세슘, 스트론튬, 크립톤 원자가 분열할 때 생성되는 분열 생성물과 우라늄이 중성자를 흡수하여 만들어지는 초우라늄 원소로 이루어져 있다. 초우라늄 원소들은 분열 생성물보다 방사능이 약하지만 수십만 년이나 존재한다. 방사성 폐기물은 약 4m 길이의 막대 형태인 사용후 핵연료, 액체나 침전물 형태의 고준위 방사성 폐기물, 원자로 부품, 파이프, 유독성 수지, 연료 탱크의 물이나 방사성 물질로 오염된 저준위 폐기물로 나눌 수 있다.

최근 미국에서는 대부분의 사용후 핵연료를 각 발전소 부근에 특별히 안전하게 설계하여 설치한 물탱크에 보관하고 있다. 만약 탱크가 가득 차면 지상 건조 저장 통에 저장하는 것을 허가한다. 저준위 폐기물 폐기장은 사우스캐롤라이나의 반웰, 워싱턴의 핸퍼드, 유타의 인바이로케어의 세 곳에 설치되어 있다. 각 폐기장은 특정 지역에서 배출된 저준위 폐기물만 받아들인다.

대부분의 고준위 폐기물은 1m의 콘크리트 벽으로 둘러싸인 이중벽을 가진 스테인리스 스틸 탱크 안에 저장한다. 가장 좋은 방법은 폐기물을 특수한 유리 용액과 혼합한 후 스틸 저장 탱크에 넣어 특수한 갱 안에 매립하는 것으로 1978년에 프랑스에서 개발되었다. 1982년에 제정된 핵폐기물 정책 법률은 고준위 핵폐기물을 지하 폐기장에 폐기하도록 명시하고 있다. 네바다의 유카 산이 고준위 핵폐기물 폐기장 개발 후보지로 선정되었다. 그러나 1990년대에 주변에서 휴화산과 지진 단층이 발견되어 선정이 취소되었다.

보통 미국 시민이 '던져 버리는 사회'에 살고 있다는 말은 어떤 의미일까?

미국의 소비자들은 다음과 같이 놀라울 정도로 많은 양의 고체 쓰레기를 버리고 있다.

- 3개월마다 모든 상업용 비행기를 제작할 수 있는 정도의 알루미늄
- 매년 한 줄로 연결하면 지구와 달을 일곱 번 왕복할 수 있을 정도인 180억 개의 일회용 기저귀
- 매년 1,000만 대의 컴퓨터와 800만 대의 텔레비전을 만들 수 있을 정도인 20억 개의 면도날
- 매시간 250만 개의 플라스틱병
- 매년 14억 개의 카탈로그(미국인 1인당 평균 54권), 380억 통의 광고우편

금속 재활용은 언제 시작되었나?

미국 최초의 금속 재활용은 1776년에 애국자들이 킹 조지 3세의 동상을 녹여 42,088개의 총알을 만든 것이다.

사람들은 얼마나 많은 쓰레기를 만들어내나?

미국 환경청에 의하면 1999년에 약 2억 3,000만 톤의 도시 쓰레기가 버려졌다. 이것은 한 사람이 하루에 평균 2.1kg, 1년에 770kg을 버린 것이다. 종류별 쓰레기의 비율은 다음과 같다.

쓰레기의 종류	비율(%)
종이	38.1
유리	5.5
금속	7.8
플라스틱	10.5
고무나 가죽	2.7
섬유	3.9
음식물 쓰레기	10.9
실외 쓰레기	12.1
기타	3.2

왜 모브로호가 국제적인 관심을 끌었나?

뉴욕 롱아일랜드에 있던 쓰레기 바지선인 모브로 Mobro호는 가득 선적된 쓰레기를 버릴 장소를 찾지 못하고 있었다. 여섯 주와 세 나라로부터 거절당하자 이는 북동부의 쓰레기 매립지 부족 문제에 관심을 가지게 하는 계기가 되었다. 결국 쓰레기는 브루클린에서 소각된 후 이슬립 부근에 매립되었다.

1톤의 쓰레기가 얼마나 많은 메테인 연료를 생산하나?

10년에서 15년 사이에 1톤의 쓰레기는 $400m^3$의 연료를 생산한다. 하지만 매립지에서는 50년에서 100년 사이에 이보다 적은 양의 연료를 생산한다. 다시 말해 1톤의 쓰레기는 10년 동안에 자기 부피의 100배가 되는 메테인을 생산할 수 있지만 매립지에서는 효율적으로 메테인을 생산하지 않는다.

1톤의 종이를 재사용하면 매립지 공간을 얼마나 절약할 수 있나?

1톤(907kg)의 종이를 재사용하면 $2.3m^3$ 이상의 매립지를 절약할 수 있다.

미국에는 현재 9,000개소의 쓰레기 매립장이 있다.

종이 재활용으로 절약되는 자연 자원은 무엇인가?

재활용된 1톤의 종이로는 26,460리터의 물, 2.5m³의 매립지 공간, 3배럴의 석유, 17그루의 나무, 한 가정이 6개월 동안 사용할 수 있는 4,000kWh의 전기 에너지를 절약할 수 있다. 종이 재활용은 대기 오염도 줄일 수 있다.

종이의 재활용은 언제 시작되었나?

미국에서의 종이 재활용은 1690년에 필라델피아 부근에 있는 위사히콘 크리크의 둑에 리튼하우스 가족이 최초로 종이 공장을 세우면서 시작되었다. 이 공장에서는 폐지를 재활용하여 종이를 생산했다.

한 그루의 나무를 절약하기 위해서는 몇 장의 신문이 재활용되어야 하나?

10.6m에서 12m 사이의 나무 한 그루는 1.2m 두께의 신문지를 만들 수 있다. 따라

서 한 그루의 나무를 절약하려면 이 정도의 신문을 재활용해야 한다.

신문은 얼마나 많은 폐지를 만들어내나?

독자 한 사람은 매년 평균 약 250kg의 폐지를 만들어낸다. 〈뉴욕 타임스〉 일요일판은 매년 360만kg의 폐지를 만든다.

PVC를 태우면 어떤 문제가 발생하나?

PVC와 같이 염소를 포함하고 있는 플라스틱은 염산 기체를 만들어내는 데 관여한다. 연소 과정에서 다이옥신의 전구체를 형성하는 염소를 포함하고 있는 혼합물의 일부분이 되기도 한다. 폴리스티렌, 폴리에틸렌, 폴리에틸렌 테레프탈레이트(PET)은 이런 물질을 생성하지 않는다.

생분해 플라스틱은 어떻게 만드나?

플라스틱은 녹이 슬거나 썩지 않는다. 이 성질은 플라스틱의 장점이지만 버릴 때는 많은 문제를 일으킨다. 생분해 플라스틱은 전분이 들어 있어서 미생물에 의해 작은 조각으로 분해될 수 있다. 화학적으로 분해되는 플라스틱은 잘게 자른 다음 화학용액을 이용하여 용해한다. 외과 수술에 사용하는 생분해 실밥은 체액 속에서 천천히 녹는다. 광분해 플라스틱은 1년에서 3년 정도 햇볕에 노출되면 분해되는 화학물질을 포함하고 있다. 음료수를 포장하는 데 사용되는 플라스틱 고리의 4분의 1은 광분해성 플라스틱인 에콜라이트로 만든다.

플라스틱 용기에 있는 재활용 심볼 안의 숫자는 무엇을 의미하나?

플라스틱 업계는 재활용 업자들이 플라스틱 용기를 쉽게 분류할 수 있도록 자발적으로 코딩 시스템을 개발했다. 재활용 심볼은 용기의 바닥에 인쇄된다. 여기서 숫자 코드는 삼각형을 이루고 있는 세 개의 화살표 안에 있다. 이 숫자가 무엇을 의미하는지는 다음 표에 정리해놓았다. 가장 많이 재활용되는 플라스틱은 폴리에틸렌 테레프탈레이트^{PET}와 고밀도 폴리에틸렌^{HDPE}이다.

코드	물질	예
1	폴리에틸렌 테레프탈레이트(PET)	1리터 탄산음료병
2	고밀도 폴리에틸렌(HDPE)	우유병이나 물병
3	비닐(PVC)	플라스틱 파이프, 샴푸병
4	저밀도 폴리에틸렌(LDPE)	음식물 저장 용기
5	폴리프로필렌(PP)	압착 용기, 스트로
6	폴리스티렌(PS)	패스트푸드 포장 용기
7	기타	음식물 용기

어떤 제품이 재활용된 플라스틱으로 만들어지나?

포르트렐 에코스펀이라고 부르는 새로운 섬유는 플라스틱 탄산 음료수병을 재생하여 만든다. 이것은 내복이나 외투에 사용되는 보온용 안감과 같은 천을 짜는 데 사용된다. 포르트렐 에코스펀의 개발로 많은 음료수병을 매립하지 않게 되었다.

수지	용도	재활용 수지로 만들어진 제품
HDPE	음료수병, 우유병, 우유나 음료수 운반 상자, 파이프, 케이블	자동차 오일 병, 세척제병, 파이프, 양동이
LDPE	쓰레기봉투, 코팅플라스틱병 쿠션용 인조 섬유	새로운 쓰레기봉투, 카펫
PET	탄산음료병, 세척제 용기, 주스 병	병/용기
PP	자동차 전지 케이스, 요구르트와 마가린 튜브	자동차 부품, 배터리, 카펫
PS	가정용품, 전자제품, 패스트푸드 백	절연보드, 사무실 용품, 재사용 가능한 식당 접시
PVC	스포츠 용품, 파이프, 자동차 부품, 샴푸병	하수 파이프, 울타리, 건물 외벽

플라스틱 백과 종이 백 중에서 어떤 것을 사용해야 할까?

두 가지 모두 환경에 해가 된다. 어느 것이 환경을 더 많이 파괴하느냐 하는 질문에 대해서는 명확한 답이 없다. 플라스틱 백을 생산할 때는 환경을 오염시키는 물질을 배출하며 매립지에서 천천히 분해되고, 야생동물이 삼키면 위험에 빠진다. 슈퍼마켓에서 주로 사용하는 갈색 종이 백은 나무를 사용하여 만들고, 물과 공기를 오염시킨다. 흰색의 투명한 폴리에틸렌 백이 생산 시 재활용하여 만들지 않은 종이 백보다 더 적은 에너지가 소모되고, 환경에 피해를 덜 준다.

결과적으로 종이 백과 플라스틱 백 중에서 고르는 것보다 시장바구니를 가지고 가는 것이 더 좋다. 그리고 종이 백이나 플라스틱 백을 사용했으면 가능한 재사용하는 것이 좋다.

손으로 식기를 닦는 것이 식기세척기로 닦는 것보다 나은가?

식기세척기를 사용하는 것이 손으로 식기를 닦는 것보다 물과 에너지를 덜 사용한다. 종류에 따라 다르기는 하지만 일반적으로 세척기는 한 번 세척하는 데 28리터에서 45리터의 물을 사용한다. 그러나 하루분의 식기를 손으로 닦는 데는 약 57리터의 물이 필요하다. 한 대학 연구에 의하면 식기세척기는 손보다 37%나 적은 양의 물을 사용한다.

식기세척기를 사용하면 여러 단계에서 에너지를 절약할 수 있다. 세척기가 히터를 가지고 있다면 가정용 온수기의 온도를 49℃로 낮출 수 있다. 만약 식기세척기가 히터를 가지고 있지 않으면 뚜껑을 열고 공기로 자연 건조하면 더 많은 에너지를 절약할 수 있다. 식기세척기에 넣기 전에 미리 일부를 씻어서 넣는 것은 물을 낭비하는 것이다. 대부분의 식기세척기는 짙은 기름때도 잘 씻어낸다.

자동차 폐타이어로 무엇을 할 수 있는가?

2001년에 미국에서는 대략 2억 8,100만 개의 타이어가 폐기되었다. 이 중 약 75%는 폐타이어를 사용한 연료(TDF), 토목 공사용, 토양 고무 용품의 3대 폐타이어 활용 시장 중 하나로 보내진다. 2,000만 개에서 2,500만 개의 폐타이어는 매립된다. 1979년부터 1992년 사이에는 폐타이어가 연료로만 활용되었다. 2001년 말 현재 83개 시설이 정기적으로 TDF를 사용하고 있다.

TDF는 시멘트 가마, 펄프와 제지 공장 보일러, 산업용 보일러, 폐타이어를 에너지로 전환하는 시설 등 다양한 곳에서 연료로 사용되고 있다. 버려진 타이어는 모래, 자갈과 같은 건축재 대용으로 사용된다. 폐타이어는 바닥용 매트, 발파 매트, 옷걸이 등의 제품을 생산하는 데 재활용된다. 잘게 부순 타이어는 주형으로 찍어내서 교통 표지물 받침, 흙받이, 수분 차단용품 등의 제품을 만들 수 있다. 온전한 타이어는 인공 장애물, 침식 방지용 등으로 사용할 수 있다.

워보는 무엇인가?

워보world bottle, WOBO는 건축재로 재사용할 수 있는 구조를 가진 용기로 최초로 대규모로 생산되었다. 이것은 하이네켄 맥주 가문의 헤이네컨Albert Heineken의 아이디어였다. 이 맥주병은 맥주를 마신 다음에는 건축용 유리벽돌로 사용할 수 있도록 특별한 모양을 하고 있었다. 이 병을 이용해 지어진 집은 암스테르담 근처에 있는 노르트베이크 하이네켄 정원에 지어진 작은 오두막집과 두 개의 차고뿐이었다. 워보는 비록 성공하지는 못했지만 최근에 대두된 환경 문제에 대한 세심하고 지적인 해결책이었다.

생물학

세포

세포설은 무엇인가?

세포설은 모든 생명체가 세포라는 단위로 이루어졌다고 보는 이론이다. 세포는 살아갈 수 있는 가장 단순한 물질의 집합체이다. 지구상에는 하나의 세포로 이루어진 다양한 형태의 생명체들이 있다. 또한 식물과 동물을 포함하여 더 복잡한 생명체들은 단독으로 오랫동안 살아갈 수 없는 여러 종류의 세포들이 협력하여 생명현상을 유지하는 다세포 생명체이다. 모든 세포는 초기의 세포로부터 분화되었으며 긴 진화의 역사를 통해서 다양하게 변화해왔다.

세포와 관련된 중요한 발견을 한 과학자는 누구인가?

1600년대에 훅^{Robert Hooke, 1635~1703}이 처음으로 세포를 발견했다. 처음에는 코르크에서 세포를 발견했고, 다음에는 뼈와 식물에서 세포를 발견했다. 1824년에 뒤트로셰^{Henri Dutrochet, 1776~1847}는 식물과 동물이 비슷한 세포 구조를 가지고 있다고 주장했다. 브라운^{Robert Brown, 1773~1858}은 1831년에 핵을 발견하였고, 비슷한 시기에 슐라이덴

Matthias Schleiden, 1804~1881은 인(핵 안에 있는 것으로 리보솜의 생산에 관여하는 것으로 밝혀진)을 발견했다. 슐라이덴과 슈반Theodor Schwann, 1810~1882은 1839년에 일반적인 세포설을 발표했다. 슐라이덴은 세포가 식물의 기본 단위라고 했으며, 슈반은 이러한 생각을 동물에까지 연장했다. 레마크Robert Remak, 1815~1865은 1855년에 처음으로 세포 분열을 설명했다. 1888년에는 발데옌 하르츠Wilhelm von Waldeyen−Hartz, 1836~1921가 세포의 핵에서 염색체를 발견했다. 한편 플레밍Walther Flemming, 1843~1905은 세포가 분열하는 동안 염색체가 이동하는 모든 과정을 관찰한 첫 번째 과학자였다.

두 종류의 전형적인 원핵세포 : 남조류와 세균

일반적인 남조류의 모습

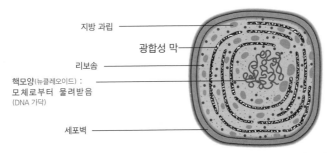

지방 과립
광합성 막
리보솜
핵모양(뉴클레오이드) :
모체로부터 물려받음
(DNA 가닥)
세포벽

막 구조의 주름진 부위에 모여 있는 색소 성분들이 남조류 세포를
세균 세포보다 더 구조적으로 보이게 한다.

일반적인 세균 세포의 모습

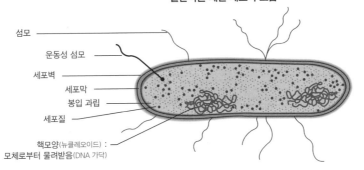

섬모
운동성 섬모
세포벽
세포막
봉입 과립
세포질
핵모양(뉴클레오이드) :
모체로부터 물려받음(DNA 가닥)

원핵세포와 진핵세포는 어떻게 다른가?

모든 생명체는 구조적으로 다른 두 가지 세포인 원핵세포와 진핵세포 중 하나로 이루어져 있다. 원핵세포로 구성된 생물은 단세포 생물뿐이다. 원생생물, 식물, 균류, 그리고 동물은 진핵세포로 이루어져 있다.

원핵세포	진핵세포
핵이 없다.	핵이 있다.
막으로 둘러싸인 세포 기관이 없다.	여러 세포 기관이 있다.
1~10μm 크기	2~1,000μm 크기
35억 년 전에 나타남	15억 년 전에 나타남

하나의 세포에는 몇 개의 미토콘드리아가 있는가?

세포에 들어 있는 미토콘드리아의 수는 세포 형태에 따라 다르다. 사람의 간세포에는 1,000개가 넘는 미토콘드리아가 있다. 미토콘드리아는 모든 진핵세포의 세포액에 들어 있으며 스스로 복제하는, 이중막으로 된 기관이다. 세포 하나에 들어 있는 미토콘드리아의 수는 적게는 하나에서 많게는 10,000개에 이르며 평균 200개이다. 미토콘드리아는 ATP를 생산하고, 지방과 단백질 합성과 관련된 대사작용을 한다.

모든 세포는 핵을 가지고 있는가?

사람의 세포 중에서 핵을 가지고 있지 않은 세포는 적혈구뿐이다. 따라서 적혈구는 분열할 수 없다. 적혈구는 골수에서 분당 140,000개씩 생산된다. 그리고 순환계에서 약 120일 동안 있은 다음 간에서 파괴된다.

동물과 식물의 원핵세포와 진핵세포에 들어 있는 세포 기관들의 기능은 무엇인가?

구조	기능	원핵세포	진핵세포(동물)	진핵세포(식물)
세포벽	보호와 지지	예	아니오	예
세포골격	구조 지지, 세포 운동	아니오	예	예
편모	운동	예	자주 있다	대개 없다
원형질막	물질의 통과 여부, 세포 인식	예	예	예
핵	단백질 합성과 세포분열 통제	아니오	예	예
염색체	유전정보를 가지고 있다.	아니오	예	예
인	리보솜 합성	아니오	예	예
리보솜	단백질 합성	예	예	예
미토콘드리아	에너지 생산, 산화 대사	아니오	예	예
엽록체	광합성 작용	아니오	아니오	예
리소좀	세포 죽음에 관계	아니오	예	예
소포체	소포를 형성	아니오	예	예
골지체	단백질을 포장	아니오	예	예

유사분열은 세포분열의 어떤 단계인가?

진핵세포에서의 세포분열은 두 단계를 거친다. 핵이 분열하는 유사분열과 세포질분열이 그것이다. 세포가 분열하는 첫 번째 단계는 유사분열이다. 유사분열에서는 분열되는 세포들이 완전한 염색체 세트를 가질 수 있도록 복제된 염색체들이 정렬한다. 이 과정은 전기, 중기, 종기 등 여러 단계로 이루어져 있다. 생식세포의 핵분열은 감수분열이라고 한다. 성을 통한 재생산은 일반적으로 부모를 필요로 하며 감수분열과 수정이라는 두 단계를 거쳐야 한다.

유사분열의 단계

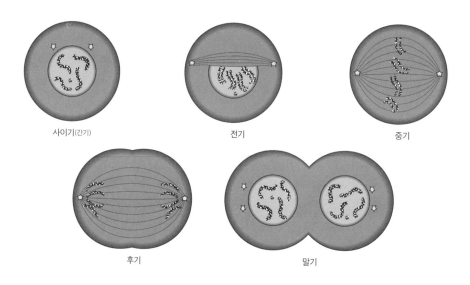

사이기(간기)   전기   중기

후기   말기

식물 세포에는 얼마나 많은 엽록체가 있는가?

엽록체는 녹색 식물이 태양 에너지를 이용하여 이산화탄소와 물로 탄수화물을 합성하면서 산소를 방출하는 광합성 작용을 하는 기관이다. 엽록체에는 태양 에너지를 받아들이는 녹색 염료인 엽록소 a와 b가 있다.

단세포 식물은 단 하나의 큰 엽록체를 가지고 있는 반면 식물의 잎은 20~100개의 엽록체를 가지고 있다.

엽록체가 있는 식물 세포

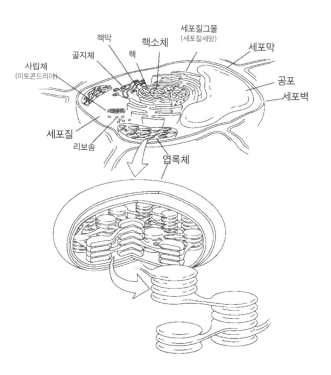

세포질그물
(세포질세망)
핵막
핵소체
골지체
핵
세포막
사립체
(미토콘드리아)
공포
세포벽
세포질
리보솜
엽록체

진화와 유전학

다윈의 핀치는 왜 중요한가?

갈라파고스에서 다윈^{Charles Darwin}은 동물과 식물의 형태를 관찰했다. 그로부터 그는 한 종이 오랜 시간에 걸쳐 다른 종으로 변해간다는 생각을 하게 되었다. 다윈은 여러 종류의 핀치를 수집했다. 모든 종은 비슷했지만 각기 다른 방법으로 먹이를 잡을 수 있도록 발달한 부리를 가지고 있었다. 어떤 종은 단단한 씨앗을 깨기 위한 두터운 부리가 있었고, 다른 종은 곤충을 잡기에 알맞은 가느다란 부리가 있었다. 또 다른 종은 나무 틈 사이에 있는 곤충을 찾아내기 위한 가지를 이용했다. 모든 종들은 남아메리카에 살고 있는 핀치와 유사했다. 실제로 갈라파고스의 모든 식물과 동물은 가까이 있는 (1,000km 떨어진) 남아메리카 해변의 것과 비슷했다. 다윈은 이런 유사성에 대한 이유로 몇 종의 식물과 동물이 남아메리카로부터 갈라파고스로 이주해온 것이라고 생각했다. 이 몇 가지의 식물과 동물이 오랫동안의 변화를 거쳐 많은 새로운 종이 되었다는 것이다. 진화론에서는 종들의 변화가 환경의 변화에 반응하여 서서히 일어난다고 주장한다.

단속평형이란 무엇인가?

단속평형^{punctuated equilibrium}은 1972년 엘드리지^{Niles Eldredge}와 굴드^{Stephen J. Gould}가 제안한 거시진화 모델이다. 이것은 진화가 서서히 진행된다는 신다윈주의 진화 모델과 대립되면서도 보완적이라고 볼 수 있다. 단속평형 모델에서는 대부분의 지질학 역사 동안 진화가 거의 일어나지 않다가 짧은 기간(지질학적으로 볼 때 수백만 년) 동안에 진화가 빠르게 진행된다고 주장했다.

각 지질시대에 어떤 생물학적 사건이 있었나?

신생대(포유동물의 시대)			
기	**세**	**시작 연대**(백만 년)	**생물학적 사건**
제4기	홀로세	10,000년 전	빙하기가 끝나고 인류의 문명이 시작됨.
	플라이스토세	1.9	여러 종류의 거대 포유류가 번성하다 멸종됨 현생인류가 나타남.
제3기	플라이오세	6.0	오스트랄로피테쿠스가 나타남. 현생 포유류 등장.
	마이오세	25.0	풀이 널리 퍼짐. 말과 코끼리 번성. 유인원이 나타남.
	올리고세	38.0	포유류의 빠른 진화와 확산. 속씨식물 많아짐. 외떡잎식물 나타남. 송곳니 고양이 출현.
	에오세	55.0	고대 포유류 번성. 현대 포유류 등장. 원시적인 고래 등장. 풀이 나타남.
	팔레오세	65.0	공룡 멸종 후 포유류의 분화 시작. 대형 포유류 등장.
중생대(파충류의 시대)			
기	**세**	**시작 연대**(백만 년)	**생물학적 사건**
백악기		135.0	속씨식물과 새로운 곤충이 나타남. 성게 해면이 번성. 해룡과 현대 악어와 상어가 나타남. 원시적 조류가 익룡을 대신하기 시작. 백악기 말에 공룡이 멸종됨.
쥐라기		200.0	겉씨식물과 양치식물 번성. 다양한 공룡이 번성. 몸집이 작은 포유류가 늘어남. 새와 도마뱀이 나타남. 성게, 바다나리, 불가사리가 번성.
트라이아스기		250.0	룡류가 번성. 키노돈트는 더 작아져 포유류와 비슷해짐. 공룡, 포유류, 익룡, 악어가 나타남. 암모나이트가 번성

고생대(고생물의 시대)			
기	세	시작 연대(백만 년)	생물학적 사건
페름기		285.0	파충류가 번성. 딱정벌레와 파리 진화. 어류가 번성. 암모나이트, 유공충이 많음. 이 시기의 말에 95%의 생명체가 멸종하는 대멸종 사건이 일어남
석탄기 (일부미국과학자들은 석탄기를페실베니아기와 미시피기로나눈다)		350.0	날개 있는 곤충이 나타나 번성. 대형 곤충 등장. 양서류가 다양해짐. 파충류 등장. 큰 나무들이 나타남. 척추동물이 육상으로 진출. 극피동물이 많음. 삼엽충과 앵무조개는 쇠퇴하기 시작. 원시 상어가 나타나 다양하게 진화.
데본기		410.0	석송, 쇠뜨기, 원시 속씨식물, 나무가 나타남. 완족동물, 산호, 바다나리가 많아짐. 수생 양서류가 나타남.
실루리아기		425.0	관다발 조직이 있는 육상식물 나타남. 턱 있는 어류 나타남. 삼엽충과 연체동물 번성. 바다나리가 많아짐.
오르도비스기		500.0	무척추동물이 번성.원시 산호, 완족동물, 앵무조개, 삼엽충, 극피동물이 흔함. 원시적 부유성 척추동물 크노도톤 나타남. 원시적 육상 식물이 나타남.
캄브리아기		570.0	물이 다양해짐. 현대 생물 중 반이 나타남. 척추동물이 나타남. 삼엽충, 해면, 완족동물이 흔함.
선캄브리아대			
기	세	시작 연대(백만 년)	생물학적 사건
시생대와 원생대		3,800	균류, 원시 조류, 해양 원생동물 나타남.
무생물시대		4,600	지구가 형성됨.

인류는 어떻게 진화했나?

현생인류인 호모사피엔스는 오스트랄로피테쿠스로부터 진화했다고 믿어지는, 키가 150cm 정도로 사냥을 하며 살았던 호모하빌리스에 기원을 두고 있다. 플라이스토세 초기(약 200만 년 전)에 호모하빌리스가 불을 사용했고, 문화를 가지고 있었던 호모에렉투스(자바원인)로 진화했다. 호모에렉투스는 플라이스토세 말인 12만 년 전에서 4만 년 전 사이에 호모사피엔스(네안데르탈인, 크로마뇽인)로 진화했다. 초기 호모사피엔스는 집을 지었고 옷을 만들어 입었다.

유전학의 아버지는 누구인가?

멘델$^{Gregor\ Mendel,\ 1822\sim1884}$이 일반적으로 유전학의 아버지라고 불린다. 통계학에 관한 지식을 이용하여 생물학적 현상을 분석한 멘델은 유전의 법칙을 만들 수 있는 비율을 알게 되었다. 그러나 과학계가 멘델의 연구에 관심을 갖게 한 것은 영국의 베이트슨$^{William\ Bateson,}$ $^{1861\sim1926}$이었다. 유전학이란 말을 처음 사용한 사람도 베이트슨이다.

오스트리아 수도사였던 그레고어 멘델은 유전의 원리를 알아내기 위해 완두콩으로 실험했다.

찰스 다윈의 별명은 무엇인가?

다윈은 많은 별명을 가지고 있다. 젊은 박물학자로 비글호에 승선해 있는 동안에는 그의 지적인 호기심으로 인해 '필로스'라고 불렸고, 수집품으로 동료 선원들을 피곤하게 했을 때는 '플라이캐처'라고 불리기도 했다. 후에 그가 과학계의 지도자가 되었을 때는 잡지에서 그를 '다운의 현인' 또는 '과학의 성인'으로 불렀고, 그의 친구였던 헉슬리$^{Thomas\ Henry}$ ^{Huxley}는 개인적으로 그를 '다운의 황제' 또는 '과학의 교황'이라고 불렀다. 다윈 자신이 좋아했던 별명은 '스툴티스 더 풀'로 그는 종종 과학계 친구들에게 편지할 때 '스툴티스'라고 서명했다. 이 별명은 대부분의 사람들이 바보의 실험이라고 생각했던 것들을 실험하려고 했던 그의 습관을 나타낸 것이다.

멘델의 유전은 무엇인가?

멘델의 유전은 오스트리아의 수도승이었던 멘델이 연구하여 밝혀낸 것으로 부모의 형질이 자손에게 전달되는 과정을 말한다. 멘델은 유전의 법칙을 올바로 추론한 최초의 과학자였다. 멘델의 유전은 하나의 유전자 또는 유전자 쌍의 작용으로 나타나기 때문에 단일 유전자 형질이라고도 불린다. 상염색체 우성 유전, 상염색체 열성 유전, 성염색체 우성 유전, 성염색체 열성 유전을 포함하여 4,300가지가 넘는 인간의 이상 형질이 멘델의 유전법칙에 따라 유전되는 것으로 추정된다.

전체적으로 멘델의 유전법칙에 따르는 이상 형질을 지니고 있는 사람은 전체 인구의 1% 정도이다. 사람들의 다양성을 나타내는 다른 여러 가지 형질들도 멘델의 유전법칙에 의해 유전된다.

《종의 기원》의 중요성은 무엇인가?

다윈Charles Darwin, 1809~1882은 《종의 기원》을 통해 자연선택에 의한 진화론을 제안했다. 《종의 기원》의 출판은 사람의 성격에 관한 우리의 생각을 바꾸어놓는 계기가 되었다. 이 책이 전 인류의 생각에 준 충격과 지적 혁명은 뉴턴을 비롯한 다른 과학자들의 연구가 가져온 충격보다 컸다. 그 영향은 즉각적이었다. 이 책의 초판은 출판 당일인 1859년 11월 24일에 모두 팔렸다. 《종의 기원》은 "세상을 흔든 책"이라고 불렸다. 인구 폭발, 존재를 위한 투쟁, 인류와 우주의 목적, 자연에서 인간의 위치 등과 같은 인간의 미래에 대한 현대의 모든 토론은 다윈에 그 기초를 두고 있다.

이 연구는 다윈이 비글호에 박물학자로 승선하여 항해하는 동안 관찰한 것들을 해석하고 분석하여 얻은 것이다. 당시 다양한 종에 대한 설명은 성서의 창세기에 있는 창조 신화뿐이었다. 《종의 기원》은 진화에 대해 과학적이고 체계적인 증거를 제시한 최초의 논문이었다. 다윈의 진화론은 적자생존과 자연선택을 기반으로 한다. 개체가 가지고 있는 유전인자가 다양해지면 자연선택을 통해 종이 계속하여 발전한다. 진화는 두 단계를 통해 이루어진다. 첫 번째는 다양성이 나타나는 단계이고, 두 번째는 자연선택을 통해 다양한 유전형질 중에서 살아남기에 유리한 것을 골라내는 과정이다.

적자생존이라는 말을 처음 사용한 사람은?

다윈의 진화론과 연관하여 자주 사용되고 있지만 이 말을 처음 사용한 사람은 영국의 사회학자 스펜서^{Herbert Spencer, 1820~1903}였다. 이 말은 환경에 적응하지 못하는 생명체는 사라지고, 적응하는 생명체는 살아남는다는 뜻이다.

베이츠 의태는 무엇인가?

1861년에 영국의 자연학자 베이츠^{Henry Walter Bates, 1825~1892}는 독이 없는 종이 독이 있는 종이나 맛이 없는 종과 비슷한 색깔을 갖도록 진화하거나 비슷하게 행동하여 포식자를 피하려 한다고 주장했다. 대표적인 예는 바이스로이 나비가 먹잇감으로 좋지 않은 대왕나비를 닮는 것이다. 이런 것을 베이츠 의태라고 한다. 다른 예로는 박각시나방의 유충이 독이 있는 작은 뱀처럼 머리와 가슴을 쳐드는 것이다. 이런 모방 행동도 진화한다. 박각시나방의 유충은 머리를 뱀처럼 앞뒤로 흔들기도 한다. 후에 독일 출신의 동물학자 뮐러^{Fritz Müller, 1821~1897}는 비슷한 모양을 하고 있는 모든 종은 포식자가

바이스로이 나비(좌)는 천적이 좋아하지 않는 대왕나비를 닮도록 진화했다.

좋아하지 않는다는 것을 발견했다. 이런 현상을 뮐러 의태라고 한다.

스코프스 재판은 언제 있었나?

고등학교 생물 교사였던 스코프스^{John T. Scopes, 1900~1970}는 1925년에 진화론을 가르쳤다는 이유로 테네시 주에 의해 고발되었다. 그는 모든 공립학교에서는 신의 창조를 부정하는 어떤 이론도 가르칠 수 없다고 규정한 주 의회가 통과시킨 법률에 도전했다. 그는 기소되어 유죄 판결을 받았지만 1967년 항소심에서 번복되었다.

현재도 학교 이사회가 진화론을 가르치는 데 영향을 주고 있다. 또 진화론을 가르치지 못하도록 해달라거나 창세기의 기록대로 특별하게 창조되었다는 사실 또한 같이 교육해야 한다는 요구도 계속되고 있다. 이것은 교회와 정치의 분리, 공립학교에서 서로 대립되는 이론을 가르치는 문제, 과학자들이 일반인들과 소통하는 능력에 대한 많은 의문을 제기했다. 화석적 증거의 점진적인 발전, 비교 해부학적 연구 결과, 그리고 생물학 분야에서의 많은 발전이 진화론을 더 널리 받아들이도록 하고 있다.

붉은 여왕 가설은 무엇인가?

계속되는 멸종의 법칙이라고도 불리는 이 가설은 루이스 캐럴^{Lewis Carroll}이 지은 《거울 나라의 앨리스》에서 "이제 이곳에서는 같은 자리에 있으려면 힘껏 달려야 할 것이다"라고 말한 붉은 여왕의 이름에서 따온 가설이다. 어떤 종이 진화의 관점에서 앞선다는 것은 다른 모든 종들의 생존환경이 악화된다는 것을 의미한다. 이런 사실은 종들이 현상을 유지하기 위해서는 앞서 가야 한다는 압력으로 작용한다.

플라스미드와 프리온의 다른 점은 무엇인가?

플라스미드는 세균의 염색체에서 분리해낸 것으로 스스로 복제하는 기능을 가진 원형의 작은 DNA 분자이다. 이것은 세포 밖에는 존재하지 않으며 일반적으로 세균 세포에 이로운 일을 한다. 플라스미드는 유전공학에서 외부 DNA를 이용하는 데 자주 사용된다. 한편 프리온은 전염성이 있는 형태의 단백질로 관계가 있는 단백질을 프리온으로 바꾸어 그 수를 증가시킬 수 있다. 프리온은 사람에게서 '광우병'이나 '크로이츠펠트 야코프병'과 같은 퇴행성 뇌질환을 일으킬 수 있다.

폴리메라제 연쇄반응이란 무엇인가?

PCR이라고도 부르는 폴리메라제 연쇄반응은 세포를 이용하지 않고 DNA를 매우 빠르게 복제하여 증가시키는 기술을 말한다. 복제에 사용될 한 줄기 DNA가 실험관 안에서 특수한 종류의 DNA 폴리메라제, 뉴클레오티드와 함께 배양된다. 자동화된 과정에 의해 몇 시간 동안에 DNA의 특정 부분을 수십억 번이나 복제할 수 있다. 한 번의 복제 사이클은 약 5분 정도 걸린다. 한 사이클이 끝나면 DNA 부분은 두 배가 된다. PCR에서는 이런 사이클을 계속 반복한다. PCR은 재결합한 플라스미드를 만들어 DNA 조각을 복제하므로 세균 안에서 복제하는 것보다 훨씬 빠르다.

PCR은 캘리포니아에 있는 생명공학 분야의 세투스 회사에서 일하던 생화학자 멀리스[Kary Mullis, 1944~]에 의해 1983년에 개발되었다. 1993년에 멀리스는 PCR을 개발한 공로로 노벨 화학상을 수상했다.

유전공학이란 무엇인가?

분자 클로닝 또는 유전자 클로닝이라고도 알려진 유전공학은 실험관 안에서 핵산 분자를 인위적으로 재결합하여 숙주 생명체인 바이러스, 세균의 플라스미드 또는 다른 벡터 체계에 투입하는 것을 말한다. 그런 분자를 형성하는 것은 생화학적인 방법으로 새로운 유전자 조합을 만들어내는 과정을 포함하기 때문에 유전자 조작이라고도 말한다.

유전공학 기술에는 세포의 융합, DNA(RNA)의 재조합, 유전자를 분할하는 기술이 포함된다. 세포 융합에서는 정자와 난자의 단단한 바깥쪽 막이 효소에 의해 벗겨진 후 연해진 세포가 화학물질이나 바이러스의 도움으로 하나로 합쳐진다. 그 결과 두 종류의 생명체로부터 새로운 종이 탄생될 수 있다. DNA를 재조합하는 기술은 한 세포가 가지고 있는 특정한 유전자를 세균의 플라스미드(세균의 염색체 바깥쪽에 있는 원형의 작은 DNA 조각)나 효소를 이용하여 다른 세포로 옮기는 것이다.

DNA 재조합 기술에는 제한 효소를 이용한 DNA 사슬의 절단, RNA 사슬로부터 DNA 사슬을 만드는 역전사, DNA 사슬을 이어 붙이는 DNA 리가아제, 하나의 DNA 사슬로부터 이중 사슬 DNA 분자를 만드는 태그 폴리메라제 등이 있다. 이 과정은 적당한 DNA 사슬을 분리하여 잘게 자르면서 시작된다. 이 조각들이 벡터와 결합한 후 DNA 조각들이 플라스미드 DNA에 얹혀지기 위해 세균의 세포 안으로 주입된다. 이 복합 플라스미드는 주인 세포와 결합하여 변형된 세포를 만든다. 일부의 변형된 세포만이 원하는 성질이나 유전자 활동을 보여주기 때문에 변형된 세포는 분리된 후 개별적으로 배양된다. 이런 방법을 이용하여 인슐린과 같은 호르몬을 대량으로 생산하는 데 성공했다.

그러나 동물이나 식물의 세포를 변형하는 것은 훨씬 어렵다. 질병에 강한 식물이나 더 크게 자라는 동물을 만들어내는 기술은 이미 개발되어 있다. 유전공학은 유전의 과정에 개입하여 종의 유전자 구조를 바꾸어놓을 수 있기 때문에 윤리적 문제를 야기할 수 있다. 그리고 새로운 종류의 세균이 가져올 건강과 생태계에 주는 영향에 대한 우려가 제기되고 있다. 유전공학이 응용되는 분야는 다음과 같다.

농업 - 생산량이 많은 농작물, 질병이나 가뭄에 강한 농작물; 얼어붙는 것을 방지하는 세균 살포; 동물의 특성을 바꾸어 가축 개량.

산업 - 세균을 이용하여 신문이나 나무 조각을 당으로 바꿈; 유류 오염이나 유독성 오염을 정화하기 위해 기름이나 독성 물질을 흡수하는 세균 이용; 포도주의 발효를 돕기 위한 이스트 사용.

의학 - 질병을 제거하기 위해 인간의 유전자를 변형시킴(실험 단계); 인슐린, 인터페론(항암제), 비타민, 키가 크는 호르몬[ADA], 항독소, 백신, 항생물질과 같이 질병의 증상을 완화하거나 경감하기 위한 물질의 빠르고 경제적인 생산.

연구-의학, 특히 암 연구에서 유전자 구조 변형; 음식물 처리; 치즈 숙성에서 우유를 응고하는 레닌 효소의 사용.

처음으로 상업적으로 사용한 유전공학 기술은 무엇이었나?

DNA를 재조합하는 기술은 처음으로 세균을 이용하여 상업적으로 인슐린을 생산하기 위해 사용되었다. 1982년에 유전공학적으로 생산된 인슐린을 당뇨병 치료에 사용하는 것이 허가되었다. 인슐린은 췌장에서 합성된다. 처음에는 돼지나 소의 인슐린을 사람의 인슐린으로 바꾸어 당뇨병 치료에 사용했다. 사람의 인슐린을 안정적으로 제공하기 위해 과학자들은 인간의 세포에서 인슐린을 합성하는 유전자를 포함하고 있는 DNA를 채취하여 복제한 후 세균 안에 주입했다. 실험실에서 세균을 배양하면 하나의 세균이 분열하여 인슐린 유전자를 가지고 있는 두 개의 세포가 되고, 그 두 세포는 다시 네 개의 세포로 분리된다. 이런 과정을 반복하면 인슐린 유전자를 가지고 있는 세균의 수가 크게 증가한다. 이런 세균들은 모두 인간 인슐린 유전자를 가지고 있기 때문에 인슐린 단백질을 합성할 수 있다.

유전공학적으로 생산된 가장 큰 단백질은 무엇인가?

바이어가 생산한 혈액응고 팩터 Ⅷ는 현재까지 유전공학 기술로 생산된 단백질 중에서 가장 크며 유전 기술로 만들어진 최초의 의약품이다. 2,332 분자의 아미노산을 합성하여 만든 이 단백질 분자의 분자량은 300,000이었다. 인간의 인슐린 분자가 51개의 아미노산이 결합되어 만들어지는 것과 비교하면 이 분자가 얼마나 큰지 짐작할 수 있다. 팩터 Ⅷ는 혈액응고 과정에서 중요한 역할을 해 생명을 지킨다. 혈우병이 있는 사람에게서는 이 단백질이 제 기능을 하지 못하기 때문에 작은 상처가 나도 혈액이 계속 흘러나와 목숨이 위험해진다.

인간 게놈 프로젝트는 무엇인가?

인간 게놈 프로젝트는 인간의 모든 DNA 속에 들어 있는 유전자의 배열지도를 만들어내는 프로젝트이다. 인간의 게놈 지도는 2001년 2월 12일 완성되어 발표되었다. 이보다 앞선 2000년 6월 26일에 국제 공공 연구 컨소시엄인 인간 게놈 프로젝트(HGP)와 생명공학 벤처기업이 셀레라 제노믹스^{Celera Genomics}사가 공동으로 인간 게놈 지도의 초안을 발표했다. 인간 게놈 프로젝트에서는 2001년 2월 15일에 인간 게놈 지도의 완성본과 이에 대한 분석 결과를 영국의 과학 전문지 〈네이처〉에 발표했으며, 셀레라 제노믹스는 2월 16일에 미국의 과학 전문지 〈사이언스〉에 인간 게놈 지도를 발표했다.

1990년에 미국의 에너지부와 국립 건강 연구소의 협조로 시작된 인간 게놈 프로젝트는 2005년까지 수행될 예정이었지만 기술의 진보로 앞당겨 목적을 달성하게 되었다. 인간 유전자의 순서를 밝혀낸 것은 우리 시대의 가장 놀라운 과학적 업적이라고 할 수 있을 것이다.

클로닝이란 무엇인가?

클론은 세포분열 또는 유사분열(각 염색체가 둘로 나누어지는 세포핵 분열)을 통해 얻어진 원래 세포와 똑같은 세포들을 말한다. 이것은 현재 존재하는 생명체의 유전자를 영원히 존재할 수 있게 한다. 정원사는 오래전부터 식물의 가지를 잘라내 이식하여 유전적으로 동일한 개체를 만들어왔다. 일부가 자라지 않는 식물이나 동물의 경우에는 과학적 방법의 사용으로 클론의 영역이 넓어졌다. 식물에서의 클론은 생산성이 높거나, 아름답거나 또는 다른 기준에서 최고인 식물의 일부를 떼어내 복제한다. 모든 식물 세포는 전체 식물을 만들어낼 수 있는 유전정보를 가지고 있기 때문에 식물의 어느 부분을 잘라내도 좋다. 영양이 되는 화학물질과 생장 호르몬이 들어 있는 배양액 속에 식물에서 떼어낸 부분을 넣어두면 세포가 분열을 시작하여 배를 형성한다. 이 배가 뿌리와 싹으로 발전해 작은 식물 모양을 하게 된다. 이것을 퇴비 속에 옮겨 심으면 원래 식물의 정확한 복제 식물로 자란다. 이 전체 과정은 18개월이 걸린다.

조직 배양이라고도 불리는 이런 과정을 통해 야자나무, 아스파라거스, 파인애플, 딸기, 양배추, 꽃양배추, 바나나, 카네이션, 양치식물 등의 클론이 만들어졌다. 이 방법은 가장 생산성이 높은 식물을 만드는 것 외에 씨앗을 통해 전파되는 바이러스성 질병을 예방하는 데도 도움이 된다.

인간도 복제할 수 있는가?

이론적으로는 인간도 복제하는 것이 가능하다. 그러나 인간의 복제가 성공하기 위해서는 여러 가지 기술적인 문제뿐만 아니라 윤리, 철학, 종교, 경제적인 문제가 먼저 해결되어야 한다. 대부분의 과학자들은 현재로서는 인간의 복제가 안전하지 못하다고 생각하고 있다.

핵의 이식이나 체세포 핵의 이전은 세포의 핵과 유전물질을 한 세포로부터 다른 세포로 이동하는 방법이다. 난자의 핵을 제거한 후 체세포의 핵을 이식하면 체세포를 제공한 개체와 똑같은 유전자를 가지는 개체를 만들 수 있다.

	핵의 이식	인간 복제
결과물	배양접시에서 크고 있는 세포	인간
목적	특수한 질병의 치료, 체세포의 생성	인간의 복제
경과 시간	수주일	9개월
대리모 유무	없다	있다
만들어진 인간	없다	있다
윤리적 문제	배의 연구와 비슷	매우 복잡
의학적 문제	세포 치료법과 비슷	안전성

2002년 12월 미국의 라엘리안 무브먼트라는 종교 단체에 속해 있는 클로네이드라는 회사에서 체세포 염색체 복제를 통해 잉태된 여자아이가 제왕절개 수술에 의해 탄생했다고 발표했다. 진위 여부는 확인되지 않았지만 이 발표로 많은 논쟁이 야기됐다.

복제에 성공한 첫 번째 동물은 무엇인가?

1970년에 영국의 분자생물학자 거든^{John B. Gurdon, 1933~}이 개구리를 복제하는 데 성공했다. 그는 개구리 알의 핵을 제거한 후 올챙이 내장 세포의 핵을 이식했다. 이 알은 발생하여 개구리로 자라났고 체세포를 제공한 올챙이와 똑같은 유전정보를 가지고 있었다.

복제에 성공한 첫 번째 포유류는 무엇인가?

성체의 세포를 이용하여 최초로 복제에 성공한 포유류는 1996년 7월에 태어난 복제양 돌리이다. 돌리는 스코틀랜드의 실험실에서 태어났다. 월머트^{Ian Wilmut}가 이끄는 연구팀은 암양의 유방세포에서 핵을 채취해 핵이 제거된 다른 암양의 난자에 이식했다. 그리고 전기 신호를 주어 핵과 난자가 결합하도록 했다. 난자가 분열을 시작하여 배를 형성하자 이것을 대리모에게 이식했다. 돌리는 유방세포의 핵을 제공한 양과 동일한 유전자를 가지고 있는 쌍둥이이다. 1998년 4월 13일 돌리는 보니를 낳았다.

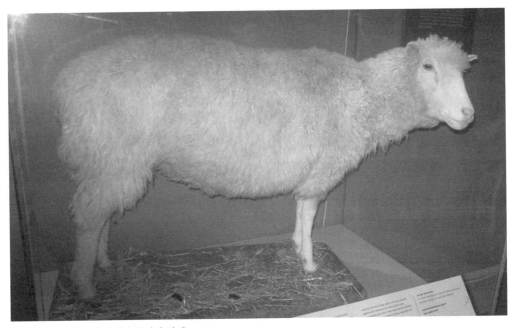

스코틀랜드 박물관에 전시된 돌리의 박제

복제양 돌리는 2003년 2월 14일 6.5세의 나이로 죽었다. 돌리는 노화로 의심되는 질병에 의해 죽었는데 어미의 나이(6세)와 돌리의 나이를 합치면 양의 노화가 진행되는 나이인 12.5세였다. 클론의 조기 노화 현상에 대한 검증이 끝난 것이 아니지만 조기 노화의 위험은 생물 복제가 가지고 있는 수많은 문제점 중 하나가 될 수 있다.

줄기세포는 무엇인가?

줄기세포는 배의 전능세포로부터 얻어진 세포이다. 전능세포는 근육, 혈액, 신경 등 모든 형태의 세포로 발전할 수 있다.

누가 판스퍼미아(배종발달설)의 아이디어를 생각해냈는가?

판스퍼미아^{panspermia}는 미생물, 포자, 세균이 작은 입자에 부착되어 우주 공간을 떠돌다 적당한 환경을 가진 행성에 착륙한 뒤 그곳에서 생명을 시작했다는 가설이다. 판스퍼미아라는 말은 범종설이라고 번역된다. 19세기 영국의 과학자 켈빈$^{Kelvin, 1824~1907}$은 지구의 생명체는 운석을 통해 외계로부터 왔을 것이라고 주장했다. 여기서 더 나아가 1903년에 스웨덴의 화학자 아레니우스$^{Svante Arrhenius, 1859~1927}$는 지구의 생명체가 미세한 우주 물질과 함께 날아온 외계의 포자, 세균, 미생물에서부터 시작되었다는 좀 더 복잡한 판스퍼미아 가설을 내놓았다.

DNA와 RNA의 차이는 무엇인가?

DNA$^{deoxyribonucleic acid}$는 뉴클레오티드라고 부르는 작은 단위가 반복 연결되어 만들어진 분자이다. 뉴클레오티드는 인산(PO_4), 당, 그리고 아데닌(A), 티민(T), 구아닌(G), 시토신(C)의 네 가지 염기 중 하나의 염기로 이루어져 있다. DNA 분자는 염기로 연결된 두 개의 뉴클레오티드 사슬이 만든 이중 나선을 이룬다. 두 뉴클레오티드 사슬을 연결하는 염기들은 아데닌(A)은 티민(T)하고만, 그리고 구아닌(G)은 시토신(C)하고

만 결합할 수 있다. 이중 나선 구조는 뒤틀린 사다리와 비슷하다. 1962년 노벨 의학상은 DNA 분자의 구조를 밝혀낸 왓슨^{James Watson, 1928~}, 크릭^{Francis Crick, 1916~2004}, 그리고 윌킨스^{Maurice Wilkins, 1916~}가 공동으로 수상했다.

RNA^{ribonucleic acid} 역시 핵산이지만 하나의 사슬로 이루어져 있고, 데옥시리보스 대신 리보스가 들어 있다. 그리고 염기는 DNA의 티민 대신 우라실(U)이 들어가 있다. 우라실은 티민과 마찬가지로 아데닌과만 결합한다.

DNA와 RNA의 이중 나선 구조

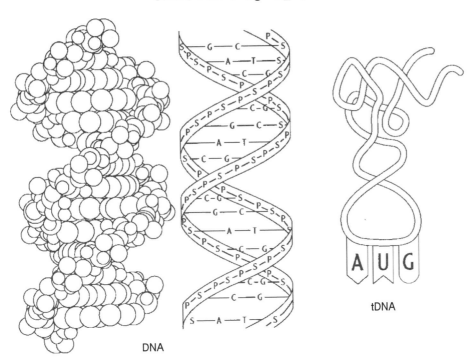

p53이란 무엇인가?

1979년에 발견된 유전자로 때로 게놈의 수호천사라고 불리기도 하는 p53은 세포의 DNA에 손상이 생기면 긴급 브레이크와 같은 역할을 하여 암이나 종양의 증식으로 이어질 수 있는 세포 분열을 중단시킨다. 이것은 또한 손상된 세포가 변형된 DNA를 복제하기 전에 스스로 파괴되도록 프로그램을 하는 형 집행자의 역할도 한다. 그러나 돌연변이가 생기면 p53이 기능을 상실하거나 비정상적인 세포의 증식을 촉진하기도 한다.

실제로 p53은 인간의 종양에서 돌연변이가 가장 자주 나타나는 유전자이다. 과학자들은 돌연변이가 된 p53의 기능을 원상태로 돌려놓는 화합물을 발견했다. 그런 발견이 돌연변이를 일으킨 p53 유전자를 치유하는 항암제 개발로 이어질 전망이다.

인간의 세포에는 얼마나 많은 DNA가 들어 있는가?

만약 사람의 세포 하나에 들어 있는 모든 DNA를 연결하면 그 길이는 2m이다. 또한 인간의 몸을 구성하는 수조 개의 세포에 들어 있는 모든 DNA를 연결하면 약 160억km에서 320억km나 된다.

가장 많은 염색체를 가지고 있는 생명체는 무엇인가?

양치식물 중에서는 1,260개(630쌍)의 염색체를 가지고 있는 것도 있다.

발생학의 창시자는 누구인가?

독일의 외과의사였던 볼프Kaspar Friedrich Wolff, 1733~1794가 발생학의 창시자이다. 볼프는 1759년에 그의 혁명적인 저서 《Theoria generationis》를 발표했다. 그때까지 사람들은 씨앗이나 정자 속에 들어 있는 작은 생명체가 자라나서 성체가 된다고 믿었다. 그러나 볼프는 식물이나 동물의 배세포는 어떤 기관이 될지 정해져 있지 않지만 후에 각각의 기관을 형성하도록 분화된다는 이론을 제시했다.

'개체발생은 계통발생을 되풀이한다'는 것은 무슨 뜻인가?

개체발생은 수정된 난자가 성체로 발전해가는 과정을 말한다. 그리고 계통발생은 생명체의 진화 역사를 나타낸다. 19세기 생물학 분야에서 사용하기 시작한 이 말은 고등생물의 배가 커 나가는 동안에 덜 진화된 생명체의 성체와 매우 비슷한 단계를 거치는 것을 의미한다. 예를 들면 인간의 배가 어떤 시점이 되면 아가미를 가지고 있고 올챙이와 비슷해진다.

생명 활동의 과정과 구조

생체시계란 무엇인가?

3세기경에 중국인들에 의해 처음 알려진 것으로 동물이나 식물의 여러 가지 대사작용의 리듬을 조절하는 본능적인 메커니즘을 뜻한다. 짝짓기, 동면, 철새의 이동 등은 1년을 주기로 하며, 여성의 배란은 음력 한 달이 주기이다. 그러나 대부분의 대사작용은 24시간을 주기로 한다. 250년 전에 식물에서 먼저 발견된 24시간 주기의 생리현상 리듬은 거의 모든 동물과 식물이 가지고 있다. 이 주기에 맞추어 식물은 잎이나 꽃잎을 여닫고 발아하고 꽃을 피우며, 사람은 체온, 호르몬 분비, 혈당량, 혈압, 수면 시간을 변화시킨다.

생체 내부의 바이오리듬에 대한 연구에 의하면 많은 사고가 오전 1시와 6시 사이에 일어나며, 대부분의 산모는 아침 시간에 아이를 낳는다고 한다. 또한 심장마비는 오전 6시에서 9시 사이에 가장 많이 일어나며, 대부분의 올림픽 기록은 늦은 우후에 수립되었다. 생체시계는 동물(인간을 포함해서)의 머리에 있는 송과선에서 관장하는 것으로 보인다.

바이오리듬은 과학적 근거가 있는가?

인간의 행동을 통제하는 세 가지 바이오리듬이 있다는 주장은 과학적 근거가 거의 없다. 바이오리듬에는 23일의 신체 주기, 28일의 감정 주기, 33일의 지적 주기가 있다. 두 개 또는 그 이상의 주기가 겹칠 때는 위험한 날로 조심해야 한다.

이와는 반대로 활동 주기, 음식을 먹는 주기, 수면 주기 등은 잘 알려져 있다. 이러한 주기는 개인에 따라 다르지만 대부분 지구의 자전주기와 연관된다. 생물학적 리듬은 실제로 존재하지만 바이오리듬은 과학적 근거가 없다.

스피겔먼의 괴물이란 무엇인가?

미국의 미생물학자인 스피겔먼^{Sol Spiegelman}은 스스로 복제할 수 있는 가장 작은 분자를 찾아내기 위한 실험을 했다. 그는 4,500개의 뉴클레오티드로 구성된 RNA 분자 하나로 이루어진 QB라는 바이러스로 실험을 시작했다.

이 바이러스는 보통 리플리카제라고 부르는 세포의 효소가 있어야 복제할 수 있기 때문에 복제하기 위해서는 살아 있는 세포에 침입해야 한다. 스피겔먼이 바이러스가 든 시험관 안에 리플리카제와 자유 뉴클레오티드를 넣자 바이러스가 복제를 시작했다. 몇 세대가 지나자 4,500개보다 적은 수의 뉴클레오티드로 이루어진 변종이 나타났다. 수가 적었기 때문에 이 변종은 원래 바이러스보다 더 빠르게 복제했다. 그리고 또 다른 변종이 나타나 처음 바이러스를 대체했다. 이런 일이 계속되더니 마침내 이 바이러스는 단지 220개의 뉴클레오티드로 이루어진 작은 조각의 RNA로 퇴보했다. 이것은 리플리카제를 인식하는 가장 작은 조각이다.

이 조그만 시험관 괴물은 필요한 물질만 제공되면 빠른 속도로 복제를 계속했다.

생화학의 창시자는 누구인가?

헬몬트^{Jan Baptista van Helmont, 1579~1644}는 처음으로 생명현상을 화학적 용어를 사용하여 연구하고 설명했기 때문에 생화학의 아버지라고 불린다. '생화학^{bioche mistry}'이라는 말은 1877년에 호페 세일러$^{F. Hoppe-Seyler}$가 처음 사용했다. 생화학은 생명체 안에서 일어나는 대사작용과 화학적 과정을 연구하는 과학이다. 생화학은 화학자들이 연구해온 동물 및 식물에 관한 화학, 생물학자나 의사들이 연구해온 생리학과 동물 및 식물화학이 결합하여 형성되었다.

헬몬트는 의학의 진정한 열쇠라고 생각한 화학을 연구하는 데 그의 생애를 바쳤다. 그는 또한 질병의 외부적인 원인과 질병으로 생기는 해부학적 변화에 대해 연구했기 때문에 병리학의 아버지라고도 불린다.

최초로 발견된 아미노산은 무엇인가?

1806년 프랑스의 화학자 보클랭$^{Nicolas-Louis Vauquelin}$이 백합과의 여러해살이 풀인 아스파라거스에서 추출한 아스파라긴산이 최초로 발견된 아미노산이다.

분류와 측정

생물정보학이란 무엇인가?

생물정보학^{bioinformatics}은 생물학, 컴퓨터 과학, 정보 기술이 하나로 합쳐진 과학이다. 이 분야의 궁극적인 목표는 전체적인 조망을 통해 생물학의 통일된 원리를 알아내는 것과 함께 새로운 생물학적 통찰력을 발견하는 것이다. 생물정보학에는 다음과 같은 세 가지 주요 분야가 있다. (1) 많은 자료 사이의 관계를 밝혀낼 수 있는 새로운 알고리듬과 통계 기법을 개발하는 분야, (2) 뉴클레오티드와 아미노산의 순서, 단백질의 구조를 포함하는 다양한 형태의 자료를 해석하고 분석하는 분야, (3) 다른 형태의 정보에 효과적으로 접근하고 관리하는 도구와 수단을 개발하는 분야.

방사성 탄소 연대측정법이란 무엇인가?

방사성 탄소 연대측정법은 방사성 탄소의 함량을 조사하여 역사가 기록되기 전의 물질의 연대를 알아내는 방법이다. 이것은 1940년대 후반에 미국의 화학자 리비^{Willard F. Libby, 1908~1980}가 개발했다. 모든 살아 있는 생명체는 우주선^{宇宙線}의 충돌로 만들어지는 방사성 탄소(탄소14)를 일정량 포함하고 있다. 동물이나 식물이 죽은 후에는 더 이상 방사성 탄소를 흡수하지 않아 방사성 탄소의 양이 일정한 비율로 감소하게 된다. 방사성 탄소의 반감기는 5,730년이므로 35,000년에서 50,000년 사이의 연대를 측정하는 데 적당하다. 무게가 다른 원자를 분리해 검출하는 가속 질량 스펙트로메터라는 분석기기의 개발로 더 정확한 연대 측정이 가능하게 되었다. 남아 있는 방사성 탄소의 양을 측정해 살아 있는 생명체에 들어 있는 방사성 탄소의 양과 비교할 수 있다. 이런 방법으로 50,000년 이내의 동물이나 식물의 연대를 알 수 있다.

반감기가 긴 다른 방사성 원소들은 매우 오래된 암석의 지질학적 연대를 측정하는 데 사용된다. 우라늄 238의 반감기는 44억 6,000만 년이고, 우라늄 235의 반감기는 7억 400만 년이며, 토륨 232는 반감기가 140억 년이다. 그리고 루비듐 87의 반감기는 488억 년이며, 칼륨 40의 반감기는 12억 5,000만 년이고, 사마륨 147은 1,060억 년이다. 연대를 결정하는 다른 방법에는 나무의 나이테를 측정하는 방법, 지구의 자기장 변화에 대한 기록과 암석의 자기장을 비교하는 방법 등이 있다.

생물학이라는 용어를 처음 사용한 사람은 누구인가?

생물학이란 말은 부르다흐^{Karl Burdach, 1776~1847}가 사람에 관한 연구를 나타내기 위해 처음으로 사용했다. 1812년에 라마르크^{Jean Baptiste Pierre Antoine de Monet Lamarck, 1774~1829}는 이 용어에 넓은 의미를 부여했다. 그는 생물학이 통합적인 특징을 가지는 과학이라고 보고 화학, 기상학, 지리학, 그리고 식물학과 동물학이 포함된다고 생각했다. 라마르크는 생명체

장 바티스트 라마르크의 진화론은 찰스 다윈에게 영향을 주었다.

가 살아가면서 환경에 적응하기 위해 변한 형질들은 어떤 방법으로든 유전자에 기록되어 다음 세대로 전해진다고 믿었다. 그러나 오늘날 그런 일이 가능하다고 믿는 생물학자는 없다.

생물학은 생명체를 다루는 과학이다. 한때 생물학은 식물학과 동물학으로 크게 두 부분으로 나누었지만 현재는 생명체의 구조, 기능, 형태 등에 따라 수백 종류의 혜부 분야로 나누어져 있다. 여기에는 해부학, 생태학, 발생학, 진화론, 유전학, 고생물학, 생리학 등이 포함된다.

분자생물학이라는 말은 어디에서 유래했나?

록펠러 재단의 자연과학 담당자였던 위버^{Warren Weaver, 1898~1978}가 처음으로 분자생물학이라는 용어를 사용했다. 위버는 분자 단위에서 생물의 구조를 밝혀내기 위해 X선을 이용했다. 그는 1938년 보고서에서 이 새로운 분야를 분자생물학이라고 불렀다.

무균생물학은 무엇인가?

무균생물학은 균이 없는 환경 또는 특별히 알려진 균만 존재하는 환경에서 사육되거나 재배된 동물이나 다른 생명체에 대해 연구하는 과학이다. 이런 동물들은 자궁에서 분리하여 살균을 거친 뒤 격리실에서 사육된다. 과학자들은 이런 동물을 이용하여 바이러스, 세균, 곰팡이와 같이 외부의 특정한 원인이 동물에게 어떤 작용을 하는지 연구한다.

생명체를 분류하는 데 사용되는 다섯 계는 무엇인가?

린네^{Carl von Linné, 1707~1778}는 1735년에 모든 생명체를 기관의 유사성과 차별성을 바탕으로 2계로 나누었다. 그러나 세균은 식물계나 동물계 어디에도 속하지 않는다

칼 린네는 오늘날까지도 사용되는 동물과 식물의 분류체계를 고안했다.

는 것이 밝혀졌다. 일반적으로 세균은 식물로 분류되었지만 엽록소를 비롯하여 뿌리, 줄기, 잎이 없어 어떤 식물과도 비슷하지 않다. 반면 세균은 동물계에서 발견되는 여러 가지 특징뿐만 아니라 세균에서만 발견되는 특징도 가지고 있다. 1959년에 휘태커[R. H. Whittaker]는 생화학적 기술과 전자현미경을 이용한 관찰을 통해 알게 된 새로운 증거를 바탕으로 현재 사용하는 5계의 분류법을 제안했다. 각 계는 아래와 같다.

모네라계	유전물질이 막으로 둘러싸이지 않은 원핵세포로 이루어진 단세포 생물로 원핵생물이라고도 부른다. 이 계에는 세균, 시아노박테리아라고도 불리는 남조류가 포함된다. 세균은 스스로 영양분을 만들 수 없지만 남조류는 스스로 영양분을 만들 수 있다. 35억 년 전에서 15억 년 전 사이에 지구상에 나타난 남조류는 광합성을 통해 지구 대기의 산소 대부분을 만들었다.
원생생물계	대부분 진핵세포로 이루어진 단세포 생물로 유전물질을 가지고 있는 핵뿐만 아니라 다른 세포 기관들도 막으로 둘러싸여 있다. 원생생물계에는 조류, 규조류, 변형균, 원생동물, 연두벌레 등이 포함된다. 이들은 다세포 진핵생물(곰팡이, 식물, 동물)로 진화하기 전의 고대 단세포 생물의 살아 있는 본보기이다.
균계	하나 또는 여러 개의 진핵세포로 이루어진 생물로 핵이 세포 사이를 돌아다닐 수 있어 마치 하나의 세포가 여러 개의 핵을 가지고 있는 것처럼 보인다. 이런 세포 구조는 독특한 재생산 형태와 함께 균류를 다른 생물과 구분하도록 한다. 버섯, 이스트, 곰팡이 등이 여기에 속한다. 곰팡이는 스스로 영양분을 만들 수 없다.
식물계	핵과 세포막을 가지고 있는 진핵세포로 이루어진 다세포 생물로 직접 또는 간접적으로 다른 모든 생물의 영양분을 공급한다. 녹색식물이 가지고 있는 엽록소에서는 태양 빛을 에너지로 하여 이산화탄소와 물 그리고 무기물을 이용하여 탄화수소를 비롯한 복잡한 생명물질을 합성하는 광합성 작용이 일어난다. 이는 모든 생명체가 이용하는 에너지의 근원이 된다. 식물은 스스로 필요한 영양분을 만들어내는 독립영양생물이다.
동물계	진핵세포로 이루어진 다세포 생물로 다른 생명체를 소화하여 영양분을 흡수한다. 동물은 필요한 영양분을 스스로 만들 수 없는 종속영양생물이다. 그리고 살아 있는 동안에 적어도 일정한 기간 동안은 한 장소에서 다른 장소로 움직일 수 있다.

현재 사용하는 동물과 식물의 분류체계를 만든 사람은 누구인가?

수백만 종의 식물과 동물을 분류하고 이름을 짓는 분야를 분류학이라고 부른다. 이러한 분류는 일반화와 비교의 바탕이 된다. 일반적인 분류체계에서는 한 그룹이 그보다 상위 그룹에 포함되도록 계층적으로 배열한다.

린네는 오늘날까지도 사용되고 있는 이명법을 이용하여 식물(1753)과 동물(1758)의 계층적 분류체계를 만들었다. 모든 식물과 동물에는 라틴어로 종을 나타내는 이름과 속을 나타내는 이름이 붙여졌다. 그는 물리적 차별성과 유사성을 바탕으로 생명체를 분류했다.

린네는 두 가지 계로 출발했지만 현재 분류학자들은 이를 다섯 개의 계로 확장했다. 각 계는 두 개 이상의 문으로 이루어져 있다. 같은 문에 속한 생명체는 다른 문에 속한 생명체보다 더 밀접하게 연관되어 있다. 문은 다시 여러 가지 강으로, 그리고 강은 다시 목으로 나누어진다. 같은 문에 속한 생명체들보다 더 작은 단위인 같은 목에 속한 생명체가 더 가까운 관계에 있다.

분류체계의 계층 구조는 계, 문, 강, 목, 과, 속, 종이다. 각 분류 계층은 다시 '상' 또는 '아', '하'라는 접두어를 붙여 세분하고 있다. 예를 들면 아문, 상과와 같은 것이 그것이다.

동물학자들에 따라 동물의 분류가 일정하지 않은 경우가 많다. 새로운 정보가 얻어져서 새로운 해석이 가능해짐에 따라 분류체계도 변화하고 진화하기 때문이다.

다음 표는 몇 가지 생물의 분류체계를 비교한 것이다.

분류	사람	메뚜기	스트로브 소나무	장티푸스균
계	동물계	동물계	식물계	원생생물계
문	척색동물문	절지동물문	구과식물문	프로테오박테리아문
강	포유강	곤충강	구과식물강	진정세균강
목	영장목	메뚜기목	구과목	진정세균목
과	사람과	메뚜깃과	소나뭇과	장내세균과
속	사람속	메뚜기속	소나무속	살모넬라속
종	호모사피엔스	미국종	스트로브종	장티푸스균종

곰팡이, 세균, 조류

맨눈으로 볼 수 있는 세균도 있는가?

1985년에 처음 발견된 에플로피시움 휘셀소니는 검은 쥐치의 장에 살고 있는 세균으로 처음에는 원생동물로 잘못 분류되었다. 후에 지름이 0.38mm나 되는 큰 세균이라는 것이 밝혀졌다. 이 세균의 크기는 작은 책의 구두점 크기이다.

세균은 얼마나 빨리 번식하나?

세균은 자연 상태이거나 실험실이거나 적당한 환경만 되면 매우 빠르게 번식한다. 예를 들면 장에 존재하는 세균 중에는 20분마다 한 번씩 분열하는 것도 있다. 실험실에서는 하나의 세균이 12시간이 지난 뒤 107개에서 108개로 불어날 수 있다.

탄저균이란 무엇인가?

탄저균은 탄저병을 일으키는 병균으로 운동성이 없으며 포자를 형성하는 막대 형태의 세균이다. B. 탄저균의 세 가지 특징은 수종을 유발하고 생명을 위협하며 꼬투리 모양의 항원이라는 것이다. 인간의 탄저병에는 피부를 상하게 하는 탄저병, 호흡기에 발생하는 탄저병, 소화기에 발생하는 탄저병의 세 가지 유형이 있다. 치료하지 않고 방치하면 모든 형태의 탄저병은 패혈증을 유발하여 죽음에 이른다.

규조류란 무엇인가?

규조류는 원생생물계 규조문에 속하는 조류이다. 노란색 또는 갈색인 규조류는 민물이나 바닷물, 특히 북태평양과 남극의 차가운 물속에 사는 하나의 세포로 이루어진 조류이다. 규조류는 바다 플랑크톤과 많은 작은 동물들의 중요한 먹이가 된다.

규조류는 단단한 세포벽을 가지고 있는데 이 세포벽은 물속에서 추출한 실리카로 이루어져 있다. 어떻게 물에서 실리카를 추출하는지는 밝혀지지 않았다. 규조류가 죽으면 유리질의 규산질 세포막은 바다 밑바닥으로 가라앉아 굳어져서 규조암이 된다. 가장 유명한 규조암 중의 하나는 중부와 남부 캘리포니아 해안을 따라 형성된 몬테레이 퍼메이션이다.

요정의 고리는 어떻게 만들어지나?

균의 고리라고도 불리는 요정의 고리는 풀이 많은 곳에서 종종 발견된다. 요정의 고리에는 세 가지 형태가 있다. 주위의 식물에게 영향을 주지 않는 형태, 식물의 성장을 도와주는 형태, 주위 환경을 파괴하는 형태가 그것이다.

고리는 균사체로부터 시작된다. 균사체 안쪽에 있는 먹이를 모두 소모해버려서 균의 성장은 풀이 있는 가장자리에서 일어나고 이 때문에 고리가 만들어진다. 시간이 지날수록 균들은 중심으로부터 더 멀어진다.

균을 연구하는 과학을 무엇이라고 하는가?

균학은 균과 관계된 과학이다. 과거에는 균을 다른 계에 포함시켰지만 최근에는 독특한 세포 구조와 생식 형태 때문에 독립된 계로 분류하고 있다.

균은 스스로 영양분을 만들 수 없는 종속영양생물이다. 균은 몸 밖에서 먹이를 소화할 수 있도록 효소를 분비한 후 그 생성물을 흡수한다. 균들의 활동은 생명물질의 분해와 자연에서의 영양분의 순환에 중요한 역할을 한다.

부생자saprobe라고 부르는 일부 균들은 살아 있지 않은 유기물로부터 영양분을 얻는다. 그리고 다른 균들은 살아 있는 생물에 기생한다. 그들은 숙주의 살아 있는 기관으로부터 영양분을 흡수한다. 대부분의 균들은 다세포로 이루어져 있으며, 섬유 같은 모양을 하고 있다. 버섯은 홀씨를 이용하여 번식한다. 버섯으로부터 흩어진 홀씨는 새로운 버섯으로 자란다.

지의류는 무엇인가?

지의류는 바위, 나뭇가지 또는 맨땅 위에 자라는 생명체이다. 지의류는 공생하는 녹조와 색깔이 없는 균으로 이루어져 있다. 이들은 뿌리, 줄기, 꽃, 잎이 없다. 균은 엽록체가 없어 스스로 영양분을 만들 수 없지만 자신을 완전히 감싸서 태양과 습기로부터 보호해주는 조류로부터 영양분을 흡수한다.

이러한 균과 조류 사이의 관계를 공생이라고 한다. 지의류는 이러한 관계가 처음으로 발견된 생명체들이며 아직도 가장 좋은 공생의 예로 간주되고 있다. 지의류의 공생 관계는 매우 완전해 마치 하나의 생명체처럼 행동한다.

바이러스라는 말을 처음 사용한 사람은 누구인가?

바이러스학의 창시자이며 백신의 개척자인 영국 의사 제너[Edward Jenner, 1749~1823]가 처음으로 바이러스라는 말을 사용했다. 제너가 우두를 접종하여 천연두를 예방한 것은 한 종류의 바이러스를 이용하여 다른 종류의 바이러스를 예방한 것이다. 라틴어로 우두를 나타내는 백신은 이런 과정을 통해 병을 예방하는 것을 의미하게 되었다. 백신은 질병을 유발하는 세균이나 바이러스를 죽이거나 약하게 만든 것이다. 백신은 항체의 발생을 유도하여 병원체를 인지하고 공격한다. 바이러스는 숙주의 세포 안에서만 분열할 수 있는 기생생물이다. 바이러스는 숙주 세포에 침입하여 DNA를 복제하는 세포의 기관을 접수한다. 그런 다음 세포를 부수고 밖으로 나와 질병을 일으킨다.

현대 세균학의 창시자는 누구인가?

독일의 세균학자 코호[Robert Koch, 1843~1910]와 프랑스의 화학자 파스퇴르[Louis Pasteur, 1822~1895]가 세균학의 창시자이다. 파스퇴르는 음식물이나 음료수를 적당한 온도로 가

프랑스의 화학자 파스퇴르는 현대 세균학의 창시자 중의 한 사람으로 여겨진다.

열하여 그것을 파괴하지 않으면서도 질병의 원인이 되는 세균을 죽이는 방법을 개발했다. 이런 방법을 저온살균이라고 한다.

한편 코흐는 결핵이 유전적인 요인에 의해 발생하는 것이 아니라 특정한 세균에 감염되어 발생하는 질병이라는 것을 밝혀냈다. 그럼으로써 이러한 질병을 획기적으로 감소하는 조치를 취하도록 했다. 그가 사용했던 방법과 실험 과정, 그리고 질병의 원인을 찾아내기 위한 네 가지 가정은 의학 연구자들에게 세균 감염을 통제하는 데 필요한 소중한 통찰력을 제공했다.

코흐의 가정이 중요한 이유는 무엇 때문인가?

코흐는 질병을 유발하는 생명체를 연구하는 네 가지 규칙을 만들었다. 후에 연구자들은 이것이 매우 유용하다는 것을 알게 되었다. 어떤 세균이 특정한 질병을 일으킨다는 것을 증명하기 위해서는 아래 조건들을 만족해야 한다.

1. 모든 질병이 있는 동물에서 미생물이 대량으로 발견되어야 하며 건강한 동물에서는 발견되지 않아야 한다.
2. 이 미생물을 병이 든 동물로부터 분리해 청정한 곳에서 배양해야 한다.
3. 배양한 미생물을 건강한 동물에게 주사했을 때 같은 질병이 유발되어야 한다.
4. 실험용 동물로부터 의심이 되는 미생물을 채취한 후 처음 미생물과 비교해서 동일하다는 것이 밝혀져야 한다.

식물의 세계

물리적 특징과 기능

지구의 역사를 일 년으로 압축한다면 식물의 진화 과정에서 중요한 사건들이 일어난 날짜는 언제일까?

지질연대(백만 년)	사건	날짜
3,600	최초의 조류	3월 21일
433	육상식물 나타남	11월 27일
400	양치식물, 겉씨식물	11월 30일
300	주요 석탄 퇴적물 형성	12월 8일
65	속씨식물 나타남	12월 26일

가장 좋은 형태의 수분은 무엇인가?

꽃가루가 암술이나 배주로 전달되었을 때 수분이 효과적으로 일어난다. 수분 없이는 수정도 있을 수 없다. 식물은 움직일 수 없는 생명체이기 때문에 꽃가루는 외부의 중개자를 통해서 만들어진 곳으로부터 수정이 일어나는 곳으로 전달된다. 한 식물의 꽃가루가 다른 식물의 암술로 이동하면 이화수분이 일어나고, 같은 식물에서 만들어진 꽃가루가 암술로 이동하면 자가수분이 일어난다. 자가수분보다는 이화수분이 새로운 유전형질을 만들어낼 가능성이 있어 더 좋은 방법이다.

이화수분의 중개자에는 곤충, 바람, 새, 포유류, 물 등이 있다. 많은 경우 꽃들은 이런 중개자들의 관심을 끌기 위해 꿀, 기름, 과일, 향수, 잠자리, 때로는 꽃가루 자체를 보상으로 제공한다. 어떤 경우에는 꽃가루를 나르도록 중개자를 함정에 빠트리기도 한다. 일반적으로 식물은 향기를 이용해 이런 중개자들을 유혹한다. 예를 들면 일부 난초는 냄새와 색깔을 이용하여 특정한 벌의 암컷 흉내를 내서 수컷들이 교미를 시도하도록 한다. 이런 방법(가짜 교미)으로 난초는 성공적으로 수분한다. 어떤 식물은 여러 가지 종류의 중개자를 이용하는 반면에 어떤 식물은 매우 까다로워서 오직 한 종류의 곤충을 통해서만 수분한다. 이런 방법으로 수분하는 식물은 종을 순수하게 유지하는 경향이 있다.

식물의 구조는 수분 중개자에 적응하여 바뀐다. 예를 들면 바람을 이용하여 수분하는 풀이나 소나무 같은 식물은 꽃잎이 없는 단순한 구조의 꽃을 가지고 있으며, 암술은 공중에 날아다니는 꽃가루를 쉽게 잡을 수 있도록 여러 갈래로 갈라져 노출되어 있다. 그리고 꽃가루에는 긴 섬유 모양의 꽃밥이 매달려 있어 가볍고 둥근 모양의 꽃가루가 바람에 의해 암술에 잘 달라붙도록 하고 있다. 이런 식물들은 곤충이 드문 평원지대나 산악 지역에서 많이 발견된다. 이와는 대조적으로 붓꽃이나 장미, 금어초와 같이 일부가 숨겨져 있고, 비대칭적이며, 오래 피어 있는 꽃들은 꿀벌과 같은 곤충 중개자들에게 제공할 꿀과 앉을 장소를 준비하고 있다. 이러한 꽃들은 끈적끈적한 많은 양의 꽃가루가 곤충에 붙어 다른 꽃으로 전달된다.

굴성이란 무엇인가?

굴성이란 식물이 자극에 반응하여 움직이는 것을 말한다. 굴성에는 다음과 같은 것들이 있다.

굴화성	식물이 화학물질에 의해 잎을 마는 것과 같은 반응을 보이는 것
굴지성	식물이 중력에 반응하여 움직이는 것으로 식물의 싹은 음성굴지성(위로 자라는 것)을 나타내고 뿌리는 양성굴지성(아래로 자라는 것)을 나타낸다.
굴수성	뿌리가 물이 있는 곳을 향해 자라는 것처럼 물이나 수분에 반응하는 것
굴광성	빛의 자극에 반응하는 것으로 양성굴광성과 음성굴광성이 있다. 대부분의 줄기는 양성굴광성이 있어 빛을 향해 자라지만 뿌리는 일반적으로 빛에 예민하지 않다.
굴열성	식물이 온도에 반응하는 것
굴촉성	다른 식물이나 물건을 타고 올라가는 식물은 접촉에 반응한다. 예를 들면 식물의 덩굴손은 용수철과 같은 방법으로 지지대 주위를 감싼다.

나무와 관목

독미나리에는 독이 있을까?

독미나리라고 알려진 식물에는 학명이 각각 코니움 마쿨라튬인 것과 쭈가 카나덴시스인 것의 두 가지가 있다. 코니움 마쿨라튬은 잡초로 전체에 독이 있다. 고대에는 이 독성의 위험을 무릅쓰고 적은 양을 진통제로 사용하기도 했다. 또한 사형을 집행할 때도 사용했다. 그리스의 철학자 소크라테스는 이것으로 만든 독약을 먹고 죽었다. 한편 이것과 사철식물인 쭈가 카나덴시스를 혼동해서는 안 된다. 쭈가 카나덴시스의 잎은 차를 만드는 데 사용된다.

가장 오래 사는 나무는 무엇인가?

미국에 사는 850종의 나무 중에서 가장 오래 사는 나무는 캘리포니아 남부, 특히 화이트 마운틴과 네바다 사막에 많이 자라는 브리슬콘 소나무이다. 이 나무들 중에는 나이가 4,600년이 넘는 것도 있다. 이 소나무의 기대수명은 5,500년이라고 추정된다. 그러나 이보다 더 오래된 나무는 스웨덴 달라르나 산악지대의 910미터 높이에서 발견된 나무로 그 나이가 9,000살이 넘는 것으로 추정된다.

2004년 처음 발견된 이 나무는 살아 있는 나무로는 세계에서 가장 나이가 많으며 탄소연대측정 결과 최소 8,000~9,500년이 되었다고 한다. 가문비나무의 일종인 이 나무는 줄기 부분의 수명이 600년 정도여서 뿌리를 통해 9,000년간 그 생명을 유지해온 것으로 보인다. 줄기가 죽으면 새로운 줄기가 생겨나 생명을 유지해온 것이다. 따라서 겉모양만으로는 그 나이를 짐작하기 어렵다.

나무의 나이테로 어떻게 역사적 사건의 연대를 측정하나?

알려지지 않은 시대의 나뭇조각과 살아 있는 나무의 나이테를 비교하여 이 나뭇조각이 언제 살아 있던 나무의 일부였는지를 알아낸다. 그렇게 나이테를 이용하면 나무가 죽는 사건이 일어났던 시기를 알아낼 수 있다. 이 방법을 이용하면 중세에 지어진 성당을 건축한 연도, 아메리칸 인디언인 푸에블로족이 세운 신전의 건축 연도, 지진이나 산사태, 화산 폭발, 화재가 일어났던 해 등을 정확하게 알아낼 수 있다. 또 화가가 그림을 그리는 데 사용한 나무 패널이 언제 베어졌는지도 알 수 있다. 매년 나무는 밝고 넓은 부분과 어둡고 좁은 부분으로 이루어진 나이테를 만든다. 봄과 초여름에는 식물세포들이 빠르게 자라면서 밝고 넓은 나이테를 만들고, 겨울에는 성장이 느려지고 세포도 작아져서 어둡고 좁은 나이테를 만든다. 가장 추운 겨울과 건조한 더운 여름에는 세포가 증식되지 않는다.

나이테가 나무의 나이를 나타낸다는 것을 처음 알아낸 사람은 누구인가?

화가이며 기술자였던 다빈치^{Leonardo} ^{da Vinci, 1452~1519}는 나이테가 나무의 나이를 나타낸다는 것을 알아냈다. 어떤 해의 강수량은 그해에 만들어진 나이테의 너비를 보고 알 수 있다. 또한 나이테가 넓으면 넓을수록 나무 부근의 땅에 수분이 많다는 것을 나타낸다.

나무의 나이테에는 나무의 나이는 물론 계절별 강수량과 같은 기상 조건에 대한 정보가 들어 있다.

왜 어떤 해에는 단풍의 색깔이 밝은 붉은색이고 다른 해는 어두운 색인가?

두 가지 요소가 단풍의 색깔에 영향을 준다. 잎이 당분을 만드는 동안에는 온도가 높고 햇빛이 강해야 한다. 따뜻한 낮 다음에 온도가 7.2℃ 이하로 내려가는 추운 밤이 되면 잎에서 만들어진 당분이 그대로 잎에 남아 있어 많은 양의 붉은색 안토시아닌을 만들 수 있다. 그러나 따뜻해도 구름이 많으면 밝은 색깔이 만들어지지 않는다. 햇빛이 적어서 많은 양의 당분이 만들어지지 않고 그나마 만들어진 소량의 당분도 뿌리나 줄기로 보내지기 때문이다.

성숙한 나무에는 얼마나 많은 잎이 달릴까?

오래되었지만 아직 건강한 참나무는 약 250,000개의 잎을 가지고 있다.

밤나무 줄기마름병이 퍼지기 전에는 미국 동부에서 밤나무가 차지하는 비율은 얼마나 되었나?

밤나무 줄기마름병 균이 많은 밤나무를 고사시키기 전까지는 미국 밤나무가 북아메리카 동부 지역의 숲에서는 가장 흔하게 발견되는 나무였다. 펜실베이니아의 중부와 남부, 뉴저지의 남부에서는 밤나무가 숲의 거의 반을 차지했다. 북아메리카 동부 전체로 보아도 밤나무가 낙엽수림의 4분의 1을 차지했다.

밤나무의 어느 부분이 밤나무 줄기마름병의 피해를 입지 않나?

뿌리는 마름병의 피해를 입지 않고 있다가 다시 싹을 내 나무로 자라도록 한다.

가을에는 왜 나뭇잎의 색깔이 변할까?

단풍의 원인이 되는 카로티노이드는 자라는 기간 동안에도 잎에 있지만 초록색의 엽록소 때문에 나타나지 않는다. 여름이 끝나 엽록소의 형성이 중지되면 노란색, 주황색, 빨간색, 자주색과 같은 카로티노이드의 다른 색이 보이게 된다. 다음 표는 여러 가지 색깔의 단풍을 정리한 것이다.

나무	색깔
단풍나무, 옻나무	화려한 빨간색 또는 주황색
붉은단풍나무, 산딸나무	어두운 붉은색
포플러, 벚나무, 튤립, 버드나무	노란색
서양물푸레나무	자주색
참나무, 너도밤나무, 낙엽송, 느릅나무	갈색
아카시아	초록색으로 남아 있다.
검은호두나무, 버터넛	색깔이 변하기 전에 잎이 떨어진다.

가장 키가 큰 나무는 무엇인가?

현재까지 높이가 측정된 나무 중 가장 키가 큰 것은 오스트레일리아의 빅토리아에 있는 와트 리버의 오스트레일리안 유칼립투스이다. 1872년에 이 나무의 높이는 132m

였으며 원래는 152m가 넘었던 것으로 보인다. 2002년과 2003년 사이에 작성된 큰 나무에 대한 국가 기록부에 의하면 현재 살아 있는 가장 큰 나무는 캘리포니아 레드우드 국립공원에 있는 코스탈 레드우드로 높이는 98m이다.

바니안나무(벵골보리수)는 어떤 나무인가?

바니안나무는 아시아 적도 지방이 원산지로 무화과속에 속하며 높이가 30m가 넘는 큰 나무이다. 많은 가지들이 옆으로 뻗어 있으며 뿌리도 마찬가지로 넓게 퍼져 나무를 지탱하고 있다. 한 나무가 넓은 지역을 차지해 둘레가 600m가 넘기도 한다.

소나무, 가문비나무, 전나무를 구별하는 차이점은 무엇인가?

소나무	
스트로브 소나무	잎이 다섯 개이며 연하고 길이는 7cm에서 12cm 정도 된다. 솔방울의 길이는 10cm에서 20cm이다.
스코틀랜드 소나무	잎이 두 개이며 강하고 황록색으로 길이는 4cm에서 7cm이다. 솔방울의 크기는 5cm에서 12.5cm이다.
가문비나무	
흰가문비나무	잎이 짙은 초록색이고 단단하며 가지의 모든 부분에서 나온다. 잎의 길이는 2.5cm 이하이며 솔방울의 길이는 2.5~6cm이다.
푸른가문비나무	잎의 길이는 2.5cm 정도이고, 은색이 나는 푸른색으로 매우 단단하다. 솔방울의 길이는 8.5cm 정도 된다.
전나무	
발삼전나무	잎이 납작하고 길이는 2.5cm에서 4cm 정도이며 쌍을 이루어 반대쪽에 난다. 솔방울은 위를 향해 있고 길이는 5cm에서 10cm이다.
프레이저 전나무	발삼전나무와 비슷하나 잎이 작고 둥글다.
더글러스 전나무	잎이 하나며, 길이는 2.5cm에서 4cm이고 연하다. 솔방울에는 밖으로 삐져나온 털이 있다.

북미대륙에서 겨울에 잎이 떨어지는 침엽수는?

메타세쿼이아^{dawn redwood}는 낙엽수이다. 여름에는 밝은 초록색이지만 가을에 떨어지기 전에는 구릿빛이 나는 붉은색이 된다. 이전에는 화석으로만 발견되었지만 1941년에 중국에서 발견되었고, 1940년대 이후 미국에서도 길러졌다. 미국 농무부는 시험 재배 농가에 씨를 나누어주었고, 현재는 미국 전역에서 자라고 있다.

가을에 모든 잎을 떨어뜨리는 침엽수에는 편백나무와 낙엽송도 있다.

장미과에 속하는 나무에는 어떤 것들이 있는가?

사과, 배, 복숭아, 자두, 마가목, 산사나무 등은 장미과에 속한다.

멍키볼^{monkey ball} 나무는 어떤 나무인가?

오세이지 오렌지 나무에는 큰 초록색의 오렌지 비슷한 열매가 달린다. 이 열매의 지름은 약 8.8cm에서 12.7cm 정도이며, 표면은 거칠다.

미모사의 잎은 왜 건드리면 반응하나?

식물이 접촉을 느끼면 그 감촉이 다른 부분에도 전달된다. 전기 신호가 모터 세포를 움직이게 하고 따라서 잎이 움직이게 된다.

가장 빠르게 자라는 육상식물은 무엇인가?

대나무가 가장 빠르게 자란다. 대나무는 24시간 동안에 거의 1m까지 자랄 수 있다. 대나무가 자라는 것은 세포의 수가 늘어나기 때문이기도 하지만 세포의 크기가 커지기 때문이기도 하다.

글리세린이나 물은 매그놀리아, 로도덴드론, 너도밤나무, 호랑가시나무, 헤더, 일본 단풍나무와 같은 나무들의 잎을 보존하는 데 사용된다. 아름다운 단풍을 보존하려면 색깔이 변하기 시작할 때 잎을 따야 한다. 잎은 싱싱한 것이라야 한다. 끓는 물 2에 글리세린 1의 비율로 섞어 보존 용액을 만든다. 그리고 잎을 넓게 펴서 따뜻한 보존 용액에 잠기도록 넣는다. 잎의 표면에 글리세린 방울이 생기면 용액이 충분히 흡수된 것이므로 나머지 기름을 닦아낸 후 신문지와 같은 두꺼운 종이 사이에 끼워 여러 날 동안 말린다. 그런 후 비누와 물로 씻어서 줄에 걸어 말린다. 전체 가지도 큰 그릇을 이용하여 같은 방법으로 처리할 수 있다. 이때는 물과 글리세린을 반반 섞은 용액을 사용하는 것이 좋다.

꽃과 다른 식물들

식물학의 창시자는 누구인가?

고대 그리스의 테오프라스토스Theophrastos, B.C. 372~B.C. 287는 식물학의 아버지라고 알려져 있다. 그가 쓴 두 권의 저서 《식물의 역사에 대하여》와 《식물의 원인에 대하여》는 내용이 매우 충실해서 그 후 1,800년 동안 식물학 분야에서 새로 발견된 사실이 없었다. 그는 농작물의 경작 경험을 식물학으로 발전시켜 식물의 성장에 대한 이론을 만들었고 식물의 구조를 분석했다. 그리고 식물을 주변 환경과 연결하고 식물을 분류했으며, 550종의 식물에 대해 자세하게 기술했다.

안갖춘꽃은 어떤 꽃인가?

안갖춘꽃은 하나의 꽃 속에 암술과 수술이 모두 들어 있지 않는 꽃을 말한다.

꽃은 어떤 부분들로 이루어져 있는가?

꽃받침	꽃봉오리의 바깥쪽을 감싸거나 꽃의 아래쪽을 받치고 있는 부분으로 꽃봉오리가 마르는 것을 방지한다. 일부 꽃받침은 포식자들의 화학물질이나 가시로부터 꽃을 보호하는 역할도 한다.
꽃잎	수분을 돕는 곤충을 유혹하는 역할을 한다. 수분 후에는 곧 떨어진다.
꿀	당분과 단백질을 포함하고 있는 즙으로 꽃에서 분비된다. 대개 꽃 안에 있는 컵 모양의 구조에 모여 있다.
수술	선형 구조이며 꽃밥으로 구성된 기관으로 꽃가루를 만든다.
암술	암술과 배주로 형성된 부분으로 수정된 후에는 배젖이 씨앗으로 자라난다.
유독성 물질	인간이나 다른 생명체에 해를 줄 수 있는 물질이다. 이런 물질을 마시거나 피부를 통해 흡수하면 질병에 걸리거나 죽을 수 있다. 살충제나 가정용 세척제는 유독성 물질이다.

알뿌리, 알줄기, 덩이줄기, 뿌리줄기는 어떻게 다른가?

대개의 경우 알뿌리는 휴지기를 위해 에너지를 저장하는 땅 밑에 있는 식물의 모든 부분을 가리킨다. 휴지기는 식물이 겨울이나 여름의 건기를 견디기 위해 이용하는 자연적인 장치이다.

비늘줄기	생육에 부적당한 겨울이나 건기에는 휴면기관이고, 영양번식을 하는 기관이기도 하다. 비늘줄기는 줄기가 변형된 것으로 다육의 비늘조각이 기와지붕 모양으로 겹쳐져 있는 경우도 있고, 비늘조각이 넓으며 외측의 것이 내측의 것을 둘러싸고 있는 경우도 있다. 튤립, 수선화, 나리, 히아신스는 비늘줄기를 가지고 있는 알뿌리 식물의 예이다.
알줄기	땅속줄기가 구형으로 비대해진 알뿌리의 한 형태로 구경이라고도 한다. 비늘줄기는 잎에 양분이 저장되지만 알줄기는 줄기에 영양분이 저장되어 비대해진 것이다. 알줄기의 위쪽에 있는 눈은 생장점이다. 뿌리는 알줄기의 아래쪽에 있는 기부에서 자란다. 새로운 알줄기는 오래된 알줄기의 위나 옆에서 자란다. 토란, 구약나물, 소귀나물, 글라디올러스 등이 알줄기를 가지고 있다.
덩이줄기	괴경이라고도 한다. 감자나 돼지감자, 튤립 등이 여기에 속한다. 감자의 경우는 녹말을, 돼지감자의 경우는 이눌린을 함유하고 있으며, 눈이 있어서 영양생식을 한다. 감자나 돼지감자는 종자를 심지 않고 이 덩이줄기를 잘라 번식시킨다.

덩이뿌리	뿌리가 영양분과 수분을 저장하여 방추형 또는 구형으로 굵어진 것으로, 다수의 눈이 있어서 영양생식을 한다. 순무, 고구마, 달리아, 쥐참외 등의 뿌리가 이에 해당된다.
뿌리줄기	영양분을 저장하여 굵어진 줄기로 지면과 평행한 방향으로 자라거나 지하 얕은 곳에서 자란다. 뿌리줄기의 위쪽에서는 싹이 나와 위쪽으로 자라지만 아래쪽에서는 뿌리가 나와 아래쪽으로 자란다. 양치식물에서 흔히 볼 수 있는 것 외에 연꽃, 메꽃, 죽순대 등이 이에 속한다.

육식식물은 어떻게 구분하는가?

육식식물은 동물을 잡아 소화하여 영양분을 얻는 식물을 말한다. 육식식물은 동물을 잡는 방법에 따라 12속과 450~500종으로 분류된다. 능동적으로 동물을 포획하는 육식식물은 먹이를 잡을 때 매우 빠르게 움직인다. 파리지옥풀과 통발식물은 능동적인 포식식물이다. 준능동적인 포식식물은 두 단계로 동물을 잡는다. 우선 끈끈한 액체로 동물이 움직이지 못하도록 한 다음 천천히 조인다. 이런 예로는 끈끈이주걱과 벌레잡

잎이 좁은 끈끈이주걱은 곤충을 유혹해 잡아먹는 육식식물이다.

이제비꽃이 있다. 한편 수동형 포식식물은 과즙으로 동물을 유혹한다. 과즙에 유혹되어 접근한 곤충들은 아래로 떨어져 익사한다. 병자초속의 각종 풀들은 이러한 수동형 포식식물에 해당한다. 노스캐롤라이나 남동부의 그린 늪지 보호지역 내에는 여러 종류의 육식식물이 자라고 있다.

어린이들에게 안전한 식물은 무엇인가?

어린이들이 삼키더라도 안전한 식물은 다음과 같다

아프리카 제비꽃	금송화	민들레	스웨덴 담쟁이
과꽃	노포크 아일랜드 파인	이스터 백합	참나리
베고니아	피튜니아	치자나무	제비꽃
보스턴 양치식물	퍼플 패션	봉선화	줄자주달개비
캘리포니아 양귀비	장미	제이드 식물	얼룩말 식물
콜레우스	스파이더 식물		

포인세티아는 어린이와 반려동물에게 독성이 있는가?

포인세티아가 어린이와 반려동물에게 독성이 있다는 이야기는 사실이 아니다. 만약 어린이가 포인세티아를 모두 먹는다고 해도 위에 부담이 되는 것 외에는 별다른 탈이 없을 것이다.

여러 가지 허브와 식물이 상징하는 것은 무엇인가?

알로에	건강, 보호, 애정		라벤더	헌신, 덕목
안젤리카	영감		레몬밤	위로
지빵나무	변하지 않는 우정		마조람	기쁨, 행복
팔랑개비국화	한 번의 축복		박하	영원한 새로움
나륵풀	축복, 사랑		나팔꽃	애정
월계수	영광		금련화	애국심
카네이션	아, 나의 약한 마음		참나무	강인함
카밀레	인내		오레가노	본질, 바탕
골파	유용성		팬지	생각
흰 클로버	생각하다		파슬리	축제
고수	숨겨진 가치		소나무	겸손
커민 –	충성심		붉은 양귀비	위안
고사리	성실		장미	사랑
제라늄	진정한 우정		로즈메리	기억
미역취	격려		삼잎국화	정의
헬리오트로프	영원한 사랑		루타	우아함, 분명한 시야
호랑가시나무	희망		푸른 깨꽃	현명함, 영원함
접시꽃	야망		붉은 깨꽃	영원히 나의 것
인동덩굴	사랑의 사슬		꿀풀	흥미
야생박하	건강		괭이밥	애정
우슬초	희생, 청결		쓴쑥	조롱
담쟁이	우정, 지속		스위트피	즐거움
레이디스맨틀	위안		스위트우드러프	비하
쑥국화	무서운 생각		푸른 제비꽃	충성스러움
사철쑥	오래가는 흥미		노랑제비꽃	농촌의 행복
백리향	용기, 힘		버드나무	슬픔
쥐오줌풀	준비됨		백일초	곁에 없는 친구에 대한 그리움
제비꽃	충성심, 헌신			

일 년의 각 달을 상징하는 꽃은 무엇인가?

달	꽃	달	꽃	달	꽃
1월	카네이션	5월	백합	9월	과꽃
2월	제비꽃	6월	장미	10월	금잔화
3월	노랑수선화	7월	참제비고깔	11월	국화
4월	스위트피	8월	글라디올러스	12월	수선화

유치원의 정원에 있는 꽃들은 주로 무슨 색깔일까?

여러 조사에 의하면 꽃의 색깔 분포는 다음과 같다.

색깔	비율(%)	색깔	비율(%)	색깔	비율(%)
흰색	28%	파란색	16%	주황색	4%
노란색	19%	분홍색	13%	자주색	3%
빨간색	17%				

장미의 색깔과 종류는 각각 무엇을 상징하는가?

장미	의미	장미	의미
노란 장미	사랑의 질투	서양 장미	사랑의 대사
붉은 장미	젊음, 아름다움	신부 장미	사랑과 행복
흰 장미	침묵	캐롤라이나 장미	위험한 사랑
랭커스터 장미	연합	5월의 장미	조숙
버건디 장미	알지 못하는 아름다움	이끼 장미	방탕함
머스크 장미	변하기 쉬운 아름다움	크리스마스 장미	정적
유럽찔레꽃	기쁨과 고통	앞장식 장미	점잖음

세계 각국의 나라꽃은 무엇인가?

나라	나라꽃	나라	나라꽃	나라	나라꽃
과테말라	리카스테난스	벨기에	아잘레아	이스라엘	올리브
그리스	향제비꽃	볼리비아	꽃고비	이집트	수련
남아프리카 공화국	프로테아	불가리아	장미	이탈리아	데이지
네덜란드	튤립	브라질	카틀레야	인도	양귀비
네팔	붉은만병초	사우디아라비아	대추야자	인도네시아	보르네오 자스민
뉴질랜드	회화나무	스리랑카	연꽃	일본	벚꽃
대한민국	무궁화	스웨덴	은방울꽃	중국	매화
도미니카	마호가니	스위스	에델바이스	대만	모란
독일	수레국화	스페인	오렌지꽃	체코	타리아
덴마크	붉은토끼풀	시리아	아네모네	칠레	동백꽃
라오스	벼	싱가포르	난	캐나다	사탕수수
러시아	해바라기	아르메니아	아네모네	콜롬비아	카틀레야
레바논	삼나무	아르헨티나	피토라카	쿠바	진저
루마니아	백장미	아일랜드	흰 클로버	태국	라차프륵
마다가스카르	부채잎 파초	아프가니스탄	튤립	터키	튤립
말레이시아	코코스 야자	영국	장미	파나마	파나마초
멕시코	달리아	예멘	커피나무	파키스탄	수선화
모나코	카네이션	오스트레일리아	아카시아	페루	해바라기
미국	장미	오스트리아	에델바이스	포르투갈	라벤듈라
미얀마	사라수	우루과이	에리스리나	폴란드	팬지
바티칸	나팔나리	에티오피아	칼라디움	프랑스	아이리스
베네수엘라	타베비아	이란	튤립	필리핀	재스민

> ## '열려라 참깨'라는 말과 참깨는 실제로 어떤 관계가 있는가?
>
> 참깨가 여물면 씨가 튀어나오는 현상 때문에 이 말이 사용되었는지도 모른다. 중동 지방에서는 참깨를 흔히 볼 수 있으며 요즘도 근동 지방 요리에 사용되고 있다.

여성의 가슴에 다는 장식용 코르사주로 자주 사용되는 난초는?

영국의 식물학자 카틀레이^{William Cattley}의 이름을 따 명명된 페일 퍼플 카틀레야가 자주 코르사주로 사용된다.

시계풀은 어떤 점에서 중요한가?

16세기 스페인 수도사들이 처음으로 이 꽃을 '예수 수난의 꽃'이라고 불렀다. 그들은 시계풀의 모양에서 그리스도의 수난을 나타내는 형상을 찾아냈다. 꽃의 다섯 개 꽃받침과 꽃잎이 십자가 처형 장소에 있었던 10명의 믿음직한 제자를 나타내며, 다섯 개의 수술대는 그리스도의 가시관을 상징한다는 것이다. 그리고 다섯 개의 수술은 그리스도의 몸에 난 상처를 상징하며, 세 개의 암술은 손과 발에 박힌 못을 나타낸다고 생각했다. 대부분의 시계풀은 서양의 적도 지방이 원산지이다.

고대에는 아니스가 어떻게 사용되었나?

로마인들은 감초의 맛이 나는 이 식물을 이집트로부터 유럽으로 들여왔다. 유럽에서는 이것으로 세금을 내는 데 사용했다. 아니스는 케이크, 요리, 빵 그리고 과자를 만드는 데 널리 사용되었다.

미국 원주민들은 어떤 야생화를 이용하여 붉은색 염색을 했나?

미국 원주민들은 그들의 얼굴과 옷을 레드루트 또는 인디언 페인트라고 부르는 겨자과 풀의 뿌리를 이용하여 붉은색으로 칠하고 염색했다. 습한 음지에서 자라는 이 식물은 5월에 지름 5cm 정도의 흰색 꽃이 핀다.

웜우드는 무엇인가?

웜우드라고 알려져 있는 이것은 추위에 잘 견디며 일 년 내내 향기가 나는 식물로 키는 60cm에서 120cm 정도이다. 유럽이 원산지이지만 북아메리카 전역에서 발견된다. 압생트는 이 식물로 향을 낸 술이다.

클로버는 잎이 몇 개까지 나는가?

14개의 잎을 가진 흰 클로버와 붉은 클로버가 미국에서 발견되었다.

잡초는 무엇인가?

사전적 정의에 의하면 잡초는 원하지 않는, 매력이 없는, 귀찮은 식물이다. 특히 개발된 땅에 원하지 않는 식물이 자라는 경우 이것을 잡초라고 한다. 그러나 뛰어난 작가들은 잡초에 대해 나름대로 정의했다.

에머슨Ralph Waldo Emerson은 "잡초란 그들의 장점이 충분히 알려지지 않는 식물이다"라고 정의했다. 로웰James Russell Lowell은 1848년에 "잡초는 위장하고 있는 꽃이다"라고 말했다. "웃어라, 그러면 세상이 같이 웃을 것이다. 울어라, 그러면 혼자 울게 될 것이다"라는 말로 유명한 위스콘신 출신의 시인 윌콕스Ella Wheeler Wilcox는 그녀의 시에서 "잡초는 사랑받지 못하는 꽃일 뿐이다"라고 했다. 마지막으로 셰익스피어는 《리처드 3세》에서 "위대한 잡초는 빠르게 자란다"라고 말했다.

독말풀^{Jimson weed}의 어원은 무엇인가?

독말풀(학명 : Datura stramonium)은 독성이 매우 강한 식물에 붙여진 제임스타운 잡초^{Jamestown weed}가 잘못 전달된 말이다. 버지니아 주 제임스타운의 식민지 개척자들은 이 식물을 잘 알고 있었다. 이것은 가시 사과, 미친 사과, 천사의 나팔, 악취 잡초, 백인의 잡초 등으로도 알려져 있다. 이 식물의 모든 부분은 치명적인 독성을 가지고 있어 적은 양만 먹어도 목숨이 위험하다. 그럼에도 불구하고 의사들은 이 식물에서 채취한 알칼로이드를 전신 마취약으로 사용했다.

수세미 스펀지^{luffa sponge}는 무엇인가?

수세미는 오이과에 속하는 덩굴식물이다. 과일의 안쪽에 있는 섬유질 골격은 스펀지로 사용된다. 행주식물, 식물 스펀지라고 부리기도 한다.

담쟁이가 자라면 벽에 해가 되는가?

뉴욕 식물 정원의 전문가는 이미 상태가 나쁜 벽에는 담쟁이가 해가 될 수 있다고 말한다. 그러나 벽돌의 접착 부분에 문제가 없는 벽에는 별다른 해가 되지 않는다.

담쟁이가 무성하게 자라면 벽면에 수분을 잡아둔다. 그리하여 담쟁이가 붙어 있는 부분에 부식이 진행될 수 있다. 또한 유기물질이 대리석이나 석회 모르타르를 녹일 수 있는 산을 만들 수도 있다.

왜 고양이는 개박하를 좋아하는가?

개박하^{catnip}는 고양이가 좋아하는 풀이다. 고양이 박하 또는 고양이 도둑이라고도 알려진 이 풀은 박하과에 속하는 식물이다. 고양잇과의 모든 동물은 개박하를 좋아한다. 사자, 스라소니, 호랑이 등은 개박하의 자극적인 냄새를 맡으면 구르고 얼굴을 부비고 발을 뻗고 몸을 비튼다. 개박하의 잎에서 나는 기름이 암고양이의 오줌에 섞여 있는 물질과 매우 비슷한 트랜스넵탈락톤이라는 화학물질을 포함하고 있어서 고양이과 동물들을 흥분시키는 것으로 보인다.

왜 두꺼비 의자라는 말이 독버섯을 뜻하게 되었나?

두꺼비 의자라^{toadstool}는 말은 두꺼비가 독을 가지고 있다고 생각하던 중세로 거슬러 올라간다. 의자처럼 생긴 두꺼비 의자는 독이 있거나 먹을 수 없는 버섯을 뜻한다. 두꺼비가 놀라면 등에 있는 사마귀에서 부포넨닌이라고 부르는 독성 물질을 분비하는 것으로 알려져 있다.

살아 있는 돌 living stone은 무엇인가?

남아프리카 사막에서 자라고 있는 식물들 중에는 돌이 많은 주위 환경을 닮아 돌처럼 보이는 것들이 많은데 이런 식물을 살아 있는 돌이라고 한다. 즙을 많이 포함하고 있는 두 개의 잎이 달라붙어 있는 이런 식물들은 색깔도 작은 돌멩이와 비슷하다. 잎 사이에서 데이지와 비슷한 꽃이 핀다.

아마존의 빅토리아 수련이 가지고 있는 특징은 무엇인가?

매우 크다는 것이 가장 큰 특징이다. 아마존 강에서만 발견되는 이 수련의 잎은 지름이 1.8m나 된다. 그리고 지름이 30cm 정도 되는 큰 꽃이 이틀을 계속해서 황혼 무렵에 핀다.

정원, 농경

어떤 토양이 가장 비옥하고 생산성이 높은 땅인가?

정원의 토양은 크게 진흙, 모래흙, 부식토의 세 가지로 나눌 수 있다. 진흙은 입자들이 들러붙어 있고 무겁다. 손가락으로 진흙을 만지면 손이 진흙투성이가 될 것이다. 대부분의 식물은 진흙에서 영양분을 얻기 힘들다. 왜냐하면 진흙은 단단하게 굳어버리기 때문이다. 그렇지만 뿌리가 깊은 박하, 완두, 콩 종류의 식물에게는 좋을 수도 있다.

모래흙은 가볍고 입자들이 들러붙어 있지 않다. 모래흙을 손에 들고 돌리면 부서지면서 손가락 사이로 빠져나간다. 모래흙은 높은 산이나 건조한 곳에서 자라는 사철쑥과 같은 풀과 양파, 당근, 감자와 같은 채소에게 좋다.

부식토는 고운 입자와 거친 입자들이 적당히 섞여 있어 정원에 가장 좋은 흙이다. 부식토는 양분이 많고 배수가 잘되면서도 수분을 충분히 포함하고 있다. 부식토를 공처럼 뭉칠 수는 있지만 진흙처럼 겉이 반질반질하지 않고 껄끄럽다.

비료 포대의 겉면에 쓰여 있는 숫자는 무엇을 의미하나?

비료 포대의 겉면에 쓰여 있는 15-20-15와 같은 숫자는 비료 속에 포함되어 있는 양분의 비율을 나타낸다. 첫 번째 숫자는 질소, 두 번째 숫자는 인, 마지막 숫자는 칼륨의 비율이다. 각 성분의 실제 양을 알고 싶으면 비료 전체의 무게에 이 숫자를 곱하고 100으로 나누면 된다. 예를 들어 전체 무게가 20kg인 비료 포대에 15-20-15라고 쓰여 있다면 질소가 3kg, 인이 4kg, 칼륨이 3kg 들어 있다는 뜻이다.

정원의 토양에 적용되는 pH는 무엇을 의미하나?

토양을 연구하는 과학자들에게 pH는 토양에 포함되어 있는 수소 이온 농도를 나타낸다. 산성과 알칼리성이 얼마나 강한지를 나타내는 것이 바로 pH이다. 중성 토양의 pH는 7이다. pH가 7보다 작으면 산성 토양이고, 7보다 크면 알칼리성 토양이다. pH는 10을 밑으로 하는 로그값이다. 따라서 pH가 5인 토양은 pH가 6인 토양보다 산성이 10배 더 강하고, pH가 4인 토양은 pH가 6인 토양보다 산성이 100배 더 강하다.

식물이 자라는 데는 pH가 얼마인 토양이 가장 좋은가?

인, 칼슘, 칼륨, 마그네슘 같은 양분은 토양의 pH가 6.0에서 7.5 사이일 때 식물이 효과적으로 사용할 수 있다. 산성도가 높은 토양에서는 이 양분들이 녹지 않아 식물이 흡수하기 어렵다. 또한 pH가 높은 경우에도 양분의 효율이 떨어진다. 만약 토양의 pH가 8보다 크면 인, 철과 같이 미량 들어 있는 양분이 녹지 않아 식물이 흡수할 수 없게 된다.

토양의 산성이나 알칼리성의 정도를 쉽게 측정하는 방법이 있는가?

일부 정원사들은 토양의 맛을 보거나 간단한 시험을 통해 산성도를 알아낸다. 산성 토양은 신맛이 난다. 어떤 사람들은 토양 샘플을 식초가 들어 있는 그릇에 넣어본다. 만약 식초에 거품이 생기면 토양에 석회가 많이 포함되어 있음을 나타낸다. 거품이 생기지 않으면 $0.84m^2$ 넓이의 토양에 113g의 석회를 뿌리는 것이 좋다.

논밭을 가는 시기는 언제가 가장 좋을까?

일 년 내내 어느 시기이건 논과 밭을 갈 수는 있다. 하지만 가을에 가는 것이 가장 좋다. 가을에 땅을 갈면 거칠게 유지되어 겨울에 땅이 얼고 녹는 것을 반복한다. 그래서 흙덩어리가 부서지고 공기와 접촉한다. 그렇지 않으면 겨울을 잘 날 수 있는 곤충들이 대부분 얼어 죽을 것이다. 겨울 동안에 흙을 뒤집어놓으면 다음 해 봄에 작물을 심었을 때 토양이 공기를 포함할 가능성이 줄어든다. 한편 가을에 논밭을 갈면 퇴비와 같은 토양 첨가물이 작물을 심기 전에 분해될 시간이 충분해진다.

달에 맞추어 정원을 가꾸려면 어떻게 해야 할까?

달을 보면서 정원을 가꾸는 것은 아주 간단하다. 그믐달에서 보름달까지의 기간을 상현달, 보름달에서 그믐달까지의 기간을 하현달이라고 한다. 수확하는 부분이 지상에 있는 식물의 경우는 성장과 번식에 관계된 일들을 상현달인 동안에 해야 한다. 또 수확한 다음에 금방 먹는 과일과 채소는 상현달일 때 수확해야 한다. 반면에 수확한 다음에 저장했다가 먹는 식물을 자르고 수확하는 일이나 수확하는 부분이 지하에 있는 식물을 심는 일은 하현달일 때 해야 한다.

정원의 흙을 화분에 사용하려면 어떻게 해야 할까?

정원의 토양을 화분에 사용하려면 우선 저온 살균법으로 살균한 다음 거친 모래나 이탄 이끼를 섞어서 사용해야 한다. 흙은 그릇에 담아 오븐에 넣어 저온 살균한다. 82℃에서 30분 동안 살균하면 된다.

합성 토양의 성분은 무엇인가?

합성 토양은 여러 가지 유기물과 무기물을 포함하고 있다. 무기물로는 부석, 소성된 진흙, 재, 질석, 펄라이트나 모래를 사용한다. 질석이나 펄라이트는 토양이 물을 충분히 보유하게 하며 동시에 배수도 편리하게 해준다. 유기물로는 나무 부스러기, 퇴비, 물이끼, 이탄 등이 사용된다. 물이끼는 수분을 유지하고 pH를 낮추는 데 도움을 준다.

석회도 이탄의 산성을 중화하기 위해 사용할 수 있다. 흙의 혼합물, 화분용 토양, 온실용 토양, 보정된 토양도 합성 토양이라고 부른다. 대부분의 합성 토양은 중요한 미네랄 성분이 부족한 경우가 많다. 따라서 토양을 섞는 과정이나 물을 주는 과정에서 부족한 성분을 계속 보충해야 한다.

이중 갈기는 무엇을 의미하는가?

이중 갈기는 식물을 심기 위한 깊은 고랑을 만드는 것으로 특히 토양이 진흙인 경우에 도움된다. 우선 겉 부분의 흙을 25cm 정도 걷어낸 뒤 옆에 쌓아두고 그 아래 있는 흙은 25cm 정도 파서 유기물이나 비료와 섞는다. 그런 다음 처음 파낸 흙에도 퇴비나 비료를 섞어 원래 위치로 돌려놓는다.

제리스케이핑xeriscaping이란 무엇인가?

건조하다는 뜻의 그리스어 xeros에서 따온 말로, 2, 3주에 한 번만 물을 주어도 되는, 물을 조금 사용하는 형태의 조경을 가리키는 말이다. 물 부족 지역에서는 물을 조금만 필요로 하는 식물로 정원을 가꾸는 것이 현대적 조경 방법이다. 조금씩 물을 떨어뜨리는 물 주기나 두꺼운 뿌리덮개의 사용, 그리고 유기물을 보충하는 것도 제리스케이핑의 하나로 물의 흡수나 유지를 도와주어 물 주는 횟수와 시간을 줄일 수 있다.

식물의 이중 휴면이란 무슨 뜻인가?

이중 휴면을 하는 식물을 싹 틔우기 위해서는 독특하게 구성된 층으로 배열해야 한다. 이런 식물의 씨는 따뜻하고 습도가 높은 기간 다음에 추운 시기가 있어야 싹이 튼다. 싹이 트기 위해서는 씨의 껍질이나 배 모두 이중 휴면이 필요하다. 자연에서는 이 과정을 거치는 데 보통 2년이 걸린다. 이중 휴면을 하는 식물에는 백합, 산딸나무, 노간주나무, 라일락, 모란, 가막살나무 등이 있다.

비 그림자는 무엇인가?

벽이나 울타리에 가까운 곳은 바람이 잘 통하는 곳보다 비를 덜 받는다. 울타리나 벽이 이러한 비 그림자^{rain shadow}를 만든다.

수경재배란 무엇인가?

수경재배는 토양이 부족하거나 없는 곳에서 사용하는 재배법으로 토양이 아닌 다른 것에서 식물을 재배하는 것을 말한다. 여기에는 칼륨, 황, 마그네슘, 질소와 같은 무기물이 용액을 통해 계속해서 공급되어야 한다. 수경재배에서는 양분의 수준과 산소의 양을 정확하게 통제해야 하기 때문에 연구용 식물을 기를 때 주로 사용한다. 식물 영양학의 선구자였던 작스^{Julius von Sachs, 1832~1897}가 현대 수경재배법을 개발했다. 그리하여 1800년대 중반부터는 연구용 식물이 용액 속에서 길러졌다. 그 뒤 캘리포니아 대학의 게리케^{William Gericke}가 1937년에 수경재배라는 말을 정의했다.

50년 동안 수경재배는 상업적으로 이용되었고 여러 가지 환경에 적용되기 시작했다. NASA는 우주 정거장에서 식량을 생산하고 이산화탄소를 산소로 전환하기 위해 수경재배를 이용할 예정이다. 비록 수경재배가 연구에서는 성공적이었지만 아마추어 정원사들에게는 많은 제약이 있어 실망을 안겨줄지도 모른다.

씨앗은 얼마나 오랫동안 보관할 수 있는가?

공기가 통하지 않고 차갑고 건조한 유지가 가능한 용기의 씨앗은 오랫동안 보관가능하다. 다음 표는 일반적으로 씨앗을 보관했다가 사용할 수 있는 기간을 나타낸다.

작물	보관 기간(년)	작물	보관 기간(년)
사탕무	3	양파	1
양배추	4	완두콩	1
당근	1	고추	2
꽃양배추	4	호박	4
옥수수	2	무	3
오이	5	시금치	3
가지	4	스쿼시	4
케일	3	스위스 근대	3
콩	3	토마토	3
상추	4	순무	5
멜론	4		

묘목은 옮겨 심기 전에 어떻게 길을 들여야 하나?

길들이기는 묘목을 점진적으로 외부 환경에 적응하도록 하는 것을 말한다. 묘목을 매일 몇 시간씩 약간의 보호를 받을 수 있는 외부에 내놓는다. 매일 밖에 내놓는 시간을 조금씩 늘려가다가 일주일쯤 지난 후에 밖에 내다 심는다.

용기에 재배한 식물, 뿌리를 거친 천으로 둥글게 감싼 식물, 뿌리가 그대로 드러난 식물은 어떻게 다른가?

용기에 담아 키운 식물은 돌, 플라스틱 또는 흙으로 만든 화분에 담아 키운 식물을 말한다. 거친 천으로 뿌리를 둥글게 감싼 식물은 뿌리 근처의 흙이 떨어져 나가지 않도록 천으로 둥글게 감싸서 캐낸 식물이다. 뿌리가 그대로 드러난 식물은 흙이 없이 뿌리만 캐낸 식물이다. 우편으로 식물원에 주문한 식물은 뿌리가 그대로 드러난 식물의 뿌리를 젖은 이끼로 감싸서 배달한다. 뿌리가 드러난 식물은 손상을 입기 쉽다.

동반 재배는 무엇을 의미하나?

이 문제에 대해서는 충분한 연구가 이루어지지 않았지만 정원사나 농부들은 경험을 통해 어떤 식물은 주변에 있는 다른 식물에 영향을 받는다는 것을 알고 있다. 예를 들면 금련화는 사과나무에서 진디를, 채소에서 흑파리를 유인한다. 양파와 마늘은 서로 살균제와 살충제로 작용한다. 아마도 이 식물들이 매우 효과적으로 황을 축적하고 많은 해충들이 그 냄새를 싫어하기 때문일 것이다. 일부 식물은 좋은 이웃이 되지 못한다. 다음 표에는 좋은 이웃과 나쁜 이웃 식물이 정리되어 있다.

	가까운 이웃	멀리 할 이웃
강낭콩	감자, 상추, 토마토	양파
당근	잎 상추, 양파, 토마토	–
옥수수	감자, 콩, 오이	–
오이	콩, 옥수수	감자
상추	당근, 오이	–
양파	토마토, 상추	콩
감자	콩, 옥수수	오이
토마토	양파, 당근	감자

화분에 담아 키우기에 적당한 식물에는 어떤 것이 있는가?

큰 채소인 호박을 비롯해 대부분의 채소는 화분에 키울 수 있다. 그러나 장소를 덜 차지해 일찍부터 화분에 키워 온 작은 채소가 더 좋다. 형광등의 빛은 겨울에 실내에서 식물이 자라는 데 도움을 준다. 대부분의 뿌리채소는 밖에서 키우는 것이 좋다. 토마토와 같은 열매채소는 실내에서 기르는 것이 가능하지만 따뜻하게 유지해야 하고 적어도 여섯 시간 이상은 햇볕을 쪼여주어야 한다. 실내에서 기르기에는 강낭콩, 덩굴 콩, 사탕무, 브로콜리, 양배추, 당근, 오이, 케일, 상추, 양파, 후추, 여름 호박, 토마토와 같은 채소가 좋다.

수목원과 식물원은 어떻게 다른가?

수목원은 연구, 조사 또는 장식을 위해 여러 가지 나무 특히 희귀한 나무를 모아놓은 곳을 말한다. 실제로 대부분의 수목원은 관목을 비롯한 여러 식물들을 전시하고 있다. 식물원은 기본적으로 식물과 원예 분야의 연구를 위한 연구소이다. 현대적인 식물원은 온실 안이나 잘 정리된 실외 정원에 많은 식물을 모아 전시하고 있으며, 식물 표본실, 도서관, 연구를 위한 실험실 등을 갖추고 있다.

이케바나는 무엇인가?

이케바나는 꽃, 나뭇가지, 풀 등을 배치하여 꽃의 아름다움을 돋보이게 하는 작업을 가리키는 일본말로 고대 일본에서 전해오는 일본식 꽃꽂이 예술이다. 이케바나는 완전한 조화, 아름다움, 균형을 추구하는 특정한 고대의 규칙을 따른다. 일본에서는 1,400년 동안 이케바나의 전통이 내려오고 있다. 6세기에 절의 스님들이 자갈, 바위, 나무 그리고 꽃 등을 이용하여 이케바나를 하기 시작했다. 일본에서 이케바나는 남자들에 의해서만 계승되고 발전해왔다. 처음에는 스님들이 시작했고, 무사들이 하기 시작했으며, 후에는 귀족들도 했다. 그러나 오늘날에는 수백만의 여자와 남자가 함께 이케바나를 하고 있다. 다만 이케바나를 가르치는 학교의 교장은 대부분 남자이다.

초심자가 가꾸기에 적당한 채소밭의 넓이는 얼마일까?

이 문제는 공간이 얼마나 있느냐, 얼마나 많은 수확을 기대하고 있느냐, 그리고 몇 명의 사람이 일을 할 수 있느냐에 따라 달라진다. 그러나 보통 3m×6m 정도의 채소밭이 잡초를 뽑고, 밭을 갈고, 채소를 심고, 수확하는 데 적당할 것이다. 매일 먹는 샐러드용 채소나 양념을 생산하는 데는 3m×3m 넓이의 밭이면 충분하다. 채소를 열로 심는 것이 아니라 블록으로 심으면 작은 면적에서도 많이 수확할 수 있다. 1m×1m 넓이에서도 채소가 잘 자라는 계절에는 한 사람이 먹기에 충분한 채소가 자란다. 그리고 두 블록이면 다양한 채소를 기를 수 있다.

토마토를 기를 때는 꼭 지주목을 세워야 할까?

지주목을 세우지 말아야 한다고 주장하는 사람들도 있다. 그들은 자연스럽게 땅을 기도록 가꾸는 것이 더 많은 수확을 거둘 수 있다고 주장한다. 그러나 지주목은 병을 유발하거나 뱀의 피해를 받을 수 있는 땅으로부터 토마토 줄기를 보호한다. 지주목을 세운 토마토는 수확하기 쉽고 공간을 더 유용하게 활용할 수 있으며, 토마토가 더 빨리 골고루 익는다. 단단한 지주목이 더 좋다고 주장하는 사람이 있는가 하면 줄을 이용하거나 나무로 만든 천막집 형태의 지주목이 더 좋다고 말하는 사람도 있다.

채소밭에서 잡초를 뽑기에 가장 적당한 시기가 있는가?

잡초를 제거하는 것은 가장 귀찮고 시간이 많이 드는 작업이다. 연구에 의하면 채소가 자라기 시작한 후 첫 3주와 4주 사이에 잡초를 제거하는 것이 가장 좋다. 그 이후에 나는 잡초는 수확량에 별 영향을 주지 않는다.

나비를 유인하는 데 가장 효과적인 식물은 무엇인가?

아게라툼, 코스모스, 구주냉이, 멕시코 해바라기, 란타나, 금송화, 금련화, 스위트 알리숨, 취어초, 패랭이꽃, 제비꽃, 백일초 등이 나비를 유인한다.

어떤 꽃들이 벌새를 유인하는가?

인동덩굴, 디기탈리스, 향수박하, 담배, 피튜니아, 여름 풀 협죽도, 스칼렛 세이지와 같은 식물은 꽃이 밝은 색이고, 꿀을 가지고 있어서 벌새가 날아온다.

왜 깎은 풀을 잔디 위에 그대로 두어야 하는가?

깎은 풀은 잔디에 영양을 공급하는 중요한 공급원이다. 짧게 깎은 연약한 풀잎은 빠르게 썩는다. 이것은 새로운 잔디에 질소, 칼륨, 인과 같은 양분을 공급해 비료를 덜 주어도 된다. 더구나 깎은 풀을 그대로 두지 않고 쓰레기통에 버리면 더 많은 매립지가 필요하다.

스노우몰드는 무엇이고 어떻게 치료해야 하는가?

스노우몰드는 잔디가 흰색으로 변하면서 솜처럼 자라는 병으로 미국 북부에 흔히 나타난다. 푸사륨 리발레라는 균이 이른 봄 눈이 녹을 때 눈 아래에서 자란다. 습기가 많은 지역은 늦은 가을에 비료를 주지 않으면 이 병이 퍼지는 것을 막을 수 있다. 처음 발견했을 때 살균제로 처리하고 10일에서 14일 후에 다시 살균제를 살포한다.

어떻게 하면 수선화를 심은 해에 꽃이 피게 할 수 있을까?

새싹이 나자마자 비료를 주는 것이 좋다. 이렇게 하면 새 뿌리가 나오고, 잎이 나고 꽃이 피는 것을 도울 수 있다. 꽃이 피지 않는 이유는 너무 조밀하게 심었기 때문이다. 그러므로 뿌리는 3년이나 5년마다 캐내서 나눈 다음 다시 심는 것이 좋다.

겨울에 제라늄을 살리려면 어떻게 해야 하는가?

얼지 않도록 조심하면서 시원한 온실, 퇴창 또는 햇빛이 드는 난방하지 않은 지하실과 같이 햇빛이 비추는 시원한 장소에 보관하면 제라늄은 행복하게 겨울을 날 수 있다. 늦은 겨울이나 이른 봄에 제라늄의 일부를 잘라 심으면 새로운 제라늄을 키울 수 있다. 일부에서는 가을에 잘라 심을 것을 권하기도 한다. 시원하면서 햇빛이 잘 드는 적당한 장소가 없는 집에서는 흙을 완전히 말린 다음 뿌리의 흙을 부드럽게 털어서 강제로 휴면기에 들어가도록 유도할 수도 있다. 이 제라늄을 약간 습도가 높고 시원하게(7℃에서 10℃ 사이) 유지한 방의 서까래에 걸어둔다. 제라늄 하나하나를 입구를 막은 종이봉지 안에 보관하면 더 좋다. 보관 중인 제라늄은 정기적으로 체크하는 것이 좋다. 잎은 마르고 시들어도 괜찮지만 줄기가 시들면 약간의 물을 뿌려주어야 한다. 썩거나 이끼가 낀 부분이 보이면 그 부분은 잘라내고 더 건조한 장소로 옮겨서 봉지를 하루나 이틀 정도 열어두어야 한다. 그리고 이른 봄에 가지를 친 다음 줄기를 옮겨 심는다.

과일나무는 추운 겨울을 지나야 한다는 것은 무슨 의미인가?

과일나무는 열매를 맺는 시기를 지난 다음에는 휴면기가 따라야 한다. 휴면기에는 식물이 쉬면서 다음 해의 새로운 열매를 맺기 위해 자신을 강하게 한다. 휴면기는 온도가 0℃에서 7.2℃인 기간을 시간으로 측정한다. 벚나무는 추운 기간이 약 700시간 정도 되어야 한다.

한 나무의 다섯 과일은 무엇인가?

한 나무에 같은 종류의 과일(흔히 사과)의 다양한 품종을 접붙인 것을 말한다. 꽃이 피는 시기에는 같은 나무에 여러 가지 색깔의 꽃이 피어 매우 아름답다.

에스팔리어링이란 무엇인가?

에스팔리어링espaliering이란 식물이 땅에 붙어 자라도록 하는 것을 의미한다. 이렇게 하면 천장이 낮은 좁은 공간에서도 식물을 자라게 할 수 있고, 도로변에 뿌리를 둔 식물도 꽃을 피우게 할 수 있다. 대부분의 과일나무는 쌍으로 심어야 하는데 에스팔리어링을 하는 과일나무는 가깝게 심을 수 있어 수분에 서로 도움을 주면서도 공간을 많이 차지하지 않는다.

네이블 오렌지는 어떻게 만들어졌나?

모든 네이블 오렌지navel orange는 19세기 초에 브라질의 농장에서 발견된 돌연변이에 기원을 둔다. 돌연변이의 나무에서 싹을 채취해 다른 나무에 접을 붙인 후 이 가지의 일부를 잘라 다시 다른 나무에 접을 붙이는 식으로 수를 늘려나간다.

씨 없는 포도는 어떻게 만드나?

씨 없는 포도는 씨를 심는 일반적인 방법으로는 증식할 수 없기 때문에 재배자들은 씨 없는 포도 줄기의 일부를 잘라 심어 뿌리를 내린다. 씨 없는 포도가 맨 처음 어떻게 만들어졌는지는 잘 알려져 있지 않지만 수천 년 전부터 이란과 아프가니스탄 지역에서 재배되어 온 것으로 보인다. 아마도 최초의 씨 없는 포도는 돌연변이에 의해 딱딱한 씨의 껍질이 발달하지 못하게 되었을 것이다. 오늘날 시장에서 자주 볼 수 있는 씨 없는 포도는 그린 톰슨 씨 없는 포도로 건포도의 90%는 이것으로 만든다.

조니 애플시드는 실제로 사과나무를 심었는가?

조니 애플시드Johnny Appleseed라고 불리는 존 채프먼John Chapman, 1774~1845은 미국 중서부에서 사과나무 과수원을 했다. 그는 개척자들에게 무료로 씨를 나누어주어 서부에서의 과수원 개발을 장려했다. 그러나 맨발로 시골을 돌면서 어깨에 메고 다니던 가방에서 아무에게나 씨를 나누어주는 그의 그림은 실제보다는 과장되었다. 그는 때로 성경에 대해 설교하기도 하고, 예전 종교 철학자의 철학을 가르치기도 한 신비스런 사람이다. 1845년 숨을 거둘 당시 그는 수천 에이커의 과수원과 유치원을 소유한 성공한 사업가였다.

조니 애플시드라고도 알려져 있는 전설적인 사과나무 심는 사람 존 채프먼.

씨 없는 수박은 자연적으로 만들어졌나?

씨 없는 수박은 50년의 연구 끝에 1988년에 처음으로 만들어졌다. 씨 없는 수박은 씨가 있는 보통의 수박으로부터 꽃가루를 받아야 한다. 농부들은 종종 씨 없는 수박과 보통의 수박을 가까이 심어놓고 벌들에 의해 수분이 되도록 한다. 씨 없는 수박에서 발견되는 흰색의 씨는 수정된 배로 자라지 못한 것들이다. 씨 없는 수박은 수정이 이루어지지 않았기 때문에 우리에게 익숙한 검은색의 씨가 되지 못한다.

수목 울타리는 무엇인가?

수목 울타리는 빽빽하게 심은 나무나 관목을 잘 잘라내 만든 높은 울타리로 단풍나무, 플라타너스, 피나무 등 여러 가지 종류의 나무들을 사용해 조성한다. 수목 울타리를 관리하는 데 많은 시간이 소요되기 때문에 미국의 정원에서는 보기 힘들지만 유럽에서는 자주 발견할 수 있다.

난쟁이 침엽수는 무엇인가?

침엽수는 소나무, 가문비나무, 전나무, 노간주나무처럼 바늘 모양의 잎, 솔방울 그리고 수액이 많은 나무나 관목을 가리키는 말이다. 그중 난쟁이 침엽수는 매우 천천히 자라 20년이 지난 후에도 높이가 90cm밖에 안 된다.

나무를 작게 기르는 분재는 무엇인가?

작은 잎과 비틀어진 줄기를 가진 작은 나무들을 재배한 것은 오래전부터이다. 식물의 성장을 방지하기 위해서는 조심스럽게 양분을 빼앗고, 빠르게 자라는 가지나 싹을 잘라내며, 뿌리가 자라지 못하도록 작은 화분에서 키워야 한다. 그리고 선택된 가지치기와 줄기에 철사를 감는 방법으로 나무의 모양을 만들어간다. 분재는 황제가 자신이 다스리는 나라의 작은 모형을 만들었던 중국의 주나라(B.C.900~B.C.250)에서 시작된 것으로 보인다.

산딸나무의 가지에 꽃이 피게 할 수 있을까?

산딸나무 가지에 꽃이 피게 하는 것은 개나리에 꽃이 피게 하는 것과 비슷하다. 꽃 봉오리가 나오기 시작할 때 산딸나무의 가지를 방 안으로 가져와 물병에 꽂고 빛이 잘 드는 창가에 놓아두면 된다.

치아씨는 무엇인가?

치아씨^{chia seeds}라고 부르는 검은색의 작은 씨는 미국 남서부와 멕시코에서 발견되는 야생 세이지로부터 수확한다. 매우 많은 단백질을 포함하고 있는 이 씨는 점액질이 많아 보통의 방법으로는 싹을 틔울 수 없다. 그러나 바닥이 깊은 도자기에 넣어두면 단백질이 풍부한 싹이 나오는데 이 싹을 잘라 먹으면 된다.

포이즌 아이비, 포이즌 오크, 옻나무의 다른 점은 무엇인가?

북아메리카의 숲에서 흔히 볼 수 있는 이 세 가지 나무는 겉모양이 매우 비슷하다. 각각의 잎에는 세 개의 작은 잎이 달려 있으며, 버찌처럼 생긴 열매가 열리고 줄기는 검은 갈색이다. 그러나 포이즌 아이비는 자라는 동안에는 포도 덩굴처럼 보이지만 큰 나무로 자란다. 회색의 열매에는 털이 나 있지 않고, 잎들은 약간 밑으로 처져 있다. 한편 포이즌 오크는 나무이지만 기어 올라갈 수 있으며 잎은 참나무 잎과 비슷하고 열매에는 털이 있다. 옻나무는 북아메리카의 산성 습지에서만 자란다. 높이는 3.6m까지 자라고, 회색이 도는 갈색 열매는 여러 개가 모여 꼬투리를 만든다. 옻나무의 잎은 끝이 뾰족하고 짙은 초록색이며, 꽃은 초록색이 감도는 노란색으로 눈에 잘 띄지 않는다. 포이즌 아이비, 포이즌 오크, 옻나무의 모든 부분은 사람의 피부에 닿으면 심각한 염증을 유발할 수 있다.

포이즌 아이비를 자연스럽게 제거하는 방법은 무엇인가?

소금을 이용해 포이즌 아이비를 제거할 수 있다. 큰 나무는 줄기의 밑부분을 잘라낸 다음 아랫부분에 소금물을 붓는다. 그리고 2주 정도 후에 두 번째로 소금물 처리를 하는 것이 좋다. 한편 나무는 태우지 않는 것이 좋다. 연기와 재가 피부, 눈, 호흡기, 폐에 나쁜 영향을 줄 수 있기 때문이다.

레일로드 웜은 무엇인가?

후에 광대파리가 되는 사과벌레를 종종 레일로드 웜^{railroad worm}이라고 한다. 미국 동부와 캐나다 과수원에 서식하는 이 애벌레는 사과, 자두, 버찌 등에 해를 입혀 수확량을 감소시킨다.

어떤 동물이 딸기 농사에 해를 주는가?

일부 지역에서는 집게벌레, 괄태충, 달팽이가 문제가 되고 있다. 딸기는 또한 일본 딱정벌레, 진디, 삽주벌레, 선충 등에 의해서도 해를 입는다.

과일나무가 들쥐에게 피해를 입지 않도록 하는 방법은 무엇인가?

새로 심었거나 보호가 필요한 나무는 줄을 감거나, 베니어판 또는 플라스틱으로 감싸놓는 것이 좋다. 다른 방법으로는 마늘 물을 적신 화산암을 나무 부근에 놓아두는 것도 효과적이며, 마늘 용액을 뿌려두면 대부분의 설치류를 쫓아낼 수 있다.

다람쥐를 채소밭이나 꽃밭에 오지 못하도록 하려면 어떻게 해야 하는가?

다람쥐는 토마토, 오이, 멜론, 뿌리채소 등을 좋아해서 갉아먹고 꽃밭을 망쳐놓는다. 좀약을 주변에 뿌리는 전통적인 방법은 그다지 효과적이지 못하다. 더 좋은 방법은 육각형 눈의 철망을 깔아놓는 것이다. 이렇게 하면 다람쥐가 다리가 낄 것을 두려워해 피하게 되기 때문이다. 또 다른 방법은 고춧가루를 물에 타 뿌려두는 것이다. 물론 비가 온 후에는 다시 뿌려야 한다.

정원에 기르는 개박하에 고양이가 접근하지 못하도록 하려면 어떻게 해야 하는가?

옮겨 심는 과정에서 잎이 손상되어 고양이를 유혹하는 오일이 나올 수 있는 모종을 이식하는 대신 직접 씨를 심는 것이 좋다. 식물이 자란 후에는 잎을 건드리지 말아야 한다. 일단 향이 나기 시작하면 고양이를 막는 것은 매우 어렵다.

화학약품을 사용하기 이전에 식물의 병을 예방하기 위해 사용하던 전통적인 물질은 무엇이었나?

정원사는 오랫동안 부엌의 찬장에서 흔히 보관하는 물질이나 유기물을 사용해왔다. 베이킹 소다도 좋은 살균제이다. 두 숟가락의 소다를 2리터의 물에 탄 다음 뿌리면 된다. 또한 큰 마늘 하나를 찧어서 약 1리터의 물에 타서 섞은 다음 5분 정도 끓였다가 식혀서 뿌리면 살충 효과와 살균 효과가 있다. 속새, 딱총나무 잎, 양치 덤불의 잎으로 만든 스프레이는 정원의 식물을 공격하는 노균병, 흑반병 등 세균성 질병을 막는 데 효과적이다.

조지 워싱턴 카버의 업적은 무엇인가?

식물 병리학, 토양 분석, 농작물의 수확과 관리에 대한 카버^{Dr. George Washington Carver, 1864~1943}의 연구 결과를 도입한 미국 남부의 농부들은 수확과 수입이 증대했다. 카버는 광저기, 고구마, 땅콩을 이용하는

농화학자였던 조지 워싱턴 카버는 곡물을 관리하는 새로운 방법을 개발했고, 새로운 농작물 이용법을 수백 가지나 개발했다.

요리를 개발하기도 했다. 그는 고구마로 118가지 제품을 만들었으며, 땅콩으로 325가지 제품, 피칸으로 75가지 제품을 만들었다. 그는 땅콩, 콩과 같이 토양을 비옥하게 하는 작물을 이용하여 토양의 생산력을 증진하도록 했다. 또한 콩으로 플라스틱도 만들었다. 그가 만든 플라스틱은 후에 헨리 포드가 자동차 차체로 사용하기도 했다. 그는 앨라배마의 붉은 진흙으로부터 염료와 페인트를 추출했으며 인조솜에 대해 연구하기도 했다. 카버는 다재다능했던 사람으로 미국 국민들의 전설적인 영웅이다.

최초의 온실은 언제 지어졌나?

프랑스의 식물학자 샤를^{Jules Charles}이 1599년에 네덜란드의 레이던에 온실을 지어 의학적인 목적으로 열대 식물을 재배했다. 가장 인기 있는 식물은 타마린드로 그 열매는 치료 효과가 있는 음료수의 원료가 된다.

동물의 세계

물리적 특징

어떤 동물의 임신 기간이 가장 긴가?

임신 기간이 가장 긴 동물은 포유류가 아니다. 스위스 알프스의 고도 1,400m인 곳에 사는 양서류인 알파인 검은 도롱뇽의 임신 기간은 38개월이다. 이 도롱뇽은 변태가 끝난 두 마리의 새끼를 낳는다.

동물들은 얼마나 오래 살 수 있을까?

포유류 중에서는 인간과 긴수염고래가 가장 오래 산다. 다음 표에는 여러 가지 동물의 최대 수명이 정리되어 있다.

동물	최대 수명(년)
마리온의 거북이	152
대합	150
거북이	138
유럽 연못 거북이	120
긴수염고래	116
사람	116
심해 대합	100
범고래	90
유럽 뱀장어	88
호수 철갑상어	82
민물 홍합	80
인도코끼리	78
안데스 콘도르	72
고래상어	70
아프리카코끼리	70
수리부엉이	68
미국악어	66
사랑 앵무새	64
타조	62.5
말	62
오랑우탄	59
하마	54.5

동물	최대 수명(년)
침팬지	51
흰 펠리컨	51
고릴라	50
거위	49.75
인도코뿔소	49
회색 앵무새	49
유럽 갈색곰	47
바다표범	46
흰긴수염고래	45
금붕어	41
두꺼비	40
기린	36.25
브라질 맥	35
쌍봉낙타	35
고양이	34
카나리아	34
아메리카들소	33
스라소니	32.3
향유고래	32
레드 캥거루	30
아메리카 매너티	30
개	29.5

동물	최대 수명(년)
아프리카 버팔로	29.5
사자	29
거미	28
아프리카 사향고양이	28
붉은 사슴	26.75
호랑이	26.25
미국 오소리	26
자이언트 판다	26
닭	25
청백돌고래	25
다람쥐	23.5
개미핥기	23
오리	23
캐나다 수달	21
코요테	21
염소	20.75
여왕개미	18
토끼	18
흰돌고래	17.25
너구리	17
바다코끼리	16.75

동물	최대 수명(년)
칠면조	16
달팽이	15
아메리카 비버	15
기니피그	14.8
고슴도치	14
아르마딜로	12
친칠라	11.3
지네	10
황금햄스터	10
노래기	7
불가사리	7
쥐	6
코이푸	6
마다가스카르 몽구스	4.75
시베리아 날다람쥐	3.75
문어	2~3
뒤쥐	2
땅다람쥐	1.6
빈대	182일
검은 독거미	100일
파리	17일

가장 큰 동물과 가장 작은 동물은 무엇인가?

가장 큰 동물	이름	길이(m)	무게(kg)
바다 포유류	흰긴수염고래	30~34	120,000~190,000
육지 포유류	아프리카코끼리	3.2	4,800~5,600
새	북아프리카 타조	2.4~2.7	156
물고기	고래상어	12.5	15,000
파충류	바다 악어	4.3~4.9	410~680
설치류	캐피바라	1~1.4	113.4

가장 작은 동물	이름	길이	무게
바다 포유류	커머슨 돌고래	1.25~1.7m	22.5~32kg
육지 포유류	피그미 뒤쥐	3.8~5cm	1.5~2.6g
새	벌새	5.7cm	1.6g
물고기	난쟁이 망둑어	8.9mm	
파충류	도마뱀붙이	1.6cm	
설치류	피그미 쥐	10.9cm	6.8~7.9g

동물원의 곰은 동면을 하는가?

동물원에서는 일 년 내내 따뜻하게 유지되고 계속 먹을 것이 공급되기 때문에 곰들이 동면을 하지 않는다. 곰은 먹을 것이 떨어졌을 때 또는 온도가 0°C 이하로 내려갔을 때만 동면을 한다.

동물과 사람은 어떻게 냄새를 맡나?

사람과 동물의 후각기관은 다른 감각기관과 함께 음식, 배우자, 적을 구별하고, 즐거움과 위험에 대한 경고를 알아차리는 역할을 한다. 코에는 냄새의 원인이 되는 화학물질과 결합하여 전기 신호를 발생시키는 단백질을 포함하고 있는 특별한 수용체 세포

야생 곰은 동면에 들어가기 전에 많은 음식을 먹는다. 때로는 사람에게서도 먹이를 얻는다.

가 있다. 이 전기 신호가 뇌의 후각 연수로 보내지고 후각 연수의 세포들은 이 신호를 다시 전두엽에 있는 후각 중추로 보내서 냄새를 구별하게 된다.

인간 외에 가장 지능적인 동물은 무엇인가?

동물 행동학자인 윌슨Edward O. Wilson에 의하면 가장 지능적인 10가지 동물은 다음과 같다.

1	침팬지(2종)	6	원숭이(많은 종)
2	고릴라	7	작은 이빨 고래(7종)
3	오랑우탄	8	돌고래(약 80종)
4	비비(7종)	9	코끼리(2종)
5	기번(7종)	10	돼지

사람 외에 지문이 있는 동물이 있는가?

고릴라와 다른 영장류들은 지문이 있다. 그러나 사람과 가장 비슷한 침팬지는 지문이 없다. 코알라도 지문을 가지고 있다. 오스트레일리아의 연구자들은 코알라의 지문이 크기, 모양, 형태에 있어 사람의 지문과 가장 비슷하다는 것을 알아냈다.

동물들은 색깔을 구별할 수 있는가?

대부분의 파충류와 새들은 색깔을 구별할 수 있을 만큼 시각이 잘 발달되었다. 그러나 대부분의 포유류는 색깔을 구별하지 못한다. 원숭이는 서로 떨어져 있는 색을 구별할 수 있는 반면 개나 고양이는 색깔을 구별할 수 없고, 명암과 흰색, 검은색만 구별할 수 있다.

동물들은 자신의 신체 일부를 재생시킬 수 있는가?

일부의 동물들은 재생 기능을 가지고 있지만 더 복잡한 동물일수록 그 기능이 쇠퇴했다. 덜 발달된 무척추동물들에서는 재생이 자주 관찰된다. 예를 들면 플라나리아는 대칭적인 두 부분으로 분리될 수 있는데 각 부분은 각각 나머지 부분을 재생할 수 있다. 좀 더 발달된 무척추동물 중에서는 불가사리 같은 극피동물과 곤충과 갑각류 같은 절지동물에서 재생을 발견할 수 있다. 바퀴벌레, 초파리, 메뚜기 같은 곤충들이나 가재, 게와 같은 갑각류에서는 다리, 날개, 더듬이 등이 재생된다. 예를 들면 가재가 집게발을 잃으면 다음 탈피 때 집게발이 생긴다. 그러나 새로 나온 집게발이 원래의 집게발보다 작다. 하지만 탈피를 거듭하면서 조금씩 커져 결국에는 처음과 같은 크기의 집게발이 재생된다. 일부의 양서류와 파충류 중에는 잃어버린 꼬리나 다리를 재생시킬 수 있는 것도 있다.

사람과 동물이 듣는 소리는 어떻게 다른가?

소리의 진동수는 헤르츠(Hz)라는 단위를 이용하여 나타낸다. 소리는 불가청 저음, 가청음, 초음파로 나눌 수 있다.

동물	들을 수 있는 진동수 범위(Hz)
개	15~50,000
사람	20~20,000
고양이	60~65,000
돌고래	150~150,000
박쥐	1,000~120,000

동물도 혈액형을 가지고 있을까?

동물은 종마다 구분할 수 있는 혈액형의 수가 다르다.

동물	혈액형의 수	동물	혈액형의 수
돼지	16	붉은털원숭이	6
소	12	밍크	5
닭	11	토끼	5
말	9	쥐	4
양	7	고양이	2
개	7		

동물의 피는 모두 붉은가?

피의 색깔은 산소를 운반하는 화합물의 종류에 따라 결정된다. 철을 포함하고 있는 헤모글로빈은 붉은색으로 모든 척추동물과 일부 무척추동물에서 발견된다. 환형동물은 초록색 염료인 클로로크루오린이나 붉은색 염료인 헤머리트린을 가지고 있다. 몸이 여러 개로 나누어져 있고 아가미가 있는 절지동물에 속하는 일부 갑각류는 푸른색 염료인 헤모시아닌을 가지고 있다.

동물도 코를 골까?

개, 고양이, 소, 양, 버펄로, 코끼리, 낙타, 사자, 표범, 호랑이, 고릴라, 침팬지, 말, 노새, 얼룩말, 영양과 같은 많은 동물들이 때때로 코를 고는 것이 관찰되었다.

사람보다 빨리 달릴 수 있는 동물에는 어떤 것이 있는가?

가장 빠른 동물인 치타는 2초 동안에 정지 상태에서 64km/h까지 가속할 수 있으며, 짧은 거리에서는 112km/h의 속력으로 달릴 수 있다. 치타의 속력은 평균 63km/h 정도이다. 사람은 아주 짧은 거리를 최고 45km/h의 속력으로 달릴 수 있다. 다음 표는 0.4km의 거리를 달릴 때 각 동물의 최고 속도를 나타낸다.

동물	속도(km/h)	동물	속도(km/h)
치타	112.6	그레이하운드	63.3
가지뿔영양	98.1	토끼	56.3
누	80.5	자칼	56.3
사자	80.5	순록	51.3
톰슨가젤	80.5	기린	51.3
경주용 말	76.4	흰꼬리사슴	48.3
엘크	72.4	멧돼지	48.3
코요테	69.2	회색곰	48.3
하이에나	64.4	고양이	48.3
얼룩말	64.4	사람	44.9
몽고 당나귀	64.4		

곤충, 거미

곤충은 몇 종이나 될까?

현재까지 알려진 곤충의 종은 약 75만에서 100만 사이일 것이라고 추정되고 있다. 그러나 일부 전문가들은 이 숫자가 실제로 존재하는 곤충의 반도 안 되는 수라고 주장한다. 해마다 약 7,000종의 새로운 곤충이 발견되고 있지만 알려지지 않은 수의 곤충이 열대림을 비롯한 서식지의 파괴로 사라져가고 있다.

호박 속에서 곤충이 자주 발견되는 이유는?

사람들은 수지가 화석으로 변한 호박을 보석이나 예술 작품의 재료로 사용해왔다. 도미니카 공화국에서 나는 호박은 100개당 하나 정도는 곤충을 포함하고 있다. 어떤 호박은 전체 곤충과 곤충의 일부분을 포함해서 수천 마리의 곤충을 포함하고 있는 경우도 있다. 이 곤충들은 3,000만 년 전에 나무껍질 위를 기어 다니거나 둥지를 틀었다가 나무에서 스며 나온 끈적끈적한 수지에 잡히게 되었고, 계속 흘러나온 수지에 둘러싸인 다음 수지가 화석으로 변하면서 화석 속의 곤충이 된 것이다. 과학자들은 이미 오래전에 멸종된 이 곤충들을 조사하여 오늘날 존재하는 곤충들 사이의 잃어버린 연결고리를 찾고 있다.

세계에서 가장 파괴적인 사막 메뚜기

세상에서 가장 파괴적인 곤충은 무엇인가?

가장 파괴적인 곤충은 사막 메뚜기이다. 성경에도 등장하는 사막 메뚜기는 아프리카와 중동, 그리고 파키스탄과 북부 인도의 건조한 지역에 서식한다. 이 메뚜기는 하루에 자신의 몸무게만큼 먹을 수 있다. 긴 이주 기간 동안에 한 무리의 메뚜기 떼는 하루에 18,144,000kg의 채소와 곡식을 먹어치울 수 있다.

매미나방(집시나방)은 어떤 곤충인가?

유럽에서 들어온 이 커다란 나방은 참나무, 자작나무, 단풍나무와 같은 단단한 나무의 잎에 알을 낳는다. 털이 많고 노란색인 애벌레가 알에서 부화하면 왕성하게 잎을 먹어치우기 때문에 오래지 않아 나무의 잎이 모두 사라진다. 때로는 이로 인해 나무가 죽기도 한다.

나비의 생애는 변태과정을 잘 보여준다

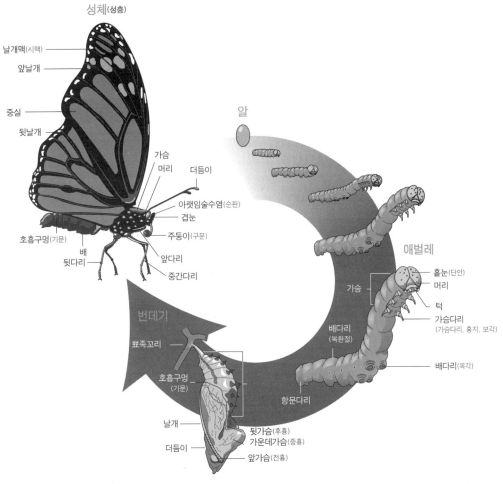

애벌레는 고치를 짓기 전까지 3mm에서 5.1cm까지 자라며, 고치 안에서 성충 나방으로 탈바꿈한다. 약 45종의 새, 다람쥐, 줄무늬다람쥐, 쥐들이 매미나방의 애벌레를 먹는다. 매미나방의 천적 중 두 종류의 파리는 애벌레에 기생한다. 미국에서는 다른 기생충과 다양한 나나니벌로 매미나방을 퇴치하려고 시도했으며, 수컷의 생식능력을 없애기 위한 화학물질을 살포하기도 했다.

유익한 곤충에는 어떤 것이 있는가?

유익한 곤충에는 식물의 수분을 도와주는 꿀벌, 파리, 나비, 나방 등이 있다. 많은 과일과 채소는 씨를 맺기 위해 곤충들이 수분을 도와주기를 기다려야 한다. 곤충은 또한 새, 물고기를 비롯한 많은 동물들의 먹이가 된다. 어떤 나라에서는 흰개미, 애벌레, 개미, 꿀벌을 사람들이 먹기도 한다. 꿀이나 밀랍, 비단과 같은 생산품은 곤충으로부터 얻는다. 사마귀, 무당벌레, 풀잠자리와 같은 곤충들은 다른 해로운 곤충을 먹고 산다. 또 다른 유익한 곤충으로는 해로운 곤충의 몸 안이나 바깥에 기생하는 곤충들이 있다. 예를 들면 나나니벌은 토마토에 해를 주는 곤충의 애벌레에 알을 낳는다.

곤충의 탈바꿈은 어떤 단계를 거치는가?

탈바꿈에는 완전탈바꿈과 불완전탈바꿈의 두 가지 종류가 있다. 완전탈바꿈을 하는 개미, 나방, 나비, 흰개미, 나나니벌, 딱정벌레와 같은 곤충은 성충이 될 때까지 확실하게 구분되는 모든 단계를 거친다. 반면에 여치, 귀뚜라미처럼 불완전탈바꿈을 하는 곤충은 모든 단계를 거치지 않고 성충이 된다.

완전탈바꿈	
알	한 번에 하나 또는 여러 개의 알을 낳는다(많을 때는 10,000개의 알).
유충(애벌레)	알에서 깨어난 것을 애벌레라고 한다. 애벌레는 벌레처럼 보인다.
번데기	애벌레가 모두 자라면 고치를 짓고 휴식기를 가진다. 일부 곤충은 단단한 껍질을 가진 고치를 짓는다. 휴면기에 들어간 곤충을 번데기라고 한다. 번데기 상태로 휴면에 들어가는 기간은 몇 주에서 몇 개월까지이다.
성충	휴면을 하는 동안에 곤충은 성충의 몸이 만들어진다. 완전히 자란 성충은 고치에서 나온다.

불완전탈바꿈	
알	한 번에 하나 또는 여러 개의 알을 낳는다.
애벌레의 초기 단계	부화한 애벌레는 성충과 모양이 같지만 크기가 작다. 그러나 날개가 있는 곤충은 이 단계에서 아직 날개가 없다.
애벌레의 후기 단계	껍질을 벗고, 날개가 나온다.
성충	모두 자란 곤충이 된다.

나비와 나방은 어떻게 다른가?

특징	나비	나방
더듬이	혹이 있다	혹이 없다
활동 시간	낮	밤
색깔	밝다	희미하다
접었을 때의 날개 위치	몸의 위쪽	몸의 옆쪽

참고: 이런 구별은 일반적으로 사실이지만 예외도 있다. 나방은 몸에 털이 나 있고, 앞쪽 날개와 뒤쪽 날개를 연결해주는 작은 고리나 털이 있지만 나비에는 이런 것들이 없다.

나비도 색깔을 구별할 수 있을까?

나비의 색 구별 능력은 매우 뛰어나다. 나비는 모든 동물 중에서 가장 넓은 범위의 스펙트럼을 볼 수 있어 빨간색 빛에서부터 자외선까지의 빛을 볼 수 있다. 따라서 나비는 사람이 볼 수 없는 색깔까지도 볼 수 있다.

킬러 비란 무엇인가?

생태학자들이 킬러 비killer bee라고 부르는 아프리카화한 꿀벌은 1956년에 아프리카 꿀벌을 수입한 브라질에서 생겨난 잡종이다. 더 많은 꿀을 생산하는 잡종이 만들어지기를 기대했던 사육자들은 아프리카 꿀벌과 유럽 꿀벌의 잡종이 유럽 꿀벌의 자리를 차지하는 것을 지켜보아야 했다. 새로운 잡종 꿀벌은 더 많은 꿀을 생산하기는 했지만 유럽 꿀벌보다 공격성이 강해 매우 위험했다. 이 꿀벌이 도입된 후 약 1,000명이 이 꿀벌 때문에 목숨을 잃었다. 이러한 안전 문제뿐 아니라 미국 양봉업계도 잡종의 영향을 받게 될 것에 대한 우려가 커졌다.

1990년에 이 꿀벌이 멕시코 국경을 넘어 미국으로 들어와 1993년에 애리조나에 이르렀다. 이 벌이 미국에 들어오고 6년이 지난 1996년에는 텍사스, 애리조나, 뉴멕시코, 캘리포니아, 네바다의 일부 지역에서 발견되었다. 이 꿀벌의 북쪽으로의 진출은 느려지고 있다. 왜냐하면 이 꿀벌은 열대 종이어서 추운 기후에서는 살 수 없기 때문이다. 전문가들은 아프리카화한 꿀벌의 확산을 방지할 두 가지 방안을 제안했다. 첫 번째 방안은 유럽 꿀벌의 수벌을 많이 풀어놓아 유럽 꿀벌의 여왕벌이 유럽의 수벌과 교미할 기회를 늘리는 것이다. 두 번째 방법은 자주 여왕벌을 바꾸는 것이다. 유럽의 수벌과 교미한 여왕벌로 교체함으로써 유럽 꿀벌을 보호할 수 있다.

어떤 종류의 꿀벌의 침이 가장 위험한가?

아프리카화한 꿀벌은 매우 공격적이어서 거의 자극을 하지 않아도 공격을 한다.

꿀벌의 춤을 발견한 사람은 누구인가?

1943년에 프리슈Karl von Frisch, 1886~1982는 꿀벌의 춤에 대한 연구 결과를 출판했다. 이것은 벌집에 돌아온 일벌이 다른 일벌들에게 꽃이 있는 방향과 거리를 알려주기 위해 하는 일정한 형태의 운동이다. 꿀벌의 춤은 벌집 위에서 행해지며, 꽃이 가까운 곳에 있을 때 하는 원형 춤과, 꽃이 멀리 떨어져 있을 때 하는 흔들 춤의 두 가지가 알려져 있다.

이동하는 양봉업자는 어떤 사람들을 가리키는가?

이동하는 양봉업자는 더 많은 꿀을 생산하기 위해 꽃을 따라 이동하면서 꿀을 모으는 양봉업자들을 말한다. 그들은 봄과 여름에는 남쪽에서 북쪽을 향해 이동하고 가을에는 다시 남쪽으로 내려가서 겨울에는 따뜻한 남쪽에 머문다. 미국에는 대략 1,000명의 양봉업자들이 200만 개의 벌통을 가지고 옮겨 다니고 있다.

하나의 벌통 속에는 얼마나 많은 벌이 있을까?

평균적으로 하나의 벌통 속에는 50,000~70,000마리의 벌들이 들어 있다. 벌통하나에서 생산되는 꿀의 양은 20~30리터 정도 된다. 벌이 생산하는 꿀의 약 3분의 1 정도는 벌들의 먹이로 사용하기 위해 벌통속에 남겨둔다.

꽃에서 꿀을 모으는 꿀벌

0.45kg의 꿀을 생산하기 위해서는 꿀벌이 200만 송이의 꽃을 방문하여 1.8kg의 꿀의 원료를 모아야 한다. 꿀은 3주에서 6주 정도 사는 일벌들이 모은다. 일벌들은 평생한 티스푼 정도의 꿀을 모은다.

흰개미에게도 천적이 있는가?

날개가 달린 흰개미가 집에서 나와 새로운 집으로 이동하려고 할 때 새, 개미, 거미, 개미핥기, 잠자리 등이 흰개미를 잡아먹는다. 이 기간이 흰개미의 천적에게는 놓칠 수 없는 기회이다.

개미는 얼마나 무거운 짐을 나를 수 있는가?

개미는 동물 중에서 가장 뛰어난 역도 선수이다. 개미는 크기에 비해 매우 강해서 자기 몸무게의 10배에서 20배의 무게를 옮길 수 있다. 일부 개미는 자기 몸무게의 50배까지도 나를 수 있다. 개미는 이렇게 무거운 짐을 먼 거리까지 옮길 수 있으며, 짐을 가지고 나무를 오르기도 한다. 이것은 몸무게가 60kg인 사람이 작은 차를 지고 10~12km의 거리를 나른 다음 가장 높은 산을 오르는 것과 마찬가지이다.

개미와 흰개미는 어떻게 다른가?

개미목과 흰개미목에 속하는 곤충들은 구분되어 있는 몸과 여러 개의 연결 부위가 있는 다리를 가지고 있다. 다음 표에는 차이점들을 정리해 놓았다.

특징	개미	흰개미
날개	앞날개가 뒷날개보다 훨씬 긴 두 쌍의 날개	길이가 같은 두 쌍의 날개
더듬이	직각으로 휘어져 있다.	곧게 뻗어 있다.
배	잘록한 허리	잘록한 허리가 없다.

어떤 곤충이 냄새를 가장 잘 맡는가?

자이언트 메일 실크 나방이 세상에서 가장 냄새를 잘 맡을 것이다. 이 나방의 수컷은 11km 떨어진 곳에 있는 암컷의 냄새를 맡을 수 있다.

수컷 모기는 사람을 무는가?

아니다. 수컷 모기는 식물의 즙을 빨아 먹고 살며 암컷 모기와는 달리 사람의 피부를 뚫을 수 있는 뾰족한 입을 가지고 있지 않다. 하지만 종에 따라 200개까지 알을 낳는 암컷은 알을 낳기 위해 단백질을 공급해줄 피를 필요로 한다.

장님거미는 무엇인가?

이 이름은 서로 다른 두 종류의 무척추동물을 가리킨다. 하나는 해가 없고 물지 않는 긴 다리를 가진 곤충으로 종종 거미로 오해를 받지만 거미와는 달리 몸이 분리되어 있지 않다. 거미와 같이 8개의 다리를 가지고 있지만 장님거미의 다리는 훨씬 길고 가늘다. 긴 다리로 몸을 높이 들어 올려 개미와 같은 작은 적들로부터 피할 수 있다. 장님거미는 육식성이어서 곤충, 거미와 같은 무척추동물을 잡아먹는다. 이들은 거미처럼 거미줄을 만들지는 않는다. 장님거미는 즙이 많은 식물도 먹으며 빵이나 우유, 고기에 이르기까지 먹을 수 있는 것은 모두 먹는다. 그리고 물을 자주 마셔야 한다.

장님거미라는 이름은 가는 몸에 긴 다리를 가지고 있으며, 바구미와 같이 긴 주둥이가 있어 물이나 식물의 즙을 빨아 먹을 수 있는 모기를 가리키기도 한다.

거미는 얼마나 많은 알을 낳나?

한 번에 낳은 알의 수는 종류에 따라 다르다. 일부 커다란 거미는 2,000개 이상의 알을 낳기도 하지만 많은 작은 거미들은 한 번에 하나 또는 두 개의 알을 낳으며 평생 낳은 알의 수가 12개를 넘지 않는다. 평균 크기의 거미는 100개 정도의 알을 낳는다. 대부분의 거미는 알을 한꺼번에 낳아 하나의 알주머니에 싸놓지만 일부 거미는 알을 여러 번에 나누어 낳은 다음 여러 개의 알주머니에 저장한다.

강철과 거미줄 중에서 어느 것이 더 강할까?

거미줄이 더 강하다. 강도와 탄성이 뛰어나기로 잘 알려진 가장 강한 거미줄의 인장강도는 수정 섬유 다음으로 강하며 같은 무게의 강철보다 5배나 강하다. 거미줄은 또한 충격에 저항하는 능력도 강철보다 5배나 크다. 인장강도는 잡아당기는 힘에 끊어지지 않고 견디는 능력을 나타낸다. 거미줄을 0.01cm 굵기로 꼬면 80g의 무게까지 견딜 수 있다.

강도 면에서 보면 거미줄이 강철보다 몇 배 더 강하다.

보통 거미가 거미줄 하나를 완성하는 데 필요한 시간은 얼마인가?

거미가 거미줄 하나를 완성하는 데 걸리는 시간은 30분에서 60분 사이이다. 거미목에는 약 32,000종의 거미가 속해 있다. 거미는 여러 가지 방법으로 거미줄을 이용하여 먹잇감을 잡는다. 거미줄은 커다란 새들을 잡아먹는 거미들이 만드는 간단한 줄 형태부터 복잡하고 아름다운 형태에 이르기까지 다양하다. 일부 거미들은 깔때기 모양의 거미줄을 만들기도 하고, 여러 거미가 공동으로 거미줄을 만드는 경우도 있다.

완성된 거미줄은 큰 형태를 잡아주는 여러 개의 살을 가지고 있다. 살의 개수와 모양은 거미의 종류에 따라 다르다. 거미는 손상된 거미줄을 앞쪽으로 모으고 새로운 거미줄로 그곳을 메운다. 거미줄은 며칠 지나면 접착성이 떨어지기 때문에 다시 짜야 한다.

가장 큰 거미줄은 적도 지방의 네필라속에 속하는 거미들이 만드는 것으로 둘레가 6m나 된다. 가장 작은 거미줄은 글리페시스 코톤나가 만드는 거미줄로 넓이가 4.84cm² 정도 된다.

바퀴는 얼마나 오랫동안 지구상에 살았나?

가장 오래된 바퀴의 화석은 2억 8,000만 년 전의 것이다. 일부 바퀴는 길이가 7.5cm에서 10cm 정도이다. 바퀴는 밤에 활동하는 곤충으로 사람들의 음식뿐만 아니라 책, 잉크, 화장수 등을 먹는다.

지렁이는 어떻게 흙을 재생하는가?

지렁이의 종류는 4,000종이 넘는다고 추정된다. 이 동물은 많은 생태적 서비스를 제공한다고 알려져 있다. 지렁이는 땅에 굴을 파서 흙 속에 공기가 들어가기 쉽게 하고 배수를 도와 식물이 잘 자랄 수 있도록 해준다. 또한 매일 자기 몸무게의 30%나 되는 식물, 동물 또는 다른 물질을 소모한다. 이것들 대부분은 쓰레기로 지표면에 던져진 것들이다. 지렁이는 굴을 파면서 이런 쓰레기들을 다시 땅에 묻는다. 이로써 흙을 재사용하게 된다.

지네의 다리는 얼마나 많은가?

지네를 비롯해 절지동물강에 속하는 동물들은 15쌍에서 171쌍 사이의 홀수 쌍의 다리를 가지고 있다. 지네는 21쌍이나 23쌍의 다리를 가지고 있다. 일반적으로 가정에서 발견되는 지네의 다리는 15쌍이다.

벼룩은 어떻게 그렇게 높이 뛸 수 있을까?

벼룩의 점프력은 다리의 강한 근육과 발에 붙어 있는 레실린이라고 부르는 고무 같은 단백질 때문이다. 레실린은 벼룩의 뒷다리 위쪽에 붙어 있다. 벼룩은 뛰어오르기 위해서 웅크리면서 레실린을 수축시켰다가 놓는다. 그러면 에너지를 저장했던 레실린이 용수철처럼 작용하여 벼룩을 발사시킨다. 벼룩은 수직 방향은 물론 수평 방향으로도 뛸 수 있다. 어떤 종류는 몸 길이의 150배나 점프할 수 있다. 이 기록은 사람이 100층 건물을 뛰어오르는 것과 비슷하다. 보통 벼룩은 33cm까지 높이 뛸 수 있고, 18.4cm까지 멀리 뛸 수 있다.

개똥벌레는 어떻게 빛을 내는가?

개똥벌레나 반딧불이가 만들어내는 빛은 루시페라아제라는 효소의 도움을 받아 루시페린이라는 물질이 산화되는 화학 반응에 의해 발생하는 생물발광으로 열이 나지 않는 냉광이다. 산화가 일어나면 물질이 높은 에너지 상태에서 낮은 에너지 상태로 바뀌면서 가시광선을 방출한다. 빛의 방출은 신경계통의 통제를 받으며 포토사이트라고 부르는 특별한 세포에서만 일어난다. 신경계통, 포토사이트, 그리고 여기에 부속된 기관들이 깜박거리는 속도를 결정한다. 공기의 온도 역시 깜박거리는 속도에 영향을 주어 온도가 높으면 높을수록 더 빨리 깜박거린다. 18.3℃에서는 깜박거리는 주기가 8초이지만 27.7℃에서는 4초이다. 과학자들은 깜박거리는 이유를 아직 밝혀내지 못했다. 주기적으로 깜박거리는 것은 아마 먹이를 유혹하거나 짝에게 보내는 신호일 수도 있으며, 경고 메시지일 가능성도 있다.

초파리의 수명은 얼마나 되나?

성충의 수명은 외부 조건에 따라 많이 다르다. 가장 좋은 환경에서는 40일까지 살기도 한다. 많은 초파리가 함께 있을 때는 12일 정도 사는 것으로 관찰되었다. 그러나 실험실에서는 6일이나 7일 후에는 죽는다.

멕시코산 등대풀의 씨는 어떻게 움직이는가?

나방은 등대풀의 꽃 속이나 배 안에 알을 낳는다. 이 알이 씨 안에서 부화되어 애벌레가 된다. 씨앗이 움직이는 것은 애벌레가 씨 안에서 움직여서 무게중심이 이동하기 때문이다. 씨앗의 움직임은 빛이나 손바닥의 열기가 전해졌을 때 일어난다.

수중 생물

얼룩말 홍합은 어떤 문제를 일으켰나?

얼룩말 홍합^{zebra mussel}은 검은 선과 흰 선이 나 있는 연체동물이다. 이들은 1985년과 1986년 사이에 배가 세인트클레어 호수에 물을 버리는 과정을 통해 북아메리카에 유입되었다. 얼룩말 홍합은 껍질이 단단하며 표면이 딱딱한 곳에 달라붙는다. 취수구, 파이프, 물을 이용한 열교환기 등에 아주 많은 수의 얼룩말 홍합이 달라붙어 있다. 이들은 발전소의 취수구, 공업용 또는 식수용 물의 흡입구를 막거나 배 엔진의 냉각수 체계를 망가트릴 수도 있으며, 수중 생태계를 파괴할 수도 있다. 물을 사용하는 시설에서는 이들을 제거하기 위해 정기적으로 청소해야 한다. 얼룩말 홍합은 유충이 자유롭게 수영할 수 있고 빠르게 자라며, 경쟁자나 천적이 없기 때문에 매우 빠르게 증식하여 수자원을 위협할 수 있다.

물고기의 나이는 어떻게 결정하나?

물고기의 나이를 결정하는 방법 중 하나는 나무의 나이테와 비슷한 성장 링을 갖고 있는 비늘을 보고 판단하는 것이다. 비늘에는 개별 물고기의 성장 형태를 나타내는 동심원의 굴곡이 있다. 살갗에 숨겨진 비늘 부분에 이러한 굴곡들이 들어 있는데 하나의 언덕은 일 년의 성장 주기를 나타낸다.

어떻게 고기떼들이 한꺼번에 방향을 바꿀 수 있을까?

천적을 당황하게 하는 움직임은 물고기가 압력의 변화를 감지하기 때문에 가능하다. 측선이라고 부르는 수압 감지 체계는 물고기 몸의 양면에 길게 나 있다. 이 선을 따라 배열되어 있는 젤리와 같은 물질이 들어 있는 컵 모양의 기관 안에 작은 털이 나 있다. 물고기가 위험을 느껴 급하게 방향을 전환하면 주변 물의 수압을 변화시킨다. 이 압력의 변화가 가까이 있는 물고기의 측선에 있는 젤리를 변형시킨다. 이것이 털을 움직여 신경 체계를 작동하고, 뇌에 신호가 전해져서 물고기가 방향을 바꾸게 된다.

물고기는 얼마나 빨리 수영할까?

물고기의 최대 수영 속도는 몸의 모양이나 내부 온도에 따라 달라진다. 짧은 거리에서 가장 빠르게 수영하는 물고기로 알려진 돛새치의 속도는 95km/h나 된다. 그러나 일부 어부들은 참다랑어가 가장 빠른 물고기라고 믿고 있다. 하지만 기록된 참다랑어의 최고 속도는 69.8km/h이다. 수영 속도를 측정하는 것이 매우 어렵기 때문에 자료 역시 충분하지 않다. 황다랑어 역시 빠른 물고기로 10초에서 20초 동안 74.5km/h의 속도로 수영한 기록도 있다. 새치는 64km/h의 속도로 수영할 수 있으며, 돌고래는 60km/h, 숭어는 24km/h, 베도라치는 8km/h의 속도로 수영할 수 있다. 사람의 수영 속도는 8.3km/h이다.

가재의 성별은 무엇으로 구별할 수 있나?

가재의 성별은 몸통을 뒤집어 보아야만 구별할 수 있다. 수컷 가재는 등껍질에 가장 가까이 있는 두 개의 헤엄다리가 단단하고 날카로운 반면, 암컷의 헤엄다리는 부드럽다. 그리고 암컷은 세 번째 걷는 다리 쌍 사이에 방패 모양의 생식기가 있다. 교미하는 동안에는 수컷이 정자를 이 생식기 안에 뿌려놓는데 정자는 암컷이 알을 낳아 수정에 이용할 때까지 몇 달 동안이라도 여기에 보관된다.

진주는 어떻게 만들어지나?

진주는 바다에 사는 굴이나 민물에 사는 대합에서 만들어진다. 이들 연체동물의 몸 안에는 외투막을 이루는 커튼과 같은 조직이 있다. 외투막의 옆에 있는 표피 세포는 진주의 원료물질인 진주질을 분비한다. 진주는 모래나 기생충과 같이 외부에서 들어온 물체에 대한 조개의 반응으로 조개껍데기 속에서 만들어진다. 조개는 외부에서 들어온 물체 주위에 얇은 층을 만들어 외부 물질을 중화시키는데 이런 과정을 통해 진주가 만들어진다. 얇은 층은 탄산칼슘층과 아르고나이트층, 그리고 콘키올린층이 교대로 형성되어 만들어진다. 조개 안에 의도적으로 이물질을 주입하여 만들어낸 진주를 인조진주라고 한다.

산호초는 어떻게 만들어지는가?

산호초는 따뜻하고 얕은 바다에서만 자란다. 죽은 산호의 골격을 이루고 있던 탄산칼슘으로 이루어진 산호초는 작은 물고기들이 붙어서 살아가는 보금자리가 된다. 탄산칼슘의 축적은 수면의 상승과 함께 길이가 수백 미터나 되는 암초를 만든다. 산호를 만드는 원통형의 폴립 아래쪽은 단단한 암초에 고정되어 있고, 위쪽은 물속에 노출되어 있다. 하나의 군체는 수천 개의 개체로 구성되어 있다. 산호는 골격 형태에 따라 단단한 것과 연한 것의 두 종류로 나눌 수 있다. 단단한 산호의 폴립은 자신 주변에 탄산칼슘으로 된 단단한 골격을 축적한다. 따라서 대부분의 잠수부들은 산호의 골격만 볼 수 있다. 동물들은 낮 시간 동안에는 컵 모양의 구조물 속에 들어가 숨어 있다.

산호의 색깔을 만들어내는 것은 무엇인가?

산호는 주산텔라와 공생관계에 있다. 광합성을 하는 단세포 동물인 주산텔라는 분홍, 자주 또는 초록색과 같은 산호의 독특한 색깔을 만들어낸다. 주산텔라가 없는 산호는 흰색이다.

자이언트 튜브 벌레는 무엇인가?

이 벌레는 1977년 잠수정 앨빈호가 갈라파고스 섬에서 322km 떨어진 태평양의 수심 2.4km 되는 곳에 있는 갈라파고스 리지를 탐색하다가 발견했다. 스미스소니언 자연사 박물관의 벌레 전문가인 존스^{Meredith Jones}의 이름을 따서 리프티아 파칩틸라 존스라고 명명된 이 벌레는 해저 온수 토출구 주변에서 발견되었다. 길이는 1.5m까지 자라고 입과 내장이 없으며 20만여 개의 촉수로 이루어진 깃털 같은 돌기가 나 있다. 그리고 벌레 안에 사는 공생관계인 기생충으로부터 에너지를 얻어서 자란다. 튜브 벌레는 물에서 흡수한 산소와 이산화탄소, 황화수소를 기생하는 균들에게 제공한다. 균들은 이것을 원료로 튜브 벌레가 살아가는 데 필요한 탄수화물과 단백질을 합성한다.

이것은 앨빈의 역사적 항해 중에 발견한 것 중 하나일 뿐이다. 과학자들은 빛이 전혀 들어오지 못하는 해저는 사막과 다름없을 것으로 생각했다. 대부분의 생명체는 먹이사슬 가장 아래쪽의 광합성을 하는 녹색식물에서 영양분을 얻는다. 그러나 이 깊이에 살고 있는 자이언트 튜브 벌레와 토출구 게와 같은 연체동물은 화학합성을 통해 영양분을 만들어내는 균들에 의존해서 살아간다. 이런 균들은 토출구에서 나오는 물질이 산화될 때 발생하는 에너지나 공생관계를 이용하여 살아간다.

인어의 지갑은 무엇인가?

인어의 지갑은 곱상어 또는 홍어, 가오리와 같은 물고기들이 알을 낳아 주머니에 넣어 주변에 흩어놓은 것을 말한다. 사각형의 주머니는 가죽 지갑과 비슷하며 각 귀퉁이에는 긴 덩굴손 모양의 돌기가 나와 있다. 이 덩굴이 주머니를 바위나 해초에 부착하고, 알이 부화될 때까지 6개월에서 9개월 동안 알을 보호한다. 가끔 해변에서는 파도에 밀려온 빈 주머니를 발견할 수 있다.

전기뱀장어는 얼마나 많은 전기를 발생시키나?

전기뱀장어는 등뼈 주위에 전기를 일으키는 기관을 가지고 있다. 전기 뱀장어는 2,000분의 1초 내지 3,000분의 1초 동안 지속되는 전기 쇼크를 8회 정도 반복하여 적에게 충격을 가한다. 이때 발생하는 전기의 전압은 보통 350V이지만 최대 550V에 이르기도 한다. 또한 방어를 위해 아무런 자극이 가해지지 않아도 한 시간에 150회 정도 전기를 일으킨다. 브라질, 콜롬비아, 베네수엘라, 페루의 강에서 발견되는 가장 강력한 전기뱀장어는 400V에서 650V의 전기를 일으킬 수 있다.

돌고래는 어떻게 잘까?

돌고래는 뇌의 기능 중 반을 정지하고 물에 조용히 떠서 잠을 잔다.

연어는 어떻게 자기가 태어난 산란 장소로 가는 길을 찾을까?

과학자들은 연어가 바다에서 여러 해를 살면서 수천 킬로미터를 여행한 후에 자기가 태어났던 강으로 돌아오는 길을 어떻게 기억하는지 정확히 밝혀내지 못했다. 그러나 그들은 연어도 비둘기와 마찬가지로 천체의 움직임이나 물리적 신호에 의해 독립적으로 작동하는 방향 탐지 기능을 내부에 가지고 있을 것으로 믿고 있다. 일부 과학자들은 연어가 지구 자기장 안에서 헤엄칠 때 발생하는 작은 전류를 이용하여 방향을 알아낸 다고 주장한다. 또 다른 사람들은 연어가 여행하는 동안 경험하는 염분 농도나 특정한 냄새를 기억했다가 이를 이용해 귀환하는 것이라고 주장하기도 했다.

갑각류에서는 무엇이 주된 강인가?

과학자들은 연체동물을 복족류, 쌍각류, 이가 있는 조개류, 딱지조개류, 두족류의 5 개의 강으로 나눈다. 여섯 번째 강인 모노플라코포라는 한때 멸종된 것으로 생각했지 만 깊은 바다 밑에서 다시 발견되었다. 하지만 이것은 매우 희귀하다.

대부분의 조개는 복족류와 쌍각류에 속한다. 모든 연체동물의 4분의 3인 60,000종 은 꼬여 있는 한 개의 껍질을 가지고 있는 복족류에 속한다. 한편 삿갓조개, 뼈고동, 별 보배조개, 쇠고동 등은 대표적인 쌍각류이다. 껍질이 두 개로 이루어져 있고, 한쪽에 연결 부분이 있는 쌍각류에는 11,000종이 있는데 대합, 굴, 새조개, 홍합 등이 여기에 속한다.

나머지 세 개의 강에는 앞의 두 종류보다 훨씬 적은 수의 종이 속한다. 과학자들은 이가 있는 조개에 해당하는 500종을 찾아냈다. 이 조개들은 점차 가늘어지는 깊은 관 모양이고, 약간 휘어져 있어 긴 바늘이나 코끼리 상아와 비슷하다. 일부 수집가들은 이 것을 상아조개라고도 부른다. 키톤에는 600여 종의 조개들이 속해 있는데 이들은 여 덟 개의 움직일 수 있는 판이 둥근 가죽끈과 같은 것으로 고정되어 있다. 이 조개들은 갑옷과 비슷한 모양을 하고 있다.

650종의 두족류는 다른 연체동물과는 많이 다르다. 일부는 자신들의 연한 몸을 감싸 는 껍질을 가지고 있다. 예를 들면 앵무조개는 얇은 벽으로 분리되어 점점 넓어지는 여 러 개의 방에 산다. 그러나 오징어와 같은 다른 두족류는 껍질이 자신의 몸을 지탱하기 위해 몸 안쪽에 있다. 또 다른 두족류인 문어는 아예 껍질이 없다.

얼마나 많은 종류의 상어가 있고 얼마나 위험한가?

UN의 식량농업기구가 만든 목록에는 길이가 15cm부터 15m에 이르기까지 총 354종의 상어가 있다. 이 중 35종의 상어가 적어도 한 번 사람을 공격한 기록이 남아 있으며 정기적으로 사람을 공격한 종은 12종 정도이다. 비교적 희귀한 종인 백상어는 가장 큰 포식자이다. 가장 큰 백상어의 길이는 6.2m였으며 무게는 2,270kg이었다.

해변에서 얼마나 멀리 떨어진 곳에서 상어의 공격이 있었나?

570가지 사례의 상어 공격을 연구해보면 대부분이 해변 가까운 곳에서 일어났다는 것을 알 수 있다. 그러나 사람들이 주로 해변 가까이 활동한다는 것을 감안하면 이 자료는 이상할 것이 없다.

해변에서의 거리(m)	상어 공격 비율(%)	이 거리에서 수영하는 사람 비율 (%)
15	31	39
30	11	15
60	9	12
90	8	11
120	2	2
150	3	5
300	6	9
1,600	8	6
1,600 이상	22	1

파충류와 양서류

파충류와 양서류의 차이는 무엇인가?

파충류는 비늘로 덮여 있으며 발가락에는 발톱이 있다. 한편 양서류는 분비물을 방출하는 습기가 있는 피부를 가지고 있고 발톱이 없다. 파충류의 알은 마른 땅에서도 습기가 달아나는 것을 방지하기 위해 단단한 담황록색의 껍질로 둘러싸여 있다. 그러나 양서류의 알은 껍질이 없으며 항상 물속이나 습지에 알을 낳는다. 어린 파충류는 어미와 색깔이나 모양이 똑같지는 않아도 크기만 작을 뿐 외모가 거의 비슷하다. 반면 양서류의 새끼는 탈바꿈을 하기 전에 주로 물속에 사는 유충의 단계를 거친다. 파충류에는 악어, 거북이, 뱀이 속해 있으며, 양서류에는 개구리와 두꺼비, 도롱뇽이 속해 있다.

땅에서 가장 빠른 뱀은 무엇인가?

강한 독을 가지고 있으며 4m까지 자라는 아프리카 뱀인 검은 맘바는 11km/h의 속도로 이동할 수 있다. 매우 공격적인 이 뱀은 머리를 들고 빠른 속도로 동물을 추격한다.

악어는 땅에서 얼마나 빨리 달릴 수 있을까?

작은 악어 중에는 빠른 걸음으로 달리는 대신 펄쩍펄쩍 뛸 수 있는 것이 있는데 그 최고 속도는 17km/h 정도이다.

새끼 악어의 성별은 어떻게 결정되는가?

악어의 성별은 알이 부화할 때의 온도에 의해 결정된다. 32℃에서 34℃ 사이의 높은 온도에서는 수컷이 되고, 28℃에서 30℃ 사이의 낮은 온도에서는 암컷이 된다. 성별은 알이 부화하는 2개월 중 2주에서 3주째에 결정된다. 그 이전이나 이후의 온도 변화는 새끼의 성별을 바꾸지 못한다. 악어의 보금자리 주변에서 물질이 썩으면서 내는 열이 알을 부화한다.

수리남의 두꺼비는 새끼를 어떻게 양육하는가?

대부분의 두꺼비나 개구리와는 달리 암컷 수리남 두꺼비는 알을 등의 살갗 속에 있는 주머니에 넣고 다닌다. 따라서 알들은 암컷의 피부 속에 있는 주머니 안에서 발육한다. 올챙이의 꼬리는 포유류의 태반처럼 어미의 기관과 연결되어 있어 양분과 공기를 받아들인다. 올챙이는 빠르게 발육하여 주머니에 있는 동안에 탈바꿈을 마친다. 탈바꿈이 끝나 어미와 같은 모양이 되면 주머니를 째고 나와 독립적인 생활을 시작한다.

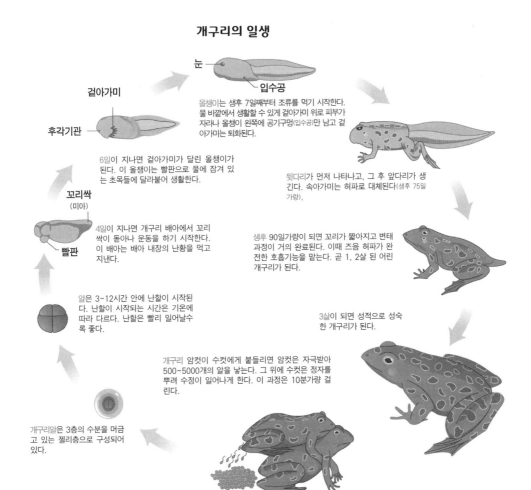

개구리의 일생

눈
입수공

올챙이는 생후 7일째부터 조류를 먹기 시작한다. 물 바깥에서 생활할 수 있게 겉아가미 위로 피부가 자라나 올챙이 왼쪽에 공기구멍(입수공)만 남고 겉아가미는 퇴화된다.

겉아가미
후각기관

6일이 지나면 겉아가미가 달린 올챙이가 된다. 이 올챙이는 빨판으로 물에 잠겨 있는 초목들에 달라붙어 생활한다.

뒷다리가 먼저 나타나고, 그 후 앞다리가 생긴다. 속아가미는 허파로 대체된다(생후 75일 가량).

꼬리싹
(미아)

4일이 지나면 개구리 배아에서 꼬리싹이 돋아나 운동을 하기 시작한다. 이 배아는 배아 내장의 난황을 먹고 지낸다.

빨판

생후 90일가량이 되면 꼬리가 짧아지고 변태 과정이 거의 완료된다. 이때 즈음 허파가 완전한 호흡기능을 맡는다. 곧 1, 2살 된 어린 개구리가 된다.

알은 3~12시간 안에 난할이 시작된다. 난할이 시작되는 시간은 기온에 따라 다르다. 난할은 빨리 일어날수록 좋다.

3살이 되면 성적으로 성숙한 개구리가 된다.

개구리 암컷이 수컷에게 붙들리면 암컷은 자극받아 500~5000개의 알을 낳는다. 그 위에 수컷은 정자를 뿌려 수정이 일어나게 한다. 이 과정은 10분가량 걸린다.

개구리알은 3층의 수분을 머금고 있는 젤리층으로 구성되어 있다.

거북이의 위아래 껍질을 각각 무엇이라고 부르는가?

거북이는 껍질을 보호 장구로 사용한다. 위 껍질은 등딱지라고 부르고 아래 껍질은 복갑이라고 부른다. 등딱지와 복갑은 옆쪽에서 연결되어 있다.

새

새의 청각은 얼마나 예민한가?

대부분의 새들은 시각 다음으로 예민한 청각을 가지고 있다. 새들의 귀는 몸 가까이에 붙어 있고 깃털로 덮여 있다. 그러나 깃털에는 소리를 방해할 작은 깃가지가 없다. 수리부엉이와 같은 야행성 맹금류는 어둠 속에서 먹잇감을 잡기 위해 특히 청각이 발달되어 있다.

새들은 고유한 멜로디의 노래를 어떻게 배우나?

특정한 멜로디의 노래를 할 수 있는 능력은 유전과 경험 모두의 영향을 받는다. 과학자들은 자신이 속한 종의 노래를 인식하는 능력과 함께 그 노래를 연습하는 경향이 유전인자 안에 포함되어 있다고 생각한다. 새들은 아기들이 옹알이를 하는 것과 같은 연습 단계를 거쳐 완전한 음정으로 노래하게 된다. 정확하게 흉내 내기 위해서 새들은 새끼였을 때 어미 새로부터 노래를 들어야 한다.

어떤 새가 가장 큰 알을 낳고 어떤 새가 가장 작은 알을 낳는가?

마다가스카르에 살았지만 지금은 멸종된 코끼리새가 가장 큰 알을 낳는다. 코끼리새가 낳은 알 중에는 길이가 34cm, 지름이 24cm나 되는 것도 있다. 살아 있는 새가 낳은 알 중에서 가장 큰 것은 북아프리카 타조가 낳은 알로 평균 크기는 길이가 15cm에서 20cm 정도이며 지름은 5cm에서 15cm이다. 또한 성숙된 알 중 가장 작은 것은 자메이카의 버베인 벌새가 낳은 알로 길이가 1cm도 안 된다.

일반적으로 큰 새는 큰 알을 낳는다. 그러나 새의 크기와 비교하면 타조의 알이 가장 작고, 뉴질랜드에 사는 키위새의 알이 가장 크다. 키위새가 낳는 알의 무게는 몸무게의 4분의 1인 0.5kg이나 된다.

철새는 왜 이동할까?

철새가 이동하는 행동은 유전된다. 그러나 철새는 생리적 혹은 환경적인 자극이 없으면 이동하지 않는다. 늦여름에 태양 빛의 양이 줄어드는 것은 철새의 뇌하수체와 부신에서의 프로락틴과 코르티코스테론이라는 호르몬의 분비를 자극한다. 호르몬은 피부 아래 많은 양의 지방을 축적하도록 하여 이동하는 동안 긴 비행에 필요한 에너지를 제공하게 한다. 이 호르몬이 이동하기 전에 새들을 불안하게 만든다. 그러나 정확한 출

무리를 지어 날아가는 철새는 공기역학을 이용해 효율적인 비행을 한다.

발 시간은 태양 빛이 줄어드는 것뿐만이 아니라 먹이의 양, 온도와 같은 다른 조건에도 영향을 받는다.

북아메리카의 철새가 가장 많이 겨울을 나는 장소는 미국 남부와 중앙아메리카이다. 철새 오리는 대서양 비행경로, 미시시피 비행경로, 중앙 비행경로, 태평양 비행경로의 네 개 비행경로를 따라 남쪽으로 이동한다. 일부 조류 전문가들은 철새들이 북쪽으로 다시 돌아오는 이유를 다음과 같이 설명하고 있다.

(1) 새끼에게 먹일 곤충이 많다. (2) 위도가 높아질수록 여름에 새끼를 양육하는 데 필요한 낮이 길다. (3) 북쪽에서는 먹이와 둥지를 틀 장소에 대한 경쟁이 적다. (4) 북쪽에서는 천적이 되는 포유류의 수가 적다. 이것은 알을 품는 기간에 특히 중요하다. (5) 새들이 남쪽으로 가는 것은 추운 날씨를 피하기 위해서이다. 따라서 날씨가 회복되면 다시 돌아온다.

가장 멀리까지 이동하는 철새는?

북극의 제비갈매기는 새들 중에서 가장 멀리까지 이동한다. 이 새는 북아메리카나 유라시아 대륙에서 가장 북쪽에 있는 북극해에 접한 육지에서 알을 낳아 새끼를 키운다. 북반구의 여름이 끝날 때가 되면 북극 제비갈매기는 북극을 떠나 남극에 있는 집을 향해 17,699km를 날아간다. 러시아 해안에서 7월에 꼬리표를 붙인 제비갈매기를 22,526km 떨어진 오스트레일리아의 프리맨틀 부근에서 다음 해 5월에 발견했다.

새들은 모두 날 수 있을까?

아니다. 날지 못하는 새 중에는 펭귄과 타조류가 가장 잘 알려져 있다. 타조류에는 에뮤, 키위, 타조, 레아, 화식조가 포함된다. 타조류에 속하는 새들은 나는 데 필요한 갈비뼈 위의 용골이 없다. 이 새들은 모두 날개를 가지고 있지만 수백만 년 전에 나는 능력을 잃었다. 바다쇠오리를 비롯한 태평양의 외딴섬에 살고 있는 많은 새들은 천적이 없어 날개를 오랫동안 사용하지 않아 차츰 나는 능력을 상실했다.

가장 큰 날개를 가진 새는 무엇인가?

신천옹이라고도 불리는 앨버트로스과에 속하는 유랑 앨버트로스, 황제 앨버트로스, 암스테르담 아일랜드 앨버트로스의 세 종류가 가장 큰 날개를 가지고 있다. 이들의 날개를 펴면 폭이 2.5m에서 3.3m나 된다.

왜 기러기는 V자 형태로 무리를 지어 날아갈까?

유체 역학을 전공하는 과학자들은 기러기나 백조와 같이 먼 거리를 이동하는 철새는 긴 비행 동안의 에너지 소모를 줄이기 위해 V자 형태로 무리를 지어 날아간다고 설명한다. 이론적 계산에 의하면 V자 형태로 날면 혼자 날아가는 것보다 10%의 에너지를 줄일 수 있다. 또한 날아가는 것을 방해하는 유체의 마찰을 줄일 수 있다. 이 효과는 기류를 이용하면 적은 에너지로도 날아오를 수 있는 것과 비슷하다. 새가 날아갈 때는 뒤쪽에 작은 공기의 소용돌이를 만든다. 그러므로 다른 새가 바로 뒤쪽에서 날아가면 이 소용돌이의 영향을 받는다. V자 형태로 날아가는 캐나다 기러기는 앞에 가는 기러기의 바로 뒤에 날아가는 것이 아니라 옆이나 조금 위쪽에서 날아간다.

벌새는 얼마나 빨리 날 수 있으며 얼마나 멀리 이동하나?

벌새는 80km/h의 속력으로 날 수 있다. 작은 종은 1초에 50번에서 80번이나 날갯짓을 하며 구애 기간에는 이 속도가 더 빨라진다. 아래 표는 다른 새들과의 빠르기를 비교한 것이다.

현재까지 알려진 것 중 벌새가 이동한 가장 먼 거리는 적갈색 벌새가 애리조나의 램지 캐니언으로부터 2,277km 떨어져 있는 워싱턴 주의 세인트헬렌스 산 부근까지 이동한 것이었다. 이

새	속력(km/h)
페레그린 독수리	270.3~349.1
칼새	169.9
비오리	104.6
황금 물떼새	80.5~112.6
청둥오리	65.3
유랑 앨버트로스	54.1
검은 새매	50.4
참새	28.8~50.4
멧도요	8

새가 일 년에 걸쳐 대평원의 높은 경로를 따라 17,000km에서 18,000km까지 이동한다는 것을 증명하기 위한 연구가 진행 중이다. 그러나 새들에게 태그를 붙여서 새들의 이동을 연구하는 것은 그 새들을 다시 발견하는 것이 어려워 느리게 진행되고 있다.

9월 이후에는 벌새에게 먹이를 주지 않아야 한다?

이 문제에 대해서는 여러 가지 의견이 있다. 일부 전문가들은 벌새들이 지나치게 먹이를 주는 사람에게 의지할 수 있고, 먹이의 공급이 줄어드는 것을 경험하지 않아 이동하지 않을 수도 있기 때문에 먹이를 주지 말아야 한다고 주장한다. 그러나 먹이를 주는 행동이 벌새가 특정한 지역을 떠나 이동을 시작하는 시점에 전혀 혹은 거의 영향을 주지 않는다고 말하는 이들도 있다. 이들은 먹이의 공급량 변화가 철새의 이동을 시작하도록 하는 요소가 아니라 태양 빛의 감소가 필요한 생화학적 메시지를 활성화한다고 주장한다. 또 다른 사람들은 곤충이나 열매와 같은 먹이의 감소가 남쪽으로 이동하는 주요 원인이라고 주장한다. 그러나 이 문제에 대해 더 많은 연구가 있기 전까지 전문가들은 일반적으로 철새가 이동하는 계절에는 먹이를 주는 것을 삼가도록 권장하고 있다. 철새들이 이동을 늦추어 갑작스런 추위에 희생되지 않도록 하기 위해서이다.

루비 목 벌새는 유일하게 북아메리카 동부 지역이 원산지이다.

벌새의 날개는 얼마나 빨리 움직이는가?

벌새는 오랫동안 공중에 떠서 머무를 수 있는 유일한 새이다. 벌새가 꽃 속으로 긴 부리를 밀어 넣고 꿀을 먹기 위해서는 공중에 떠 있을 수 있어야 한다. 벌새의 얇은 날개는 다른 새들처럼 양력에 의해 위로 뜰 수 있도록 둥글게 되어 있지 않다. 주걱 모양으로 생긴 날개는 어깨와 연결된 손이라고 할 수 있다. 벌새는 날개의 끝이 8자 모양의 그림을 따라가는 것처럼 날갯짓을 한다. 날개는 앞으로 나가면서 아래로 움직여 8자의 앞쪽을 따라가면서 위로 향하는 힘을 만들어 낸다. 날개가 위로 올라오면서 돌아가면 방향이 180도 바뀌어 아래 방향으로 향하는 힘이 생긴다. 벌새가 날아가는 방법에는 중요한 조건이 하나 있다. 날개가 작을수록 더 빠르게 날개를 움직여야 한다는 것이다.

보통 크기의 벌새는 1초에 25번 날갯짓을 한다. 반면에 쿠바가 원산지이고 길이가 5cm밖에 안 되는 벌새는 놀랍게도 1초에 200번 날갯짓을 한다.

황제펭귄이 알을 부화하는 독특한 방법은 무엇인가?

암컷 황제펭귄은 커다란 알을 낳는다. 처음에는 암컷과 수컷이 번갈아 가며 발 위에 알을 얹어놓고 피부로 덮어 알을 부화한다. 며칠 동안 암컷과 수컷이 알을 번갈아 보호한 다음에는 암컷이 먹이를 구하기 위해 바다로 나간다. 알을 발 위에 얹어놓은 수컷들은 보온을 위해 한곳에 모여 눈보라가 치는 추운 날씨를 견뎌낸다. 만약 알이 부주의로 주인을 잃으면 알이 없는 수컷 펭귄이 재빨리 보호한다. 암컷이 떠나고 두 달이 지난 후에 새끼가 부화된다. 수컷은 암컷이 돌아올 때까지 우유와 같은 것을 토해 새끼를 먹인다. 그런데 암컷은 원래의 짝에게로 돌아가지 않는다. 그 대신 여러 수컷을 기웃거리다가 자신에게 새끼를 내어주는 수컷에게 간다. 지방층이 두터워진 암컷은 모이주머니에 보관한 물고기를 새끼에게 먹인다. 그리고 수컷은 바다로 나가 암컷 없이 새끼를 돌보는 동안 소모한 지방층을 보충한다.

펭귄의 천적은 무엇인가?

바다표범이 펭귄의 가장 큰 천적이다. 그리고 바다에서 수영하는 동안에는 범고래에게 먹힐 수도 있다. 한편 어미에게 제대로 보호받지 못하는 알이나 새끼는 도둑갈매기의 먹이가 되기도 한다.

카나리 섬과 밀접한 관계가 있는 동물은 무엇인가?

고대의 탐험가들은 이 섬에 사는 크고 사나운 개 때문에 카나리 섬을 개를 뜻하는 라틴어 캐니스^{canis}에서 따서 카나리아라고 불렀다. 이 섬이 원산지인 새도 이에 따라 카나리아라고 부르게 되었다.

비둘기는 어떻게 집을 찾아올까?

과학자들은 비둘기가 집을 찾아오는 방법을 두 가지로 설명하지만 어느 것도 확실하게 증명된 것은 아니다. 첫 번째 가설은 냄새 지도 이론이다. 이 이론에 의하면 비둘기는 집에서 멀어질 때 맡는 냄새를 기억했다가 그 냄새를 따라 집으로 돌아온다는 것이다. 예를 들면 동쪽에서 불어오는 바람에 실린 특정한 냄새를 기억했다가 집으로 돌아올 때는 이 냄새가 가리키는 방향을 따라오게 된다. 두 번째 가설은 비둘기가 지구의 자기장을 이용하여 집의 위도와 경도를 기억한다는 것이다. 어쩌면 앞으로의 연구에 의해 두 가지 가설 모두가 비둘기의 집을 찾아오는 능력을 설명하는 데 부족하다는 것이 증명되고, 두 가지를 합성한 이론이 등장할지도 모른다.

검은 코뿔소의 등을 쪼는 새의 이름은 무엇인가?

찌르레기의 일종인 이 새의 이름은 옥스페커이다. 아프리카에서만 발견되는 노란 부리 옥스페커는 아프리카 서부와 중부에 널리 퍼져 있으며, 붉은 부리 옥스페커는 동부 아프리카의 홍해에서 나탈까지 분포해 있다. 길이가 17cm에서 20cm인 짙은 갈색의 옥스페커는 검은 코뿔소 등에 사는 20여 종의 진드기를 먹고 산다. 이 새는 대부분의 시간을 코뿔소나 얼룩말, 기린, 영양, 버펄로와 같은 동물 위에서 지낸다. 때로는 동물 위에 보금자리를 만들기도 한다.

옥스페커와 코뿔소의 관계는 일종의 공생관계이다. 코뿔소는 진드기를 없애고, 새는 먹이를 얻음으로써 양쪽 모두가 이익을 본다. 더구나 훨씬 더 좋은 시력을 가지고 있는 옥스페커는 근시인 코뿔소보다 위험을 먼저 알아차리고 갑자기 날아오르거나 날카로운 소리로 울어서 코뿔소에게 위험을 알린다.

왜 딱따구리는 두통이 없을까?

딱따구리의 두개골은 부리로 나무를 쫄 때 받는 압력에 견딜 수 있도록 매우 단단하다. 그리고 강한 목의 근육이 머리를 지탱하고 있는 것도 도움이 된다.

야생 조류는 사람이 만진 새끼를 밀어내는가?

많은 사람들이 믿고 있는 것과는 달리 야생 조류는 사람이 만진 새끼를 밀어내지 않는다. 땅에 떨어졌거나 둥지에서 밀려난 새끼를 보았을 때는 가능하면 빨리 새끼를 조심스럽게 제자리에 돌려놓는 것이 좋다.

어미를 잃은 야생 조류는 무엇을 먹을까?

어미를 잃은 야생 조류는 여러 주일 동안 낮에는 20분마다 모이를 먹여야 한다. 이때 먹이는 목구멍 깊숙이 넣어주어야 한다. 딱새나 개똥지빠귀같이 부리가 연한 새들은 잘게 간 당근, 익힌 달걀 부순 것, 치즈, 과일, 과자와 같은 것을 먹인다. 참새나 핀치와 같이 부리가 단단한 새들에게도 같은 먹이를 주지만 어느 정도 큰 다음에는 조, 기장, 해바라기 씨와 같은 것도 함께 먹여야 한다. 어린이가 먹는 시리얼이나 잘 익은 달걀노른자에 우유를 조금 섞어주어도 된다.

어떤 종류의 새가 사람이 만든 새집에 둥지를 틀까?

일반적으로 사람이 만든 새집에 둥지를 트는 새들은 굴을 파서 둥지를 틀거나, 나무

등걸의 저절로 파인 구멍이나 다른 새가 파놓은 구멍을 이용하여 둥지를 트는 새들이다. 새집을 만들 때는 새의 종류에 따라 다른 크기의 새집을 준비해야 한다. 특히 새집의 출입구 크기가 중요하다. 사람이 만든 새집에 둥지를 트는 새에는 파랑새, 박새, 핀치, 딱새, 제비, 동고비, 참새, 찌르레기, 딱따구리, 굴뚝새와 같은 것들이 있다. 일부 오리나 부엉이와 같이 큰 새들도 사람이 만든 새집에 둥지를 튼다.

파랑새가 특정한 장소에 둥지를 틀도록 하는 방법은 무엇인가?

근처에 귤나무, 인동덩굴, 능금나무와 같은 나무나 덩굴이 있고, 낮은 나무나 풀이 드문드문한 곳에 둥지를 틀 수 있는 상자와 횃대를 마련해주면 파랑새가 날아든다. 파랑새는 낮은 초목이 있는 탁 트인 장소를 좋아한다. 공원, 골프장, 잔디밭이 파랑새가 좋아하는 서식지이다. 지난 40년 동안 미국 동부의 파랑새 수는 90%나 줄어들었다. 파랑새의 수가 줄어드는 것은 농촌이 사라지고, 농약의 사용이 늘어나며, 참새나 유럽 찌르레기와 같은 경쟁자들의 증가에 따른 것이다. 인공적인 둥지 상자는 천적으로부터 안전한 곳에 설치하기 때문에 자연적인 것보다 더 안전한 보금자리가 된다. 둥지 상자의 입구는 지름을 4cm 이하로 해야 찌르레기가 들어오는 것을 막을 수 있다. 그리고 지지대에는 너구리를 막을 수 있는 장치를 해야 한다. 둥지의 높이는 지상 1m에서 2m에 설치해야 천적을 막을 수 있다. 둥지 상자 사이의 거리는 30m 정도는 돼야 한다. 둥지 상자에서 15m 이내에 나무가 있어야 파랑새가 앉을 수 있다. 상자 바닥의 넓이는 10cm×10cm 정도는 돼야 하고 벽의 높이는 20cm에서 30cm는 돼야 한다. 출입구는 둥지 바닥에서부터 15cm에서 25cm 높이에 설치해야 한다.

포유류

임신 기간이 가장 짧은 포유류와 가장 긴 포유류는 무엇인가?

임신 기간은 수정이 끝난 후부터 새끼를 낳을 때까지의 기간을 말한다. 가장 짧은 임신 기간은 12일에서 13일로 세 종류의 유대류가 이 방면에서 공동 우승이다. 매우 희귀한 물주머니쥐인 미국 물주머니쥐(또는 버지니아 물주머니쥐), 중미 또는 남아메리카의 북부에 사는 야폭, 오스트레일리아의 동부 토종 고양이가 그들이다.

이 유대류의 새끼들은 미숙한 상태에서 태어나 어미 배에 있는 주머니에서 자란다. 이들 동물의 임신 기간은 12일에서 13일이 보통이지만 짧을 때는 8일이 되기도 한다. 임신 기간이 가장 긴 동물은 아프리카코끼리로 평균 660일이며 길 때는 760일까지 되기도 한다.

날아다니는 포유류도 있는가?

날다람쥐나 여우원숭이와 같이 활공하는 포유류를 날아다닌다고 표현하기도 하지만 날아다니는 유일한 포유류는 박쥐(익수목에 속한 986종)이다. 박쥐의 날개는 몸에서부터 뒷다리나 꼬리까지 연결된 이중의 피부막으로 이루어져 있다. 날개의 막은 앞다리에서 나온 긴 손가락으로 지지된다. 박쥐는 야행성이며 몸길이는 25mm에서 40cm로 크기가 다양하고 동굴 속에 주로 산다. 박쥐는 북반구와 남반구에 모두 살며 주로 온화한 지역이나 열대 지방에 산다. 대부분의 박쥐는 곤충과 과일을 먹고 살지만 열대 지방에 사는 일부 박쥐는 꽃가루나 꿀 또는 꽃 안에 살고 있는 곤충을 먹고 산다. 중간 크기의 박쥐는 새, 도마뱀, 개구리 같은 작은 동물을 잡아먹으며, 일부는 물고기를 잡아먹기도 한다. 그러나 뱀파이어 박쥐(3종)는 동물의 피부를 찢고 피를 빨아 먹는다. 이 박쥐로 인해 동물들이 공수병에 걸리기도 한다.

대부분의 박쥐는 시력이 아니라 음파탐지기를 이용하여 단단한 물체를 구별한다. 박쥐는 날아가는 동안에 입이나 코로 음파를 내보낸다. 사람이 들을 수 없는 초음파인 이 음파가 물체에 반사되어 돌아온다. 이 방법으로 박쥐는 어두운 동굴 속에서 단단한 물체를 피하고, 먹이가 되는 곤충의 위치를 파악할 수 있다. 박쥐는 모든 동물 중에서 청각이 가장 예민하여 주파수가 120Hz~210kHz인 소리까지 들을 수 있다. 반면 사람이 들을 수 있는 가장 높은 음의 주파수는 20kHz이다.

점프할 수 없는 포유류는 무엇인가?

엄청난 몸무게를 감안한다면 코뿔소나 코끼리가 점프할 수 없다는 것은 놀라운 사실이 아니다. 점프할 수 없는 세 번째 포유류는 가지뿔 영양이다. 점프할 수 없다는 것은 가지뿔 영양이 살아가는 데 매우 불리하다. 울타리들이 가로막고 있는 북아메리카에서 이들은 먹이나 짝을 찾는 데 많은 어려움을 겪는다.

포유류는 얼마나 오래 숨을 참을 수 있나?

포유류	숨을 참는 시간(분)	포유류	숨을 참는 시간(분)
사람	1	물소	16
북극곰	1.5	비버	20
잠수부	2.5	참돌고래	6
해달	5	바다표범	15~28
오리너구리	10	그린란드 고래	60
사향쥐	12	향유고래	90
하마	15	청백돌고래	120

각 포유류의 맥박수는 얼마나 될까?

포유류	분당 맥박수
사람	1
오리너구리	10
사향쥐	12
하마	15

포유류	분당 맥박수
고양이	110~140
쥐	360
생쥐	498

박쥐는 어둠 속에서 어떻게 곤충을 잡나?

박쥐는 통신과 비행에 음파를 이용한다. 200Hz에서 30,000Hz 사이의 음파를 내보내는 박쥐는 독특한 코의 구조를 통해 원하는 방향으로 음파를 발사할 수 있다. 그리고 반사되어 돌아오는 음파를 감지하여 어느 정도 앞에서 날아가는 작은 곤충을 잡을 수 있다. 뿐만 아니라 고도로 민감한 귀와 빠르게 움직이는 능력이 결합되어 어두운 동굴 안을 충돌할 염려 없이 날아다닐 수 있다.

'박쥐 같은 장님'이라는 말은 사실인가?

박쥐와 같은 장님이라는 말은 사실이 아니다. 박쥐는 비행하거나 먹이를 구할 때 음파를 사용하기는 하지만 포유류가 가지고 있는 눈의 모든 구조를 가지고 있으며 실제로 본다.

배주머니를 가지고 있는 동물은 무엇인가?

유대류는 다른 포유류와는 다른 해부학적 구조와 생리학적 특징을 가지고 있다. 캥거루, 주머니쥐, 코알라, 웜뱃과 같은 대부분의 유대류 암컷은 새끼를 키우는 배주머니를 가지고 있다. 그러나 작은 유대류 중에는 주머니가 아니라 단순히 젖꼭지 부근의 살이 접힌 형태의 육아낭을 가지고 있는 것도 있다.

다른 비슷한 크기의 포유류에 비해 임신 기간이 짧은 유대류는 새끼를 미숙한 상태로 낳는다. 따라서 유대류를 원시 포유류 또는 다른 종류의 포유류로 분류하기도 한다. 그러나 유대류의 생식 방법은 태반으로 새끼를 키우는 것보다 유리한 면이 있다. 암컷 유대류는 짧은 임신 기간 동안에 상대적으로 적은 자원을 소비하고 새끼가 육아낭에 있는 동안에 더 많은 자원을 사용한다. 만약 암컷 유대류가 새끼를 잃는 경우 태반에서 새끼를 키우는 동물보다 빠른 기간 안에 새로 임신할 수 있다.

웜뱃은 얼마나 오래 살고 무엇을 먹는가?

오스트레일리아와 태즈메이니아가 원산지인 일반적인 웜뱃^{wombat}이나 거친 털 웜뱃은 5년에서 26년(동물원에서 26년)을 산다. 웜뱃은 대부분 풀, 뿌리, 버섯과 같은 것을 먹는다. 웜뱃의 겉모습은 곰과 같이 뚱뚱하며, 앞뒤 길이는 70cm에서 120cm 정도 되며 몸무게는 15kg에서 35kg 정도이다. 웜뱃의 거친 털 색깔은 노란색, 회색, 짙은 갈색 또는 검은색이다. 이 유대류는 이의 구조와 먹이를 먹는 방법이 설치류를 닮았다. 이들의 이는 뿌리가 없고 닳아 없어짐에 따라 계속 자란다. 수줍음을 많이 타는 웜뱃은 스스로 굴을 파서 산다.

독을 가지고 있는 민물 포유류는 무엇인가?

수컷 오리너구리는 뒷다리에 독을 내는 발톱을 가지고 있다. 위협을 받으면 오리너구리는 적의 피부 속으로 이 발톱을 찔러 넣는다. 이때 분비되는 독은 그다지 강하지 않아 사람에게는 별다른 해를 끼치지 않는다.

알을 낳은 다음 새끼에게 젖을 먹이는 포유류는 무엇인가?

오스트레일리아, 태즈메이니아, 뉴기니가 원산지인 오리너구리, 짧은 코바늘두더지, 긴 코바늘두더지가 알을 낳지만 새끼에게 젖을 먹이는 단 세 종류의 포유류이다. 이 포유류는 알을 낳아서 어미의 몸 밖에서 부화한다는 면에서 파충류와 비슷하다. 그뿐만 아니라 이들은 소화기관, 생식기관, 배설기관이 파충류의 기관들과 유사하고 눈의 구조, 특수한 머리뼈의 존재, 흉부근, 갈비뼈와 등뼈의 구조 같은 해부학적 구조도 파충류의 것과 비슷하다. 그러나 이들은 털이 나 있고 네 개의 방으로 된 심장을 가지고 있으며, 새끼를 젖으로 키우고 피가 따뜻하며 포유동물의 두개골 구조를 하고 있어 포유동물로 분류된다.

돌고래와 참돌고래의 차이점은 무엇인가?

돌고래와 참돌고래에는 40여 종이 포함된다. 돌고래와 참돌고래의 가장 큰 차이점은 주둥이와 이빨이다. 돌고래는 부리 모양의 주둥이와 원뿔 모양의 이빨을 가지고 있다. 그러나 참돌고래는 둥근 주둥이와 편평하고 삽과 같은 모양의 이빨을 가지고 있다.

해양 포유류는 얼마나 깊이 잠수할 수 있을까?

아래 표에는 바다에 사는 포유류가 잠수할 수 있는 깊이와 잠수 시간을 정리해 놓았다.

포유류	최고 잠수 깊이(m)	최대 잠수 시간(분)
웨델 바다표범	600	70
참돌고래	300	15
청백돌고래	450	120
긴수염고래	350	20
향유고래	2,000 이하	90

고래들의 몸무게와 길이는 얼마나 될까?

고래	평균 몸무게(kg)	최대 길이(m)	고래	평균 몸무게(kg)	최대 길이(m)
향유고래	31,752	18	수염고래	45,360	17
흰긴수염고래	76,204	30	정어리고래	15,422	15
긴수염고래	45,360	25	북극고래	45,360	18
혹등고래	29,937	15	밍크고래	9,072	9

플로리다에 살고 있는 바다표범 비슷한 동물은 무엇인가?

겨울에는 서인도 해우manatee가 플로리다 중부의 크리스탈 강이나 호모사 강의 상류 또는 남부 플로리다의 열대성 바다와 같이 날씨가 온화한 곳으로 옮겨온다. 기온이 10℃ 이상 올라가면 이들은 걸프만과 대서양의 해안을 따라 버지니아까지 올라간다. 이들은 남아메리카의 기아나까지도 가는 것으로 보고되었다.

큰 수중 초식 동물인 매너티는 해녀 전설에 영감을 준 것으로 알려져 있다. 1893년에 플로리다의 매너티 수가 수천 마리로 줄어들자 플로리다 주에서는 매너티 사냥과 거래 금지법을 제정했다. 그럼에도 여전히 인간의 침입으로 많은 동물들이 다치거나 죽임을 당하고 있다. 매년 죽는 125~130마리의 매너티 중 수문이나 댐에 의해 갇히거나 배나 보트와의 충돌 등으로 희생되는 매너티의 수가 30%를 차지한다.

네 개의 뿔을 가진 유일한 동물은 무엇인가?

네 개의 뿔을 가진 영양은 인도 중부가 원산지이다. 수컷은 길이가 10cm 정도인 짧은 두 개의 뿔을 귀 사이에 가지고 있으며, 이보다 더 짧은 길이가 2.5cm에서 5cm 정도인 뿔 두 개를 눈 위쪽에 더 가지고 있다. 모든 수컷이 네 개의 뿔을 가진 것은 아니며, 작은 뿔은 시간이 지나면 떨어져 나간다. 그리고 암컷은 뿔을 전혀 가지고 있지 않다.

프르제발스키의 말은 무엇인가?

몽골과 중국 북동지역이 원산지인 이 말은 마지막 남은 진정한 야생종 말이다. 1870년에 그 존재를 처음으로 서방에 알린 러시아의 프르제발스키 Nikolai Przhevalsky, 1839~1888 대령의 이름을 따서 명명된 이 말은 짧은 다리를 가진 땅딸막한 말로 몸은 암갈색이며, 주둥이 부분은 흰색이고, 다리와 갈기 그리고 꼬리는 검은색이다. 이 말의 짧은 갈기는 뻣뻣하게 서 있다. 다른 말들이 64개의 염색체를 가지고 있는 것과는 달리 이 말은 66개의 염색체를 가지고 있다. 프르제발스키 말은 1968년경에 야생에서 멸종된 것으로 보인다. 그러나 동물원이나 야생 공원에 1,000마리 정도가 남아 있다.

1994년 6월에 몽골에서 기르던 말들을 다시 야생으로 돌려보냈다. 야생으로 돌려보

집에서 기르는 모든 말의 조상이라고 여겨지는 프르제발스키 말은 야생에서는 멸종된 것으로 보인다.

내기 전에 야생의 혹독한 기후에 적응하도록 2년 동안 넓은 방목지에서 적응 훈련을 시켰다. 이 말들은 현재 야생에 살아 있을 것으로 보고 있다.

왜 클라이즈데일 말이 전쟁 말로 사용되는가?

클라이즈데일은 유럽에서 '위대한 말'이라고 불리는 것 중 하나로 중세에 중무장한 무거운 기사를 태우고 다니던 말이다. 45kg이 넘는 철갑으로 무장한 기사를 태우고, 자신을 보호하기 위해 36kg이나 되는 철갑을 입어야 했던 말은 매우 튼튼해야 했다. 그러나 총이 사용되기 시작하면서 클라이즈데일의 사용이 급격히 감소했다. 이제 전쟁 터에서는 힘 있는 말보다는 빠르게 달릴 수 있는 말이 더 필요하게 되었기 때문이다.

서러브레드 말의 이름에는 몇 자까지 허용될까?

미국, 캐나다, 푸에르토리코에서는 서러브레드 말의 이름을 공식적으로 사용하기 전에 자기 클럽에 통보하여 승인을 받아야 했다. 그들의 요구 조건 중 하나는 이름이 세 음절 이상이면 안 되고, 최대 18글자를 넘으면 안 된다는 것이었다.

아프리카코끼리와 인도코끼리의 다른 점은 무엇인가?

아프리카코끼리는 육상에 사는 가장 큰 동물로 무게가 7,500kg이나 되며 어깨까지의 높이는 3m에서 4m나 된다. 반면 인도코끼리의 몸무게는 5,500kg 정도이고 어깨까지의 높이는 3m이다. 두 코끼리의 차이점은 다음

아프리카코끼리	인도코끼리
큰 귀	작은 귀
임신 기간 670일	임신 기간 610일
귀가 뒤로 젖혀져 있다.	귀가 앞으로 젖혀져 있다.
등이 오목하게 들어가 있다.	등이 튀어나와 있다.
뒷발에 세 개의 발톱	뒷발에 네 개의 발톱
큰 엄니	작은 엄니
코끝에 손가락 같은 두 개의 입술	코끝에 하나의 입술

표에 정리되어 있다.

왜 소는 네 개의 위를 가지고 있는가?

다른 반추동물의 위와 마찬가지로 소의 위는 유위, 벌집위, 겹주름위, 추위의 네 부분으로 나누어져 있다. 반추동물은 먹이를 빠르게 먹으면서 충분히 씹지 않고 삼킨다. 먹이의 액체 성분은 벌집위로 먼저 들어가지만 먹이의 고체 부분은 유위로 보내져 부드럽게 만든다. 소화의 첫 단계를 담당하는 유위에 있는 세균들이 우선 먹이를 잘게 부순다. 반추동물들은 후에 이 먹이를 다시 입으로 가져와 천천히 새김질을 한다. 소는 하루에 여섯 번에서 여덟 번 되새김질을 하며 이 시간을 합하면 5시간에서 7시간 정도이다. 되새김질한 먹이는 위의 다른 부분으로 보내져서 다양한 미생물의 도움을 받아 소화가 진행된다.

사막에 사는 고양이도 있는가?

모래 고양이는 유일하게 사막에 사는 고양이이다. 북아프리카, 아라비아 반도, 우즈베키스탄에 있는 투르크메니스탄 사막, 파키스탄 서부 등에서 발견되는 모래 고양이는 매우 건조한 지역에서 살도록 적응되었다. 발밑에 있는 패드는 모래땅에 적당하게 발달했고, 흐르는 물을 마시지 않고도 살아갈 수 있도록 진화했다. 모래와 같은 색깔 또는 황갈색의 털을 가진 모래 고양이의 몸길이는 45cm에서 57cm 정도이다. 주로 밤에 활동하는 모래 고양이는 설치류, 토끼, 새, 파충류를 먹고 산다.

중국 사막 고양이는 이름과 달리 사막이 아니라 산이나 초원에 산다. 마찬가지로 아시아 사막 고양이도 인도, 파키스탄, 이란, 러시아의 초원에 산다.

어떻게 달마시안이 소방서 개가 되었나?

자동차가 사용되기 전에 마차는 말의 동무 겸 도난 방지를 위해 개를 데리고 다니는 경우가 많았다. 달마시안은 말과 강한 유대를 형성하는 개로 잘 알려져 있다. 그 지역에서 가장 빠르고 강한 말을 소유하고 있던 소방서에서는 말의 도난을 방지하기 위해 달마시안을 길렀다. 말 대신 불자동차를 사용하게 된 후에도 달마시안은 애완용 또는 과거에 대한 향수 때문에 소방서에 그대로 남게 되었다.

쿠거의 다른 이름은 무엇인가?

쿠거cougar는 퓨마, 산 사자 등으로 불리기도 한다.

회색 이리는 얼마나 오랫동안 사는가?

팀버 울프라고도 불리는 회색 이리는 갯과 동물 중에서 몸집이 가장 크고 가장 널리 분포해 있는 동물이다. 야생에서 회색 이리는 10년 미만밖에 못 살지만 사람이 보살피면 20년까지도 살 수 있다. 그러나 많은 지역에서 사람이나 소, 양, 순록과 같은 가축에 위협이 된다는 이유로 사냥에 의해 희생되고 있다. 회색 이리도 한때 미국 중남부에 널리 분포했던 붉은 늑대의 전철을 밟을 것으로 보인다. 붉은 늑대는 야생에서는 멸종된 것으로 선언되었고, 현재 보호 시설에만 남아 있다. 노스캐롤라이나에서는 기르던 붉은 늑대의 일부를 야생으로 돌려보내기도 했다.

미국에서는 회색 이리가 알래스카(10,000), 미네소타 북부(1,200), 미시간의 아일로열(20), 그리고 위스콘신, 미시간 북부, 로키 산맥 지역에 소수 존재하는 것으로 알려져 있다. 캐나다에는 15,000마리 정도의 회색 이리가 있다. 매우 사회적이어서 무리를 지어 살아가는 회색 이리는 몸무게가 43kg에서 80kg 정도 되며, 겉모습은 집에서 기르는 큰 개나 알래스카에서 썰매를 끄는 개와 비슷하다.

열대 우림에 사는 곰은 어떤 것인가?

태양곰(말레이곰)은 수마트라, 말레이 반도, 보르네오, 미얀마, 태국, 중국 남부의 열대 우림에 살고 있는 희귀한 곰이다. 몸길이가 1.4m 정도이며 몸무게는 27kg에서 65kg 정도인 이 작은 곰은 땅딸막한 몸에 검은색 털이 나 있다. 또한 강한 발과 길게 구부러진 발톱은 나무에 오르기 쉽도록 되어 있다. 태양곰은 나무껍질을 벗겨 곤충이나 애벌레 또는 꿀벌이나 흰개미의 둥지를 찾아 먹거나 과일, 코코넛 야자, 작은 설치류를 먹기도 한다. 낮에는 자거나 일광욕을 하면서 보내고 주로 밤에 활동한다. 수줍음을 많이 타고 조심스러우며 영리한 태양곰은 숲이 줄어듦에 따라 수가 감소하고 있다.

북아메리카에서 가장 큰 육상 포유류는 무엇인가?

몸무게가 1,400kg이며 높이가 2m인 들소이다.

낙타는 혹에 물을 저장하는가?

혹은 지방을 저장하는 곳이지 물을 저장하는 곳이 아니다. 물을 마시지 않고 오랫동안—싱싱한 채소와 이슬이 충분히 있으면 열 달까지도—견디는 능력은 몇 가지 생리적인 적응의 결과이다. 낙타는 건강에 큰 무리 없이 몸무게를 40%까지 줄일 수 있다. 또한 체온의 큰 변화(-10℃까지도)에도 견딜 수 있다. 낙타는 10분 동안에 30갤런의 물을 마실 수 있으며, 시간이 충분하면 50갤런까지 마실 수 있다. 혹이 하나인 단봉낙타는 아라비아 낙타라고도 불린다. 혹이 두 개인 쌍봉낙타는 고비 사막에 산다. 오늘날 쌍봉낙타는 아시아에만 분포하며 대부분의 아라비아 낙타는 아프리카에 살고 있다.

가시돼지는 얼마나 많은 가시를 가지고 있는가?

가시돼지는 방어를 위해 평균 30,000개의 가시를 가지고 있다. 특수한 털인 가시는 강도나 유연성에서 셀룰로이드 조각과 비슷하며 매우 뾰족해서 어떤 짐승의 가죽도

아홉줄아르마딜로는 일반적으로 네 마리의 성이 같은 새끼를 낳는다.

뚫을 수 있다. 가장 큰 상처를 주는 가시는 힘센 꼬리에 난 짧은 가시이다. 몇 번의 채찍질로 가시돼지는 작은 비늘 모양의 갈고리가 있는 많은 수의 바늘을 적에게 찔러 넣을 수 있다. 가시는 갈고리와 적의 무의식적인 근육운동의 도움을 받아 살 속 깊이 파고든다. 때로는 가시가 저절로 나오기도 하지만 치명적인 상처를 입혀 적의 목숨을 빼앗기도 한다.

걸음이 느리고 땅딸막한 가시돼지는 대부분의 시간을 나무에서 보내며 단단한 앞니로 나무껍질을 벗기거나 잎을 따서 먹는다. 때로는 과일이나 풀을 뜯어 먹기도 한다. 가시돼지는 초식동물이어서 충분한 소금을 섭취할 수 없기 때문에 소금을 찾아 먹는 것을 좋아한다. 따라서 자연 상태의 소금, 육식 동물의 뼈, 페인트, 합판의 접착제, 사람의 땀에 젖은 옷과 같이 소금기를 많이 포함한 것들이 가시돼지를 유혹한다.

왜 아홉줄아르마딜로는 항상 네 마리의 새끼를 낳는가?

아홉줄아르마딜로의 특징 중 하나는 암컷이 거의 항상 성별이 같은 새끼 네 마리를 낳는다는 것이다. 이것은 한 개의 수정란이 네 개로 분리되어 네쌍둥이를 낳기 때문이다.

캐피바라는 무엇인가?

캐피바라^{capybara}는 살아 있는 가장 큰 설치류이다. 물돼지라고도 부르는 캐피바라는 큰 기니피그를 닮았으며 몸길이는 1m에서 1.3m 사이이고 몸무게는 54kg에서 59kg 사이이다. 남아메리카 북부가 원산지인 이 설치류는 많은 시간을 물에 살면서 수중 식물을 먹고 산다. 파나마가 원산지인 또 다른 캐피바라는 몸집이 더 작아 몸무게가 27kg에서 34kg 정도이다.

샤무아는 무엇인가?

샤무아^{chamois}는 스페인과 중부 유럽(알프스와 아펜니노 산맥), 중남부 유럽, 발칸 반도, 소아시아, 코카서스 등에 살고 있는 염소와 비슷한 영양의 한 종류이다. 감각이 예민하고 몸놀림이 빠르며 2m 높이까지 점프할 수 있고, 6m까지 뛸 수 있으며, 50km/h의 속력으로 달릴 수 있다. 이 영양의 가죽은 유리나 자동차를 닦는 섀미가죽을 만드는 데 사용되거나 그냥 섀미라고 불리는 가죽으로 거래되기도 한다.

스컹크가 내뿜는 스프레이의 성분은 무엇인가?

스컹크가 내뿜는 스프레이는 크롤틴 메르캅탄, 아이소펜틸 메르캅탄, 메틸 크로틸 다이설파이드가 4:4:3으로 배합된 기름기가 있는 옅은 노란색의 액체로 눈에 심한 염증을 일으킬 수 있으며 불쾌한 냄새가 난다. 스컹크는 자신을 방어하기 위해 이 액체를 항문 안에 있는 두 개의 노즐에서 입자가 아주 작은 스프레이나 빗방울 크기의 액체 방울 형태로 내뿜는다. 이 스프레이는 2m에서 3m 정도까지 도달하지만 그 냄새는 바람을 타고 2.5km 떨어진 곳까지도 퍼진다.

반려동물

가장 오래전부터 길러오던 개는 무엇인가?

개는 12,000년에서 14,000년 전부터 길러온 가장 오래된 가축이다. 집에서 기르는 개들은 먹이를 찾아 사람들 주변에 나타났던 야생 개, 특히 늑대의 후손일 것이다. 좀 더 공격적인 개들은 쫓아버렸거나 죽였을 것이고, 덜 위험한 개들만 경비, 사냥, 후에는 양과 같은 다른 동물을 돌보는 데 사용하게 되었을 것이다. 그리고는 오랫동안 진행된 원하는 장점을 가진 개체를 선별하여 기르는 작업을 통해 현재의 개가 되었을 것이다.

가장 오래전부터 기르기 시작한 개는 아라비아 지방 원산의 그레이하운드 비슷한 개인 살루키로 추정된다. 기원전 7,000년경에 메소포타미아 지방에서 발견된 수메르의 바위에 그려진 개는 살루키와 놀랍도록 비슷하다. 살루키는 키가 58cm에서 71cm 정도이고 길고 좁은 머리를 가지고 있다. 부드러운 비단결 같은 털은 흰색, 크림색, 엷은 황갈색, 금색, 붉은색, 청회색 등이며 세 가지 색이 섞여 있는 경우도 있다. 살루키는 시력이 좋고 빠른 속도를 낼 수 있어 뛰어난 사냥개이다.

미국에서 가장 오래전부터 길러온 개는 미국 폭스하운드이다. 이 개는 1960년에 메릴랜드에 정착한 브룩Robert Brooke이라는 영국 사람이 기르던 여러 마리의 폭스하운드의 후손으로 영국, 아일랜드, 프랑스 등지로부터 수입된 개를 교잡하여 만들어낸 개이다. 이 개는 키가 56cm에서 64cm 정도로 길고 약간 둥근 머리와 사각형의 주둥이를 가졌다. 이 개의 털은 중간 길이 정도이고 색깔은 여러 가지이며 주로 사냥에 이용된다.

어린이가 있는 가정에 가장 알맞은 개는 어떤 품종인가?

골든 레트리버, 래브라도 레트리버, 비글, 콜리, 비숑 프리제, 케언테리어, 퍼그, 쿤하

늑대는 집에서 기르는 개들의 조상이라고 알려져 있다.

운드, 복서, 바셋 하운드 또는 이들의 잡종이 어린이가 있는 가정에서 기르기 좋은 개로 알려져 있다.

사람과 개의 뼈에는 어떤 차이가 있을까?

	사람의 뼈	개의 뼈
뼈의 수	206	321
등뼈의 수	33	50
관절의 수	200 이상	300 이상
성숙하는 기간	18년	2년
가장 긴 뼈	대퇴골	척골(팔에 있는)
가장 작은 뼈	소골(귀에 있는)	소골(귀에 있는)
갈비뼈의 수	양쪽에 각각 12개	양쪽에 각각 18개

개들은 어떻게 분류하나?

개들은 기르는 목적에 따라 여러 가지로 분류한다.

그룹	목적	종류
스포츠용	사냥한 새나 물새의 회수	코커스패니얼, 잉글리시 세터, 잉글리시 스프링어 스패니얼, 골든 레트리버, 아일랜드 세터, 래브라도 레트리버
하운드	사냥	바센지, 비글, 닥스훈트, 폭스하운드, 그레이하운드, 살루키, 로데시안 리지백
테리어	작은 동물 사냥	에어데일테리어, 베들링턴테리어, 불테리어, 폭스테리어, 미니어처슈나우저, 스코틀랜드테리어, 스카이테리어, 웨스트 하일랜드 화이트 테리어
애완용	동반용, 애완용	치와와, 말티즈, 페키니즈, 퍼그, 요크셔테리어
목양견	양을 보호	오스트레일리아 캐틀 도그, 콜리, 저먼셰퍼드, 헝가리 풀리, 올드 잉글리시 쉽독, 웰시 코기
사역견	목축, 구조, 썰매	알래스칸 맬러뮤트, 복서, 도베르만핀셔, 그레이트데인, 마스티프, 세인트버나드, 시베리아허스키
기타	특별한 목적 없음	보스턴테리어, 불독, 달마시안, 키스하운드, 라사압소, 푸들

어떤 개가 가장 훈련하기 쉬운가?

집에서 기르는 56종의 인기 있는 개들 중에서 셰틀랜드 쉽독, 시추, 미니어처 토이, 스탠더드 푸들, 비숑 프리제, 영국 스피링어 스패니얼, 웰시 코기 등이 가장 훈련하기 쉽다.

왜 개는 사람보다 잘 들을까?

개의 귀는 잘 움직일 수 있어 주위를 살피면서 소리를 들을 수 있다. 귀는 소리를 모아 청소골로 전해준다. 개는 사람보다 4배나 멀리서 나는 소리를 들을 수 있다.

왜 개는 사이렌 소리가 나면 짖을까?

사이렌 소리의 고음은 개의 소리와 매우 비슷하다. 개가 짖는 소리는 다른 개에게 자신의 위치를 알리거나 영역을 나타내는 통신수단이기도 하다. 개가 소방차나 구급차의 사이렌 소리에 반응하는 것은 야생에서 다른 개의 소리에 반응하는 것과 같다.

주름진 개로 알려진 개는 무엇인가?

중국의 투견인 샤페이는 늘어진 피부로 덮여 있다. 키가 46cm에서 51cm이고, 몸무게가 22.5kg 정도 되는 샤페이의 털은 검은색, 붉은색, 황갈색 또는 크림색이다. 이 개는 티베트와 중국 북부에서 2,000년 전부터 기르기 시작했다. 현재 중국 정부는 이 개에 높은 세금을 물리고 있어 기를 수 있는 사람이 많지 않아 멸종 위기에 처해 있다. 그러나 일부 종이 중국 밖으로 밀반출되어 미국, 캐나다, 영국 등지에서 사육되고 있다. 샤페이는 일반적으로 붙임성 있는 반려견이다.

짖지 않는 개로 알려진 개는?

바센지는 짖지 않는다. 기쁠 때는 웃는 소리와 노래 부르는 소리의 중간 정도로 들리는 소리를 낸다. 때로는 으르렁거리기도 한다. 가장 오래전부터 기르기 시작한 개 중의 하나인 바센지는 중앙아프리카가 원산지로 종종 고대 이집트의 파라오에게 선물로 보내졌다. 이집트의 문화는 쇠퇴했지만 바센지는 아직도 중앙아프리카에서 사냥에서의 용감성과 소리를 내지 않는 것 때문에 귀중하게 취급된다. 이 개는 19세기에 영국의 탐험가들이 새로 발견하였지만 1940년대 이전에는 널리 사육되지 않았다.

바센지는 작은 개로 편평한 얼굴에 길고 둥근 주둥이를 가지고 있다. 어깨까지의 높이는 40cm에서 43cm 정도 되고 몸무게는 10kg에서 11kg 정도이다. 털은 짧고 부드러우며 발, 가슴, 꼬리 끝이 흰색이고 나머지 부분은 붉거나 검다.

개들은 어떤 음식 냄새를 가장 좋아하는가?

연구자들은 개들이 간과 닭고기를 햄버거, 생선, 채소, 과일과 같은 것들보다 좋아한다는 것을 알아냈다.

퍼그의 원산지는 어디인가?

퍼그의 원산지는 알려져 있지 않지만 오래전부터 중국에서 길러졌다. 이 개를 언급한 가장 오래된 중국 기록은 1,800년 전의 것이다. 티베트의 불교 사원에서 가장 선호하는 반려견인 퍼그는 중국 다음으로 일본과 유럽에서도 길러졌다. 아마 네덜란드의 동인도 회사 직원들에 의해 네덜란드로 유입되었을 것으로 보인다. 퍼그라는 이름은 이 개의 얼굴이 마멋 원숭이와 닮은 데서 붙여졌을 것이다. 1700년대에 널리 길렀던 애완용 원숭이를 퍼그라고 불렀다. 따라서 원숭이 퍼그와 닮은 이 개를 퍼그라고 부르게 된 것이다.

퍼그는 사각형의 짧고 통통한 몸을 가지고 있으며, 털은 살구색이거나 은색이다. 주둥이는 짧고 검은색이며 사각형이다. 평균 몸무게는 6.4kg에서 8.2kg 정도이다. 퍼그는 '작지만 충실하다' 또는 '좁은 공간에 많은 개가 있다'라는 뜻의 격언에 자주 등장한다.

가장 희귀한 개는 어떤 것인가?

몇 마리밖에 남아 있지 않은 탈탄 베어 독이 가장 희귀한 개다. 멸종 위기에 처한 이 개는 한때 캐나다 서부의 탈탄 인디언들이 곰, 스라소니, 가시돼지 등을 사냥하는 데 사용했다.

마저리라는 개가 의학에 공헌한 바는 무엇인가?

검은색과 흰색이 섞인 마저리의 잡종 개는 혈당의 양을 조절하는 호르몬인 인슐린에 의해 생명이 유지된 최초의 동물이었다.

개나 고양이의 나이를 사람의 나이와 비교하면 어떻게 될까?

고양이의 한 살은 사람의 나이로 치면 스무 살이라고 보면 된다. 그 후에는 햇수에 4를 곱하면 된다. 일부에서는 다른 방법으로 계산하기도 한다. 고양이의 한 살을 사람의 열여섯 살로 보고 두 살은 사람의 나이 스물네 살로 보는 것이다. 그 후에는 1년을 4년으로 계산한다.

한편 개의 한 살은 사람의 나이로 치면 열다섯 살에 해당하고 두 살은 스물네 살에 해당한다. 두 살 이후에는 1년을 4년으로 계산하면 된다.

개에게 꼬리표를 붙이는 최신 방법은 무엇인가?

현재는 컴퓨터를 사용하는 개 인식표가 사용되고 있다. 마이크로 칩을 개에게 고통을 주지 않고 견갑골 사이에 심어 넣는다. 마이크로 칩에 들어 있는 10자리의 코드는 스캐너를 이용하여 읽을 수 있다. 반려견이 발견되면 코드를 이용하여 주인을 찾아줄 수 있다. 마이크로 칩에는 허가증 번호, 의료 정보, 주인의 주소와 전화번호를 저장할 수 있다.

개나 고양이는 기억력이 좋은가?

개는 장기 기억력이 있어서 특히 자신이 좋아하는 사람들에 대한 기억을 오래 간직한다. 그리고 고양이는 자신의 생활에 필요한 물건을 기억한다. 일부 고양이는 장소를 찾아내는 특별한 기억력을 가지고 있는 것으로 보인다. 집에서 멀리 떼어놓아도 집을 찾아낸다. 이런 능력은 새들이 집으로 돌아오는 것과 같이 천체나 지구 자기장을 이용하는 능력을 가지고 있기 때문인 것으로 보인다. 고양이에게 자석을 부착하면 평소보다 방향을 찾는 능력이 떨어진다.

> ## 반려동물에게서 나쁜 냄새를 제거하려면 어떻게 해야 할까?
>
> 반려동물 용품을 파는 가게에서 냄새를 없애는 제품을 사서 사용하는 것이 좋다. 효소 또는 세균성 효소인 이런 제품 대부분은 반려동물을 목욕시키지 않고 사용해도 된다. 개는 토마토 주스, 희석한 식초 또는 뉴트롤룸－알파로 목욕시키는 것도 좋은 방법이다. 아니면 민트 마우스워시, 애프터쉐이브, 비누를 사용해볼 수도 있다.

태비 고양이(얼룩 고양이)는 무엇인가?

태비라는 말은 고양이를 가정에서 길들이기 전부터 얼룩무늬 털을 가리키는 말이었다. 얼룩무늬 털은 위장에 뛰어난 효과가 있다. 털은 밝은 부위와 어두운 부위로 만들어진 두 개 또는 세 개의 줄이 반복되며 줄 끝은 항상 어두운 색으로 끝난다. 기본적인 얼룩무늬에는 네 가지 형태가 있다.

줄 얼룩무늬는 머리에서 꼬리까지 검은 선이 등을 따라 나 있고, 이 선으로부터 여러 개의 가지가 아래쪽으로 뻗어 있다. 다리에도 띠가 있으며 꼬리에는 검은색 점을 둘러싼 고리를 가지고 있는 경우도 있다. 배에는 검은 점들로 이루어진 두 개의 선이 있다. 눈 위에는 M자 모양의 마크가 있으며 검은 선이 귀로 이어져 있다. 그리고 짙은 색의 목걸이 같은 선이 어깨에 보인다.

반점으로 이루어진 전통적인 얼룩무늬는 야생에서 발견되는 얼룩무늬와 매우 비슷하다. 머리, 다리, 꼬리, 배의 무늬는 줄 얼룩무늬와 같다. 가장 큰 차이점은 반점 얼룩무늬는 어깨와 옆에 하나 혹은 여러 개의 선으로 둘러싸인 어둡고 큰 반점이 있다는 것이다.

얼룩점 얼룩무늬는 몸과 다리에 원형 또는 타원형의 점이 분포해 있다. 앞이마에는 M자의 무늬가 있고, 좁고 검은 선이 등으로 이어져 있다.

아비시니안 얼룩무늬는 몸에는 어두운 점이 거의 없고 앞다리, 옆구리, 꼬리에만 어두운 점이 있다. 털에는 밝은 단색으로 이루어진 배를 제외하고는 줄이 있다.

샴고양이의 포인트는 어떻게 결정될까?

색깔 반점은 얼굴, 귀, 꼬리, 다리 아랫부분, 발가락과 같이 심장에서 멀리 떨어져 있는 부분에만 색깔을 만드는 열성 유전자에 의해 만들어진다. 이것은 온도가 낮을 때만 작용한다.

샴고양이에는 네 가지 종류가 있다. 실 포인트는 크림색 바탕에 옅은 황갈색 반점을 가지고 있으며 블루 포인트는 흰색이 도는 푸른색 반점을 가지고 있다. 초콜릿 포인트는 아이보리 색깔 위에 밀크 초콜릿의 갈색 반점을 가지고 있으며, 라일락 포인트는 흰색의 털 위에 핑크 그레이 반점이 있다. 일부 붉은색, 크림색, 얼룩무늬 반점을 가지고 있는 경우도 있다.

태국이 원산지인 샴고양이는 1880년대에 영국에 들여왔다. 샴고양이는 중간 크기의 고양이로 몸이 길고 가늘며 유연하고, 머리는 길며, 끝이 차차 가늘어지는 꼬리를 가지고 있다. 사교적이고 정이 많은 샴고양이는 독특한 울음소리로 유명한데, 소리가 너무 커 무시하기 힘들다.

고양이의 눈이 어두운 곳에서도 빛나는 이유는?

고양이의 눈에는 눈에 들어온 모든 빛을 흡수하지 않고 반사하는 타페튬 레시듐이라고 하는 특별한 물질이 있다. 망막은 모든 빛을 반사함으로써 그 빛을 이용하여 물체를 다시 볼 기회를 갖게 되어 더 정확하게 볼 수 있다. 어두운 곳에서는 고양이의 수정체가 크게 열려 빛이 특정한 각도로 고양이의 눈에 들어가면 반사되는 빛으로 인해 빛이 나는 것처럼 보인다. 망막 뒤에 있는 타페튬 레시듐은 15층의 특수한 세포로 이루어져 있으며 거울과 같은 역할을 한다. 가열된 물질이 내는 빛의 색깔은 초록색이 감도는 금색이지만 샴고양이의 눈이 반사하는 빛은 루비의 붉은색이다.

고양이는 왜 그리고 어떻게 가르랑거리는 소리를 낼까?

전문가들은 이 문제에 대해 의견의 일치를 보지 못하고 있다. 일부는 가슴에 있는 큰 혈관의 피가 진동하면서 내는 소리라고 주장한다. 막을 통과하는 혈관에 붙어 있는 근육이 혈액의 흐름에 의해 진동하면서 소리를 내고, 이 소리가 기관지에 의해 증폭된다는 것이다. 또 다른 사람들은 성대 부근에 있는 가성 성대라고 불리는 막의 진동으로 이 소리가 만들어진다고 주장한다. 아무도 이 소리가 어떻게 만들어지는지 정확히 모르지만 많은 사람들은 이것이 고양이의 만족감을 나타낸다고 믿고 있다.

고양이는 왜 수염을 가지고 있을까?

고양이 수염의 기능은 충분히 밝혀지지 않고 있다. 수염은 아마도 촉각과 어떤 관계가 있을 것으로 생각된다. 수염을 제거하는 것은 고양이를 혼란스럽게 한다. 일부 사람들은 수염이 어두운 곳에서 눈으로 볼 수 없는 물체를 분별하는 안테나와 같은 역할을 한다고 여긴다. 수염은 냄새가 나는 방향을 알게 해주는 역할을 할 가능성도 있다. 고양이는 밤에 평탄하지 않은 곳에서 점프를 할 때 수염의 일부를 아래로 향 한다.

고양이에게 독이 되는 식물은 무엇인가?

집에서 기르는 일부 식물이 고양이에게 독이 된다. 고양이가 먹어서는 안 되는 식물은 다음과 같다.

칼라디움(코끼리 귀)	디펜바키아(벙어리 줄기)	포인세티아	헤데라(담쟁이 일종)
겨우살이	서양협죽도	열대 아메리카산 토란과 식물	프루누스 로로세라수스
진달래	겨울 예루살렘 버찌		

올챙이는 어떻게 길러야 하는가?

개구리의 알을 물속에 넣어두면 올챙이가 부화되어 나온다. 물은 반씩 갈아주되 일주일에 한 번 이상 갈아주면 안 된다. 가장 잘 먹는 먹이는 단백질이 풍부한 어린이용

시리얼, 신선한 채소, 달걀노른자 부순 것 등이다. 다리가 나오기 시작하면 바위섬을 만들어준다. 여섯 마리의 올챙이를 기르는 데는 20리터 정도의 물이면 충분하다. 꼬리가 없어지고 다리가 나와 개구리가 되면 연못가나 호숫가에 놓아주어야 한다.

반려동물로 가장 좋은 새는?

수명이 어느 정도 길어서 반려동물로 적당한 새들이 많이 있다.

새	수명(년)	특징
핀치	2~3	기르기 쉽다.
카나리아	8~10	기르기 쉽고, 수컷이 운다.
잉꼬	8~15	기르기 쉽다.
오스트레일리아 앵무새	15~20	기르기 쉽고 훈련시키기 쉽다.
모란잉꼬	15~20	예쁘지만 기르기 어렵고 훈련도 어렵다.
아마존앵무새	50~60	말을 잘하지만 소리를 지른다.
아프리카회색앵무새	50~60	말은 잘하고 소리는 지르지 않는다.

소라게의 먹이로는 무엇이 좋은가?

소라게는 식성이 까다롭지 않아 조류, 바다 새우, 지렁이, 생선을 비롯해 시중에서 파는 식품 대부분을 잘 먹는다. 싱싱한 것, 얼린 것, 말린 것 등을 가리지 않는다. 소라게는 일주일에 두세 번 먹이를 주는 것이 좋다. 그러나 지나치게 많이 주거나 적게 주지 않도록 주의해야 한다. 새우나 소고기와 같은 고기를 복합 비타민이 녹아 있는 액체에 담근 후 이쑤시개 끝으로 게에게 주면 된다. 야생에서 게가 주로 먹는 조류는 몇 개의 산호와 함께 조개껍데기를 넣어둔 따로 마련된 용기에 키우는 것이 좋다. 몇 주일 후에 조개껍데기가 조류로 덮이면 게가 있는 곳에 넣어 먹도록 한다. 신선한 시금치와 상추를 조류 대신으로 줄 수도 있다.

백악관에서 기른 특별한 반려동물로는 무엇이 있나?

백악관에서 기른 동물들은 다양하다. 1825년에 라파예트^{Marquis de Lafayette, 1757~1834}는 미국 여행 도중 시민으로부터 악어를 선물 받고 애덤스^{John Quincy Adams, 1767~1848} 대통령의 손님으로 여러 달 백악관에서 지내다가 떠날 때 악어도 데리고 갔다. 애덤스 대통령의 부인 역시 특별한 동물을 길렀다. 바로 뽕잎을 먹고 사는 누에였다. 어떤 이는 뿔도마뱀을 기르기도 했고, 초록뱀을 기른 사람도 있었으며, 캥거루쥐를 기르기도 했다. 루스벨트^{Theodore Roosevelt}는 캔자스에서 선거운동을 하는 동안 선물 받은 오소리를 데리고 오기도 했다. 링컨은 내니와 난코라고 이름 붙인 토끼와 염소 한 쌍을 길렀으며 쿨리지^{Calvin Coolidge} 대통령은 미시시피에 사는 주민으로부터 감사절 요리용으로 너구리를 선물 받았지만 요리에 사용하는 대신 애완용으로 길렀다. 레베카라고 이름 붙여진 이 오소리는 대통령 집무실 옆에 마련된 커다란 우리에서 지냈다.

백악관의 또 다른 특별한 반려동물은 다음과 같다.

마틴 밴 뷰렌	두 마리의 호랑이 새끼
윌리엄 헨리 해리슨	숫염소, 더럼 종 육우
앤드루 존슨	애완용 쥐
시어도어 루스벨트	사자, 하이에나, 들고양이, 코요테, 곰, 얼룩말, 외양간 올빼미, 뱀, 도마뱀, 닭, 오소리
윌리엄 하워드 태프트	소
캘빈 쿨리지	오소리, 당나귀, 스라소니, 새끼 사자, 왈라비, 난쟁이 하마, 곰

인간의 몸

기능, 과정 그리고 특징

인간의 몸은 어떤 원소로 이루어져 있는가?

인간의 몸은 약 24종의 원소로 구성되어 있다.

원소	비율(%)	기능
산소	65.0	모든 주요 영양물질의 성분, 에너지 생산에 필수
탄소	18.5	단백질, 탄수화물, 지방의 주요 성분 세포의 주요 구성 성분
수소	9.5	영양물질과 세포의 주요 구성 성분
질소	3.3	단백질, DNA, RNA의 주요 구성 성분 몸의 기능을 위해 필수적인 원소
칼슘	1.5	뼈의 주요 성분, 세포 사이의 메신저 역할
인	1.0	뼈의 주요 구성 성분, 세포 에너지를 위한 필수 성분

확대한 염색체

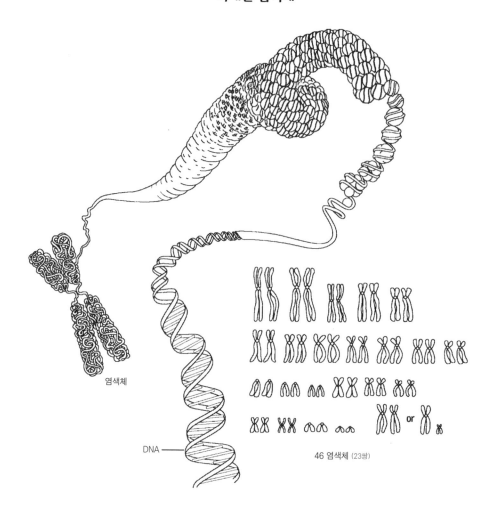

염색체

DNA

46 염색체 (23쌍)

몸에는 칼륨, 황, 염소, 마그네슘도 0.35% 이하로 들어 있다. 이 밖에도 철, 코발트, 구리, 망간, 요오드, 아연, 플루오르, 보론, 알루미늄, 몰리브덴, 규소, 크롬, 셀레늄도 소량 포함되어 있다.

사람 세포에는 몇 개의 염색체가 있는가?

생식세포를 제외한 모든 사람 세포에는 46개(23쌍)의 염색체가 들어 있다. 이 중 반은 어머니의 난자로부터 받은 것이고 반은 아버지의 정자로부터 받은 것이다. 정자와 난자가 수정하면 46개의 염색체를 가진 하나의 세포가 만들어진다. 세포분열이 일어날 때는 46개의 염색체가 복제된다. 이런 복제 과정이 수십억 번 반복되어 똑같은 염색체를 가진 수많은 세포가 만들어진다. 생식세포만이 염색체 수가 다르다. 생식세포분열에서는 23쌍의 염색체가 두 개로 분리되어 23개의 염색체만을 가진 생식세포가 만들어진다.

염색체는 특정한 특질을 나타내는 유전정보를 가진 수많은 유전자를 포함한다. 유전정보는 데옥시리보핵산^{DNA}이라고 부르는 분자 속에 들어 있으며 특정한 단백질을 합성하는 암호로 되어 있다. 이 단백질이 키, 몸의 모양, 머리 색깔, 눈, 피부와 같은 물리적 특징, 혈액형이나 생리현상과 같이 몸 안에서 일어나는 화학적 특징, 운동이나 지능과 같은 특징을 나타낸다. 150가지 이상의 유전자 결함이 유전되는 것으로 밝혀졌으며, 많은 질병의 유병률에 유전자가 관계있는 것으로 알려졌다.

사람의 몸에는 얼마나 많은 세포가 있는가?

사람의 몸은 50조 개에서 75조 개의 세포로 구성되어 있다.

사람 세포의 평균 수명은 얼마나 되는가?

사람 몸의 세포들은 계속해서 재생되고 재충전된다. 어떤 연구 결과에 의하면 한 시간 동안에 약 2,000억 개의 세포가 죽는다. 건강한 몸에서는 세포가 죽으면 동시에 새로운 세포가 보충된다.

세포 종류		수명
혈액세포	적혈구	120일
	림프구	1년 이상
	백혈구	10시간
	혈소판	10일
뼈세포		25~30년
뇌세포		일생*
대장세포		3~4일
간세포		500일
피부세포		19~34일
정자		2~3일
위세포		2일

* 뇌세포는 평생 더 이상 분열하지 않는 유일한 세포이다. 또한 세포들이 일생 사는 것도 아니다. 신경계통의 세포가 죽으면 새로운 세포로 대체되지 않는다.

DNA 지문은 무엇인가?

DNA 지문(유전자 지문)은 유전자를 이용하여 신분이나 가족 관계 등을 확인하는 방법이다. 영국의 유전학자 제프리스^{Alec Jeffreys, 1950~}에 의해 개발된 유전자 지문은 모든 세포의 핵에 들어 있으면서 개인의 특징을 결정하는 DNA 유전자 배열이 사람마다 다르다(쌍둥이를 제외하고는)는 가정에 근거를 둔다.

DNA 분자 안에는 뒤틀린 사다리와 같은 구조를 따라 유전정보가 배열되어 있다. 유전정보의 순서, 반복되는 수, 그리고 DNA 분자 안에서의 정확한 위치 등은 일란성 쌍둥이를 제외하고는 300억 분의 1의 확률로 모두 다르다. 유전자의 배열을 X선 필름의 막대처럼 눈으로 확인할 수 있는 자료로 나타내는 방법이 개발되었다. 이렇게 하기 위해서는 우선 혈액, 침, 머리카락, 정액 등에서 DNA 분자를 분리해낸다. 그다음에는 DNA를 효소가 들어 있는 용액 속에 넣어 수천 개의 작은 조각으로 나눈다. 마지막으로 DNA 조각들이 들어 있는 젤라틴 같은 물질에 강한 전류를 흘려 크기와 전기적 성질에 따라 분류한다.

범죄 수사에서는 범인이 남긴 머리카락, 혈액, 피부세포에 남긴 DNA 지문을 용의자의 DNA 지문과 대조해본다. 또한 자녀의 유전자 속에는 부모의 유전정보가 들어 있기 때문에 친자 확인을 위해서도 DNA 지문이 이용되고 있다.

인체공학은 무엇을 뜻하는가?

인간의 능력과 심리 상태, 작업자의 작업환경과 도구 사이의 관계를 연구하는 학문을 인체공학, 인간공학, 인간요소 엔지니어링 또는 엔지니어링 심리학이라고 부른다. 인체공학은 작업자들에게 물리적 환경에 적응하라고 강요할 것이 아니라 사용하는 도구와 작업환경을 작업자의 능력이나 한계에 맞도록 설계해야 한다는 것을 기본 개념으로 하고 있다. 인체공학 연구자들은 통신, 인식, 감각적 자극의 수용, 생리적 상태, 심리적 상태, 부정적 조건의 확인 등이 최대로 이루어지는 조건을 결정하기 위해 노력한다. 이 분야에는 인체의 크기, 힘, 시각 등을 고려한 작업장의 설계(의자, 책상, 집기 등의 배치를 포함하여), 작업 속도, 작업량, 의사 결정, 피로 등이 심리적 스트레스에 주는 효과, 의사 전달의 속도와 질을 강화하기 위한 시각적 디스플레이의 설계와 같은 세부 분야가 포함된다.

면역체계는 어떻게 작동하는가?

면역체계는 백혈구와 혈액 속에서 순환하는 항체의 두 가지 중요한 요소로 구성되어 있다. 항원과 항체의 상호작용이 면역의 바탕이 된다. 해로운 세균, 바이러스, 곰팡이, 기생충, 또는 다른 외부 물질과 같은 항원이 인체에 들어오면 특정한 항체가 항원을 공격하기 위해 만들어진다. 항체는 비장이나 림프절에서 B림프구(B세포)에 의해 만들어진다. 항체는 항원을 직접 파괴하거나 백혈구(대식세포라고도 불리는)가 외부 침입자를 삼켜버리도록 항원에 표시를 한다. 항원에 일단 노출된 뒤에 같은 항원에 다시 노출되면 면역체계가 빠르게 반응할 수 있다. 그리고 항원에 대항할 항체가 빠르게 많이 만들어진다. 인공적인 면역은 특정한 질병으로부터 보호하기 위해 이러한 항원－항체 반응을 이용한다. 안전한 정도의 항원을 주입하여 효과적으로 항체를 만들어 항원의 침입에 대비하는 것이다.

T세포는 B림프구와 어떻게 다른가?

림프구는 면역체계의 일부로 백혈구의 일종이다. 면역체계는 몸의 일반적인 방어체계를 침입한 생명체와 싸운다. 대부분의 바이러스에 대항하고 일부 세균과 곰팡이, 그리고 암을 경고하는 일을 하는 T세포는 두 가지 주요한 림프구 중 하나이다. T림프구 또는 T세포는 혈액에 포함된 림프구의 60%에서 80%를 차지한다. 이들은 가슴샘에서 특정한 기능을 수행하도록 교육받는다. 킬러 T세포는 바이러스가 침입한 세포, 이식된 조직, 종양세포와 같은 비정상적인 체세포의 항원(외부 단백질)과 만나면 민감하게 반응하여 증식한다. 이 킬러 T세포는 비정상적인 세포를 공격하고 그들을 파괴할 화학물질(림포카인)을 분비한다. 헬퍼 T세포는 킬러 T세포의 활동을 도와주고, 다른 면역 반응을 조절한다. 전체 림프구의 10%에서 15%를 차지하는 B림프구가 비정상적인 세포의

면역체계의 작동 과정

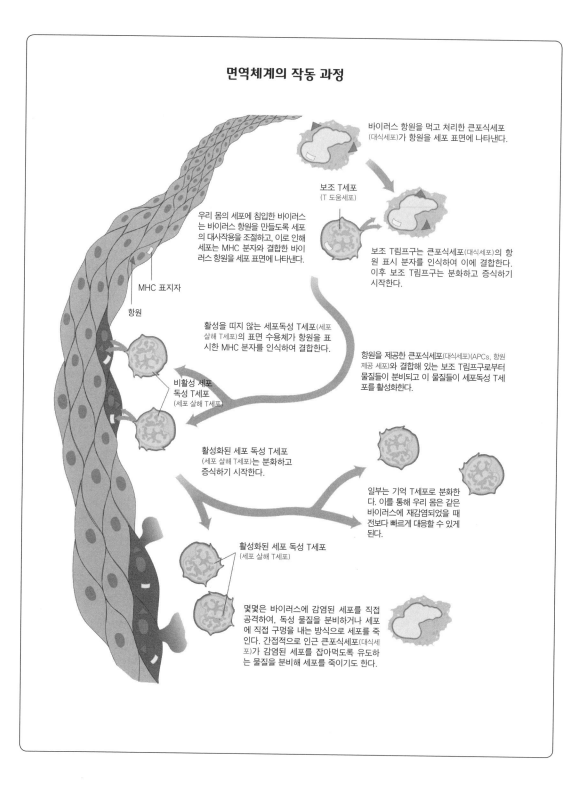

바이러스 항원을 먹고 처리한 큰포식세포(대식세포)가 항원을 세포 표면에 나타낸다.

보조 T세포
(T 도움세포)

우리 몸의 세포에 침입한 바이러스는 바이러스 항원을 만들도록 세포의 대사작용을 조절하고, 이로 인해 세포는 MHC 분자와 결합한 바이러스 항원을 세포 표면에 나타낸다.

보조 T림프구는 큰포식세포(대식세포)의 항원 표시 분자를 인식하여 이에 결합한다. 이후 보조 T림프구는 분화하고 증식하기 시작한다.

MHC 표지자

항원

활성을 띠지 않는 세포독성 T세포(세포살해 T세포)의 표면 수용체가 항원을 표시한 MHC 분자를 인식하여 결합한다.

항원을 제공한 큰포식세포(대식세포)(APCs, 항원 제공 세포)와 결합해 있는 보조 T림프구로부터 물질들이 분비되고 이 물질들이 세포독성 T세포를 활성화한다.

비활성 세포
독성 T세포
(세포 살해 T세포)

활성화된 세포 독성 T세포(세포 살해 T세포)는 분화하고 증식하기 시작한다.

일부는 기억 T세포로 분화한다. 이를 통해 우리 몸은 같은 바이러스에 재감염되었을 때 전보다 빠르게 대응할 수 있게 된다.

활성화된 세포 독성 T세포
(세포 살해 T세포)

몇몇은 바이러스에 감염된 세포를 직접 공격하여, 독성 물질을 분비하거나 세포에 직접 구멍을 내는 방식으로 세포를 죽인다. 간접적으로 인근 큰포식세포(대식세포)가 감염된 세포를 잡아먹도록 유도하는 물질을 분비해 세포를 죽이기도 한다.

항원을 만나면 림프구가 커지고 나누어져 형질세포가 된다. 이 형질세포가 비정상적인 세포의 표면에 붙어 침입자를 파괴하는 과정을 시작하도록 하는 많은 수의 면역 글로불린(항체)을 혈액 속으로 분비한다.

엔도르핀은 무엇인가?

엔케팔린이라는 화학물질과 밀접한 관계에 있는 엔도르핀은 헤로인이나 모르핀과 같은 성질을 가지는 마취제의 일종이다. 엔도르핀은 고통을 없앨 뿐만 아니라 안락함과 행복감을 만들어준다. 엔도르핀에 대한 연구는 특정한 형태의 정신병 치료, 일시적 고통이나 만성 고통으로 시달리는 환자의 치료, 새로운 마취제의 개발, 중독성이 없고 안전하며 효과적인 진통제의 개발과 같이 의학적으로 다양하게 응용할 수 있다.

나이가 많아질수록 덜 잔다는 것이 사실인가?

나이가 들수록 잠을 자는 시간이 일반적으로 줄어든다. 오른쪽 표는 하룻밤에 자는 평균 시간을 나타낸 것이다.

나이	자는 시간(시간)
1~15일	16~22
6~23개월	13
3~9년	11
10~13년	10
14~18년	9
19~30년	8
31~45년	7.5
45~50년	6
50년 이상	5.5

REM 수면이란 무엇인가?

REM 수면이란 rapid eye movement sleep의 약자이다. REM 수면은 NREM 수면에 비해 호흡과 심장 박동이 빠른 것이 특징이다. 눈동자가 빠르게 움직이고 세세한 줄거리가 있는 꿈을 꾸는 경우도 종종 있다. REM 수면을 하지 않는 사람은 태어날 때부터 맹인인 사람뿐이다. REM 수면은 네 번에서 다섯 번 나타나며 한 번에 5분에서 한 시간씩 계속된다. 잠을 자는 시간이 늘어남에 따라 REM 수면 시간이 길어진다.

과학자들은 꿈이 왜 중요한지 분명히 밝혀내지는 못했다. 그러나 꿈을 통해 낮에 받아들인 정보를 정리하고 원하지 않는 정보를 버리거나 감정적 스트레스를 유발하는 상황을 벗어나기 위한 시나리오를 만드는 것으로 추측한다. 꿈의 기능에 관계없이 잠을 못 자거나 꿈을 꾸지 못하면 정신적 혼란에 빠지거나 집중력을 잃게 되고, 심하면 환각 증상을 나타내기도 한다.

꿈을 기억하는 것은 왜 어려울까?

거의 모든 꿈은 REM 수면 동안에 꾼다. 꿈의 내용은 단기 기억 속에 저장된 후 어떤 방법으로든 명료화 과정을 거치지 않는 한 장기 기억으로 전환되지 않는다. 자신이 절대로 꿈을 꾸지 않는다고 믿던 사람들도 잠에 대한 연구 결과 실제로는 꿈을 꾸다가 여러 번 잠을 깬다는 것이 밝혀졌다.

왜 사람들은 코를 골며 그 소리는 얼마나 클까?

코를 고는 것은 코로 숨을 쉬는 것을 방해하는 여러 가지 원인에 의한 것으로 물렁 입천장의 부드러운 부분이 진동하여 소리가 난다. 사람들은 주로 누워서 잠을 자는 동안에 코를 곤다. 연구에 의하면 코 고는 소리는 69데시벨로 공기압으로 작동하는 드릴 소리가 70에서 90데시벨인 것과 비교된다.

사람은 자는 동안에 얼마나 많은 에너지를 소모할까?

몸무게가 68kg인 사람은 자는 동안에 1분당 1칼로리의 에너지를 소모한다. 같은 몸무게의 사람이 다른 여러 가지 운동을 하는 동안에 소모하는 에너지는 다음 표와 같다. 실제 소모되는 에너지의 양은 운동의 강도, 기온, 입은 옷에 따라 달라진다.

운동	시간당 에너지 소모량 (cal)
에어로빅댄스	684
농구	500
자전거 타기(9km/h)	210
자전거 타기(20km/h)	660
볼링	220~270
미용체조	300
웨이트 트레이닝	756
골프(카트 사용)	150~220
골프(카트 끌고)	240~300
골프(클럽 메고)	300~360
축구	500
핸드볼(사교적)	600~660
핸드볼(경기)	660 이상
인라인 스케이팅	600
조깅(8~16km/h)	500~800
라켓볼	456
노 젓는 운동 기계	415
스키(크로스컨트리)	600~660
스키(활강)	570
스퀘어 댄스	350
수영	500~700
테니스(복식)	300~360
테니스(단식)	420~480
배구	350

노동	시간당 에너지 소모량 (cal)
집안일	180
진공청소기로 청소	240~300
정원 가꾸기	200
괭이질	300~360
땅파기	360~420
잔디 깎기(기계 사용)	250
잔디 깎기(손 사용)	420~480
낙엽 쓸어 모으기	300~360
눈 치우기	420~480
앉아 있기	100
서 있기	140
걷기(3.2km/h)	150~240
걷기(5.6km/h)	240~300
걷기(6.4km/h)	300~400
걷기(8km/h)	420~480

최초로 환자의 위를 직접 관찰하여 소화를 연구한 의사와 환자는 누구인가?

프랑스 출신으로 캐나다에서 살던 마틴[Alexis St. Martin]은 1822년에 총기 사고로 다쳤다. 다행스럽게도 가까이 있던 군의관 보몬트[William Beaumont, 1785~1853]가 즉시 치료를 시작했다. 마틴이 회복되는 데는 거의 3년이나 걸렸다. 대부분의 상처는 모두 나았지만 위로 통하는 작은 구멍은 치료되지 않았다. 살이 이 구멍을 덮었지만 살을 옆으로 밀어내면 위의 내부를 볼 수 있었다. 이 구멍을 통해 보몬트는 위액을 채취하여 분석할 수 있었고, 여러 소화 단계에서의 위의 내용물을 확인할 수 있었으며, 위액 분비의 변화와 근육운동을 관찰할 수 있었다.

그의 실험과 관찰 결과는 소화에 관한 현대 지식의 바탕이 되었다. 오늘날에는 엑스선과 다른 의료 장비를 이용하여 소화 과정을 정밀하게 연구하고 있다.

음식물을 삼킬 때 기관지로 넘어가는 것을 막아주는 것은 무엇인가?

음식물을 씹은 후 수의근이 음식물을 목구멍으로 보내면 인두에서 자동적으로 불수의근이 넘겨받는다. 후두덮개(후두개)가 기관지로 연결되어 있는 후두를 닫고, 식도 윗부분에 있는 괄약근이 열리면 음식물이 소화기관 쪽으로 들어간다.

음식물이 소화되는 데는 얼마나 오랜 시간이 걸리는가?

위는 약 1.9리터 정도의 덜 소화된 음식물을 세 시간 내지 다섯 시간 저장한다. 위는 천천히 음식물을 장으로 내려보낸다. 첫 번째 삼킨 음식물이 소화기관으로 들어가기 시작한 후 열다섯 시간 이상이 지나야 음식물의 마지막 부분이 곧은창자(직장)를 통과해 항문으로 배출된다.

사람의 장의 길이는 얼마나 되는가?

소장의 길이는 약 7m이고, 대장의 길이는 약 1.5m이다.

소화 과정

소화 과정은 입에서부터 시작된다. 섭취한 음식은 수 분간 씹히고 침과 섞이면서 유화된다. 음식물이 큰 덩어리에서 혀로 인해 삼켜질 만한 양이 떨어져 나와 음식덩이(bolus)라 불리는 덩이를 형성하고 입 뒤로 넘어가게 된다.

삼키는 과정에서 혀는 음식덩이가 인두로 넘어가도록 한다. 이때 후두덮개(후두개)라 불리는 덮개조직은 후두의 입구를 막고, 물렁입천장(연구개)은 코안(비강)의 입구를 막아서 음식물이 호흡기로 들어가지 않도록 한다.

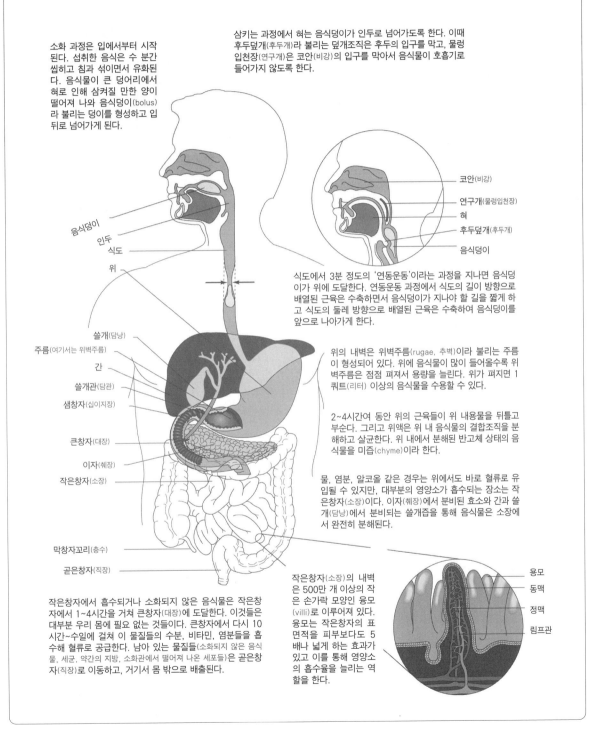

코안(비강)

연구개(물렁입천장)

혀

후두덮개(후두개)

음식덩이

음식덩이
인두
식도
위

식도에서 3분 정도의 '연동운동'이라는 과정을 지나면 음식덩이가 위에 도달한다. 연동운동 과정에서 식도의 길이 방향으로 배열된 근육은 수축하면서 음식덩이가 지나야 할 길을 짧게 하고 식도의 둘레 방향으로 배열된 근육은 수축하여 음식덩이를 앞으로 나아가게 한다.

쓸개(담낭)
주름(여기서는 위벽주름)
간
쓸개관(담관)
샘창자(십이지장)
큰창자(대장)
이자(췌장)
작은창자(소장)

위의 내벽은 위벽주름(rugae, 추벽)이라 불리는 주름이 형성되어 있다. 위에 음식물이 많이 들어올수록 위벽주름은 점점 펴져서 용량을 늘린다. 위가 펴지면 1쿼트(리터) 이상의 음식물을 수용할 수 있다.

2~4시간여 동안 위의 근육들이 위 내용물을 뒤틀고 부순다. 그리고 위액은 위 내 음식물의 결합조직을 분해하고 살균한다. 위 내에서 분해된 반고체 상태의 음식물을 미즙(chyme)이라 한다.

물, 염분, 알코올 같은 경우는 위에서도 바로 혈류로 유입될 수 있지만, 대부분의 영양소가 흡수되는 장소는 작은창자(소장)이다. 이자(췌장)에서 분비된 효소와 간과 쓸개(담낭)에서 분비되는 쓸개즙을 통해 음식물은 소장에서 완전히 분해된다.

막창자꼬리(충수)
곧은창자(직장)

작은창자에서 흡수되거나 소화되지 않은 음식물은 작은창자에서 1~4시간을 거쳐 큰창자(대장)에 도달한다. 이것들은 대부분 우리 몸에 필요 없는 것들이다. 큰창자에서 다시 10시간~수일에 걸쳐 이 물질들의 수분, 비타민, 염분들을 흡수해 혈류로 공급한다. 남아 있는 물질들(소화되지 않은 음식물, 세균, 약간의 지방, 소화관에서 떨어져 나온 세포들)은 곧은창자(직장)로 이동하고, 거기서 몸 밖으로 배출된다.

작은창자(소장)의 내벽은 500만 개 이상의 작은 손가락 모양인 융모(villi)로 이루어져 있다. 융모는 작은창자의 표면적을 피부보다도 5배나 넓게 하는 효과가 있고 이를 통해 영양소의 흡수율을 늘리는 역할을 한다.

용모
동맥
정맥
림프관

생리학의 창시자는 누구인가?

베르나르$^{Claude Bernard, 1813~1878}$가 새로운 여러 가지 개념을 생리학 분야에 도입하여 생리학을 발전시켰다. 이 중에 가장 유명한 것은 내부 환경에 관한 개념이다. 다양한 기관의 복잡한 기능은 밀접하게 연관되어 있으며 외부의 환경 변화에도 불구하고 내부 환경을 일정하게 유지하려는 방향으로 작용한다. 모든 세포는 혈액과 림프로 이루어진 액체 내부 환경 안에 존재하며, 이 액체 내부 환경을 통해 영양분을 공급받고 노폐물을 배출한다.

생리학의 개척자 클로드 베르나르

누가 항상성이라는 말을 처음 사용했는가?

베르나르의 내부 환경에 관한 개념을 정교하게 다듬은 캐넌$^{Walter Bradford Cannon, 1871~1945}$은 몸이 내부 환경을 일정하게 유지하는 능력을 나타내기 위해 항상성^{homeostasis}이라는 말을 처음으로 사용했다.

모자를 쓰지 않았을 때 머리를 통해 잃는 열의 양은 얼마나 되는가?

7%에서 55% 사이의 열을 머리를 통해서 잃는다. 머리로 가는 혈액의 양은 심장에 의해 조절된다. 일을 많이 할수록 더 많은 혈액이 머리로 흘러가고 더 많은 열이 머리를 통해 방출된다.

남성과 여성의 적정한 몸무게는 얼마인가?

미국 국립 심장, 폐, 혈액 연구소는 국립 당뇨, 소화기, 신장 질병 연구소와 함께 1998년에 성인을 위한 몸무게 지표를 발표했다. 이 지표는 체질량지수(BMI)를 이용하여 비만과 과체중의 정도를 정의했다. 몸무게와 키를 바탕으로 산출한 체질량지수는 전체 지방의 양과 밀접하게 연관되어 있다. 체질량지수는 심장질환, 당뇨병, 고혈압의 위험 정도를 나타낸다. 체질량지수를 알기 위해서는 몸무게(kg)를 키(m)의 제곱으로 나누면 된다. 예를 들어 어떤 사람의 키가 180cm이고 몸무게가 89kg이면 이 사람의 체질량지수(BMI)는 27.5이다. 체질량지수가 25 이하이면 위험도가 낮고, 25에서 29 사이이면 과체중이며, 30 이상이면 비만을 나타낸다. 체질량지수는 여성과 남성에게 모두 적용된다. 운동선수처럼 근육이 많은 사람은 건강에 문제가 없으면서도 BMI 지수가 높을 수 있다.

사람의 체형은 어떻게 분류하는가?

사람의 신체 형태를 생리학적 기능, 행동, 질병 위험도에 따라 나누는 것은 미국의 생리학자 셸던William Herbert Sheldon, 1898~1977이 고안했다. 셸던의 체계에서는 전체적인 크기를 무시하고 신체 형태를 엔도모프(땅딸막한 내배엽형 체격), 메조모프(중배엽형 체격), 엑토모프(마르고 키가 큰 외배엽형 체격)의 세 가지로 분류한다. 극단적인 엔도모프형

체형의 분류

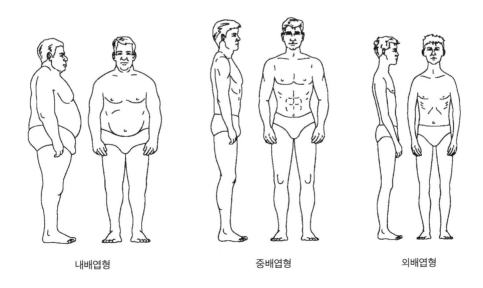

내배엽형   중배엽형   외배엽형

체격을 가진 사람은 머리가 둥글고, 살이 찐 배와 윗부분은 굵지만 손목과 발목은 가늘어 팔다리가 약하다. 극단적인 메조모프형 체격인 사람은 커다란 사각형 머리에 어깨와 가슴이 넓으며, 근육질의 팔다리를 가지고 있다. 극단적인 엑토모프형 체격은 갸름한 얼굴과 들어간 턱, 높은 이마, 가늘고 좁은 가슴과 배, 방추형 모양의 팔다리를 가지고 있다. 셸던의 체계에서는 여러 가지 요소를 고려하여 혼합형 체격도 인정한다. 셸던은 체형과 행동 그리고 기질 사이에 밀접한 관계가 있다고 믿었다. 그러나 체형을 이렇게 분류하는 데 대해서는 많은 비판이 있다.

샴쌍둥이라는 용어가 생겨난 계기가 된 쌍둥이는 누구인가?

샴쌍둥이라는 말은 태국에서 태어난 중국인 쌍둥이로 서커스단에서 일했던 벙커^{Chang and Eng Bunker, 1811~1874} 형제에게서 유래했다. 샴쌍둥이는 신체의 일부, 대개는 엉덩이, 가슴, 또는 머리가 붙은 채로 태어난 일란성 쌍둥이를 일컫는다. 다른 일란성 쌍둥이와 마찬가지로 하나의 수정란에서 발생했지만 적당한 시기에 두 개의 개체로 분리되는 데 실패한 쌍둥이이다. 이렇게 될 확률은 매우 낮아 전 세계에서 500건 정도 보고되었다. 샴쌍둥이를 분리하는 수술은 매우 복잡하여 많은 경우 한쪽이나 두 쪽 모두가 목숨을 잃을 수 있다.

샴쌍둥이인 창과 엥 벙커 형제는 P. T. 바움에 의해 유명해졌다.

돌출된 귀의 원인은 무엇인가?

귓바퀴가 있지만 매우 작으면 귀가 돌출된다. 이러한 경향은 특정한 가계에 나타난다.

세계에서 가장 오래 살았던 사람은 누구인가?

프랑스의 여배우 칼망^{Jeanne Louise Calment, 1875~1997}은 나이를 정확하게 알 수 있는 사람 중에서 가장 오래 살았던 사람이다. 그녀는 122년 164일을 살았다. 칼망은 114살의 나이에 〈빈센트와 나(1990)〉라는 영화에서 자신의 역할을 연기했다.

왼손잡이와 오른손잡이 외에 왼쪽과 오른쪽을 선호하는 것은 또 무엇이 있을까?

대부분의 사람들은 선호하는 눈, 귀, 발이 있다. 한 연구에 의하면 46%의 사람은 오른발을 선호하고 3.9%는 왼발을 선호한다. 72%는 오른손잡이이고, 5.3%는 왼손잡이이다. 왼손잡이와 오른손잡이의 비율은 조사에 따라 다르지만 대략 1 대 10 정도이다. 건강한 성인의 90%는 글씨를 쓸 때 오른손을 사용하고, 3분의 2는 대부분의 기술과 조절을 요구하는 활동에 오른손을 사용한다. 이러한 경향에는 여성과 남성의 차이가 없다.

시체를 화장한 후에는 무엇이 남는가?

화장하는 동안의 뜨거운 열기가 몸을 구성하고 있던 물을 증발시키고 연한 조직과 뼈를 태운다. 따라서 화장한 후에는 1.8kg에서 3.6kg 정도의 재와 뼛조각만 남게 된다. 남성 성인의 경우는 3.4kg 정도가 남고 여성 성인의 경우는 2.6kg 정도가 남는다. 대부분의 현대적 화장장에서는 전기를 이용하여 남은 뼈를 빠르게 분말로 만들기 때문에 평균적인 유골함에 잘 들어간다.

냉동보존이란 무엇인가?

인간을 장기간 보존하기 위해 생명활동을 중단시키는 것은 현대의 중요한 연구 과제였다. 후에 재생할 목적으로 신체를 냉동하여 보존하는 것은 1960년대부터 시도됐다.

일반적으로 법적으로 죽음이 선고된 다음에만 냉동보존이 허용된다.

냉동보존의 가능성에 대해서는 과학자들도 의견이 다르다. 현재로서는 냉동보존된 신체를 다시 살리는 데 필요한 과학이나 기술을 알지 못한다. 냉동보존된 사람의 수는 매우 적다. 한 단체의 냉동 연구소는 2018년 약 160여 명의 신체를 냉동보존하고 있다. 냉동보존에 드는 비용은 28,000달러에서 120,000달러 사이이다.

뼈, 근육, 신경

사람의 몸에는 얼마나 많은 수의 뼈가 있는가?

아기는 300~350개의 뼈를 가지고 태어나지만 이들은 서로 연결되어 어른이 된 후에는 206개의 뼈를 가지게 된다. 뼈의 개수는 뼈를 세는 방법에 따라 달라진다. 어떤 사람들은 하나의 뼈 체계를 여러 개의 뼈로 이루어진 구조로 보지만 다른 사람들은 뼈 하나의 여러 부분으로 보기도 한다.

위치	뼈의 수
머리	22
귀	6
척추	26
흉골	3
목구멍	1
가슴	4
팔	60
엉덩이	2
다리	58
계	206

가장 잘 부러지는 뼈는 무엇인가?

빗장뼈(쇄골)가 사람의 몸에서 가장 잘 부러지는 뼈이다. 빗장뼈는 직접적인 타격에 의해서도 부러지지만 뻗은 팔에 가해지는 힘이 전달되어 부러지기도 한다. 한편 75세 이상인 사람에게서 자주 부러지는 뼈는 아래팔뼈와 골반뼈이다. 아래팔뼈의 골절은 넘어질 때 넘어지지 않으려고 물건을 잡거나 땅을 짚다가 발생한다. 사람의 몸무게가 손에 집중되면 손목 바로 위에 있는 뼈에 골절이 생긴다.

사람의 몸에 있는 뼈 중에서 다른 뼈와 닿아 있지 않은 것은 무엇인가?

목뿔뼈(설골)는 몸의 다른 뼈와 닿아 있지 않은 유일한 뼈이다. 목뿔뼈는 성대 위쪽에 있으면서 혀 근육을 지탱해준다. 이것은 사람이 목을 맬 때 주로 부러지는 뼈로 교수형에 처하는 그림에서 자주 나타난다.

손가락 관절에서 소리가 나는 이유는 무엇인가?

손가락을 급하게 잡아당기면 평소에 액체로 채워져 있는 뼈를 이어주는 관절 부위에 진공이 만들어진다. 그리고 액체가 빈자리로 급하게 돌아갈 때 소리가 난다.

손가락 관절에서 소리가 나는 것은 해롭지 않은가?

관절에서 300번 소리가 나게 한 후 조사한 결과에 의하면 손가락 관절에서 소리가 나는 것은 관절염과 아무런 관계가 없다는 것이 밝혀졌다. 그러나 관절 주위 연한 조직의 손상, 손가락의 쥐는 힘 약화와 같은 사소한 증세는 발생하는 것으로 조사됐다. 관절 주위의 인대를 빠르게 반복적으로 늘리는 것이 손상의 원인으로 보인다.

퍼니본은 무엇인가?

퍼니본^{funny bone}은 뼈가 아니라 팔꿈치 뒤쪽에 있는 자뼈(척골) 신경의 일부이다. 이 부분을 부딪치면 얼얼하거나 일시적으로 팔의 감각을 잃을 수 있다.

몸에서 가장 단단한 물질은 무엇인가?

이의 에나멜질이 몸에서 가장 단단한 물질이다. 이것은 96%가 광물질이고 4%가 유기물과 물이다.

젖니는 왜 나는가?

젖니는 영구치와 같은 목적으로 사용된다. 젖니 역시 영구치와 마찬가지로 씹는 데 사용되고, 얼굴을 더 멋있게 보이도록 하며, 언어 발달을 위해서 필요하다. 젖니는 또한 영구치가 가지런히 나올 수 있도록 필요한 공간을 확보하는 데도 필요하다. 젖니의 개수는 20개이고 영구치의 개수는 32개이다.

왜 치과 의사는 어금니와 어금니 앞에 있는 이를 실란트로 치료하는가?

이의 표면을 부드러운 플라스틱으로 씌우는 실란트는 어린이의 첫 번째와 두 번째 영구 어금니에서 음식이나 세균이 끼어 있을 수 있는 부분을 때워 이를 보호하려는 것이다. 이의 치료에 사용되는 플라스틱은 빛이나 화학약품을 이용하여 굳힌다.

사람의 몸에는 몇 개의 근육이 있는가?

어떤 사람들은 근육의 수를 850개로 보기도 하지만 일반적으로 사람의 몸에는 656개의 근육이 있다고 본다. 사람에 따라 어떤 것이 독립된 근육이고 어떤 것이 큰 근육의 일부인지를 판단하는 기준이 다르기 때문에 근육의 수가 일치하지 않는다. 또한 전체적인 구조는 같지만 사람에 따라서 근육의 구조가 조금씩 다른 것도 근육의 수가 일치하지 않는 이유가 된다.

세 종류의 근육이 신체 구조에 의해 이용된다. 신체의 여러 부분을 움직이는 데 사용되는 골격근은 줄무늬가 있는 가로무늬근이다. 이런 근육은 사용자의 의지로 움직일 수 있기 때문에 수의근이라고 부른다. 두 번째 종류의 근육은 위, 장의 벽, 정맥이나 동맥의 벽, 그리고 다양한 내부 장기에서 발견되는 민무늬근이다. 불수의근이라고 부르는 이런 근육은 의지에 의해 움직일 수 없다. 마지막 근육은 심장 근육으로 무늬를 가지고 있지만 불수의근이다.

인체 표본 모형은 무엇인가?

사람의 몸의 3차원 모형이며 보통 플라스틱으로 만든다. 이것은 피부와 지방층을 제거한 형태이다. 이 모형의 목적은 해부학적으로 정확하게 근육의 표면을 보여주는 것이다.

인체 표본 모형

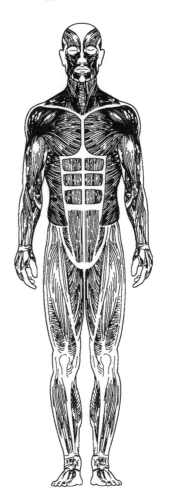

어떤 근육이 사람에 따라 가장 많은 차이가 나는가?

목 양쪽에 있는 넓은목근(활경근)이 가장 다양하다. 어떤 사람은 이 근육이 이 부위 전체를 차지하지만 끈 모양을 하고 있는 사람도 있으며 드물게는 아예 없는 경우도 있다.

사람의 몸에서 가장 긴 근육은 무엇인가?

사람의 몸에서 가장 긴 근육은 허리에서 넓적다리 안쪽을 따라 무릎까지 이어지는 넙다리빗근(봉공근)이다. 이 근육은 엉덩이와 무릎을 움직이는 데 사용된다. 한편 가장 큰 근육은 엉덩이에 있는 볼기근(둔근)으로 대퇴골을 몸에서 멀리 움직이는 데 사용되고, 엉덩이 관절을 곧게 하는 역할을 한다.

슬건은 무엇인가?

넓적다리 뒤쪽에는 세 개의 슬건이 있다. 이 힘줄은 넓적다리에 붙어 무릎을 꿇을 때와 같이 다리를 굽히는 데 사용된다.

왜 지나친 운동을 하면 근육이 아픈가?

격렬한 운동 중에는 혈액이 근육에 충분한 산소를 공급할 수 없다. 산소가 부족하면 근육 세포는 젖산을 생산하기 시작하고 이것은 근육 내에 축적된다. 근육이 아픈 이유는 근육에 축적된 젖산 때문이다.

웃거나 찡그릴 때는 각각 몇 개의 근육이 움직이나?

웃을 때는 16개의 근육이 사용되고, 찡그릴 때는 43개의 근육이 사용된다.

입 뒤쪽에 달려 있는 작은 살덩이의 이름은 무엇인가?

목젖은 작고 부드러운 구조로 입천장 끝에 매달려 있다. 목젖은 근육, 결합조직, 점액질 막으로 되어 있다.

사람이 입으로 물 때 내는 힘은 얼마나 될까?

턱의 모든 근육을 이용해 이를 닫으면 앞니로는 25kg중의 힘을 낼 수 있고, 어금니로는 90.7kg중의 힘을 낼 수 있다. 어금니를 이용하여 122kg중의 힘으로 문 경우도 보고되었다.

몸에서 가장 큰 신경은 무엇인가?

사람의 몸에서 가장 큰 신경은 궁둥신경(좌골신경)으로 그 굵기는 1.98cm나 된다. 이 신경은 척수에서 다리의 뒤쪽으로 이어지는 섬유로 구성되었으며 넓고 편평하다.

기관과 내분비선

사람의 몸에서 가장 큰 기관은 무엇인가?

사람의 몸에서 가장 크고 무거운 기관은 피부이다. 보통 사람의 피부 전체 면적은 1.9m²이며 큰 사람의 피부 면적은 2.3m²이다. 보통 사람의 피부 무게는 2.7kg이나 된다. 일반적으로 피부는 기관으로 보지 않지만 의학에서는 피부도 하나의 기관이다. 기관은 다양한 조직이 모여 특정한 단위의 구조를 만들어 특정한 기능을 수행하는 것을 말한다.

피부 조직

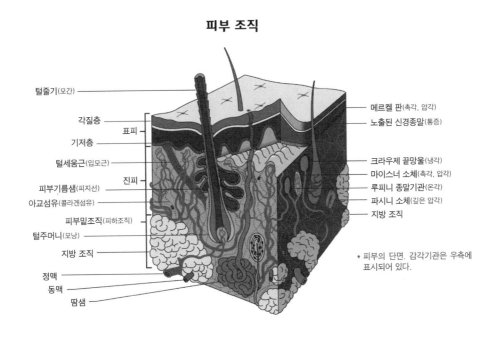

털줄기(모간)

각질층
표피
기저층

털세움근(입모근)

피부기름샘(피지선)
진피
아교섬유(콜라겐섬유)

피부밑조직(피하조직)

털주머니(모낭)

지방 조직

정맥
동맥
땀샘

메르켈 판(촉각, 압각)
노출된 신경종말(통증)

크라우제 끝망울(냉각)
마이스너 소체(촉각, 압각)
루피니 종말기관(온각)
파시니 소체(깊은 압각)
지방 조직

* 피부의 단면. 감각기관은 우측에 표시되어 있다.

뇌의 기본 단위는 무엇인가?

신경세포인 뉴런이 뇌를 구성하는 중요한 기본 단위이다. 태어날 때 뇌는 200억 개에서 2,000억 개로 가장 많은 뉴런을 가지고 있다. 매일 수천 개의 뉴런이 죽지만 보충되지 않는다. 그러나 나이가 많아져서 아주 많은 뇌세포가 줄어들기 전까지는 외관상으로 별로 차이가 나지 않는다.

사람 두뇌의 평균 무게는 얼마나 될까?

사람 두뇌의 평균 무게는 1.36kg이다. 여성의 평균 두뇌 부피는 1300cm³으로 남성의 평균인 1450cm³보다 조금 작다. 가장 큰 사람의 두뇌는 평균 크기보다 두 배 정도 된다. 그러나 두뇌의 크기와 뇌의 기능과는 아무 관계가 없다.

지렁이, 곤충, 조류, 사람의 뇌 비교

a. 지렁이의 뇌

b. 곤충의 뇌

c. 조류의 뇌

d. 인간의 뇌

심장은 얼마나 많은 일을 하는가?

심장은 한 번 박동할 때마다 71g의 피를 내보낸다. 하루에 심장이 내보내는 피의 양은 9,450리터나 된다. 평균적으로 어른의 심장은 1분에 70번에서 75번 뛴다. 심장이 뛰는 비율은 심장의 크기에 따라 달라지는데 작을수록 더 빨리 뛴다. 따라서 여자의 심장은 남자의 심장보다 1분에 여섯 번에서 여덟 번 더 많이 뛴다. 막 태어난 아기의 심장은 1분에 130번까지 뛴다.

현대인의 뇌와 네안데르탈인의 뇌 중에서 어떤 것이 더 크나?

네안데르탈인의 두개골 크기가 종종 현대인의 두개골 크기보다 크다. 네안데르탈인의 두개골 부피는 $1,350cm^3$에서 $1,700cm^3$ 사이로 평균 $1,400cm^3$에서 $1,450cm^3$이다. 현대인의 두개골 평균 용량은 $1,370cm^3$로 작은 경우는 $950cm^3$에서 큰 경우에는 $2,200cm^3$까지 되기도 한다. 그러나 두뇌의 크기는 지능지수와는 관계가 없다.

일생에 한 사람이 얼마나 많은 공기를 마시나?

보통 사람은 일생에 2억 8,400만 리터의 공기를 마신다. 가만히 누워 있는 경우에는 1분마다 7.5리터의 공기를 필요로 하고, 앉아 있는 경우에는 15리터를 필요로 하며, 걸을 때는 23리터, 뛸 때는 45리터 이상의 공기를 필요로 한다.

허파는 좌우가 똑같을까?

오른쪽 허파가 왼쪽 허파보다 2.5cm 정도 짧다. 그러나 부피는 오른쪽 허파가 더 크다. 오른쪽 허파는 세 개의 엽을 가지고 있지만 왼쪽 허파는 두 개만 가지고 있다.

가슴에는 어떻게 공기가 들어 있는 두 개의 허파가 들어갈 만한 충분한 공간이 있는가?

공기가 들어 있는 두 허파의 부피는 음료수병 여덟 개의 부피와 같은 6리터이다. 이렇게 큰 부피의 허파가 들어가기 위해서는 숨을 들이마실 때마다 근육이 흉곽을 들어 올려 팽창시키는 것과 동시에 허파 아래에 있는 횡격막은 편평해져야 한다.

인간의 호흡기관

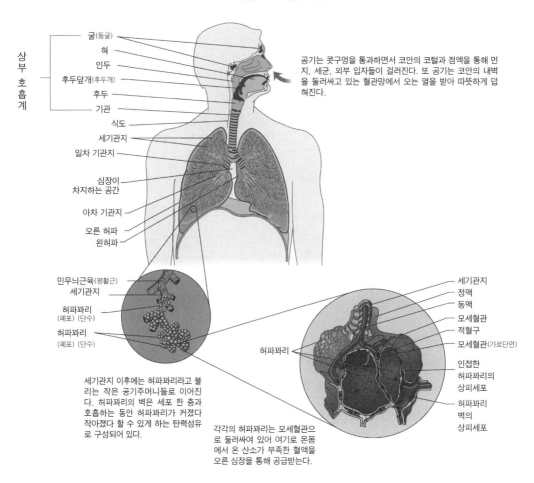

굴(동굴)
혀
인두
후두덮개(후두개)
후두
기관
식도
세기관지
일차 기관지
심장이 차지하는 공간
아차 기관지
오른 허파
왼허파

상부 호흡계

공기는 콧구멍을 통과하면서 코안의 코털과 점액을 통해 먼지, 세균, 외부 입자들이 걸러진다. 또 공기는 코안의 내벽을 둘러싸고 있는 혈관망에서 오는 열을 받아 따뜻하게 덥혀진다.

민무늬근육(평활근)
세기관지
허파꽈리(폐포)(단수)
허파꽈리(폐포)(단수)

세기관지 이후에는 허파꽈리라고 불리는 작은 공기주머니들로 이어진다. 허파꽈리의 벽은 세포 한 층과 호흡하는 동안 허파꽈리가 커졌다 작아졌다 할 수 있게 하는 탄력섬유로 구성되어 있다.

허파꽈리

각각의 허파꽈리는 모세혈관으로 둘러싸여 있어 여기로 온몸에서 온 산소가 부족한 혈액을 오른 심장을 통해 공급받는다.

세기관지
정맥
동맥
모세혈관
적혈구
모세혈관(가로단면)
인접한 허파꽈리의 상피세포
허파꽈리 벽의 상피세포

딸꾹질은 왜 생기며 어떻게 치료해야 하나?

딸꾹질은 횡격막이 무의식적으로 수축하여 일어난다. 횡격막이 수축하면 성대가 갑자기 닫히면서 딸꾹질을 하게 된다. 딸꾹질은 위의 공기를 제거하는 것을 도와주고, 식도의 흥분을 가라앉히는 역할도 하며, 횡격막의 운동을 조절하는 신경 사이의 일시적인 부조화를 해소하기도 한다. 딸꾹질은 너무 빨리 먹거나 마실 때, 혹은 피로나 긴장 때문에 발생하기도 한다. 일반적으로 딸꾹질은 몇 분 후에 없어지지만 이를 멈추게 하기 위한 여러 가지 방법이 제시되어 있다. 딸꾹질하는 사람을 큰 소리로 놀라게 하는 방법, 한 숟갈의 설탕을 먹는 방법, 종이 백 불기 등이 자주 제시되는 처방이다.

사람은 몇 살부터 딸꾹질을 하나?

사람은 모든 나이에 딸꾹질을 한다. 심지어는 태어나기 전부터도 딸꾹질을 한다. 임신부들은 태아가 자궁에서 딸꾹질하는 것을 느낀다고 한다. 딸꾹질은 가슴과 배를 구분하는 횡격막이 무의식적으로 수축할 때 생긴다. 기관지 위쪽 끝에 있는 성대 사이의 성문이 갑자기 닫히면 발성 기관이 갇힌 공기에 의해 딸꾹질 소리를 낸다.

사람의 맹장은 어떤 기능을 할까?

전문가들은 맹장의 기능을 여러 가지로 추정하고 있다. 첫 번째 가능성은 초식동물에서와 같이 식물의 셀룰로오스를 소화하는 데 도움을 주는 세균이 모여 있는 장소라는 것이다. 또 다른 이론은 갑상선과 맹장이 B림프구라는 항체를 생산한다고 주장한다. 그러나 B림프구는 골수에서도 생산될 수 있다. 세 번째 이론은 맹장이 감염된 세균을 인체 기능에 별다른 영향을 주지 않는 지점으로 유인해 모으는 역할을 한다고 주장한다.

최초로 수술을 통해 맹장을 제거한 사람은 1736년에 영국의 아미얀드Claudries Amyand, 1680~1740였다.

일곱 개의 내분비선은 무엇인가?

중요한 내분비선에는 뇌하수체, 갑상선, 부갑상선, 부신, 췌장, 정소, 난소가 있다. 이 내분비선들은 신진대사의 변화를 자극하는 호르몬을 혈액 속으로 분비한다.

뇌하수체	신장에서 나트륨과 칼륨의 재흡수를 조절하는 알도스테론을 생산하도록 부신피질을 자극하는 ACTH, 생식 기능과 유방의 젖 분비를 촉진하는 FSH, 갑상선을 자극하여 티록신을 분비하도록 하는 TSH, 여성에서는 배란을, 남성에서는 테스토스테론의 생산을 촉진하는 LH, 일반적인 성장을 촉진하는 GH와 같은 호르몬을 분비한다. 뿐만 아니라 자궁의 수축을 위한 옥시토신을 저장한다.
갑상선	신진대사의 속도, 특히 성장과 발육을 조절하는 트리아이오도티로닌(T3)과 티록신(T4)을 분비하고, 혈액의 칼슘 농도는 낮추어주는 칼시토닌을 분비한다.
부갑상선	혈액의 칼슘 농도를 높여주고 신장에서의 칼슘 재흡수를 촉진하는 PTH를 분비한다.
부신	신체가 스트레스를 이겨내고 혈압, 심장 박동, 신진대사 속도, 혈당량 등을 증가시키는 에피네프린과 노르에피네프린을 분비한다. 부신피질에서 분비되는 알도스테론은 신장의 나트륨과 칼륨 농도를 유지하고 신체가 스트레스에 적응하는 것을 도와주며, 지방을 이동시키고 혈당을 증가시킨다.
췌장	혈당을 조절하고 글리코겐의 생산을 촉진하며, 지방의 축적, 단백질 합성을 조절하는 인슐린을 분비한다. 췌장에서 분비되는 글루카곤은 혈당량을 증가시키고 지방의 이동에 관여한다.
정소와 난소	성장을 촉진하고 생식에 관여하는 에스트로겐, 프로게스테론, 테스토스테론을 분비한다.

어떤 내분비선이 가장 큰가?

간은 가장 큰 내분비선이며 피부 다음으로 큰 기관이다. 무게가 1.1kg에서 1.5kg인 간은 500여 가지 기능을 하는 데 필요한 크기의 일곱 배이다. 간은 인체의 가장 중요한 화학 공장이다. 간에서 분비되는 쓸개즙은 지방을 분해하고, 반쯤 소화된 음식물을 중화한다. 간은 또한 순환계의 일부가 되기도 한다. 그래서 혈액의 독성을 제거하고, 혈액의 성분을 조절하는 역할도 한다.

사람의 체온을 조절하는 것은 무엇인가?

시상하부는 피부와 내장에 있는 온도 수용체로부터 받아들인 자극에 반응하여 체온을 조절한다. 시상하부는 내부 온도의 기준을 설정하고 계속해서 체온과 이 기준을 비교한다. 만약 두 온도가 일치하지 않으면 시상하부는 온도를 낮추거나 높이는 과정을 시작한다.

체 액

네 가지 체액은 무엇인가?

신체를 구성하는 네 가지 체액은 심장, 뇌, 간, 비장에 근거를 둔 혈액, 점액, 담즙, 검은 담즙이다. 네 가지 체액설은 만물을 구성하는 네 가지 원소인 흙, 불, 공기, 물에 체액을 대응시킨 아그리젠토의 엠페도클레스^{Empedocles, B.C.504~B.C.433}의 이론에 기원을 두고 있는 것으로 보인다. 이 체액들은 신체의 건강뿐만 아니라 개인의 성격도 결정한다. 건강하기 위해서는 네 가지 체액이 체내에서 조화를 이루어야 한다. 따라서 병이 나면 체액이 조화를 이루도록 치료를 해야 한다.

혈액, 소변, 침의 정상적인 pH는 얼마인가?

동맥혈의 정상적인 pH는 7.4이며 정맥혈의 pH는 7.35이다. 정상적인 소변의 pH는 6.0이며 침의 pH는 6.0~7.4이다.

바닷물과 혈액은 얼마나 비슷한가?

성분	바닷물(g/l)	혈액(g/l)	성분	바닷물(g/l)	혈액(g/l)
Na	10.7	3.2~3.4	Cl	19.3	3.5~3.8
K	0.39	0.15~0.21	SO_4	2.69	0.16~0.34
Ca	0.42	0.09~0.11	CO_3	0.073	1.5~1.9
Mg	1.34	0.012~0.036	단백질		70

산소가 혈액으로 들어가는 과정은 어떻게 일어나는가?

심장의 우심방으로 들어가는 혈액에는 신체에서 만들어진 노폐물인 이산화탄소가 포함되어 있다. 이 혈액은 우심실로 보내져서 허파동맥을 통해 허파로 보내진다. 허파에서는 혈액에 있는 이산화탄소가 제거되고 산소가 들어온다. 산소를 포함한 혈액은 허파정맥을 통해 심장의 좌심방으로 들어간 다음 한쪽으로만 혈액이 흐르도록 되어 있는 판막을 통과해 좌심실로 들어간다. 좌심실은 산소를 포함한 혈액을 동맥과 모세혈관 망을 통해 온몸으로 내보낸다. 이때 좌심실은 우심실보다 여섯 배나 강한 힘으로 수축해야 한다. 따라서 좌심실의 근육은 우심실의 근육보다 두 배 더 두껍다.

사람은 하루에 얼마나 많은 침을 만들어낼까?

침은 점액, 물, 소금 그리고 탄수화물을 분해하는 효소의 혼합물이다. 깨어 있는 사람은 매분 0.5ml의 침을 분비한다. 그러므로 하루에 16시간 깨어 있다고 가정할 때 0.5ml×960분을 계산하면 하루 동안 480ml의 침을 분비한다는 것을 알 수 있다. 하지만 이것은 단지 기본적인 계산일 뿐이고 운동, 식사, 말하기 등이 모두 침의 분비량을 증가시키기 때문에 실제로 하루에 분비하는 침의 양은 이보다 많다.

사람의 몸에는 평균 얼마나 많은 양의 피가 있는가?

몸무게가 70kg인 남자는 몸속에 약 5.2리터의 피가 있으며, 몸무게가 50kg인 여자는 3.3리터의 피를 가지고 있다.

사람의 몸에 들어 있는 혈관의 길이는 얼마나 될까?

혈관을 모두 연결하면 그 길이는 96,500km나 된다.

사람의 몸에서 가장 큰 동맥은 무엇인가?

좌심실에서 온몸으로 나가는 대동맥이 사람의 몸에서 가장 큰 동맥이다.

왜 잠이 들면 팔다리가 저리는가?

잠들면 팔다리가 저리고 따끔거리는 느낌을 받는 것은 팔다리에 충분한 혈액이 공급되지 않기 때문이다.

ABO식 혈액형을 발견한 사람은 누구인가?

오스트리아의 의사 란트슈타이너^{Karl Landsteiner, 1868~1943}는 1909년에 ABO식 혈액형을 발견했다. 란트슈타이너는 수혈했을 때 언제 성공하고 언제 죽음에 이르는지를 조사했다. 그는 여러 가지의 혈액형이 있다고 가정했다. 특정한 혈액형의 혈액은 다른 혈액형의 혈액에 항체로 작용한다. 그러므로 서로 다른 혈액형을 가진 사람들 사이에 수혈이 이루어지면 적혈구가 뭉쳐서 혈관을 막아버린다.

심장의 절개 단면(위) 및 이완기와 수축기의 혈액 흐름

왼 온목동맥(좌 총경동맥)

빗장밑동맥(좌 쇄골하동맥)

팔머리동맥(상완두동맥간)

위대정맥(상대정맥)

대동맥

오른
허파동맥
(우 폐동맥)

왼 허파동맥
(좌 폐동맥)

오른
허파정맥
(우 폐정맥)

왼 허파정맥
(좌 폐정맥)

왼심방(좌심방)

반달판막
(반월판)

반달판막(반월판)

방실판막

왼심실(좌심실)

방실판막

오른심실
(우심실)

사이막(중격)

아래대정맥
(하대정맥)

몸의 윗부분에서 온
산소가 부족한 혈액

허파에서 온
산소가 풍부한 혈액

산소가 풍부한
혈액이 몸으로
나감

산소가 부족한
혈액이 허파로 나감

몸의 밑부분에서
온 산소가부족한 혈액

심실이 이완한다

심실이 수축한다

가장 흔한 혈액형은 무엇인가?

혈액형	비율	혈액형	비율
O+	37.40%	B+	8.50%
O−	6.60%	B−	1.50%
A+	35.70%	AB+	3.40%
A−	6.30%	AB−	0.60%

미국 기준

혈액형	비율
O	28%
A	34%
B	27%
AB	11%

한국 기준

다수를 점하고 있는 혈액형이 지역에 따라서는 분포가 크게 다르다. O형이 일반적으로 가장 많지만(46%), 어떤 지역에서는 A형이 가장 많다.

헌혈은 얼마나 자주 할 수 있는가?

혈액은 가장 쉽게 다른 사람에게 제공할 수 있는 조직이다. 미국 적십자사에 따르면 몸무게가 50kg인 건강한 사람은 8주마다 한 번씩 헌혈할 수 있다.

혈소판 성분채집술이란 무엇인가?

헌혈의 경우 대부분은 혈액 전체를 제공하지만 성분채집술이라는 기술을 이용하면 혈액의 일부만 제공할 수도 있다. 제공자의 혈관으로부터 혈액이 성분채집술 장치로 들어오면 원심분리법을 이용하여 혈액을 여러 가지 성분으로 분리한다. 장치를 잘 조절하면 혈액의 특정한 성분, 예를 들면 혈소판과 같은 성분만 걸러내고 나머지는 제공자에게 다시 돌려보낼 수 있다. 이 과정은 혈액 전체를 제공하는 것보다 더 많은 시간이 걸리지만 혈소판을 더 많이 제공할 수 있다.

성분채집술을 이용하여 모은 혈소판은 항암제 치료를 받고 있는 환자와 같이 혈소판을 많이 필요로 하는 사람에게 특히 유용하다.

모든 사람에게 수혈할 수 있는 혈액형과 모든 사람으로부터 수혈받을 수 있는 혈액형은 각각 무엇인가?

혈액형이 O형인 사람은 누구에게나 피를 줄 수 있고, 혈액형이 AB인 사람은 모든 사람으로부터 혈액을 받을 수 있다.

Rh인자란 무엇인가?

ABO식 혈액형과는 별도로 혈액은 래수스 인자$^{Rhesus\ factor}$(Rh인자)로 분류할 수 있다. 1939년에 레빈$^{Philip\ Levine,\ 1900\sim1987}$과 스테트슨$^{R.\ E.\ Stetson}$, 그리고 1940년에 란트슈타이너와 와이너$^{A.\ S.\ Weiner}$에 의해 독립적으로 발견된 Rh체계에서는 Rh인자를 가지고 있는 혈액과 가지고 있지 않은 혈액으로 구분한다. 임신부는 Rh인자를 조심스럽게 조사한다. 만약 어머니가 Rh−이면 아버지의 혈액형 역시 조사한다. 부모의 혈액형이 서로 어울리지 않는 Rh인자를 가지고 있으면 태아가 치명적인 위험에 처하게 된다. 이러한 문제는 일련의 수혈을 통해 치료될 수 있다.

정상적인 혈액 속에 포함되어 있는 이산화탄소의 양은 얼마인가?

동맥혈 속에는 일반적으로 1리터당 이산화탄소가 19ml에서 50ml의 이산화탄소가 포함되어 있고, 정맥혈에는 1리터당 22ml에서 30ml 포함되어 있다.

가장 희귀한 혈액형은 무엇인가?

가장 희귀한 혈액형은 1961년 체코슬로바키아 간호사에게서 발견된 봄베이 혈액형(h−h의 일종)이다. 1968년에는 잘버트와 매사추세츠라는 오빠와 동생에게서도 발견되었다.

엄마와 아기의 혈액형을 알 때 아버지의 혈액형을 알 수 있는 방법은?

엄마의 혈액형	아기의 혈액형	가능한 아빠의 혈액형	불가능한 아빠의 혈액형
O	O	O, A, B	AB
O	A	A, AB	O, B
O	B	B, AB	O, A
A	O	O, A, B	AB
A	A	A, B, O, AB	
A	B	B, AB	O, A
A	AB	B, AB	O, A
B	O	O, A, B	AB
B	B	A, B, O, AB	
B	A	A, AB	O, B
B	AB	A, AB	O, B
AB	AB	A, B, AB	O

아기는 부모가 가지고 있지 않던 유전자를 가질 수 없다. 마찬가지로 혈액형도 부모로부터 물려받는다.

상처는 어떻게 치료되는가?

피부가 잘린 것과 같이 조직에 생긴 상처는 피가 엉긴 덩어리가 형성되면서 치료가 시작된다. 피가 엉긴 덩어리는 피나 다른 체액이 흘러나오는 것을 방지한다. 끈적끈적한 섬유 모양의 단백질이 덩어리를 만들어 혈액 세포를 가둔다. 짧은 시간 안에 이 덩어리가 모양을 갖추고 굳어져서 고체가 된다. 혈액 덩어리는 마르고 굳어지면서 딱지로 변한다. 딱지 아래에서 피부 세포가 증식하면서 상처가 치유된다. 딱지가 떨어져 나가면 상처의 치료가 끝난다.

몸무게의 몇 %가 물인가?

사람의 몸은 몸무게의 61.8%가 물이다. 단백질은 16.6%이고 지방은 14.9%이며 질소는 3.3%이다. 그 밖의 다른 원소들은 소량 들어 있다.

왜 양파를 자르면 눈물이 나는가?

양파를 자르면 잘린 세포에서 빠른 화학 반응을 통해 황 화합물인 티오프로판넬 에스 옥사이드를 방출한다. 이 물질이 눈을 자극하여 눈물이 나오도록 한다.

매운 음식을 먹을 때 땀을 흘리는 것은 무엇 때문인가?

매운 음식에 들어 있는 캡사이신이라는 화학물질이 평소에는 체온의 상승에만 반응하는 입안과 혀에 있는 신경을 자극해 땀을 흘리도록 한다. 결과적으로 뇌는 체온이 상승했다는 잘못된 신호를 감지하게 되고 얼굴에 땀이 나오도록 하는 생리적인 연쇄반응이 시작된다.

음식을 먹을 때 콧물을 흘리는 것은 무엇 때문인가?

정찬 콧물이라고 불리는 이 현상은 음식을 먹는 것이 자율신경계를 자극하여 아세틸콜린이라는 물질을 분비할 때 나타난다. 이 물질은 침, 위산, 콧물의 분비를 촉진한다. 일반적으로 음식이 매울수록 반응이 더 강하다.

코를 골 때 심장 박동이 멈추는가?

코를 골 때 심장 박동이 멈추는 것은 아니지만 심혈관계에 영향을 준다. 코를 골면 가슴 안의 압력을 변화시킨다. 이러한 압력의 변화가 심장으로 흐르는 혈액의 흐름에 영향을 주고, 이것은 다시 심장 박동의 리듬에 영향을 준다. 따라서 코를 고는 것은 심장 박동 사이의 간격을 늦출 수 있다. 이것이 건강에 나쁜 영향을 주지는 않지만 종종 심장 박동이 건너뛰는 것으로 오인한다.

피부, 머리카락, 손톱

피부는 어떤 구조로 이루어져 있을까?

보통 사람은 평균 2m²의 피부를 가지고 있다. 총 무게가 2.7kg쯤 되는 피부는 표피와 진피로 이루어져 있다. 표피는 끊임없이 새로운 세포로 대체되며 아래에 있는 새로운 세포에 의해 밖으로 밀려 나간다. 전체 표피는 27일 동안에 완전히 새로운 세포로 바뀐다. 표피 아래에 있는 진피는 감각점, 땀샘, 모낭, 혈관 등을 포함한다. 진피의 윗부분에는 손가락 같은 작은 돌기들이 위쪽으로 뻗어 있다. 발바닥, 손바닥, 또는 손가락 끝의 피부에서 볼 수 있는 언덕과 골짜기 모양은 돌기의 윗부분으로 만들어졌다. 이 돌기에서 나온 모세혈관이 상피에 산소와 영양분을 공급하며 온도를 조절한다.

처음으로 지문을 이용하여 신원을 확인한 사람은 누구인가?

일반적으로 골턴[Francis Galton, 1822~1911]이 처음으로 지문을 분류했다고 알려져 있다. 그러나 그의 기초적인 아이디어를 발전시킨 사람은 엄지의 지문을 바탕으로 하는 인식 체계를 만든 헨리[Edward Henry, 1850~1931]였다. 1901년 영국에서 헨리는 야드[Scotland Yard]와 함께 지문국을 만들었다.

일란성 쌍둥이는 지문이 같은가?

일란성 쌍둥이의 경우에도 지문은 똑같지 않아서 전문가들은 구별할 수 있다.

일란성 쌍둥이들은 혀를 말아 올리는 능력이 같은가?

혀의 양쪽을 말아 올릴 수 있는 능력은 유전적인 것이라고 생각해왔다. 그러나 일란성 쌍둥이를 이용한 실험은 혀를 말아 올리는 능력이 유전적이라는 가설을 지지하지 않는다. 한 연구에서 33쌍의 일란성 쌍둥이 중 18쌍만이 두 사람 모두 혀를 말아 올릴 수 있었다. 여덟 쌍의 쌍둥이는 두 사람 모두 혀를 말아 올릴 수 없었고, 나머지 일곱 쌍의 쌍둥이는 한 사람은 혀를 말아 올릴 수 있었지만 다른 한 사람은 말아 올릴 수 없었다.

주근깨는 위험한가?

피부에 나는 주근깨나 반점은 좁은 부분에 멜라닌 색소가 많아진 것이다. 주근깨는 햇빛에 의해 피부가 손상되어 만들어진다. 이것은 유전적 성향이 있어 같은 가족 내에서 많이 나타난다. 주근깨는 주로 얼굴, 팔과 같이 햇빛에 노출되는 부위에 자주 나타난다. 또한 어린 시절에 나타나며 겨울에는 엷어졌다가 여름에 다시 나타나기도 한다. 주근깨 자체로는 건강에 해가 되지 않지만 모든 종류의 피부암에 대한 위험도가 증가했다는 표시이다.

소름이 돋는 이유는 무엇인가?

소름이 끼치는 것은 피부의 근섬유가 수축하여 주름이 만들어지기 때문이다. 이러한 근육의 운동은 더 많은 열을 발생시켜 체온이 올라가게 한다.

문신은 어떻게 제거할까?

문신은 국부 마취에 의한 피부과 수술을 통해 제거할 수 있다. 가장 일반적으로 이용되는 수술기법은 다음과 같다.

레이저 수술	강한 레이저를 이용해 색소를 선택적으로 제거하여 문신을 없앤다. 레이저는 부작용이 적고 매우 효과적이며 위험이 적기 때문에 가장 일반적인 치료법이 되었다.
박피술	피부를 깎아내 문신의 표면과 중간층을 제거하는 방법이다. 수술요법과 드레싱을 병행하면 문신 잉크를 위로 올라오게 해 흡수할 수 있다.
외과 절개술	외과의가 수술용 메스로 문신을 제거하고 상처를 꿰매는 방법이다. 이것은 일부 문신을 제거하는 데 매우 효과적으로 문신 부위를 확실하게 제거할 수 있다. 하지만 치료 부위의 피부가 변색되거나 감염이 생기기도 하며 상처가 남을 염려가 있다. 또 문신을 제거하고 3개월에서 6개월 후에는 다른 부분보다 올라온 두꺼운 상처가 나타난다.

머리카락은 일 년에 얼마나 자랄까?

머리카락은 일 년에 약 23cm 자란다.

머리카락은 여름과 겨울 중 언제 더 빨리 자랄까?

여름 동안에는 머리카락이 자라는 속도가 10%에서 15% 빨라진다. 따뜻한 날씨에는 피부의 혈액순환이 증가하여 머리카락이 자라는 데 필요한 영양분을 충분히 공급하기 때문이다. 추운 날씨에는 내부 장기를 따뜻하게 하는 데 혈액이 더 많이 필요하기 때문에 피부로 흐르는 혈액의 양이 줄어들고 따라서 머리카락 세포가 천천히 자란다.

사람의 머리카락은 몇 개나 될까?

머리카락의 수는 사람에 따라 많은 차이가 나지만 평균 100,000개 정도이다. 대부분의 사람들은 하루에 50개에서 100개의 머리카락이 빠진다.

나이가 들면 왜 머리가 하얗게 세는가?

피부와 마찬가지로 머리카락의 색소는 멜라닌이다. 멜라닌에는 짙은 갈색이나 검은 색을 나타내는 유멜라닌과 붉으스레한 노란색을 나타내는 페오멜라닌의 두 종류가 있다. 두 가지 멜라닌은 모두 모근이나 상피층의 아래쪽에 있는 멜라닌세포라고 부르는 세포에서 만들어진다. 멜라닌세포는 이 색소를 머리카락의 주성분인 케라틴 단백질을 생산하는 케라틴세포라고 불리는 상피 세포로 보낸다. 케라틴세포가 죽으면 멜라닌이 남는다. 따라서 머리카락이나 피부에 보이는 색소는 죽은 케라틴세포에 들어 있는 것이다. 회색 머리카락은 멜라닌을 적게 가지고 있으며 흰색 머리카락은 멜라닌을 전혀 가지고 있지 않다.

머리카락이 색소를 잃는 과정에 대해서는 충분히 알려지지 않았다. 머리가 세기 시작할 때는 멜라닌세포는 아직 있지만 활동적이지 않다. 후에는 멜라닌세포의 수가 줄어드는 것으로 보인다. 유전자는 멜라닌의 축적을 조절한다. 일부 가계에서는 아직 20대일 때 머리가 세기도 한다. 일반적으로 백인의 경우 50세에 50%의 사람들이 머리가 하얗게 센다. 그러나 개인에 따라 큰 차이가 있다.

곱슬머리는 왜 생기는가?

모낭의 모양이 머리카락의 모양을 결정한다. 둥근 모낭은 곧은 머리카락을 만들고 타원형 모낭은 물결형 머리를 만들며, 편평한 모낭은 곱슬머리를 만들어낸다.

과학 수사관들은 머리카락으로부터 어떤 정보를 알아낼 수 있을까?

한 올의 머리카락에서 주인의 나이, 성별뿐만 아니라 그 사람이 먹은 약이나 마약도 찾아낼 수 있다. 또한 DNA 분석을 통해 그 머리카락이 누구의 것인지 알아낼 수 있다.

죽은 사람의 머리카락이나 손톱은 계속 자랄까?

죽은 후 12시간에서 18시간이 지나면 몸이 마르기 시작하여 손가락이나 얼굴의 피부가 수축한다. 따라서 마치 머리카락이나 손톱이 자란 것처럼 보인다.

손톱은 얼마나 빠르게 자랄까?

건강한 손톱은 매달 3mm 정도 자라서 일 년에는 3.5cm 정도 자란다. 손가락이 길수록 손톱이 빠르게 자라기 때문에 중지의 손톱이 가장 빠르게 자란다.

감각과 감각기관

눈에 떠다니는 것처럼 보이는 것은 무엇인가?

시야에 떠다니는 것처럼 보이는 것은 반투명한 반점들의 일부는 망막에서 새어나온 적혈구이다. 적혈구는 구형 또는 사슬 형태를 만들어 망막 주변을 떠돌아다닌다. 또 다른 것은 망막 앞에 있는 젤리 같은 구조의 유리액 속에 들어간 작은 물체가 만든 그림자이다. 어두운 부유물의 구름이 밝은 빛과 함께 갑자기 나타나는 것은 망막이 분리되었다는 것을 나타낸다.

눈에서 발견되는 막대세포와 원뿔세포의 기능은 어떻게 다른가?

막대세포와 원뿔세포는 빛을 화학적 에너지로 바꾸고 이를 다시 전기 에너지로 바꾸어 시신경을 통해 뇌의 시각 중추로 보내는 역할을 하는 빛 수용체를 포함하고 있다. 막대세포는 어두운 곳에서 작용하는 시세포로 색깔을 분별할 수는 없지만 운동이나 모양을 파악하는 역할을 한다. 눈 하나에는 약 1억 2,600만 개의 막대세포가 있다. 반면 원뿔세포는 밝은 곳에서 작용하며 정밀한 시야를 제공한다. 또한 색깔을 분별할 수 있다. 원뿔세포는 파장이 짧은 빛(파란빛)을 인식하는 세포, 파장이 중간 정도인 빛(초록빛)을 인식하는 세포, 파장이 긴 빛(붉은빛)을 인식하는 세포의 세 종류가 있다. 하나의 눈에는 약 600만 개의 원뿔세포가 있다.

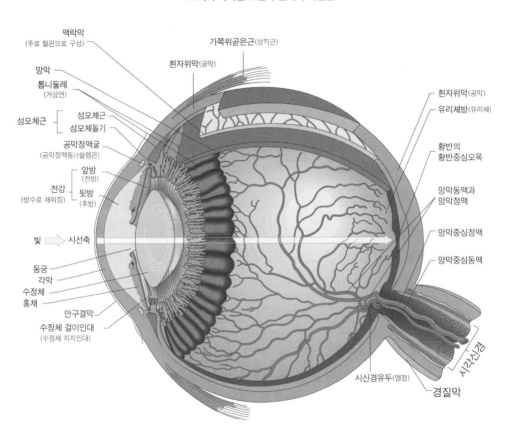

사람의 눈
코에서 바라본 오른쪽 눈의 수직단면

사람은 얼마나 자주 눈을 깜박거리나?

눈을 깜박거리는 속도는 사람, 그리고 주위 환경에 따라 다르다. 그러나 평균적으로 5초에 한 번씩 깜박거리며 1분에 12번, 하루에 17,000번, 그리고 일 년에 625만 번 깜박거린다. 과학 연구를 대상으로 한 시상 프로그램에 응모한 연구에서 헬드만^{Holly}

Feldman은 어른이 평균적으로 1분에 16번 눈을 깜박거려 1년이면 548만 번 깜박거린다고 관찰했다. 그는 사람이 하루에 잠을 자는 여덟 시간을 빼놓고 16시간 동안 눈을 깜박거리는 것으로 계산했다.

안내 섬광이란 무엇인가?

눈을 감고 있을 때 보이는 빛을 안내 섬광이라고 한다. 안구에 가해진 압력이 망막을 자극하여 빛이 있는 것 같은 감각이 생긴 것이다.

20/20시력이란 무엇인가?

많은 사람들은 20/20시력을 완전한 시력이라고 생각한다. 하지만 이것은 정상적인 눈이 가장 잘 볼 수 있는 거리인 6m 떨어진 물체를 분명하게 볼 수 있다는 것을 뜻한다. 어떤 사람들은 20/20시력보다 더 좋은 20/15과 같은 시력을 가지고 있기도 한다. 20/15시력은 6m 떨어진 물체를 보통 사람이 4.5m 떨어진 물체를 볼 때와 같은 정도로 분명하게 보는 시력을 말한다.

근시가 원시보다 많다?

미국인의 약 30%는 어느 정도 근시이고 60%는 원시이다. 눈동자에 들어온 빛이 망막에 정확하게 상을 만들면 물체의 깨끗한 영상을 볼 수 있다. 그러나 안구의 모양이 다르면 초점거리가 너무 짧거나 길어져서 상이 흐릿해진다. 초점거리가 너무 긴 원시는 볼록렌즈로 교정하고, 초점거리가 너무 짧은 근시는 오목렌즈로 교정하여 상이 망막 위에 맺히도록 할 수 있다.

다초점렌즈를 발명한 사람은 누구인가?

최초의 다초점렌즈는 1784년에 프랭클린Benjamin Franklin, 1706~1790이 발명했다. 그 당시에는 금속 테 안에 두 개의 렌즈를 끼워 넣어 다초점렌즈를 만들었다. 이후 1899년에 보쉬J. L. Borsch가 두 개의 렌즈를 접합한 다초점렌즈를 만들었다. 그리고 하나의 렌즈로 된 다초점렌즈는 1910년에 칼 자이스 회사에서 벤트론과 에머슨Bentron and Emerson이 만들었다.

공감각이란 무엇인가?

공감각이란 의도한 감각과 함께 다른 감각도 느끼는 것을 말한다. 예를 들면 색깔을 보면서 소리를 떠올리거나 피부를 만지면서 냄새를 느끼는 것과 같은 것을 공감각이라고 한다. 실험에 의하면 감각의 연결은 뇌의 특수한 물리적 조건에 의해 발생한다. 예를 들면 뇌의 특정한 부위로 흐르는 혈액량이 증가하면 일반적인 감각을 느끼지만 혈액량이 감소하면 공감각이 발생한다.

사진에 눈이 빨갛게 나오는 것은 무엇 때문인가?

플래시를 이용하여 찍은 컬러 사진에서 눈에 빨간 점이 보이는 것은 망막과 공막 사이에 있는 혈관에 의해 반사된 빛 때문이다. 빨간 눈은 비교적 어두운 곳에서 카메라 렌즈를 똑바로 들여다보면서 사진을 찍을 때 나타난다. 이런 현상을 최소화하기 위해서는 플래시와 카메라 렌즈를 멀리 떨어지게 하거나 다른 조명을 더 밝히면 된다.

잘 때 눈 주위에는 왜 눈곱이 생길까?

눈곱은 말라버린 점액이다. 눈 가까이에 있는 선에서는 눈의 수분을 유지하고 외부에서 들어오는 물체들로부터 눈을 보호하기 위해 점액을 분비한다. 자는 동안에는 감은 눈 때문에 점액이 밖으로 나오지 못하고 눈 가장자리에 모여 말라 눈곱이 된다. 잠에서 깨면 말라버린 점액이 눈에 들어간 모래처럼 느껴진다. 영어에서 눈곱을 샌드(모래)라고 부르는 것은 이 때문이다.

색깔이 사람의 정서에 어떻게 영향을 주나?

색깔은 전자기파의 파장에 따라 에너지가 달라지는 것을 느끼는 감각이다. 따라서 모든 색깔의 빛은 고유한 파장을 가지고 있다. 전자기파는 눈 안에 있는 화학물질을 자극하고, 뇌하수체와 솔방울샘(송과선)에 메시지를 보낸다. 이 주 내분비선이 몸 안의 다른 생리 체계와 호르몬을 조절한다. 색깔에 반응하여 흥분된 내분비선의 활동은 정서를 변화시키고, 심장 박동과 뇌의 활동을 증가시킬 수 있다.

사람은 어떻게 균형 감각을 유지하나?

균형 감각을 유지할 수 있는 것은 속귀(내이), 근육에 있는 특수한 감각 수용체, 몸에 있는 관절이나 눈, 이렇게 세 곳으로부터 뇌가 받아들이는 정보에 의존한다. 속귀에는 균형을 유지하는 데 필요한 두 개의 특수한 평형감각기관이 있다. 그중 반고리관은 머리의 회전을 감지하고, 귀돌(이석)은 중력과 머리의 선형 운동을 감지한다. 근육이나 관절에서 감각한 정보는 관절의 위치와 신체에 가해지는 힘에 대한 정보를 포함한다. 또 시각은 머리가 운동하는 방향에 대한 중요한 정보를 제공한다. 옴니맥스 극장에서 영화를 보고 있는 사람이 움직이는 것과 같은 착각을 일으키는 것은 이 때문이다. 이런 신호들은 균형과 자세, 그리고 안정감을 조절하는 뇌에 의해 처리된다.

귀 안에 있는 세 개의 뼈는 무엇인가?

귀에 있는 귓속뼈(청소골)는 망치뼈(추골), 모루뼈(침골), 등자뼈(등골)의 세 가지로 이루어져 있다. 등자뼈는 모든 뼈 중에서 가장 작은 것으로 길이는 2.6cm에서 3.4cm 정

귀의 JE구조

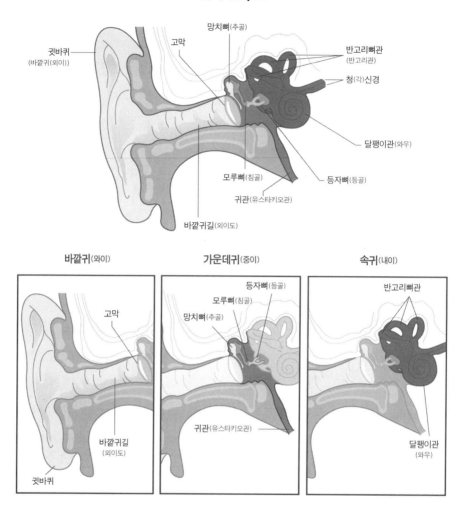

망치뼈(추골)
고막
귓바퀴
(바깥귀(외이))
반고리뼈관
(반고리관)
청(각)신경
달팽이관(와우)
모루뼈(침골)
등자뼈(등골)
귀관(유스타키오관)
바깥귀길(외이도)

바깥귀(외이)

고막
바깥귀길
(외이도)
귓바퀴

가운데귀(중이)

등자뼈(등골)
모루뼈(침골)
망치뼈(추골)
귀관(유스타키오관)

속귀(내이)

반고리뼈관
달팽이관
(와우)

도이고 무게는 0.002g에서 0.004g 사이이다. 중이에 있는 이 세 개의 작은 뼈가 바깥귀(외이)에서 받아들인 소리의 진동을 속귀(내이)에 전달한다.

사람이 들을 수 있는 소리의 범위는 얼마나 될까?

대부분의 사람들은 진동수가 20Hz~20,000Hz인 소리까지 들을 수 있다. Hz는 진동수의 단위로 1초에 한 번 진동하는 것을 나타낸다. 또한 소리의 세기를 나타내는 데는 데시벨(dB)이라는 단위를 사용한다. 10데시벨만큼 증가하면 세기는 10배 증가한다. 낙엽이 바스락거리는 소리는 10데시벨, 사무실의 소음은 50데시벨, 압력 드릴에 의한 소음은 80데시벨, 못을 박는 기계가 내는 소음은 110데시벨, 제트기가 이륙할 때 내는 소음을 60m 떨어져서 듣는 소음은 120데시벨 정도이다. 70데시벨 이상의 소음은 귀에 해로우며, 140데시벨 이상의 소음에서는 몸이 고통을 느낀다.

사람은 왜 늙는가?

이것은 영원히 젊음을 유지하는 문제와 함께 오래전부터 인류가 풀고 싶어 했던 문제였다. 과학자들은 사람이 늙는 이유를 프로그램 이론과 오류 이론의 두 가지 큰 방향에서 설명한다. 프로그램 이론에서는 늙는 것이 미리 설정된 시간표에 의해 작동하는 생물학적인 시계가 신체 내에 프로그램되어 있다고 주장한다. 프로그램 이론에는 특정한 유전자를 켜거나 끄기 때문에 늙는다는 노화 프로그램 이론과 나이가 들어감에 따라 면역체계가 약해져서 질병에 대항할 수 없게 되어 늙는다는 면역 이론이 포함된다. 한편 오류 이론에서는 노화를 피할 수 없는 고장과 손상의 축적이라고 정의한다. 다시 말해 신체가 낡아간다는 것이다. 오류 이론에는 유전자에 일어나는 돌연변이로 인해 세포가 제 기능을 하지 못하게 된다는 세포 돌연변이 이론, 정상적인 신진대사를 하는 동안에 발생한 활성 산소에 의한 손상의 축적이 세포의 기능을 정지시킨다는 활성 산소 이론이 포함된다.

사회가 발전하고 지식이 증가함에 따라 사람들은 더 오래 살게 되었다. 미국인의 평균 수명은 1900년의 47세에서 2000년의 79세로 크게 늘어났다. 그러나 불행하게도 노화를 영원히 정지시킬 수는 없다.

기본적인 맛에는 어떤 것이 있나?

네 가지 기본적인 맛에는 단맛, 신맛, 짠맛, 쓴맛이 있다. 맛을 느끼는 정도나 부위는 사람에 따라 많이 다르다. 9,000여 개의 맛봉오리 중 일부는 혀가 아닌 입의 다른 부분에도 분포한다. 입술(짠맛에 민감한), 볼 안쪽, 혀의 아랫부분, 목구멍 뒤쪽, 입천장 등이 맛봉오리가 분포해 있는 부분이다. 맛을 느끼는 감각은 냄새를 맡는 감각과 밀접하게 연관되어 있다. 따라서 감기에 걸린 사람은 음식의 맛도 잘 느끼지 못한다. 그리고 맛의 감각은 음식의 모양, 질감, 온도에도 영향을 받는다.

과거에는 혀의 맛지도를 배웠지만 현재는 단맛, 쓴맛, 짠맛, 신맛 모두 혀끝에서 가장 잘 느끼는 것으로 밝혀졌다. 혀의 양 옆과 뿌리 부근은 혀끝보다 맛을 약하게 느끼며 혀 중앙이 맛에 대해 가장 둔감하다고 한다.

혀에서 맛을 느끼는 부위(좌)**와 맛봉오리의 구조**(우)

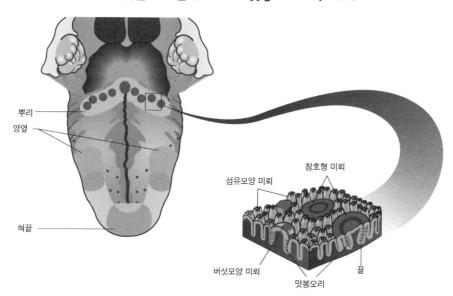

건강과 의학

건강 위험 요소

건강에 영향을 주는 위험 요인에는 어떤 것들이 있는가?

나이, 성별, 직업, 가족력, 행동양상, 몸의 화학적 상태 등 다양한 조건은 한 사람의 건강이 얼마나 위험한 상태에 있는가를 결정짓는 요인들이다. 어떤 위험 요인들은 통계적인 것이어서 다수의 사람들에게 어떤 영향을 주는지는 알 수 있지만 특정인에게 어떤 일이 일어날지에 대한 정보가 되지는 못한다. 위험 요인들 중에는 질병의 직접적인 원인이 되는 것도 있다. 이런 요인을 가지고 있느냐 그렇지 않으냐는 병에 걸릴 것인가 걸리지 않을 것인가를 결정한다.

스트레스의 주요 원인은 무엇인가?

1967년에 워싱턴 대학의 홈스^{Thomas H. Holmes}와 라헤^{Richard H. Rahe}는 인생의 주요 사건들과 질병의 발생 사이의 관계에 대한 연구를 하여 스트레스의 주요 원인에 점수를 부여하는 차트를 만들었다. 그리고 이 연구 결과를 심신의학 연구지에 〈사회 재적응 평가척도〉라는 제목으로 발표하였다. 이들은 건강 이상이나 질병이 발생할 확률이

50%인 경우에 150점을 부여했다. 또한 300점은 위험이 90% 증가한 상태를 나타낸다. 이러한 형태의 점수 매기기는 개인의 복합적인 스트레스 수준을 결정하는 데 사용되고 있다.

1967년 이후 다른 연구자들이 수정된 체크리스트를 만들었지만 기본적인 체크리스트는 그대로 쓰이고 있다. 물론 특정한 사건에 대한 개인의 반응에는 많은 요소가 영향을 주므로 이러한 체크리스트만으로 모든 것을 판단할 수는 없다.

사건	점수	사건	점수
배우자의 죽음	100	가까운 친구의 죽음	37
이혼	73	고용 상태의 변화	36
별거	65	저당권 상실	30
수감, 가까운 가족의 죽음	63	개인의 뛰어난 성취	28
개인적인 부상이나 질병	53	윗사람과의 불화	23
결혼	50	근무시간의 변화	20
해고	47	휴가	13
부부간의 화해, 은퇴	45	크리스마스	12
임신	40	경미한 법규 위반	11
경제적 상태의 변화	38		

번개에 맞을 확률은 얼마인가?

미국 해양대기연구소에 따르면 번개에 맞을 확률은 70만 분의 1이다. 그러나 보고되지 않은 사건까지 고려하면 확률은 24만 분의 1이 된다. 하지만 변수에 따라 번개 맞을 확률은 달라진다.

보름달일 때 도로나 정신병원에서의 폭력 사건이 증가할까?

달의 주기와 폭력 범죄, 자살, 위기센터 핫라인 콜, 정신질환, 정신병원 입원과의 관계를 알아내기 위한 37개의 연구에 따르면 달과 정신 상태는 전혀 상관없는 것으로 밝혀졌다. 그러나 이런 결과에도 불구하고 많은 사람들은 여전히 달이 악한 기운을 가지고 있다고 믿고 있다.

반려동물을 기르는 것이 건강에 좋은가?

몇몇 연구에 따르면 반려동물과 정기적으로 접촉하는 것이 맥박, 혈압, 스트레스를 낮춘다. 93명의 심장마비 환자를 연구한 결과 반려동물을 기르는 사람은 18명 중 1명만이 사망하였으나 반려동물을 기르지 않은 사람은 3명 중 1명이 사망했다. 반려동물은 항상성, 안정성, 편안함, 든든함, 애정, 친밀감을 준다.

지방고속도로에서 제한속도를 88.5km/h에서 104.5km/h로 올렸을 때의 영향은?

지방고속도로에서 제한속도를 88.5km/h에서 104.5km/h로 올린 뒤 사망률은 20~30%, 중상을 입을 확률은 40% 증가한 것으로 보고되었다.

여자와 남자 중에 사고를 당할 확률이 더 높은 사람은?

여자는 남자보다 더 조심하여 운전하고, 길도 더 안전하게 건넌다. 1980년부터 보고된 보행자 사고의 70%는 남자였다. 미국 고속도로 교통안전 위원회에 따르면 18세부터 45세 사이의 남자들이 치명적인 사고의 희생자가 될 확률은 여자의 세 배가 넘는다. 낙상, 총상, 익사, 화상, 심지어 식중독이나 그 외 중독에 이르기까지 모든 종류의 돌연사가 여자보다 남자에게서 자주 일어난다.

어떤 스포츠에서 사고가 일어날 확률이 가장 높으며, 어떤 사고가 가장 많이 일어날까?

미식축구 선수가 다른 운동선수들보다 부상을 많이 당한다. 두 번째로 많이 부상을 당하는 것은 농구 선수인데, 미식축구 선수들은 농구 선수보다 사고를 당할 확률이 12배 높다. 가장 흔한 부상은 무릎 부상으로, 부상을 당한 농구 선수의 $\frac{2}{3}$, 미식축구 선수의 $\frac{1}{3}$이 무릎과 관련된 부상을 입는다.

자전거를 타다가 머리에 부상을 당하는 어린이는 얼마나 될까?

미국에서는 매년 14만 명의 어린이가 자전거를 타다가 머리에 부상을 당해 응급실에 온다. 자전거를 타다가 입는 부상과 그로 인한 사망은 헬멧을 잘 쓰면 방지할 수 있다. 헬멧을 쓰는 것은 뇌 손상 위험을 88%, 얼굴 손상을 65% 줄여준다.

자동차 사고에서 충돌 방향 중 가장 치명적인 것은 어디인가?

정면충돌이 자동차 사고 사망의 가장 큰 원인을 차지한다.

부머리티스란 무엇인가?

미국 정형외과 학회에서는 나이 든 운동선수의 부상을 가리키는 말로 부머리티스 boomeritis라는 용어를 사용한다. 2000년의 연구에 따르면 1991년에서 1998년 사이에 스포츠에서 부상을 당하는 일이 나이가 35세에서 54세 사이인 베이비 붐 세대에서 33%나 증가했다는 것이 밝혀졌다. 365,000명이 넘는 베이비 붐 세대에 속하는 사람들이 스포츠 활동을 하다 다쳐서 응급실 치료를 받았다. 의학적 치료를 받아야 하는 모든 부상을 포함하면 총수는 100만 명이 넘는다.

어린이와 젊은이가 응급실을 방문할 정도의 운동 관련 부상으로 가장 흔한 것은?

어린이와 젊은이에게서 응급실을 방문할 정도의 부상으로 가장 흔한 것은 농구와 자전거 타기 관련 부상이었다. 부상의 부위는 뇌, 두개골, 상지와 하지가 많았고, 부상 종류로는 골절, 염좌, 접질림이 많았으며, 진단과 치료가 필요한 경우, 특히 정형외과 관리가 필요했다.

1년에 어린이가 응급실을 방문할 정도의 운동 부상을 당하는 대략적인 수(미국)

운동	응급실 방문 횟수
농구와 자전거*	900,000
미식축구	250,000
야구	250,000
축구	100,000
스케이트, 롤러스케이트, 스케이트보드	150,000
체조, 응원단	146,000
운동장 부상	137,000
수영, 스키 등	100,000

* 이 운동들이 꼭 더 위험한 것은 아니다. 다른 운동보다 이 운동을 하는 어린이와 젊은이가 더 많은 것일 수도 있다.

전깃줄에서 발생하는 전기장이나 자기장이 건강에 위험을 끼치는가?

이 문제에 확실한 해답을 줄 수 있는 연구 결과는 아직 없다. 과학자들은 일관성 없고, 이해할 수 없는 결과들에 중요성을 부여하지 않는다. 1990년에 미국 환경청(EPA)이 수행한 연구에 의하면 일반적으로 매우 낮은 주파수 ELF의 전자기장에 노출되는 것과 암의 발병 사이에는 통계적으로 심각한 관련이 있을 가능성이 있다. ELF파는 다른 물질을 이온화하지 않는 전자기파로 신체의 미세한 맥동과 비슷하다. 생물학적 연구는 그러한 연관관계를 아직 증명하지 못했다. 아직까지는 ELF의 위험에 대해서는 의견이 분분하다. 그러나 ELF의 위험성을 지지하는 연구에 의하면 ELF는 두통, 유산, 암에 이르기까지 많은 부분에 영향을 준다.

1995년에 미국 물리학회는 전력선에 의해 만들어지는 전자기장이 암을 발생시킨다는 주장은 아무런 증거가 없다고 보고했다. 아직 연구가 진행 중이라는 것을 전제하면서 물리학회는 현재까지의 연구 결과는 건강에 나쁜 영향을 준다는 어떤 보고도 실제로 증명할 수 없었다고 결론지었다. 캘리포니아 건강 부서의 연구를 포함한 최근의 연구도 이 문제를 확실하게 매듭짓지 못했다.

전기담요, 비디오 디스플레이, 전자오븐, 토스터, 헤어드라이어와 같이 교류를 사용하는 전기제품에서 나오는 전자기파(EMR)가 건강에 미치는 영향에 대한 연구도 진행 중이다.

석면에 노출되는 것은 왜 위험할까?

석면에 노출되는 것은 석면증을 일으키는 것으로 알려져 있다. 이것은 만성 제한성 폐질환으로 폐에 흡입된 미세 석면 섬유가 폐 조직에 흉터를 만들어서 발생한다. 석면은 또한 후두, 인두, 구강, 이자(췌장), 신장, 난소, 소화기암과도 관련이 있다. 미국 폐학회에서 석면에 오래 노출되면 폐암에 걸릴 확률이 흡연자의 2배가 된다고 보고했다. 석면 노출로 인해 암에 걸리기까지는 15년에서 30년이라는 시간이 걸린다. 중피종은 드문 암으로 흉막이나 복막의 표면을 침범하는 암이며 흉강이나 복강의 넓은 표면으로 빠르게 퍼진다. 중피종은 아직 적절한 치료 방법이 없다.

석면 섬유는 1900년부터 1970년대 초까지 건축자재로 쓰였다. 이것은 벽과 파이프의 단열재, 벽과 벽난로의 내화장치, 방음재와 흡음타일, 비닐 바닥재와 이음매 마감재의 강화물질, 페인트의 질감을 내는 용도로 쓰인다. 석면은 미세 섬유가 공기에 방출되었을 때만 건강에 위험을 끼치는데, 정상적으로 닳거나 금이 가기만 해도 이런 일이 발생한다. 석면을 제거하는 과정에서는 더 많은 석면 입자들이 방출되어 위험을 배가한다. 따라서 석면의 제거는 석면을 다루는 방법을 훈련받은 전문가들이 해야 한다. 석면 입자들은 한 번 방출되면 공기 중에 20시간 이상 존재한다.

오존은 왜 사람에게 위험할까?

고도가 낮은 곳에 있는 대기 중의 오존(O_3)은 대기를 오염시키는 물질이다. 오존은 자동차 배기가스와 같은 불순물이 대기 중에서 햇빛과 산소와의 화학 반응을 통해 생성된다. 오존은 고무, 플라스틱, 식물, 동물의 조직을 손상한다. 오존에 노출되면 많은 사람들에서 두통, 눈 따가움, 호흡기 자극이 일어난다. 천식이나 다른 호흡기 문제가 있는 사람들은 특히 민감하다. 정상인도 운동을 하는 중에 몇 시간 동안 적은 농도의 오존에 노출되면 가슴 통증, 기침, 재채기, 폐울혈과 같은 증상이 나타난다.

왜 라돈은 건강에 위험한가?

라돈은 라듐 붕괴 과정에서 생성되는 무색, 무취, 무미의 방사성 기체이다. 라돈에는 세 가지 동위원소가 있으며 토양, 바위, 우물물, 건축자재 등 여러 자연환경에서 발생한다. 라돈은 계속해서 공기 중으로 방출되고 있기 때문에, 사람이 받는 방사능의 가장 큰 방사능원이다. 1999 미국 과학 아카데미^{NAS}에서는 라돈이 폐암의 원인으로 두 번째를 차지한다고 보고했다. 매년 폐암 사망의 12%, 즉 15,000건에서 22,000건이 라돈으로 인한 것으로 추정된다. 흡연자는 비흡연자보다 더 위험하다. 미국 환경청(EPA)에서는 라돈에 의한 방사선의 세기가 1리터당 4피코퀴리 이하여야 한다고 권고하고 있다. 추정된 미국 전체의 평균값은 1리터당 1.5피코퀴리이다. EPA가 권고한 안전 수준이 매년 200회 흉부 X선 검사를 받는 것과 같기 때문에 일부 전문가들은 안전 수준을 낮추어야 한다고 주장한다. 그리하여 미국 냉난방 및 에어컨 엔지니어 학회(ASHRAE)는 2피코퀴리/리터를 추천하고 있다. EPA는 미국 전체적으로 8%에서 12%의 주택이 4피코퀴리/리터의 기준을 초과한다고 추정하고 있다. 1987년의 또 다른 조사에 의하면 21%의 주택의 방사성 수치가 이 수준보다 높다.

방사능에 노출된 정도를 어떻게 측정할 수 있을까?

인간이 흡수한 물질을 이온화하는 방사선의 양과 효과를 측정하기 위해 오랫동안 래드(rad)와 렘(rem)이라는 단위를 사용해왔다. 1rad는 1g의 질량이 100erg의 에너지를 흡수하는 것을 말한다. 또한 1rem은 1rad의 X선이나 감마선을 흡수했을 때와 같은 정도의 생물학적 효과를 나타내는 방사선을 흡수한 것을 의미한다. 따라서 1rem의 X선이나 감마선은 1rad와 같다. X선이나 감마선이 아닌 다른 형태의 방사선은 rad값에 방사선에 따른 일정한 상수를 곱해야 rem값을 구할 수 있다. 밀리렘(mrem, 1mrem=0.001rem)도 자주 사용되는 단위이다. 미국인이 일 년 동안에 받는 평균 방사선의 양은 약 360밀리렘이다. 그중 82%는 자연 방사선이 차지하고, 인공 방사선원에서 나오는 방사선은 18%이다. 실내 라돈이 자연 방사선의 중요한 방사선원이라는 사실은 최근에서야 알게 되었다. 자연 방사선의 55%가 라돈에서 발생한다.

국제단위체계[SI]에서는 흡수되는 방사선의 양을 나타내기 위해 그레이(Gy)와 시버트(Sv)를 사용한다. 이 단위가 예전의 rad와 rem 대신에 널리 사용되고 있다. 기본이 되는 단위인 1Gy는 100rad와 같은 양으로 1kg의 질량이 1J의 에너지를 흡수하는 경우의 방사선 흡수량을 나타낸다. 1Sv는 1Gy의 X선이나 감마선을 흡수했을 때의 생물학적 효과와 같은 효과를 나타내는 방사선의 흡수량을 나타낸다. 1Sv는 100rem과 같다. 한편 베크렐(Bq)은 방사선원의 세기를 나타내며 생명체에 주는 영향은 고려하지 않은 것이다. 1Bq은 1초마다 한 번 방사성 붕괴를 하는 방사선의 세기를 나타낸다.

방사능이 인체에 끼치는 영향은 무엇일까?

물질을 이온화할 수 있는 방사선이 생명체에 침투하면 원자나 분자와 충돌하여 반응성이 큰 이온들이 생성된다. 이 이온들이 분자들과 작용하여 분자구조를 바꾸어 생물학적 손상을 유발한다. 세포가 방사선에 노출되면 세포분열이 중단되고 염색체에 이상이 생기며, 유전자의 돌연변이가 생기고 다른 여러 가지 변화가 나타난다. 방사선에 과다하게 노출되면 모든 세포가 죽게 된다.

치과용 X선에서 방출되는 방사능은 어느 정도일까?

치아 검사용 X선에 의한 방사선 흡수량은 평균 0.15mrem/년 정도로 다른 의료용 X선에 비하면 적은 양이다.

미국 환경청(EPA)에서는 발암물질을 어떻게 분류하는가?

발암물질이란 암(몸 전체로 퍼져 조직을 파괴하는 악성종양)을 발생시키는 물질을 말한다. EPA는 각종 물질의 인체에 대한 독성 정도에 따라 이들을 분류했다.

EPA의 발암물질 분류 체계

그룹 A	발암물질		이 분류에 속하는 물질들은 역학적 연구를 통해 물질과 암 발생 사이의 원인－결과적 관계를 입증할 충분한 증거를 확보한 것이다.
그룹 B	발암 예상 물질	B₁	이 물질들은 동물 연구에서는 충분한 증거가 있지만 역학적 연구에서는 아직 충분한 증거를 확보하지 못한 것이다.
		B₂	이 물질들은 동물 연구에서는 충분한 증거가 있지만 역학적 연구에서는 증거가 없거나 불충분한 것이다.
그룹 C	발암 가능 물질		이 물질들은 동물 연구에서도 증거가 충분하지 못하며 역학적 연구에서는 증거가 없는 것이다.
그룹 D	인간 발암물질로 분류할 수 없는 물질		역학 연구나 동물 연구 자료가 불충분하거나 없어서 암을 일으키는지 여부를 알 수 없는 물질들이다.
그룹 E	발암물질이 아니라는 것이 증명된 물질		이 물질들은 적어도 두 종의 동물 암 발생 실험(EPA에서 인정하는)과 적절한 역학연구와 동물 연구에서 암을 일으키지 않는다는 것이 확인된 것이다. 이 그룹에 속하는 물질들은 확보 가능한 증거에 기초하여 분류했다. 그러나 이 물질들은 특정한 조건에서는 발암물질이 될 수도 있다.

'좋은' 콜레스테롤과 '나쁜' 콜레스테롤이란 무엇인가?

콜레스테롤은 세포를 구성하는 중요한 지질이다. 이들은 대부분 간에서 생성되며 담즙산염과 호르몬 생성, 혈액을 따라 지방을 운송하는 데에 관여한다. 콜레스테롤과 지방은 모두 지단백(중심부에 콜레스테롤과 지방을 포함하며 겉은 운송단백질(인지질과 아포단백)

로 싸여 있음)의 형태로 운송된다. 혈액에 콜레스테롤이 과다한 것은 유전되는 형질인
데, 이는 식이로 유발되거나 당뇨와 같은 대사질환의 결과로 나타날 수 있다. 고기, 기
름, 매일 먹는 음식 등에 포함된 지방은 콜레스테롤 수치에 큰 영향을 미친다. 혈액에
콜레스테롤이 많으면 죽상판이라고 하는 지방조직이 형성되어 관상동맥 내경을 좁힐
수 있다. 이것이 관상동맥질환이나 뇌졸중의 위험을 높인다. 그러나 혈액 속의 콜레스
테롤 대부분이 고밀도지질단백[HDL]이라면 이것은 동맥질환을 방지하는 효과가 있다.
HDL은 동맥의 콜레스테롤을 간으로 운송하여 재처리되도록 한다. HDL은 '좋은 콜레
스테롤'이라고 불린다. 반대로 대부분의 콜레스테롤이 저밀도지질단백[LDL]이나 초저밀
도지질단백[VLDL]의 형태를 띠고 있다면 동맥이 막힐 수 있다. '나쁜 콜레스테롤'이라고
부르는 것은 LDL과 VLDL이다.

혈중 알코올 농도가 어떻게 몸과 행동에 영향을 미치는가?

알코올음료를 마신 후의 효과는 체중과 실제로 마신 에틸알코올의 양에 따라 달라진
다. 혈중 알코올 농도는 혈액 1데시리터에 포함된 알코올의 양을 밀리그램으로 측정하
여 일반적으로 %로 나타낸다.

마신 술의 양	혈중 알코올 농도(%)	효과
1	0.02~0.03	행동이 변하고, 자세를 바르게 할 수 있고, 생각을 똑바로 함
2	0.05	진정된 상태, 조용한 기분
3	0.08~0.10	법적 제재를 받음
5	0.15~0.20	분명히 술에 취했으며 정신 착란 증세
12	0.30~0.40	의식을 잃음
24	0.50	심장, 호흡기가 억제되어 기능을 상실하고 죽음에 이름

담배 연기에는 어떤 물질들이 포함되어 있을까?

담배 연기에는 약 4,000종의 화학물질이 포함되어 있다. 주요 성분으로는 이산화탄소, 일산화탄소, 메테인, 니코틴 등이 있다. 소량으로 들어 있는 물질 중에는 아세톤, 아세틸렌, 포름알데히드, 프로판, 시안화수소, 톨루엔 등이 포함된다.

담배 연기에는 4,000종의 화학물질이 포함되어 있다.

왜 담배를 끊은 후에는 암 발생 확률이 빠르게 낮아질까?

암의 발생에는 암이 시작되는 단계와 악화되는 단계가 있다. 악성이 되기 전 단계에 있는 세포가 발암물질에 노출되면 되돌릴 수 없는 악성으로 변한다. 악성으로 변하는 과정은 서서히 진행되며 상당한 기간 동안 발암물질에 노출되어야 한다. 이러한 과정이 담배를 끊은 후 암 발생률이 빠르게 줄어드는 것을 설명한다. 담배 연기에는 암을 발생시키는 물질과 악화시키는 물질이 함께 포함되어 있다.

응급처치, 중독

심정지한 사람을 살리기 위한 심폐소생술을 만든 사람은 누구인가?

심폐소생술(CPR)이란 심장이 정지한 사람에게 행하는 구강 대 구강 호흡법과 흉부압박법으로 구성된 응급구조 기술이다. 스코틀랜드 의사 토사크[William Tossach]는 1732년 처음으로 구강 대 구강 호흡법을 시행하였다. 이 기술은 셰이퍼[Edward Schafer]가 호흡을 촉진하기 위해 흉부압박을 시행하는 방법을 개발하기 전까지는 더 개선되거나 널리 쓰이지 않았다.

1910년 미국 적십자사는 셰이퍼의 방법을 받아들여 가르치기 시작했다. 존스홉킨스 의과대학의 랭워시$^{O.\ R.\ Langworthy}$, 후커$^{R.\ D.\ Hooker}$, 쿠웬호븐$^{William\ B.\ Kouwenhoven}$은 이 방법을 개선했다. 쿠웬호븐은 흉부압박이 심정지한 사람의 혈류를 유지한다는 것을 깨달았다. 1958년 쿠웬호븐의 흉부압박법이 심정지한 2살의 어린이에게 시행되었다. 미국 적십자사는 1963년 이 방법을 공개적으로 지지하였다.

출혈로 죽음에 이르기까지 시간이 얼마나 걸릴까?

심각한 출혈은 즉각적인 처치가 필요하다. 큰 혈관이 끊어지거나 찢어지면 출혈이 시작된 지 1분도 안 되어 죽음에 이를 수 있다. 총 체액량의 1/4 이상의 출혈이 빠른 시간 내에 일어난다면 비가역적인 쇼크나 죽음에 이르게 된다.

응급 상황에서 발견자가 응급 정도를 판단하기 위해 시행하는 'ABCD 조사'란 무엇인가?

'**A**'는 **기도**^{airway}를 뜻한다. 먼저 입이나 코부터 폐까지의 기도가 깨끗하게 유지되어 있는지 확인하는 것이 중요하다. 기도는 머리를 뒤로 젖히고 턱을 들어 올려서 연다.

'**B**'는 **호흡**^{breathing}을 뜻한다. 산소의 적절한 공급을 위해 환자가 호흡을 하는지 또는 구조호흡(CPR)을 시행하고 있는지 확인하는 것이 중요하다.

'**C**'는 **순환**^{circulation}을 나타낸다. 맥박이 잡히지 않는다면 혈액순환이 되지 않는 상태이다. 응급구조자는 규칙적인 흉부압박^{CPR}을 시행함으로써 심장 박동이 재개되도록 시도한다. 성인은 2회의 구조호흡에 대하여 30회의 흉부압박이 필요하다. 또한 조절되어야 할 심한 출혈이 있는지 확인해야 한다.

'**D**'는 **장애**^{disability}를 뜻한다. 이는 의식 상태를 확인하고 척수나 목 손상의 가능성을 확인하는 것을 포함한다.

하임리히 구명법은 어떻게 시행하는가?

질식하거나 물에 빠진 사람을 살리기 위해 시행하는 이 효과적인 구명법은 오하이오 신시내티에 있는 자비어 대학의 의사 하임리히^{Henry J. Heimlich, 1920~}가 처음으로 소개하였다. 이 방법은 폐로 들어가는 공기를 막고 있는 기도나 인두의 이물질을 제거하는 방법이다. 환자가 서 있다면 환자의 뒤에 서서 허리에 팔을 감고 횡격막 아래쪽을 압박한다. 이때 한 손으로 주먹을 쥐어 환자의 배꼽과 갈비뼈 사이에 놓고, 다른 손으로 주먹을 감싸서 빠르고 힘 있게 밀어 올린다. 필요하다면 이것을 몇 번 반복한다. 만약 환자가 누워 있다면(몇몇 전문가들은 이 자세를 추천한다) 구조자는 환자의 허벅지 위에 올라앉아 시행한다.

번개가 칠 때의 안전 수칙은 무엇인가?

번개가 칠 때는 다음과 같은 수칙을 지켜야 한다.

1. 실내에 머문다. 밖에 있을 때는 건물의 대피소를 찾는다. 건물이 주위에 없다면 동굴, 도랑, 협곡이 안전하다.
2. 물에서 나오고 작은 배에서 내린다.
3. 전화를 사용하지 않는다.
4. 낚싯대나 골프채와 같이 금속으로 만든 물건을 사용하지 않는다.
5. 여행 중이라면 자동차 안에 머문다.
6. 헤어드라이어, 전기면도기, 전동 칫솔과 같이 전원에 꽂아 사용하는 전기기구를 사용하지 않는다.

가정의 응급구조키트에 들어 있어야 할 물건들은 무엇인가?

미국 의학협회와 국립안전위원회에 따르면 응급구조키트에는 다음과 같은 것들이 포함되어야 한다.

모든 가족 구성원의 알레르기 여부와 투약 정보	탄력붕대	칼라민 로션	멸균 솜 두루마리
소독 크림	응급 전화번호	손전등	둥근 모서리를 가진 집게
소독 거즈	응급 처치 매뉴얼	얇은 담요	안전핀
아스피린이나 아세트아미노펜, 이부프로펜과 같은 대체약	붕대	과산화수소 또는 알코올 솜	끝이 올라간 가위
반창고	삼각 붕대	의료용 장갑	이페칵 시럽

위험물질이나 독성 물질을 상징하는 Mr. Yuk은 어떻게 만들어졌는가?

피츠버그 독성 물질 센터는 1971년에 Mr. Yuk 상징을 개발했다. 어린이가 혀를 내밀고 우는 모습을 형상화한 이 상징은 어린이 병원이 제휴병원과 독성 물질 센터를 통한 예방 교육을 장려하기 위해 사용된다. 시험 프로그램에서 유아원의 어린이들은 가장 선호하지 않는 제품을 나타내는 상징으로 Mr. Yuk을 선택했다. 시험에 사용된 다른 상징 중에는 붉은 정지 신호와 해골과 X자 형태로 배치되어 있는 뼈가 있었다. 흥미 있는 것은 해골과 X자형 뼈가 어린이들이 가장 좋아하는 상징이라는 것이다.

활성탄은 의학적으로 어떻게 사용되는가?

활성탄은 대기 중에서 537℃로 가열된 나무나 석탄으로 된 유기물질이다. 이것은 수천 개의 구멍을 가진 고운 가루가 되는데, 이로 인해 독성 물질을 빠르게 흡수할 수 있다. 활성탄은 약의 과도한 복용이나 중독을 치료하는 데 쓰인다.

치명적인 자연독은 무엇인가?

보툴린 독소는 클로스트리듐 보툴리눔이라는 세균이 생성하는 것으로 사람에게 가장 치명적인 독이다. 이것의 혈중 치사 농도는 $10-9mg/kg$이다. 이 독은 보툴리눔 독소증을 일으키는데, 이것은 심각한 신경마비 질환으로 신경근 접합부를 침범하여 신경전달물질인 아세틸콜린의 분비를 방해한다. 그리하여 근위약과 근마비가 일어나거나 시력이 손상되고 소리 내는 데 장애가 생기며 삼키는 것이 곤란해진다. 이때 호흡근이 마비되면 사망할 수 있다. 이것은 대개 질병에 걸린 후 첫 주에 일어난다. 보툴리눔 독소증의 사망률은 25%에 달한다.

보툴리눔은 산소가 없는 곳에서만 독소를 만들어내므로 통조림이나 진공 포장된 고기가 보툴리눔 독소증의 원인이 될 수 있다. 이 독소는 토마토와 같이 산성도가 높은 음식보다는 버섯, 완두콩, 옥수수, 콩 등 산성도가 낮은 음식에서 더 잘 만들어진다. 그러나 몇몇 새로운 토마토 종은 독의 형성을 방해할 만큼 산이 강하지 않다. 통조림 캔에 들어가는 음식은 세균이 죽을 만큼 높은 온도에서 충분한 시간 동안 가열해야 한다. 뚜껑이나 캔이 부풀어 오른 통조림이나 병에 든 음식은 의심해야 한다. 역설적이게도 이 무서운 독소는 적은 양으로는 불수의적 운동이나 비틀림 등이 나타나는 질병들을 치료하는 데에 쓰인다. 미국 식약청^{FDA}은 이 독소를 사시(양 눈의 정렬이 어긋남), 안검연축(눈꺼풀이 강제로 감김), 안면마비(얼굴 한쪽의 근육이 수축됨)를 치료하는 데에 사용하는 것을 허가하였다.

중독의 흔한 원인에는 무엇이 있는가?

중독이란 어떤 물질이든 건강에 나쁜 영향을 미칠 만큼의 양에 노출되는 것으로 정의된다. 중독은 몇 가지로 분류할 수 있는데 의도적, 우발적, 직업적, 환경적, 사회적, 의원성 노출 등이 있다. 이 중 우발적 중독이 가장 흔한데, 90% 이상이 집에서 어린이들에게 발생한다. 의도적 노출은 보통 자살 목적으로 일어나며 일산화탄소가 가장 많이 쓰인다. 산업 재해로 발생하는 독성 화학물질은 직업적, 환경적 위험에 속한다.

어린이가 열지 못하는 용기를 사용한 이후 중독으로 인한 어린이의 사망이 감소되었는가?

1973년에 모든 약 용기를 어린이가 열지 못하는 용기로 사용하도록 한 후, 어린이의 중독으로 인한 사망률은 극적으로 감소하였다. 1973년에서 1976년 사이에는 50% 감소하였으며 그 이후로도 계속 감소하고 있다. 사망률이 줄어든 또 다른 이유는 중독관리센터의 발달과 독성 물질을 적게 발생시키는 상품을 만드는 것, 그리고 한 회 분량씩 포장하는 방법을 도입한 것이다.

감자, 토마토, 가지 등 가지속의 식물들이 일부 사람들에게 관절염을 일으키는가?

이런 주장을 뒷받침할 만한 근거는 없다. 연구에서는 감자를 많이 먹는 사람에게서 관절염이 증가하지 않았다는 결과가 나타났다.

스트리크닌은 얼마나 치명적인가?

스트리크닌이나 치명적인 가지속 식물(스트리크닌을 얻을 수 있는 식물)의 치사 농도는 15mg에서 30mg이다. 이것은 심각한 경련과 호흡 기능 상실을 일으킨다. 그러나 환자가 24시간 이상 생존한다면 회복이 가능하다.

겨우살이의 어떤 부분에 독성이 있는 것일까?

겨우살이의 열매는 독성 아민을 함유하며 급성 장염을 일으켜 설사하게 하고, 맥박을 느리게 한다. 겨우살이는 크리스마스 장식으로 위험하며 특히 어린이들이 주위에 있을 때는 더 그렇다.

남미 인디언들이 사냥을 하거나 적과 싸울 때 화살촉에 바르던 독은 무엇인가?

남미 정글의 오카스와 그 외 부족들이 쓰던 식물성 독은 쿠라레였다. 이것은 감초의 추출물과 비슷해 보이는 끈끈하고 검은 혼합물로 두 가지 덩굴식물에서 얻는다. 하나는 리아나이고 다른 하나는 나무와 같은 모양의 덩굴식물인 매시브이다.

광대버섯은 얼마나 치명적인가?

광대버섯은 독버섯으로 치사율이 50퍼센트이다. 버섯 하나의 일부만 소화되어도 죽음에 이르기에는 충분하다. 매년 100건 이상의 사망이 독버섯으로 인해 발생하며 그 중 90퍼센트 이상은 광대버섯 그룹이 원인이다.

벌에 쏘였을 때의 응급처치는 무엇인가?

벌에 쏘인 사람이 벌침에 대해 알레르기가 있다면 즉시 전문의료기관의 치료를 받아야 한다. 벌침에 알레르기가 없는 사람은 다음과 같은 응급처치를 하면 된다. 벌침은 뽑으려 하지 말고 칼이나 긴 손톱, 신용카드 등으로 긁어서 제거해야 한다. 그리고 젖은 아스피린을 쏘인 곳 주변에 문지르면(아스피린에 대해 알레르기가 없을 경우) 베놈으로 인한 염증반응을 중화하는 데 도움이 된다.

고기 연화제(또는 파파인을 함유하는 다른 물질)를 물에 섞어 바르면 통증을 완화할 수 있다. 성인은 항히스타민제와 아스피린, 이부프로펜, 아세트아미노펜과 같은 약한 진통제를 복용해도 된다.

흑거미에 물렸을 때의 응급처치는 무엇인가?

흑거미(란트로덱투스 막탄스)는 미국 전역에 흔한 거미이다. 이 거미의 독성은 매우 강하지만 응급조치는 의미가 없으며 나이, 몸의 크기, 민감도가 증상의 심한 정도를 결정한다. 처음 물렸을 때는 따끔함과 저린 통증으로 시작하여 점점 붓게 된다. 물린 후 10

분에서 40분 사이에는 복통이 발생하며 위의 근육이 경직된다. 그리고 사지의 근육이 경직되며 상행 마비가 오고 점점 삼키거나 숨쉬기가 힘들어진다. 사망률은 1%보다 적지만 흑거미에 물린 사람은 누구든지 의사의 진료를 받아야 한다. 고령이거나 영아, 알레르기가 있는 사람은 특히 위험하므로 입원을 해야 한다.

납 함유 파이프를 쓰는 오래된 집에서 수돗물에 포함된 납을 어떻게 줄일 수 있을까?

가장 쉬운 방법은 수돗물을 쓰기 전에 아주 차가운 물이 나올 때까지 물을 틀어놓는 것이다. 수돗물을 틀어놓음으로써 납 함유 파이프 안에 머무르던 물을 버릴 수 있다. 또한 차가운 물은 따뜻한 물보다 부식성이 적어서 파이프의 납을 더 적게 함유한다. 납(Pb)은 혈액, 뼈, 그리고 신장이나 신경계, 조혈기관 등의 연조직에 침착된다. 납에 과도하게 노출되면 경련, 지능박약, 행동장애를 일으킬 수 있다. 영아와 어린이는 특히 적은 농도의 납에도 민감하여 신경계 손상을 입을 수 있다.

납 중독의 또 다른 원인은 오래되어 벗겨지는 페인트이다. 광택을 내고 오래 견디도록 하기 위해 1950년 이전에는 페인트에 산화납과 다른 납 화합물을 첨가했었다. 미국 식약청FDA에 의하면 사람이 흡입하는 납의 14%는 식료품 캔의 가장자리를 때울 때 사용한 땜납에서 온다. FDA는 앞으로 5년 이내에 이 납의 함량을 50% 줄이도록 권고하고 있다. 유약을 제대로 처리하지 않은 도자기 역시 납의 근원이다. 차, 커피, 포도주, 주스와 같은 산성 액체는 유약을 녹일 수 있기 때문에 도자기에서 납이 나올 수 있다. 이런 경우 오랜 기간 동안 조금씩 납을 흡입하게 된다. 사람들은 공기 중에서도 납에 노출될 수 있다. 납을 첨가한 휘발유, 비철 금속 제련소, 전지 생산 공장은 납이 공기 중에 포함되게 하는 가장 중요한 오염원이다.

납이 어떻게 로마제국을 무너뜨렸는가?

일부 사람들은 기원전 150년경부터 로마인들이 납에 중독되기 시작했을지 모른다고 주장한다. 납 중독의 증상은 불임, 전체적인 허약, 무관심, 정신지체, 조기 사망과 같은 것들이다. 납은 납을 포함한 수도 파이프, 조리 기구, 술잔 등을 통해 흡입될 수 있다. 일부 고대 로마인들은 위험하다는 사실을 모른 채 무의식적으로 감미료나 설사 치료약으로 납을 사용했다. 납 중독으로 여성이 불임 증상을 나타내어 로마 상류층의 출산율이 떨어지게 되었고 그것이 장기간에 걸친 로마의 쇠락을 가져왔을 가능성도 있다. 그러나 음식 첨가물로 인한 이러한 효과는 단지 가설일 뿐이다.

루이스 캐럴은 《이상한 나라의 앨리스》에서 왜 '모자 장수처럼 미친'이라는 표현을 썼을까?

19세기에 모자 만드는 사람에게는 쉽게 흥분하고 비이성적이며 마비되어 떨리고 말을 더듬는 증상이 있는 것으로 알려졌다. 이런 행동 때문에 '모자 장수처럼 미친'이라는 표현이 자주 사용되었다. 모자 장수의 흔들림이라고도 부르는 이 질환은 천을 다루는 데 사용되는 용액에 포함된 수은에 만성으로 중독되어 나타난다. 수은이 중추신경계를 침범하면 행동장애가 나타난다.

베인 상처는 언제 꿰매야 하는가?

베인 상처는 6시간에서 8시간 내에 꿰매야 한다. 이 시간은 상처의 오염이 적거나 상처 부위의 혈류가 좋을 경우 12시간까지 연장될 수 있다.

질병 및 그 외의 건강 문제

바이러스와 레트로바이러스의 차이점은 무엇인가?

바이러스는 가장 기본적인 생명단위로, 유전자(유전정보)를 가지고 있고 환경에 적응하는 등 생명체의 특징을 갖는다. 그러나 바이러스는 에너지를 생산하고 저장할 수 없기 때문에 숙주 밖에서는 살아남지 못한다. 바이러스와 레트로바이러스는 둘 다 숙주

세포에 붙어 그들 자신이 숙주세포 내로 들어가거나 유전물질을 세포 내로 주입하여 숙주세포를 감염시키고, 그 안에서 그들의 유전정보를 복제한다. 이렇게 복제된 바이러스는 세포 밖으로 방출되어 더 많은 숙주세포를 감염시킨다.

바이러스와 레트로바이러스의 차이점은 그들의 유전정보를 복제하는 방법에 있다. 바이러스는 한 가닥으로 된 유전정보를 가지는데, 이것은 DNA 또는 RNA이다. 그런데 레트로바이러스는 한 가닥의 RNA를 가진다. 레트로바이러스가 세포 안에 들어가면 뉴클레오티드를 모으고 조립하여 두 가닥의 DNA를 형성하여 숙주의 유전자 안에 삽입한다. 레트로바이러스는 볼티모어$^{David\ Baltimore,\ 1938\sim}$와 테민$^{Howard\ Temin,\ 1934\sim1994}$에 의해 처음으로 발견되었다. 그들은 이 발견으로 노벨 생리의학상을 수상했다.

사람에게서 처음 발견된 레트로바이러스는 무엇인가?

처음으로 사람에게서 발견된 레트로바이러스는 갈로$^{Robert\ Gallo,\ 1937\sim}$에 의해 1979년 발견된 T세포 림프종 바이러스^{HTLV}이다. 두 번째로 발견된 레트로바이러스는 인체면역결핍바이러스^{HIV}이다.

가장 흔한 질환은 무엇인가?

가장 흔한 비전염성 질환은 잇몸염과 같은 치주질환이다. 일생에 치아가 썩지 않는 사람은 거의 없다. 세계에서 가장 흔한 전염성 질환은 감기이다. 미국에서는 매년 6천 2백만 건의 감기 환자가 발생한다.

가장 치명적인 질환은 무엇인가?

가장 치명적이었던 질환은 1347~1351년에 발병했던 흑사병으로, 치사율이 100%였다. 오늘날 사망률이 가장 높은 질환은(거의 100%) 사람에서 발생한 광견병으로 이에 걸린 환자는 물을 삼킬 수 없다. 광견병에 걸린 것과 광견병에 걸린 동물에 물린 것을 혼동해서는 안 된다. 즉각적인 처치를 하면 광견병 바이러스가 신경계에 침범하지 못한다. 이 경우 생존율은 95%이다.

1981년 처음으로 보고된 에이즈(후천성면역결핍증)는 HIV(인체면역결핍바이러스)에 의해 발생한다. 1993년 HIV 감염은 25세에서 44세 사이 사람들이 죽는 가장 흔한 원인이었다. 미국 건강통계청에 따르면 1999년에만 14,802명의 미국인이 에이즈나 HIV 감염으로 사망하였다. 지금도 여전히 25세에서 44세 사이의 많은 사람들이 이 때문에 사망하지만, 이제는 이것이 가장 흔한 사망 원인이 아니다.

인체면역결핍바이러스(HIV)와 에이즈는 무엇이 다른가?

에이즈라는 용어는 HIV 감염의 가장 후기단계를 가리킨다. 질병관리센터(CDC)는 에이즈를 HIV에 감염된 사람 중 CD4+ T세포가 혈액 1mm^{3}당 200개 미만인 사람으로 정의했다(건강한 사람은 대개 CD4+ T세포를 1,000개 이상 가진다). 또한 이 정의에는 말기 HIV에 감염된 환자에서 나타나는 26가지의 임상증상(대부분 기회감염)이 포함된다.

HIV 감염이나 에이즈에 걸린 사람은 몇 명이나 될까?

2017년 기준 세계적으로 3,690만 명의 사람들이 HIV에 감염되거나 에이즈에 걸린 채 살아가고 있었다. 2017년 한국은 약 1만 2,320명이다.

에이즈의 증상과 징후는 무엇인가?

초기 증상(에이즈 관련 증후군)은 야간 발한, 지속되는 열, 심한 체중 감소, 지속적인 설사, 피부 발진, 지속적인 기침, 가쁜 숨 등이다. HIV 바이러스가 면역계를 침범하면 헤르페스 바이러스(단순포진바이러스, 대상포진바이러스, 거대세포바이러스), 칸디다 알비칸스(진균), 크립토스포리디움 엔테로콜라이티스(원충의 장 감염), 폐포자충 폐렴(PCP, 흔한 에이즈 환자의 폐 감염), 톡소포자충(원충의 뇌 감염), 진행성 다발초점성 백질뇌병증(PML, 점진적인 뇌 변성을 일으키는 중추신경병증), 미코박테리아 애비움 인트라셀룰레어 감염(MAI, 흔한 전신적 세균감염), 카포지육종(악성 피부종양으로 사지와 몸의 검붉은 결절이 특징이며 소화기, 호흡기에서는 내출혈을 유발한다) 등 기회감염에 취약해지고 흔하지 않은 암에 걸리게 된다. 이런 경우 에이즈(후천성면역결핍증)라고 진단한다.

에이즈의 징후는 림프부종, 초췌함, 몸, 특히 팔다리의 푸르거나 검붉은 반점, 지속되는 폐렴, 아구창 등이 있다.

인수공통전염병이란 무엇인가?

인수공통전염병이란 동물에서 사람으로 전파될 수 있는 모든 세균, 기생충 감염질환을 말한다. 예를 들어 라임병과 로키산홍반열은 진드기에 물림으로써 동물에서 사람으로 전파된다. 예방 조치를 하지 않으면 흔한 반려동물로부터 사람에게 직접 전파도 가능하다. 고양이할큄병은 고양이에게 옮는다. 톡소플라스마병은 고양이에게서 옮긴다고 알려져 있지만 덜 익힌 고기나 제대로 씻지 않은 채소에 묻은 톡소포자충의 알이 사람의 입으로 들어가 전염될 수도 있다. 야생동물과 개는 광견병을 옮길 수 있다.

그러나 대부분의 인수공통전염병은 드문 편이며 진단되면 대부분 치료할 수 있다. 정기적으로 반려동물에게 예방접종을 하거나 등산할 때 긴팔 옷과 긴 바지를 입는 등의 주의를 하면 대부분 인수공통전염병의 확산을 막을 수 있다.

의학에서 매개체란 무엇을 말하는가?

매개체란 특정 감염질환을 옮기는 동물을 말한다. 매개체는 감염원에서 병을 일으키는 생물을 받아들여 그들의 몸 안, 혹은 몸의 표면에 가지고 있다가 새로운 숙주에게 옮기는 역할을 한다. 모기, 벼룩, 이, 진드기, 파리가 사람에게 병을 옮기는 가장 중요한 매개체들이다.

말라리아와 황열병을 일으키는 모기는 어떤 종류인가?

아노펠레스 속의 암컷 모기에 물리면 플라스모디움 속의 기생충이 옮을 수 있다. 이 기생충은 세계적으로 2억에서 3억의 인구가 감염되어 있는 열대 감염질환인 말라리아를 일으킨다. 백만 명 이상의 아프리카 아이들이 매년 이 질환으로 사망한다. 아데스 애집티 모기는 황열병을 옮기는데 이것은 황달, 즉 환자의 피부를 노랗게 하는 특징적인 증상이 있는 심각한 감염질환이다. 이 질환에 걸리면 10퍼센트가 사망한다.

의사였던 고가스가 파나마 운하를 건설하는 데 기여한 것은?

의사였던 고가스[William Gorgas, 1854~1920]는 모기의 서식처를 파괴함으로써 파나마의 풍토병을 통제하여 사실상 말라리아와 황열병을 없앴다. 그의 업적은 어떤 공학기술보다 운하를 건설하는 데 필수적으로 기여했을 것이다.

광우병이란 무엇이며 어떻게 사람에게 감염되는가?

광우병(소해면상뇌증, BSE)는 소의 중추신경계를 침범하는 질환이다. 1986년 영국에서 처음으로 발견된 이 병은 전염성해면상뇌증[TSE]으로 뇌 조직을 파괴하는 특징이 있다. 이 병에 감염되면 뇌 조직에 해면처럼 작은 구멍들이 뚫리게 된다. 이 병은 완치될 수 없고 치료할 수 없으며 치명적이다. 연구가들은 감염된 소를 먹었을 때 광우병이 사람의 크로이펠츠-야콥병[CJD]이 된다고 생각한다. 크로이펠츠-야콥병은 치명적인 질환으로 뇌 조직을 퇴화시키며 중추신경계를 점차적으로 변성시킨다.

라임병은 어떻게 진행되는가?

라임병은 특수한 진드기가 사람에게 옮겨와 발생한다. 이 진드기는 스피로헤타를 포함하는 침을 혈액 속에 주입하거나 배설물을 피부 위에 남겨놓는다. 이 질환은 여러 장기를 침범하며 보통 여름에 시작되는데, 처음에는 만성유주성홍반[ECM]이라고 불리는 피부병변이 나타나고 그 후 점차 뺨의 발진, 결막염, 두드러기가 나타난다. 이 병변들은 결국 작고 붉은 반점이 된다. 초기의 또 다른 흔한 증상으로는 피로, 간헐적인 두통, 열, 오한, 근육통이 있다.

몇 주 또는 몇 달 후 두 번째 단계가 시작되면 심장이나 신경에 문제가 나타나기도 한다. 몇 주 또는 몇 년 후 마지막 단계에서는 관절이 심하게 부어오르면서 관절통이 나타나는데, 특히 큰 관절을 침범한다. 테트라사이클린, 페니실린, 에리트로마이신을 초기에 투약하면 후기 합병증을 최소화할 수 있다. 페니실린을 정맥에 대용량 주입하면 마지막 단계에도 효과가 있다.

웨스트나일바이러스란 무엇인가?

웨스트나일바이러스는 아프리카, 서아시아, 중동에서 새의 질환으로 처음 발견되었다. 이것은 주로 모기(주로 쿨렉스 피피엔스 종)에 물려서 사람에게 전파된다. 암컷 모기가 감염된 새를 물어서 바이러스를 갖게 되고 그 후 사람을 물면서 전달한다. 이 바이러스는 사람에게 뇌염을 일으키는데 이것은 뇌의 감염증으로 치명적일 수 있다.

레지오넬라병은 왜 이런 이름으로 불리게 되었는가?

레지오넬라병은 1976년 미국재향군인회의 대표자들이 머물던 펜실베이니아 주 필라델피아의 한 호텔에서 갑자기 치명적인 폐렴의 발생으로 처음 알려졌다. 원인은 이전에는 알려지지 않았던 세균인 것으로 밝혀졌으며 이 세균에는 레지오넬라 뉴머필리아라는 이름이 붙었다. 이 세균은 공기를 통해 전파되며 에어컨의 냉각기나 증기응축 장치를 통해 퍼져 토양과 굴착 부위에서 잘 자란다고 알려져 있다. 대개 이 병은 늦여름이나 초가을에 발생하고, 증상은 가벼운 정도에서부터 생명을 위협하는 정도까지 다양하며 사망률은 15퍼센트이다.

증상은 설사, 식욕부진, 권태감, 두통, 전신 쇠약, 반복되는 오한, 기침과 동반되는 열, 구역, 흉통 등이다. 에리트로마이신과 같은 항생제와 그 외 다른 치료(수액, 산소 등)

가 증상을 완화할 수 있다.

현재 나병(문둥병)과 같은 뜻으로 쓰이는 말은 무엇인가?

진행성의 병소를 가지는 이 만성 전신성 감염질환의 다른 이름은 한센병이다. 미코박테리움 레프래라는 세균에 의해 발병하는 이 질환은 공기 중의 호흡기를 통해 배출된 액체 방울들에 의해 전파되며 전염성이 매우 높지는 않다. 전염되기 위해서는 가까이 접촉해야 한다. 술폰(특히 댑손)과 같은 항생제가 이 병의 치료를 위해 쓰이고 있다.

장티푸스 메리는 누구인가?

메리 맬런$^{Mary Mallon, 1855~1938}$은 20세기 말 뉴욕에 살던 요리사로 장티푸스 세균의 만성 보균자였다. 그녀 자신은 병에 대해 면역을 가지고 있으면서, 적어도 3명의 사망과 51건의 장티푸스를 발생시키는 원인이 되었다. 그녀는 1907년부터 1910년까지, 그리고 1914년부터 1938년까지 브롱크스 근방 노스브라더 섬의 시설에 격리되었다. 뉴욕위생국은 첫 격리 이후 음식을 다루는 직업을 갖지 않는다는 조건으로 그녀를 풀어주었다. 그러나 그 후 그녀가 요리사로 일하던 두 지역에서 병이 돌자 판사는 그녀를 다시 노스브라더 섬으로 보냈고 그녀는 1938년 뇌졸중으로 사망할 때까지 그곳에서 지냈다.

헤르페스 바이러스에는 몇 가지 종류가 있는가?

인간헤르페스바이러스에는 5가지 종류가 있다.
다음 표는 그것을 정리한 것이다.

단순포진 바이러스 1형	반복적인 입술 포진과 입술, 입, 얼굴의 감염을 일으킨다. 이 바이러스는 병변 부위의 직접 접촉이나 진물과의 접촉에 의해서 전파된다. 입술 포진은 보통 같은 부위에 반복적으로 나타나며 열이 나거나 햇볕에 노출되어 그 부위의 온도가 올라갈 때 재발한다. 때때로 이 바이러스는 손가락 물집의 발진으로 나타나기도 한다. 이 바이러스가 눈에 들어가면 결막염을 일으키거나 심지어 각막궤양을 일으킬 수도 있다. 드물게는 뇌를 침범하여 뇌염을 일으키기도 한다.
단순포진 바이러스 2형	성기 포진을 일으키며 아기가 태어날 때 아기에게 감염을 일으키기도 한다. 이 바이러스는 접촉을 통해 전염되며 성교를 통해 전파될 수 있다. 이 바이러스는 음부에 작은 물집을 만들며 이 물집은 터져서 작고 아픈 궤양을 남기는데 이것은 10일에서 3주 사이에 치유된다. 두통, 열, 림프부종, 소변볼 때 아픈 증상 등이 나타날 수 있다.
수두대상포진 바이러스	수두와 대상포진을 일으킨다. 대상포진은 바이러스가 특정 감각신경에 잠복해 있다가 면역이 약해질 때(나이, 특정 질환, 면역억제제 사용에 의해), 과도한 스트레스를 받을 때, 스테로이드제를 사용할 때 재발현되어 발병한다. 통증이 있는 작은 물집과 발진이 생겼다가 마르고 딱지가 앉아 결국에는 작게 자국을 남긴다. 발진은 가슴이나 목, 하지의 한쪽에 잘 생긴다. 종종 얼굴의 아랫부분에 생기기도 하며 눈을 침범하기도 한다. 환자의 반은 통증이 매우 심하고 오래가기도 하는데 이는 신경 손상 때문이다.
엡스타인-바 바이러스	전염성 단핵구증(사춘기에 잘 발생하는 고열, 인후통, 특히 목의 림프부종을 증상으로 하는 급성 감염질환)을 일으키며 버킷림프종(주로 아프리카 소아나 열대 지방에서 발생하는 턱이나 복부의 악성종양)과도 관련이 있다.
거대세포 바이러스	대개 어떤 증상을 유발하지는 않지만 감염된 세포를 커지게 한다. 임산부가 태아에게 감염시킬 경우 선천기형을 유발할 수 있다.

이 외에도 세 가지 종류의 헤르페스바이러스가 더 있다. 돌발진과 관련된 인간헤르페스바이러스 6(HHV-6)과 아직 어떤 병과 연관이 있는지 모르는 인간헤르페스바이러스 7과 8(HHV-7/8)이다. 임신포진은 드문 피부물집질환으로 임산부에게만 나타나며 단순포진바이러스와는 관련이 없다.

괴사성 근막염이란 무엇인가?

이것은 매우 드문 감염질환으로, 패혈성 인두염과 성홍열을 일으키는 균과 매우 가까운 균인 A형 연쇄상 구균 감염으로 인해 발생한다. 이 세균이 작게 베인 상처, 물린 상처, 긁힌 상처 등을 통해서 몸 안으로 들어가면 감염된 피부는 변색되며 물집이 잡히고 갈라져 안의 파괴된 조직이 드러나게 된다. 몇 시간 안에 환자는 몇 cm의 살을 잃게 되며 심한 경우 목숨을 잃을 수도 있다. 초기에 진단되면 항생제로 감염을 막을 수 있다. 그러나 진행된 경우는 감염된 사지를 절단하는 것만이 유일한 치료 방법이다. 이 세균은 대중매체를 통해 '살을 먹는 세균'으로 알려졌다.

애팔래치아의 '푸른 사람'은 누구인가?

푸른 사람은 켄터키로 이주한 프랑스인인 마틴 푸게이트의 자손이다. 그는 디아포라아제라는 효소를 생산하지 못하는 열성유전형질을 가지고 있었다. 디아포라아제는 적혈구 안의 메트헤모글로빈을 헤모글로빈으로 바꿔주는 역할을 한다. 이 효소가 없으면 혈액에 메트헤모글로빈이 과도하게 많이 남아 세포가 정상적인 사람처럼 분홍색을 띠지 못하고 푸른색을 띠게 된다. 이것은 색소의 문제일 뿐 산소가 부족한 것은 아니다.

푸른색을 띠면서도 이 사람들은 건강이 위험하다고 알려져 있지 않다. 푸게이트의 가족들은 근친결혼 때문에 이러한 병을 앓게 되었다. 배우자 양쪽이 모두 열성유전형질을 가질 때 그들의 아이들은 푸른색일 수 있다. 제2차 세계대전 후 이 가족이 켄터키 계곡 밖으로 이사했을 때 근친결혼은 끝이 났다. 1982년에는 가족 중 이 병을 앓고 있는 사람이 두세 명뿐이었다.

사마귀는 어떻게 생기는가?

사마귀는 피부에 생기는 혹으로 30종의 유두종바이러스 중 하나가 피부 세포에 침입하여 빠르게 증식하여 발생한다. 사마귀에는 몇 가지 종류가 있다. 상처 부위에 생기는 보통사마귀, 손에 생기는 가려운 편평사마귀, 손가락 모양의 돌기가 있는 지상사마귀, 눈꺼풀이나 겨드랑이, 목에 생기는 사상사마귀, 발꿈치에 생기는 무사마귀, 분홍색 콜리플라워 모양으로 생긴 성기사마귀(여성의 자궁 경부에 생기면 자궁 경부암에 걸리기 쉽다) 등이다. 각각은 특정한 바이러스에 의해 생기며 대부분은 증상이 없다. 사마귀 바이러스는 가벼운 접촉이나 사마귀에서 떨어진 피부에 접촉하여 전염된다.

유당불내성증이란 무엇인가?

유당은 우유와 유제품에만 들어 있는 기본적인 당으로, 인체에서 소화되기 위해서는 락타아제라는 효소를 필요로 한다. 유당불내성증은 소장벽을 둘러싸는 세포에서 정상적인 양의 락타아제를 만들지 못할 때 발생한다. 그래서 일정한 양 이상의 우유를 먹었을 때 복통, 더부룩함, 설사, 과도한 가스 배출을 유발한다. 대부분의 사람들은 나이가 들수록 유당을 분해하는 능력이 떨어진다.

유당불내성증을 가진 사람에게 유제품을 완전히 제한할 필요는 없다. 유제품의 소비를 줄이고 식사 중에만 우유를 마시고 치즈, 요구르트, 그 외 유당을 적게 함유한 유제품에서만 칼슘을 섭취하는 것이 한 방법이다. 또 다른 방법은 시판되는 유당 조합제를 구입하여 우유에 섞는 것이다. 이 조합제는 유당을 소화되기 쉬운 단당류로 바꿔준다.

제1형 당뇨병과 제2형 당뇨병은 어떻게 다른가?

제1형 당뇨병은 인슐린 의존성 당뇨병[IDDM]이고 제2형 당뇨병은 인슐린 비의존성 당뇨병[NIDDM]이다. 제1형 당뇨병에서는 인슐린이 절대적으로 부족하다. 이것은 전체 당뇨병의 10%를 차지하며 소아에서 훨씬 높은 유병률을 가진다. 반면 제2형 당뇨병은 인슐린 분비는 정상이지만 인슐린의 표적세포가 정상보다 반응성이 떨어지는 것이다. 이것은 40세를 넘으면 매우 빠르게 증가하며 유전적 소인뿐 아니라 비만이나 운동 부족과 관련이 있다. 제2형 당뇨병의 증상은 대개 제1형 당뇨병보다 심하지 않으나 둘 다 장기합병증은 비슷하다.

위궤양을 일으키는 것은 무엇인가?

몇십 년 동안 의사들은 유전이나 불안, 심지어 매운 음식이 위궤양을 일으킨다고 생각해왔다. 그러나 이제 과학자들은 스트레스나 매운 음식은 궤양의 통증을 악화시킬 뿐이라는 것을 알고 있다. 위궤양 자체는 헬리코박터 파일로리라는 세균에 의해 발생한다. 오스트레일리아의 마셜^{Barry Marshall, 1951~}은 많은 위궤양 환자들이 이 세균을 보유한 것을 발견하였다. 그래서 1984년에 그는 이들이 연관성이 있는지를 밝히기 위해 많은 양의 세균을 먹었다. 그 결과 10일 후 위궤양이 발생하였다.

위궤양은 이제 항생제로 치료한다. 1994년 미국보건연구소는 헬리코박터 파일로리를 발암물질로 분류하였다. 그러므로 위궤양을 앓고 있는 사람들은 증상을 무시하거나 제산제로 통증만 가라앉히기보다는 의사와 상의하는 것이 좋다.

링컨 대통령의 여위고 키가 큰 모습은 어떤 질병과 관련이 있을까?

링컨^{Abraham Lincoln, 1809~1865}대통령은 아마도 뼈가 비정상적으로 길어지는 말판 증후군(거미손가락증)을 앓고 있었을 것이다. 이것은 결체조직의 드문 유전성 변성질환으로 과도하게 긴 뼈 외에도 흉부기형, 척추측만증, 키에 비해 긴 팔, 눈의 문제(특히 근시), 비정상 심음, 피하지방층 희박 등이 나타난다. 1991년에 연구자들은 이 병의 원인이 되는 유전자를 찾아냈다.

손목굴증후군이란 무엇인가?

손목굴증후군은 아래팔의 정중신경 가지가 손목뼈와 피부 바로 아래 인대로 형성된 손목굴을 지나갈 때 눌려서 발생한다. 이 증후군은 중년에서 주로 발생하며 남성보다는 여성이 많다. 증상은 처음에는 간헐적이다가 점점 지속적으로 나타나며, 저리고 얼얼한 느낌이 엄지와 다음 두 손가락에서 시작된다. 그 후 손, 가끔은 팔 전체에 통증이 온다. 치료법에는 손목 부목, 체중 감소, 부종 조절이 있으며 관절염 치료도 도움이 된다. 이러한 방법으로 호전이 안 된다면 손목에서 인대를 자르는 수술을 통해 신경에 가해지는 압박을 줄일 수 있다.

계속해서 컴퓨터 자판을 치는 일을 하는 사람은 특히 손목굴증후군에 걸릴 확률이 높다. 이런 위험을 줄이기 위해서는 타자를 칠 때 손을 높이지 말고 손목을 똑바로 유지해야 한다. 키보드를 아래쪽에 두는 것 또한 좋은 방법이다.

테니스 엘보우란 무엇인가?

테니스 엘보우는 의학용어로는 상과염이라고 한다. 아래팔에 반복적인 긴장을 주면 팔꿈치 주변의 근육과 조직에 통증과 염증이 발생한다. 테니스나 골프를 치는 것에서 부터 팔을 늘어뜨리고 무거운 짐을 드는 것에 이르기까지 많은 활동들이 이러한 반응을 유발할 수 있다.

루게릭병이란 무엇인가?

루게릭병이라고도 불리는 근위축성측색경화증^{ALS}은 중년이나 노년에 발생하는 운동신경세포질환이다. 이 병은 수의적 운동을 조절하는 신경세포의 변성을 일으켜 발병 후 3년에서 10년 사이에 사망에 이르게 된다.

이 병의 치료법은 없다. 병의 초기에 환자는 손과 팔의 위약감과 함께 근육의 불수의적 떨림이나 근육경직을 호소한다. 그리고 이런 증상이 점점 사지로 퍼져 나간다. 신경 변성이 진행되면 장애가 생겨 정신적, 지적으로는 멀쩡함에도 불구하고 삼키거나 움직일 수 없어 혼자서는 아무것도 할 수 없게 된다.

기면병이란 무엇인가?

대부분의 사람들은 기면병을 단순히 아무 때나 갑자기 잠이 드는 병이라고 생각한다. 하지만 기면병 환자들은 낮 시간의 과도한 수면, 환각, 탈력발작(감정 변화가 있을 때 갑자기 근육의 힘이 빠짐)과 같은 다른 증상도 가지고 있다. 기면병 환자가 잠을 조절할 수 없게 되면 하루에 몇 번씩 잠에 빠져들기도 한다. 한 번 잠에 들면 몇 분에서 몇 시간 동안 지속된다.

시차증은 사람의 몸에 어떤 영향을 주는가?

비행기 여행을 하는 여행자가 4개 이상의 타임존을 통과해서 여행할 때 받는 생리학적인 스트레스와 정신적인 스트레스를 일반적으로 시차증 $^{jet\ lag}$이라고 부른다. 배고픔, 졸림, 배설의 형태와 함께 각성, 기억, 정상적인 판단이 시차증의 영향을 받는다. 이로써 24시간의 주기로 변하는 100가지 이상의 생물학적 기능이 주기를 잃게 된다. 사람의 몸은 대부분 하루에 한 시간 정도씩 적응한다. 따라서 4개의 타임존을 여행한 후에 몸이 정상적인 리듬을 되찾는 데는 4일이 필요하다. 또한 동쪽으로 여행하는 것이 서쪽으로 여행하는 것보다 시차증에 적응하기 힘들다.

팩터 VIII는 무엇인가?

팩터 VIII는 혈액의 응고에 관여하는 효소이다. 혈우병은 이 효소가 부족한 질병으로 팩터 VIII를 보충해 주지 않으면 출혈에 의해 사망에 이를 수도 있다. 팩터 VIII의 부족은 성과 관련하여 유전되는 유전자 결함으로 발생한다(10,000명의 남성 중 한 명 정도가 이 질병을 가지고 있다). 여성들도 이 유전자를 보유할 수 있다. 관절이나 근육 속으로의 출혈이 자주 나타나는 증세이다.

크리스마스 팩터는 무엇인가?

정상적인 혈액은 혈액이 응고하는 데 관여하는 팩터 IX(크리스마스 팩터)를 포함하고 있다. 이 팩터가 부족한 사람은 혈우병 B, 또는 크리스마스병을 앓는다. 1952년에 처음으로 혈우병과는 구별되는 이 유전적 질환을 앓은 환자의 이름을 따서 크리스마스병이라는 이름이 붙었다. 혈우병은 팩터 VIII가 부족해서 일어나는 유전 질환이다.

혈액 응고 과정

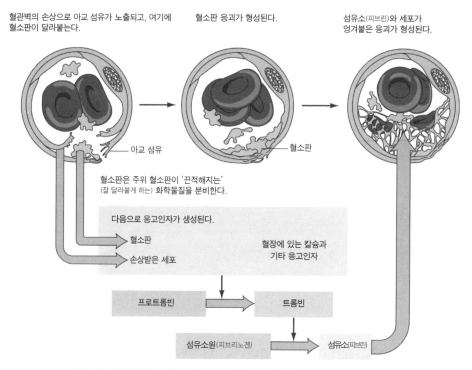

혈관벽의 손상으로 아교 섬유가 노출되고, 여기에 혈소판이 달라붙는다.

혈소판 응괴가 형성된다.

섬유소(피브린)와 세포가 엉겨붙은 응괴가 형성된다.

— 아교 섬유

혈소판

혈소판은 주위 혈소판이 '끈적해지는' (잘 달라붙게 하는) 화학물질을 분비한다.

다음으로 응고인자가 생성된다.

혈소판

손상받은 세포

혈장에 있는 칼슘과 기타 응고인자

프로트롬빈 → 트롬빈

섬유소원(피브리노겐) → 섬유소(피브린)

크리스마스병에 걸린 사람은 혈액 응고가 정상적으로 일어나는 데 필수적인 응고인자가 부족하다.

심장마비의 의학적 명칭은 무엇인가?

동맥을 통해 충분한 혈액을 공급받지 못해 (많은 경우 동맥경화로) 심장 근육 세포의 일부가 죽어서 심장이 마비되는 질병을 의학적으로 심근경색이라 부른다. 환자의 경과는 동맥이 막힌 위치와 크기 그리고 손상의 정도에 따라 다르지만, 33%는 심장마비 후 20일 안에 사망한다. 이것은 미국에서 가장 사망률이 높은 질병이다. 병원에 오기 전에 사망하는 대부분의 돌연사의 반은 심근경색에 의한 것이다. 그러나 즉시 적극적인 치료를 하면 소생할 가능성이 높아진다.

높은 콜레스테롤 수치, 고혈압, 당뇨, 비만, 바이러스 감염, 흡연 등이 동맥벽의 손상을 일으킨다. 손상 장소에는 지방성분이 축적된다.

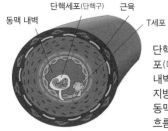

단핵세포(단핵구)가 혈류를 나와 큰포식세포(대식세포)가 되어 T세포와 함께 동맥의 내벽을 통과한다. 큰포식세포(대식세포)는 지방성분을 먹고 커다란 거품세포가 되어 동맥의 내강을 좁힌다. 이로 인해 혈액의 흐름이 방해받기 시작한다.

단핵세포(단핵구, 가장 큰 백혈구)와 T 세포가 손상 부위에 달라붙는다.

그 결과 중심부에 지방과 죽은 세포가 있고 주변에 근육세포, 단백질, 아교섬유로 이루어진 섬유성 병소가 형성된다. 이 병소가 혈관을 막아버려서 혈액은 이곳을 거의 흐르지 못한다.

거품세포들이 쌓이다 혈관벽을 뚫고 나오면, 혈소판이 거품세포가 뚫고 나온 자리에 달라붙고 혈액응고가 일어나기 시작한다.

거품세포가 지방성분을 허파, 간, 비장과 림프절로 보내 제거하려 하고 이 활동을 위해 혈관벽을 움직여 다니면서 혈관벽의 손상은 더욱 심화된다.

동맥경화증의 진행과정. 동백경화증이 심해지면 심장기능사실(심부전)을 일으킨다.

아황산염 알레르기가 있는 사람에게는 어떤 일이 일어나나?

아황산염은 마른 과일이나 신선한 채소의 색깔이 변하는 것을 방지하기 위해 사용하는 화학물질이다. 이것은 세균의 증식과 발효를 억제하는 데 도움되기 때문에 포도주에도 사용한다. 아황산염 알레르기를 가지고 있는 사람은 아황산염이 포함된 음식물을 섭취하면 수 분 안에 호흡곤란을 일으킨다. 아황산염으로 인한 증상에는 심한 천식, 의식 상실, 과민성 쇼크가 있다.

열사병과 열 탈진은 어떻게 다른가?

	열사병	열 탈진
원인	높은 온도나 습도로 인해 많은 땀을 흘려 스스로 온도를 조절할 수 없게 되어 나타난다.	덥고 습도가 높은 날씨에 충분한 수분과 염분을 섭취하지 못해 나타난다.
증상	허약, 현기증, 구토, 두통, 심장 경련, 더위 먹음, 지나친 발한. 열사병이 나타나기 직전에 땀이 멈춘다. 체온이 41℃ 이상 오르고 혈압이 상승한다.처음에는 피부가 붉어지고 나중에는회색으로 변한다. 정신착란이나 혼수상태가 일반적이다.	지나친 발한, 허약, 현기증. 가끔 열에 의한 경련이 발생한다. 피부는 차갑고 창백하며, 땀으로 끈적거린다. 맥박이 약하고 혈압이 낮다.체온은 정상이거나 정상 이하이다. 구토가 날 수도 있다. 의식을 잃는 일은 드물다.
응급 처치	열사병은 응급치료를 요한다. 환자를 시원한 장소나 실내로 옮기고, 옷을 헐겁게 하거나 벗긴다. 우선 체온을 돌려놓는 것이 중요하기 때문에 얼음찜질을 하거나 찬물에 적신 스펀지로 몸을 닦아 맥박이 분당 110 이하, 체온이 39.4℃ 이하로 내려가도록 한다. 주의가 필요하다.	시원한 장소에 눕히고 옷을 헐겁게 한다. 소금을 탄 물을 마시게 한다. 물을 마시면 대개 회복된다. 심할 경우에는 의료진의 도움을 받는다.

암은 어떻게 분류되는가?

150여 종의 암은 크게 네 부류로 나눌 수 있다.

악성 종양	90%의 암은 악성 종양으로 피부 또는 내부 장기의 피막과 같은 막에 발생한다.
육종	뼈, 근육, 연골조직, 지방 조직, 폐, 복부, 심장, 중추 신경계, 혈구 등에 생긴다.
백혈병	혈액, 골수, 비장에 발생한다.
림프종	림프계에 관계된다.

헬라 세포는 무엇인가?

생의학적 실험에 많이 사용되는 헬라 세포는 헬리에트 락스^{Henriette Lacks}라고 불리는 여성의 자궁 경부의 악성 종양에서 채취한 세포이다. 조직검사를 위해 떼어낸 상피조직이 최초로 계속적으로 분열하는 인간 악성 세포가 되었다.

먼지 진드기는 무엇인가?

먼지 진드기는 가정의 먼지에서 발견되는 아주 작은 크기의 거미류 동물이다. 먼지 진드기 알레르기는 북아메리카에서 천식의 가장 중요한 원인이며 다른 일반적인 알레르기 증상의 주요 원인이다.

주기적으로 집안을 청소하는 것과 함께 다음과 같은 조치를 하는 것이 먼지 진드기 예방에 도움이 될 것이다.

1. 난로, 에어컨과 같은 냉난방 기구를 자주 청소하고 제품의 생산자가 권고한 대로 필터를 교환한다.

2. 침대 커버를 7일에서 10일에 한 번 뜨거운 물에 세탁한다. 합성소재나 고무로 만든 매트리스와 베개를 사용한다. 먼지 방지용 커버를 사용한다. 베개를 자주 세탁하거나 교체한다.

3. 주방의 습기가 있는 표면을 깨끗이 유지하고 곰팡이가 생기지 않도록 한다.

4. 진공청소기로 자주 먼지를 제거한다. 공기 필터가 좋은 진공청소기를 사용하는 것이 효율적이다.

덩굴옻나무의 수액이 피부에 닿으면 어떤 반응이 일어나는가?

연구 결과에 따르면 85%의 사람들이 덩굴옻나무에 노출될 때 알레르기 반응을 일으킨다. 그러나 민감한 정도는 나이, 유전형질, 이전의 노출 경험 등 개인적인 조건에 따라 크게 달라진다. 덩굴옻나무 잎의 알레르기를 일으키는 물질이 피부와의 접촉을 통해 전달된다. 붉은색의 발진이 생기고 가려움과 타는 듯한 감각을 느낄 수 있으며, 노출된 후 여섯 시간에서 7일 사이에 대개 피부에 수포가 생긴다. 노출된 후 5분 이내에 노출된 부분을 부드러운 비누로 잘 씻어내는 것이 도움된다. 경미한 경우에는 알코올을 묻힌 스펀지로 문지르거나 칼라민 로션 등을 바르는 것이 처치법이다. 감염된 부분이 넓으면 발열, 두통, 전체적인 신체 허약이 나타날 수 있다. 심각한 경우에는 의사의 처방을 받아 코르티코스테로이드로 치료를 해야 한다. 또한 덩굴옻나무와 접촉한 옷은 세탁해야 한다.

난독증과 그 원인은 무엇인가?

난독증은 넓은 범위의 언어 장애를 가리키는 말이다. 일반적으로 난독증이 있는 사람은 글자, 단어, 기호 또는 지시의 의미를 제대로 파악하지 못한다. 정상적인 지능을 가진 사람도 조건에 따라 난독증이 되기도 한다. 난독증이 있는 어린이는 철자를 거꾸로 쓰거나 이상한 스펠링 오류를 범하고, 색깔의 이름을 제대로 말하지 못하거나 받아쓰기를 잘하지 못한다. 난독증은 경미한 시각적 결함이나 정서적 장애에 의해 생기기도 하고, 두뇌 발달 훈련을 하지 않아 발생하기도 한다. 새롭게 밝혀진 증거에 의하면 신경체계의 결함이 원인일 수도 있다. 난독증을 앓는 사람의 90%는 남성이다.

난독증이 있는 사람은 이 그림에서처럼 단어나 글자의 순서를 반대로 한다.

난독증이라는 말은 1887년에 독일 슈투트가르트의 베를린^{Rudolph Berlin} 교수가 처음 사용했다. 하지만 이에 대한 기록은 30년경에 처음 나타난다. 막시무스^{Valerius Maximus}와 플리니^{Pliny}가 머리에 돌을 맞은 후 읽는 능력을 상실한 사람을 설명한 것이 난독증에 대한 가장 오래된 기록이다.

식욕부진과 거식증은 어떻게 다른가?

식욕부진은 단순히 입맛을 잃는 것을 말한다. 그러나 거식증은 살이 찌는 것을 두려워하는 정신적인 장애이다. 거식증은 10대 또는 젊은 여성들에게서 나타난다. 실제와는 다른 살이 찐 모습에 대한 상상 때문에 체중의 3분의 1을 잃게 될 때까지 음식물 섭취를 거부한다. 이 질병은 치료가 어렵고 생명을 위협한다. 거식증으로 입원한 환자의 5%에서 10%가 굶주림이나 자살로 생명을 잃는다. 증상으로는 살이 찌는 것에 대한 정신적인 두려움과 더불어 25% 이상의 체중 감소, 음식에 대한 강박관념, 식사 거절, 강제적인 운동과 불안, 음식을 먹은 후의 토함, 설사약이나 관장약의 복용 등을 들 수 있다.

왜 심해 잠수부들은 잠수병에 걸리나?

잠수병은 압력의 갑작스러운 감소로 혈액이나 조직 내에 질소 거품이 생겨 팔다리의 근육과 관절, 복부에 심한 통증을 느끼는 증상이다. 이것은 잠수부들이 깊은 물속에 잠수하여 높은 압력 상태에 있다가 갑자기 상승할 때 발생한다. 심할 때는 현기증, 구역질, 토함, 숨 막힘, 쇼크가 발생하기도 하고 심지어는 죽을 수도 있다. 잠수병은 감압병, 케이슨병 등으로도 알려져 있다.

조로증은 무엇인가?

조로증은 빨리 늙는 병이다. 조로증에는 두 가지가 있는데 두 가지 모두 매우 희귀한 질병이다. 그중 하나인 허친슨 길포드 증후군은 네 살부터 노화가 시작되어 10살에서 12살이 되면 흰머리, 대머리, 지방의 감소, 피부의 늘어짐을 포함해서 외모가 완전히 늙은 사람으로 변한다. 조로증이 발생하면 외모뿐만 아니라 동맥경화와 같은 내부 장기의 변화도 나타난다. 따라서 이런 사람들은 대개 사춘기에 죽는다.

조로증의 또 다른 형태인 웨너 증후군은 중년에 노화가 빠르게 진행된다. 조로증의 원인은 아직 알려져 있지 않다.

의원성 질병은 어떻게 정의하나?

의원성 질병은 의사의 진료로 인하여 심리적, 신체적인 상태가 악화되는 것을 말한다. 이 말은 의사의 사려 깊은 행동으로 피할 수 있는 것을 가리킬 때 사용된다.

알츠하이머병을 앓는 사람은 어떤 증세를 보일까?

알츠하이머병은 뇌의 신경세포가 퇴화하고 뇌가 수축하여 발생한다. 원인은 알려져 있지 않지만 일부에서는 알루미늄과 같은 금속의 중독이 원인이라고 이야기한다. 그리고 다른 사람들은 유전적인 요인이 이 질병을 일으킨다고 주장한다.

알츠하이머병에는 세 단계가 있다. 첫 번째 단계에서는 기억력이 감퇴되어 잘 잊어버린다. 두 번째 단계에서는 심한 기억 상실을 경험하고, 집중하지 못하며, 계산 능력을 상실하고 올바른 단어를 찾아내지 못한다. 이때가 되면 자주 불안해하고, 갑작스러운 성격의 변화가 나타난다. 세 번째 단계가 되면 심하게 방향 감각을 상실하고 환각과 망상에 사로잡힌다. 이 단계에서는 심한 기억력 상실, 신경계통의 퇴화, 어린애 같은 행동, 폭력성이 나타난다. 이 단계가 되면 병원 치료를 받아야 한다.

알츠하이머병은 미국에서 가장 의료비가 많이 들고 사회적으로 문제가 되고 있다. 미국에서는 1999년에 44,536명이 알츠하이머병으로 목숨을 잃었다(전체 사망의 1.9%).

피카란 무엇인가?

피카pica는 자연스럽지 않거나 영양에 도움이 되지 않는 물질을 심하게 먹고 싶어 하는 현상을 뜻한다. 이 말은 모이를 찾기 위해 또는 호기심으로 모든 것을 쪼아보는 까치Pica pica에서 유래한 말이다. 이런 현상은 성별, 종족, 지역을 불문하고 나타나지만 특히 임신한 여성에게서 자주 나타난다.

골반 내 염증성질환은 어떤 병인가?

골반 내 염증성질환^{PID}은 나팔관, 자궁 경부, 자궁, 난소 등에 나타난 염증을 포함하여 여성의 생식기관에 발생한 감염증을 가리키는 말이다. 이것은 오늘날 여성 불임의 가장 흔한 원인이다. PID는 나이 25세 미만의 성적으로 활발한 여성에게서 자주 나타나며 임질이나 클라미디아로 인해 발생하지만 IUD를 사용하는 여성들에게도 발생한다. 임질균, 포도상구균, 클라미디아균, 대장균과 같은 다양한 세균이 PID를 일으킨다. PID의 증세는 감염 부위에 따라 다르지만 대개는 고름성의 질액 분비, 낮은 발열, 권태감, 아랫배의 통증과 같은 증상이 나타난다. PID는 항생제로 치료하며 조기 발견과 치료를 통해 생식 기관의 손상을 막을 수 있다. 치료하지 않은 심한 PID는 골반에 농양으로 발전할 수 있으므로 이것을 제거해야 한다. 골반 농양이 파열되면 치명적인 합병증을 일으킬 수 있고 합병증이 생긴 환자는 자궁절제술을 시행해야 한다.

중국 음식점 증후군은 무엇인가?

향신료인 글루타민산^{MSG}은 이에 민감한 사람들에게 발열, 두통, 입 부분의 무감각을 일으킬 수 있다. 많은 중국 음식점이 조리할 때 글루타민산을 사용하기 때문에 민감한 사람들은 중국 음식을 먹은 후에 이런 증상을 경험할 수 있다.

신장 결석의 화학 성분은 무엇인가?

약 80%는 칼슘, 산화칼슘 그리고 인산염이다. 또한 5%는 요산, 2%는 시스틴 아미노산이며, 나머지는 마그네슘 암모늄 인산염이다. 신장 결석의 20%는 감염성 질병으로 만성 방광염과 관련이 있으며, 오줌의 알칼리와 요소에 작용하는 세균에 의해 생성된 칼슘, 마그네슘, 암모늄 인산염의 혼합물을 포함한다.

화상은 어떻게 분류하나?

형태	원인과 효과
1도 화상	햇볕에 탐. 수증기. 피부가 붉게 되고 껍질이 벗겨짐. 상피에 영향을 줌. 1주 안에 자연 치유됨.
2도 화상	열탕. 뜨거운 금속을 잡음. 물집이 생김. 진피층에 영향을 줌. 2주에서 3주 안에 치료됨.
3도 화상	불에 뎀. 피부 전체가 파괴됨. 의사의 치료와 피부 이식이 필요.
원형 화상	팔다리나 몸 부위(가슴과 같은)가 완전히 돌아가면서 화상을 입음. 혈액 순환이나 호흡기 장애를 가져올 수 있음. 의사의 치료가 필요함. 조직을 연결하는 치료가 필요하기도 함.
화학 화상	산이나 알칼리에 의한 화상. 물로 중화할 수 있음(30분 동안). 의사의 진단을 권함.
전기 화상	근육, 신경, 순환계의 손상. 피부 아래층의 손상. 의사의 진단과 ECG 검사가 필요함.

피부의 10% 이상이 2도나 3도의 화상을 입고 많은 양의 체액을 흘렸을 경우 쇼크를 유발할 수 있다. 피부가 화상을 입으면 공기 중의 세균으로부터 보호할 수 없다.

나폴레옹은 독살되었나?

1804년부터 1815년까지 프랑스의 황제였던 나폴레옹 보나파르트[Napoléon Bonaparte, 1769~1821]는 암에 의한 위천공으로 죽었다고 일반적으로 알려져 있다. 그러나 일부 의사들과 역사학자들은 나폴레옹의 사인에 대해 질병에서부터 명백한 살인의 묵인에 이르기까지 다양한 주장을 내놓고 있다.

스웨덴의 독성학자인 포쉬프브드[Sten Forshufvud]는 나폴레옹이 세인트헬레나에 유배되어 있는 동안 프랑스 부르봉 왕가의 지지자들이 나폴레옹의 집에 침투시켰던 요원이 투여한 비소 때문에 죽었다는 주장을 내놓았다.

숫자 13을 두려워하는 공포증을 무엇이라고 하는가?

숫자 13을 두려워하는 공포증을 13 공포증이라고 부른다. 이런 공포증이 있는 사람은 집 번호, 건물의 층수, 13일 등 이 숫자와 관계된 모든 상황을 두려워한다. 많은 건물은 이런 이유로 13이라는 숫자를 빼놓고 있다. 공포증은 물건, 상황, 생명체 등 넓은 범위에서 나타난다. 공포증의 종류는 다음과 같으며 더 있을 수도 있다.

동물 공포증	꽃 공포증	나뭇잎 공포증	섹스 공포증	나무 공포증
턱수염 공포증	음식 공포증	번개 공포증	그림자 공포증	물 공포증
책 공포증	무덤 공포증	사람 공포증	거미 공포증	여성 공포증
교회 공포증	감염 공포증	돈 공포증	태양 공포증	일 공포증
꿈 공포증	호수 공포증	음악 공포증	접촉 공포증	쓰기 공포증

건강관리

의학의 상징으로 이용되는 것은 무엇인가?

기원전 800년경부터 아스쿨라피우스의 지팡이가 의학을 상징했다. 이것은 한 마리의 뱀이 지팡이를 감고 있는 모습이었다. 그리고 1800년 이후 오늘날까지 의학의 상징으로는 헤르메스 신 또는 머큐리 신의 두 마리 뱀으로 된 마법의 지팡이가 일반적으로 사용되고 있다. 뱀은 전통적으로 치유를 상징하며, 뱀의 일부를 먹으면 치유의 능력을 가져온다고 믿었다. 고대 그리스인들은 주기적으로 허물을 벗는 뱀의 재생능력을 대단하게 생각하여 뱀을 숭배했다. 후에 그리스 의학의 신인 아스쿨라피우스는 뱀의 형상으로 질병을 치료했다. 때때로 이 신은 예술 작품에서 뱀이 감고 있는 가운데 지팡이를 짚고 있는 노인으로 표현되곤 했다.

히포크라테스 선서는 무엇인가?

히포크라테스 선서는 의술을 시행하기 시작하는 의사들이 하도록 요구되는 선서로 그리스의 선생이며 의사였던 히포크라테스Hippocrates, B.C.460~B.C.377에 그 기원을 두고 있다. 히포크라테스의 선서는 다음과 같다(내용은 인용된 곳에 따라 조금씩 다르다).

나는 의학의 신 아폴로와 아스쿨라피우스, 건강과 모든 치유, 그리고 모든 신과 여신들의 이름에 걸고 나의 능력과 판단으로 다음을 선서한다.

나는 이 선서와 계약을 지킬 것이니, 나에게 이 의술을 가르쳐준 자를 나의 부모님으로 생각하겠으며, 나의 모든 것을 그와 나누겠으며, 필요하다면 그의 일을 덜어줄 것이다. 그의 자손을 나의 형제처럼 여기겠으며, 그들이 원한다면 조건이나 보수 없이 교훈이나 강의 및 다른 모든 교육 방법을 써서 그들에게 이 기술을 가르칠 것이다. 나는 이 지식을 나의 아들들에게, 나의 은사들에게, 그리고 의학의 법에 따라 규약과 맹세로 맺어진 제자들에게 전할 것이다. 그러나 그 외의 누구에게도 이 지식을 전하지는 않을 것이다. 나는 나의 능력과 판단에 따라 내가 환자의 이익이라 간주하는 섭생의 법칙을 지킬 것이며, 심신에 해를 주는 어떤 것들도 멀리할 것이다. 나는 요청받는다 하더라도 극약을 그 누구에게도 주지 않을 것이며, 그와 같은 조언을 하지 않을 것이며, 비슷한 의미로 낙태를 조장하는 페사리를 여성에게 주지 않을 것이다. 청렴과 숭고함으로 나는 나의 인생을 살 것이며 나의 의술을 펼칠 것이다. 나는 결석을 꺼내기 위해 베지 않을 것이다. 결석이 분명한 환자를 위해서도 그렇게 할 것이다. 나는 이런 시술의 전문가에게 이런 시술을 하도록 할 것이다. 내가 어떠한 집에 들어가더라도 나는 병자의 이익을 위해 그들에게 갈 것이며, 어떠한 의도적인 잘못이나 유혹을 멀리할 것이다. 특히 시민 혹은 노예이든 남성이나 여성과의 사랑의 쾌락을 멀리할 것이다. 나의 전문적인 업무와 관련되어, 또는 관련이 없이, 또는 일상생활을 하는 동안 사람과의 거래를 통해 알게 된 절대로 밖에서 말해서는 안 되는 지식의 비밀을 지킬 것이다. 내가 이 맹세를 깨트리지 않고 지낸다면, 모든 이들에게 존경을 받으며 즐겁게 의술을 펼치며, 즐거운 인생을 살아갈 수 있을 것이다. 그러나 내가 이 맹세의 길을 벗어나거나 어긴다면, 그 반대가 나의 몫이 될 것이다.

의학의 아버지라고 인정받는 사람은 누구인가?

그리스의 의사였던 히포크라테스가 이 명예를 차지하고 있다. 히포크라테스 이전의 그리스 의학은 종교, 신비주의, 심령술과 뒤섞여 있었다. 히포크라테스는 의학을 종교와 철학에서 분리하여 과학적이고 이성적인 의학 체계를 수립했다. 질병은 자연적인 원인이 있으며 자연의 법칙이 있다. "질병은 신의 분노가 아니다." 이렇게 말한 히포크라테스는 자연의 네 가지 원소(흙, 공기, 불, 물)가 몸 안에서는 네 가지 체액(혈액, 담, 검은 담즙, 노란 담즙)으로 나타난다고 믿었다. 이들이 몸 안에서 조화를 이루면 건강한 상태에 있게 된다. 의사의 임무는 자연을 도와 조화를 되찾도록 하는 것이다. 음식물 섭취, 운동, 그리고 모든 일에서의 중용이 신체를 건강하게 유지한다. 정신적인 치유(회복에 대한 긍정적인 태도), 충분한 휴식, 조용함이 그의 치료 중 일부였다. 히포크라테스는 서로 다른 질병이 다른 증상을 보인다는 것을 처음 알아차린 사람이며, 각 질병을 자세히 기록했다. 그의 기록에는 진단뿐만 아니라 예후도 포함되어 있다. 그의 처방은 일반적으로 오늘날에도 올바른 처방으로 받아들여진다.

현대 의학의 창시자는 누구인가?

영국의 히포크라테스라고 불리는 시드넘^{Thomas Sydenham, 1624~1689}은 정확하게 관찰하고, 관찰한 것을 기록하고, 각 질병의 임상적 기록을 보존하는 히포크라테스의 방법을 다시 도입했다. 역학의 창시자라고 간주되기도 하는 그는 성홍열과 시드넘의 무도병을 처음으로 설명한 사람들 중의 하나이다.

최초의 혈액은행은 언제 그리고 어디에서 문을 열었는가?

여러 곳에서 자신들이 최초라고 주장하고 있다. 일부 기록에는 1940년 뉴욕에서 드루^{Richard C. Drew, 1904~1950} 박사의 감독 아래 최초의 혈액은행이 문을 연 것으로 되어 있지만 다른 기록에는 이보다 이른 1938년에 모스크바의 스킬포소프스키 대학에서 유딘^{Sergei Yudin} 교수에 의해 설립되었다고 나와 있다. 혈액은행이라는 말은 1937년 일리노이의 시카고에 있는 쿡 카운티 병원에 중앙 혈액 저장소를 설치한 판투스^{Bernard Fantus, 1874~1940}가 처음으로 사용했다.

동종요법, 지압요법, 정골요법, 자연요법 사이에는 어떤 차이가 있을까?

독일의 의사 하네만^{Christian F. S. Hahnemann, 1755~1843}이 개발한 동종요법은 2,000가지 약물을 극히 소량씩 사용하여 환자를 치료한다. 이것은 건강한 사람에게 어떤 증세를 일으키는 약물이 같은 증세를 나타내는 질병을 치료한다는 원리를 바탕으로 하고 있다.

지압요법은 질병이 신경계의 이상기능으로 발생한다는 믿음을 바탕으로 약물이나 수술요법에 의존하지 않고 신체, 특히 척추 등에 손으로 압력을 가하여 질병을 치료하는 방법이다. 고대 이집트, 중국, 힌두에서 사용되던 이 치료법은 1895년 미국의 정골사 파머^{Daniel David Palmer, 1845~1913}가 재발견하였다.

미국에서 스틸^{Andrew Taylor Still, 1828~1917}에 의해 개발된 정골요법에서는 사람의 몸이 건강하게 기능하려면 근골격계의 역할이 중요하다는 것을 인식한다. 자격증을 가진 의사는 전통적인 진단 및 치료 과정과 함께 근골격계를 조작하는 시술을 한다. 정골요법은 서양 의학의 일부로 시행된다.

자연요법은 독성 물질과 노폐물이 몸 안에 축적되는 것이 질병의 원인이라는 생각을 바탕으로 한다. 참가자들은 음식물이나 환경에서 인공적인 것을 모두 제거하면 건강을 유지할 수 있다고 믿는다.

얼마나 많은 사람들이 정기적으로 치과를 방문하나?

약 절반 정도의 사람들이 일 년에 한 번 정도 치과를 방문한다. 두 살에서 열일곱 살까지의 어린이들은 성인들보다 더 자주 치과를 찾는다.

연령	지난해에 치과를 찾은 사람의 비율(%)
2~17	72.6
18~64	64.6
65 이상	55.0

안과의사, 검안사, 안경사는 어떻게 다른가?

안과의사는 눈의 질병을 치료하는 의사이다. 안과의사는 눈에 녹내장이나 백내장을 비롯한 여러 가지 이상이 있는지를 조사하고 필요한 약물을 처방하거나 수술요법을 시행한다. 또한 시력을 검사하고 필요한 안경이나 콘택트렌즈를 결정하는 일도 한다.

검안사는 눈을 검사하고 안경이나 콘택트렌즈를 맞추거나 공급하는 일을 한다. 검안사는 의사가 아니기 때문에 약물을 처방할 수 없고, 수술을 할 수도 없다. 하지만 환자들에게 이런 종류의 치료를 안과의사로부터 받을 것을 권할 수 있다.

안경사는 안경이나 콘택트렌즈를 맞추거나 공급하는 사람이다. 안경사는 충분히 훈련받지 않았으므로 눈을 검사하거나 안경이나 약물을 처방할 수 없다.

진단 장비, 시험

의료계에서 사용하는 약자 NYD는 무슨 뜻인가?

아직 진단하지 않았음$^{Not\ yet\ diagnosed}$이라는 뜻이다.

혈압은 어떻게 측정하는가?

혈압을 측정하는 기구인 혈압계는 1881년에 오스트리아의 바쉬$^{Von\ Bash}$가 발명했다. 혈압계는 팔 위쪽을 감싸고 부풀어 오르는 공기주머니를 이용한 가압대와 공기주머니를 부풀게 하는 데 사용하는 고무관, 그리고 혈압을 나타내는 장치로 구성되어 있다. 팔뚝의 동맥 위에 두른 가압대를 이용하여 압력을 가해 동맥의 혈류를 차단했을 때의 동맥의 압력을 측정한다. 이것은 심장의 심실이 수축하는 동안에 발생하는 최대 혈압으로 수축기 혈압이라고 한다. 다음에는 가압대의 공기를 빼면서 처음으로 동맥을 통해 혈류가 흐르기 시작하는 시점을 조사한다. 이때의 압력은 심장이 이완하는 시기의 혈압으로 최저 혈압이다.

혈압을 나타내는 수치의 의미는 무엇인가?

혈액이 동맥으로 들어가면 혈관벽에 압력을 가한다. 이것을 혈압이라고 한다. 수축기 혈압인 최대 혈압은 심실이 수축하여 혈액이 심장에서 나올 때의 압력을 나타내고, 이완기 혈압인 최저 혈압은 심실이 이완되어 혈액이 심장으로 들어갈 때의 혈압을 나타낸다. 혈압은 나이, 성별, 체중을 비롯한 여러 가지 요소에 따라 달라지지만 정상적인 혈압은 110/60에서 140/90mmHg 사이이다.

심장의 기능을 점검하기 위해 하루나 이틀 정상적인 활동을 하는 동안에 착용하는 장치의 이름은 무엇인가?

홀터[J. J. Holter]가 개발한 휴대용 심전계[ECG]는 홀터 모니터라고 부른다. 가슴에 붙인 전극이 기록 장치가 들어 있는 작은 상자에 연결되어 정상적인 활동을 하는 동안 심장의 활동을 기록한다.

심장 박동기는 누가 발명했나?

졸[Paul Zoll, 1911~1999]은 심장에 전기적인 자극을 전달하는 체외 심장 박동기를 발명했다. 그리고 1958년에 생의학 엔지니어였던 그레이트배치[Wilson Greatbatch, 1919~]는 의사 차다크[William M. Chardack]와 게이지[Andres A. Gage]의 도움을 받아 최초로 체내 심장 박동기

를 발명했다. 이것은 전지로 작동하는 작고 납작한 플라스틱 디스크이며 몸 안에 심어
져 도선으로 심장에 직접 연결된다. 심장 박동기가 발생시키는 규칙적인 전기 신호가
심장 박동을 유발한다. 박동기에 사용되는 전지의 수명은 6년에서 10년 사이이다.

총콜레스테롤, 저밀도지질단백질(LDL), 고밀도지질단백질(HDL)의 양의 정상 범위는 무엇인가?

미국 국가 콜레스테롤 교육 프로그램은 콜레스테롤의 기준을 다음과 같이 제시했다.

	정상 범위	경계	고위험
총콜레스테롤	200mg/dl 이하	200~239mg/dl	240mg/dl 이상
LDL	130mg/dl 이하	130~159mg/dl	160mg/dl 이상
HDL	45~65mg/dl	35~45mg/dl	35mg/dl 이하

* mg/dl는 데시리터당 밀리그램을 나타낸다.

자기 공명 영상이란 무엇인가?

때로 핵자기 공명 영상(NMR)이라고도 불리는 자기 공명 영상(MRI)은 조직에 손상을 주지
않고, 이온화하지도 않는 진단 기술이다. 이것은 작은 종양, 막힌 혈관, 손상된 척추 디
스크 등을 찾아내는 데 효과적이다. MRI는 방사선을 사용하지 않기 때문에 X선을 비
롯한 방사선의 사용이 위험한 경우에 쓰인다. 대형 자석이 방출하는 파장이 긴 전자기
파가 몸 안에 있는 수소 원자와 공명을 일으켜 특정한 파장의 전자기파를 흡수하거나
방출한다. 컴퓨터가 신체의 부분에 따라, 그리고 기관이 건강한지 아닌지에 따라 달라
지는 이 신호를 검출한다. 이러한 신호의 변화를 이용하여 스크린에 영상을 만들고 의
료 전문가들이 이것을 해석한다.

MRI와 X선 스캐너 사이의 가장 큰 차이점은 X선을 이용한 검사에서는 죽은 조직과
살아 있는 조직을 구별할 수 없지만 MRI는 그 차이를 아주 자세하게 보여준다는 점이

다. 다시 말하자면 MRI는 X선이나 컴퓨터 X선 체축 단층 촬영과 같은 전통적인 방사선 진단 장비보다 훨씬 정밀하게 건강한 조직과 병든 조직을 구별할 수 있다. 컴퓨터 X선 체축 단층 촬영(CAT) 스캐너는 1973년경부터 사용되기 시작했으며, 뛰어난 X선 진단 장비였다. 이 진단 장비는 내부 장기의 모습을 3차원 영상으로 보여주었다. 그러나 영상이 정지해 있다는 것이 한계였다.

MRI를 이용하여 환자의 종양을 찾아내는 방법은 1972년에 다마디안[Raymond Damadian, 1936~]이 제안했다. 오늘날 모든 MRI 장비에 사용되고 있는 기본적인 영상 방법은 라우터버[Paul Lauterbur]가 1973년에 〈네이처〉지에 발표한 논문을 통해 제안한 것이다. MRI의 가장 큰 장점은 장기와 같은 연조직의 뛰어난 영상을 보여주는 것뿐만 아니라 조직에 손상을 주지 않는 방법으로 역동적이고 생리학적인 변화를 측정할 수 있다는 것이다. 그러나 MRI는 모든 환자에게 사용할 수 없다는 단점이 있다. 예를 들면 금속으로 만든 임플란트, 심장 박동기, 뇌 내부에 동맥류 클립을 한 환자에게는 사용할 수 없다. MRI의 자석이 이런 장치를 움직이거나 손상할 수 있기 때문이다.

초음파는 또 다른 형태의 컴퓨터 3D 영상 장치이다. 초음파 영상 장치는 초음파 펄스를 이용해 내부 장기의 영상을 만들 수 있다.

언제 최초의 보청기가 만들어졌는가?

1588년에 포르타[Giovanni Battista Porta, 1535~1615]가 쓴 《자연의 마술》이라는 책에 특수하게 설계된 보청기에 대한 설명이 실려 있다. 이 보청기는 나무로 만들었으며, 날카로운 청음 센서를 가지고 있었고, 동물의 귀 모양을 하고 있었다. 1700년대에는 말하는 튜브와 듣는 트럼펫이 개발되었다. 또한 외부 소리의 진동을 귓속의 뼈에 전달하는 장치가 1550년에 카르다노[Gerolamo Cardano, 1501~1576]에 의해 개발되었고, 1800년대에 개선되었다. 미국에서 최초로 사용된 전지로 작동하는 보청기는 1898년에 딕테그래프사에서 만들었다. 1901년에는 허치슨[Miller Reese Hutchison, 1876~1944]이 전기 보청기의 특허를 획득했다. 20세기에는 보청기가 더욱 정교해졌다. 소형화와 마이크로칩의 이용으로 귓속에 들어갈 정도로 작게 만드는 것이 가능해져 밖에서는 보이지 않는다.

의사가 반사작용을 확인하기 위해 사용하는 도구는 무엇인가?

타진추는 부드러운 고무 헤드가 달린 작은 망치로 신체의 부위를 직접 두드려보는 데 사용하는 도구로, 의사가 힘줄을 가볍게 두드려 반사작용을 살펴볼 때 사용된다. 가장 일반적인 테스트는 환자를 높은 곳에 앉혀 다리가 자유롭게 흔들릴 수 있도록 한 다음 무릎뼈 아래쪽에 있는 무릎 힘줄을 가볍게 두드려보는 것이다. 힘줄에 가해진 충격이 장딴지 위쪽의 대퇴 근육을 자극하면 근육이 늘어나게 되어 다리가 앞을 차게 된다. 힘줄을 두드리는 것과 다리가 앞을 차는 행동 사이에 걸리는 시간은 50마이크로초 정도이다. 이 시간은 뇌가 행동에 간여하기에는 너무 짧으므로 이 행동은 전적으로 반사작용에 의한 것이다. 이 시험으로 개인의 운동 반사 제어 상태를 알 수 있다.

약물, 약품

생약학이란 무엇인가?

생약학은 자연적인 약품의 물리적, 생물학적, 화학적 성질을 연구하는 학문이다. 식물, 채소, 동물, 광물과 같은 자연물에서 추출한 여러 가지 자연 물질이 질병의 치료에 사용된 것은 아주 오래전부터이다. 오늘날에는 약국에서 조제하는 약품의 약 25%가 식물에서 추출한 물질을 포함한다. 진열대에 진열된 제품 중에는 자연물에서 추출한 성분을 포함하고 있는 것들이 더 많다.

왜 의사들은 처방전을 쓸 때 Rx라는 약자를 사용할까?

Rx라는 기호에 대해서는 여러 가지 설명이 있다. 가장 일반적인 설명은 이것이 '가져가다'라는 뜻을 가진 라틴어 recipi 또는 recipere에서 왔다는 것이다. 이 기호는 유피테르의 상징으로도 사용된다. 로마의 신 유피테르^{Jupiter}에게 청원하는 고대 청원서에서도 이 기호가 발견된다. 고대 의학 서적에는 모든 R자가 그 위에 x자를 겹친 형태로 쓰여 있다.

또 다른 설명은 Rx의 기원을 이집트를 위아래의 둘로 나누어 다스렸던 신인 세트^Seth와 호루스^Horu 형제의 신화에서 발견할 수 있다는 것이다. 호루스는 세트와의 전쟁에서 눈을 다쳤고 다른 신인 토트^Thoth의 도움을 받아 치료했다. 호루스의 눈은 태양과 달로 이루어져 있었는데 그때 다친 눈이 달이다. 이것이 달의 위상 변화를 설명한다. 하현달은 다친 눈이고 상현달은 치료되고 있는 눈이다. 그리하여 호루스의 눈은 치료를 나타내는 강력한 상징이 되었다. 이집트 예술 작품에 나타난 호루스의 눈은 의사들이 사용하는 Rx 기호와 매우 닮았다.

처방받은 약품은 얼마나 오랫동안 보관할 수 있나?

일반적으로 처방받은 약품은 1년 이상 보관해서는 안 된다. 일부 약품에는 유효기간이 명시되어 있다. 성분으로 분리된 크림을 보관했다가 사용해서는 안 된다. 일반적인 보관 기준은 아래와 같지만 조금이라도 의심이 나면 폐기하는 것이 좋다.

의약품	최대 보관 기간(년)
차가운 정제	1~2
변비약	2~3
광물성 약품	6 이상
처방이 필요 없는 진통제	1~4
처방된 항생제	2~3
처방된 혈압강하 정제	2~4
차멀미 방지용 정제	2
비타민 (열, 빛, 습기로부터 보호된)	6 이상

이중 맹검법이란 무엇인가?

약물 실험에서 실험을 시행하는 사람이나 실험의 대상이 되는 사람 모두가 실제 약물을 복용했는지 아니면 약물과 유사하게 만든 가짜 약물을 복용했는지 밝히지 않고 하는 시험을 이중 맹검법^double-blind study이라고 한다. 이렇게 하면 실험을 수행하는 사람이나 실험 대상자의 편견이 실험 결과에 영향을 미치는 것을 방지할 수 있다.

고아 약품이란 무엇인가?

고아 약품^{orphan drug}이란 소수의 환자들의 치료에만 사용되는 의약품을 말한다. 이런 약품으로는 돈을 벌 기회가 없기 때문에 제약회사는 이런 약품을 개발하는 데 필요한 연구나 투자를 꺼리게 된다. 만약 그런 약물이 자연적인 물질인 경우 미국에서는 특허를 받을 수 없어서 제약회사는 경쟁 회사도 이익을 취할 수 있는 이런 약품의 개발에 적극적이지 않다. 고아 약품 개발을 장려하기 위하여 1983년에 제정된 고아 약품 법안은 이러한 약품을 개발하는 제약회사에 여러 가지 인센티브를 주도록 규정하고 있다. 이 법안은 희귀한 병에 걸려 치료받을 기회가 없었던 수백만의 사람들에게 희망을 주고 있다.

신약을 개발하는 데는 얼마나 많은 시간이 걸리나?

신약 개발에는 시간이 오래 걸린다. 10,000개의 연구 개발 중 새로운 약품을 시장에 출시하는 것은 하나 정도밖에 안 된다. 신약을 개발하는 데는 8년에서 15년 정도의 시간이 걸리며 3억에서 5억 달러의 투자가 필요하다.

오늘날 사용되는 약품 중 식물에서 추출한 것은 얼마나 되나?

250,000종이 넘는 식물 중에 1% 미만에 대해 의학적 응용 가능성 연구가 시행되었다. 그럼에도 오늘날 처방되는 약의 25% 정도가 식물에서 추출한 의약품이다. 미국 국립 암연구소는 항암 물질이거나 항암 물질을 만들 수 있는 식물 3,000종을 찾아냈다. 여기에는 인삼, 아시아 포도필름, 서양 주목, 붉은 빙카 등이 포함된다. 이 3,000종의 식물 중에서 70%는 열대우림에서 자란다. 열대우림에는 항암제 외에도 다른 질병을 치료하는 약품의 원료들이 자란다.

열대우림에서 자라는 식물은 2차 대사 산물을 풍부하게 포함한다. 특히 알칼로이드를 많이 포함하고 있는데 이는 식물이 질병이나 곤충의 공격으로부터 자신을 보호하기 위해 생산한 것이다. 그러나 현재대로 열대우림이 파괴되어 간다면 미래의 약품을 위한 원료가 오래지 않아 사라질 것이다. 그리고 열대우림 식물의 성질을 잘 알고 있는 부족들 역시 사라질 것이다.

열대우림의 식물, 동물, 미생물에서 얻어지는 약품에는 어떤 것들이 있는가?

약품	효능	얻는 곳
알란토인	상처 치유	블로우플라이 유충
아트로핀	고혈압	벌의 독
코카인	진통제	코카나무
코르티손	항염제	멕시코 감자
시타라빈	백혈병	해면동물
디오스제닌	출산 조절	멕시코 감자
에리트로마이신	항생제	세균
키니네	말라리아	친코나 나무 껍질
레세르핀	긴장	인도 사목
테트라사이클린	항생제	세균
빈블라스틴	호지킨병, 백혈병	붉은 빙카

택솔은 무슨 식물에서 추출하나?

택솔^{taxol}은 서양 주목 또는 태평양 주목의 껍질에서 추출한다. 택솔은 사람의 암 세포인 헬라 세포의 성장을 방해하는 것으로 밝혀졌으며 다른 여러 가지 암의 새로운 치료법이 될 전망이다. 원래 이 물질은 매우 귀했지만 1994년에 두 그룹의 연구자들이 이것을 합성했다고 발표했다. 합성은 참으로 어려운 도전이었으며 그 과정을 개선하고 수정하는 일이 아직 남아 있다. 택솔을 이제 껍질이 아니라 잎에서 얻을 수 있게 되었기 때문에 사용 가능한 자연자원이 풍부해졌다. 그러나 합성된 택솔의 항암 성능을 향상하기 위해서는 합성 방법을 개선할 필요가 있다.

약초학이란 무엇인가?

약초학은 식물에서 얻을 수 있는 물질을 이용하여 질병을 치료하고 건강을 증진하는 것을 다룬다. 여러 세기 동안 약초학은 의학적으로 유용한 화합물을 다루는 기본적인 방법이었다.

약용 식물에는 어떤 것들이 있나?

식물	사용처	식물	사용처
알로에	피부, 위염	인삼	에너지, 면역, 정신작용, 욕망
검은 코호시	갱년기 증상	산사나무	심장 기능
에키너시아	감기, 면역	카바카바	불안
마황	천식, 체중 감소	우유 엉겅퀴	폐 질환
금달맞이꽃	습진, 건선, 월경전 증후군, 가슴 통증	페퍼민트	소화 불량
화란국화	편두통	소팔메토	전립선 질환
마늘	콜레스테롤, 고혈압	세인트 존스 맥아	우울증, 불안, 불면
생강	구역질, 관절염	차나무 오일	피부 감염
은행나무	뇌혈관의 부족, 기억력 감퇴	쥐오줌풀	불안, 불면

보조식품 건강 및 교육법은 무엇인가?

보조식품 건강 및 교육법은 1994년에 미국 의회를 통과했다. 이 법은 식약청^{FDA}이 식품 첨가물을 규제하는 것을 금지하고 있다. 이 법은 생산자들이 약용 식물의 효능을 주장할 수 있도록 허용했다. 이 법은 또한 FDA가 약용 식물의 판매를 금지하기 전에 그것이 해롭다는 것을 증명하도록 했다.

보조식품이란 무엇인가?

보조식품 건강 및 교육법^{DSHEA}에 의하면 식품 첨가물은 음식물의 기능을 보조하는 성분을 포함하고 있는 것으로 입으로 섭취하는 것을 뜻한다. 보조식품에는 비타민, 미네랄, 약용 식물, 식물에서 채취한 물질, 아미노산과 같은 것들이 포함된다. 보조식품은 전체 섭취량을 증가시키거나 필요한 성분을 농축해서, 또는 대사를 촉진하거나 필요한 물질의 추출을 통해서 음식물의 기능을 보완한다. 보조식품은 정, 캡슐, 액체, 가루 등 어떤 형태라도 좋다. DSHEA는 보조식품을 약품이 아니라 식품에 속하는 특별한 범주로 분류했으며 모든 보조식품에는 보조식품이라는 표시를 하도록 했다.

파상풍 예방 효과는 얼마나 오래 지속되나?

미국에서는 어린 아기들이 2개월, 4개월, 6개월이 되었을 때 파상풍 예방 주사를 접종한다. 이 접종은 디프테리아, 파상풍, 백일해를 예방하기 위한 DPT 예방 접종의 일부이다. 면역을 확실하게 하기 위해서는 10년마다 추가 접종을 하거나 접종을 하고 5년이 지난 후 심한 부상을 당했을 경우에 추가로 접종한다.

누가 페니실린을 발견했나?

영국의 세균학자 플레밍^{Alexander Fleming, 1881~1955}은 1928년에 페니실린이 세균을 죽인다는 것을 발견했다. 플레밍은 실험실에서 우연히 세균 배양 접시에 떨어뜨린 페니실륨 노타튬 곰팡이 주변에 세균이 증식하지 않는 것을 발견했다. 그러나 1941년 플로리^{Howard Florey, 1898~1968}가 페니실린을 정제하여 시험하기 전까지는 치료용으로 사용되지 못했다. 페니실린을 생산하기 위한 최초의 대규모 공장은 체인^{Ernest Chain,}

1906~1979의 감독 아래 설립되었다. 1945년에는 페니실린을 병원에서 처방받아 사용할 수 있게 되었다. 그해에 체인, 플로리 그리고 플레밍은 페니실린에 대한 연구로 노벨 의학상을 공동 수상했다.

오늘날에도 페니실린은 폐렴, 패혈성 인두염, 성홍열, 임질, 농가진과 같은 많은 세균성 질병의 치료에 사용된다. 페니실린의 발견은 넓은 범위의 병원성 세균을 죽이는 데 사용되는 다른 항생제의 개발을 촉진했다.

1928년에 페니실린의 의학적 성질을 발견한 영국의 세균학자 알렉산더 플레밍

항생제인 스트렙토마이신을 발견한 사람은 누구인가?

러시아 출신의 미생물학자인 왁스먼Selman A. Waksman, 1888~1973이 항생제라는 말을 처음 사용했고, 1943년에 스트렙토마이신을 발견했다. 1944년에 머크 앤드 컴퍼니는 결핵과 결핵성 뇌막염 치료에 사용될 스트렙토마이신의 생산에 동의했다.

스트렙토마이신은 사람에게 독성을 가지고 있다는 것이 증명되었고, 결국 다른 항생제로 대체되었다. 그러나 이것의 발견은 현대 의학의 방향을 바꾸었다. 결핵의 치료 외에 스트렙토마이신은 세균성 뇌막염, 심내막염, 요로 감염, 한센병, 장티푸스, 세균성 이질, 콜레라, 선페스트와 같은 다양한 질병의 치료에도 사용되었다. 스트렙토마이신은 수많은 생명을 살렸고, 이것의 성공은 과학자들로 하여금 다른 항생제와 약품을 찾기 위해 미생물의 세계를 탐구하는 계기를 제공했다.

소아마비 백신을 개발한 사람은 누구인가?

면역학자 소크Jonas E. Salk, 1914~1995는 최초로 소아마비 백신(죽은 바이러스로 만든)을 개발했다. 그는 1952년에 백신을 준비하여 실험했고, 1954년에 대규모 임상실험을 성공적으로 마쳤다. 2년 후에 면역학자 세이빈Albert Sabin, 1906~1993은 척수성 소아마비의 세

가지 비활성 바이러스로 만든 경구용 백신을 개발했다. 접종이 쉽고 추가 접종이 적게 필요하다는 이유로 세이빈의 백신이 소크의 백신을 대체했다. 그러나 소크도 소아마비를 물리친 사람으로 인정받고 있다.

처음으로 화학요법을 사용한 사람은 누구인가?

질병 치료에 화학물질을 사용하는 것을 화학요법이라고 한다. 약물은 사람 세포에 심각한 영향을 주지 않으면서 세균, 기생생물, 종양 세포의 증식을 억제해야 한다. 특히 백혈병, 림프종과 같은 암에 효과적인 화학요법은 독일의 의사 에를리히[Paul Ehrlich, 1854~1915]에 의해 도입되었다.

단일클론항체는 무엇인가?

단일클론항체[monoclonal antibody]는 특정한 외래 단백질(항원)을 중화하기 위해 인공적으로 생산한 항체이다. 세포 클론(유전적으로 동일한)이 목표 항원의 항체를 생산하도록 유도한다. 현재 사용되고 있는 대부분의 단일클론항체는 암에 걸린 쥐의 세포 클론을 사용해서 만든다. 일부에서는 이 항체들이 암세포를 직접 파괴하고, 다른 경우에는 암과 싸우도록 다른 약물을 전달하는 역할을 한다.

합성 스테로이드의 사용은 얼마나 해로운가?

합성 스테로이드는 테스토스테론과 다른 남성 호르몬의 효과와 유사한 작용을 하는 약물이다. 이것은 근육과 뼈를 만들고, 운동이나 부상으로부터 근육이 빠르게 회복되도록 한다. 합성 스테로이드는 때로 폐경기 여성의 골다공증이나 특정한 형태의 빈혈을 치료하기 위해 처방된다. 일부 운동선수들은 근육을 강화하고, 격심한 훈련 스케줄을 이겨내기 위해 합성 스테로이드를 복용한다. 역도, 육상, 보디빌딩과 같은 종목의 선수들이 자주 이 약물을 사용한다. 합성 스테로이드는 공정한 경쟁을 해칠 뿐만 아니

양성종양과 악성종양의 비교

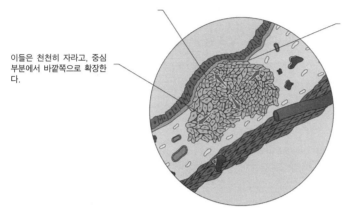

양성종양은 일반적으로 주변 조직과 독립적으로 구성되어 있고 국소적으로 존재해 보통 경계가 주변과 잘 구분된다.

양성종양은 주변 조직을 압박할 때 위험하다. 혈관 옆의 양성 종양은 혈관을 압박해 혈류를 차단할 수 있다. 이런 현상은 복부에서 소화가 잘되지 않게 하고, 뇌에서는 마비를 일으킬 수 있다.

이들은 천천히 자라고, 중심 부분에서 바깥쪽으로 확장한다.

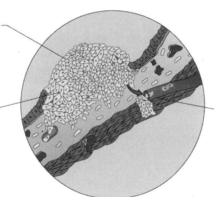

악성종양은 보통 주변 조직과 구분하여 성장하지 않기 때문에 대개 주변 조직을 압박하지 않는다. 그러나 악성종양이 증식하면 주위 세포로 마구 침범한다.

악성종양은 보통 천천히 성장하지만, 매우 빠르게 증식할 때도 있다.

악성종양은 국소적으로 있지 않다. 악성종양에서는 종양세포가 혈류를 타고 다른 곳으로 이동해 그곳에서 종양을 형성하는 전이(metastasis)라는 현상이 일어난다. 악성종양은 원발조직과 다른 종류의 조직에 가서도 종양을 형성한다. 한 예로 유방암은 뼈로도 전이될 수 있다.

라 건강에도 해가 되기 때문에 대부분의 경기 단체는 이 약물의 사용을 금지하고 있다.

합성 스테로이드의 부작용에는 고혈압, 좌창, 부종 및 간, 심장, 부신 손상 등이 있다. 정신적인 증상으로는 환각, 편집증적 망상, 조증 등을 들 수 있다. 합성 스테로이드가 남성에게는 무정자증, 발기 부전, 조기 탈모 등을 유발하고, 여성에게는 다모증, 남성형 대머리, 월경 불순, 음성이 저음으로 바뀌는 등 남성의 특징이 나타날 수 있다. 어린이나 청소년들은 뼈의 발육 장애가 발생하여 키가 작을 수 있다.

자가 통증 조절법은 어떻게 시행되나?

이것은 환자가 전기 코드에 연결된 스위치를 누를 때마다 미리 정해진 양의 진통제가 정맥 속으로 투여되어 고통을 줄여주는 약물 전달 체계이다. 이 장치는 컴퓨터로 통제되는 펌프, 약물이 들어 있는 용기와 용기에 연결된 주사기로 구성되어 있다.

환자는 고통을 해소할 필요가 있을 때 이 장치를 작동하여 진통제를 스스로 투여한다. 미리 정해진 시간 안에 환자가 더 많은 양의 진통제를 투여하려고 하면 이 장치가 자동적으로 작동을 중단한다.

브롬프턴 칵테일은 무엇인가?

영국의 브롬프턴 체스트 병원의 이름을 딴 브롬프턴 칵테일은 말기 암 환자의 고통을 줄이고 행복감을 갖게 하기 위해 코카인, 모르핀, 구토 억제제를 혼합한 마취약이다.

탈리도마이드로 인해 생기는 선천성 장애는 무엇인가?

탈리도마이드는 1960년대에 진정제 및 구역질 억제제로 널리 사용되었다. 후에 입덧을 하는 동안 이 약을 먹은 여성들이 낳은 아기들이 선천성 장애를 가진다는 것이 밝혀졌다.

어떤 아기는 팔이나 다리가 없이 태어나기도 했고, 시각이나 청각 장애인으로 태어나기도 했으며, 심장이나 장기가 비정상적인 경우도 있었다. 일부는 정신 발육이 늦어지는 경우도 있었지만 대부분 지능은 정상이었다. 이 일로 인해 새로운 약에 대한 시험과 판매에 대한 규제가 훨씬 엄격해졌다.

RU-486은 어떻게 유산의 원인이 되나?

RU-486(미페프리스톤)을 포함하고 있는 정제는 수정된 지 49일 이내에 수정란을 자궁에서 제거하여 유산시킨다. 이 약은 2000년 9월 28일부터 미국에서 판매가 허용되었다.

차이나 화이트와 같은 합성 약제는 무엇인가?

합성 약제는 펜타닐이나 메페리딘처럼 마약과 비슷한 효과를 내는 합성 화학물질이다. 차이나 화이트(3-메틸 펜타닐, 합성 헤로인)는 이런 약품의 하나로 펜타닐과 비슷한 효능을 가지고 있다. 이 약은 모르핀보다 3,000배 더 강력해서 적은 양으로도 생명이 위험할 수 있으며 캘리포니아에서만 이 약의 남용으로 100명 이상이 목숨을 잃었다.

마약류 관리에 관한 법률에서는 마약류를 어떻게 분류하는가?

대한민국의 마약류 관리에 관한 법률은 마약과 향정신성의약품 및 대마를 적정하게 취급하고 관리함으로써 그 오용 또는 남용으로 인한 보건상의 위해를 방지하기 위해 기존의 마약법, 향정신성의약품관리법, 대마관리법을 통합하여 2000년 1월 12일 제정한 것으로 그 뒤 여러 차례 개정되었다.

마약류는 마약, 향정신성의약품, 대마로 분류한다. 마약류 취급자란 마약류 수출입업자, 제조업자, 원료 사용자, 관리자, 소매업자, 마약류 연구자 및 의료업자, 대마 재배자로 정의한다.

마약류 취급자가 아니면 마약이나 향정신성의약품을 소지, 소유, 사용, 운반, 관리, 수입, 수출, 제조, 조제, 투약, 매매, 매매알선, 수수 또는 교부하거나, 대마를 재배, 소지, 소유, 수수, 운반, 보관, 사용해서는 안 된다. 또 마약 또는 향정신성의약품을 기재한 처방전을 발부하거나 제조해서도 안 된다.

마약류의 종류

마약	(1) 양귀비, 아편, 코카엽 또는 이들에서 추출되는 알칼로이드(벤질 모르핀, 코카인, 디히드로모르핀(속칭 헤로인, 히로뽕))
	(2) 에크고닌, 헤로인(디아세틸모르핀), 모르핀, 메칠디히드로모르핀, 테바인, 코데인, 디히드로코데인, 에틸모르핀, 노르코데인, 날로르핀
	(3) 앞에 열거한 마약과 같은 해독작용을 일으키는 합성 화학물질(아세틸메사돌, 알파세틸메사돌, 알파메사돌, 베타메사돌, 디펜옥시레트, 메타돈, 메타돈-제조중간체, 노르메타돈, 디펜옥신, 프로폭시펜)
향정신성 의약품	인간의 중추신경계에 작용하는 것으로 이를 오용 또는 남용할 경우 인체에 현저한 위해가 있다고 인정되는 물질(암페타민류, 트리타민, 펜사이크리딘, 메소가프, 메스카치논, 2,5-디메톡시-4-에칠-암페타민, 세코바르비탈, 치오펜탈, 펜테날, 메탄류, 우레아류, 노르핀류, 글루테치미드, 플루니트라제팜, 리저직애시드, 브로마제팜, 카마제팜, 케친, 디아제팜, 옥사제팜, 로라제팜, 테트라제팜, 에스크로비놀, 에치나메이트, 아비노렉스, 에트리다민, 클로랄비테인, 클로랄하이드레이트, 클로르디아제폭사이드 및 이들의 혼합 제제).
대마	대마초(칸나비스사티바엘)와 그 수지 및 대마초 또는 그 수지를 원료로 하여 제조된 일체의 제품. 마리화나는 대마의 다른 이름이다.

코카인, 순화 코카인, 정제 코카인은 어떻게 다른가?

코카인은 여러 가지 형태가 있다. 코카 페이스트는 남미에서 널리 사용되는 것으로 담배나 마리화나에 섞어서 피운다. 코카인 염화수소산염은 미국에서 주로 사용하는 형태로 흰 가루를 작은 스푼이나 빨대를 이용하여 코로 흡입하거나 물에 섞어 주사한다.

순화 코카인은 코카인을 정제한 것으로 물 담뱃대를 이용하여 피운다. 에테르, 식용 파우더 또는 다른 용제를 코카인 분말에 섞은 후 가열하여 만든다.

피울 수 있는 형태로 가공된 것을 정제 코카인이라 하며 주로 물 담뱃대를 이용하여 피운다. 어떤 사람들은 담배나 마리화나에 섞어서 피우기도 한다.

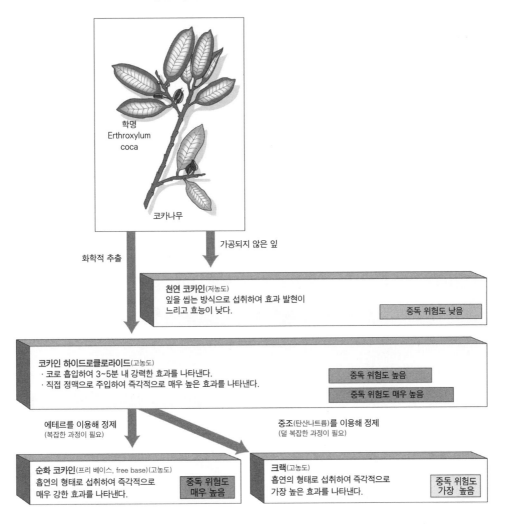

다양한 종류의 코카인과 중독 위험성

학명
Erthroxylum
coca

코카나무

화학적 추출

가공되지 않은 잎

천연 코카인(저농도)
잎을 씹는 방식으로 섭취하여 효과 발현이
느리고 효능이 낮다.

중독 위험도 낮음

코카인 하이드로클로라이드(고농도)
· 코로 흡입하여 3~5분 내 강력한 효과를 나타낸다.
· 직접 정맥으로 주입하여 즉각적으로 매우 높은 효과를 나타낸다.

중독 위험도 높음

중독 위험도 매우 높음

에테르를 이용해 정제
(복잡한 과정이 필요)

중조(탄산나트륨)를 이용해 정제
(덜 복잡한 과정이 필요)

순화 코카인(프리 베이스, free base)(고농도)
흡연의 형태로 섭취하여 즉각적으로
매우 강한 효과를 나타낸다.

중독 위험도
매우 높음

크랙(고농도)
흡연의 형태로 섭취하여 즉각적으로
가장 높은 효과를 나타낸다.

중독 위험도
가장 높음

불법 약물의 사용을 알아낼 수 있는 시험에는 어떤 것이 있나?

혈액 샘플이 개인의 일상적인 약물 남용을 적발하는 데 가장 좋다. 그러나 혈액을 채취하기 직전에 약물을 사용한 경우가 아니면 혈액에서 많은 정보를 알아내기는 힘들다. 소변은 쉽게 채취할 수 있고 싼 비용으로 분석할 수 있다. 피부, 침, 머리카락 샘플을 분석할 수도 있지만 혈액이나 소변을 분석하는 것보다 어렵다.

소변 검사를 하면 24시간에서 36시간 안에 흡입한 코카인을 검출할 수 있다. 머리카락 분석을 통해서는 1년 전에 흡입한 코카인도 검출할 수 있다. 소변 검사를 통해 검출할 수 있는 다른 약물은 다음과 같다.

PCP (펜실리딘)	7~8일까지
바비투레이트	72시간까지
모르핀	1~2일
헤로인	2~3일 또는 많은 양일 경우 4~5일
메타콸론	10일까지
마리화나	자주 피우지 않는 사람은 5일까지, 상습적인 경우는 10일까지

마리화나의 화학물질은 몸 안에 얼마나 오랫동안 남아 있나?

마리화나를 피우면 테트라하이드로카나비놀[THC]과 THC의 구성 물질이 지방 조직에 흡수된다. 몸 안에서 THC는 대사산물로 바뀐다. 소변 검사를 통해 검출하는 것은 이 대사산물로 마리화나를 피운 후 1주일까지 검출된다. 방사능 표지를 가진 THC의 대사산물은 한 달 후까지도 검출할 수 있다. 몸 안에 남아 있는 THC의 양은 3일 후에는 40%, 일주일 후에는 30%로 줄어든다.

수술 및 다른 비약물 치료

최소 절개 수술은 전통적인 수술과 어떻게 다른가?

전통적인 수술에서는 외과의의 손이 들어갈 정도로 크게 절개하는 것이 보통이지만 최소 절개술에서는 외과의가 손을 몸 안에 넣지 않기 때문에 절개 부위가 아주 작다. 복강경, 비디오카메라를 포함하고 있는 작은 막대 등을 이용하여 내부를 보면서 병든 조직을 제거한다. 이때 필요한 도구를 최소 절제 부위를 통해 안으로 밀어 넣어 수술

한다.

복강경은 1970년대에 부인과 질병 치료 및 담낭을 제거하는 데 이용하기 위해 개발되었다. 현재는 적어도 반 이상의 수술이 복강경이나 관절경을 이용한 최소 절개 수술로 이루어지고 있다. 최소 절개 수술은 담낭 제거, 돌기 제거, 탈장 치료, 부인과 질병 치료, 결장 제거, 폐의 부분 절제, 비장 제거, 만성 가슴앓이 치료 등에 사용된다.

최소 절개 수술의 가장 큰 장점은 환자들에게 정신적 부담을 덜 준다는 것이다. 수술 자국이 작고 회복이 빨라 입원 기간이 짧은 것도 장점이다.

최초로 심장수술을 한 의사는 누구인가?

윌리엄스Daniel Hale Williams, 1858~1931는 심장 수술의 개척자였다. 1893년에 그는 다른 외과 의사들의 도움을 받아 칼로 상처를 입은 환자의 가슴을 절개해 뛰고 있는 심장을 노출한 후 X선이나 수혈, 마취제의 도움 없이 심장에 난 상처를 봉합했다.

장선은 실제로 고양이에서 나오나?

장선catgut은 양과 같은 건강한 동물로부터 얻은 아교질(콜라겐)로 만든 질긴 줄이다. 이것은 악기의 현이나 테니스 라켓의 줄, 그리고 외과용 봉합사로도 사용된다.

최초로 심장 이식 수술을 받은 사람은 누구인가?

1967년 12월 3일 남아프리카공화국의 케이프타운에서 바너드Christiaan Barnard, 1922~2001는 30명의 보조자들과 함께 최초의 심장 이식 수술을 했다. 다섯 시간 동안의 수술을 통해 자동차 사고의 희생자가 된 25세의 다발Denise Ann Darval의 심장을 이식받은 55세의 와샨스키Louis Washansky는 수술 후 18일을 살고 폐렴으로 사망했다.

미국에서는 1967년 12월 6일에 뉴욕에 있는 브루클린 병원에서 칸트로비츠Adrian

Kantrowits, 1918~에 의해 생후 17일 된 남자 아기에게 최초로 심장 이식 수술이 행해졌다. 이 남자 아기는 수술 후 6.5시간 생존했다. 미국에서 최초로 어른에게 행해진 심장 이식 수술은 1968년 1월 6일 캘리포니아 팔로 알토에 있는 스탠퍼드 의료센터에서 54세였던 카스퍼락^{Mike Kasperak}에게 행해졌다. 수술을 집도한 사람은 셤웨이^{Norman Shumway}였다. 카스퍼락은 14일을 살았다.

1967년 12월부터 1993년 3월 31일 사이에 14,085건의 심장 이식 수술이 행해졌다. 흥미로운 것은 심장을 공여받는 사람의 면역체계가 새로운 심장을 거부하는 문제 때문에 1970년대는 심장 이식 수술이 거의 이루어지지 않았다는 것이다. 1969년에 보렐^{Jean-François Borel}이 장기 이식 거부 억제제인 사이클로스포린을 발견했다. 그러나 이 약은 1983년 FDA가 승인할 때까지는 널리 사용되지 않았다. 오늘날에는 심장 이식이 안정된 치료 과정으로 자리 잡았다.

동물의 장기를 사람에게 이식할 수 있을까?

1984년 12일 된 아기인 패^{Fae}에게 비비 원숭이의 심장을 이식했다. 그녀는 몸이 이식된 심장을 거부하기까지 20일 동안 생존했다. 인간의 장기 공급은 수요에 비해 훨씬 적기 때문에 연구자들은 인간의 장기를 대신할 다른 장기를 계속 찾아왔다. 1999년에 미국 식약청^{FDA}은 연구자들이 질병의 위험을 인정하는 경우를 제외하고는 인간의 장기가 아닌 다른 장기를 이식하는 것을 금지했다. 동물들에게 해로운 바이러스나 다른 질병이 인간에게 치명적일 수 있다는 염려 때문이었다. 그러나 연구자들은 돼지의 장기를 비롯한 대체 장기를 계속 찾고 있다.

언제 최초로 인공 심장이 사용되었나?

1982년 12월 2일 은퇴한 치과 의사인 61세의 클라크^{Barney B. Clark, 1921~1983}는 인공 심장을 이식한 최초의 사람이 되었다. 이 인공 심장은 발명자 자비크^{Robert Jarvik, 1946~}의 이름을 따서 자비크-7이라고 불렀다. 유타 대학 메디컬 센터의 외과 의사 드브리스^{William DeVries, 1943~}가 7.5시간의 수술을 통해 인공 심장을 이식했다. 인공 심장을 이식받은 클라크는 수술 후 112일 만인 1983년 3월 23일 죽었다. 켄터키 루이빌의 슈뢰더^{William Schroeder, 1923~1986}는 인공 심장을 이식받은 후 1984년 11월 25일부터 1986년 8월 7일까지 620일 동안 생존했다. 1990년 1월 11일에 FDA는 자비크-7이 FDA가 사용을 허가한 유일한 인공 심장이라고 확인했다.

로버트 자비크 박사가 발명한 인공 심장 자비크-7은 1982년에 처음으로 인간에게 이식되었다.

심장 박동기의 무게는 얼마나 될까?

티타늄 금속으로 완전히 밀폐된 심장 박동기의 무게는 30g에서 130g이며 수명이 2년에서 15년인 전지에 의해 작동된다. 충분하지 않거나 불규칙한 심장 박동을 교정하기 위해 사용하는 심장 박동기는 전기 신호를 이용하여 낮은 심장 리듬을 정상화하고 심장 근육의 수축을 증가시킨다. 심장 근육의 수축과 이완이 심장 박동을 만들어내고 이를 통해 혈액을 온몸에 공급한다. 일생에 심장은 평균 30억 번 정도 박동한다. 심장 박동기는 금이나 백금으로 만든 전극, 도선, 소형 발전기인 박동 상자로 이루어졌다. 체외 심장 박동기나 가슴에 심는 심장 박동기는 모두 직접 가슴을 통하거나 혈관을 통해 전극을 심장의 우심실에 부착한다.

안구 이식은 왜 안 될까?

눈의 망막은 뇌의 한 부분이고 망막의 세포들은 뇌조직에서 파생되었다. 망막세포들과 그것을 뇌와 연결하는 세포들은 몸 밖에서 가장 조작하기 어려운 부분이다.

첫 번째 시험관 아기는 누구였나?

1978년 7월 25일에 태어난 루이스 브라운은 엄마의 자궁이 아닌 시험관에서 수정된 첫 아기이다. 산부인과 전문의인 스텝토Patrick Steptoe, 1913~1988와 생물학자 에드워즈Robert Edwards, 1939~는 시험관 내에서 수정과 초기 배아 발달이 이루어지도록 하는 방법을 고안했다. 시험관 내 수정은 시험관이 아닌, 염액이 든 유리 접시에서 엄마의 난소에서 온 난자와 아빠의 정자가 조합되어 이루어진다. 수정은 24시간 내에 이루어져야 하며 수정된 난자가 세포분열을 시작할 때 엄마의 자궁이나 대리모의 자궁에 이식된다.

쇄석술이란 무엇인가?

쇄석술은 초음파나 충격파를 사용해 신장의 돌을 작은 조각으로 분쇄하여 몸에서 배출시키거나 없애는 것이다. 체외충격파쇄석술(ESWL)과 경피적 쇄석술의 두 가지 방법이 있다.

체외충격파쇄석술은 작은 돌일 때 사용하는데 타석분쇄기라는 장비를 이용하여 충격파로 돌을 깨는 것이다. 많은 경우 이 방법이 수술을 통해 돌을 제거하는 치료를 대신한다. 큰 돌일 때는 신장경이라는 내시경을 작은 절개를 통해 신장에 넣는다. 신장경에서 나오는 초음파가 돌을 분쇄하고, 조각들은 신장경을 통해 제거된다.

콘돔 이전에는 어떤 방법이 주 피임법이었을까?

피임기구는 인류 역사 이래로 꾸준히 사용되었다. 가장 오래된 피임기구는 식초에 적신 스펀지였다. 콘돔의 이름은 찰스 2세Charles II, 1630~1685의 시의였던 영국 발명가가 붙였고, 매독으로부터 왕을 보호하기 위해 오일을 바른 양의 장 껍질을 늘여 사용케 했다. 이전에는 이탈리아의 해부학자인 팔로피우스Gabriel Fallopius, 1523~1562가 만든 아마로된 음경 덮개가 사용되었는데 이는 너무 무거워 성공하지 못했다.

합성 피부는 무엇인가?

야니스^{Ioannis V. Yannis, 1935~}와 매사추세츠 기술 연구소 동료들이 1985년경에 개발한 합성 피부는 상어 연골에서 얻은 당 중합체(글리코사민)에 결합된 다공성 아교질(콜라겐)로 구성되어 있다. 그리고 실리콘 고무가 이를 얇게 덮고 있다. 합성 피부는 도입되자마자 100명 이상의 심한 화상 환자를 치료하는 데 성공적으로 사용되었다.

겨자 석고는 어떻게 만들까?

가루로 된 겨자 한 술을 밀가루 네 술과 섞는다. 그리고 묽은 반죽을 만들기 위해 따뜻한 물을 충분히 붓는다. 섞은 것을 접어 놓은 천에 넣고 가슴에 착용한다. 만약에 환자가 예민한 피부라면 먼저 올리브 오일을 피부에 발라준다.

음이온 생성기란 무엇인가?

음이온 생성기는 공기 중으로 음전하를 띤 이온들을 지속적으로 뿌려주어 공기를 정화시키는 공기 청정기이다. 일부 연구자들은 공기 속의 음이온이 편안함을 느끼게 해주고, 정신과 신체의 에너지를 증가시키며, 알레르기나 천식, 만성 두통의 증상들을 줄여준다고 주장한다. 또한 화상이나 소화 궤양의 치료를 촉진할 수도 있다.

반사요법이란 무엇인가?

반사요법^{reflexology}은 손과 발의 반사궁에 특별한 압력을 주는 것이다. 이 반사궁들은 모든 장기를 비롯한 몸의 모든 부분과 연결되어 있다. 반사궁을 마사지하면 병을 예방하거나 낫게 한다.

아시아 문명에서는 2,000년 전부터 사용되어 왔으며, 피츠제럴드^{William Fitzgerald}와 잉햄^{Eunice D. Ingham}에 의해 21세기 초에 미국에서 소개되었다. 현재 전 세계적으로 2억 5,000만 명에 가까운 공인된 시술자들이 있다.

홍채학은 무엇인가?

홍채학^{iridology}은 몸의 질환을 찾아내기 위해 눈의 홍채를 연구하는 학문이다. 홍채학자들은 홍채의 각 부분이 몸의 다른 부분과 연결되어 있다고 믿는다. 특히 그들은 홍채의 색, 투명도, 촉감, 섬유, 링, 점에 주목하여 홍채를 살핀다. 진단이 내려지면 그들은 약해진 부위를 자연적인 방법으로 치유하고 조절할 것을 권한다.

방향요법이란 무엇인가?

방향요법^{aromatherapy}은 방향유에서 채취한 특정한 향수를 사용하여 감정에 영향을 주거나 심하지 않은 병을 치료하는 치유법을 말한다. 프랑스 화장품 화학자였던 게이틀포세$^{Rene\ Maurice\ Gatlefosse}$가 1970년대에 제안했다. 이 요법은 후각기관과 몸의 감성의 중심은 서로 연결되어 있다는 이론에 바탕을 두고 있다. 방향요법에서는 여러 종류의 향수를 들이마시면 감정적 걱정과 함께 물리적 고통도 해소된다고 주장한다.

사이코드라마를 개발한 사람은 누구인가?

사이코드라마는 1927년에 미국으로 오기 전까지 비엔나에서 개업하고 있었던 루마니아 태생의 정신과 의사 모레노$^{Jacob\ L.\ Moreno,\ 1892~1974}$가 개발했다. 그는 곧 사이코드라마 강의를 시작했고, 1934년에는 뉴욕 비콘에 사이코드라마 연구소를 설립했다. 모레노의 노력에 힘입어 사이코드라마는 전 세계적으로 시행되고 있다.

사이코드라마는 특수한 드라마적인 방법을 이용해 개성, 인간관계, 갈등, 정서적인 문제를 찾아내 치료하는 단체 정신치료 방법이라고 정의된다.

무게, 측정, 시간, 도구, 무기

무게와 측정

성경에 나오는 세겔은 오늘날의 무게 단위로 얼마에 해당하는가?

1세겔은 14.1g에 해당한다. 오른쪽 표는 고대의 무게 단위와 현대 무게 단위를 비교한 것이다.

성경	부피	오메르 = 3,964ℓ
	무게	세겔 = 14.1g
	길이	큐빗 = 55.37cm
이집트	무게	세겔 = 60g 미나 = 60세겔 = 3,600g = 3.6kg 달란트 = 60미나 = 216kg
그리스	길이	큐빗 = 46.5cm 스태디온 = 189.58m
	무게	오볼 = 715.38mg 드라크마 = 4.2923g 미나 = 0.429kg 달란트 = 60미나 = 25.74kg
로마	길이	큐빗 = 44.45cm 스태디움 = 184.7m
	무게	데나리온 = 4.82g
	부피	암포라 = 25.89ℓ

SI 단위 체계란 무엇인가?

17세기와 18세기의 프랑스 과학자들은 측정에 사용되는 비논리적이고 부정확한 기준에 대해 의문을 제기하고, 논리적이면서도 정확한 세계 표준인 국제 단위체계, 즉 SI$^{Système\ Internationale\ d'Unités}$를 구축하기 위한 작업을 시작했다. 이 단위계에서는 기본적으로 미터법을 사용한다. 미터법은 모든 단위를 10의 곱으로 나타내기 때문에 계산이 간편하다. 오늘날에는 미국, 미얀마, 라이베리아를 제외하고는 모든 나라가 이 체계를 사용한다. 그러나 미국에서도 과학자, 수출입 산업체, 연방 정부 등에서는 SI 체계를 사용한다.

SI 체계, 또는 미터법에는 m(길이), kg(질량), 초(시간), A(암페어, 전류), K(켈빈, 온도), 칸델라(밝기), 몰(물질의 양)의 일곱 가지 기준이 있다. 이 외에도 라디안(각도)과 스테라디안(입체각)의 두 가지 보조 단위도 사용하고 있다. 그리고 많은 수의 유도된 단위들이 사용되고 있으며 새로운 단위들은 현재도 만들어지고 있다. 고유한 이름이 있는 유도된 단위에는 헤르츠, 뉴턴, 파스칼, 줄, 와트, 쿨롬, 볼트, 패럿, 옴, 지멘스, 웨버, 테슬라, 헨리, 루멘, 럭스, 베크렐, 그레이, 시버트 등이 있다. 0.001m^3는 아직도 리터라는 단위로 더 많이 나타낸다. 아주 크거나 작은 양은 여러 가지 접두어를 이용한다. 예를 들면 0.1m는 dm(데시미터), 0.01m는 cm(센티미터), 0.001m는 mm(밀리미터) 등으로 나타내는 것이다. 또한 dam(데카미터)는 10m이고, hm(헥토미터)는 100m이며, km(킬로미터)는 1,000m이다. 이렇게 접두어를 이용하면 새로운 이름과 관계식을 도입하지 않아도 간단한 방법으로 측정량을 나타낼 수 있다.

1m의 길이는 처음에 어떻게 결정되었나?

프랑스의 던커크와 스페인의 바르셀로나를 통과하는 경도를 따라 적도에서 북극까지 거리의 1,000만 분의 1을 1m로 하기로 했다. 프랑스 과학자들은 6년 동안의 측정 끝에 1798년 11월에 이 거리를 확정했다. 그들은 이 거리를 바탕으로 백금과 이리듐 합금을 가지고 1m 원기를 만들었다. 그러나 이들의 측정에 3.2km 정도의 오차가 있었다는 것이 후에 발견되었다. 실제 길이를 반영하기 위해 1m의 길이를 바꾸는 대신

1889년에 과학자들은 백금 이리듐 원기를 국제 표준으로 채택하여 1960년까지 사용했다. 그리고 미터원기의 복제품들이 세계 각국에 배포되어 길이의 표준으로 사용되었다.

현재 1m의 길이는 어떻게 정하고 있나?

1960년부터 1983년까지는 질량이 86인 크립톤의 동위원소가 내는 주황색 전자기파 파장의 1,650,763.73배를 1m로 정해서 사용했다. 현재는 빛이 진공 중에서 299,792,458분의 1초 동안에 달리는 거리를 1m로 정해서 사용한다.

야드라는 단위는 어떻게 정해졌나?

예전에는 거리를 정하는 자연스러운 방법이 신체의 각 부분을 이용하는 것이었다. 전해지는 바에 의하면 영국의 왕이었던 헨리 1세^{King Henry I, 1068~1135}의 코에서부터 중지 끝까지의 거리를 1야드로 정한 것이 오늘날까지 사용되고 있다.

다른 단위들도 보폭, 한 시간 동안 걷는 거리(리그), 하루에 경작하는 넓이(에이커), 경작한 고랑의 길이(펄롱)과 같이 일상생활 속에서 단위의 기준을 정했다. 그러나 이러한 기준은 명확하지 않았다. 옷감의 길이를 잴 때는 팔꿈치에서 인지 끝까지의 거리를 1로 하는 엘^{ell}이라는 단위를 사용했는데 지역과 측정하는 도구에 따라 0.513m에서 2.322m까지 차이가 났다.

미국을 비롯한 몇 나라에서 아직도 사용하고 있는 단위들과 미터법의 단위들 사이의 관계는 오른쪽 표와 같다.

단위 환산	
1인치	2.54cm
1피트	0.304m
1야드	0.9144m
1패덤	1.83m
1로드	5.029m
1펄롱	201.168m
1마일	1.609km
1해리	1.852km

왜 해리와 법정 마일이 다른가?

엘리자베스 1세 여왕은 로마인들이 1,000보를 1마일로 정해서 사용했던 것을 바탕으로 1,609m(5,280피트)를 1마일로 정했다.

그러나 해리는 사람의 활동이 아니라 지구의 둘레를 바탕으로 정해졌다. 정확한 측정에 대해서는 정설이 없지만 1954년에 미국은 1,852m를 1해리로 정했다. 이것은 지구 표면에서 1분의 중심각에 대한 호의 길이에 해당한다.

$$1해리^{nautical\ mile} = 1.1508마일 = 1.852km$$

$$1마일^{statute\ mile} = 0.868976해리 = 1.609km$$

미터법을 채용하지 않는 나라는 어디인가?

미국, 미얀마, 라이베리아가 공식적으로 미터법을 채용하지 않고 있는 나라들이다. 1790년에 미국 국무장관이었던 제퍼슨$^{Thomas\ Jefferson}$은 미터법을 채용할 것을 제안했다. 그러나 당시 미국의 가장 큰 무역 상대였던 영국이 아직 미터법을 사용하고 있지 않아 제퍼슨의 제안이 받아들여지지 않았다.

수평선까지의 거리는 얼마나 되는가?

수평선까지의 거리는 관측하는 사람의 눈높이에 따라 달라진다. 수평선까지의 거리를 알고 싶으면 수면으로부터 눈까지의 높이를 미터 단위로 측정하여 5를 곱한 후 제곱근을 계산하고, 여기에 1.6을 곱한 값이 수평선까지의 거리를 킬로미터 단위로 나타낸 값이 된다. 예를 들면 수면에서 눈까지의 높이가 1.8m라면 수평선까지의 거리는 약 4.8km가 된다. 만약 눈의 높이가 수면 바로 위에 있다면 수평선은 바로 앞에 있게 될 것이다.

여러 가지 단위를 환산하기 위해서는 어떤 값을 곱해야 하는가?

환산할 단위	환산한 단위	곱하는 값
에이커	제곱미터	4,046.856
센티미터	인치	0.394
센티미터	피트	0.0328
세제곱센티미터	세제곱 인치	0.06
제곱센티미터	제곱 인치	0.155
피트	미터	0.305
제곱 피트	제곱미터	0.093
미국 갤런	리터	3.785
그램	온스	0.035
헥타르	제곱킬로미터	0.01
헥타르	제곱 마일	0.004
인치	센티미터	2.54
인치	밀리미터	25.4
세제곱 인치	세제곱센티미터	16.387
세제곱 인치	리터	0.016387
세제곱 인치	세제곱미터	0.0000164
제곱 인치	제곱센티미터	6.4516
제곱 인치	제곱미터	0.0006452
킬로그램	트로이온스	32.15075
킬로그램	파운드	2.205
킬로그램	톤	0.001
킬로미터	피트	3,280.8
킬로미터	마일	0.621
제곱킬로미터	헥타르	100
노트	마일/시간	1.151
리터	액체 온스	33.815
리터	갤런	0.264

환산할 단위	환산한 단위	곱하는 값
리터	파인트	2.113
리터	쿼트	1.057
미터	피트	3.281
미터	야드	1.094
세제곱미터	세제곱 야드	1.308
세제곱미터	세제곱 피트	35.315
제곱미터	제곱 피트	10.764
제곱미터	제곱 야드	1.196
해리	킬로미터	1.852
제곱 마일	헥타르	258.999
제곱 마일	제곱킬로미터	2.59
법정 마일	미터	1,609.344
법정 마일	킬로미터	1.609344
온스	그램	28.35
온스	킬로그램	0.0283495
액체 온스	리터	0.03
액체 파인트	리터	0.473
파운드	그램	453.592
파운드	킬로그램	0.454
쿼트	리터	0.946
톤(쇼트)	톤	0.907
톤(롱)	톤	1.016
톤	톤(쇼트)	1.102
톤	톤(롱)	0.984
야드	미터	0.914
제곱 야드	제곱미터	0.836
세제곱 야드	세제곱미터	0.765

벤치마크란 무엇인가?

벤치마크는 알려진 고도에 있으면서 쉽게 알아볼 수 있고 변하지 않는 점을 말한다. 벤치마크는 소화전과 같이 이미 있는 물체일 수도 있고 콘크리트 기둥 위에 청동판을 설치하여 만들 수도 있다. 엔지니어나 측량사들은 벤치마크를 기준으로 어떤 지점의 고도와 위치를 측정한다.

경위의는 무엇인가?

수평을 정하는 추와 함께 조정 가능한 삼각대 위에 장착되어 각도와 방향을 측정하는 광학 측정 장치를 경위의라고 한다. 측량에 자주 사용되는 트랜싯과 비슷한 경위의는 트랜싯보다 좀 더 정확하게 측정할 수 있다. 이것은 목표물을 보는 데 사용하는 망원경과 수평 방향을 읽는 데 사용하는 수평판, 고도를 읽는 데 사용하는 수직판으로 구성되어 있다. 측량사는 경위의로 측정한 각도를 바탕으로 삼각함수 계산을 통해 목표물까지의 거리를 알아낸다. 이러한 방법은 도로 건설, 터널의 굴착과 같은 토목공학 분야에서 자주 사용된다. 이 장치에 대한 가장 오래된 설명은 영국 딕스의 논문에 처음 등장한다.

시간

시간은 어떻게 측정하는가?

시간의 흐름은 세 가지 방법으로 측정할 수 있다. 첫 번째는 자전 시간으로 지구가 한 번 자전하는 데 걸리는 시간을 하루로 하여 측정한다. 두 번째 기준은 지구의 자전 속도가 달라지는 것의 영향을 피하기 위해 달이나 행성의 운동을 기준으로 측정하는 역학적 시간이다. 최초의 역학적 시간은 에피메리스 시간으로 1896년에 제안되었고

1960년에 수정되었다.

세 번째 시간은 원자 시간이다. 이것은 원자 안에서 매우 규칙적으로 일어나는 진동을 기준으로 정한 시간이다. 1967년에 세슘 원자의 진동을 기준으로 하는 원자 시간이 시간의 기준으로 채택되었다. 원자 시간은 현재 국제 표준 시간이다.

그러나 시간은 이 외에 덜 과학적인 방법으로도 나타내고 있다.

새벽	태양이 처음 나타날 때
여명	태양이 점점 크게 나타나는 때
정오	낮 12시. 태양의 고도가 가장 높을 때
황혼	해가 진 직후에 하늘이 햇빛으로 붉게 물들었을 때
저녁	하늘에 태양이 없어 어두운 시간
자정	밤 12시. 새로운 하루가 시작되는 시간

현대의 시간 기준은 무엇인가?

인류는 일 년, 한 달, 일 주, 하루와 같이 지구나 달의 운동을 기준으로 한 시간을 바탕으로 생활해왔다. 현대의 시간은 60진법에 기초하고 있다. 기원전 3000년경에 수메르인들이 10진법과 60진법을 바탕으로 하는 시간을 만들었다.

현재 우리가 사용하는 시간은 60초를 1분으로 하고, 60분을 1시간으로 하는 60진법의 전통을 계승한 것이다. 이 체계에서는 60과 10이 중요한 역할을 한다. 10시간은 600분이고, 10분은 600초이며, 1분은 60초이다.

그러나 이런 방법으로 1초를 정할 수는 없다. 과학자들은 세슘의 동위원소인 세슘 133을 이용하여 1초를 정의하였다. 공식적으로 세슘 133이 내는 전자기파가 9,192,631,770번 진동하는 데 걸리는 시간을 1초라고 정해서 사용하고 있다.

1년의 정확한 길이는 얼마인가?

1년은 태양이 천구의 춘분점을 통과한 후 다시 다음에 춘분점을 통과할 때까지의 시간이다. 이 시간은 정확하게 365일 5시간 48분 46초이다. 1년의 길이가 하루의 정수배가 아니어서 하루를 단위로 하여 1년을 정하면 오차가 누적되었기 때문에 달력을 만드는 데 어려움이 많았다. 교황 그레고리우스 13세^{Pope Gregorius XIII, 1502~1585}의 이름을 따서 그레고리력이라고 부르는 현재의 달력에서는 4년마다 2월에 하루를 더해 이러한 오차를 줄이고자 한다. 이렇게 다른 해보다 하루가 긴 해를 윤년이라고 한다.

세기는 언제 시작되는가?

100년을 세기라고 한다. 1세기는 1년부터 100년까지이고, 19세기는 1901년부터 2000년까지이다. 따라서 21세기는 2001년 1월 1일에 시작되었다.

언제부터 1월 1일이 새해의 첫날이 되었나?

기원전 45년에 로마의 카이사르^{Julius Caesar, B.C.100~B.C.44}가 달의 운동을 기준으로 하는 음력 대신 태양의 운동을 기준으로 하는 양력을 만들었다. 그는 새해 첫날을 1월 1일로 옮겼다. 그 뒤 1582년에 그레고리력이 도입될 때도 1월 1일을 그대로 새해 첫날로 정했다. 그러나 영국과 영국의 일부 식민지에서는 태양이 춘분점을 통과하는 3월 25일을 새해 첫날로 삼았다. 이 체계에 의하면 1700년 3월 24일 다음 날은 1701년 3월 25일이 되었다. 1752년에 영국도 1월 1일을 새해 첫날로 변경했다.

달력의 종류에는 어떤 것이 있는가?

바빌로니아력	29일과 30일로 이루어진 달이 반복되는 음력으로 1년은 354일이다. 달력이 천체 운동과 어긋나게 되면 한 달의 윤달을 넣어 조정했다. 태양의 운동과 일치시키기 위해 8년마다 세 번의 윤달을 추가했다.

중국력	1년이 그믐달에서 그믐달까지의 기간인 29.5일을 반영하기 위해 29일인 달과 30일인 달이 번갈아 오는 열두 달로 이루어진 음력으로 새해는 태양이 물병자리에 들어간(1월 21일과 2월 19일 사이) 후 첫 번째 그믐날에 시작된다. 모든 해는 숫자와 함께 이름을 가지고 있다. 예를 들어 서기 1992년은 중국 기원 4629년이며 원숭이해이다. 중국력은 양력과 맞추기 위해 일정한 간격으로 한 달씩 윤달을 넣는다.
이슬람력	30일과 29일인 달이 열두 번 반복되어 1년이 354일인 음력이다. 30년 주기로 마지막 달에 하루의 윤일을 넣는다. 이슬람력은 태양의 운동(계절)과 맞추려고 하지 않는다. 이 달력의 출발점은 마호메트가 메카에서 메디나로 탈출한 622년이다.
유대력	양력과 음력이 혼합된 태양태음력으로 달의 운동과 태양의 운동을 맞추기 위해 한 달씩의 윤달을 넣는다. 윤달은 19년마다 일곱 달이 들어간다. 윤달의 전달은 29일이 아니라 30일이 된다. 윤달이 들어가지 않는 해에는 30일과 29일인 달이 번갈아 온다.
이집트력	고대 이집트인들은 태양력을 처음 사용했다. 그러나 그들은 새해의 시작을 별 중에서 가장 밝은 시리우스가 떠오르는 것을 기준으로 정했다. 365일을 1년으로 잡은 이집트력은 1년에 약 4분의 1일씩 태양의 운동과 달라졌으므로 결국 계절과 일치하지 않았다. 이집트력에서 1년에는 30일로 이루어진 달이 12번 들어갔으며, 달에 포함되지 않은 5일의 축제일이 있었다.
콥트력	이집트와 에티오피아에서 아직도 사용하고 있는 콥트력은 이집트력과 비슷하게 1년이 30일로 이루어진 달이 12번 들어간 다음 5일의 잉여일이 더해졌다. 또한 율리우스력의 윤년보다 1년 전에 오는 윤년에는 잉여일이 6일이 된다.
로마력	올림픽 게임을 기준으로 4년 주기로 되어 있던 고대 그리스력을 바탕으로 만든 초기(기원전 738년경)의 로마 달력은 1년이 열 달인 304일로 이루어져 있었다. 그 후 차츰 1년의 말에 두 달을 더해 1년을 354일이 되도록 했다. 타르퀴니우스(Tarquinius Priscus, B.C.616~B.C.579)가 다스리던 시기에 이 달력이 로마 공화정 달력으로 바뀌었다. 새로운 달력은 음력으로 2월이 28일이어서 1년은 355일이었다. 다른 달들은 29일이거나 31일이었다. 결국 계절과 일치시키기 위해 2년마다 한 달의 윤달을 두었다. 그러나 이 달력이 율리우스력으로 대체될 시기에는 계절과 3개월의 차이가 나 있었다.
율리우스력	카이사르는 기원전 46년에 전체 로마 제국이 하나의 달력을 사용하도록 하기 위해 천문학자 소시겐스(Sosigenes)에게 1년을 365일로 하고 4년에 하루씩 윤일을 넣는 양력을 만들도록 했다. 이 달력에서는 2월을 제외하고 나머지 달들은 30일과 31일이 반복되었다. 28일인 2월은 윤년에는 29일이 되었다. 1년의 시작은 3월 1일에서 1월 1일로 옮겼다.
그레고리력	교황 그레고리우스 13세는 1582년에 부활절을 춘분과 일치시키기 위해 역법을 개혁하였다. 계절의 변화, 즉 태양의 운동에 좀 더 맞추기 위해 100으로 나누어지지만 400으로는 나누어지지 않는 해에는 윤일을 넣지 않았다. 요즘에는 달력과 태양의 움직임을 정확하게 일치시키기 위해 필요할 때마다 12월 31일 자정에 윤초를 넣고 있다.
힌두력	인도 달력은 시대를 지도자의 암살이나 죽음, 또는 종교가 창시된 날을 기준으로 삼는다. 북부 인도에서 시작되어 아직도 인도 서부에서 사용하고 있는 비크라마력은 그레고리력으로 기원전 57년 2월 23일을 시작으로 한다. 사카력은 기원전 78년 3월 3일을 기원으로 하며 1년은 열두 달로 365일이었고 366일인 윤년이 있었다. 첫 5개월은 31일이었고, 다음 7개월은 30일이었다. 윤년에는 첫 6개월이 31일이었고, 다음 6개월이 30일이었다. 1957년 이후 사카력이 인도의 공식 달력이 되었다. 불교 달력은 부처가 죽은 것으로 알려진 기원전 543년을 기원으로 삼고 있다.

이 외에도 세 개의 또 다른 달력이 널리 사용되고 있다. 천문학자들이 사용하는 달력으로 7,980년을 주기로 날들을 세는 줄리안 데이 캘린더, 율리우스력이나 그레고리력에 주일을 넣은 만세력, 그리고 만세력과 비슷하지만 30일과 31일로 된 열두달의 끝에 잉여일을 하루 더하고 4년마다 7월 1일 전에 윤일을 두는 세계력이 그것이다.

달력을 단순한 체계로 개혁하려는 시도가 있었다. 그중 하나는 4주씩 해서 13개의 달로 1년을 하는 국제 고정 달력이다. 이 달력에서는 7월 전에 솔이라는 달이 더해진다. 매년 말에는 하루의 잉여일(연일)이 더해지고 4년마다 오는 윤년에는 7월 1일 전에 하루가 더해진다. 프랑스 대혁명 후에는 그레고리력이 공화력으로 바뀌는 급진적인 개혁이 이루어지기도 했다. 공화력은 1년이 30일인 달이 12번 온 다음에 연말에 5일의 잉여일(윤년에는 6일)을 더했다. 그리고 1주일은 10일로 바뀌었다.

세계력이란 무엇인가?

제2차 세계대전 이후 미국은 UN에서 국제 사회가 공통된 달력을 사용하자는 운동을 전개했다. 불규칙적인 달들을 정리하고 1년을 사계절로 나누고, 달과 주일을 조절하여 항상 같은 날이 같은 주일이 되도록 한 달력을 사용하자고 제안했다. 이 달력에서는 보통 때는 1년을 364일로 하며, 91일을 한 계절로 하였다. 한 계절은 31일, 30일, 30일의 세 달로 나누었다. 1년은 52주가 되도록 했다. 모든 계절은 일요일에 시작하여 토요일에 끝나도록 했다. 1년에는 하루의 잉여일이 세계의 날, 공식적으로는 12월 W일이라는 이름으로 12월 31일 다음에 추가되었다. 윤일은 4년마다 6월 30일 다음 날 넣었고 이 날은 6월 W일이라고 불렀다. 1961년부터 이 달력이 채택될 것이 예상되었지만 번번이 UN 총회를 통과하지 못했다.

줄리안 데이 카운트란 무엇인가?

년이 아니라 일로 세는 이 체계는 1583년에 스칼리제르[Joseph Justus Scaliger]에 의해 개발되었다. 아직도 천문학자들이 사용하고 있는 줄리안 데이 카운트(스칼리제르의 아버지

줄리어스 케사르 스칼리제르의 이름을 딴)는 줄리안 데이(JD) 1일을 기원전 4113년 1월 1일로 잡는다. 이 날에는 율리우스력, 고대 로마 세금 달력, 그리고 음력이 일치한다. 이런 일은 7,980년 후에나 다시 일어난다. 그리고 7,980년의 모든 날을 숫자로 센다. 이 달력에 의하면 1991년 12월 31일 정오에 JD 2,448,622일이 시작된다. 숫자는 시작일에서부터 지나온 날의 수를 나타낸다. 줄리안 데이를 그레고리력으로 변환하기 위해서는 천문학자들을 위해 만든 간단한 변환 테이블을 이용하면 된다.

모든 달력이 열두 달의 주기를 사용하고 있는가?

아니다. 일부 달력은 다른 주기를 사용하고 있으며, 첫 달도 다른 시기에 온다.

중국 달력에서는 해를 나타내기 위해 어떤 동물을 이용하나?

쥐, 소, 호랑이, 토끼, 용, 뱀, 말, 양, 원숭이, 닭, 개, 돼지의 12가지 동물이 순서대로 사용된다. 다음 표에는 각 연도를 나타내는 동물이 정리되어 있다.

쥐	소	호랑이	토끼	용	뱀
1996	1997	1998	1999	2000	2001
2008	2009	2010	2011	2012	2013
2020	2021	2022	2023	2024	2025
말	양	원숭이	닭	개	돼지
2002	2003	2004	2005	2006	2007
2014	2015	2016	2017	2018	2019
2026	2027	2028	2029	2030	2031

중국의 새해는 양력이 시작되고 3주에서 7주 후에 시작된다. 따라서 그해의 동물은 1월 1일이 아니라 그때 바뀐다.

윤년은 언제 오는가?

4로는 나누어지지만 100으로는 나누어지지 않는 해가 윤년이다. 그러나 100으로 나누어지더라도 400으로 나누어지는 해는 윤년이다. 1900년은 4로 나누어지지만 100으로도 나누어지므로 윤년이 아니다. 그러나 2000년은 4와 100, 그리고 400으로 모두 나누어지므로 윤년이다. 2400년도 마찬가지 이유로 윤년이다.

윤초는 무엇인가?

느려지고 있는 지구의 자전을 보상하기 위해 특정한 날에 1초를 더해주는 것을 윤초라고 한다. 원자시계와 정확히 일치시키기 위해 1992년에 윤초가 더해졌다. 1992년 6월 30일 23시 59분 59초 다음에 23시 59분 60초가 온 다음 7월 1일 0시 0분 0초가 됐다.

기록상 가장 짧은 1년과 가장 긴 1년은 언제였나?

가장 긴 해는 카이사르가 1582년까지 사용된 율리우스력을 도입하던 기원전 46년이었다. 그는 이집트 달력의 오차를 보정하기 위해 두 달을 더했고 2월에 23일을 더넣었다. 따라서 기원전 46년은 455일이 되었다. 가장 짧은 해는 그레고리우스 13세가 그레고리력을 도입하던 1582년이었다. 그는 율리우스력의 누적된 오차를 보정하기 위해 10일을 줄여 10월 5일을 10월 15일로 선포했다. 그러나 모든 나라가 한꺼번에 새로운 달력을 사용한 것은 아니었다. 가톨릭을 신봉했던 나라들은 2년 내에 새로운 달력을 채용했지만 많은 신교도 국가에서는 1699년에서 1700년 사이에 새로운 달력을 받아들였다. 영국은 1752년에야 그레고리력을 채택했고, 스웨덴은 1753년에 채택했다. 많은 비유럽 국가들은 19세기에 그레고리력을 받아들였다. 중국은 1912년, 터키는 1917년, 그리고 러시아는 1918년에 그레고리력을 채택했다.

율리우스력을 그레고리력으로 바꾸기 위해서는 1700년 2월 28일까지는 1582년 10월 5일에 10일을 더하면 되지만, 1700년 2월 28일 이후부터 1800년 2월 28일까지는

11일을 더해야 하고, 1900년 2월 28일까지는 12일을 더해야 하며, 2100년 2월 28일까지는 13일을 더해야 한다.

요일의 이름은 어디에서 유래했을까?

일주일의 영어 이름은 앵글로 색슨족의 신화나 로마 신화에 나오는 신이나 인물의 이름에서 유래했다.

요일	영어 이름	유래
일요일	Sunday	태양
월요일	Monday	달
화요일	Tuesday	앵글로 색슨족의 신화에 등장하는 전쟁의 신 티우(Tiu)
수요일	Wednesday	앵글로 색슨족의 신화에 등장하는 신 워든(Woden)
목요일	Thursday	천둥의 신 토르(Thor)
금요일	Friday	사랑과 풍요의 신 프리그(Frigg)
토요일	Saturday	로마의 농경의 신 새턴(Saturn)

일주일의 기원은 무엇인가?

일주일은 7일 중의 하루는 일을 하지 않고 쉬었던 바빌로니아력에 그 기원을 두고 있다.

달의 이름은 어떻게 정해졌나?

현재 사용하는 그레고리력에서 달의 이름은 로마인들이 신의 이름과 특정한 사건을 기념하려고 붙인 것이다. 이는 다음과 같다.

1월 January	두 눈을 가지고 있으면서 한 눈은 과거를 보고 한 눈으로는 미래를 보던 야누스(Janus) 신의 이름에서 유래.
2월 February	'깨끗하게 하다'라는 뜻을 가진 라틴어 Februare에서 유래. 일 년 중 이 시기에 로마인들은 자신들의 죄를 정화하기 위한 종교의식을 행했다.
3월 March	전쟁의 신 마르스(Mars)의 이름에서 유래.
4월 April	'열다'라는 뜻을 가진 라틴어 Aperio에서 유래. 이 달에 식물들이 자라기 시작하기 때문에 붙여진 이름이다.
5월 May	이 달에 축제를 가지는 로마의 여신 마이아(Maia)와 '장로'를 뜻하는 라틴어 Maiores에서 유래.
6월 June	여신 유노(Juno)와 '젊은 사람들'을 뜻하는 라틴어 iuniores에서 유래.
7월 July	처음에는 이 달이 고대 로마 달력으로는 다섯 번째 달이었기 때문에 다섯을 뜻하는 라틴어 Quintilis라고 불렀지만 후에 율리우스 카이사르를 기념하기 위해 July라고 고쳐 부르게 되었다.
8월 August	아우구스투스 카이사르라고 알려져 있는 로마제국의 첫 번째 황제인 옥타비아누스(Octavianus, B.C.63~B.C.14)를 기념하기 위해 명명. 원래 이름은 여섯 번째 달이라는 뜻의 Sextilis였다.
9월 September	한때 일곱 번째 달이었으므로 일곱을 뜻하는 septem에서 유래.
10월 October	여덟을 뜻하는 라틴어 octo에서 유래.
11월 November	아홉을 뜻하는 라틴어 novem에서 유래.
12월 December	열을 뜻하는 라틴어 decem에서 유래.

왜 계절의 길이가 똑같지 않을까?

지구의 공전궤도가 정확한 원이 아니고 타원이기 때문에 계절의 길이는 똑같지 않다. 1월에는 지구가 태양에 가장 가까이 다가가기 때문에 중력으로 인해 태양에서 멀어지는 여름보다 더 빨리 공전한다. 결과적으로 북반구에서 가을과 겨울은 봄과 여름보다 약간 짧다.

북반구에서의 계절의 길이는 옆의 표
와 같다.

봄	여름	가을	겨울
92.76일	93.65일	89.84일	88.99일

계절은 언제 시작되는가?

북반구에서 사계절은 천문학적 사건과 일치한다. 봄은 태양이 춘분점을 통과할 때(대략 3월 21일)부터 하지점을 통과할 때(6월 21일이나 22일)까지이다. 하지점을 통과한 후 추분점을 통과할 때(대략 9월 21일)까지를 여름, 추분점을 통과한 때부터 동지점을 통과할 때(12월 21일나 22일)까지를 가을, 동지점을 통과한 때부터 춘분점을 통과할 때까지를 겨울이라고 한다.

남반구에서는 계절이 반대이다. 가을은 북반구의 봄에, 겨울은 북반구의 여름에 해당한다. 계절이 생기는 이유는 지구의 자전축이 기울어져 있어 태양의 고도가 달라지기 때문이다. 겨울에는 태양의 고도가 가장 낮고, 여름에는 고도가 가장 높다.

년도	춘분	하지	추분	동지
2019	3월 21일	6월 22일	9월 23일	12월 22일
2020	3월 21일	6월 22일	9월 23일	12월 22일
2021	3월 21일	6월 22일	9월 23일	12월 22일
2022	3월 21일	6월 22일	9월 23일	12월 22일
2023	3월 21일	6월 22일	9월 23일	12월 22일
2024	3월 21일	6월 21일	9월 23일	12월 22일
2025	3월 21일	6월 21일	9월 23일	12월 22일
2026	3월 21일	6월 21일	9월 23일	12월 22일

부활절은 어떻게 정해지나?

기독교에서는 춘분이 지난 후 첫 번째 보름달 다음의 일요일을 부활절로 정한다. 춘분은 북반구에서 봄이 시작되는 날이다. 춘분 후에 보름달이 되는 날은 일정하게 정해져 있지 않기 때문에 부활절은 3월 22일과 4월 25일 사이의 어느 날이 된다.

년도	부활절
2019년	4월 21일
2020년	4월 12일
2021년	4월 04일
2022년	4월 17일
2023년	4월 09일

유월절은 어떻게 정해지나?

유월절은 유대력으로 니산월(3월과 4월 사이에 오는)의 15일 전날 해가 진 다음부터 시작된다. 이스라엘의 공휴일인 유월절은 기원전 1290년에 이스라엘 민족이 이집트에서 탈출한 것을 기념한다. 유월절의 이름은 이집트에 억류되어 있던 마지막 시기에 10가지 재앙이 이스라엘 자손의 가정을 지나쳐갔다는 것을 의미한다.

때로는 B.C.6500 대신 B.P.6500이라고도 쓰는 이유는?

고고학자들은 종종 B.P. 또는 BP라는 줄임말을 사용하는데 이는 현대 이전^{Before the present}라는 말의 줄임말이다. 이것은 1950년을 기준으로 그 이전의 대략적인 연대를 나타낼 때 사용하는 것으로 방사성 탄소 동위원소를 이용하여 측정한 연대일 필요는 없다.

각 지역의 정오는 어떻게 계산하는가?

정오는 태양이 그 지역의 자오선을 통과하는 시간이다. 이것은 시계에 나타나는 정오와는 다르다. 어떤 지역의 정오를 계산하려면 우선 태양이 뜨는 시간과 지는 시간을 알아야 한다. 태양이 하늘에 있는 전체 시간을 둘로 나누고 여기에 태양이 뜨는 시간을 더하면 된다. 예를 들어 태양이 오전 7시 30분에 뜨고 오후 8시 40분에 지는 경우,

태양이 하늘에 있는 총시간은 13시간 10분이다. 이 시간을 둘로 나누면 6시간 35분이 된다. 7시 30분에 6시간 35분을 더하면 이 지역의 정오는 오후 2시 5분이라는 것을 알 수 있다.

일광절약시간(서머타임)제도란 무엇인가?

1967년에 미국과 모든 미국령에서 일광절약시간제도를 시행하기 시작했다. 매년 4월 첫 번째 일요일 오전 2:00에 시간을 한 시간 앞당기며, 이는 10월 마지막 일요일 오전 2:00까지 그대로 유지된다. 그 후 일광절약시간제가 시행되는 기간에 변화가 있었지만 1986년 7월 8일 원래의 일광절약시간제로 다시 돌아갔다. 1972년의 수정으로 일부 예외 지역이 인정되었다.

이러한 시간 변경은 더 많은 낮 시간을 오후 시간에 할애하기 위해서이다. '가을에는 뒤로, 봄에는 앞으로'라는 말은 일광절약시간제도를 시행하기 위해 시계를 움직이는 방향을 나타낸다. 다른 많은 나라에서도 일광절약시간제를 운영하고 있다. 예를 들면 서유럽에서는 3월 마지막 일요일부터 9월 마지막 일요일까지 일광절약시간제를 운영하고 있으며, 영국은 9월 마지막 일요일을 10월 마지막 일요일까지로 연장하여 운영한다. 남반구의 많은 나라들은 10월부터 3월까지 일광절약시간제를 운영한다. 적도 지방의 나라들은 일광절약시간제를 시행하지 않고 표준 시간을 사용한다.

왜 시계의 바늘은 시계 방향으로 돌게 되었을까?

시계 전문가 프리드 Henry Fried는 시곗바늘이 시계 방향으로 돌게 된 것은 시계가 발명되기 이전에 사용되던 해시계에 그 기원이 있을 것으로 추정하였다. 북반구에서는 해시계의 그림자가 시계 방향으로 회전한다. 시계 발명자들은 시곗바늘이 움직이는 방향을 태양의 운동에 맞추었던 것이다.

세계에는 몇 개의 타임존이 있는가?

세계에는 1884년 워싱턴 자오선 회의의 합의에 의해 60분씩 차이가 나는 경도 15도 간격으로 설정된 24개의 세계시^{UT} 타임존이 있다.

러시아와 중국은 타임존을 어떻게 설정하여 사용하는가?

11개의 타임존에 걸쳐 있는 러시아는 세계시보다 한 시간 빠른 표준시를 사용한다. 러시아는 3월의 네 번째 일요일부터 9월의 네 번째 일요일까지 일광절약시간제를 실시하고 있다. 또한 5개의 타임존에 걸쳐 있는 중국은 그리니치 표준시보다 8시간 빠른 하나의 표준시를 사용하고 있다.

서울에서 시애틀로 여행할 때 날짜변경선을 지나가면 날짜는 어떻게 변경되나?

국제 날짜변경선은 대략 경도 180도선을 따라 정해진 것으로 날짜가 달라지는 경계선이다. 서쪽에서 동쪽으로(서울에서 시애틀) 날짜변경선을 지나갈 때는 하루를 뒤로 돌린다(예를 들면 일요일이 토요일이 된다). 동쪽에서 서쪽으로 여행할 때는 하루를 앞으로 간다(예를 들면 화요일이 수요일이 된다).

세계 표준시^{UT}는 무엇인가?

그리니치 표준시는 태양이 경도가 0도인 그리니치를 지나는 자오선을 통과하는 시간을 기준으로 시간을 측정한 것이다. 1972년 1월 1일부터 과학적 연구에 그리니치 표준시 대신 세계 표준시^{UT}를 사용하기로 했다. 세계 표준시는 1968년에 도입한 원자 시간을 발전시킨 것으로 시간이 많이 걸리는 천체 관측과 계산을 하지 않고도 정확하게 시간을 결정할 수 있다는 장점이 있다. 세계 표준시는 세계 원자 시간이라고도 불린다.

누가 정확한 시간을 정하나?

미국 기술표준연구소^{NIST}가 세슘 원자시계를 이용하여 원자 시간을 결정한다. 누구나 NIST 홈페이지(http://www.nist.gov)에 접속하여 시간 체크를 클릭하면 정확한 시간을 알 수 있다. 1967년에 열린 제13차 무게와 측정에 관한 회의에서 공식적으로 1초를 세슘-133이 내는 전자기파가 9,192,631,770번 진동하는 시간으로 정의했다. NIST의 세슘 원자시계는 다른 어떤 것에 의존하지 않고 독립적으로 정확한 시간을 제공하기 때문에 기본적인 시계라고 간주되고 있다.

a.m.과 p.m.은 무엇의 줄임말인가?

a.m.은 '오전'이라는 의미의 라틴어 ante meridiem의 줄임말이고, p.m.은 '오후'라는 의미를 가진 라틴어 post meridiem의 줄임말이다.

왜 시계 자판에는 로마자 IV 대신 IIII를 사용하나?

IV라는 자판을 가진 시계는 균형이 맞지 않아 보인다. 따라서 문법으로는 정확하지 않지만 VIII과 어울리는 IIII를 전통적으로 사용하고 있다.

해시계는 어떻게 작동하는가?

시간을 측정하는 데 처음으로 사용되었던 해시계는 태양의 운동을 이용해 시간을 알려준다. 해시계의 중심에 지시침이 고정되어 있어 이것의 그림자를 관측하여 시간을 알아낸다. 해시계는 태양의 고도를 이용하여 시간을 알아내기 때문에 계절에 따른 변화를 감안한 변환이 필요하다.

꽃시계란 무엇인가?

중세에는 특정한 시간에 피거나 지는 꽃을 이용하여 시간을 알 수 있다고 생각했다. 그래서 이런 꽃들을 시계판 위에 심어 시간을 나타냈다. 첫 번째 시간은 장미의 시간이다. 네 번째 시간은 히아신스의 시간이고 12번째 시간은 팬지의 시간이다. 이런 방법으로 시간을 알 수 없다는 것이 곧 밝혀졌지만 오늘날에도 꽃시계가 있는 공원이 있다. 세계에서 가장 큰 시계 문자판은 일본 홋카이도의 로즈 빌딩 옆에 조성해 놓은 꽃시계이다. 이 시계의 지름은 21m이며, 가장 긴 바늘의 길이는 8.5m나 된다.

할아버지의 시계라는 말은 어디에서 유래했나?

괘종시계는 네덜란드의 과학자 하위헌스$^{\text{Christiaan Huygens, 1629~1695}}$가 1656년경에 발명했다. 미국에서는 펜실베이니아의 독일 정착자들이 긴 상자 시계라고 부른 괘종시계를 신분의 상징으로 생각했다. 1876년에 미국의 작곡가 워크$^{\text{Henry Clay Work, 1832~1884}}$가 그의 노래에서 긴 상자 시계를 할아버지의 시계라고 부르면서 이 시계의 별명이 되었다.

수정시계와 역학적 시계의 차이점은 무엇인가?

수정시계와 역학적 시계는 모두 시침과 분침이 톱니바퀴의 작용으로 돌아간다. 역학적 시계는 감긴 스프링에서 에너지를 공급받아 작동하며, 경사지레라고 부르는 장치에 의해 시간을 제어한다. 그리고 시계가 감에 따라 스프링이 풀린다. 반면 수정시계는 건전지에서 전기적인 에너지를 공급받는 IC칩에 의해 작동하며 일정하게 진동하는 수정이 만들어내는 전기 신호로 시간을 제어한다.

알람시계를 발명한 사람은 누구인가?

가장 먼저 만들어진 기계적인 시계는 725년 중국의 이싱과 리양 링잔이 만든 것이다. 그리고 1787년에 미국 뉴햄프셔의 허친스^{Levi Hutchins of Concord}가 알람시계를 발명했다. 그의 알람시계는 오전 4시에 한 번만 울렸다. 그는 이 시계를 발명하고 다시는 늦잠을 자지 않았다. 하지만 이 시계를 특허 내거나 생산하지 않았다.

최초의 현대적인 알람시계는 1847년에 레디어^{Antoine Redier, 1817~1892}가 발명했다. 레디어가 발명한 것은 기계적인 장치였다. 전자 알람시계는 1890년 이후에 만들어졌다.

군대에서는 시간을 어떻게 나타내는가?

군에서는 하루를 24시간으로 나누어 나타낸다. 하루는 자정(0000)에 시작하여 자정(2400)에 끝난다. 그리고 시간과 분 사이에는 구두점을 찍지 않는다.

24시간으로 나타낸 것을 일상적으로 사용하는 시간으로 변환하기 위해서는 오후 시간의 경우 1200을 빼면 시간과 분이 나타난다.

일반	군대
자정	0000
1:00 a.m.	0100
2:10 a.m.	0210
정오	1200
6:00 p.m.	1800
9:45 p.m.	2145

지구종말시계는 누가 설정했나?

1947년 원자 과학자 회보의 표지에 처음 실린 이 시계는 당시 11:53 p.m.을 가리키고 있었다. 이 잡지의 이사회가 설정한 이 시계는 원자핵 에너지로 인한 인류 멸망의 위험성을 나타내는 것으로 자정이 멸망의 시간이다.

이 시계는 여러번 새로 설정됐다. 1953년 미국이 수소 폭탄 실험을 한 직후 지구종말시계는 11:58 p.m.을 가리킨 것이다. 이때가 역사상 자정에 가장 근접한 시간이었다. 1991년에 소련의 붕괴로 이 시계는 11:43 p.m.으로 후퇴했다. 이때가 자정에서 가장 멀리 떨어진 시간이었다. 그러나 1995년에 냉전시대 이후의 불안정한 세계정세를 반영하여 11:47 p.m.으로 조정됐다. 2002년에는 군비축소가 거의 이루어지지 않고, 테러리스트들이 핵무기와 생물학적 무기를 입수하려고 시도하는 것을 반영하여

11:53 p.m.에 맞추어졌다. 2017년 국가주의 부활과 트럼프 대통령의 당선 등으로 시계는 다시 11:57:30 p.m.이 되었으며 2018년에는 북한과 미국의 화해무드에도 불구하고 11:58 p.m.으로 맞추어졌다.

도구, 기계

초기 농경에 사용된 도구에는 어떤 것이 있었나?

팔레스타인의 나투피안들은 기원전 8000년 전에 이미 땅을 파고 수확하는 데 간단한 도구를 사용한 것으로 여겨진다. 인류가 농경을 시작한 초기에는 막대나 괭이가 땅을 일구는 데 사용되었다. 그들은 또한 경작한 농작물을 수확하거나 야생 열매를 채취하는 데 낫과 비슷한 도구를 사용했다.

기원전 6500년경에는 아드라고 부르는 원시적인 쟁기가 근동 지방에서 사용되었다. 이 중요한 농기구는 땅을 파는 단순한 막대에서 진화하여 사람이 끌거나 미는 데 사용하는 손잡이가 달린 쟁기로 발전한 것이었다. 이것은 다시 사슴의 각진 뿔이나 포크처럼 생긴 나뭇가지를 막대에 묶어 식물을 심기 위해 땅을 갈 때 사용하는 이집트의 쟁기로 발전했다.

네안데르탈인들은 어떤 도구를 사용했나?

네안데르탈인들이 사용했던 도구들은 프랑스의 르무스티어에서 발견되었기 때문에 무스테리안이라고 부른다. 이 도구들은 기원전 40000년경인 제4빙하기 초기에 사용되었던 것들이다. 네안데르탈인들은 하나의 돌로부터 미리 정해 놓은 모양의 조각을 하나나 둘씩 떼어내는 르발로이 기술을 발전시켰다. 그들은 하나의 핵에서 여러 개의 얇고 날카로운 조각을 떼어내어 갈아서 가죽 긁는 도구, 바늘, 칼, 나무 깎는 도구, 작은 톱, 구멍 뚫는 도구 등을 만들었다. 이러한 도구들은 동물을 죽이고 자르고 가죽을 벗기거나 나무로 만든 도구와 옷을 만드는 데 사용되었다.

모든 기계와 역학적 도구들은 만들어 내는 6가지 간단한 도구는 무엇인가?

모든 기계와 역학적 도구들은 아무리 복잡해도 여섯 가지 간단한 도구들의 조합으로 만들어져 있다. 지레, 축바퀴, 도르래, 비탈면, 쐐기, 나사와 같은 도구들은 고대 그리스인들에게도 잘 알려져 있었다. 그들은 이 도구들이 일정한 거리에서 작용하는 힘이 역학적 원리에 의해 증폭되어 큰 힘이 된다는 것을 잘 알고 있었다. 일부 사람들은 쐐기를 움직이는 비탈면이라고 생각하여 기초적인 도구를 다섯 가지로 분류하기도 한다.

4행정 기관과 2행정 기관은 어떻게 다른가?

4행정 기관은 (1) 연료와 공기를 실린더로 받아들이는 흡입, (2) 연료와 공기의 혼합물을 압축하는 압축, (3) 연료가 연소되는 폭발, (4) 연소된 기체가 배출되는 배기, 이렇게 4행정을 통해 작동한다.

반면 2행정 기관은 실린더 벽에 있는 밸브를 열거나 닫아서 흡입과 압축(1과 2), 그리고 폭발과 배기(3과 4) 과정을 결합하여 작동한다. 2행정 기관은 기계톱이나 오토바이와 같이 작은 엔진에서 사용된다.

멍키 렌치라는 이름은 어떻게 붙게 되었나?

집게 턱이 핸들의 수직 방향으로 배치된 이런 형태의 렌치는 발명자인 멍키|Charles Moncky의 이름을 따서 멍키 렌치라고 부르게 되었다. 그런데 그의 이름이 잘못 전달되어 Monkey가 되었다.

엔진의 크기를 말할 때 사용하는 cc는 무엇을 뜻하나?

세제곱센티미터$^{cubic\ centimeter}$(cm³)를 나타내는 cc가 내연기관에서는 실린더의 연소실 부피를 나타낸다. 엔진의 크기는 실린더의 위쪽을 제거하고, 피스톤을 가장 아래쪽까지 내린 후 액체를 실린더에 가득 부은 다음 피스톤을 끝까지 밀어 올릴 때 흘러나온 액체의 양을 나타낸다. 자동차 엔진에 네 개의 실린더가 있고, 하나가 200cc라면 이 엔진은 800cc 엔진이다.

동키 엔진이란 무엇인가?

휴대용이거나 준휴대용인 작은 보조엔진을 동키 엔진$^{donkey\ engine}$이라고 부른다. 이것은 수증기나, 압축 공기, 또는 다른 방법으로 작동한다. 이런 엔진은 선적을 위해 화물을 들어 올릴 때 동력원으로 사용된다.

동력인출장치란 무엇인가?

표준적인 동력인출장치$^{energy\ take\ off}$는 기어 박스의 뒤쪽으로 샤프트를 밀어 넣어 동력을 얻어내는 장치이다. 이것은 케이블 제어 장치, 윈치, 유압계와 같은 보조 기기에 동력을 제공하는 데 사용한다. 농부들은 콤바인과 같은 농기계에서 동력을 빼내어 양수기, 곡식 빻는 장치, 나무 자르는 톱과 같은 도구들을 작동한다. PTO$^{Power\ take\ off}$라고도 부른다.

나침반은 어떻게 발명되었나?

나침반을 최초로 발명한 사람은 알려져 있지 않다. 중국에서는 기원전 1세기경에 철광석의 일종인 천연 자석 로드스톤을 표면에 놓으면 항상 북쪽을 가리킨다는 것을 발견했다. 최초의 중국 나침반은 로드스톤으로 만든 숟가락에 네 방향이 표시된 것이었다. 후에 중국에서는 많은 장식을 한 상자 안에 로드스톤으로 만든 바늘을 넣어 북쪽을 가리키도록 했다. 그러나 로드스톤은 자석의 성질을 쉽게 잃는 것이 문제였다. 다른 금

내연 기관의 주요 구조(위)와 4행정(아래)

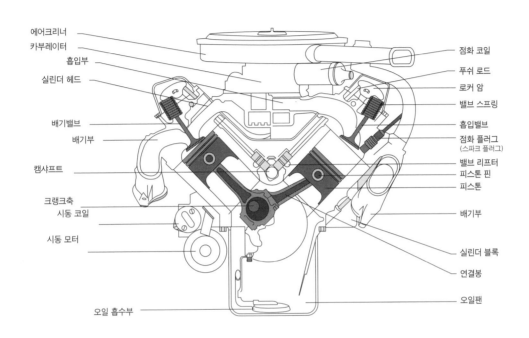

에어크리너
카부레이터
흡입부
실린더 헤드

배기밸브
배기부

캠샤프트

크랭크축
시동 코일

시동 모터

오일 흡수부

점화 코일
푸쉬 로드
로커 암
밸브 스프링
흡입밸브
점화 플러그(스파크 플러그)
밸브 리프터
피스톤 핀
피스톤

배기부

실린더 블록
연결봉

오일팬

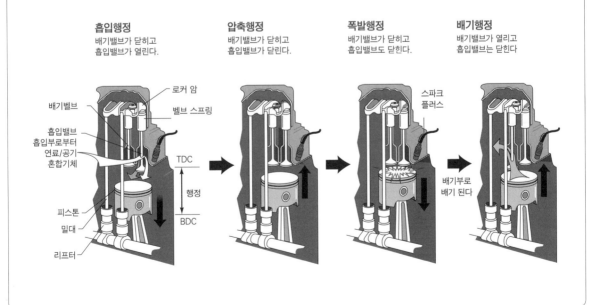

흡입행정
배기밸브가 닫히고
흡입밸브가 열린다.

압축행정
배기밸브가 닫히고
흡입밸브가 닫린다.

폭발행정
배기밸브가 닫히고
흡입밸브도 닫힌다.

배기행정
배기밸브가 열리고
흡입밸브는 닫힌다

로커 암
배기밸브
벨브 스프링
흡입밸브
흡입부로부터
연료/공기
혼합기체
TDC
행정
피스톤
BDC
밀대
리프터

스파크
플러스

배기부로
배기 된다

속을 이용한 많은 실험 끝에 중국인들은 철에 탄소를 첨가하면 오래 지속되는 강한 자석의 성질을 띠는 강철이 된다는 것을 알아냈다.

현미경은 누가 발명했나?

두 개 또는 그 이상의 렌즈를 조합하여 물체를 확대해 보는 현미경의 원리는 비슷한 시기에 한 사람 이상이 독립적으로 발견했다고 보여진다. 16세기 말 네덜란드에서는 많은 렌즈 기술자들이 망원경을 만들었다. 따라서 현미경에 대한 아이디어도 여러 사람에 의해 독립적으로 개발되었을 것이다. 여러 가지 상황을 종합해보면 현미경이 발명된 시기는 1590년에서 1609년 사이일 가능성이 높다. 그리고 발명자의 명예는 네덜란드의 세 명의 안경 제작자에게 돌아가야 할 것이다. 얀센[Hans Janssen]과 그의 아들[Zacharias, 1580~1638] 그리고 리퍼세이는 여러 경우에 현미경의 발명자라고 거론되고 있다. 또한 영국의 훅[Robert Hooke, 1635~1703]은 현미경을 가장 잘 이용한 사람으로 손꼽힌다. 그가 1665년에 출판한 《마이크로그래피아[Micrographia]》는 현미경으로 관찰한 것들을 그린 아름다운 그림들이 실려 있다.

전자현미경을 발명한 사람은 누구인가?

광학현미경의 이론적인 그리고 실용적인 한계는 빛의 파장에 의해 정해진다. 오실로스코프가 개발된 후에 음극선이 빛보다 더 짧은 파장을 가지고 있어 음극선을 이용하면 더 정밀한 관찰이 가능해질 것이라는 생각을 하게 되었다.

1928년 루스카[Ernst Ruska, 1906~1988]와 놀[Max Knoll]은 자기장을 이용하여 음극선의 전자를 초점에 모이게 하는 방법으로 배율이 17배인 초보적인 전자현미경을 만들었고, 1932년에는 배율이 400배인 전자현미경을 개발했다. 1937년에는 힐러[James Hillier, 1915~]가 전자현미경의 배율을 7,000배로 높였고, 1939년에는 츠보리킨[Vladimir Zworykin, 1889~1982]이 광학현미경보다 50배 정밀한 배율 200만 배의 전자현미경을 만들었다. 전자현미경은 생물학 연구에 혁명을 가져왔다. 이로써 과학자들은 세포, 단백질, 바이러스를 구성하는 분자를 직접 볼 수 있게 되었다.

홀로그래피는 무엇인가?

헝가리 출신 과학자 가보르^{Dennis Gábor}가 1947년에 홀로그래피 기술을 발명했다. 그후 1961년에 라이스^{Emmet Leith}와 우파트닉스^{Juris Upatnieks}가 레이저를 이용하여 현대적인 홀로그램을 만들었다. 홀로그램에서는 빛이 모든 부분에서 반사되어 중첩되고 간섭하기 때문에 3차원 영상을 볼 수 있다. 빛의 파동의 이러한 상호작용이 물체의 밝은 부분과 어두운 부분, 그리고 깊이를 만들어낸다. 카메라는 파동의 모든 정보를 잡을 수 없기 때문에 2차원 영상을 만든다. 하지만 홀로그래피는 물체에서부터 빛이 통과한 거리를 측정하기 때문에 물체의 깊이를 담아낼 수 있다.

간단한 홀로그램은 반투명한 거울을 이용하여 레이저를 두 빔으로 나누어 만든다. 먼저 목적물 빔이라고 부르는 하나의 빔이 물체를 비춘다. 물체의 의해 반사된 빛은 사진 건판으로 들어간다. 참조 빔이라고 부르는 또 다른 빛은 직접 사진 건판으로 들어간다. 두 빔은 사진 건판 위에 간섭무늬를 만든다. 사진 건판이 현상된 후에 레이저를 이 홀로그램에 처음 참조 빔과 같은 각도로, 그러나 반대 방향에서 비추어준다. 그러면 간섭무늬가 빛을 산란시켜 원래 물체의 귀신 같은 3차원 영상을 공중에 만든다.

로봇은 어떤 산업에서 사용되는가?

로봇은 컴퓨터의 조종 아래 넓은 범위의 활동을 할 수 있는 장치이다. 센서의 피드백에 반응하거나 또는 프로그램 변경을 통해 로봇은 변한 임무나 환경에 맞추어 행동을 바꿀 수 있다. 전 세계에서 사용되고 있는 로봇의 수는 250,000대로 이 중 65%는 일본, 14%는 미국에서 사용되고 있다.

로봇은 생산 공장에서 용접, 페인팅, 드릴링, 표면 처리, 자르기, 물건 옮기기와 같은 일을 주로 한다. 로봇은 사람에게는 매우 위험하거나 열악한 물리적 환경에서도 일할 수 있다. 예를 들어 방사성 물질을 제거하거나 화재 진압을 할 수도 있으며, 폭탄의 제거, 폭발물이나 독성 물질의 하역이나 적재에 투입될 수도 있다. 로봇은 사진 건판과 같이 빛에 민감하여 어두운 곳에서 다루어야 하는 어려운 물건을 다룰 수도 있다. 또한 빛이 적고 위험한 수중 작업을 하거나 광산에서도 일할 수 있다. 100대의 로봇이 사용되고 있는 탄광에서는 이 탄광이 생산하는 석탄의 3분의 1을 생산하기도 한다.

군대와 같이 안전을 다루는 분야에서 로봇은 목표물을 발견하거나 경계하는 일을 맡을 수도 있다. 인쇄업계에서도 로봇은 분류하고, 인쇄물을 포장하고, 종이를 인쇄기에 전달하고, 책 표지를 씌우는 일과 같은 다양한 일들을 할 수 있다. 실험실에서는 작은 탁상용 로봇이 샘플을 준비하고 화합물을 섞는 일을 한다.

로봇이 처음 등장한 영화는 무엇인가?

1886년에 프랑스 영화 〈미래의 전야$^{l'Eve\ Futur}$〉에서 미친 과학자가 여성과 닮은 로봇을 만든다. 키프로스의 왕이며 조각가로 자신이 조각한 여인을 사랑했던 이야기를 변형한 이 영화에서는 영국의 왕이 이 로봇을 사랑한다.

이런 오락용 로봇과는 달리 실제로 일하는 로봇은 사람이나 동물 모양이기보다는 기계와 같은 모습을 하고 있다. 그러나 1773년에 프랑스의 피에르^{Pierre}와 자켈드로즈$^{Louis\ Jacquel-Droz}$ 부자 발명가가 만든 사람과 같은 모습의 '필경사' 로봇은 펜을 잉크에 찍어서 최대 40자까지 쓸 수 있었다.

인공두뇌학의 창시자는 누구인가?

위너$^{Norbert\ Wiener,\ 1894~1964}$가 인공두뇌학^{cybernetics}의 창시자로 간주된다. 그리스어 쿠버네트^{kubernetes}에서 유래한 인공두뇌학은 살아 있는 생명체, 자동화된 기계, 또는 조직에서의 통제와 통신의 공통점을 다룬다. 이런 요소들은 조타수가 배를 조타하는 것과 같이 계속적인 판단을 필요로 하는 일에 응용된다. 인공두뇌학의 원리는 자동화 이론, 시간이 많이 소요되는 계산을 줄이는 컴퓨터 프로그래밍, 사람이 했던 의사 결정을 컴퓨터가 하도록 하는 것과 같은 일에 사용된다.

잭해머는 언제 발명되었나?

1861년 프랑스 엔지니어 소멜리어^{German Sommelier}가 이탈리아와 프랑스를 연결하는 몽 세이 터널 작업을 하는 동안에 유압으로 작동하는 휴대용 착암기를 착상했다. 이 터널 공사는 30년 걸려 완성될 예정이었다. 소멜리어는 증기로 작동하는 드릴로 일했고, 현재 잭해머^{jackhammer}라고 알려진 압축 공기로 작동하는 효과적인 휴대용 착암기를 발명했다. 이 터널은 예정보다 약 20년 앞당겨 1871년에 완공됐다.

언제 도로 고르는 롤러가 발명되었나?

도로 롤러가 발명되기 전에는 노면을 사람이 다져야 했다. 후에 소나 말이 끄는 롤러가 사용되었다. 1859년에 프랑스의 르몬^{Louis Lemoine}은 증기로 작동하는 도로 롤러를 발명했다. 그의 발명은 도로 건설에 혁명을 가져왔고 도로의 질을 크게 향상시켰다.

소화전 노즐의 색깔에 중요한 의미가 있는가?

소화전의 색깔 코드는 소방서나 물을 관리하는 부서에서 매우 중요하다. 색깔은 소화전에서 나올 수 있는 물의 양을 나타낸다.

한국의 소화전은 대부분 붉은색으로 칠해져 있다. 거리의 미관을 해친다는 지적에 따라 2008년에 서울시에서 차분한 색깔로 바꾸려는 시도가 있었지만 보도블록과 비슷한 색깔로 할 경우 안전사고의 위험이 있다는 이유로 바꾸지 못했다.

등급	1분간 나오는 물의 양(갤런)	색깔
AA	1500 이상	엷은 파란색
A	1000~1499	초록색
B	500~999	주황색
C	500 이하	붉은색

누가 나사를 표준화했는가?

두 사람의 영국인이 볼트와 너트, 그리고 나사를 표준화한 공로를 인정받고 있다. 건설 분야에서 일하고 있던 맨드슬레이^{H. Mandslay}는 1800년과 1810년 사이에 나사의 표준화를 위해 노력했다. 다른 크기의 볼트와 너트의 수가 당시에는 그다지 많지 않았다. 맨드슬레이는 그의 조수 위드워스^{J. Withworth}에게 영향을 주어 표준화 작업을 계속하도록 했다. 1841년 영국 정부는 위드워스의 나사를 표준으로 채택했다.

로스트 왁스법이란 무엇인가?

이것은 밸브 부품, 작은 기어, 자석, 외과 수술 도구, 보석 등을 생산할 때 사용되는 방법이다. 로스트 왁스법^{lost wax process}에서는 밀랍을 이용해 주형을 만든 다음 밀랍을 녹여서 제거하고 그 자리에 금속 용액을 채워 넣어 원하는 제품을 만든다. 여기서 로스트 왁스란 밀랍이 사라졌다는 것을 뜻한다.

음주측정기는 어떻게 혈중 알코올 농도를 측정하나?

경찰관이 사용하는 음주측정기는 튜브를 통해 불어 넣는 알코올을 연료로 하여 전류를 발생시키는 전자장치이다. 숨에 알코올이 많이 포함될수록 더 강한 전류가 흐른다. 만약 음주측정기에 초록색이 켜지면 운전자의 혈중 알코올 농도는 법정 한계 이하여서 음주측정을 통과한다. 호박색은 알코올 농도가 법정 한계에 가깝다는 뜻이고, 붉은색은 법정 한계 이상이라는 것을 뜻한다. 음주측정기의 백금으로 된 음극이 알코올을 산화시켜 아세트산으로 바꿀 때 일부 전자를 잃는다. 이 전자가 전류를 만들어낸다. 초기의 음주측정기는 색깔 변화를 이용하여 알코올 농도를 측정했다. 음주측정기의 관 안에 있는 황산과 중크롬산칼륨을 혼합하여 만든 주황색 결정이 알코올과 반응하면 알코올을 아세트산으로 바꾸면서 자신들은 청록색 크롬황산염과 색깔이 없는 칼륨황산염으로 바뀌었다. 더 많은 결정이 색깔을 바꾸면 혈중 알코올 농도가 더 높다는 뜻이다.

소결이란 무엇인가?

분말을 녹는점 이하의 온도에서 녹여 굳히는 방법이다. 이 방법에 의해 좀 더 큰 형태인 덩어리나 펠렛이 만들어진다. 소결^{sintering}은 분말야금 기술의 하나로 금속 분말로부터 용융 단계를 거치지 않고 원하는 부품을 만들 때 사용된다. 이 방법으로 만들어져 소결 부품이라고 불리는 부품들은 일반적으로 작다. 피스톤의 충격 흡수 장치, 벨트용 도르래, 작은 헬리컬 기어, 전기톱의 체인 기어, 자동 펌프 기어 등이 이 방법으로 생산되는 대표적인 부품이다. 형틀을 이용하여 만들기 때문에 기계적 가공을 거치지 않고도 아주 복잡한 모양의 부품을 생산할 수 있다. 소결 부품은 강도가 높기 때문에 오늘날의 하이테크놀로지 시스템에서 유용하게 이용된다.

리히텐베르크 도형이란 무엇인가?

리히텐베르크 도형은 사진 건판이나 황가루와 같은 고운 가루를 입힌 판을 전극 사이에 놓아두거나 판에 높은 전압을 걸었을 때 나타나는 도형을 말한다. 이 도형은 1777년에 리히텐베르크^{Georg Christoph Lichtenberg}가 처음 만들어냈다. 리히텐베르크 도형은 방전이 일어난 경로나 발생한 이온의 분포를 나타낸다.

무기

오나거는 무엇인가?

오나거^{onager}는 간단한 형태의 투석기이다. 한 형태의 오나거는 사람의 머리카락이나 동물의 힘줄 뭉치에 나무 막대를 끼워 넣은 후 머리카락이나 힘줄을 꼬아서 만들었다. 머리카락이나 힘줄이 풀리지 않게 하기 위해 톱니바퀴를 단 윈치가 사용되었다. 장전하기 위해서는 병사가 윈치를 조작하여 나무 막대가 수평이 될 때까지 돌려서 머리카

락이나 힘줄이 더 많이 감기도록 했다. 막대 끝에 돌멩이를 매단 후 막대를 놓아 막대
가 회전하면서 돌멩이를 멀리 날아가게 했다.

오래전에 사용된 사슬 끝에 매단 못이 박힌 금속구로 된 무기의 이름은 무엇인가?

철퇴는 짧은 철 막대나 금속 막대로 만든 단단한 손잡이와 사슬 끝에 달린 못이 박힌
금속구로 이루어져 있다. 사슬 끝에는 하나 또는 여러 개의 금속구가 달려 있다. 사슬
의 유연성 때문에 이 무기를 피하기가 쉽지 않다.

네이팜은 무엇이며 어떻게 사용되었나?

네이팜은 1943년에 하버드 대학의 화학자 파이저$^{Louis\ Feiser}$가 미군과의 협조로 만들
었다. 휘발유 33%, 벤젠 21%, 폴리스티렌 46%를 혼합하여 만든 네이팜은 제2차 세계
대전 때 처음 사용되었다. 네이팜은 순수한 휘발유보다 높은 온도에서 천천히 타며 어
떤 물건에나 잘 달라붙는다. 네이팜은 산소를 모두 소모해버리기 때문에 동굴이나 벙
커에 투하하면 태우지 않고도 안에 있던 사람들을 질식시킬 수 있다. 네이팜은 한국 전
쟁, 베트남 전쟁, 이라크 전쟁에서 사용되었다. 이라크 전쟁에서는 네이팜 폭탄이 이라
크 진지나 탱크 장애물에 투하되었다.

화학전은 언제 처음 등장했나?

화학전의 역사는 고대와 중세로 거슬러 올라간다. 특히 공성 전투에서 사용되었다.
성이나 성으로 둘러싸인 도시를 공격하는 것은 몇 달 또는 몇 년이 걸리는 장기전이었
다. 따라서 교착 상태를 끝내기 위해 혁신적인 방법이 사용되었다. 방화, 독극물, 또는
기름 연기 등이 성이나 도시를 공격하거나 방어할 때 자주 사용되던 무기였다.

독극물을 사용한 예는 아테네와 스파르타 사이의 전쟁(B.C.431~B.C.404) 기록에 처
음 나타난다. 불타는 피치나 타르, 또는 황의 혼합물이 펠로폰네소스 전쟁에서 사용되

었다. 짙은 연기를 만들어내는 이러한 혼합물은 들이마실 경우 중독될 수 있었다. 스파르타 군대는 독성이 있는 금속인 비소를 포함한 증기를 살포했다.

겨자가스는 무엇이며 이것이 노출되면 어떻게 되나?

겨자가스는 황을 포함하는 다양한 화학물질로 만든다. 원래는 투명한 액체지만 다른 물질과 섞이면 갈색을 띠고 마늘 냄새나 겨자 냄새가 난다. 겨자가스는 제1차 세계대전과 제2차 세계대전에서 대량으로 사용되었다. 겨자가스는 피부에 화상을 입히거나 수포를 발생시키고, 호흡기를 손상시킨다. 겨자가스에 많이 노출되면 죽을 수도 있다. 겨자가스 독성을 해독할 물질은 없다. 수분 내에 노출 가능 지역의 오염을 제거하는 것이 인체조직의 손상을 줄이는 유일한 방법이다.

탄저균은 무기로 사용될 수 있는가?

건조한 포자 가루 2g을 500,000명의 인구가 사는 도시에 골고루 살포한다면 200,000명이 죽거나 치명적인 질병에 걸리게 할 수 있다. 그러나 대량 탄저균 공격에 의한 피해 가능성에 대한 대부분의 해설에서는 잘못된 부분이나 불필요한 경고가 포함되어 있는 경우가 많다. 탄저균을 무기로 사용하기 위해서는 공격자가 우선 매우 어려운 기술적인 문제를 극복해야 한다.

먼저 땅이나 가축에서 얻는 포자는 가루로 퍼지지 않기 때문에 독성이 매우 강한 균주에 접촉해야 한다. 다음으로는 깊게 들이마실 수 있도록 포자를 곱게 갈아야 한다. 하지만 너무 입자가 작아서 즉시 다시 배출될 정도이면 안 된다. 마지막으로 공격자는 정전기를 방지하는 물질을 첨가해야 한다. 포자를 가는 동안에 정전기가 발생하여 커다란 포자 덩어리를 형성하면 땅에 떨어져도 별다른 해를 끼치지 않기 때문이다.

탄저균과 비슷한 다른 바이러스 중에 생물무기로 사용될 수 있는 것은 무엇인가?

다음과 같은 독성 물질도 생물학적 무기로 사용될 수 있다.

리신은 자연에서 만들어지는 물질 중에서 가장 독성이 강한 물질이다. 리신은 피마자유를 만드는 피마자 씨로부터 추출된다.

보툴리누스는 탄저균과 마찬가지로 토양에서 발견되는 세균이다. 이 세균이 번식한 캔 음식이나 생선을 먹을 때 종종 감염된다. 이 세균은 시야를 흐리게 하거나 입이 마르게 하고, 삼키기와 말하기를 어렵게 하는 등 여러 가지 증상을 유발하는 보툴리눔이라는 독성 물질을 만들어낸다. 보툴리누스에 감염되면 신체 마비, 호흡 정지, 사망에 이를 수 있다.

아플라톡신과 미코톡신은 모두 곡물에서 발견된다. 아플라톡신 B1은 호두에 자라는 곰팡이에서 발견된다. 이란과 이라크는 피스타치오 호두를 가장 많이 재배하는 나라이다. 그러나 이 독성 물질은 옥수수나 다른 곡물에 자라는 곰팡이에서도 만들어질 수 있다. 이런 독성 물질은 동물의 면역체계를 파괴하고 사람에게는 장기적으로 암을 발생시킬 수 있다.

클로스트리듐 퍼프린전스는 식중독의 원인이 된다. 이것은 토양에 살며 포자 형태이기 때문에 탄저균과 비슷하다. 포자가 음식물에 들어 있을 때는 그다지 냄새가 심하지 않지만 전쟁터에서 입은 상처에 들어가면 가스 괴저가 발생한다. 가스 괴저는 고통과 붓기를 발생시키고 후에는 쇼크, 황달, 또는 죽음에 이르게 한다.

이라크가 개발했다고 알려진 카멜폭스에 대해서는 자세한 자료가 없다. 이것은 가장 위험한 동물 병원체 중의 하나로 분류된다.

누가 기뢰를 발명했나?

1777년에 부쉬넬David Bushnell, 1742?~1824이 물에 떠다니다가 배가 접촉하면 폭발하는 폭약을 가득 채운 상자에 대한 아이디어를 제안했다.

언제 콜트 리볼버가 특허를 받았나?

미국 서부에서 인기가 있었던 이 6연발 권총의 이름은 발명자 콜트^{Samuel Colt,} ^{1814~1862}의 이름을 따서 붙여졌다. 실제로 이 권총을 발명하지는 않았지만 그는 설계를 완전하게 수정하여 1835년에는 영국에서 특허를 받았고, 다음 해에는 미국에서 특허를 받았다. 그는 이 권총을 대량으로 생산하고 싶었지만 생산에 필요한 설비를 확보할 수 없었다. 손으로 만든 권총은 매우 비쌌기 때문에 한정된 소비자로부터 주문을 받았다. 1847년에 텍사스 레인저가 1,000정을 주문하자 콜트는 코네티컷의 하트퍼드에 생산설비를 갖출 수 있었다.

탄환을 만드는 데 왜 탄환탑이 사용되나?

정확하고 빠르게 날아가기 위해서는 탄환이 완전한 구형이어야 한다. 그러나 초기에 주형을 이용하여 만든 납 탄환은 결함이나 흠집이 있었다. 1872년에 영국의 기술 장교였던 와트^{William Watts}가 단순한 방법을 고안하여 이 문제를 해결했다. 그는 납을 녹인 용액을 아주 높은 곳에서 체를 통과시킨 다음 물을 향해 떨어뜨렸다. 높은 곳에서 떨어지는 동안에 공기에 의해 식은 후 쿠션 역할을 해 변형이 생기지 않도록 하는 물에 떨어지게 한 것이다.

이 새로운 방법은 빠르게 퍼져 나갔고, 46m에서 65m의 탄환탑이 유럽과 미국에 생겨났다. 환경적인 영향으로 납탄이 철탄으로 대부분 대체되었지만 세계에는 아직도 30여 개의 납 탄환탑이 있으며 미국에도 다섯 개가 남아 있다. 이런 탄환탑에는 1782년에 만들어진 기본적인 구조가 아직도 그대로 남아 있다.

누가 자동소총을 발명했나?

개틀링^{Richard J. Gatling, 1818~1903}이 남북전쟁 동안 발명한 최초의 성공적인 자동소총은 1862년에 특허를 받았다. 이 자동소총은 여섯 개의 총신이 손잡이를 이용하여 돌리는 기어에 의해 회전하면서 1분에 1,200발을 발사했다. 다연발 총을 만들려는 많은 노력이 있었지만 개틀링 이전에는 많은 기술적인 문제를 극복하지 못했다. 기어를 이용하여 총신을 회전시키는 자동소총에서 장전과 발사는 캠 액션에 의해 이루어졌다. 미국 육군은 1866년 8월 24일 이 총을 공식 무기로 선정했다.

최초의 자동소총은 맥심$^{Hiram\ S.\ Maxim,\ 1840\sim1916}$이 만들었다. 1884년에 맥심은 하나의 총신이 있는 휴대용 소총을 만들었는데 이 소총은 총알을 발사할 때 반동을 이용해서 탄피를 제거하고 다음 발사를 위해 새로운 총알을 장전하도록 되어 있었다.

최초의 토미건$^{tommy\ gun}$은 톰슨 모델 1928 SMG였다. 톰슨$^{John\ Taliaferro\ Thompson,}$ $^{1860\sim1940}$ 장군이 만든 이 45구경 자동소총은 접근전에서 사용될 예정이었다. 그러나 이 무기가 생산되기 전에 남북전쟁이 끝났다. 따라서 톰슨 자동 병기회사는 잘되지 않았다. 하지만 금주법이 시행되던 1920년부터 1933년 사이에 갱단이 이 무기를 사용하기 시작하면서 회사 사정이 좋아졌다. 앞뒤를 가리지 않는 범죄자들이 토미건으로 적들에게 총알을 퍼붓는 이미지가 대공황 시대의 상징이 되었다. 이 총은 여러 번의 수정을 거쳤고, 제2차 세계대전에서 널리 사용되었다.

최초의 성공적인 기관총인 개틀링 건의 초기 모델

바주카라는 이름은 어떻게 붙게 되었나?

이 이름은 미국 코미디언 번스$^{Bob\ Burns,\ 1893\sim1956}$에 의해 붙여졌다. 연기의 소도구로 그는 오보에와 비슷한 긴 원통형의 악기를 자주 사용했다. 제2차 세계대전 중에 미국 병사들이 원통형 포 발사장치가 번스의 악기와 비슷하다는 이유로 바주카라고 부르기 시작했다.

캐논 킹이라고 알려진 사람은 누구인가?

1811년 가족이 운영하는 강철 주조 공장을 설립한 크루프[Alfred Krupp, 1812~1887]와 그의 아버지[Friedrich Krupp, 1787~1826]는 1856년에 총을 생산하기 시작했다. 크루프는 많은 나라에 대형 무기를 공급하면서 캐논 킹[Cannon King]이란 별명으로 불리게 되었다. 1870년에서 1871년까지 있었던 프랑코-독일 전쟁에서 프러시아가 승리한 것은 크루프의 총 덕분이었다. 1933년에 히틀러가 권력을 잡자 이 가족은 다양한 사정거리의 대포를 생산하기 시작했다. 크루프의 증손자인 크루프[Alfred Krupp, 1907~1967]는 나치를 지지하여 회사는 많은 이익을 남겼다. 회사는 점령한 나라에서 재산을 취득했으며 공장에서는 노예 노동력을 이용했다.

전쟁이 끝난 후 크루프는 12년형을 받았고 그의 재산은 몰수되었다. 1951년에 사면을 받은 그는 다시 사업을 시작해 1960년대 초에는 예전의 위치로 돌아왔다. 그러나 1967년 사망하면서 그의 회사는 주식회사가 되어 크루프 왕국은 종말을 고하게 되었다.

권총에 있어 가장 혁신적인 기술의 발전은 무엇인가?

메탈 스톰사에서 오드와이어가 개발한 다양한 경찰용 피스톨이 가장 정교한 권총으로 알려져 있다. 이 총에는 움직이는 부품이 없고, 발사 장치는 모두 전자 부품으로 되어 있다. 7연발의 총신이 하나인 이 권총은 한 번 방아쇠를 당겨 여러 개의 총알을 발사할 수 있다. 이 총에는 아무나 사용하는 것을 방지하는 전자 안전장치가 내장되어 있다. 오드와이어는 경찰과 군대 내에 이 총을 이용한 특수 임무를 수행하는 팀을 만들기를 원했다.

군에서 크리스탈 볼은 무엇을 가리키는가?

크리스탈 볼은 파일럿이 레이더 표시기를 가리키는 속어이다.

빅 버사라는 이름은 어떻게 붙여졌나?

처음에 빅 버사^{Big Bertha}는 1914년에 시작된 제1차 세계대전에서 독일과 오스트리아 군이 사용하던 구경 42cm(16.5인치) 곡사포를 가리키던 이름이었다. 후에 이 이름은 제1차와 제2차 세계대전 동안 사용된 대형 대포를 가리키는 말이 되었다. 독일의 무기 생산업자 크루프^{Friedrich A. Krupp, 1854~1902}가 생산한 대형 포는 그의 외아들이었던 버사 크루프^{Bertha Krupp, 1886~1957}의 이름을 따서 명명되었다.

이 대형 곡사포는 1914년에 벨기에를 방어하던 콘크리트와 철로 된 진지를 파괴하는 데 사용되었다. 포탄의 무게는 930kg이나 되었고, 길이는 사람의 키와 비슷했다. 이렇게 큰 포는 움직이는 것이 어렵고 느렸기 때문에 정적인 전투에서만 사용할 수 있었다. 제2차 세계대전 동안에는 폭격기가 이 귀찮은 장거리포의 역할을 대신하게 되었다.

맨해튼 프로젝트란 무엇인가?

제2차 세계대전 동안에 원자폭탄을 개발하던 미국 정부 프로젝트의 공식 암호명은 맨해튼 엔지니어 디스트릭트였다. 이것은 곧 원자폭탄의 생산 시설을 건설하고 운영하던 미국 엔지니어 군단이 선정한 마셜^{James C. Marshall} 대령의 사무실이 위치해 있던 장소의 이름을 따서 맨해튼 프로젝트라고 불리게 되었다. 1942년 6월 미국 전쟁성이 이 프로젝트를 관할하게 되자 이 프로젝트는 그로브스^{Leslie R. Groves, 1896~1970} 장군의 지휘를 받게 되었다.

이 프로젝트에 참여한 과학자들이 이룬 첫 번째 중요한 성취는 1942년 12월 2일 시카고 대학 실험실에서 실시한 연쇄 핵분열 반응의 성공이었다. 이 프로젝트는 1945년 7월 16일에 뉴멕시코에 있는 앨라모고도 부근의 사막에서 첫 번째 원자탄 폭발 실험을 했다. 실험 장소는 트리니티라고 불렀고, 실험에 사용된 원자폭탄의 위력은 15,240톤에서 20,320톤 사이의 TNT와 맞먹는 정도였다. 이 프로젝트가 만든 두 개의 원자폭탄이 그다음 달에 일본에 투하되었다(하나는 1945년 8월 6일에 히로시마에 투하되었고, 다른 하나는 8월 9일에 나가사키에 투하되었다). 이 때문에 일본이 항복하고 제2차 세계대전이 종식되었다.

리틀보이와 팻맨은 무엇인가?

'리틀보이$^{Little\ Boy}$'는 미국이 히로시마에 투하한 최초의 원자폭탄의 암호명이다. 리틀보이는 로스앨러모스에서 오펜하이머$^{J.\ Robert\ Oppenheimer}$를 단장으로 하는 과학자들에 의해 설계되었다. 리틀보이는 TNT 12,000톤의 위력을 갖는 원자폭탄으로 길이는 약 304cm였고, 무게는 약 3,628kg이었다. 리틀보이는 우라늄 235를 원료로 하여 제작되었다. '팻맨$^{Fat\ Man}$'은 미국이 나가사키에 투하한 원자폭탄의 암호명이었다. 팻맨 역시 로스앨러모스에서 오펜하이머를 단장으로 하는 과학자들에 의해 설계되었다. 팻맨의 길이는 304cm 정도였고 무게는 약 4,082kg이었으며 위력은 TNT 20,000톤과 맞먹는 정도였다. 팻맨은 플루토늄을 원료로 제작되었다. 현재는 가장 위력이 작은 원자폭탄도 리틀보이나 팻맨보다 훨씬 강력하다.

스마트 폭탄은 어떻게 작동하나?

스마트 폭탄$^{smart\ bomb}$은 레이저 빔, 레이더, 전파 컨트롤 체계에 의해 목표물에 정확히 유도되는 폭탄을 가리키는 속어이다. 조종사가 폭탄을 목표 방향으로 투하한 후에 조종 가능한 꼬리 날개로 폭탄의 진행 경로를 조정하여 정밀하게 목표물에 도달하도록 할 수 있다. 스마트 폭탄의 장점은 목표물과 멀리 떨어진 곳에서 폭탄을 투하할 수 있어 적의 대공 포화를 피할 수 있다는 것이다.

퍼싱 미사일$^{pershing\ missile}$은 얼마나 멀리 비행할 수 있나?

길이가 10.5m이고 무게가 4,536kg인 지대지 원자폭탄 미사일의 사정거리는 약 1,800km이다. 이 미사일은 1972년 미국 육군이 개발했다. 이 밖에도 지대지 미사일에는 사정거리가 4,600km인 폴라리스, 1,800km인 마이누트맨, 3,700km인 토마호크, 7,400km인 트라이덴트, 10,000km인 피스메이커가 있다.

크루즈 미사일은 어떻게 작동하나?

크루즈 미사일은 매우 정교한 장거리 유도 미사일로 낮은 고도에서 음속에 가까운 속도로 날아간다. 이것은 GPS^{Global Positioning System}나 TERCOM^{Terain Contour Matching}, 또는 DSMAC^{Digital Scene Matching Area Correlation} 체계에 의해 유도된다. 크루즈 미사일은 크기가 작고 낮은 고도로 비행할 수 있어 레이더로 탐색하기 어렵다.

핵겨울이란 무엇인가?

핵겨울^{nuclear winter}이란 말은 미국의 물리학자 투코^{Richard P. Turco}가 1983년에 〈사이언스〉지에 실은 핵전쟁 이후 전개될 전 세계적인 기후 변화를 설명한 글에서 유래했다. 투코는 이 글에서 핵전쟁 후에는 어는점 이하의 낮은 온도, 격렬한 폭풍, 방사성 물질의 낙하가 계속되는 어두운 시기가 올 것으로 예상했다. 이런 현상은 원자탄 폭발 시에 공중으로 올라간 수십억 톤의 먼지와 매연, 그리고 재와 폭발 후 일어난 화재로 인한 독성이 있는 매연이 더해져 발생한다. 격렬한 핵전쟁의 경우에는 며칠 안에 북반구 전체가 두꺼운 먼지에 둘러싸여 현재 받는 햇빛의 10분의 1 정도만 받게 될 것이다. 햇빛이 없으면 대기 온도가 오랫동안 아주 낮은 온도로 떨어지고 식물과 동물이 비참한 상태에 처하게 된다.

이러한 최후의 날에 대한 예측에 대항하여 원자폭탄의 영향을 축소한 '핵가을'을 주장하는 사람들도 있다. 그러나 5년 동안의 연구 결과를 바탕으로 1990년 1월에 발표한 논문은 1983년에 했던 투코의 예측을 지지해주었다.

치명적이지 않으면서도 가장 파괴력이 큰 무기는 무엇인가?

1999년 나토가 세르비아에서 사용한 '블랙아웃' 폭탄이라고 알려진 BLU-114/

B 흑연 폭탄은 희생자를 최소화하면서 70%의 에너지 설비를 무력화시켰다. 이 폭탄은 전기 에너지 시설을 공격하도록 특수하게 설계되었다. 이와 비슷한 폭탄이 1990~1991년 이라크에 대항한 걸프 전쟁에서도 사용되었다. 이것은 85%의 이라크 발전시설을 파괴했다. 이 폭탄은 전기 시설 위에 미세한 탄소 섬유의 구름을 만들어 일시적으로 전기를 방전하여 전기 공급을 중단시킨다.

방사능 물질 분산 장치는 무엇인가?

더러운 폭탄이라고도 불리는 이 장치는 많은 양의 방사성 물질을 가능하면 넓은 지역으로 분산시킨다. 원자핵의 분열 시에 나오는 많은 양의 에너지와 방사능 물질을 방출하도록 설계된 원자폭탄과는 달리 이 폭탄은 방사성 물질이 충전된 보통 폭탄이다. 내용물에는 의학용이나 실험용으로 사용한 낮은 방사능의 물질이나 농축되지 않은 우라늄이 포함된다. 이것은 대량 파괴용이 아니라 대규모 혼란을 야기하기 위한 폭탄이다. 방사성 물질로 오염된 주요 도시 지역에 미치는 경제적, 정신적 결과는 심각할 것이다.

건물, 다리, 그리고 다른 구조물

건물, 건물의 부분

185m²의 건물을 짓는 데는 얼마나 많은 목재가 필요할까?

185m²의 집을 짓는 데는 약 332m³의 목재가 필요하다.

굴뚝과 통기관은 어떻게 다른가?

굴뚝은 벽돌이나 석재로 만든 구조로 하나 또는 여러 개의 통기관을 포함하고 있다. 통기관은 굴뚝 안에 있는 연기, 증기, 기체가 올라가는 통로이다. 통기관은 주로 흙이나 강철로 만든다. 위로 올라가는 따뜻한 기체를 지나가게 함으로써 불 위에 있는 공기를 끌어당겨 통기관 위쪽으로 보낸다. 불을 피우는 곳마다 각각 하나의 통기관이 있어야 하지만 굴뚝은 한 집에 하나만 있어도 된다.

세계에서 가장 높은 굴뚝의 높이는 얼마나 되나?

카자흐스탄의 에키바스투츠에 있는 발전소의 굴뚝은 높이가 420m나 된다.

문설주는 문의 어느 부분인가?

문설주는 문의 일부가 아니라 문이 달려 있는 문틀을 말한다. 문설주는 두 개의 수직인 기둥과 하나의 수평 보로 이루어져 있다.

크라운 몰딩이란 무엇인가?

크라운 몰딩crown molding은 벽이 지붕과 만나는 곳에 대는 길고 가느다란 나무, 금속 또는 플라스틱으로 만든 마감재이다. 만약 이것의 표면이 오목하면 오목 몰딩이라고 부른다. 코너 부분은 단단하게 연결되도록 하기 위해 45도 각도로 연결한다.

R-밸류란 무엇인가?

열의 흐름에 대한 저항을 나타내는 R-밸류는 단열재를 통해 열이 흐르기 어려운 정도를 나타낸다. R-밸류가 높으면 높을수록 재료의 단열효과가 크다. 벽을 구성하고 있는 재료의 R-밸류를 합하면 전체 R-밸류를 구할 수 있다.

벽의 재질	R-밸류
안쪽 공기층	0.7
1.25cm 석고 보드	0.5
R-13 단열재	13.0
1.25cm 목재 섬유피복	1.3
목재 판자	0.8
외벽 공기층	0.2
전체 R-밸류	16.5

건물의 재질	R-밸류
일반적인 다락방 천장	19
10cm 두께의 단열재 벽	11
단일 유리창	1
이중 유리창	2
슈퍼 윈도우	4

* 슈퍼 윈도우: 유리의 안쪽에 산화주석과 같은 적외선을 반사하는 층을 입히고, 두 장의 유리창 사이에는 아르곤 기체를 채운 이중 창문.

왜 필립스 나사가 사용되는가?

일자형 나사못은 드라이버가 홈을 벗어나 나무를 망치기 쉽다. 그러나 필립스 나사못의 십자형 홈이 파진 머리는 보통의 나사보다 더 단단히 고정할 수 있다는 장점이 있다.

나사는 16세기부터 목수들이 사용했지만 홈이 파인 나사못은 19세기부터 사용되기 시작했다. 나사못이 못보다 좋은 점은 길이 방향의 응력에 대한 저항이 크다는 것이다. 박는 데 큰 힘이 필요한 큰 나사못은 렌치로 조일 수 있도록 사각형 머리가 달려 있다. 나사못은 못보다 더 큰 힘을 내며 물체를 손상시키지 않고 빼낼 수 있다. 나사못은 목재용, 피복재용, 팽창 고정장치(주로 석재에 사용되는), 금속판재용으로 나눌 수 있다. 나사못의 크기는 6mm에서 15cm 사이이다. 십자형 홈을 가진 십자나사와 십자드라이버를 발명한 사람은 전파 수리공이었던 필립스[Henry F. Phillips]이다.

보카 코드란 무엇인가?

건물 관리인 및 국제 코드 관리인협회[BOCA]는 코드 모델의 효과적이며 효율적인 사용 및 시행으로 국민 건강, 안전 및 안녕을 유지하기 위해 일하는 비영리 단체이다. 코드는 건물 코드, 배관 코드, 소방 코드 등 부문별로 출판된다. 이 코드들은 주정부나 지방자치단체가 적용할 수 있도록 설계되어 있으며, 지역적 특색에 따라 수정하거나 보완하여 사용할 수 있다.

STC 등급은 무엇인가?

STC[Sound Transmission Class]는 벽이나 바닥이 소리를 차단하는 정도를 나타낸다. 수치가 높을수록 소리를 잘 차단할 수 있다.

소리를 차단하는 정도는 문 아래의 틈, 전기 배선이 지나는 틈, 난방 배관이 지나는 틈을 얼마나 잘 막느냐에 의해 크게 달라진다. 일반적인 STC 등급은 다음과 같다.

STC 수	의미
25	일반적인 대화를 알아들을 수 있다.
30	큰 소리를 알아들을 수 있다.
35	큰 소리를 들을 수 있지만 분명하지 않다.
42	큰 소리가 중얼거리는 소리로 들린다.
45	큰 소리를 들으려면 신경을 써야 한다.
48	큰 소리가 겨우 들린다.
50	어떤 큰 소리도 들을 수 없다.

왜 못의 크기를 나타낼 때 페니를 사용하는가?

페니^{penny}라는 말은 영국에서 유래되었으며 못의 길이를 나타낼 때 사용된다. 어떤 사람들은 이것이 못의 가격을 나타낸다고 설명한다. 특정한 크기의 못 100개의 값이 10펜스 또는 10d(d는 영국에서 페니를 나타낸다)라는 것이다. 일부 사람들은 이 말이 못 1,000개의 무게를 나타낸다고 주장한다. 한때 d는 파운드를 나타내는 기호로 사용되었다.

인류는 5,000여 년 전부터 못을 사용했다. 못은 우르(고대 이라크)에서 금속판을 결합하는 데 사용되었다. 1500년 이전에는 작은 금속 조각을 점점 작아지는 여러 개의 구멍을 통과하도록 해 손으로 뽑아내어 못을 만들었다. 1741년에 영국에서는 60,000명이 못을 만드는 일에 종사했다.

최초의 못 제작 기계는 미국의 리드^{Ezekiel Reed}가 발명했다. 1851년에는 뉴욕의 브라운^{Adolphe F. Brown}이 철사못 제조기를 발명했다. 이 기계의 발명으로 싼 못을 대량 생산할 수 있게 되었다.

흙벽돌 또는 굳힌 흙은 무엇인가?

흙벽돌은 물에 갠 흙을 다져서 퇴적암처럼 굳혀 건축 자재로 사용하는 고대 건축 기술이다. 형틀을 이용하여 흙을 굳혀서 벽돌로 만들거나 전체 벽을 만든다. 흙벽돌은 기원전 7000년경부터 사용하기 시작했을 것으로 보인다. 2,000년 전에 쌓은 중국 만리장성의 일부도 흙벽돌로 쌓았으며, 모로코나 말리에 있는 사원도 흙으로 지었다. 로마인들과 페니키아인들이 이 기술을 유럽에 전했고, 이것은 프랑스에서 건물을 짓는 데 가장 인기 있는 기술이 되었다. 미국에서는 벽돌이 우아한 빅토리아풍 가옥이나 값싼 집을 짓는 데 사용되었다.

오늘날에는 흙의 혼합물에 시멘트를 섞어 더 단단하고 물이 침투할 수 없도록 하고 있다. 전통적인 방법으로 흙집을 지을 때는 손이나 압축장치를 이용해 나무로 만든 형틀 사이에 물에 갠 흙을 넣어 원래 부피의 60% 정도 압축한다. 새로운 기술에서는 한 면만 있는 형틀에 고압으로 흙을 분사한다. 때로는 강철로 강화된 막대가 사용되기도 한다.

유르트는 무엇인가?

원래는 몽골의 천막이었던 유르트^{yurt}는 미국에서 적은 경비를 들여 지은 주거용 건물로 사용되고 있다. 기초는 육각형 모양의 나무틀로 만든다. 나무를 엮어서 만든 벽은 넘어지지 않도록 줄로 고정한다. 벽은 판재나 천, 또는 알루미늄 판을 대 단열한다. 그리고 판자로 이은 지붕, 전기, 배관, 그리고 작은 난로가 설치된다. 내부는 선반, 칸막이, 내부 벽으로 마감할 수 있다. 유르트는 아름답고 실용적이며, 비교적 경비가 적게 든다.

최초의 고층 건물은 언제 지어졌나?

제니$^{William\ Le\ Baron\ Jenney,\ 1832\sim1907}$가 설계한 최초의 고층 건물은 1885년에 준공한 시카고의 홈 인슈어런스 빌딩이었다. 이것은 벽이 아니라 철강재 골조에 의해 지탱되는 매우 높은 건물로 제한된 토지 위에 건축 면적을 최대로 할 수 있었다.

세 가지 기술이 고층 건물을 가능하게 했다. 다리 설계를 통해 알게 된 하중 아래에서 물질이 어떻게 행동하는지에 대한 더 나은 이해, 외벽을 구조물에 매다는 철강 구조물의 이용, 오티스[Elisha Otis, 1811~1861]가 발명하여 1861년 1월 15일 특허를 받은 안전한 승객용 엘리베이터의 도입이 그것이었다.

피사의 사탑은 얼마나 기울어져 있는가?

높이가 56m인 피사의 사탑은 수직선으로부터 5m 정도 기울어져 있으며 매년 1.25mm씩 더 기울어지고 있다. 근처에 있는 수도원의 종탑이었던 이것은 1173년에 피사노[Bonanno Pisano]가 건축을 시작하여 1372년에 완공했다. 전체가 흰 대리석인 8층으로 된 이 탑은 지을 때부터 기울어지기 시작했다. 기초를 3m 정도 팠지만 단단한 암반까지 도달하지는 못했다. 남쪽 벽의 높이를 북쪽 벽의 높이보다 높게 함으로써 기울어지는 것을 보상하여 건물을 똑바로 세우려고 노력했다. 2001년까지 기울어지는 것을 방지하기 위한 조치로 기울어지는 반대 방향의 기초 흙 일부를 제거했다. 이러한 조치가 앞으로 300년 동안 건물을 지탱해줄 것으로 기대하고 있다.

최초의 쇼핑센터는 언제 건축되었나?

세계 최초의 쇼핑센터는 1896년에 메릴랜드의 볼티모어에 있는 롤랜드 파크에 세워졌다. 세계에서 가장 큰 쇼핑센터는 캐나다 앨버타에 있는 웨스트 에드몬톤 몰로 49헥타르 대지에 건축 면적이 480,000m²나 된다. 여기에는 828개의 점포가 입주해 있으며 20,000대의 자동차를 주차할 수 있다.

엠파이어스테이트 빌딩의 외벽은 무엇으로 되어 있나?

엠파이어스테이트 빌딩의 외벽은 스테인리스 스틸과 인디애나에서 생산된 석회암과 화강암으로 되어 있다.

워싱턴에 있는 미국 국방성 건물의 대지 면적은 얼마나 되나?

미국 국방성 건물인 펜타곤은 대지 면적을 기준으로 세계 최대의 사무실 건물이다. 이 건물은 17개월의 공사 끝에 1943년 1월 15일 완공되었다. 다섯 개의 면을 가진 5층 건물인 이 건물의 바닥 면적은 604,000m²로 엠파이어스테이트 빌딩 바닥 면적의 3배이며, 시카고에 있는 시어스 타워 바닥 면적의 1.5배이다. 1973년에 완공되었다가 2001년에 파괴된 뉴욕의 세계 무역 센터의 바닥 면적은 펜타곤의 바닥 면적보다 넓은 836,000m²였다. 그러나 세계 무역 센터는 두 건물로 이루어져 있었다. 펜타곤의 각 면은 길이가 281m이며 둘레는 1,405m이다. 국방장관, 육군, 해군, 공군의 3군 장관 및 참모총장이 모두 펜타곤에 있다. 군 통신의 중심인 국가 군 지휘본부가 합동 참모 회의실에 있다. 이곳을 보통 전쟁실이라고 부른다.

1층짜리 상업용 건물 중 세계에서 가장 큰 건물은 네덜란드의 알스미어에 있는 꽃 경매 시장 건물이다. 1986년에 바닥 면적을 37헥타르로 늘린 이 건물의 규모는 776m×639m이다. 미국에서 가장 큰 조립 생산 시설로 워싱턴 에버렛에 있는 보잉 747 조립 공장 건물은 19헥타르의 대지 위에 체적은 550만m³이다.

가장 높은 빌딩을 결정하는 기준은 무엇인가?

건축 분야의 세계적인 전문가들을 대표하는 '고층 건물과 도시 주거지 위원회'는 주 출입구가 나 있는 보도에서부터 건물 맨 꼭대기까지를 건물의 높이라고 정의한다. 여기에는 건물 꼭대기의 첨탑은 포함되지만 텔레비전 안테나, 라디오 안테나, 깃대는 포함되지 않는다.

또 다른 기준에서는 가장 높은 층 바닥까지의 높이, 맨 위층 지붕까지의 높이, 첨탑

끝까지의 높이, 또는 안테나나 깃대까지
의 높이를 건물의 높이로 보기도 한다.

세계에서 가장 높은 빌딩은?

말레이시아의 쿠알라룸푸르에 있는 페
트로나스 타워 1과 페트로나스 타워 2
의 높이는 452m이다. 이 두 개의 빌딩은
1998년에 완공되었다.

세계에서 가장 높은, 지지물이 없는 단
독 구조물은 무엇인가?

세계에서 가장 높은, 지지물이 없는 단
독 구조물은 1975년에 지어진 캐나다 토
론토의 CN 타워로 높이가 533m이다.

캐나다 토론토에 있는 CN 타워는 지지물이 없는 단독
구조물 중 세계에서 가장 높다.

세계에서 가장 높은 구조물은 무엇인가?

세계에서 가장 높은 구조물은 노스 다코다의 블랑카드에 있는 KVLY–TV 송신탑으
로 높이는 629m이다.

누가 측지선 돔을 발명했나?

측지선은 표면을 따라 두 점을 잇는 최단거리이다. 만약 표면이 휘어져 있다면 측지
선도 마찬가지로 휘어져 있을 것이다. 구 위에서의 측지선은 두 점을 지나는 대원의 일
부가 된다. 풀러^{Buckminster Fuller, 1895~1983}는 구의 표면이 측지선에 의해 삼각형으로 분

벅민스터 풀러의 독특한 설계를 반영한 측지선 돔

할될 수 있다는 것을 알아냈다. 따라서 주요한 요소들을 측지선을 따라 배열하거나 결합한 건축물을 지을 수 있겠다는 생각을 하게 되었다.

이것이 그의 측지선 돔의 기초 아이디어였다. 측지선 구조는 가볍고 똑바른 많은 요소들이 삼각형을 이루면서 배치되어 무게와 응력을 줄인 전체적으로 구형인 건축물이다. 이 연속된 사면체는 강도가 높은 가벼운 합금으로 만들어졌다.

초기의 측지선 구조는 1951년에 지어진 영국의 디스커버리 돔이다. 이것은 대원을 따라 배열한 구성요소로 지어진 최초의 건축물이다. 오하이오의 클리블랜드에 1959년에서 1960년 사이에 지어진 미국 금속학회(ASM) 돔은 열린 격자 구조로 된 측지선 건축물이다. 1965년에 완공된 휴스턴의 아스트로돔 역시 거대한 측지선 돔이다.

개폐식 지붕을 가진 스타디움은 언제 지어졌나?

최초의 개폐식 지붕을 가진 스타디움인 토론토의 스카이돔은 1989년 문을 열었다. 지붕을 움직일 수 있는 이전의 스타디움과는 달리 스카이돔은 완전 개폐식 지붕이 있었다. 무게가 9,979톤인 네 개의 패널로 이루어진 지붕은 강철 트랙과 바퀴를 가지고 있었다.

한 패널은 고정되어 있고 다른 두 개의 패널은 앞뒤로 분당 21m의 속도로 움직일 수 있었다. 네 번째 패널은 180도 회전하여 지붕을 열거나 닫을 수 있었다. 지붕을 열거나 닫는 데는 20분이 소요되었다. 스카이돔 이후 네 개의 개폐식 지붕을 가진 스타디움이 문을 열었다. 애리조나의 피닉스에 있는 뱅크원 볼파크(1998), 워싱턴의 시애틀에 있는 세이프코 필드(1999), 텍사스 휴스턴의 엔론 필드(2000), 텍사스 휴스턴의 릴라이언트 스타디움(2002)이 그것이다.

철강 노동자들이 하는 토핑 아웃 파티는 무엇인가?

다리, 고층 건물, 또는 건물의 마지막 기둥이 설치된 후에 철강 노동자들은 깃발이나 손수건을 매단 상록수 가지를 높이 쳐들고 마지막 기둥을 밝게 칠하고 사인한다.
상록수 가지를 높이 드는 이 관습은 700년경에 건물의 꼭대기에 나무를 매달아 도와준 모든 사람들에게 완공을 축하하는 파티가 시작되었음을 알리던 스칸디나비아의 전통에서 유래했다.

공기의 지지를 받지 않으면서도 기둥이 없는 지붕을 가진 가장 큰 건물은 무엇인가?

1990년에 지어진 플로리다 세인트피터즈버그의 선코스트 돔은 기둥이 없다. 34,570m²의 면적을 천으로 덮고 있는 이 돔은 지붕이 케이블로 된 트러스 구조의 새로운 건축 방법을 사용했다. 이 구조에서는 힘의 분포가 전통적인 돔과는 반대로 바닥의 링에는 인장력이 아니라 압축력이 가해지며, 윗부분의 링에는 압축력이 아니라 인장력이 가해진다. 내부 공간은 전체가 비었거나 구조물이 없는 것이 아니라 위에서 아래로 여러 가지 구조물이 있다. 지붕의 표면은 가볍게 하기 위해 유연성이 있는 천막을 사용하였다. 지붕이 유연성을 가져야 하는 이유는 케이블 구조가 구조적으로 뒤틀릴 수 있기 때문이다. 실제로 가해지는 하중에 따라 모양이 변한다.

공기로 지지되는 가장 큰 건물은 80,600명을 수용할 수 있는 미시간 폰티액의 폰티액 실버돔 스타디움이다. 너비가 159m이고 길이가 220m인 이 스타디움은 1.62헥타르의 투명한 유리섬유에 의해 지지되고 있다.

도로, 교량, 터널

토목공학의 창시자는 누구인가?

토목엔지니어 협회의 초대 회장이었던 텔포드Thomas Telford, 1757~1834가 영국 토목공학의 창시자이다. 텔포드는 오늘날의 모든 엔지니어들이 따르는 토목 엔지니어들의 직업 윤리와 전통을 만들었다. 그는 교량, 도로, 항만, 운하를 건설했다. 그의 가장 위대한 업적에는 메나이 해협의 현수교, 폰트시실테 수로, 스웨덴의 고사 운하, 칼레도니아 운하, 그리고 많은 스코틀랜드의 도로 등이 포함된다. 그는 최초의 철교 권위자였다.

어떤 도시에 처음으로 교통 신호등이 설치되었나?

1868년 12월 10일 영국 런던에 있는 국회의사당 광장 부근의 브릿지 스트리트와 뉴 팰리스 야드가 만나는 사거리에 철을 주조하여 만든 6.7m 높이의 기둥에 최초의 교통 신호등이 설치되었다. 철도 신호등 엔지니어였던 나이트J. P. Knight가 발명한 이 신호등은 가스로 불을 밝혀 붉은색과 초록색 신호를 할 수 있는 회전하는 랜턴이었다. 이것은 사람이 바닥에 있는 레버를 이용하여 돌렸다.

1914년 8월 5일에 오하이오 클리블랜드에 있는 유클리드가와 105번가가 만나는 교차로에 전기 교통 신호등이 설치되었다. 여기에는 붉은색과 초록색 신호등을 비롯하여 신호가 바뀔 때 경고음을 내는 장치가 달려 있었다.

1913년경에 미시간의 디트로이트에서 수동으로 작동하는 가로대식 신호기가 설치되었다. 가로대식 신호기는 점차 야간을 위해 색깔이 있는 랜턴을 사용하는 신호등으로 교체되었다. 뉴욕 시는 1918년에 처음으로 세 가지 색깔을 가진 신호등을 설치했다. 이 신호등은 아직까지도 수동으로 작동하고 있다.

저지 방벽이란 무엇인가?

저지 방벽^{Jersey barrier}은 뉴저지 교통국이 개발한 고속도로 콘크리트 방벽이다. 원래는 30~46cm 높이로 설치된 이 방벽은 특정 교차로에서 좌회전을 금지하기 위해 사용되었다. 후에 현장에서 콘크리트를 부어 강화한 방벽은 공사 등으로 인하여 자동차가 반대편 차로를 이용할 필요가 있을 때 임시 안전시설로 쓰였다. 이런 방벽은 높이가 81cm쯤 되었다. 현재는 수천 킬로미터의 방벽이 미국 고속도로의 영구적 시설물이 되었다.

현재 사용되는 방벽은 반대편에서 오는 차의 불빛을 막아줄 수 있도록 높이가 137cm로 높아졌다.

왜 맨홀 뚜껑은 둥근 모양인가?

하수도의 맨홀 뚜껑이 세계 어느 곳을 가나 둥근 모양인 것은 둥근 뚜껑은 맨홀 아래로 떨어질 염려가 없기 때문이다. 맨홀 뚜껑은 뚜껑보다 작은 맨홀 구멍 위에 얹혀 있다. 맨홀 뚜껑과 맨홀 구멍은 잘 맞도록 함께 만든다. 사각형이나 삼각형 같은 다른 모양의 맨홀 뚜껑은 맨홀 안으로 떨어질 수 있다. 또한 둥근 맨홀이나 맨홀 뚜껑은 정확한 크기로 만드는 것이 쉬울 뿐만 아니라 옮길 때도 무겁게 들 필요가 없이 굴려서 옮길 수 있다는 장점이 있다.

자동차, 버스, 트럭은 영국 해협 터널을 어떻게 통과하나?

자동차, 버스, 트럭은 영국 해협 아래에 건설된 길이 50km인 두 개의 터널을 길이 762m의 기차를 타고 145km/h의 속도로 통과한다. 운전자들은 자동차를 운전하여 기차 위로 올라간 다음 터널을 통과할 때까지 차 안에서 기다린다. 기차는 자동차와 버스를 커다란 무개화차로 운반한다. 더 간단한 무개화차로 운반되는 트럭 운전자들은 트럭에서 내려 터널을 통과한다. 셔틀을 개조한 고속 승객용 기차는 영국과 유럽 대륙의 다른 철도에서도 달릴 수 있도록 설계되었다.

세계에서 가장 긴 터널은 무엇인가?

세계에서 가장 긴 터널은 스위스 남부 알프스 지역을 통과하는, 2016년에 완공된 고트하르트 베이스 터널로 약 57km에 달한다.

세계에서 가장 긴 터널-교량은 어디에 있나?

주하이에서 홍콩을 거쳐 마카오를 잇는 총 연장 55km에 달하는 6차로의 강주아오 대교는 약 13조 원을 투입해 2017년 7월 완공했다. 해저터널과 교량구간, 인공섬을 만들어 연결시켰으며 작업 노동자 중 최소 18명이 사망해 죽음의 다리라는 별칭을 갖고 있다. 환경에도 악영향을 주어 홍콩의 마스코트인 핑크돌고래의 멸종 원인으로 꼽히고 있다.

교량의 종류에는 어떤 것들이 있는가?

강이나 비슷한 장애물을 통과하는 교량은 설치 장소, 모양, 용도, 구조 등에 따라 여러 가지로 분류한다. 교량을 구조에 따라 분류하면 거더교, 아치교, 현수교, 캔틸레버교 등으로 나눌 수 있다.

거더교	가장 단순하고 일반적인 다리로 도로가 지나가는 똑바른 상판 또는 거더가 있다. 교각 사이의 거리는 비교적 짧고, 하중은 교각에 의해 지탱된다.
아치교	아치교는 압축 상태에 있으며 바깥쪽으로 밀어내는 힘은 양 끝에 있는 베어링에 걸린다.
현수교	도로 상판은 케이블에 걸려 있고, 케이블에 의해 전달된 하중은 케이블을 고정한 교대에 전달된다. 현수교는 주탑 사이의 거리가 아주 멀어질 수 있다.
캔틸레버교	수영장의 다이빙대처럼 한쪽은 지지되어 있지만 한쪽으로 자유롭게 매달려 있는 구조를 캔틸레버라고 한다. 캔틸레버교는 바닥부터 교량 높이까지 교각을 올리고 거기서 팔을 뻗 듯이 상판을 만들어나가는 교량을 말한다.

세계에서 가장 긴 교각 사이의 거리는 얼마나 되나?

일본의 고베와 아와지 섬을 연결하는 아카시 해협 현수교의 주탑 사이의 거리는 1,991m로 세계에서 가장 길다. 이 교량의 전장은 3,911m로 1988년에 공사를 시작하여 1998년에 공사가 끝났다. 이탈리아 반도의 칼라브리아와 시칠리아를 연결하는 메시나 교량이 완성되면 이 교량의 교각 사이의 거리는 3,320m로 가장 긴 다리가 될 것이다.

2013년 완공한 여수 교도와 광양 금호동을 연결하는 이순신 대교는 주탑 사이의 거리가 1,545m로 우리나라에서 가장 긴 현수교이자 세계에서 네 번째로 긴 현수교이다.

주요 현수교

다리 이름	위치	완공 연도	주탑 사이의 거리(m)
아카시 해협 대교	일본	1998	1,991
시호우멘 대교	중국	2008	1,650
그레이트 벨트 링크	덴마크	1997	1,624
이순신 대교	한국	2013	1,545
칭릉 대교	홍콩	2007	1,418

세계에서 가장 긴 사장교는 1999년에 완공된 일본의 타타라교로 교각 사이의 거리가 888m이다.

세계에서 가장 긴 캔틸레버교는 1917년 캐나다의 세인트로렌스 강에 설치된 퀘벡 다리로 교각 사이의 거리가 549m이며 전체 길이는 987m이다.

세계에서 가장 긴 강철 아치교는 1977년 완성된 웨스트버지니아의 피엣빌에 있는 뉴리버고지 다리로 교각 사이의 거리는 518m이다.

세계에서 가장 긴 콘크리트 아치교는 텍사스 휴스턴 십 운하에 있는 제시 H. 존스 기념 다리이다. 1982년에 완공된 이 다리의 길이는 457m이다.

세계에서 가장 긴 석재 아치교는 1901년에 만들어진 록빌 다리로 전장은 1,161m이다. 펜실베이니아 해리스버그의 북쪽에 있는 이 다리는 48개의 교각을 가지고 있으며 219톤의 석재가 사용되었다.

키스하는 다리란 무엇인가?

나무 벽과 지붕으로 둘러싸인 다리는 안에 있는 사람을 밖에서 볼 수 없기 때문에 '키스하는 다리kissing bridge'라고 부른다. 이 다리는 19세기부터 만들어졌다. 이런 다리는 농촌의 연인들을 위해 만든 것이 아니라 구조물이 부식되는 것을 방지하기 위해 지붕을 씌웠다.

브루클린 다리는 누가 건설했나?

독일 출신 미국 엔지니어인 뢰블링John A. Roebling, 1806~1869이 1855년에 최초의 현대식 현수교를 건설했다. 무거운 케이블을 지탱하고 있는 주탑, 주케이블에 달려 있는 도로 상판, 진동을 방지하기 위해 도로 상판의 옆이나 아래에 설치한 지지대 등은 모두 뢰블링 현수교의 특징이다.

1867년에 뢰블링에게 브루클린 다리를 건설하는 야심적인 임무가 주어졌다. 설계에서 그는 탄력이 덜한 철 대신 강철 케이블을 사용하겠다는 혁명적인 아이디어를 제안했다. 그러나 공사가 시작된 후 뢰블링은 사고로 발을 다쳐 파상풍 때문에 죽었다. 그 후 그의 아들 뢰블링$^{\text{Washington A. Roebling, 1837~1926}}$이 다리의 공사를 맡았다.

14년 후인 1883년에 다리가 완성되었다. 그 당시에 이스트 강을 가로질러 뉴욕 맨해튼과 브루클린을 연결하는 이 다리는 세계에서 가장 긴 현수교였다. 수면에서 841m나 높이 솟아 있는 석재 주탑 사이의 거리는 486m이다.

오늘날 브루클린 다리는 미국 토목공학 작품 중에서 가장 유명한 것이 되었다.

1874년 세인트루이스에 건설된 미시시피 강을 가로지르는 다리의 안전성은 어떻게 검증했나?

밀러$^{\text{Howard Miller}}$가 제안한 다리를 검증하는 역사적 방법에 의해 엔지니어 이즈$^{\text{James B. Eads}}$가 점점 더 무거운 기차를 다리 위로 이리저리 움직이면서 여러 가지 까다로운 측정을 했다. 그러나 일반인들은 비과학적인 방법을 이용한 시험을 훨씬 쉽게 받아들였다. 사람들은 코끼리가 조섬성이 많아 안전하지 않은 다리에 발을 내딛지 않는다는 것을 알고 있었다. 군중들은 근처 서커스단에서 온 코끼리가 망설임 없이 다리를 걸어서 일리노이 쪽으로 가자 환호성을 질렀다.

누가 금문교를 설계했나?

1929년 공식적으로 수석 엔지니어로 임명된 스트라우스$^{\text{Joseph B. Strauss, 1870~1938}}$가 엘리스$^{\text{Charles Ellis}}$와 모이시프$^{\text{Leon Moissieff}}$의 도움을 받아 설계했다. 1937년에 완공된 엔지니어의 걸작품인 이 현수교는 샌프란시스코 만에 놓여서 샌프란시스코와 캘리포니아 마린 카운티를 연결하고 있다. 주탑 사이의 거리는 1,280m이고 주탑의 높이는 227m이다.

기타 구조물

방파제는 해변을 보호할 수 있는가?

당분간은 방파제가 해변을 보호할 수 있을 것이다. 그러나 폭풍우가 부는 동안에 모래가 파도를 따라 자연스런 형태로 낮은 곳으로 흘러가 해변이 편평해질 수 없을 것이다. 방파제가 있으면 파도가 더 많은 모래를 깊은 바다로 실어간다. 방파제보다 좋은 것은 옹벽이다. 옹벽은 자갈, 잡석, 콘크리트 블록으로 파도에서 멀어지는 방향으로 경사지게 쌓은 벽이다. 이것은 해안이 파도에 의해 자연스럽게 편평해지는 것을 흉내 낸 것이다.

파나마 운하에는 갑문이 몇 개나 있는가?

1914년에 완성되어 대서양과 태평양을 연결하는 총 길이 64km의 파나마 운하에는 가툰 호수와 대서양 연안의 콜론에 있는 리몬 만 사이에 3개, 게일라드와 태평양 쪽의 발보아 사이에 3개의 갑문이 있다. 배들이 하나의 대양에서 다른 대양으로 옮겨가기 위해서는 배를 26m 들어 올려야 한다.

후버 댐은 얼마나 큰가?

예전에는 볼더 댐이라고 불렸던 후버 댐은 네바다와 애리조나 사이에 있는 콜로라도 강에 건설된 댐이다. 미국에서 가장 높은 콘크리트 아치 댐인 후버 댐의 길이는 379m이고 높이는 221m이다. 이 댐의 바닥 두께는 201m이며, 맨 윗부분의 두께는 13.7m이다. 후버 댐은 길이가 185km인 미드 호에 약 246억 6,000만m^3의 물을 저장할 수 있다.

후버 댐은 미국 남서부 지방에 주기적으로 계속되는 가뭄과 홍수를 방지하기 위해 건설되었다. 그대로 두면 콜로라도 강의 가치는 제한적이지만 강의 흐름을 잘 조절하면 일 년 내내 안정적으로 물을 공급할 수 있으며, 낮은 지역의 홍수를 예방할 수 있다. 1928년 12월 21일에 볼더 계곡 프로젝트 법이 제정되었고, 이 프로젝트는 예정보다 2년 앞당겨 1935년 9월 30일에 끝났다. 22년 동안 후버 댐은 세계에서 가장 높은 댐이었다.

에펠탑의 각종 치수는 어떻게 되나?

탑에 사용된 철 구조물의 수	15,000	세 번째 플랫폼의 높이	276m
리벳의 수	2,500,000	1889년의 전체 높이	300.5m
기초 무게	277,602톤	텔레비전 안테나를 포함한 전체 높이	320.75m
철의 무게	7,341,214kg	꼭대기까지의 계단 수	1,671
엘리베이터의 무게	946,000kg	바람에 의한 윗부분의 최대 움직임	12cm
전체 무게	8,564,816kg	금속 팽창에 의한 최대 움직임	18cm
기초에 가해지는 압력	$4 \sim 4.5 kg/cm^2$ (기둥에 따라 다름)	바닥 면적	10,282m²
첫 번째 플랫폼의 높이	58m	공사 기간	1887년 1월 26일 ~1889년 3월 31일
두 번째 플랫폼의 높이	116m	건설 비용	1,505,675.90달러

자유의 여신상의 높이와 무게는 얼마일까?

프랑스의 조각가 바르톨디^{Fréderic-Auguste Bartholdi, 1834~1904}가 설계한 자유의 여신상은 독립 100주년을 축하하기 위해 미국에 기증되었다. 1879년 2월 18일 받은 미국 설계 특허 no. 11,023에서 '세상을 밝히는 자유'라고 명명한 이 여신상의 높이는 46m 이고 무게는 204톤이며 받침대의 높이는 46m이다. 여신상이 입고 있는 옷은 강철 프레임 위에 손으로 두드려 펴서 만든 300장 이상의 구리판을 입혀서 만들었다. 1884년에 프랑스에서 제작된 여신상은 외부와 내부를 여러 부분으로 해체하여 200개의 거대한 나무 상자에 넣어 배로 1885년 5월에 미국으로 보냈다. 자유의 여신상은 바르톨디에 의해 뉴욕 항구 입구에 있는 베들로 섬에 세워졌다. 그리고 100주년이 10년 지난 1886년 10월 28일 자유의 여신상 제막식이 거행되었다.

1903년에 '너의 수고와 가난을 내게 달라, 너의 지친 육신이 자유를 숨쉬기 원하노라……'라는 구절이 새겨졌다. 이 구절은 1883년에 뉴욕의 시인 라자루스[Emma Lazarus]가 지은 〈새로운 거상〉에서 따온 말이다. 세계에서 가장 큰 금속 상인 이 여신상은 자신의 100주년에 6억 9,800만 달러를 들여 새롭게 단장하고 1986년 7월 4일에 다시 개방되었다. 눈에 띄게 달라진 것은 여신이 들고 있는 횃불의 불꽃이 이제는 24K금으로 만들어졌다는 것이다. 여신상의 왕관 안에 숨겨져 있는 354계단을 걸어서 올라가야 했던 전망대까지 최근에는 유압 엘리베이터를 타고 올라갈 수 있다.

자유의 여신상에는 얼마나 많은 계단이 있을까?

자유의 여신상을 방문하는 방문객들은 354개의 계단(22층)을 올라가야 여신상의 왕관에 도달할 수 있다.

페리스 관람차는 누가 발명했나?

원래는 '즐거운 바퀴'라고 불리던 이 탈것에 대해서는 영국의 여행자 먼디[Peter Mundy]가 1620년에 기록을 남겼다. 그는 터키에서 양쪽에 있는 두 기둥에 의해 지지되는 지름이 6m인 두 개의 수직 바퀴로 이루어진 어린이를 위한 탈것을 보았다. 1728년 영국에서 열린 세인트 바돌로뮤 축제에서는 그러한 탈것을 업 앤 다운이라고 불렀다. 1860년에는 16명의 승객을 실은 프랑스의 즐거운 바퀴가 사람의 힘으로 돌려졌다. 그 후 미국에서도 조지아의 월턴 스프링에서 더 커다란 나무로 만든 바퀴가 운영되었다.

1889년에 세워진 파리 100주년 기념물인 에펠탑에 견줄 만한 볼거리를 원하고 있던 1893년 컬럼비아 박람회의 책임자는 상금을 걸고 설계를 공모했다. 이 상금을 받은 사람은 미국의 교량 건설자였던 페리스^{George Washington Gale Ferris, 1859~1896}였다. 1893년에 그는 돌아가는 철로 만든 높이가 80.5m나 되는 거대한 바퀴를 설계하고 제작했다. 둘레가 251.5m이고 지름이 76m이며, 너비가 9m인 이 바퀴는 43m 높이의 두 개의 탑에 의해 지지되었다. 이 바퀴에는 60명이 탈 수 있는 관람차가 36개가 부착되었다.

1893년 6월 21일 문을 연 일리노이의 시카고 박람회에서 이것은 대단한 성공을 거두었다. 20분 동안 탑승하는 데 50센트를 내야 하는 이 바퀴를 타기 위해 수천 명이 줄을 섰다. 회전목마를 한 번 타는 데 4센트를 내야 했던 것을 생각하면 당시로서는 50센트가 작은 돈이 아니었다. 1904년에 이것은 루이지애나 구매 박람회를 위해 미주리의 세인트루이스로 옮겼다가 후에 고물로 팔렸다.

현재 작동되고 있는 가장 큰 바퀴는 일본 요코하마에 있는 코스모클럭 21이다. 이것의 높이는 105m이고 지름은 100m이다.

세계에는 얼마나 많은 롤러코스터가 있는가?

2001년까지 세계에는 1,455곳에 롤러코스터가 설치되었다.

롤러코스터는 오랫동안 인류에게 스릴을 선사했다. 15세기와 16세기에 최초로 세인트피터즈버그에 설치되었던 중력을 이용한 탈것은 '러시아 마운틴'이라고 불렸다.

'스위치백'이라고 불렸던 바퀴를 단 롤러코스터는 1784년 러시아에서 사용되었다.

1817년에 트랙에 부착되어 움직이는 차를 이

대륙	롤러코스터의 개수
아프리카	17
아시아	314
오스트레일리아	22
유럽	410
북아메리카	644
남아메리카	48

용한 최초의 롤러코스터가 프랑스에서 작동되었다.

최초의 미국 롤러코스터 특허는 1872년에 테일러[J. G. Taylor]가 획득했고, 1884년에 톰슨[LaMarcus Thomson]이 뉴욕 브루클린에 있는 코니아일랜드에 미국 최초의 롤러코스터를 설치했다. 현재 세계에서 가장 긴 롤러코스터는 일본 나가시마 스파랜드에 설치된 '스틸 드래곤 2000'으로 길이는 2,479m이다.

배, 기차, 자동차, 비행기

배

추정항법이란 무엇인가?

추정항법은 이전의 위치에서 움직인 방향과 거리를 추정하여 배의 현재 위도와 경도를 결정하는 것을 말한다. 이 계산에는 해류나 바람의 영향은 물론 나침반의 오차까지도 고려해야 한다. 이 모든 것은 천체나 물리적 관측의 도움이 필요하다.

비밀리에 움직여야 하기 때문에 수면으로 부상할 수 없는 핵잠수함은 미국 해군이 개발한 SINS^{Ship's Inertial Navigation System}(선박용 관성항법장치)를 이용하여 항해한다. 이것은 아무런 송수신 장치를 가지고 있지 않아 외부로부터 아무 신호를 받지 않고도 작동하는 자신의 위치를 결정하는 장치이다. 이것은 가속 측정기, 자이로스코프, 컴퓨터로 구성되어 있다. 이런 부품이 함께 작용하여 관성항해를 가능하게 한다. 이것은 추정항법의 정밀한 형태이다.

뱃머리에 있는 목각 여인의 형상을 무엇이라고 부르는가?

주로 여성의 모습을 한 뱃머리의 목각상은 선수상^{figurehead}이라고 부른다.

선원들이 자주 하는 'by and large'라는 말의 뜻은 무엇인가?

범선이나 요트에서 새로 키를 잡는 초보 선원에게 경험자들보다는 바람에 대해 더 큰 각도로 항해하라는 의미로 'by and large'라고 지시한다. 바람에 대해 정면으로 항해하는 것이 가장 효과적이지만 그렇게 하면 돛이 뒤로 젖혀져서 속도가 떨어지고 배를 통제하기 어렵다. 따라서 정확하지는 않지만 'by and large'가 올바른 코스이다. 이 말은 대략이라는 뜻의 동의어가 되었다.

왜 배의 우현을 '스타보드 starboard'라고 부르는가?

바이킹 시대에는 긴 노를 이용하거나 배의 오른쪽에 있는 판자를 이용하여 배의 방향을 잡았다. 이 판자의 이름이 원래 steorbords였는데 후에 starboard로 바뀌게 된 것이다. 정면을 바라보았을 때 좌측은 포트라고 부른다. 예전에는 배의 좌현을 라보드라고 불렀다. 이 말은 옛날에 상선이 항상 물건을 좌측으로 실었던 데서 유래한 것으로 보인다. 이 말의 어원은 스칸디나비아어의 라드(싣다)와 보드(쪽)이다. 영국의 제독은 스타보드와의 혼동을 피하기 위해 라보드라는 말 대신에 포트라는 말을 사용하도록 지시했다.

노아의 방주는 어떤 종류의 나무로 만들었나?

성경에 의하면 노아의 방주는 고퍼우드로 만들었다. 이 나무는 가장 오래가는 나무 중의 하나이다. 중동 편백나무라고도 불리는 이 나무는 남부 유럽과 서부 아시아가 원산지이며 24m까지 자란다. 이것과 비슷한 몬터레이 편백나무는 캘리포니아 중부 해안을 따라 좁은 지역에서만 자란다. 이 나무는 27m까지 자라며 가지가 옆으로 넓게 퍼진다. 이것이 오래되면 레바논 삼나무와 매우 비슷해진다.

마크 트웨인이라는 말은 어디에서 유래했는가?

마크 트웨인^{mark twain}은 강에서 배를 운행하는 사람들이 강의 깊이가 2패덤(약 3.6m)이라는 것을 가리키는 말이다. 강의 깊이가 20패덤보다 얕을 때는 끈에 납으로 된 추를 달아서 만든 리드로 깊이를 잰다. 리드는 3kg에서 6kg의 납과 삼이나 목화를 꼬아서 만든 길이 46m 정도의 끈으로 이루어져 있다. 이 끈에는 2, 3, 5, 7, 10, 15, 17, 20패덤이 표시되어 있다. 배의 옆에 서서 리드맨이 깊이를 읽어주는데 이것을 '체인the chains'이라고 한다. 이때 패덤의 수는 마지막 부분에 온다. 깊이가 리드선의 마크와 일치할 때 리드맨은 "By the mark 7", "By the mark 10" 등으로 보고한다. 강의 깊이가 리드선의 표시 중간에 해당할 때는 "By the deep 6" 등으로 보고한다. 또한 강의 깊이가 리드선의 표시보다 약간 더 깊을 때는 "And a half 7", "And a quarter 5" 등으로 보고하고, 표시보다 약간 덜 깊을 때는 "Half less 7", "Quarter less 10" 등으로 보고한다. 만약 리드선이 바닥에 닿지 않으면 "No bottom at 20 fathoms"라고 말한다.

'마크 트웨인'은 미국의 유머 작가 클레멘스^{Samuel L. Clemens}의 필명이다. 그는 아마도 마크 트웨인이 강을 운행하는 선원들이 강의 깊이가 겨우 배를 운행할 수 있을 정도였을 때 사용하는 말이어서 이것을 선택하였을 것이다. '겨우 안전한 물'이라는 말의 뜻은 그의 주인공 핀^{Huck Finn}이 후에 "마크 트웨인, ……그는 대부분 진실을 말했다"라고 한 말에 암시되어 있다. '겨우 안전한 물'이라는 말의 또 다른 뜻은 사람들을 긴장하게 하거나 적어도 불편하게 한다는 것이다.

배의 용적톤수는 어떻게 계산하는가?

배의 용적톤수는 배의 무게를 뜻하는 것은 아니다. 배의 등급을 정하는 데는 적어도 총톤수, 순톤수, 배수톤수, 재화중량톤수, 재화용적톤수, 운하톤수 등 여섯 가지 다른 방법이 있다.

배수톤수	특히 군함이나 미국 상선에서 주로 사용하는 배수톤수는 배가 밀어내는 물의 무게를 나타낸다. 1톤의 바닷물 부피는 1m³이기 때문에 물의 무게는 물 밑에 잠겨 있는 배 부분의 부피를 계산하면 알 수 있다. 물의 무게를 톤으로 환산한 것이 배수톤수이다. 선적 배수톤수는 배가 연료, 화물, 선원을 싣고 있을 때의 배수톤수를 말한다. 라이트 배수톤수는 배가 화물을 적재하지 않았을 때의 배수톤수이다.
총톤수GRST	상선이나 여객선의 용량을 나타내는 데 사용되는 총톤수는 배 안의 부피를 나타낸다. 내부 공간을 세제곱미터(m³)로 계산했다면 그것을 2.83으로 나눈 값이 총톤수가 되고, 내부 공간을 세제곱피트(ft³)로 계산했다면 그것을 100으로 나눈 값이 총톤수가 된다. 총톤수가 83,673톤인 퀸엘리자베스호는 무게가 83,673톤이 아니라 내부 부피가 236,878m³(8,367,300ft³)이다.
재화톤수DWT	화물선이나 유조선의 용량을 나타낼 때 주로 사용하는 재화톤수는 배가 최대로 화물을 적재했을 때 화물의 무게를 나타낸다. 이것은 배가 흘수선까지 내려갔을 때 실은 모든 화물의 무게를 나타내는 것으로 배의 운송 능력을 나타낸다. 재화톤수는 재화중량톤수라고도 한다.
순톤수NRT	상선의 용량을 나타낼 때 사용하는 것으로 총톤수에서 화물이나 승객용으로 사용할 수 없는 공간(선원용 공간, 엔진실 등)을 뺀 것을 말한다.

* 참고

배의 크기를 나타내는 무게 단위인 톤(Ton)에는 세 가지가 있다. 907.18kg(2,000파운드)를 1톤으로 하는 미국톤(쇼트톤), 약 1,016kg(2,240파운드)를 1톤으로 하는 영국톤(롱톤), 1,000kg을 1톤으로 하는 미터톤(메트릭톤)이 그것이다. 미국과 영국을 제외한 대부분의 나라에서는 미터톤을 사용한다.

배에서 로드라인(흘수선)이란 무엇을 의미하나?

로드라인은 상선의 선체에 있는 것으로 물에 잠긴 정도를 나타내는 선을 말한다. 이것은 배가 안전하게 화물을 실을 수 있는 한계를 나타낸다. 이 선은 계절과 지역에 따라 달라진다. '플림솔선' 또는 '플림솔표'라고도 불리는 이것은 플림솔Samuel Plimsoll, 1824~1898의원의 주창으로 1875년에 영국 의회에서 상선법으로 제정되었다. 이 법은 배가 이 선 이하로 잠길 정도로 짐을 싣는 것을 금지하고 있다.

누가 리버티선을 만들었나?

제2차 세계대전 동안 운행된 리버티선liberty ship은 1941년 이전에는 조선소를 운영했던 적이 없던 미국 사업가 카이저Henry J. Kaiser, 1882~1967의 작품이다. 전쟁 동안에 많은 상선을 잃게 되자 무기와 군수물자를 실어 나를 상선을 보호할 필요가 생겼고 그것이 리버티선을 탄생시켰다. 이것은 재화톤수가 10,500톤, 속도가 11노트 정도인 표준 상선이다. 이 배들은 엄격한 표준에 의해 대량 건조되었다. 건조와 운영의 단순성, 건조의 신속성, 대량의 화물 운송 능력 확보가 관건이었다. 카이저는 리벳 대신에 미리 만들어진 부품을 용접하는 방법을 선택했다.

리버티선은 연합군이 승리하는 데 결정적인 요소가 되었다. 4년 동안에 2,770척의 배가 건조되었고, 총 재화톤수는 26,573,116톤이나 되었다.

병원선이 최초로 건조된 것은 언제인가?

1587년에서 1588년 사이에 활동했던 스페인의 아마다 함대는 병원선을 가지고 있었던 것으로 여겨진다. 영국의 병원선에 대한 최초의 기록은 1608년의 굿윌Goodwill 호이지만 영국 해군이 병원용으로만 사용하는 배를 허가한 것은 1660년 이후의 일이다. 미국 정부는 1898년 스페인과 전쟁 동안에 여섯 척의 병원선을 준비했고 그중의 일부는 함대에 부속시켰다. 1916년에 미국 의회는 USS 릴리프를 건조하도록 했다. 이 배는 1919년에 진수되었고 1920년 12월에 해군에 인계되었다.

타이타닉호는 왜 침몰했나?

영국의 사우샘프턴을 출항하여 미국 뉴욕으로 처녀 항해 중이던 호화 여객선 타이타닉호가 1912년 4월 14일 일요일 오후 11시 40분에 빙산과 충돌한 후 심하게 파손되었다. 길이가 269m이고 여덟 개 데크의 높이가 11층 건물의 높이와 맞먹을 정도였던 이 여객선은 2시간 40분 후에 침몰했다. 선원을 포함한 2,227명의 승객 중 705명은 20대의 구명보트를 타고 목숨을 건졌지만 1,522명은 목숨을 잃었다.

대서양 횡단 항해 역사에서 가장 큰 참사로 잘 알려진 이 사고에서는 여러 가지 상황이 인명 피해를 키웠다. 선장 스미스E. J. Smith는 앞에 빙산이 있다는 경고를 전달받고도 배의 속도를 22노트로 유지했으며 추가 감시 인원을 배치하지 않았다. 후에 열린 청문회에서 여객선 캘리포니아가 32km 떨어진 곳에 있었고, 무선 통신사가 근무하고 있었기 때문에 도움을 줄 수 있었다는 것이 밝혀졌다. 타이타닉호는 충분한 구명보트를 보유하지 않고 있었으며, 그것마저도 제대로 활용하지 못해 일부는 정원의 반만 싣고 탈출했다. 재난 신호를 받은 유일한 배는 카르파티아호로 이 배가 705명을 구조했다.

오랫동안 믿어왔던 것과는 달리 타이타닉호는 빙산에 의해 잘려 구멍이 난 것이 아니라는 것이 밝혀졌다. 1968년 7월에 우즈홀 해양학 연구소의 밸러드[Robert Ballard, 1942~] 박사가 연구용 잠수정 앨빈호를 타고 침몰한 배가 있는 곳으로 내려갔을 때 그는 배 우현의 이물이 빙산과의 충돌로 휘어져 있는 것을 발견했다. 이것이 배에 물이 들어오게 하여 배를 가라앉혔다는 것이다.

이물과 선수를 550m쯤 떨어진 해저에서 발견한 밸러드는 빙산과의 충돌 후 어떤 일이 일어났는지에 대해 추정했다.

> "배가 빙산을 들이받은 후 물이 앞쪽의 여섯 개 격실에 들어왔다. 배가 기울어지면서 더 많은 물이 배로 들어오게 되었고, 배의 선수는 물 위로 높게 솟아올랐다. 결국 배의 가운데 부분이 하중을 견디지 못하고 파괴되자…… 선수는 곧 가라앉았다."

최근의 조사에 의해 불량한 리벳이 타이타닉호의 구조적 결함의 원인이었다는 것이 밝혀졌다. 선체의 리벳을 수거하여 부식 실험실에서 분석한 결과 매우 높은 슬래그 함량을 나타냈다. 이런 리벳은 부서지기 쉬워 파괴되기 쉽다. 약해진 리벳이 튕겨 나가면서 판들이 분리된 것이다.

세계에서 가장 큰 배는?

여객선 중에는 보이저 오브더시가 가장 큰 배이다. 142,000톤인 이 여객선은 작은 도시와 마찬가지이다. 이 배는 4층 규모의 쇼핑 및 오락 시설, 아이스 링크, 암벽 등반용 벽, 1,350석 규모의 극장, 수많은 카페 등을 갖추고 있어 한 마디로 작은 잘 짜인 도시라고 할 수 있다.

모든 종류의 배 중에서 가장 큰 배는 유조선 야레 바이킹호이다. 이 배의 총톤수는

260,851톤이며, 재화톤수는 564,763톤이다.

언제 최초로 원자력 추진 선박이 취항했나?

조절된 원자핵 반응은 엄청난 양의 열을 발생시킨다. 이 열을 이용하여 물을 수증기로 변환시켜 배의 추진력을 얻을 수 있다. 최초의 핵추진 잠수함인 USS 노틸러스는 1955년 1월 17일 취항했다. 이 잠수함은 해저에 원하는 시간만큼 머물러 있을 수 있었기 때문에 최초의 진정한 의미의 잠수함이라고 불렸다. 노틸러스호는 213m까지 잠수할 수 있었고, 20노트의 속력으로 항해할 수 있었다.

최초의 원자력 추진 군함은 1959년 7월 14일 취항한 14,000톤 급의 순양함 USS 롱비치호였다. 1960년 9월 24일에 취항한 336m 길이의 항공모함 엔터프라이즈호는 100대의 비행기를 실을 수 있도록 설계되었다.

최초의 원자력 추진 상선은 1962년에 취항한 20,000톤 급의 사바나호였다. 미국은 이 배를 실험적으로 건조했지만 상업적으로 사용하지는 않았다. 1969년에 독일은 핵추진 광석 운반선 오토 한을 건조했다. 군사용 이외의 분야에서 가장 성공적으로 원자력 추진을 이용한 것은 쇄빙선이었다. 최초의 원자력 추진 쇄빙선은 1959년부터 임무를 수행하기 시작한 소련의 레닌호였다.

기차

표준 게이지 철도는 어떤 것인가?

스티븐슨^{George Stephenson, 1781~1848}이 제작한 영국 최초의 성공적인 증기기관차가 너비 1.41m의 트랙 위에서 운행되었던 것은 그 당시 사용되던 마차와 석탄 운반차의 바퀴 사이의 거리가 1.41m(8.5인치)였기 때문이었을 것이다. 독학으로 엔지니어와 발명자가 된 스티븐슨은 1814년에 증기블라스트 엔진을 만들어 증기기관차를 실용화했다. 스티븐슨의 경쟁자였던 브루넬^{Isambard K. Brunel, 1806~1859}은 그레이트 웨스턴 철도를 폭 2.14m로 놓았고 이로 인해 유명한 게이지 전쟁이 시작되었다. 영국 의회가 임명한 위원회가 스티븐슨의 좁은 철도를 선호했기 때문에 1846년의 게이지 법을 제정해 다른 게이지의 사용을 금지했다. 이 너비가 점차 세계적으로 받아들여졌다. 이 거리는 철로의 레일 위에서 16mm 아래 있는 점에서 잰 두 레일 사이의 거리이다.

가장 빠른 기차는 무엇인가?

프랑스의 고속전철인 TGV^{Train à Grande Vitesse} 아틀란틱이 1990년 5월 18일 커탈레인과 투르 사이에서 어떤 국영 철도에서 기록된 속도보다 빠른 515.2km/h의 속력을 달성했다.

북아메리카에서 가장 빠른 승객열차는 암트랙스 메트로라이너이다. 뉴욕과 워싱턴 D.C. 사이를 운행하는 이 기차는 201km/h의 속도로 달릴 수 있다.

일본과 독일에서 개발 중인 자기부상열차(MAGLEV)는 480km/h 이상의 속도를 낼 수 있다. 이런 기차는 강한 자석의 반발력을 이용하여 공중에 떠서 달린다. (자석의 같은 극은 서로 밀어내고 다른 극은 잡아당기는 원리를 이용한 것이다.) 독일 트랜스래피드는 열차를 공중에 띄우는 데 일반적인 자석을 이용한다. 자석의 서로 다른 극 사이에 작용하는 인력을 이용하기 위해 기차 아래에 부착된 날개 모양의 납작한 판을 펴서 T자형 선로 아랫부분에 밀어 넣은 후 전자석을 작동한다. 기차의 전자석과 T자형 선로 위에 있는 전자석이 서로 잡아당겨 기차가 1cm 정도 위로 뜨게 된다. 선로 옆에 설치된 다른 자석들은 기차의 좌우 방향 운동을 조절하는 데 사용된다. 이 기차는 전자기파를 타고 달린다. 전자석에 교류가 흐르면 자석의 극성이 변하고 따라서 기차를 밀거나 잡아당기게 된다. 브레이크를 작동하기 위해서는 전자석의 극성을 바꾸면 된다. 기차의 속도를 높이기 위해서는 전류의 진동수를 증가시키면 된다.

일본의 MLV002 역시 같은 추진 장치를 사용하지만 기차를 공중에 띄우는 방법은 다르다. 이 경우에는 기차가 161km/h의 속도에 이를 때까지는 바퀴로 달리다가 이 속도에 이르면 기차를 선로 위로 10cm 정도 들어 올린다. 기차를 들어 올릴 때는 초전도체를 이용한 전자석을 사용하고 자석 사이의 인력이 아니라 척력을 이용한다.

세계에서 가장 긴 철도는 무엇인가?

모스크바에서 블라디보스토크까지 연결된 시베리아 횡단 철도의 길이는 9,297km이다. 나홋카 지선까지 포함할 경우 이 철도의 길이는 9,436km가 된다. 이 철도는 단계적으로 개통되었고, 첫 번째 화물열차가 블라디보스토크에 도착한 것은 1898년 8월 27일이었다. 1938년에 개통된 바이칼−아무르 노던 메인 라인은 이 철도의 길이를 500km 단축했다. 이 철로를 여행하는 데는 약 7일 2시간이 걸리며 일곱 개의 타임존을 지나간다. 전 구간에 아홉 개의 터널이 있으며, 139개의 대형 교량과 3,762개의 작은 교량이 놓여 있다. 현재는 거의 모든 구간이 전철화되었다.

1869년 5월 10일에 완공된 미국 최초의 대륙 횡단 철도의 길이는 2,864km이다. 센트럴 퍼시픽 철도회사는 캘리포니아의 새크라멘토에서 동쪽으로 철도를 건설해 나갔고, 유니온 퍼시픽 철도 회사는 유타의 프로몬토리를 향해 서쪽으로 철도를 건설해 나가 두 철도를 연결했다.

카부스(승무원실)는 언제 그리고 왜 철도에서 사라졌나?

한때 열차 맨 끝에 달려 있던 붉은색의 카부스가 이제는 대부분 추억의 장면으로만 남게 되었다. 카부스는 차장을 비롯한 승무원들이 사용하던 칸이었다. 1972년에 플로리다 이스트 코스트 레일웨이가 카부스를 없앴다. 1980년대 초에 미국 수송 노동조합이 주요 기차에서 카부스를 제거하는 데 동의했다.

새로운 기술이 철도 노동자의 여러 가지 기능을 대신하게 되었다. 컴퓨터는 차장의 기록을 대신했고, 전자장치가 브레이크의 압력을 모니터했으며, 철로 옆에 설치된 스캐너가 앞 차축의 베어링을 검사하고 문제점을 엔지니어에게 보고하게 되었다.

철도의 벨로시피드 ^{velocipede}는 무엇인가?

19세기에 철도 관리 노동자들이 철도를 다니면서 일을 하기 위해 손으로 작동하는 삼륜차를 사용했다. 이 수동차는 역 사이에서 짐을 운반하거나 다음 기차가 올 때까지 기다릴 수 없는 긴급한 우편물을 나를 때도 이용되었다. '아일랜드 우편'이라고도 불렸던 68kg 정도의 이 수동차는 사이드카가 달린 자전거와 비슷했다. 운전자는 두 개의 바퀴가 있는 부분의 중앙에 앉아서 크랭크를 앞뒤로 움직여 차를 앞으로 나가도록 했다. 사람의 힘으로 움직이던 수동차는 제1차 세계대전 후 휘발유로 움직이는 차로 바뀌었고, 이것은 다시 철로에 맞는 바퀴를 단 픽업트럭으로 대체되었다.

갠디 댄서는 무슨 뜻인가?

갠디 댄서^{gandy dnacer}는 철도 노동자를 뜻한다. 이 말은 시카고에 있던 갠디 회사에서 생산한 도구를 철도 노동자들이 많이 사용한 데서 유래했다. 19세기 철도 노동자들은 거의 대부분 이 회사에서 만든 도구를 이용했다.

오리엔탈 익스프레스는 어디에 있는 철도인가?

오리엔탈 익스프레스는 프랑스와 터키를 연결하기 위해 1883년 6월에 개통한 열차이다. 전체 노선이 개통된 것은 1889년이었다. 오리엔탈 익스프레스는 파리를 떠나 샬롱, 낭시, 스트라스부르를 거쳐 독일(카를스루에, 슈투트가르트, 뮌헨을 통과)로 들어간 다음 오스트리아(잘츠부르크, 린츠, 비엔나를 통과)를 통과했다. 오스트리아 다음에는 헝가리(교르, 부다페스트 통과), 유고슬라비아의 사우스 벨그라드, 불가리아의 소피아를 거쳐 마지막으로 터키의 이스탄불에 도착한다. 1977년 5월에 운행이 중단되었다가 1982년부터 베니스에서 심플론 사이 구간에서 오리엔트 익스프레스가 다시 운행되고 있다.

샌프란시스코에 있는 것과 같이 도로 위를 달리는 케이블카는 어떻게 움직이나?

트랙 사이의 지하에 있는 통로를 통해 케이블이 계속적으로 움직이고 있다. 이 케이블은 중앙 관제소에서 통제하면 보통 14.5km/h의 속도로 움직인다. 모든 케이블카는 차 아래쪽에 그립이라고 하는 연결 장치가 있다. 차의 운전자가 레버를 당기면 그립의 걸쇠가 움직이고 있는 케이블에 걸리게 되어 차가 움직인다. 운전자가 레버를 놓으면 그립이 케이블에서 분리되고, 따라서 브레이크를 밟으면 차가 멈추게 된다.

끝없는 로프웨이라고도 불리는 이 케이블카를 발명한 사람은 1873년 샌프란시스코에 이 케이블카를 설치한 할리디^{Andrew S. Hallidie, 1836~1900}였다.

퍼니쿨라 철도는 무엇인가?

퍼니쿨라 철도^{funicular railway}는 산과 같이 경사가 급한 곳에 설치된 철도로서 두 개의 차나 기차가 로프로 연결되어 한 차가 올라갈 때는 다른 차가 내려가고, 반대로 이쪽 차가 내려갈 때는 저쪽 차가 올라가도록 하는 철도이다.

세계에서 가장 높은 케이블카는 어디에 있나?

가장 높고 동시에 가장 긴 케이블카는 베네수엘라의 안데스에 있다. 이 케이블카는 고도가 1,609m인 메리다에서 출발해 12.5km를 여행한 다음 고도가 4,791m인 미러 파크의 피코 에스페조에 도착한다.

자동차

마력이란 단위는 어디에서 유래했는가?

1마력은 247.5kg의 물체를 1초 동안에 30.48cm 들어 올릴 때의 일률을 나타낸다. 18세기 말에 스코틀랜드의 엔지니어 와트^{James Watt, 1736~1829}는 스팀 엔진을 개량하여 성능이 좋은 엔진을 만들었다. 그는 탄광에서 이 엔진이 물을 퍼내는 능력을 이전에 물을 퍼내는 데 이용하던 말의 능력과 비교하고 싶었다. 마력을 정의하기 위해 그는 말을 이용해 실험을 하고 건강한 말은 1분 동안에 67.5kg의 물을 66.7m 퍼 올릴 수 있다는 것을 알게 되었다. 따라서 1마력은 745.2J/s 또는 745.2W와 같다.

자동차의 수송능력은 말이 끄는 마차의 수송능력과 자주 비교되었기 때문에 마력이라는 단위는 자동차가 개발되던 시기에 자주 사용되었다. 오늘날에도 이 불편한 단위가 자동차나 비행기 엔진의 성능을 나타낼 때 종종 사용된다. 보통 자동차가 80km/h의 속도로 달리기 위해서는 20마력이 필요하다.

휘발유 엔진과 에탄올이나 가소올을 사용하는 엔진과는 어떻게 다른가?

휘발유 엔진은 휘발유만을 연료로 사용한다. 에탄올이나 가소올 엔진은 에탄올이나 휘발유 혼합물, 또는 알코올을 연료로 사용한다. 연료체계는 개스킷과 사용할 연료에 맞는 부품을 갖추고 있어야 한다.

칼 벤츠가 1885년에 그의 휘발유 자동차 위에 앉아 있다.

누가 자동차를 발명했나?

스스로 달리는 교통수단에 대한 아이디어는 오래 되었지만 벤츠^{Karl Benz,}

1844~1929와 다임러^{Gottlieb Daimler, 1834~1900}가 처음으로 상업적이고 실용적인 자동차를 만들었다. 이 때문에 이 두사람이 휘발유 엔진으로 움직이는 자동차의 발명자라고 인정받고 있다. 독립적으로 일했던 두 사람은 서로 상대방이 하는 일을 알지 못했다. 두 사람은 자동차를 움직일 작은 크기의 내연기관을 만드는 데 성공했다. 벤츠는 1885년에 손잡이로 운전하는 삼륜자동차를 만들었고, 다임러는 1887년에 사륜자동차를 만들었다.

스스로 달리는 차를 만들려고 노력한 사람들 중에는 1769년에 증기로 달리는 기계를 발명하여 파리의 거리를 4km/h의 속도로 달린 퀴뇨^{Nicolas-Joseph Cugnot, 1725~1804}도 있다. 트레비식^{Richard Trevithick, 1771~1833} 역시 증기로 움직이는 차를 만들었는데 1801년 12월 24일 영국 캠본에서 처음 달린 이 차는 8명의 승객을 실어 나를 수 있었다.

런던의 브라운^{Samuel Brown}은 1826년에 처음으로 실용적인 4마력의 휘발유 엔진을 단 자동차를 만들었다. 벨기에 엔지니어 르누아르^{J. J. Etienne Lenoir, 1822~1900}는 액체 탄화수소를 연료로 하는 내연기관을 가진 자동차를 만들었다. 그러나 그는 1863년 9월이 되어서야 이 자동차로 세 시간 동안에 19.3km를 달렸다.

오스트리아의 발명가 마르쿠스^{Siegfried Marcus, 1831~1898}는 1864년에 휘발유로 움직이는 사륜자동차를 만들었고, 1875년에는 완전한 크기의 자동차를 만들었다. 하지만 비엔나의 경찰이 자동차가 내는 소음을 문제 삼자, 마르쿠스는 자동차 개발을 중단했다. 델라메어-드부트빌^{Edouard Delamare-Deboutteville}은 1883년에 8마력짜리 자동차를 만들었지만 도로의 상태를 이겨낼 정도로 견고하지 못했다.

최초로 대량 생산된 대체 연료 사용 자동차는 무엇인가?

1998년에 생산된 혼다 Civic GX 천연가스 자동차는 그 당시 가장 깨끗한 내연기관을 가진 자동차로 평가됐다.

전기 자동차는 어떻게 작동하나?

전기 자동차는 전지에 저장된 전기 에너지를 역학적 에너지로 바꾸는 전기 모터를 가지고 있다. 전기 자동차에는 여러 가지 종류(태양전지, 발전 브레이크, 내연기관으로 작동되는 발전기, 연료전지 등)의 발전 장치와 전기 저장 장치가 필요하다.

전기 자동차는 최근의 아이디어일까?

19세기 말에 도시에서는 전기 자동차가 매우 인기 있었다. 사람들은 전기 트롤리와 철도에 익숙해졌다. 그리고 다양한 크기의 모터와 전지가 만들어졌다. 에디슨 전지, 니켈-철 전지가 전기 자동차에 주로 사용되었다. 1900년에는 오락용 자동차는 대부분 전기 자동차였다. 그해에 미국에서 4,200대의 자동차가 팔렸다. 이 중의 38%는 전기 에너지를 사용하는 자동차였고, 22%는 휘발유 자동차였으며, 40%는 증기 자동차였다. 1911년에는 자동차 시동 모터의 등장으로 손으로 크랭크를 돌리는 휘발유차가 사라졌고, 포드^{Henry Ford, 1863~1947}가 Model T 자동차들을 대량 생산하기 시작했다. 1924

1893년에 헨리 포드가 디트로이트의 거리에서 차를 몰고 있다.

년에는 전기 자동차가 한 대도 자동차 쇼에 모습을 보이지 않았다. 같은 해에 스탠리의 증기 자동차도 폐기되었다.

1970년대의 에너지 위기와 1990년대의 환경 문제(클린 에어 법률과 함께)로 인해 자동차 생산 업체들이 전기 차와 하이브리드 차를 만들어 판매하기 시작했다. 제너럴 모터스는 전기 자동차인 임팩을 생산하고 있고, 혼다는 전기 모터와 휘발유 엔진을 함께 사용하는 하이브리드 자동차인 인사이트와 시빅 세단을 내놓고 있다. 도요타 역시 하이브리드 자동차인 프리우스를 생산하고 있다.

미국 자동차 회사를 시작한 이는 누구인가?

일리노이의 피오리아 출신의 자전거 생산자였던 두리아^{Charles Duryea, 1861~1938}와 그의 동생 프랭크^{Frank Duryea, 1869~1967}가 미국 최초의 자동차 생산 회사를 설립했고, 최초로 미국에서 판매용 자동차를 생산했다. 1895년에 매사추세츠의 스프링필드에 설립된 두리아 모터 왜건 컴퍼니는 독일의 벤츠가 만든 것과 비슷한 휘발유 자동차를 만들었다.

그러나 두리아 형제만이 미국에서 자동차 공장을 세운 것은 아니다. 올즈^{Ransom Eli Olds, 1864~1950}는 1899년에 미시간의 디트로이트에 올즈모빌을 생산하기 위한 공장을 세웠다. 1901년 4월에는 매주 10대 이상의 자동차가 만들어졌다. 1901년에 이곳에서 생산된 자동차는 433대나 됐다. 1902년에 올즈는 조립 라인 방법을 채용하여 2,500대 이상의 자동차를 생산했으며, 1904년에는 5,508대를 생산했다. 1906년에는 미국에서 125개의 회사가 자동차를 만들었다. 1908년에는 미국의 엔지니어인 포드가 조립 라인 방법을 개선하여 싸고 빠르게 자동차를 생산하기 시작했다. 자동차 한 대를 생산하는 데 93분이 걸리는 기록을 세우기도 했다. 그해 포드사는 10,660대의 자동차를 팔았다.

자동차 한 대를 생산하는 데 걸리는 시간은 얼마나 되나?

자동차를 생산하는 데 걸리는 시간은 자동차 종류에 따라 달라진다. 그러나 2,000대의 자동차를 만드는 데 걸리는 시간을 평균해보면 오른쪽 표와 같다.

닛산	27.6 시간
혼다	29.1 시간
도요타	31.1 시간
포드	39.9 시간
GM	40.5 시간
다임러 크라이슬러	44.8 시간

자동차를 생산하는 데는 어떤 재료가 사용되나?

전형적인 1999년형 자동차의 재료

재료	비율(%)	재료	비율(%)
강철, 강철 판재, 막대	42.7	분말 금속 부품	1.1
중, 고 강도 강철	10	아연 주조	0.4
스테인리스 스틸	1.5	마그네슘 주조	0.2
그 외 강철	0.8	액체와 윤활유	5.9
철	10.8	고무	4.3
플라스틱	7.5	유리	2
알루미늄	7.2	다른 재료	3.1
구리, 청동	1.4		

미슐랭 타이어는 언제부터 사용되었나?

최초로 압축공기를 채워 넣은 타이어는 프랑스의 앙드레[André, 1853~1931]와 미슐랭[Edouard Michelin, 1859~1940]에 의해 1885년에 생산되었다. 최초의 레이디얼 타이어인 미슐랭 X는 1948년에 판매되었다. 레이디얼 타이어는 타이어의 골격이 되는 카커스에 사용되는 타이어 코드가 바퀴 진행 방향에 수직으로 배열되어 있는 타이어이다. 레이디얼 타이어는 노면과의 저항이 줄어들어 연료를 절약할 수 있는 동시에 타이어의 수명도 길다. 고속 주행 시 조종의 안정성이나 코너링 능력, 제동 능력, 승차감 등도 좋다. 그러나 저속 주행 시에는 승차감이 떨어진다.

럼블시트란 무엇인가?

2도어 자동차나 컨버터블 자동차의 뒤쪽에 있는 접을 수 있는 의자를 럼블시트^{rumble seat}라고 부른다.

튜브가 없는 타이어는 언제부터 생산되었나?

1947년 5월 11일 미국 오하이오의 애크런에 있는 B. F. 굿리치사가 튜브 없는 타이어의 생산을 발표했다. 던롭은 1953년에 영국에서 최초로 튜브 없는 타이어를 생산하는 회사가 되었다.

타이어에 있는 번호는 무엇을 뜻하나?

타이어의 크기와 형태를 나타내는 숫자와 문자는 복잡해서 혼동을 일으키기 쉽다. '메트릭 P' 체계가 아마도 타이어의 크기를 나타내는 가장 유용한 방법일 것이다. 예를 들면 타이어에 P185/75R-14라고 쓰여 있다면 'P'는 이 타이어가 승용차 타이어라는 것을 나타내고, 185는 타이어의 너비를 밀리미터 단위로 나타낸 것이며, 75는 타이어의 림에서 도로까지의 높이가 너비의 75%라는 것을 나타낸다. R은 레이디얼 타이어라는 것을 나타내고, 14는 바퀴의 지름을 인치 단위로 나타낸 것이다. 타이어로 달릴 수 있는 최고 속도는 크기를 나타내는 표시 옆에 문자로 표시되어 있다.

문자	최고 속도(km/h)
S	180
T	190
U	200
H	210
V	240
W	270
Y	300
Z	300+

어떤 자동차가 처음으로 현대적인 에어컨을 달았는가?

최초로 에어컨을 단 자동차는 미시간의 디트로이트에 있는 패커드 자동차 회사가 생산하여 1939년 11월 4일부터 12일까지 시카고에서 열렸던 40회 자동차 쇼에서 일반에게 전시한 자동차였다. 차 안의 공기는 원하는 온도로 낮출 수 있었고, 제습이 가능했으며, 필터를 통해 먼지를 제거할 수 있었다. 최초로 완전 자동화된 에어컨은 1964년에 도입된 캐딜락의 '기후 컨트롤'이었다.

자동 변속장치를 단 자동차는 언제 처음 만들어졌는가?

최초의 현대적인 자동 변속장치는 GM이 생산한 유압식 변속장치로 1940년에 올즈모빌 모델의 선택 사양으로 제공되었다. 1934년과 1936년 사이에 18마력의 오스틴 상당수가 미국에서 설계한 헤이즈 변속 장치를 달았다. 현대적인 자동 변속기의 직접 선조라고 할 수 있는 기어 박스는 1898년에 특허를 받았다.

원자력 추진 자동차가 만들어진 적이 있는가?

1950년대에 포드 자동차는 자동차 뒤의 원형 뚜껑 아래 있는 작은 원자로에 의해 추진되는 포드 뉴클레온을 구상했었다. 이 자동차는 핵연료를 재충전해야 한다. 그러나 이 자동차는 실제로 만들어지지는 않았다.

최초의 자동차 번호판은 어디에서 발급되었나?

프랑스 파리의 레온 세폴은 1889년에 발급된 최초의 번호판을 가지고 있다. 미국에서는 1901년에 처음으로 번호판이 요구되었다. 자동차 소유주들은 30일 내에 번호판을 발급받아야 했다. 번호판을 발급받기 위해서 소유주는 그의 이름, 주소, 자동차의 설명을 적어내야 했고 1달러의 수수료를 내야 했다. 번호판에는 소유주 이름의 머리글자가 포함되어 있었고, 높이가 7.5cm여야 했다. 알루미늄으로 만든 영구적인 번호판은 1937년 미국 코네티컷 주에서 처음 발급되었다.

차량 식별 번호, 차체 번호, 엔진 번호에는 어떤 정보가 포함되어 있는가?

이 번호들에는 모델, 생산자, 생산 연도, 변속기 종류, 생산 공장, 때로는 자동차가 만들어진 날짜와 요일에 대한 정보가 들어 있다. 이 번호들은 표준화되어 있지 않아(하나의 예외가 있지만), 같은 생산자라도 매년 표시 방법이 다르다. 예외는 1981년부터 시행된 것으로 10번째 자리가 생산 연도를 나타낸다. 예를 들어 W=1998, x=1999, 2=2002 등이다. 자동차의 여러 부품들이 다른 공장에서 만들어진 경우도 있다. 따라서 차량 식별 번호 안에 들어 있는 생산 공장과 엔진 번호에 포함된 생산 공장이 다를 수 있다. 자동차를 판매하는 대리점은 자동차의 번호 리스트를 가지고 있다.

여러 속도에서 브레이크를 밟았을 때 정지거리는 얼마나 되나?

평균 정지거리는 자동차의 속도와 직접 관계되어 있다. 마르고 편평한 콘크리트 표면에서의 최소 정지거리는 다음 표와 같다. 여기에는 브레이크를 밟는 운전자의 반응시간도 포함된다.

속도(km/h)	반응시간 동안 달린 거리(m)	브레이크를 밟고 달린 거리(m)	총 거리(m)
16	3.4	2.7	6.1
32	6.7	7.0	13.7
48	10.1	13.7	23.8
64	13.4	24.7	38.1
80	16.8	40.5	57.3
97	20.1	62.8	82.9
113	23.5	92.7	116.1

ABS 브레이크는 어떻게 작동하는가?

잠김 방지 브레이크[ABS]는 1936년에 개발되어 특허를 받았다. ABS란 말은 '잠김 방지 장치'라는 뜻의 독일어 antiblockiersystem에서 유래했다. ABS는 자동차 바퀴가 잠기는 것을 방지한다. 바퀴가 잠기면 자동차가 불안정해지고 미끄러짐이 발생한다. ABS에서는 컴퓨터가 자동적으로 브레이크의 압력을 측정해 바퀴가 잠기는 것을 방지한다.

자동차는 여러 가지 속도와 도로 조건에서 얼마나 멀리 미끄러질까?

속도(km/h)	아스팔트(m)	콘크리트(m)	눈(m)	자갈(m)
48	12.2	10	30.5	18.3
64	21.6	18	54.2	32.6
80	33.8	28	84.7	50.9
97	48.7	40.5	122	73.1

어떤 색깔의 자동차가 가장 안전할까?

캘리포니아 대학에서 시험한 결과에 의하면 파란색이나 노란색 자동차가 가장 안전하다. 파란색은 낮이나 안개가 낀 날에 가장 잘 보이고, 노란색은 밤에 가장 눈에 잘 보인다. 시각적인 면에서 볼 때 가장 나쁜 색깔은 회색이다. 메르세데스 벤츠 회사가 시행한 다른 조사에 의하면 시각적인 면에서는 눈이 덮인 날이나 흰 모래가 깔린 길을 제외하고는 흰색이 가장 우수하다. 그리고 밝은 노란색과 밝은 주황색이 두 번째와 세 번째로 눈에 잘 띄는 색깔이다. 이 회사의 시험에서 가장 눈에 띄지 않는 색은 어두운 초록색이었다.

어떤 요일에 가장 많은 인명 자동차 사고가 발생하나?

통계 조사에 의하면 토요일에 가장 많은 인명 교통사고가 발생한다. 다음은 1998년에 미국 고속도로에서 발생한 교통사고 자료이다.

시간대	일	월	화	수	목	금	토	합계
12~3 a.m.	1,208	400	322	480	506	530	1,218	4,564
3~6 a.m.	641	269	256	267	332	329	630	2,724
6~9 a.m.	382	569	554	560	518	503	494	3,580
9~정오	479	543	560	526	494	558	611	3,771
정오~3 p.m.	645	719	681	705	701	803	716	4,970
3~6 p.m.	885	840	887	822	894	1,015	869	6,213
6~9 p.m.	848	685	721	710	821	984	1,028	5,797
9 p.m.~자정	581	561	575	593	678	1,099	1,047	5,135
합계	5,734	4,608	4,595	4,593	4,985	5,864	6,686	37,081

랠프 네이더의 책 《어떤 속도에서도 안전하지 않음》이 코베어 자동차의 몰락에 어떤 역할을 했나?

디트로이트 자동차 생산자들, 특히 GM을 고발하기 위해 이 책을 썼던 네이더는 코베어를 첫 장에서 다루었다. 그는 GM의 경영진들이 회사의 이익을 무엇보다 우선시했기 때문에 안전하지 않다는 것을 알면서도 자동차를 판매하고 있다고 주장했다.

책을 출판할 당시 네이더는 자동차 설계의 표준을 정하는 법을 제정하고 있던 상원위원회의 의장이었던 리비코프$^{Abraham\ Ribicoff}$ 상원의원의 보좌관으로 일하고 있었다. 따라서 이 책은 많은 주목을 받았고, 네이더는 코베어의 안전에 대한 청문회를 비롯한 여러 가지 청문회에 전문가로 증언했다. 네이더의 증언과 때를 잘 맞춘 여론에 의해 1966년 9월에 강력한 교통 및 자동차 안전에 관한 법률이 제정되었다.

한편 코베어 자동차에 대한 부정적인 여론이 큰 손해를 입히게 되면서 설계 변경이 이루어졌지만 판매는 급감했다. 결국 1969년에 코베어 자동차의 생산이 중단되었다.

자동차의 어떤 색깔이 가장 인기 있나?

1998년의 조사에 의하면 다양한 종류의 자동차에 가장 자주 사용되는 색깔들은 다음과 같다. 한국은 2018년 조사에 따르면 흰색, 검은색, 은색이 80.6%를 차지했다.

자동차 종류에 따른 자동차 색깔의 인기도

고급 자동차		대형/중형 자동차		소형/스포츠카	
색깔	%	색깔	%	색깔	%
엷은 갈색	17.7	초록색	16.4	초록색	15.9
금속성 흰색	12.3	흰색	15.6	검은색	15.0
검은색	12.3	엷은 갈색	14.1	흰색	14.7
흰색	11.3	은색	11.0	은색	10.4
초록색	10.0	검은색	8.9	밝은 붉은색	9.5
은색	9.2	중간 붉은색	6.5	엷은 갈색	7.0
중간 붉은색	7.5	파란색	6.0	중간 붉은색	6.4
중간 회색	5.3	어두운 붉은색	4.9	파란색	5.3
파란색	4.8	엷은 파란색	3.8	청록색	4.0
금색	4.8	금속성 흰색	3.2	자주색	3.4
기타	4.8	기타	9.6	기타	8.4

VASCAR는 어떻게 작동하는가?

1965년에 발명된 VASCAR^{Visual Average Speed Computer and Recorder}(시각을 이용한 평균 속도 계산 기록장치)는 시간과 거리를 측정하여 차량의 평균 속도를 결정한다. 여기에는 레이더가 필요 없다. VASCAR는 정지했거나 달리는 상태에서 양방향으로 달리는 자동차의 속도를 측정할 수 있다. 순찰차는 차량의 뒤에 있거나 앞에 있을 수 있으며 수직인 방향에 있을 수도 있다. 이 장치는 미리 지정해 놓은 두 점 사이를 달리는 데 걸리는 시간을 측정한다. 내부 컴퓨터가 계산해 그 결과를 LED 디스플레이로 보여준다. 현재 대부분의 경찰들은 이 장치 대신 더 정확하고 숨기기 쉬운 레이더를 이용하여 속도를 측정한다.

과속 운전자를 잡기 위한 속도 함정은 언제 처음 설치되었나?

1905년에 미국 뉴욕 시의 경찰국장이었던 맥카두^{William McAdoo}가 뉴잉글랜드에서 제한 속도가 13km/h인 지점을 19km/h의 속도로 달리다가 경찰에 잡혔다. 이곳에는 두 개의 속도 측정 장치가 1.6km 떨어져서 나무로 위장되어 설치되어 있었다. 스톱워치와 전화기를 가지고 있던 경찰이 차량들을 살피고 있다가 빠르게 달리고 있는 자동차를 발견하면 스톱워치 버튼을 누르고, 다음 지점에 있는 동료에게 전화를 하면, 그는 즉시 자동차의 속도를 계산하고 전방에 있는 또 다른 경찰관에게 전화해 운전자를 잡도록 했다. 맥카두는 뉴잉글랜드 보안관을 뉴욕으로 초청해 뉴욕에 비슷한 장치를 설치하는 것을 돕도록 했다.

미국 앨라배마와 조지아 경계에 있는 프루트서스트 타운의 속도 함정은 가장 유명하다. 250명이 거주하는 이 타운은 1년에 부주의한 운전자로부터 200,000달러의 벌금과 과태료를 징수한다.

경찰의 레이더는 어떻게 작동하는가?

오스트리아의 물리학자 도플러는 움직이는 물체에서 반사된 파동의 진동수는 원래의 진동수와 다르다는 것을 발견했다. 도플러 효과라고 부르는 이 현상이 경찰이 사용하는 레이더의 기본 원리이다. 레이더 장치에서 일정한 방향으로 전파를 발사한 후 움직이는 자동차에 의해 반사되어 온 전파를 받아들인다. 내장된 컴퓨터가 두 전파의 진동수를 비교한 다음 이 차이를 속도로 환산하여 디스플레이 장치에 나타낸다.

레이저 스피드건과 레이더는 어떻게 다른가?

레이저 스피드건은 도플러 효과를 측정하는 것이 아니라 레이저가 반사되어 오는 시간을 측정한다. 레이저 스피드건은 매우 짧은 파장의 레이저를 목표물을 향해 발사하고 반사되어 돌아오는 것을 기다린다. 이것의 장점은 특정한 목표물을 정확하게 겨냥할 수 있다는 것이고, 단점은 조준이 정확해야 한다는 것이다.

자동차 사고 시에 차에 탄 사람을 보호해주는 에어백은 어떻게 작동하나?

정면충돌이 발생하면 센서가 작동하여 나트륨아자이드(NaN_3)가 철과 반응하여 많은 양의 질소 기체를 발생한다. 충돌 후 0.2초 동안에 발생된 이 기체가 백을 부풀게 하여 쿠션 역할을 한다. 해를 주지 않는 질소 기체가 구멍을 통해 배출되고 에어백은 곧 줄어든다. 현재는 독성이 강한 나트륨아자이드 외에 다른 여러 가지 충전 물질이 사용되고 있다. 에어백은 자동차가 17km/h 이상의 속도로 충돌할 때만 작동한다. 따라서 주차장의 경계를 나타내는 시멘트 블록에 의한 가벼운 충돌이나 사람이 발로 자동차의 범퍼를 차는 경우에는 작동되지 않는다.

미국 고속도로 교통 안전국은 1987년에서 2001년 7월 1일 사이에 에어백이 7,224명의 목숨을 구한 것으로 추정하고 있다. 연방 안전국 직원들은 에어백을 단 차량 소유자들에게 앞좌석에서는 유아용 좌석과 함께 에어백을 사용하지 말도록 권하고 있다. 그런 경우에는 에어백이 부풀면서 유아용 좌석을 쳐서 아이가 다칠 수도 있다.

에어백은 언제 발명되었나?

에어백과 관련된 아이디어가 특허를 받기 시작한 것은 1950년대부터였다. 자동차에 사용할 수 있는 인플레이트 에어 쿠션에 대한 미국 특허 2,649,311번은 1953년 8월 18일 헤트릭[John W. Hetrick]에게 부여되었다. 포드 자동차 회사는 1957년경에 에어백의 사용 가능성을 조사했고, 자료로 남아 있지는 않지만 1956년에는 조다노프[Assen Jordanoff]가 에어백에 관한 연구를 수행했다. 제2차 세계대전 동안에 비행기 조종사가 추락 직전에 구명조끼를 부풀렸다는 것을 비롯해 에어백의 사용과 관련된 여러 사례가 있었다.

1970년대 중반에 GM은 고급 승용차의 할인 선택 사양으로 에어백을 제공하여 1년 동안에 100,000대의 에어백 장착 차량을 판매했다. GM은 3년 동안에 단지 8,000명의 고객만이 에어백을 구입하자 선택 사양에서 제외했다. 1989년 9월 1일, 미국에서 판매하는 승용차는 자동 안전벨트나 에어백을 설치하는 것이 의무화되었다. 오늘날 2,000만 대가 넘은 차나 트럭이 에어백을 장착하고 있다. 1998년에 모든 승용차에 이중 에어백을 설치해야 한다는 연방법이 통과되었고, 1999년에는 경트럭에까지 확대되었다.

어떤 자동차가 가장 자주 도둑을 맞나?

1896년 6월에 파리의 자동차 수리공이 주이렌 남작의 푸조를 도둑질한 이후 자동차 도난 사고는 계속 일어나고 있다. 일반적으로 도둑을 더 잘 맞는 자동차는 소형 또는 중형의 문이 네 개인 승용차나 왜건이다. 스포츠카나 고급 승용차, 컨버터블은 도둑을 가장 잘 맞는다.

미국 고속도로 분실 자료 연구소는 1999년에서 2001년 사이에 일어난 도난 사건을 바탕으로 가장 도둑을 잘 맞는 자동차가 다음과 같다고 발표했다.

오쿠라 인테그라	지프 랭글러	지프 체로키(4WD)	혼다 프렐류드
미쯔비시 미라주(2door)	크라이슬러 300M	현대 티뷰론	도지 인트레피드
미쯔비시 미라주(4door)	크라이슬러 LHS		

중형 트럭과 대형 트럭의 차이점은 무엇인가?

중형 트럭은 무게가 6,351kg에서 14,969kg인 트럭을 말한다. 이 트럭들은 크기도 다양하고 용도도 다양하다. 대표적인 중형 트럭은 음료수 운반 트럭, 도시 화물용 밴, 쓰레기차 등이다. 대형 트럭은 무게가 14,969kg 이상인 트럭을 말한다. 대형 트럭에는 18개 바퀴를 단 장거리 화물 트럭, 덤프트럭, 콘크리트 믹서, 소방차 등이 있다. 이러한 트럭들은 1870년 율^{John Yule}이 만들어 1.2km/h의 속력으로 운행했던 최초의 트럭으로부터 진화한 것들이다.

택시캡이라는 말은 어디에서 유래했나?

택시캡^{taxicab}이라는 말은 택시미터^{taximeter}와 카브리올렛cabriolet이라는 두 단어에 어원을 두고 있다. 택시미터는 1891년 브런^{Wilhelm Bruhn}이 발명한 것으로 자동차가 운전한 거리나 운전에 소모한 시간을 자동으로 측정한다. 이것은 요금을 정확하게 징수하기 위한 것이다. 카브리올렛은 한 마리의 말이 끄는 두 개의 바퀴가 달린 주로 대여용으로 사용하던 마차였다.

첫 번째 택시캡은 독일의 슈투트가르트에서 1896년 봄에 뒤츠^{Dütz}가 운영하던 두 대의 벤츠-크래프트드로쉬크였다. 1897년 5월에 그라이너^{Friedrich Greiner}도 비슷한 서비스를 시작했다. 그라이너의 택시는 택시미터를 장착한 모터 캡이었으므로 정확한 의미에서는 그라이너의 캡이 최초의 택시라고 할 수 있다.

비행기

왜 힌덴부르크 비행선이 폭발했을까?

미국과 독일의 관리들이 이 폭발을 조사했지만 아직까지도 많은 부분이 미스터리로 남아 있다. 가장 그럴 듯한 설명에는 구조적인 결함, 성 엘모의 불, 정전기, 방해 행위와 같은 것들이 있다. 대성공을 거둔 비행선 그라프 체펠린에 이어 건조된 힌덴부르크는 크기, 속도, 안전, 안락함, 경제성 등에서 다른 모든 비행선을 능가하는 것이 목표였다. 길이는 245m로 여객선 퀸 메리호 길이의 80%나 되었고, 직경은 41m로 72명의

힌덴부르크 화재 사고 시 탑승했던 97명 중 62명이 목숨을 구했다.

승객을 넉넉한 선실에서 수송할 수 있었다.

1935년에 독일 공군 장관은 체펠린 회사를 나치의 선전물을 살포하기 위해 인수했다. 1936년의 첫 비행 후 비행선은 일반들에게 매우 인기가 있었다. 다른 어떤 형태의 대륙 간 교통수단도 비행선보다 승객을 빠르고 안전하며 안락하게 수송하지 못했다. 1936년에 힌덴부르크를 이용하여 1,006명이 북대서양을 건넜다. 1937년 5월 6일, 뉴저지의 레이크 허스트에 착륙하는 동안에 수소에 불이 붙었고, 비행선은 완전히 연소되었다. 97명의 탑승 인원 중 62명만 구조되었다.

비행기의 날개는 어떻게 양력을 발생시키나?

베르누이의 정리에 의하면 유체의 속도가 증가하면 압력이 감소한다. 비행기의 날개는 위쪽으로 흐르는 공기의 흐름이 아래쪽으로 흐르는 공기의 흐름보다 빠르도록 만들어졌다. 따라서 위쪽과 아래쪽의 압력에 차이가 생기고 이것이 비행기를 들어 올리는 양력을 발생시킨다.

호버크라프트는 무엇인가?

호버크래프트는 에어 쿠션에 의해 지지되는 자동차여서 육지에서나 물 위에서 사용할 수 있다. 1968년에 영국 해협에서 정규적인 상업 호버크라프트 서비스가 시작되었다.

라이트 형제의 비행기 이름은 무엇이었나?

라이트 형제의 비행기 이름은 플라이어였다. 나무와 천으로 만든 두 날개를 가지고 있던 플라이어는 날개 끝에서 반대편 날개 끝까지의 거리가 12m로 처음에는 글라이더로 사용되었다. 윌버와 오빌 형제$^{Wilbur\ and\ Orville\ Wright\ brother}$는 여기에 자신들이 설계한 4기통 12마력짜리 휘발유 엔진과 두 개의 프로펠러를 달았다. 1903년 12월 17일 노스캐롤라이나의 키티 호크에서 오빌 라이트는 비행기보다 무거운 엔진을 단 비행기의 아래 날개 가운데 앉아 비행기를 조종하여 12초 동안 37m를 날았다. 그날 형제는 세 번 더 비행을 했다. 마지막에 비행한 윌버 라이트는 59초 동안에 260m를 날았다.

누가 처음으로 대서양 횡단 비행을 했나?

대서양 횡단 비행을 처음 한 사람들은 1919년 6월 14일에서 15일까지 캐나다의 뉴펀들랜드에서 아일랜드까지 비행한 두 사람의 영국 비행사 올콕$^{John\ W.\ Alcock,\ 1892~1919}$ 대위와 브라운$^{rthur\ W.\ Brown,\ 1886~1948}$ 중위였다. 두 개의 엔진을 가지고 있는 비커스 비미 폭격기를 개조한 비행기를 이용하여 3,032km를 날아 대서양을 횡단하는 데는 16시간 27분이 걸렸다. 후에 린드버그$^{Charles\ A.\ Lindbergh,\ 1902~1974}$는 1927년 5월 20일부터 21일 사이에 하나의 엔진을 가진 스피릿 오브 세인트루이스호를 타고 대서양을 횡단하는 단독 비행에 성공했다. 이 비행기의 한 쪽 날개 끝에서 반대편 날개 끝까지의 거리는 15m였고, 익현의 길이는 2.2m였다. 린드버그가 뉴욕에서 파리까지 5,089km를 날아가는 데 33.5시간이 걸렸다. 대서양 단독 횡단을 비행을 한 최초의 여성은 이어하트Amelia Earhart, 1897~1937이었다. 그녀는 1932년 5월 20일에서 21일 사이에 뉴펀들랜드에서 아일랜드까지 비행했다.

누가 최초로 초음속 비행을 했나?

초음속 비행은 음속보다 빠른 속도로 비행하는 것을 말한다. 소리의 속도는 해수면의 따뜻한 공기 속에서 1,223km/h이고 약 11,278km 상공에서는 1,062km/h이다. 최초로 소리의 속도(마하 1)에 다다른 사람은 미국 공군의 예거Charles E. (Chuk) Yeager, 1923~ 소령이다. 1947년에 그는 존 스택John Stack과 벨Lawrence Bell이 설계한 연구용 로켓 비행기 벨 X-1을 몰고 18,288m 상공에서 마하 1.45의 속도로 나는 데 성공했다. 이 비행기는 B-29에 의해 운반된 후 고도 9,144m에서 방출되었다. 1945년 4월 9일 메서슈미트 Me262를 몰았던 무트케Hans Guido Mutke가 세계 최초로 운행 중인 제트기로 음속의 벽을 깼을 가능성이 높으며, 예거의 비행보다 6개월 전에 구들린Chalmers Goodlin이 벨 X-1으로 음속을 돌파했을 가능성도 있다. 음속의 장벽은 예거의 비행 조금 전에 노스 어메리칸 XP-86 사브레로 웰치George Welch가 음속을 돌파했을 수도 있다. 1949년에 메이Gene May가 더글라스 스카이로켓을 타고 7,925m 상공에서 마하 1.03의 속도에 도달하여 이 비행기가 초음속으로 비행한 첫 번째 로켓 추진 비행기가 되었다. Me262와 XP-86은 모두 제트 추진 비행기였다.

언제 최초로 재급유 없이 세계 일주 비행에 성공했나?

루탄Dick Rutan, 1943~과 예거Jeana Yeager, 1952~는 1986년 12월 14일부터 23일 사이에 단발 비행기 보이저를 몰고 캘리포니아의 에드워드 공군기지에서 서쪽으로 출발하여 동쪽으로 돌아오는 세계 일주 비행에 성공했다. 이 비행은 9일 3분 44초가 걸렸으며 비행한 거리는 40,203.6km나 됐다. 최초의 세계 일주 비행은 1924년 4월 6일에서 9월 28일 사이에 두 대의 더글러스 월드 크루저에 의해 성공했다. 네 대의 비행기가 시애틀과 워싱턴을 출발했지만 두 대는 포기했다. 세계 일주 비행에 성공한 두 비행기는 175일 동안에 44,333km를 비행했다. 이들의 실제 비행시간은 371시간 11분이었다. 1931년 6월 23일부터 7월 1일 사이에 포스트^{Wiley Post, 1900~1935}와 개티^{Harold Gatty, 1903~1957}는 록헤드 베가 위니 매를 타고 뉴욕을 출발하여 세계를 일주했다.

풍선을 타고 최초로 세계를 일주한 사람은 누구인가?

포셋^{Steve Fossett, 1944~2008}은 최초로 혼자서 풍선을 타고 세계를 한 바퀴 도는 데 성공했다. 그는 2002년 6월 18일에 오스트레일리아 서부를 출발하여 13일 23시간 16분 13초 후인 2002년 7월 4일에 돌아왔다. 포셋은 이전에도 풍선을 타고 세계 일주를 하기 위해 다섯 번이나 도전했었다.

누가 최초로 낙하산으로 뛰어 내렸나?

1797년 프랑스의 가너린^{Jacques Garnerin}은 높은 곳에서 최초로 낙하산으로 뛰어내렸다. 그는 914m 높이에 떠 있는 뜨거운 공기를 채워 넣은 풍선에서 뛰어내렸다.

에비오닉스란 무엇인가?

에비오닉스^{avionics}라는 말은 항공을 나타내는 에비에이션^{aviation}과 전자공학을 나타내는 일렉트로닉스^{electronics}를 합성하여 만든 말로 오늘날 비행기에 장착되어 있는 운항, 통신, 운항 관리 등과 관련된 모든 전자 장비를 뜻한다. 군용 비행기의 경우에는 전자적으로 운영되는 무기, 정찰, 정보 수집 체계를 포함한다. 1940년대까지는 비행기의 운항과 관련된 모든 체계가 순수하게 기계적이거나, 전기적 또는 자기적인 것이었다.

그중에서는 전파 장비들이 가장 정밀한 장비였다. 레이더의 등장과 제2차 세계대전 동안에 이루어진 공중 탐지 기술의 발달은 전자적인 원거리 측정 장비와 운항 보조 장치들이 널리 사용되도록 했다. 군사용 비행기에서는 그러한 장비들이 무기의 정확성을 높였고, 상업용 비행기에서는 안전을 크게 향상시켰다.

비행기에 실려 있는 블랙박스는 어디에 있는가?

실제로는 비행기의 잔해 중에서 눈에 잘 띄도록 밝은 주황색으로 칠해져 있는 블랙박스는 두 개의 기록 장치를 보관하고 있는 단단한 금속과 플라스틱으로 만든 상자이다. 추락 시에 남아 있을 가능성이 가장 큰 비행기의 뒤쪽에 실려 있는 블랙박스는 두 겹의 스테인리스 스틸로 만들어졌고 스테인리스 층 사이에는 열에 잘 견디는 물질이 채워져 있다. 이 상자는 1,100℃의 높은 온도에서도 30분간 견딜 수 있어야 한다. 블랙박스 안에는 충격 방지용 바닥에 고정된 비행기 운항 자료와 조종실 음성 녹음기가 들어 있다. 운항 자료 기록 장치는 비행기 곳곳에 부착되어 있는 센서들로부터 비행기의 속도, 방향, 고도, 가속도, 엔진 출력, 방향타와 스포일러의 위치를 파악하여 기록한다. 이 자료들은 알루미늄 포일 두께의 스테인리스 스틸 테이프에 기록되어 저장된다. 이 테이프를 재생하면 자료들이 컴퓨터를 통해 인쇄물로 출력된다. 조종실 음성 녹음 장치는 30분 동안의 승무원의 대화와 통신 내용을 계속 돌고 있는 테이프에 녹음한다. 만약 사고가 이 녹음 장치를 정지시키지 않는다면 중요한 정보가 지워지게 된다.

비행기가 착륙할 때 비행기 타이어가 왜 파열되지 않을까?

미국연방항공국은 사고로 타이어가 파열되는 것을 방지하기 위해 비행기 타이어에는 엄격한 FAA 기준을 적용하고 있다. 타이어의 압력이 너무 높을 경우 타이어에 내장된 플러그가 튀어나와 타이어가 파열하는 대신 부피가 서서히 줄어들도록 한다.

언제 최초로 비행기 시험에 풍동이 사용되었나?

전체 비행기를 시험할 수 있는 풍동은 1931년 5월 27일 버지니아의 랭글리 필드에 있는 국립 항공 위원회의 랭글리 연구소에서 처음으로 사용되었다. 아직도 사용하고 있는 이 풍동은 높이가 9m이고 너비는 18m이다. 풍동은 공기의 흐름을 발생시켜 공기역학적 측정을 하기 위해 사용된다. 풍동은 비행기가 들어가기에 충분할 만큼 큰 막힌 관으로서 팬에 의해 공기가 순환된다.

세계에서 가장 큰 풍동은 어떤 것인가?

세계에서 가장 큰 풍동은 NASA 에임스에 있는 국립 공기역학 콤플렉스이다. 이 콤플렉스는 두 개의 시험장으로 이루어졌는데 하나는 12m×24m이고, 다른 하나는 24m×36m이다. 24m×36m 시험장은 185km/h 속도의 바람까지 만들어낼 수 있다.

버드샷 테스트란 무엇인가?

새가 비행기에 충돌하는 사고는 자주 발생한다. 버드샷 테스트는 방풍유리와 같은 비행기의 부품을 시험하기 위해 작은 죽은 새, 주로 병아리를 적당한 속도로 방풍유리에 발사하여 시험하는 것을 말한다.

누가 스프루스 구스를 설계했나?

휴스Howard Hughes, 1905~1976가 스프루스 구스Spruce Goose라고 불리던 전체를 나무로 만든 H-4 헤라클레스 플라잉 보트를 설계하고 제작했다. 이 비행기는 지금까지 만든 비행기 중에서 날개가 가장 길고 여덟 개의 엔진을 장착하고 있었다. 1947년 11월 2일 로스앤젤레스 항구의 물 위를 이륙하여 10.6m 높이에서 1.6km도 못되는 거리를 비행한 것이 이 비행기의 최초이자 마지막 비행이었다.

1941년 12월 7일 진주만이 공격당한 후 미국이 제2차 세계대전에 참전하게 되자

지금까지 만들어진 비행기 중에서 가장 큰 비행기인 하워드 휴스의 스프루스 구스는 1947년에 처음이자 마지막 비행을 했다.

미국 정부는 전쟁 수행에 필수적인 재료가 아닌 나무와 같은 재료로 만들 수 있는 대형 화물 비행기가 필요하게 되었다. 하루에 한 척 꼴로 리버티선을 건조하는 조선소를 운영하고 있던 카이저는 비행기를 제작하기 위해 휴스를 고용했다. 휴스는 무게가 181,440kg이고 날개 전체의 길이가 97.5m인 비행기를 만들었다. 불행하게도 이 비행기는 너무 복잡해서 전쟁이 끝날 때까지 완성되지 못했다. 1947년에 휴스는 이렇게 큰 물체도 날 수 있다는 것을 증명하기 위해 스스로 이 비행기를 조종하여 이륙하는 데 성공했다. 이 비행기는 캘리포니아 롱비치에 전시되었다. 그러나 1992년에 항공기 수집가인 스미스^{Delford Smith}에게 팔려 오레곤의 맥민빌로 옮겨졌다. 이 비행기는 현재 맥민빌에 있는 에버그린 항공 박물관에 전시되어 있다.

마하수는 무엇인가?

마하 1은 음속과 같은 속도를 나타낸다. 따라서 마하 2는 음속의 두 배인 속도를 나타내고, 마하 0.5는 음속의 반인 속도를 나타낸다.

세계에서 가장 빠른 비행기는 어떤 비행기인가?

세계에서 가장 높이, 그리고 가장 빠르게 나는 비행기는 노스 아메리카 X-15이다. X-15는 고도 108km까지 도달할 수 있다. X-15A-2는 마하 6.72(7,295km/h)의 속도로 날 수 있다. X-15는 로켓 추진 비행기로 개조된 B-52 폭격기에서 떨어뜨린다. 이 비행기는 1954년에 설계되었고, 1959년에 처음으로 비행했다.

보잉 747기는 얼마나 많은 승객을 실을 수 있나?

보잉 747을 비롯한 여러 가지 제트 여객기의 좌석 수는 다음과 같다.

비행기	최대 승객 수	비행기	최대 승객 수
보잉 707	179	록히드 L-1011 TriStar	345
보잉 707-320, 707-420	189	맥도넬 더글러스 DC-8	189
보잉 720	149	맥도넬 더글러스 DC-9	
보잉 727	125	시리즈 20	119
보잉 737	149	시리즈 30 & 40	125
보잉 747	498	시리즈 50	139
보잉 757	196	맥도넬 더글러스 DC-10	380
보잉 767	289	투폴레브 TU-144(소련 SST)	140
보잉 777	375	콩코드(SST)	110

세계에서 가장 빠르고 가장 높이 날 수 있는 제트기는 무엇인가?

록히드 SR-71은 고도와 속도에 관한 세 개의 세계 기록을 보유하고 있다. 직선 속도 3,529km/h, 닫힌 원형 경로 속도 3,366km/h, 고도 25,860m가 그것이다.

수륙양용 비행기와 수상 비행기의 다른 점은 무엇인가?

기본적인 차이점은 수륙양용 비행기는 접어 넣을 수 있는 바퀴를 가지고 있어 물 위와 육지 모두에 착륙할 수 있지만 수상 비행기는 바퀴가 없고 플로트만 가지고 있어 물 위에서만 이륙하거나 착륙할 수 있다는 점이다. 착륙용 기어가 없어 플로트를 접어 넣을 수 없기 때문에 수상 비행기는 수륙양용 비행기보다 공기역학적으로 덜 효율적이다.

군용 차량

탱크라는 이름은 어디에서 유래했나?

제1차 세계대전 동안 영국이 탱크를 개발하고 있을 때 실제 목적을 숨기기 위해 이 최초의 무장된 전투 차량을 물탱크라고 불렀다. 그 후 '전투 차량'이라고 부르려는 노력에도 불구하고 이 암호명이 그대로 남게 된 것이다.

누가 탱크의 컬린 장치를 개발했나?

제2차 세계대전 동안에 미국 기갑부대의 컬린^{Curtis G. Culin} 중사는 탱크 앞에 튀어나온 네 개의 금속 막대 끝에 가로 막대를 용접해 붙였다. 이 장치로 독일의 관목으로 만든 방어진지를 파괴할 수 있었다. 프랑스 노르망디와 같이 관목이 많이 자라는 곳에서는 들판을 둘러싸고 수없이 많은 관목과 나무들이 열을 지어 서 있어 탱크가 움직이는 데 장애가 되었다. '코뿔소'라고도 불렸던 컬린 장치Culin Device는 강철로 만든 이가 코끼리의 엄니와 같은 모양을 하고 있어서 관목의 밑둥을 잘라내 전체를 앞으로 넘어뜨릴 수 있었고, 관목 뒤에 있던 적군을 묻어버릴 수가 있었다.

흄브는 무엇인가?

미국 육군이 1979년에 M-151 지프를 대체하기 위해 HMMWVHigh Mobility Multipurpose Wheeled Vehicle(가동성이 뛰어난 다목적 차량), 또는 흄브Hummve를 개발했다. 오늘날 100,000대 이상의 흄브가 극한적인 기상 조건에서 병력의 이동, 경화기의 발사대, 구급차, 이동식 쉼터 등으로 사용되고 있다.

한편 에어컨, 방음장치, 1인용 좌석, 스테레오 음향 장치를 갖춘 민간용 흄브도 있다. 이런 차량은 대략 50,000달러 정도의 가격으로 팔린다.

레드 바론은 무엇인가?

제1차 세계대전 중 독일의 전투기 조종사 리히트호펜Manfred von Richthofen, 1892~1918이 붉게 칠한 앨버트로스 전투기를 몰았기 때문에 연합군들은 그를 레드 바론Red Baron이라는 별명으로 불렀다. 연합국의 비행기를 80대나 격추시켜 최고의 영웅이 되었지만 양 진영에 의해 인정된 것은 60대뿐이었다. 다른 것들에 대해서는 의견이 엇갈리거나 리히트호펜과 그의 편대의 플라잉 서커스(밝게 칠한 비행기 때문에 이런 이름을 갖게 된)가 공동으로 격추시킨 것들이었다. 폰 리히트호펜은 프랑스의 셈 강 상공에서 캐나다의 뛰어난 전투기 조종사 브라운Roy Brown과 오스트리아의 대공포 공격을 받고 1918년 4월 21일 죽었다. 양쪽에서는 모두 자신들이 그를 격추했다고 주장했다.

언제 B-17 플라잉 포틀레스 Flying Fortress**가 처음 도입되었나?**

포틀레스의 원형은 1935년 7월 28일 처음으로 비행했고, 1937년 3월에 Y1B-17이 공군에 인계되었다. 터보 엔진을 장착한 실험적인 Y1B-17A가 1939년에 1월에 개발되었다. 이 모델 39대가 B-17B라는 이름으로 주문되었다. B-17은 폭격 외에도 여러 가지 실험적인 기능을 가지고 있었다. 그중에는 U.S.A.A.F. 유도 미사일의 발사대, 레이더와 전파로 제어되는 실험이 포함되어 있었다. 이 비행기는 제2차 세계대전 중에 사용된 폭격기 중에서 가장 좋은 방어 체계를 가지고 있었기 때문에 포틀레스(요새)라고 불렸다. 이 비행기는 13문의 캘리버 50 브라우닝 자동소총을 가지고 있었고, 각 자동소총은 317.5kg의 장갑 파괴용 탄약을 가지고 있었다. 그러나 이 모든 방어무기와 인원들 때문에 폭격을 위한 공간은 매우 제한되었다.

솝위드 캐멀Sopwith Camel은 무엇이며 왜 그런 이름을 갖게 되었나?

제1차 세계대전 동안에 가장 성공적인 영국의 전투기인 대형 로터리 엔진을 장착한 캐멀은 초기에 솝위드 펍사가 개발했다. 캐멀(낙타)이라는 이름이 붙게 된 것은 두 개의 자동소총 덮개가 낙타의 혹과 닮았기 때문이었다. 기동성이 좋은 캐멀은 1,294대의 적 비행기를 격추하여 1918년에 폭커 D. VII가 도입되기 전까지는 독일의 어떤 전투기보다 우수하다는 것을 증명했다. 솝위드 에어크래프트사는 총 5,490대의 캐멀을 생산했다. 이 비행기의 속도는 189km/h였고, 비행고도는 최고 7,300m까지였다.

플라잉 타이거즈는 누구인가?

1941년 초에 중국에서 용병으로 일할 목적으로 첸놀트Claire Lee Chennault, 1890~1958 중장이 모집했던 미국 지원병들을 가리키는 말이다. 90명 정도의 미국 퇴역 비행사들과 150명의 지상요원들이 제2차 세계대전 동안인 1941년 12월부터 1942년 6월까지 임무를 수행했다. 그들이 타던 비행기는 P-40 워학Warhawks이었는데 비행기의 앞머리에

뱀상어^{tiger shark}의 입이 그려져 있었다. 이 상어의 입 때문에 이 사람들을 플라잉 타이거즈^{Flying Tigers}라고 부르게 되었다.

제2차 세계대전에 사용된 소련 전투기가 미그라는 이름을 갖게 된 이유는 무엇일까?

미그라는 이름은 이 비행기의 설계자들인 미코얀^{Artem I. Mikoyan}과 구레비치^{Mikhail I. Gurevich} 이름의 머리글자를 따서 지은 말이다. 때로는 미코얀 구레비치 미그라고 부르기도 한다. 1940년에 등장한 이 전투기는 644km/h의 속도를 낼 수 있다. 6기통 엔진을 장착한 미그-3은 제2차 세계대전 동안에 서방 세계 비행기들과 견줄 수 있는 몇 안 되는 소련 전투기 중의 하나였다. 가장 잘 알려진 전투기 중의 하나로 1947년에 처음 등장한 미그-15는 롤스 로이스 터보 엔진을 소련형으로 개조한 엔진에 의해 추진되었다. 이 전투기는 한국 전쟁(1950~1953)에서 뛰어난 성능을 보여주었다. 1955년에는 미그-19가 처음으로 초음속으로 날 수 있는 소련 전투기가 되었다.

최초로 원자폭탄을 수송한 비행기의 이름은 무엇인가?

제2차 세계대전 중 B-29 폭격기를 개조한 에놀라 게이^{Enola Gay}가 1945년 8월 6일 오전 8시 15분에 일본 히로시마에 최초의 원자폭탄을 투하했다. 조종사는 플로리다 마이애미 출신의 티베트 주니어^{Paul W. Tibbets Jr.}대령이었고, 폭격수는 노스 캐롤라이나 녹스빌 출신의 페레비^{Thomas W. Ferebee} 소령이었다. 폭탄의 설계자 파슨즈^{William S. Parsons}도 관측을 위해 탑승했었다.

3일 후에 또 다른 B-29인 복스타^{Bockstar}가 두 번째 원자폭탄을 일본의 나가사키에 투하했다. 일본은 8월 15일 무조건 항복했다. 이것은 원자폭탄이 많은 희생과 대가를 치러야 할 일본 침공을 피할 수 있을 것이라는 미국의 믿음이 옳다는 것을 증명했다.

에놀라 게이는 1995년부터 1998년까지는 워싱턴 D.C.에 있는 스미스소니언 국립 항공우주 박물관에 전시되었다. 그 후 2003년부터는 국립 항공우주 박물관의 스티븐 F. 우드바르 헤이지 센터에 전시되고 있다. 복스타는 오하이오 데이턴에 있는 러이트

패터슨 공군기지의 미국 공군 박물관에 전시되고 있다.

스텔스 기술을 처음 적용한 비행기는 어떤 비행기였나?

1982년에 개발된 F-117A 나이트호크^{Nighthawk}가 처음으로 스텔스 기술을 적용한 비행기였다. 스텔스 기술의 목적은 비행기를 레이더로부터 숨기는 것이다. 스텔스 기술에는 두 가지가 있다. 하나는 레이더에서 발사된 전파를 다른 방향으로 반사하도록 비행기의 모양을 바꾸는 것이고, 하나는 전파를 흡수하는 물질로 비행기를 씌우는 것이다. 스텔스 비행기들은 전파를 다른 방향으로 반사할 수 있도록 완전히 납작한 기체와 날카로운 가장자리로 되어 있으며, 레이더의 에너지를 흡수할 수 있도록 표면 처리를 했다.

가장 작은 정찰기는 어떤 것인가?

무인 소형 정찰기가 가장 작은 비행기이다. 무게는 100g 이하이고 길이는 15.25cm가 넘지 않는 이 무인 정찰기들은 손바닥 위에 얹어놓을 수도 있다. 이 소형 정찰기들은 낮은 고도로 날면서 카메라로 사진을 찍거나 영상을 전송할 수 있다.

통신

심벌, 기록, 코드

파피루스는 언제 처음 기록용으로 사용되었나?

파피루스는 습지나 흐르지 않는 물에서 자라는 식물이다. 고대에는 나일 강과 삼각주, 그리고 유프라테스 강에서 자랐다. 이 풀은 문명이 발생하는 단계부터 기록용으로 쓰였지만 언제부터 사용되기 시작했는지는 알려져 있지 않다. 사용하지 않은 파피루스가 제1왕조(기원전 3100년경)의 무덤에서 발견되었다. 파피루스는 로마시대까지도 기록용으로 널리 사용되었지만 3세기경에 값이 싼 양피지로 대체되었다.

제지법의 어떤 변화가 역사적 기록의 유실을 초래했는가?

지난 세기에 생산된 대부분의 셀룰로오스 종이는 산성이다. 산은 종이를 부서지기 쉽게 하고 결국은 못 쓰게 만든다. 문제는 두 곳에서 발생한다. 종이를 만드는 과정에서 섬유의 길이를 짧게 하는 데 산이 들어간다(정화 과정에서 제거되지 않는다). 산은 습기가 있는 곳에서 섬유를 못 쓰게 만든다. 산의 가수분해 반응은 셀룰로오스 사슬을 절단하여 작은 조각으로 만든다. 이 과정에서는 산이 만들어지기 때문에 종이의 퇴화는 가속적으로 진행된다. 역설적이지만 오래된 종이일수록 더 오래간다. 19세기 중엽까지 생산된 종이는 목화와 아마 섬유로 만들었다. 이 초기의 종이는 매우 긴 섬유를 가지고 있어서 오래간다. 오늘날의 신문지는 가장 약한 종이이다. 이 종이는 정화되지 않았고, 가장 짧은 섬유를 가지고 있다. 결과적으로 신문은 몇 달이 지나면 누렇게 변한다.

산성 종이의 산성을 없앨 수는 있다. 예를 들어 책을 알칼리성 액체에 담그거나 뿌리면 산성이 제거된다. 그러나 망가진 종이를 다시 되돌릴 수는 없다. 한 번 망가진 종이 섬유는 재생할 수 없다. 종이는 50년이 지나면 부서지는데 이는 많은 오래된 원고를 위험에 처하게 한다.

가장 오래가는 종이는 석회를 첨가하여 산을 중화한 알칼리성 종이이다. 첫 장에 ∞ 기호를 가지고 있는 책은 종이의 내구성에 관한 미국 정보과학 기준에 의해 인쇄물 도서관 재료로 인정된 종이로 만든 책이라는 것을 뜻한다.

혼북은 무엇이었나?

15세기에서 18세기 사이에 영국과 미국의 교실에서 사용되던 혼북^{hornbook}은 저학년 학생들이 사용하던 손잡이가 달린 편평한 판이었다. 판 위에는 알파벳, 감사기도, 주기도문, 로마숫자와 같은 것이 쓰인 종이를 붙여놓았다. 얇고 편평한 뿔로 만든 뚜껑이 종이를 보호하기 위해 전체를 덮고 있었다. 그 당시에는 매우 비싼 것이었다. 혼북은 1442년경부터 사용되기 시작했고, 1500년대에는 영국 학교의 기본 학용품이 되었다. 혼북은 책의 값이 싸진 1800년경에 사라졌다.

말 외에 어떤 동물이 우편물을 나르는 데 이용되었나?

19세기에 독일의 일부 지역에서 소가 우편물을 나르는 수레를 끌었다. 텍사스, 뉴멕시코, 애리조나에서는 낙타가 이용되기도 했다. 러시아와 스칸디나비아에서는 순록이 우편 썰매를 끌었다. 벨기에의 리제에서는 고양이를 이용하려고 시도했지만 성공하지 못했다.

점자는 누가 발명했나?

읽거나 쓸 수 없는 시각 장애인들이 사용하는 브라유식 점자는 튀어나온 점들의 조합을 이용하여 만든 글자들을 알파벳, 마침표, 'and'나 'the'와 같이 자주 사용하는 단어와 대응한 것이었다. 자신도 세 살 때부터 앞을 볼 수 없었던 브라유[Louis Braille, 1809~1852]는 파리에서 맹인 학교에 들어간 후 곧 시각 장애인들을 위한 실용적인 알파벳을 개발하는 일을 시작했다. 그는 프랑스군이 야간 전투지에서 서신을 교환하는 데 사용하던 야간 기록이라고 부르던 통신 방법을 실험했다. 군 장교였던 바비어[Charles Barbier] 대위의 도움을 받아 브라유는 열두 개의 점을 이용하던 체계를 여섯 개의 점을 이용하는 체계로 줄였고, 63개의 글자를 고안해냈다. 이 점자는 오랫동안 널리 받아들여지지 않았다. 심지어는 브라유가 운영했던 파리의 학교도 그가 죽은 후 2년 뒤인 1854년까지도 이 점자를 사용하지 않았다.

1916년에서야 미국은 튀어나온 점을 이용하는 루이 브라유식 점자를 받아들였고, 1932년에는 '표준 영어 브라유, 그레이드 2'라고 부르는 수정된 브라유 점자가 전 세계의 영어를 사용하는 나라에서 채택되었다. 수정된 점자 체계에서는 글자대 글자의 코드를 'ow', 'ing'와 같은 글자의 조합을 나타내는 것으로 바꾸어 더 빠르게 읽고 쓸 수 있도록 했다.

브라유식 점자 이전에는 또 다른 프랑스인인 아위[Valentin Haüy, 1745~1822]가 개발한 시각 장애인을 위한 효과적인 점자가 있었다. 그는 처음으로 시각 장애인이 읽을 수 있게 종이가 볼록 나오도록 글자를 인쇄했다. 아위의 글자는 눌러 찍은 알파벳이었다. 이후에 아홉 개의 기본적인 글자를 이용한 글자 대 글자 체계가 문[William Moon, 1818~1894]에 의해 발명되었지만 응용이 다양하지 못했다.

모스 부호란 무엇인가?

전기를 이용하여 통신하는 전신에서는 한쪽에서 다른 쪽으로 전기적 펄스만 전송할 수 있다. 따라서 전신 체계의 성공은 전기 펄스를 이용하여 전달되는 부호의 해석에 달려 있었다. 이 펄스들은 단어나 숫자로 번역되어야 했고, 단어나 숫자는 펄스 신호로 바꿔야 했다. 화가에서 과학자로 변신한 모스^{Samuel F. B. Morse, 1791~1872}가 바일^{Alfred Vail, 1807~1859}의 도움을 받아 1835년에 점과 대시를 이용하여 글자와 숫자, 그리고 쉼표를 나타내는 부호를 고안하여 이 문제를 해결했다. 전신에서는 전류를 흘리면 자석이 되어 금속 접점을 두드리는 전자석을 이

사무엘 F. B. 모스는 전신 기기를 가지고 모스 부호를 고안했다

용한다. 짧은 전기 신호가 이 전자석을 자화시키는 것을 반복하여 메시지를 찍어낸다.

1837년에 모스 부호에 대한 특허를 받은 모스와 바일은 1844년 5월 24일에 통신회사를 설립했다. 최초의 장거리 전신 메시지는 워싱턴 D.C.에 있던 모스가 메릴랜드의 볼티모어에 있던 바일에게 보낸 것이었다. 그해에 모스는 전신기에 관한 특허를 받았다. 모스는 1829년에 최초로 전기 모터와 전자석을 발견하고 1831년에 전신기를 발명했지만 특허를 받지 않은 헨리^{Joseph Henry, 1797~1878}의 공헌을 인정하지 않았다.

국제적인 모스 부호(아래)는 소리와 불빛을 이용하여 메시지를 전달하는 데 사용되고 있다. 점은 아주 짧은 소리나 불빛이고, 대시는 세 개의 점과 같은 길이이다. 소리나 불빛 사이의 간격은 점 하나의 길이와 같아야 한다. 글자와 글자 사이는 대시 하나의 길이이고 단어와 단어 사이는 대시 두 개의 길이이다.

A	•—	N	—•	1	•————
B	—•••	O	———	2	••———
C	—•—•	P	•——•	3	•••——
D	—••	Q	——•—	4	••••—
E	•	R	•—•	5	•••••
F	••—•	S	•••	6	—••••
G	——•	T	—	7	——•••
H	••••	U	••—	8	———••
I	••	V	•••—	9	————•
J	•———	W	•——	0	—————
K	—•—	X	—••—	마침표	•—•—•—
L	•—••	Y	—•——	쉼표	——••——
M	——	Z	——••		

영어 모스 부호

ㄱ	•—••	ㅊ	—•—•	ㅗ	•—
ㄴ	••—•	ㅋ	—•—•	ㅛ	—•
ㄷ	—•••	ㅌ	——••	ㅜ	••••
ㄹ	•••—	ㅍ	———	ㅠ	•—•
ㅁ	——	ㅎ	•———	ㅡ	—•
ㅂ	•——	ㅏ	•	ㅣ	••—
ㅅ	——•	ㅑ	••	ㅐ	——•—
ㅇ	—•—	ㅓ	—	ㅔ	—•—
ㅈ	•—•—	ㅕ	•••		

한글 모스 부호

ASCII 코드는 어떻게 작동하나?

ASCII(아스키)는 정보 교환을 위한 미국 표준 코드^{American Standard Code for Information}
^{Interchange}의 머리글자를 따서 만든 말이다. ASCII는 일곱 개 비트의 128가지 조합을
일반적인 자판의 문자에 대응시킨 것이다. 여기에는 A에서 Z까지의 대문자와 소문자,
0에서 9까지의 숫자, !, @, #과 같은 특수문자가 포함된다. ASCII는 이러한 문자에 0
부터 127까지의 숫자를 부여한다.

ASCII는 1963년에 만들어졌다. 1968년에는 미국 정부와 미국 국립 표준 연구소가
공식적으로 ASCII를 채택했다. 그러나 ASCII 코드는 128가지 문자만 나타낼 수 있어
영어를 사용하지 않는 나라에서나 복잡한 컴퓨터 응용에는 적당하지 않다. 따라서 16
비트나 24비트를 바탕으로 하는 다른 코드들이 만들어져 사용되고 있다. 65,356글자
를 나타낼 수 있는 유니코드가 차츰 새로운 운영체제나 응용 소프트웨어에서 쓰이게
되었다.

제2차 세계대전 동안에 사용된 에니그마와 퍼플은 무엇이었나?

에니그마^{Enigma}와 퍼플^{Purple}은 각각 독일과 일본의 전기 회전식 암호 기계였다. 나치
가 사용한 에니그마 암호기는 1920년대에 발명된 역사상 가장 유명한 암호기이다. 암
호 해독의 역사에서 가장 위대한 승리 중의 하나는 폴란드와 영국이 독일의 에니그마
암호를 해독한 것이었다. 이것은 제2차 세계대전 당시 연합군의 작전에서 중요한 역할
을 했다.

1939년에 일본은 에니그마를 적용한 새로운 암호기를 도입했다. 미국 암호 해독가
들이 퍼플이라는 암호명으로 부른 이 새로운 암호기는 회전자 대신 전화의 스테핑 스
위치를 이용했다. 미국의 암호 해독가들은 이 새로운 암호 체계도 해독할 수 있었다.

암호문은 보내는 사람과 받는 사람 외에는 실제 의미를 알 수 없도록 보내는 메시지
를 말한다. 암호문을 이용하여 메시지를 전달하기 위해서는 암호와 암호기가 필요하
다. 암호는 모든 단어와 구들을 하나의 암호 단어나 암호 숫자에 대응한 사전과 같은
것이다. 따라서 암호를 해독하기 위해서는 암호 책이 있어야 한다. 암호기는 완전한 단

어나 구보다는 하나의 문자를 이용한다. 암호기에는 전치식 암호와 환자식 암호의 두 가지 종류가 있다. 전치식 사이퍼는 정상적인 메시지의 글자들을 뒤섞어 사이퍼 문장을 만든다. 환자식 사이퍼는 글자를 다른 글자나 심벌로 대체한다.

에타오인 스르들루는 무슨 뜻인가?

오래전에는 신문에 가끔씩 Etaoin shrdlu라는 단어가 나타나서 사람들은 이것을 신비스런 사람의 이름쯤으로 생각했다. 그러나 이런 것이 나타난 것은 신비스런 것과는 아무 관계가 없다. 이것은 자동 주조 식자기의 첫 번째 두 줄을 차례로 쳤을 때 인쇄되는 글자들이다. 자동 주조 식자기인 라이노타이프는 1886년에 머건탈러^{Ottmar} ^{Mergenthaler}가 발명하여 뉴욕 〈트리뷴〉지에서 처음 사용했다. 운영자가 한 줄을 모두 타이프하면 그 줄의 내용이 녹은 납으로 주조되었다.

에타오인 스르들루$^{Etaoin shrdlu}$는 활자의 행을 임시로 표시하거나 오타 때문에 주조를 새로 해야 한다는 것을 나타내기 위해서 사용되었다. 라이노타이프 사용자가 이것을 이용한 것은 자판에서 가장 사용하기 쉬웠기 때문이었다. 가끔 이것이 실수로 그대로 인쇄되어 나오는 경우가 있었다. 1960년경까지 라이노타이프의 자판은 신문이나 산업체, 심지어는 제1차 세계대전 중의 전장에서도 같은 것을 사용했다. 그 후에는 사진 식자기로 바뀌었다. 따라서 에타오인 스르들루도 인쇄에서 사라졌다. 하지만 소설, 코미디, 과학적 사실을 모아 놓은 책 등에는 가끔 등장한다.

제2차 세계대전 동안에 어떤 암호가 끝까지 해독되지 않았나?

나바호족 언어로 된 암호는 끝까지 해독되지 않았다. 제2차 세계대전 초기에 미국 해병대에 속해 있던 29명의 나바호족이 샌디에이고로 가서 나바호족 언어를 바탕으로 하는 암호를 개발했다. 이 암호는 나바호족 단어, 이것의 번역, 그리고 이 번역의 군사적 의미의 세 부분으로 나누어져 있었다. 예를 들면 "하-이-데-시"라는 나바호 언어는 "주의하다"라고 번역되고 이것의 군사적 의미는 "경계"였다. 처음 29명이었던 나바호족 암호병들은 전쟁이 끝날 즈음에는 400명 이상으로 늘어났고, 암호책에 들어 있는 단어도 274단어에서 508단어로 늘어났다. 이 암호 이야기가 〈바람이야기꾼들 windtalkers〉이라는 영화의 주제였다.

팔린드로믹 사각형은 어떻게 암호로 사용되었을까?

팔린드롬은 단어, 글자, 또는 이들의 조합으로 이루어진 것으로 좌에서 우로 읽거나 우에서 좌로 읽어도 같은 것을 말한다. 예를 들면 Hannah라는 이름이나 2002라는 숫자가 팔린드롬이다. '순환하는' 팔린드롬은 trap이나 star와 같이 좌에서 우로 읽거나 우에서 좌로 읽으면 다른 의미의 단어가 되는 것을 말한다. 팔린드롬 사각형은 우에서 좌로 또는 좌에서 우로 읽거나 위에서 아래 또는 아래에서 위로 읽어도 같은 뜻이 되도록 글자를 정사각형으로 배열한 것을 말한다. 일부 역사학자들은 영국의 로마식 벽에 쓰여 있는 다음의 복잡한 사각형은 박해를 피하던 초기 기독교도들이 남긴 암호 메시지라고 믿고 있다.

```
SATOR
AREPO
TENET
OPERA
ROTAS
```

UPC 바코드에서 선은 무엇을 의미하는가?

UPC^{Universal Product Code}(국제 생산자 코드) 또는 바코드는 컴퓨터 스캐너로 읽을 수 있도록 고안된 제품 관련 내용을 나타내는 코드이다. 이것은 1(검은 선)과 0(흰 선)으로 이루어진 11개의 숫자로 이루어졌다. 하나의 선만 있을 때는 얇은 선으로 나타나고, 두 개 이상의 선이 나란히 있으면 굵은 선으로 나타난다.

첫 번째 숫자는 제품의 종류를 나타낸다. 육류나 채소(2), 건강 관련 제품(3), 대량 할인 상품(4), 쿠폰(5)을 제외한 대부분의 제품은 0으로 시작된다. 1은 선으로 잘못 읽힐 가능성이 있어 사용하지 않는다.

다음 다섯 숫자는 생산자를 나타내고, 그다음 다섯 숫자는 제품의 색깔, 무게, 크기와 같이 제품을 대표하는 특징을 나타낸다. 이 코드에는 가격은 포함되어 있지 않다. 코드를 읽으면 정보가 컴퓨터 데이터베이스로 보내져 가격표와 비교한 다음 가격을 알려준다.

마지막 숫자는 스캐너가 읽은 숫자에 오류가 있었는지를 체크한다. 앞에 있는 숫자를 특별한 방법으로 더하거나 빼고, 또는 곱하면 이 숫자가 나오도록 되어 있다. 만약 그 결과가 이 숫자와 일치하지 않으면 어딘가에 오류가 있었다는 뜻이다.

ISBN 다음에 오는 숫자는 무엇을 의미하나?

ISBN^{International Standard Book Number}(국제 표준 서적 번호)은 책을 주문하고 분류하는데 사용되는 코드이다. 이것은 특정한 책을 나타내는 고유한 번호로 이루어져 있다. 첫 번째 숫자는 책이 출판된 언어와 관계된 코드이다. 예를 들면 0은 영어를 나타낸다. 두 번째 부분은 발행인을 나타내고, 나머지 부분은 특정한 책을 나타낸다. 마지막 숫자는 앞에 있는 숫자들에 오류가 있었는지를 수학적인 방법으로 체크하는 숫자이다.

라디오와 텔레비전

누가 라디오를 발명했나?

이탈리아 볼로냐의 마르코니^{Guglielmo Marconi, 1874~1937}는 라디오 신호가 먼 거리까지 전달될 수 있다는 것을 증명했다. 라디오는 정보를 가지고 공간을 전파해가는 전자기파 형태의 복사선과 이를 검출하는 것을 말한다. 이것은 전선이 없어도 전신과 같은 일을 할 수 있었기 때문에 무선 전신이라고 불렀다. 1901년 12월 12일에 마르코니는 캐나다의 뉴펀들랜드에서 영국으로 무선 전신을 통해 모스 부호를 전송하는 데 성공했다.

무선 통신을 발명한 굴리엘모 마르코니

1906년에 미국의 발명가 디포리스트$^{Lee\ De\ Forest,\ 1873~1961}$는 라디오 증폭 진공관의 기초가 되는 '오디온'을 만들었다. 이 장치는 약한 신호를 뒤틀림 없이 증폭할 수 있었기 때문에 음성 라디오를 실용적으로 바꾸었다. 다음 해에 디포리스트는 뉴욕 맨해튼에서 정규적인 라디오 방송을 시작했다. 당시에는 가정용 라디오 수신기가 없었기 때문에 디포리스트의 유일한 청취자는 뉴욕 항구에 있던 배의 무선 통신사들뿐이었다.

최초의 라디오 방송국은?

정식으로 허가받은 방송국이 방송을 시작하기 이전에 일부 실험적인 AM 방송이 실시되었기 때문에 최초의 라디오 방송국을 정하는 일은 토론이 필요하다. 그 당시 라디오와 관계된 업무를 관장하던 미국 상공부의 기록에 의하면 매사추세츠 스프링필드의 WBZ가 1921년 9월 21일에 처음으로 정규 방송 허가를 받았다. 그러나 1920년 11월 2일에 있었던 하딩-콕스 런닝메이트의 대통령 당선을 방송한 피츠버그의 KDKA 웨스팅하우스 방송국이 일반적으로 최초의 방송국이라고 인정받고 있다. 대부분의 초기 라디오 전송자들과는 달리 KDKA는 전송 신호를 만들어내는 데 진공관을 사용했기 때문에 방송이라고 할 수 있는 수준에 도달해 있었다. 이것은 최초로 기업체가 후원한 방송국이었고 취미나 사람들의 이목을 끌기 위한 것이 아니라 뚜렷한 상업적 목적을 가지고 있던 방송국이었다. 또한 이것은 아마추어가 사용하는 주파수 영역 밖에 있는 주파수를 사용하도록 허가받은 최초의 방송국이었다. 여러 가지를 고려할 때 이 방송국이 현대 라디오 방송국의 직접적인 조상이라고 볼 수 있다.

K 또는 W로 시작되는 방송국 호출부호는 어떻게 부여되나?

방송국 호출부호의 첫 글자는 지리적인 위치를 나타낸다. 미시시피 강 동쪽에 위치해 있는 대부분의 방송국 호출부호는 'W'로 시작되고, 미시시피 강 서쪽에 있는 방송국의 호출부호는 'K'로 시작한다. 그러나 이러한 규칙이 정해지기 이전에 설립된 방송국은 이 규칙과는 관계없이 이전의 호출부호를 사용하고 있다. 예를 들면 피츠버그에 있는 KDKA는 호출부호가 K로 시작되고, 일부 서쪽 지방에 있는 방송국의 호출부호가 'W'로 시작된다. 많은 AM 방송국들이 FM과 함께 방송하기 때문에 이런 경우에는 AM 호출부호 다음에 '−FM' 또는 '−TV'를 붙인다.

왜 FM은 방송 지역이 제한되어 있는가?

일반적으로 약 50MHz 이상의 주파수를 가지는 전파는 지구의 전리층에서 반사되지 않고 우주로 빠져나간다. 그래서 텔레비전이나 FM 라디오, 또는 고주파를 이용하는 통신은 수신 지역이 제한된다. 수신 지역의 범위는 지형이나 안테나 높이에 따라 달라지지만 일반적으로 80km에서 161km까지이다. FM 방송은 재생률을 높이기 위해 AM 방송보다 더 넓은 주파수 영역을 사용한다. 이것은 전체적으로 뒤틀림이 없이 주파수가 큰 고음 부분에서 깨끗한 소리가 나고 주파수가 낮은 저음 부분에서 울림이 커야 하는 음악 방송에 특히 효과적이다. 1933년 암스트롱Edwin Howard Armstrong, 1891~1954이 발명한 FM 수신기는 1939년 일반인들에게 판매되었다.

왜 AM 라디오 방송의 수신 지역은 밤에 더 넓어지는가?

이러한 변화는 지구 전리층의 변화에 기인한 것이다. 전리층은 우주선, 태양에서 방출된 전자와 양성자, 태양 복사선 등이 대기를 이루는 원자들과 출동하여 만들어진 이온층으로 대기 상층부의 여러 층을 이루고 있다. 케넬리−헤비사이드 층이라고도 불리는 이 전리층들은 AM 라디오 전파를 반사하여 방송국에서 멀리 떨어진 곳에서도 수신할 수 있도록 한다. 밤이 되면 전리층이 부분적으로 얇어져 높은 주파수의 AM 라디오

1920년대의 라디오 수신기

전파를 아주 잘 반사하게 된다. 이 때문에 밤에 AM 라디오 방송의 수신 지역이 넓어진다.

우주 왕복선과 지상 관제소 사이의 통신을 단파 라디오로 수신할 수 있을까?

메릴랜드에 있는 고더드 우주 비행센터의 아마추어 무선 통신사들은 단파를 이용하는 우주 왕복선과 지상 관제소의 대화 내용을 짧은 파장으로 재송신한다. 이들의 재송신을 전 세계에서 무료로 수신할 수 있다. 발사, 우주 비행, 착륙 시에 우주선의 승무원들과 지상관제요원들이 나누는 대화를 청취하기 위해서는 단파 라디오를 3.860MHz, 7.185MHz, 14.295MHz, 또는 21.395MHz에 맞추어야 한다. 영국의 케터링 소년학교의 물리 교사 페리$^{\text{Geoffrey Perry}}$는 학생들에게 지구 궤도를 돌고 있는 러시아 인공위성의 위치를 원격 측정하는 방법을 가르쳤다. 1960년대 이후 페리의 학생들은 단순한 자동차용 라디오를 이용하여 러시아의 우주 신호를 모니터하고, 이 자료들을 이용하여 우주선의 위치와 궤도를 계산했다.

텔레비전을 발명한 사람은 누구인가?

1880년대에는 '전기를 이용하여 보는 것'이라고 불렸던 텔레비전에 대한 아이디어가 많은 사람들에 의해 제안되었다. 그리고 개별적으로 이루어진 많은 부분적인 발명이 텔레비전의 탄생에 기여했다. 예를 들면 1897년에는 브라운[Ferdinand Braun, 1850~1918]이 텔레비전 수상기의 핵심 요소가 되는 음극선 오실로스코프를 최초로 만들었다. 1907년에는 로징[Boris Rosing]이 브라운관을 영상을 받는 데 사용하자고 제안했고, 다음 해에는 스윈톤[Alan Campbell Swinton]이 현재 음극선관이라고 부르는 이 관을 영상을 보내고 받는 데 사용하자고 제안했다. 그러나 텔레비전의 아버지라고 가장 자주 거론되는

음극선관의 뒷면. 가운데에 전자총이 부착되어 있다.

사람은 러시아 출신 미국인 츠보리킨^{Vladimir K. Zworykin, 1889~1982}이다. 로징의 학생이었던 츠보리킨은 실용적인 전자 빔 증폭 장치를 만들어 밝고 어두운 형상을 훌륭한 영상으로 나타내도록 했다. 1923년에 그는 후에 텔레비전 카메라가 된 이노스코프의 특허를 받았고, 1924년에는 텔레비전 수상기가 된 키노스코프의 특허를 받았다. 두 가지 발명은 형광 스크린 위에 영상을 만들어내거나 영상을 스캐닝할 때 발생하는 전자의 흐름과 관련된 기술이었다. 1938년에 새로운 민감한 광전 셀을 보강한 후 츠보리킨은 그의 첫 번째 실용적인 텔레비전 모델을 공개했다.

텔레비전의 또 다른 아버지는 미국의 판스워스^{Philo T. Farnsworth, 1906~1971}이다. 그는 영상을 전기적인 방법으로 전송할 수 있다고 제안한 사람이다. 판스워스는 1922년에 영상을 전송하는 장치의 기초 설계를 했고, 그의 생각을 그의 고등학교 선생님과 의논했다. 이것이 츠보리킨보다 일 년 전에 텔레비전에 관한 그의 아이디어를 기록으로 남기게 되었고, 미국 라디오사에서 판스워스와 그의 경쟁자 사이에 벌어진 특허권 논쟁에서 결정적인 증거가 되었다. 결국 판스워스는 그의 텔레비전 특허를 인정받았고, 다른 사람들은 그의 기초적인 발명을 개량하고 발전시켰다.

20세기 초에는 텔레비전에 대한 다른 접근이 이루어졌다. 1936년에 베어드^{John Logie Baird, 1888~1946}는 기계적인 스캐닝 장치를 이용하여 최초로 알아볼 수 있는 정도의 사람 얼굴 영상을 전송하는 데 성공했다. 그러나 설계의 한계 때문에 영상의 질을 향상시키는 데는 성공하지 못했다.

위성에서 텔레비전을 수신하는 데 비가 주는 영향은?

마이크로파는 비나 수분에 의해 흡수된다. 따라서 심한 폭우 속에서는 전파 신호가 10데시벨이나 감소한다. 만약 수신 장치가 그러한 신호의 감소를 이겨낼 수 없다면 영상이 일시적으로 사라지기도 한다. 중간 정도의 비에 의해서도 일부 수상기에서는 잡음이 발생할 정도의 문제가 생긴다. 절대 온도 0K(−273℃) 이상의 모든 물체는 분자들의 열운동에 의해 전자기파를 내고 이것은 텔레비전의 잡음을 만들 수 있다. 물체가 내는 전자기파는 넓은 영역의 진동수를 가지고 있어 일부는 위성으로부터 받는 신호와 비슷할 수도 있다. 따뜻한 지구는 높은 잡음을 발생시키고, 결과적으로 비도 잡음의 원인이 된다.

위성 TV를 수신하는 접시 안테나는 다른 색깔로 칠할 수 있나?

권장하고 싶지는 않지만 TV 위성 안테나는 생산자의 기준에 맞는다면 다른 색깔로 칠할 수 있다. 페인트는 반사가 잘되는 것이면 안 된다. 금속성 페인트나 매끄러운 표면 처리는 태양 빛을 헤드에 집중시켜 문제를 일으킬 수 있다. 따라서 비닐로 광택을 없애는 처리를 한 페인트만 사용해야 한다. 이러한 페인트는 태양 빛을 덜 반사하고 마이크로파를 적게 흡수하면서 반사에 오류를 적게 하는 특성을 가지고 있다. 마지막으로 페인트는 가능한 부드럽게 칠해 불균일한 표면이 반사에 오류를 가져오지 않도록 해야 한다.

TV 방송을 수신하는 접시 안테나의 이름은 무엇인가?

지상국은 통신 위성의 전파를 송수신하는 장치를 가리키는 말이다. 여기에는 안테나, 전자 장비, 위성 신호를 송수신하는 데 필요한 모든 장비들이 포함된다. 지상국에는 간단하고 비싸지 않아 일반 소비자가 구입할 수 있는 수신 전용 지상국부터 정교한 쌍방향 통신이 가능하여 위성을 운용할 수 있는 능력을 갖춘 지상국에 이르기까지 다양한 형태가 있다. 안테나에 의해 수신된 신호는 저잡음 증폭 장치에 의해 증폭된다. 증폭된 신호는 케이블을 통해 변환기에 보내진 후 다시 위성 수신 장치나 변조 장치로 보내진다.

위성 안테나를 갖춘 케이블 텔레비전 방송국들이 신호를 받아 동축 케이블을 통해 가입자들에게 보낼 수 있게 된 1970년대부터 위성 텔레비전이 널리 사용되기 시작했다. 하워드[Taylor Howard]는 1976년에 개인들을 위한 위성 안테나를 설계했다. 1984년에는 50만 개의 위성 안테나가 설치되었고, 최근에는 전 세계적으로 그 수가 크게 증가하고 있다.

평판 디스플레이는 전통적인 스크린과 어떻게 다른가?

평판 스크린은 음극선관을 사용하지 않는다. 전 세계적으로 가장 많이 사용하는 음극선관 모니터는 전자선이 형광 스크린에 충돌해서 영상을 만들어낸다. 전자가 스크린의 형광물질과 작용하여 영상을 구성하는 붉은색, 초록색, 파란색의 빛을 만든다. 이와는 대조적으로 평판 디스플레이에서는 전극 그리드, 결정, 고분자 물질을 이용하여 영상을 만드는 작은 점들을 만들어낸다. 평판 스크린은 새로운 아이디어가 아니다. 시계나 계산기는 수십 년 전부터 액정^{LCD}을 이용한 평판 디스플레이를 사용해왔다. 컴퓨터 모니터로 사용하는 새로운 평판 스크린은 PDP$^{Plasma\ Display\ Panel}$이다. PDP는 폭이 1m보다 더 넓게 만들 수 있으면서도 두께는 수 cm밖에 안 된다. PDP 스크린은 삼원색을 발생시키는 세 개의 층으로 이루어져 있다. 이것은 뒤쪽에 있는 전극에서 자외선을 발생시키고 이것이 다양한 영상 소자들을 비추어 영상을 만든다.

HDTV는 무엇인가?

텔레비전 영상의 정밀도는 영상을 구성하는 선의 수와 한 선에 들어 있는 영상 요소의 수에 의해 결정된다. 영상 요소의 수는 전자빔의 너비에 의해 결정된다. 35mm 필름으로 찍은 사진과 같은 정도의 영상을 얻기 위한 HDTV$^{high-definition\ television}$는 두 배 이상의 주사선과 훨씬 더 작은 크기의 영상 요소를 가지고 있다. 최근 미국과 일본 텔레비전은 525개의 주사선을 가지고 있으며 유럽 텔레비전은 625개의 주사선을 가지고 있다. 1968년에 NHK 방송국이 연구를 시작한 이래 일본은 HDTV의 개척자로 인정받고 있다. 그러나 실제 HDTV의 개척자는 제2차 세계대전 종전 직후부터 연구를 시작한 RCA의 쉐이드$^{Otto\ Schade}$이다. 쉐이드는 시대에 앞서 있었기 때문에 텔레비전이 그의 연구를 활용할 수 있는 부품을 구할 수 있기까지 수십 년이 흘러야 했다.

HDTV는 미국 연방 통신 위원회^{FCC}와 다른 여러 나라의 기관들이 승인할 때까지는 상업 방송에 사용할 수 없었다. 그러나 더 급하게 해결해야 했던 것은 기술적인 문제였다. HDTV는 텔레비전 채널에 할당된 것보다 다섯 배의 자료를 송신해야 했다. 한 가지 방법은 HDTV에 필요한 30MHz의 주파수 대역폭의 신호를 일반 텔레비전 방송에 사용하는 6MHz 대역폭 속에 압축하여 넣는 것이다. 일본과 유럽은 아날로그 체계를 개발했으며, 미국은 디지털 신호에 기반을 둔 HDTV를 개발했다. 1994년에 텔레비전 업계는 지너스^{Zenith}가 개발한 디지털 체계를 받아들여 이 문제를 해결했다.

제한된 지역과 비싼 가격이 문제가 되기는 하지만 이제 누구나 HDTV를 즐길 수 있게 되었다. 디지털 HDTV 방송을 수신할 수 없는 지역에서는 특수한 수신 장치와 접시형 안테나를 필요로 하는 위성 방송을 시청할 수 있다.

잠수 중인 잠수함에서는 어떻게 통신할까?

아주 높은 주파수나 아주 낮은 주파수를 이용하면 잠수 중인 잠수함도 일정한 조건이 맞고 도청이 중요하지 않은 경우에 전파 통신을 할 수 있다. 전쟁과 같이 도청이 중요한 경우에는 도달 거리가 먼 고주파 전파를 발사하지는 않는다. 그러나 SHF, UHF, VHF를 이용하여 협력 중인 비행기, 배와 통신하거나 위성을 이용하여 지상과 통신하는 것은 고속 자료 전송이 가능하고 상당히 안전하다. 그러나 그렇게 하기 위해서는 안테나를 물 밖으로 내보내거나 부표를 물 표면에 띄워야 한다.

원거리 통신과 인터넷

최초로 통신 위성이 사용된 것은 언제인가?

1960년에 최초의 통신 위성 에코 1이 발사되었다. 2년 후인 1962년 7월 10일에 상업적으로 자금이 조성된 위성 텔스터 1(미국 전화 전신회사가 비용을 지불한)이 지구 궤도에 올려졌다. 이 위성은 자료와 목소리뿐만 아니라 텔레비전도 중계할 수 있어 진정한 의미의 최초 통신 위성이라고 할 수 있다. 미국에서 영국으로 중계된 최초의 방송은 미국 성조기가 바람에 나부끼는 영상이었다. 사업적으로 운영된 최초의 통신위성은

240 전화 회선을 가지고 1965년 6월 10일에 서비스를 시작한 얼리 버드 위성이었다. 얼리 버드는 국제 원거리통신위성 기구(Intelsat : International Telecomm- unications Satellite Organization)에서 발사한 최초의 위성이었다. 아직도 사용되고 있는 이 위성 체계는 여러 나라가 공동으로 운영하고 있으며 운영자금을 부담한 정도에 따라 사용 량을 할당받는다.

팩스는 어떻게 작동하는가?

팩스는 전화선을 이용하여 그래프나 문자 정보를 한 장소에서 다른 장소로 전달한다. 팩스 송신기는 디지털 또는 아날로그 스캐너를 이용하여 영상의 밝기를 전기 신호로 바꾸어 전화선을 통해 수신기로 보낸다. 수신기에서는 전기 신호를 다시 영상으로 바꾸어 인쇄한다. 넓은 의미에서 팩스는 영상 송수신 장치를 갖춘 복사기라고 할 수 있다.

팩스는 1842년에 스코틀랜드의 베인^{Alexander Bain}이 발명했다. 1848년에 베이크웰 ^{Frederick Bakewell}이 발명한 스캐너와 함께 베인의 장치는 다양한 현대 팩스기로 발전했다. 1924년에는 팩스를 이용하여 처음으로 사진을 클리블랜드에서 뉴욕으로 전송했다. 이것은 신문 산업에 큰 선물이 되었다.

팩스는 전화선을 이용하여 정보를 주고받는다.

팩스와 자동응답 장치를 함께 사용할 수 있는가?

대부분의 팩스기는 자동응답 장치를 부착할 수 있는 인터페이스를 가지고 있다. 걸려온 전화를 아무도 받지 않으면 팩스기는 이 전화를 자동응답 장치로 연결한다. 메시지가 녹음되고 있는 중에 팩스기는 팩스음이 들리는지를 체크한다. 팩스음이 들리면 팩스기로 메시지를 수신하고 들리지 않으면 자동응답 장치가 계속 작동한다. 자동응답 장치를 내장하고 있는 팩스기는 그러한 인터페이스가 필요하지 않다.

광섬유 케이블은 어떻게 작동하나?

광섬유 케이블은 전반사를 통해 빛을 전달할 수 있는 가늘고 코팅된 많은 유리섬유나 플라스틱 섬유로 이루어져 있다. 일단 빛이 광섬유 안으로 들어가면 유리 안에서 전반사를 계속하면서 앞으로 전달되기 때문에 에너지를 잃지 않고 20,000km가 넘는 먼 거리까지도 전달된다. 광파의 모양이 메시지를 전달하는 코드를 만든다. 수신단에서는 빛의 신호를 다시 전류의 신호로 바꾸어 정보를 읽어낸다. 광섬유는 내부 장기를 보는 데 사용하는 내시경과 같은 의료기기, 비행기나 우주선에 사용되는 광섬유 메시지 전달 장치, 자동 조명장치의 광섬유 연결 등에 사용되고 있다.

광섬유 케이블은 금속 케이블보다 훨씬 많은 양의 정보를 전달할 수 있다. 광섬유는 빛을 이용하여 정보를 전달하기 때문에 전기 잡음에 의해 정보가 손상되지 않고 멀리까지 전달될 수 있다. 광섬유 케이블은 금속 케이블과는 달리 정보를 아날로그 신호가 아니라 디지털 신호로 전달한다. 컴퓨터는 디지털 신호를 다루기 때문에 광섬유와 컴퓨터는 공생관계에 있다고 할 수 있다. 가장 큰 단점은 광섬유가 전통적인 금속 케이블보다 훨씬 비싸다는 것이다.

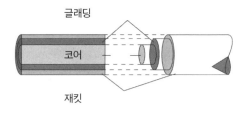

광섬유 케이블의 단면

클라크 벨트란 무엇인가?

1945년에 널리 알려진 과학자이며 공상 과학 소설의 저자인 클라크^{Arthur C. Clarke,} ^{1917~}는 적도 상공 35,805km에서 지구를 도는 인공위성은 지구가 자전하는 것과 같은 속도로 지구를 돌기 때문에 지상에서 보면 한 점에 정지해 있는 것처럼 보일 것이라고 예측했다. 적도 상공의 정지위성들이 지구를 돌고 있는 토성의 고리와 같은 이 벨트를 클라크 벨트라고도 부른다.

아날로그와 디지털의 차이는 무엇인가?

아날로그라는 말은 어떤 것이 다른 것과 유사하다는 뜻의 영어 단어 analogous에서 따온 말이다. 산을 찍은 사진은 산을 닮았다. 전통적인 필름으로 찍은 사진은 아날로그 사진으로 종이 위에 여러 가지 색깔이나 색깔의 진하고 엷음을 이용해 사진이 나타난다. 그러나 디지털 카메라로 사진을 찍으면 영상은 일련의 숫자로 카메라 메모리에 저장된다. 이런 사진의 색깔은 불연속적이다. 통신이나 컴퓨터에서는 연속적으로 크기가 변하는 신호를 아날로그 신호라고 하고, 일정한 간격을 가지고 불연속적으로 변하는 신호를 디지털 신호라고 한다. 디지털 신호는 아날로그 신호보다 정확하게 전달된다. 음악의 녹음, 영화를 녹화하는 데 사용하는 비디오테이프 등은 아날로그 신호를 취급하고, CD-ROM이나 DVD는 디지털 신호를 저장하는 데 사용된다.

휴대전화는 어떻게 진화해왔나?

최초의 이동식 휴대전화는 자동차에 고정되어 있었으며 자동차의 전지를 이용하여 작동했다. 이런 전화들은 자동차 외부에 설치된 안테나가 있어야 했다. 휴대전화의 두 번째 형태는 이동 가능한 무선 전화였다. 이런 전화는 자체에 전지가 내장되어 있어 자동차에서 분리해 주머니에 넣고 다닐 수 있었다. 그러나 무게가 2.25kg이나 되어 가지고 다니면서 사용하는 것이 편리하지 않았다. 세 번째 형태의 휴대전화는 휴대가 가능한 전화이다. 모양이 무선 전화의 수신 장치와 비슷한 이 전화는 무게가 가벼워서 휴대하기에 편하고 다양한 형태와 기능을 갖추게 되었다. 이런 전화는 전력 소모가 적어서 편리했지만 가격이 비쌌다.

휴대전화가 건강의 문제를 일으킬 수 있고 운전자의 주의를 산만하게 할 수 있다는 지적에도 불구하고 휴대전화의 사용은 점점 늘어나고 있다. 2000년 현재 1억 명의 미국인들이 일상적으로 휴대전화를 사용하고 있다.

가상현실이란 무엇인가?

가상현실은 컴퓨터 기술과 영상 기술이 결합하여 사용자들이 컴퓨터가 만들어낸 가상의 상황을 실제 상황으로 인식하게 하는 것을 말한다. 레이저를 이용하여 3차원 영상을 만들어내는 홀로그래피, 고화질 텔레비전, LCD 디스플레이, 멀티미디어와 같은 다양한 기술이 하나의 컴퓨터 안에서 결합하여 가상현실 시스템을 만들어낸다.

최신 무선 전화는 어떤 것인가?

최신 무선 전화는 1995년에 공개된 PCS$^{personal\ communications\ services}$ 전화이다. 이것은 음성을 일련의 숫자로 바꾸기 때문에 디지털 무선 전화이다. 이것은 통화 품질이 우수하고 도청이 어렵다는 장점이 있으며 컴퓨터와도 연결해 사용할 수 있다. 사용자는 전자메일을 수신할 수도 있고 인터넷에 접속할 수도 있다. 이 전화는 중계 장치가 있는 지역에서는 자유롭게 전화를 걸고 받을 수 있다. 정보는 마이크로파를 이용하여 전달된다. 무선 전화 회사에서는 두 전화가 가까이 있는 경우를 제외하면 같은 주파수를 다른 전화에서도 함께 사용할 수 있다. 각각의 전화기는 작고 제한된 신호 범위만 필요하기 때문이다. 사용자가 이동하고 있으면 신호는 다음 중계 장치로 넘겨진다.

돌비 잡음 제거 시스템은 무엇인가?

자기 테이프의 자석 작용이 쉬 하고 들리는 잡음을 만들어낸다. 미국의 발명가 돌비 R. M. Dolby, 1933~의 이름을 딴 돌비Dolby 잡음 제거 시스템은 이 잡음을 없애기 위해 널리 사용되고 있다. 헤드를 지나기 직전에 전자회로가 자동적으로 신호를 크게 만들어 잡음에 비해 크게 녹음되도록 한다. 재생할 때는 신호를 적당한 세기로 줄이면 잡음도 함께 줄어들어 귀에 들리지 않게 된다.

디지털 오디오 테이프(DAT)는 무엇인가?

새로운 자기 기록 방법인 DAT는 소리를 2진법 숫자로 바꾸어 자기 테이프에 저장하는 방법이다. 재생할 때 숫자를 이용하여 소리를 재구성하면 원래의 음과 매우 비슷해서 사람의 귀로는 차이를 느낄 수 없다. 재생 음질이 너무 좋아 미국 레코드사들은 DAT가 불법적인 CD 복사를 조장할 것이라는 이유로 의회의원들에게 DAT를 미국에서 팔지 못하게 해달라는 로비를 하기도 했다.

CD는 어떻게 만드는가?

CD의 원본 디스크는 방식 물질이 발라진 유리 디스크이다. 방식 물질은 유리를 부식시키는 부식액에 견딜 수 있는 화학물질이다. 데이터가 기록되는 원리는 다음과 같다. 원본 CD를 턴테이블 위에 놓는다. 기록할 디지털 신호의 2진법 신호 0과 1에 따라 레이저가 켜지거나 꺼진다. 레이저가 켜져 있을 때는 디스크 위의 방식 물질을 태운다. 디스크가 돌아가는 동안 기록하는 헤드가 지나가면 방식 물질이 타서 만들어진 나선형 트랙이 남는다. 기록이 끝난 다음에 유리 원본 CD를 수식액 속에 담근다. 그러면 방식 물질이 탄 자리의 유리만 부식된다. 나선형 트랙은 이제 깊이는 같지만 길이가 다른 작은 홈들을 가지게 된다. CD를 재생하려면 레이저 빔이 5km나 되는 트랙을 스캔하여 CD 표면의 홈과 언덕을 2진법 신호로 바꾼다. 광다이오드는 이것을 전기신호로 바꾼다. 1982년 10월에 최초의 CD가 시장에 선을 보였다. 이 CD들은 네덜란드의 필립스와 일본의 소니가 1978년에 개발했다.

CD-ROM의 수명은 얼마나 되나?

생산자들은 CD-ROM의 수명이 20년이라고 주장한다. 그러나 미국 정부 기록 보관소는 최근 CD-ROM의 수명이 3년에서 5년이라고 주장했다. 가장 큰 문제는 자료가 저장되는 알루미늄 기층이 산화에 약하다는 것이다.

정보 고속도로란 무엇인가?

정보 고속도로라는 말은 미국의 전 부통령 고어[Al Gore, 1948~]가 처음 사용한 것으로 모든 사용자들을 연결하여 쇼핑, 전자 뱅킹, 교육, 질병의 진단, 비디오 컨퍼런스, 오락과 같은 모든 종류의 가능한 전자 서비스를 제공할 수 있는 미래의 전자 통신 네트워크를 뜻한다. 이것은 처음에는 국가적인 의미로 사용되었지만 곧 세계적인 네트워크를 의미하게 되었다.

CD-ROM의 평균 수명은 3년에서 5년 사이이다.

정보 고속도로의 정확한 형태는 아직 정해지지 않았지만 기본적으로 두 가지를 생각할 수 있다. 하나는 인터넷을 발전시킨 형태이다. 이것의 가장 중요한 목적은 기록된 정보를 전 세계 메일 네트워크를 통해 모으고 교환하는 것이다. 다른 가능성은 상호작용하는 텔레비전 네트워크를 구축하여 필요에 따라 비디오 서비스를 제공하는 형태이다.

인터넷이란 무엇인가?

인터넷은 세계에서 가장 큰 컴퓨터 네트워크이다. 인터넷은 전용선이나 전화선을 통해 네트워크 웹에서 컴퓨터 터미널을 연결해 소프트웨어를 교환한다. 적당한 장비만 갖추면 개인도 인터넷에 연결되어 있는 다양한 컴퓨터의 많은 양의 정보와 자료에 접근할 수 있고, 전 세계 모든 곳에 있는 개인과 통신할 수 있다.

원래는 1960년대에 미국 국방부의 연구 프로젝트 수행자들이 다른 연구자들과 정보를 교환하기 위해 만든 인터넷은 과학자들과 대학에서 네트워크를 사용하게 되면서 엄청난 가치가 알려지자 사용자가 급속히 늘어나게 되었다. 이러한 기원에도 불구하고 인터넷은 미국 정부나 다른 기관 또는 단체가 소유하거나 자금이 지원되지 않는다. 자발적인 봉사자들로 이루어진 인터넷 소사이어티가 기술적인 표준과 일상적인 운용의 문제를 다루고 있다.

인터넷을 통해 정보를 가장 안전하게 보내는 기술은 무엇인가?

공개 열쇠를 이용한 암호화가 인터넷으로 정보를 보내는 가장 믿을 수 있는 방법이다. 이 체계는 '열쇠'를 조합하는 방법을 이용하여 정보를 암호화하고 이를 다시 해독하는 방법으로 작동한다. 하나의 열쇠는 공개된 '공개 열쇠'이고 다른 열쇠는 혼자만 알고 있는 '개인 열쇠'이다. 컴퓨터 알고리즘이 각 열쇠를 해독하는 데 사용된다. 정보를 보내는 사람은 정보를 공개 열쇠를 이용하여 암호화하고, 정보를 받는 사람은 자신만이 알고 있는 개인 열쇠를 이용하여 이것을 해독한다.

이 체계가 얼마나 강력한가 하는 것은 사용하는 열쇠의 크기에 따라 달라진다. 128비트짜리 부호매김은 40비트짜리 부호매김보다 3×1,026배 더 강력하다. 부호가 아무리 복잡해도 비밀을 비밀로 유지하는 것이 정보를 안전하게 보호하는 데 가장 중요하다.

인터넷의 수호성인도 있는가?

로마 가톨릭 교회에서 수호성인은 생활의 모든 면을 보호해 주는 특별한 보호자이다. 동물(성 프란시스 아시시), 도서관 사서(성 제롬)에서 전 유고슬라비아(성 크릴과 메소디우스)에 이르기까지 모든 것에는 수호성인이있다. 인터넷의 수호성인으로 제안된 성인은 세빌의 성 이시도르이다. 세빌의 성 이시도르는 정보를 사랑했기 때문에 인터넷 성인으로 잘 맞는 성인이다. 그는 《어원학》이라는 제목의 지식 백과사전을 출판했으며 문법, 천문학, 지리, 역사, 신학에 관한 책도 썼다.

얼마나 많은 사람들이 인터넷을 이용하고 있는가?

국제전기통신연합ITV에 따르면 전 세계 인구의 51.2%인 39억 명이 인터넷을 이용하고 있다.

넷플렉스는 무엇인가?

넷플렉스Netplex는 워싱턴 D.C 부근에 있는 자료 통신 산업의 중심지이며 인터넷의 초점이 되는 지역을 부르는 말이다. 넷플렉스 안에는 광섬유를 이용한 네트워크를 구축하고 운영하는 회사, 인터넷 망을 회사나 개인들에게 판매하는 회사, 또는 다른 인터넷 관련 서비스를 하는 회사들이 사업을 하고 있다. 원격 통신이나 컴퓨터와 관련된 회사들이 많이 자리 잡고 있는 넷플렉스는 캘리포니아 실리콘 밸리나 노스캐롤라이나 연구 삼각지대의 '기술 센터'와 비교된다.

컴퓨터

알고리즘이란 무엇인가?

알고리즘이란 문제를 해결하기 위해 명확하게 정의된 규칙과 지시 사항을 말한다. 이것은 컴퓨터에만 적용되는 것이 아니라 어떤 특정한 문제를 한 단계씩 해결해가는 과정에는 언제나 적용할 수 있는 것이다. 약 4000년 전에 평판에 새겨 놓은 바빌로니아의 은행 계산법도 컴퓨터 프로그램과 마찬가지로 문제 해결이 여러 단계로 구성되어 있는 알고리즘이다.

알고리즘이란 말은 0을 포함하는 힌두 숫자와 십진법을 서방에 소개한 바그다드의 수학자 콰리즈미^{Muhammad ibn Musa al Khwarizmi, 780~850}의 이름에서 유래했다. 12세기에 그의 저술들이 라틴어로 번역될 때, 아랍(힌두) 숫자를 이용한 계산법이 알고리즘이라고 알려지게 되었다.

누가 컴퓨터를 발명했나?

컴퓨터는 계산기에서 발전했다. 가장 오래된 기계식 계산기 중의 하나는 오늘날에도 널리 사용되고 있는 주판이다. 주판은 기원전 2000년 고대 이집트에서도 사용했고, 동양에서도 약 1,000년 후부터 사용하기 시작했으며, 유럽에 들어온 것은 300년경이었다. 1617년에 네이피어^{John Napier, 1550~1617}가 숫자의 곱을 계산하기 위해 상아에 마크를 한 '네이피어의 뼈'를 발명했다. 17세기 중엽에 파스칼^{Blaise Pascal, 1623~1662}은 뺄셈과 덧셈을 하는 간단한 기계를 만들었다. 라이프니츠^{Gottfried Wihelm Leibniz, 1646~1716}는 1694년에 발명한 계산기에서 곱셈을 덧셈을 반복하여 수행했다. 1823년에는 영국의 배비지^{Charles Babbage, 1792~1871}가 영국 정부를 설득하여 '해석기관'의 개발을 위한 자금을 지원하도록 했다. 이것은 어떤 종류의 계산도 수행할 수 있는 기계였다. 이 기계는 증기의 힘으로 작동되었지만 가장 중요한 기술적 혁신은 전체 프로그램이 펀치 테이프에 저장되었다는 것이었다. 그러나 당시의 기술이 그의 설계를 실현시킬 만큼 충분하지 못했기 때문에 배비지의 계산기는 그가 살아 있는 동안에는 완성되지 못했다.

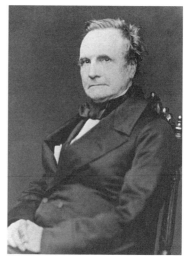

찰스 배비지는 '해석기관'을 설계했다. 이 계산기가 현대 컴퓨터로 발전했다.

1991년 런던 과학 박물관의 스웨이드^{Doron Swade}가 이끄는 팀이 배비지의 설계를 바탕으로 하여 '해석기관'을 만들었다. 너비가 3m이고 높이가 2m인 이 계산기의 무게는 3톤이었다. 이 계산기는 방정식을 31자리까지 계산할 수 있었다. 하나의 계산을 하기 위해 손잡이를 수백 번이나 돌려야 했기 때문에 실용적이지는 못했지만 이 계산기는 배비지가 그 시대보다 훨씬 앞선 사람이었다는 것을 나타내는 것이었다. 현대적인 컴퓨터는 거의 빛의 속도로 달리는 전자를 이용하여 계산한다.

영국의 수학자 튜링^{Alan M. Turing, 1912~1954}의 생각에 기초를 두고 있는 초기의 프로그램 가능한 전자 컴퓨터는 뉴먼^{Max Newman, 1897~1985}이 고안하고, 플라우어스^{T. H. Flowers}가 만들었으며, 영국 정부가 1943년 독일의 암호기 '에니그마'가 만든 암호를 푸는 데 사용한 1,500개의 밸브를 가진 '거물'이었다.

펀치 카드의 최초 용도는 무엇이었나?

펀치 카드는 프로그램이나 명령을 기계에 입력하는 방법이었다. 1801년에 자카르^{Joseph Marie Jacquard, 1752~1834}는 자동으로 여러 가지 패턴을 짜는 기계를 만들었다. 구멍이 뚫린 종이가 직조기에서 실을 조절하여 천 위에 미리 정해 놓은 패턴을 만들었다. 이 패턴은 종이 위의 구멍의 배열에 따라 결정되었다. 철사가 이 구멍을 통과해 천을 짜는 데 사용될 특정한 실을 끌어 올렸다.

1880년대에 홀러리스^{Herman Hollerith, 1860~1929}는 펀치 카드의 아이디어를 기계에 명령을 내리는 데 사용했다. 그는 1890년 미국 인구조사 자료를 6주 동안(예전보다 세 배나 빠른)에 정리한 펀치 카드 표 작성 장치를 만들었다. 기계의 입력 장치의 금속 핀이 1달러 크기의 펀치 카드의 구멍을 통과해 순간적으로 닫힌회로를 형성했다. 그 결과 만들어진 펄스가 수입이나 가족 수와 같은 것을 계산하는 카운터를 앞으로 전진시켰다. 분류기 역시 구멍의 배열에 따라 분류 카드도 프로그램되었다. 이것은 인구조사 통계를 분석하는 데 큰 도움이 되었다. 후에 홀러리스는 계산기 회사^{Tabulating Machines Co.}를 설립했고, 이 회사는 1924년에 IBM이 되었다. IBM이 80줄의 펀치 카드를 공업 표준으로 정한 후 수십 년 동안 사용되었다.

'접거나 핀을 박거나 자르지 마시오'라는 표현은 어디에서 쓰이던 말인가?

이것은 IBM 펀치 카드에 인쇄되어 있던 문구이다. 종종 사무실 근무자들이 종이를 스테이플러로 찍거나 함께 접어서 정리하는 경우가 있다. 홀러리스 카드(펀치 카드)는 정확하게 배열된 구멍을 스캔하여 인식하기 때문에 카드에 손상이 생기면 사용이 불가능하다. 따라서 이런 것을 막기 위해 펀치 카드가 널리 사용되던 1950년대와 1960년대에 카드 생산자들이 카드에 경고문을 인쇄했다. 그러한 경고문 중에 IBM 카드에 인쇄된 "접거나 핀을 박거나 자르지 마시오"라는 경고문이 가장 잘 알려졌다. 1964년에 캘리포니아 대학 버클리 캠퍼스에서 학생 시위 사태가 발생했을 때 이 말은 권위와 통제를 상징하는 말로 사용되었다.

5세대 컴퓨터란 무엇을 의미하나?

지난 수십 년 동안에 컴퓨터는 크게 발전되었다. 컴퓨터 발전 과정에서 있었던 중요한 기술의 진보를 나타내기 위해 '세대'라는 말을 사용한다.

1세대 컴퓨터	진공관, 드럼 메모리, 기계적으로 프로그램하는 것을 기초적인 기술로 하는 대형 컴퓨터. 1951년에 만들어진 유니백스 1은 진공관을 기초로 하는 전자 컴퓨터의 초기 모델 중의 하나였다. 1세대 컴퓨터는 제2차 세계대전이 종식된 직후인 1957년에 처음 만들어졌다.
2세대 컴퓨터	트랜지스터를 기본 기술로 하는 컴퓨터. 1958년에서 1963년 사이에 진공관이 반도체 소자로 대체되었다. 자성 메모리에 정보가 저장되었다. 이 시기에 여러 가지 컴퓨터 언어가 개발되었다.
3세대 컴퓨터	IC칩과 반도체 메모리, 자기 디스크 저장 장치를 사용한 컴퓨터. 새로운 운영체제, 소형 컴퓨터, 가성 메모리, 시분할 기술 등이 1963년부터 1971년 사이에 등장했다.
4세대 컴퓨터	마이크로프로세서와 대형 IC를 기본 기술로 하는 컴퓨터로 많은 사람들이 컴퓨터를 사용하게 하는 계기가 된 컴퓨터. 네트워크, 진보된 메모리, 자료 처리 시스템, 발전된 컴퓨터 언어가 1971년에서 1980년대 사이에 이루어진 진보이다.
5세대 컴퓨터	컴퓨터 자체가 가지고 있는 지식과 사용자와의 지적인 인터페이스를 이용한 상호작용을 통하여 대화 내용 인식, 언어의 통역, 로봇의 운영과 같은 이성적인 결론을 이끌어낼 수 있는 인공지능을 갖춘 컴퓨터. 인공지능을 이용하는 이러한 컴퓨터는 1980년대부터 미국, 일본, 유럽에서 개발되기 시작했다. 그리고 1991년에는 일본이 전통적으로 5세대 컴퓨터라고 정의한 컴퓨터를 다양하게 바꾸어 놓을 가능성을 가진 신경 네트워크에 대한 연구를 시작했다.
6세대 컴퓨터	인간 두뇌 능력과 가장 유사한 정보 처리 능력을 가지고 있으며 논리적 추론이 가능한 인공 지능형 컴퓨터. 인공 신경망(ANN: ArtificialNeuralNetwork)과 인공 두뇌(Artificialbrain) 기술의 사용으로 스스로 생각하고 감정을 표현할 수 있으며 인공 신경망(ANN) 컴퓨터, 양자 컴퓨터(quantumcomputer) 등을 대표적인 6세대 컴퓨터로 보고 있다.

최초의 전자 컴퓨터인 에니악은 잘 알려져 있다. 그렇다면 매니악은 무엇인가?

매니악^{MANIAC}은 1948년에서 1952년 사이에 메트로폴리스$^{Nicholas\ C.\ Metropolis,}$ $^{1915\sim1999}$의 지도 아래 로스 앨러모스 과학 연구소에서 만들어졌다. 이것은 프린스턴에 있던 고등학술연구소^{IAS}의 노이만$^{John\ von\ Neumann,\ 1903\sim1957}$이 만든 고속 컴퓨터를 복사한 여러 컴퓨터 중 하나였다. 이 컴퓨터는 원자 에너지, 특히 수소폭탄의 개발에 사용할 목적으로 만들었다.

이 컴퓨터는 최초의 대형 전자 디지털 컴퓨터였던 에니악^{ENIAC}을 기초로 하여 개발되었다. 에니악은 1943년과 1946년 사이에 펜실베이니아 대학의 무어 전기공학 대학원에서 만들어졌다. 에니악을 만든 에커트 주니어^{John Presper Eckert Jr., 1919~199}와 모츨리 ^{John William Mauchly, 1907~1980}는 에니악으로 컴퓨터 시대를 열었다.

전문가 시스템이란 무엇인가?

전문가 시스템은 사전에 프로그램된 정보를 바탕으로 하여 특정한 분야의 복잡한 문제를 분석하고 가능한 해를 제시하는 일종의 소프트웨어이다. 전문가 시스템을 개발하는 사람들은 우선 특정 분야의 전문가들이 어떻게 행동하는지를 분석하고 분석을 통해 얻어진 모든 구체적인 규칙을 시스템에 입력한다. 전문가 시스템은 수리, 보험 설계, 훈련, 질병의 진단 등과 같은 여러 분야에서 사용되고 있다.

최초의 컴퓨터 게임은 무엇인가?

컴퓨터가 게임을 하기 위해 개발된 것은 아니지만 컴퓨터를 게임에 사용하기 시작하는 데는 오랜 시간이 걸리지 않았다. 튜링^{Alan Turing}은 1950년에 '흉내 내기 게임'이라는 유명한 게임을 제안했다. 1952년에는 랜드 공군 방어 실험실의 모니카^{Santa Monica}가 최초로 군사용 시뮬레이션 게임을 만들었다. 1953년에는 새뮤얼^{Arthur Samuel}이 새로운 IBM 701 컴퓨터에서 사용할 체커 게임을 개발했다. 컴퓨터 게임은 이런 초기의 게임에서 시작하여 오늘날에는 수십억 달러의 산업으로 발전했다.

최초의 성공적인 비디오 아케이드 게임은 무엇인가?

테니스의 간단한 전자 버전인 퐁^{Pong}이 최초의 비디오 아케이드 게임이었다. 1972년에 처음으로 시장에 내놓았지만 퐁은 이보다 14년 전인 1958년에 브룩헤이븐 국립 연구소에서 그 당시 기계 설계를 책임지고 있던 히긴보탐^{William Higinbotham}이 만들었다. 실험실을 방문하는 방문객들을 즐겁게 하기 위해 만든 이 게임은 아주 인기가 많아 사람들은 긴 줄을 서서 몇 시간씩 기다려야 했다. 그럼에도 히긴보탐은 이 게임을 대수롭지 않게 생각하여 특허를 내지도 않고 2년 후 없앴다.

1972년에 아타리가 히긴보탐 게임의 아케이드 버전인 퐁을 발매했고, 매그노박스는 가정용 컴퓨터에서 플레이할 수 있는 오딧세이를 발매했다.

더 투르크는 무엇인가?

더 투르크The Turk는 자동 체스기의 이름이다. 로봇과 같은 자동장치는 스스로의 힘으로 움직이는 것처럼 행동하도록 구성된 기계장치이다. 1770년 초에 빈 제국 재판소의 공무원이었던 켐플렌Wolfgang von Kempelen이 체스를 두는 기계를 만들었다. 나무를 조각하여 만든 수염을 단 사람 크기의 이 기계는 터번을 두르고, 바지와 겉옷을 입고 의자에 앉아 있었다. 게임 전에 막 담배를 피운 것처럼 한 손에는 긴 터키풍의 파이프를 들고 있었지만 내부에는 톱니바퀴, 도르래, 전후 운동을 위한 기계장치와 같은 것들로 가득했다. 이 기계는 뛰어난 플레이어처럼 모든 뛰어난 체스 플레이어들을 이겨 지켜보던 사람들을 놀라게 했다. 그러나 이것은 속임수였다. 실제로는 기계가 아니라 안에 숨어 있는 사람이 체스를 두었던 것이다.

독창적인 외모로 인해 유명해진 더 투르크는 기계가 복잡한 임무도 수행할 수 있다는 생각을 심어주어 산업혁명의 선구자로 간주되었다. 역사학자들 중에는 이것이 동력직조기, 전화기와 같은 초기 기계장치를 발명하도록 고무하는 역할을 했고, 심지어는 인공지능이나 컴퓨터화와 같은 새로운 개념의 선구자 역할을 했다고 주장하는 사람도 있다. 그러나 오늘날에는 컴퓨터 체스 게임이 매우 정교해져서 세계 챔피언도 물리칠 수 있을 정도이다. 1997년 5월에 32개의 프로세서를 연결하여 1초에 2억 번의 체스 움직임을 계산할 수 있는 IBM RS/6000 SP 체스 컴퓨터 '딥 블루'가 세계 체스 챔피언 카스파로프Garry Kasparov를 이겼다. 그리고 2016년 3월 구글의 알파고는 이세돌 9단과의 바둑 경기에서 이기며 새로운 인공지능의 시대를 열었다.

1980년대 애플이 만든 마이크로컴퓨터의 이름은 무엇인가?

리사Lisa가 애플이 만든 마이크로컴퓨터의 이름이다. 매킨토시 컴퓨터의 선구자인 리사는 그래픽 인터페이스와 마우스를 가지고 있었다.

실리콘 칩은 무엇인가?

실리콘 칩은 대개 가로세로가 1cm 이하이고 두께가 0.5mm 정도 되는 순수한 실리콘 조각이다. 여기에는 주로 트랜지스터로 구성된 수백만 개의 전자 회로가 심어져 있다. 컴퓨터 칩은 제어, 논리, 메모리 기능을 할 수 있다. 칩의 표면에는 얇은 금속 조각으로 된 그리드가 있어 다른 기기들과 연결하는 데 사용되고 있다. 실리콘 칩은 두 사람에 의해 독립적으로 개발되었다. 텍사스 인스트루먼트의 킬비Jack Kilby는 1958년에, 그리고 페어차일드 반도체의 노이스Robert Noyce는 1959년에 실리콘 칩을 개발했다.

실리콘 칩은 오늘날 사용되고 있는 모든 컴퓨터의 핵심 부품일 뿐만 아니라 계산기, 전자오븐, 자동차 진단장치, VCR과 같은 수많은 다른 기기에서도 핵심적인 기능을 한다.

실리콘 칩의 크기에는 어떤 것이 있나?

실리콘 칩에 들어가 있는 소자의 수를 나타내는 이런 명칭은 대략적으로 정의되어 있다. ULSI 칩은 하나의 칩에 수백만 개의 소자를 심을 수 있고, 오랜 개발 목표인 GSI는 하나의 칩에 수십억 개의 소자를 심을 수 있다.

SSI	small-scale integration
MSI	midium-scale integration
LSI	large-scale integration
VLSI	very-large-scale integration
ULSI	ultra-large-scale integration
GSI	gigascale integration

실리콘 칩을 대체할 소자가 개발된 적이 있는가?

1948년에 진공관보다 전력 소비가 적고 크기가 작으며, 빠르게 작동하면서도 열 발생이 적은 트랜지스터가 도입되었다. 트랜지스터의 사용으로 컴퓨터가 훨씬 경제적이되어 많은 사람들이 이용할 수 있게 되었다. 트랜지스터는 휴대용 라디오를 실용적으로 만들기도 했다. 그러나 작은 소자들은 연결하는 것이 힘들어서 손으로 연결하면 경비가 많이 들고 오류가 많이 발생했다.

1960년대에 실리콘 칩에 전기 회로를 심으면서부터 열 발생을 획기적으로 줄여 에너지 효율을 높이면서도 빠르게 작동하는 메모리와 프로세서를 만들 수 있게 되었다. 1970년대에는 실리콘 칩의 크기는 커지지 않으면서 칩 안에 심는 소자의 수가 매년 두 배로 늘어나자 칩의 크기가 중요한 제한 요소가 되었다. 소자의 크기도 계속 작아졌지만 소자의 수가 늘어나는 것만큼 빠른 속도로 작아지지는 않았다.

연구자들은 전기 회로 칩을 만드는 다른 물질에 대해 연구하기 시작했다. 갈륨 아세나이드는 제조가 힘들지만 작동 속도를 현저하게 증가시킬 수 있는 물질이었다. 유기 고분자화합물은 만드는 데 비용이 적게 들고, 넓은 면적에 전자회로 배선을 해야 되는 LCD나 다른 평판 디스플레이용으로 사용될 수 있었다. 하지만 유기 고분자화합물은 실리콘만큼 전기가 잘 통하지 못했다. 많은 연구자들이 유기 고분자화합물과 실리콘의 장점을 결합한 하이브리드 칩을 연구하고 있다. 전기가 아니라 빛을 이용하는 광학 칩에 대한 연구도 시작되고 있다. 광학 칩은 열을 거의 발생시키지 않고 빠르게 작동하며, 전기 잡음으로부터 자유로울 것이다.

탄소 나노튜브는 무엇인가?

탄소 나노튜브는 두 탄소 전극 사이에서 전기 방전을 일으켜 만들 수 있는 미세한 튜브 구조를 하고 있는 탄소의 동소체이다. 탄소 원자가 격자 구조로 배열되어 지름이 수 나노미터(10억 분의 1m)인 튜브를 형성한다. 탄소 나노 튜브의 장점은 현재 컴퓨터 칩에서 사용하고 있는 트랜지스터보다 수백 배 작다는 것이다. 탄소 나노튜브는 점차로 실리콘 컴퓨터 칩을 대체하여 더 작으면서도 나은 성능을 가진 컴퓨터를 가능하게 할 것이다.

무어의 법칙은 무엇인가?

인텔사의 창업자인 무어^{Gordon Moore}는 1965년에 마이크로 칩에 들어가는 트랜지스터의 수(칩의 성능을 나타내는)가 1년 반마다 두 배로 늘어난다고 주장했다. 이것을 무어의 법칙이라고 부른다. 이러나 증가가 영원히 계속될 수 없다는 주장에도 불구하고 역사는 무어가 예상했던 대로 증가하고 있다는 것을 보여주었다.

하드 디스크와 플로피 디스크의 차이점은 무엇인가?

두 가지 모두 자성 물질을 이용하여 정보를 저장하며, 자기 테이프가 소리나 영상을 기록하고 재생하고, 지우는 것과 똑같은 방법으로 정보를 저장하고 불러오며 지운다. 회전하는 디스크 위에 있는 읽고 쓰는 헤드는 CPU의 지시를 받아 정보를 저장하거나 불러올 지점을 찾아낸다. 하드 디스크는 산화철이 코팅된 단단한 알루미늄 디스크를 사용한다. 하드 디스크는 플로피 디스크보다 저장 용량이 훨씬 크다. 마이크로컴퓨터에 사용되는 대부분의 하드디스크는 컴퓨터에 내장되어 있지만 외장 하드 디스크도 있다. 디스켓이라고도 불리는 플로피 디스크는 자성 물질이 코팅된 플라스틱 디스크를 사용한다. 플로피 디스크의 저장 용량은 디스크 크기에 따라 크게 달라진다. 플로피 디스크는 소형 컴퓨터에서 주로 사용된다.

하드 디스크는 플로피 디스크보다 더 많은 정보를 저장할 수 있을 뿐만 아니라 접근 속도가 빠르다. 하드 디스크는 2,400~3,600rpm의 속도로 계속해서 회전하고 있다(에너지를 절약하기 위해 사용할 때만 회전하도록 설계된 제품도 있다). 아주 **빠른** 하드 디스크는 각 트랙에 읽고 쓰는 헤드가 각각 설치되어 있어 헤드가 원하는 트랙을 찾아가는 데 필요한 시간을 없앴다. 플로피 디스크는 자료 전송이 필요한 경우에만 회전하며 회전 속도도 300rpm에 불과하다.

플로피 디스크에는 얼마나 많은 자료를 저장할 수 있나?

세 가지 일반적인 플로피 디스크의 저장 용량은 다음과 같다.

8인치와 5인치 디스크는 잘 휘어지는 플라스틱 포장 속에 들어 있고, 디스크의 일부가 외부로 드러나 있어 지문이나 먼지에 의해 오염되기 쉽다. 3.5인치 플로피 디스크는 단단한 플라스틱으로 포장되어 있고 사용할 때만 열리는 표면 보호 장치를 가지고 있다. 이러한 보호 장치와 늘어난 저장 용량

크기(인치)	저장 용량
8	100KB~500KB
5.25	100KB~1.2MB
3.5	400KB~2MB 이상

때문에 3.5인치 디스크를 다른 플로피 디스크보다 더 많이 사용하게 되었다. 컴퓨터의 성능이 좋아지고 메모리 용량이 늘어남에 따라 컴퓨터 파일의 크기가 커지자 저장 용량이 한정되어 있는 플로피 디스크는 다른 저장 장치에 그 자리를 내주었다. 휴대용 집^{Zip} 디스크는 250MB까지 저장할 수 있으며, CD와 DVD는 600MB 이상의 정보를 저장할 수 있다. 아직도 많은 사람들은 서랍 속에서 많은 중요한 정보를 담고 있지만 더 이상 컴퓨터가 플로피 디스크 드라이버를 장착하고 있지 않아 쓸모없게 된 많은 플로피 디스크를 발견할 수 있을 것이다.

왜 디스크는 포맷을 해야 하는가?

디스크는 우선 자료를 저장하고 읽어올 수 있도록 조직해야 한다. 플로피 디스크나 하드 디스크에 저장된 정보는 동심원 트랙에 정리되어 있다. 자료의 블록을 저장하고 있는 섹터는 트랙의 호 형태의 영역을 차지하고 있다. 대부분의 플로피 디스크는 포맷을 통해 섹터의 주소를 지정해 저장된 자료를 불러올 때 사용할 수 있도록 한다. 하드 섹터를 가진 플로피 디스크는 물리적인 표시로 섹터의 주소를 구분하고 있어 포맷이 필요 없고 새로 포맷할 수도 없다. 섹터가 정리되고 주소가 지정되는 방법이 컴퓨터의 호환성을 결정한다. DOS 운영체제로 포맷된 디스크는 DOS 운영체제를 사용하는 컴퓨터에서만 읽거나 쓸 수 있다. 매킨토시 운영체제를 사용하는 컴퓨터로 포맷된 디스크는 매킨토시 운영체제로 작동되는 컴퓨터에서만 사용할 수 있다. 포맷을 하는 과정

에서는 예전에 저장되었던 모든 자료가 지워진다. 하드 디스크 역시 사용하기 전에 포맷해야 한다. 일단 포맷한 다음에는 실수로 다시 포맷하지 않도록 주의해야 한다. 요즘 사용되는 대부분의 디스크는 사전에 이미 포맷되어 있다.

컴퓨터 마우스는 누가 발명했나?

컴퓨터 마우스는 디스플레이 스크린에 커서를 움직여 손으로 자료를 입력하는 장치이다. 초기 마우스는 샌프란시스코에서 1968년에 열린 가을 컴퓨터 학회에서 엥겔하트[Douglas C. Englehart]가 선보인 입력 장치의 일부였다. 1984년 애플 컴퓨터의 매킨토시에 사용되어 유명해진 마우스는 컴퓨터와의 통신을 간단하고 자유롭게 하기 위해 15년 동안의 헌신적인 노력의 결과였다.

꼬리를 달고 있는 생쥐를 닮아 마우스라는 이름으로 불리게 되었다.

호퍼의 법칙이란 무엇인가?

전기는 1나노 초(10억 분의 1초) 동안에 30cm 정도 진행한다. 이것은 컴퓨터 프로그램을 만드는 사람들이 편리에 따라 적용하는 법칙이다. 이것은 컴퓨터의 속도를 제한하는 기본적인 한계이다. 전기 회로 속의 신호는 이보다 더 빠르게 전달될 수 없다.

어셈블리 언어와 기계 언어는 같은 것인가?

때로는 이 두 가지가 같은 의미로 사용되기도 하지만 어셈블리 언어는 기계 언어를 사용자에게 편리하도록 번역한 언어이다. 기계 언어는 CPU가 인식할 수 있는 비트들을 조합한 언어이다. 개개의 CPU는 자체의 기계 언어를 가지고 있다. 기계 언어는 일반적으로 75개 정도의 명령어로 구성되어 있다. 대형 컴퓨터의 CPU에 사용되는 기계 언어는 수백 가지의 명령을 포함하고 있다. 모든 명령은 1과 0으로 구성되어 있으며 CPU에게 특정한 작업을 수행하도록 지시한다.

어셈블리 언어는 CPU의 기계 언어의 명령을 기호나 기억하기 쉬운 이름으로 바꾸어 놓은 것이다. 기계 언어와 마찬가지로 어셈블리 언어도 특정한 CPU와 연결되어 있어서 어셈블리 언어로 프로그램을 하기 위해서는 CPU의 구조를 잘 알고 있어야 한다. 어셈블리 언어를 이용한 프로그램은 관리하기 어렵고 많은 양의 문서화가 필요하다.

1980년대에 개발된 C언어는 어셈블리 언어 대신에 이용된다. 이것은 고위 프로그램 언어로 이것을 이용하여 만든 프로그램은 마이크로컴퓨터에서 대형 컴퓨터에 이르기까지 거의 모든 컴퓨터의 기계 언어로 컴파일할 수 있다.

프로그램 언어의 세대는 무엇인가?

컴퓨터를 연구하는 과학자들은 컴퓨터 언어를 다음과 같은 약자를 이용하여 구분하고 있다.

1GL	1세대 언어는 '기계 언어'라고 부른다. 기계 언어는 프로세서가 수행할 수 있도록 0과 1의 2진법 숫자로 프로그램하는 언어를 말한다.
2GL	2세대 언어는 '어셈블리 언어'라고 부른다. 어셈블리 언어로 프로그램된 프로그램은 어셈블러가 기계 언어로 변환한다.

3GL	3세대 언어는 '고위' 프로그램 언어라고 부른다. 자바, C^{++}는 3GL언어이다. 이런 언어로 프로그램된 프로그램은 컴파일러가 기계 언어로 변환한다. 그 프로그램의 모양은 일반적으로 다음과 같다.
	
	if (chLetter $\geq$ 'B')
	Console.WriteLine ("Usage: One argument");
	return 1;//same code

4GL	4세대 언어는 보통의 언어와 비슷하다. 4세대 언어로 프로그램된 프로그램은 다음과 같은 모습이다. FIND All Titles FROM Books WHERE Title begins with "Handy"
5GL	5세대 언어는 3GL 또는 4GL 컴파일러가 언어로 번역할 수 있는 그래프를 이용하여 나타내는 것을 말한다. 이것은 HTML 텍스트 편집기와 비슷하다. 원하는 내용을 적당한 자리에 끌어서 집어넣을 수 있고, 프로그램 구조를 시각적으로 디스플레이하여 볼 수 있다.

최초의 프로그래머는 누구인가?

기록에 의하면 바이론의 딸이었으며 러브레이스 백작부인이었던 바이런^{Augusta Ada Byron}이 배비지의 '해석기관'을 위해 컴퓨터 프로그램을 만든 최초의 인물이다. 이 계산기는 부분적인 해답을 저장했다가 다른 계산을 수행할 때 사용하거나 그 결과를 인쇄할 수 있도록 하는 펀치 카드에 의해 작동되었다. 배비지와의 작업과 이 엔진의 가능성에 대해 쓴 에세이에 의해 그녀는 프로그램 과학의 창시자 혹은 수호성인으로 여겨졌다. 이 프로그램 언어는 미국 국방부에 의해 그녀를 기념하기 위해 아다Ada라고 명명되었다. 현대에 와서 프로그램을 최초로 한 사람은 미국 해군을 위해 마크 I 컴퓨터 프로그램을 했던 호퍼^{Grace Murray Hopper, 1906~1992}이다.

코볼 컴퓨터 언어는 누가 발명했나?

코볼^{common business oriented language, COBOL}은 1960년에 여러 개의 컴퓨터 생산 업체와 미국 국방부 사람들로 구성된 팀이 상업적인 이용을 목적으로 만든 뛰어난 컴퓨터 언어이다. 코볼과 연관되어 가장 잘 알려진 사람은 코볼의 미국 해군 표준화에 공헌한 호퍼^{Grace Murray Hopper, 1906~1992}중위이다. 코볼은 대부분의 사업용 자료 처리 방법보다 뛰어났으며, 간단한 계산으로 많은 자료를 처리할 수 있었다. 이 언어는 문장이 영어와 유사하고, 한 종류의 컴퓨터를 위해 코볼로 짠 프로그램은 다른 종류의 컴퓨터에서도 쓸 수 있었기 때문에 오랫동안 사용되었다.

누가 파스칼^{PASCAL}을 발명했나?

스위스의 컴퓨터 프로그래머인 위스^{Niklaus Wirth, 1934~}가 PASCAL 컴퓨터 언어를 만들었다.

비트와 바이트는 어떻게 다른가?

컴퓨터가 저장하는 기본 단위인 바이트는 하나의 문자('A'), 숫자('2'), 기호('$'), 띄어쓰기와 같은 정보를 나타낸다. 바이트는 대개 여덟 개의 '데이터 비트'와 하나의 '패리티 비트'로 이루어져 있다. 비트는 디지털 컴퓨터에서 가장 작은 정보 단위로 '0'이나 '1'의 값을 갖는다. 패리티 비트는 바이트를 구성하는 비트에 오류가 있는지를 체크하는 비트이다. 1바이트에 8개의 데이터 비트가 있는 것이 일반적이지만 컴퓨터 생산자는 한 바이트 안에 들어 있는 비트의 수를 마음대로 정하여 사용할 수 있다. 1바이트가 여섯 개의 데이터 비트를 포함하고 있는 것도 많이 사용된다.

컴퓨터를 부팅한다는 것은 무슨 뜻일까?

부팅은 컴퓨터를 시작하여 운영체제를 수행시켜 컴퓨터의 컨트롤을 운영체제에 넘겨주는 것을 말한다. 이 말은 스스로 어떤 상태를 만든다는 의미를 가진 부트스트랩 bootstrap이라는 단어에서 유래했다. 부트스트랩이란 말은 다른 사람의 도움 없이 혼자서 장화를 신도록 한다는 뜻이다. 컴퓨터에 전원을 켜서 부팅하는 동안에 컴퓨터는 운영체제를 찾고 불러와 수행시킨 다음 운영체제에 컴퓨터 컨트롤을 넘겨준다. 이런 일을 하도록 하는 프로그램은 컴퓨터를 켜면 자동적으로 실행되는 ROM 칩에 저장되어 있다. 대형 컴퓨터나 소형 컴퓨터에서 부팅 과정은 운영자의 입력과 관련되어 있다. 콜드 부트cold boot는 전원을 끈 상태에서 다시 전원을 켠 다음 운영체제에 컨트롤을 넘겨주는 것을 말하고, 웜 부트worm boot는 컴퓨터의 전원을 끄지 않은 채 운영체제를 다시 시작하는 것을 말한다.

컴퓨터를 사용하지 않을 때는 꺼놓는 것이 좋은가?

개인용 컴퓨터는 많은 전기를 사용한다. 컴퓨터는 약 120W, 모니터는 약 150W의 전력을 사용한다. 따라서 한두 시간 동안 그냥 컴퓨터를 켜두는 것은 비용 절감 면에서 효율적이지 않다. 모니터를 끄고 CPU는 그대로 두어도 컴퓨터가 사용하는 에너지의 상당 부분을 절약할 수 있다. 또 에너지를 절약하고 컴퓨터의 수명을 연장하기 위해 일과가 끝난 다음이나 주말에는 CPU와 모니터를 모두 꺼두어야 할 것이다.

컴퓨터 스크린을 볼 때는 어떤 자세가 좋은가?

컴퓨터 앞에서 올바른 자세를 취하는 것은 수근관 증후군이나 등의 통증과 같은 육체적인 문제를 예방하는 데 필요하다. 컴퓨터 앞에 앉을 때는 스크린에서 45cm에서 60cm 떨어져 앉는 것이 좋으며 스크린의 중앙 부분보다 15cm에서 20cm 정도 높게 앉아야 한다. 손은 팔과 같은 높이이거나 약간 낮은 것이 좋다.

올바른 자세도 중요하다. 똑바로 앉아 척추를 곧게 하는 것이 좋다. 의자 뒤쪽에 붙어 앉아야 하며, 무릎은 허벅지와 같은 높이이거나 약간 낮은 것이 좋다. 두 발은 바닥에 놓아야 한다. 팔은 책상 위에 놓거나 의자의 팔걸이에 놓을 수 있지만 앞으로 수그려서는 안 된다. 앞으로 숙일 필요가 있을 때는 허리에서부터 숙이는 것이 좋다.

버그라는 말은 어디에서 유래했나?

속어인 버그^{bug}는 컴퓨터 프로그램의 오류나 문제를 가리키는 말이다. 이 말은 1940년대에 하버드 대학의 컴퓨터 개척자인 호퍼가 사용하던 컴퓨터가 죽은 나방 때문에 고장 났던 것에서 유래했을 가능성이 있다. 그녀가 핀셋으로 나방을 옮기고 있을 때 누가 무엇을 하느냐고 묻자 그녀는 "나는 지금 디버그^{debug}하고 있어요"라고 대답했다. 죽은 나방은 이 이야기가 쓰여 있는 페이지에 테이프로 붙여져 버지니아 해군 박물관에 전시되어 있다.

글리치라는 말은 어디에서 유래했나?

글리치^{glitch}는 프로세서의 명령과 같이 연속적인 사건이 갑자기 중단되거나 문제를 일으키는 것을 말한다. 다시 안정을 되찾을 수도 있고 되찾지 못할 수도 있다. 이 말은 독일어에서 '미끄러지다'라는 뜻을 가진 glitschen에서 유래했을 가능성이 있다.

하나의 작은 글리치가 네트워크를 따라 연속적인 고장을 일으킬 수 있다. 예를 들면 1997년에 버지니아의 소규모의 인터넷 제공자가 잘못된 라우터(네트워크가 정보의 다음 위치를 결정하는 방법) 정보를 백본(여러 개의 작은 규모의 인터넷 망이 연결되는 주 인터넷 망) 인터넷 운영자에게 제공했다. 많은 인터넷 사용자들이 백본 제공자에게 의지하기 때문에 오류가 전 세계로 전파되었고, 네트워크가 일시적으로 정지되었다.

컴퓨터 바이러스는 무엇이며 어떻게 전파되는가?

생물학적 바이러스와 유사한 특징을 가지는 컴퓨터 바이러스는 다른 프로그램을 찾아내 그 프로그램 안에 자신을 복제하는 컴퓨터 프로그램을 말한다. 프로그램이 수행되면 안에 들어 있는 바이러스 프로그램 역시 수행되어 바이러스가 전파된다. 이런 일은 사용자가 알지 못하는 사이에 발생한다. 그러나 바이러스는 도움 없이는 다른 컴퓨터를 전염시킬 수 없다. 바이러스는 사용자들이 컴퓨터로 통신하거나 프로그램을 교환할 때 전염된다. 바이러스는 전파되는 것 이외에는 아무 일도 하지 않아 컴퓨터가 정상적으로 작동할 수도 있다. 그러나 대개의 경우는 일정한 기간 동안 조용히 전파된 다음 이상한 메시지를 심거나 사용자의 컴퓨터 파일을 파괴하는 것과 같은 일을 하기 시작한다. 컴퓨터 '웜'이나 '논리 폭탄'도 바이러스와 비슷하다. 그러나 이들은 바이러스처럼 프로그램 안에서 스스로 복제하지 않는다. 논리 폭탄은 자료를 파괴하기도 하고, 데이터 파일에 쓰레기를 삽입하거나 하드 디스크를 새로 포맷하여 즉각 손상이 발생한다. 웜은 프로그램이나 자료를 일시에 바꾸거나 시간을 두고 천천히 바꾼다.

1990년대에 바이러스, 웜, 논리 폭탄이 IBM PC 또는 매킨토시 사용자들에게 심각한 문제가 되었다. 따라서 바이러스를 찾아내 치료하는 소프트웨어를 만드는 것이 새로운 사업으로 떠올랐다.

퍼지 서치란 무엇인가?

퍼지 서치는 사용자가 입력한 것과 똑같은 내용뿐만 아니라 비슷한 내용까지 찾아주는 소프트웨어의 기능을 가리키는 말이다. 정확한 스펠링을 모르거나 다루고 있는 주제와 연관 관계가 적은 내용까지 찾고 싶을 때 사용할 수 있는 기능이다.

GIGO는 무엇인가?

GIGO는 컴퓨터 언어와 비슷해 보이지만 컴퓨터에 사용되는 용어가 아니다. 이것은 심는 대로 거둔다는 의미를 가진 말로 쓰레기를 넣으면 쓰레기가 나온다는 뜻의 영어 문장 "Garbage In, Garbage Out"의 줄임말이다. 이것은 컴퓨터 해커들이 정확하지 않은 정보를 입력하면 정확하지 않은 결과를 얻는다는 뜻으로 사용한다.

픽셀은 무엇인가?

픽셀은 비디오 디스플레이 스크린에서 가장 작은 단위이다. 스크린은 하나나 여러 개의 점 또는 점들의 집합으로 이루어진 수많은 픽셀을 가지고 있다. 단색 스크린에서 하나의 픽셀은 하나의 점이다. 픽셀이 켜지거나 꺼져서 밝거나 어둡게 되어 영상을 만들어낸다. 일부 흑백 디스플레이에서는 하나의 픽셀이 빛의 세기를 여러 가지로 바꿀 수 있어 밝은 것에서 어두운 것으로 점차 변해갈 수 있다. 컬러 스크린에서는 하나의 픽셀이 빨간색, 초록색, 파란색을 나타내는 세 개의 점을 포함하고 있다. 단순한 스크린에서는 하나의 점이 한 가지 색깔의 빛만을 내지만 정교한 스크린에서는 픽셀이 각 색깔의 빛을 내는 점들의 조합으로 이루어져 있다. 좀 더 정교한 스크린에서는 많은 종류의 색깔을 나타낼 수 있으며, 세기도 조정할 수 있다. 컬러 스크린에서 검은색은 모든 색깔을 꺼서 나타내고, 흰색은 모든 색깔을 켜서 나타낸다. 모든 색깔의 세기를 같게 하면 회색이 만들어진다.

가장 경제적인 디스플레이는 한 픽셀당 하나의 비트가 배당되어 켜거나 끄는 것으로 영상을 만들어내는 흑백 디스플레이이다. 수백만 개의 픽셀을 사용하는 고해상도 컬러스크린은 하나의 점이 4바이트의 메모리를 사용하기 때문에 영상을 디스플레이하기 위해서만 수 MB의 메모리를 사용해야 한다.

DOS는 무엇을 의미하나?

DOS$^{disk\ operating\ system}$는 디스크 운영체제라는 뜻을 가진 말로 컴퓨터가 하드 디스크나 플로피 디스크에 자료를 저장하거나 불러오는 것을 제어하는 프로그램을 가리킨다. 종종 이것은 주 운영체제와 결합되어 있다. 운영체제는 원래 시애틀 컴퓨터 프로덕트가 SCP-DOS로 개발했다. IBM이 개인용 컴퓨터를 만들기로 결정하여 운영체제가 필요하게 되었을 때 마이크로소프트사와 운영체제를 생산하기로 합의한 후 SCP-DOS를 선택했다. 마이크로소프트에 의해 SCP-DOS가 MS-DOS로 바뀌었고 IBM은 이것을 PC-DOS라고 불렀다. 그 후 많은 사람들이 그냥 DOS라고 부르게 되었다.

e-메일은 무엇인가?

E 메일 또는 e-메일이라고도 알려진 전자메일은 메시지를 전달하기 위해 통신 시설을 이용한다. 많은 경우 컴퓨터가 메시지를 전송하고 받는 데 사용되지만, 컴퓨터를 이용하지 않는 팩스도 전자메일의 일종이라고 볼 수 있다. 사용자는 한 사람에게만 메시지를 전달할 수도 있고, 동시에 많은 사람들에게 전달할 수도 있다. 시스템에 따라 메시지를 보내고 받으며, 텍스트를 다루고 주소를 지정하는 데 여러 가지 다른 옵션이 제공된다. 예를 들면 시스템에 따라 받는 사람이 메시지를 열어보면 그 사실을 보낸 사람에게 알려주는 서비스도 가능하다(물론 받는 사람이 실제로 그 메시지를 읽었는지를 확인할 방법은 없다). 대부분의 시스템은 메시지를 다른 사람에게 전달하는 것이 가능하다. 보통 메시지는 네트워크 서버나 컴퓨터의 가상 메일박스에 저장된다. 어떤 시스템에서는 사용자가 시스템에 로그인하면 메일이 와 있다는 사실을 알려준다. 회사, 대학, 전문기구와 같은 단체는 전자메일 시설을 갖추고 있고 국내는 물론 국제적인 네트워크가 제공되고 있다. e-메일을 사용하기 위해서는 보내는 사람과 받는 사람 모두 같은 시스

템이나 네트워크로 연결된 시스템에 계정을 가지고 있어야 한다.

누가 최초의 e-메일을 보냈나?

1970년대에 컴퓨터 엔지니어 톰린슨^{Ray Tomlinson}이 같은 컴퓨터를 사용하는 사람들은 서로 메시지를 남길 수 있다는 것을 공지했다. 그는 다른 컴퓨터 사용자들에게도 메시지를 보낼 수 있다면 매우 유용한 통신 시스템이 될 것이라고 생각했다. 따라서 그는 일주일 정도의 시간을 투자해 받고 보낼 수 있는 기능을 가진 파일 전송 프로토콜을 프로그램했다. 이 프로토콜을 이용하여 후에 인터넷으로 발전하는 컴퓨터 네트워크인 아파넷^{Arpanet}에 연결되어 있는 다른 컴퓨터와 메시지를 주고받을 수 있었다. 메시지 올바르게 전달되도록 하기 위해 그는 @을 사용했다. @가 자판에 있는 기호 중에서 가장 혼동될 염려가 없고 간단하기 때문이었다. 2001년 4월 현재 e-메일 제공자 중의 하나인 핫메일^{Hotmail}에는 7,000만 사용자가 가입되어 있고 매일 100,000개의 새로운 계정이 늘어나고 있다.

해커란 무엇인가?

해커는 뛰어난 컴퓨터 사용자이다. 해커라는 말은 원래 뛰어난 프로그래머, 특히 기계 언어에 능숙하며 컴퓨터와 컴퓨터 운영체제를 잘 아는 사람을 가리키는 말이었다. 뛰어난 프로그래머는 만족할 수 없는 일을 하는 시스템을 작동 중에도 언제나 정지^{hack}시킬 수 있었기 때문에 붙여진 말이다.

이 말은 후에 패스워드 시스템을 무력화하는 것에 관심을 두는 사람들을 가리키게 되었다. 그리고 고의적으로 또는 범죄 행위로 전화선을 통해 가능한 자료를 훔쳐내거나 망가트리는 사람을 가리키는 나쁜 의미의 말이 되었다. 해커들의 그러한 활동은 전송된 자료의 안전을 강화하기 위해 많은 노력을 하도록 했다. '해커 윤리'는 정보 공유가 인간 관계의 올바른 방법이라고 주장한다. 실제로 정보를 공개하여 소프트웨어 세계에 자신들의 지혜를 공평하게 나누어주는 것을 해커의 의무로 삼고 있다. 그러나 회사 외부의 악의적인 해커 공격으로 인해 회사는 공격을 받을 때마다 약 56,000달러의 대가를 치르고 있다.

클러지는 무엇인가?

클러지^{kludge}는 문제의 조잡한, 불완전한, 방해가 되는 해결책을 말한다. 이것은 또한 임시변통의 해결책이나 잘못 설계된 제품, 또는 다루기 힘든 제품을 가리킨다.

테크노배블이란 말은 누가 처음 사용했나?

1980년대에 배리$^{John\ A.\ Barry}$가 기술과는 아무 관계가 없는 상황에 컴퓨터 용어를 무분별하게 사용하는 것을 의미하는 말인 '테크노배블^{technobabble}'을 처음 사용했다.

리눅스 운영체제는 어떻게 그런 이름을 갖게 되었나?

리눅스는 핀란드의 프로그래머 토르발스$^{Linus\ Torvalds,\ 1969~}$의 이름과 UNIX 운영체제의 이름을 합성하여 만든 이름이다.

리눅스는 더 강력하고 비싼 UNIX 운영체제와 비교되는 소스가 공개된 컴퓨터 운영체제이다. 리눅스는 형식과 기능이 UNIX와 비슷하다. 리눅스는 사용자들이 인기 있는 아파치 서버 유틸리티를 포함해서 믿을 만한 오픈 소스 소프트웨어 툴과 인터페이스를 가정용 컴퓨터에서 합성하여 사용하는 것을 허용한다. 누구든지 무료로 리눅스를 내려받거나 저렴한 비용을 지불하고 디스크에 저장된 리눅스를 구입하여 사용할 수 있다. 토르발스는 운영체제의 핵심이 되는 커널을 재미로 만들었고, 그것을 세계에 무료로 공개했다. 그리고 다른 프로그래머들이 더 발전시켰다. 세상은 리눅스를 받아들였고 토르발스는 사람들의 영웅이 되었다.

오픈 소스 소프트웨어 뒤에는 어떤 생각이 있을까?

오픈 소스 소프트웨어는 작동을 지배하는 규칙인 코드를 사용자가 구할 수 있고 수정할 수 있는 컴퓨터 프로그램을 말한다. 이것은 소프트웨어 공급자가 사용자들이 코드를 볼 수 없고 조작도 할 수 없도록 숨겨놓은 소유자가 있는 코드와 대조적이다. 오픈 소스 소프트웨어가 꼭 무료일 필요는 없다. 저작자는 사용료를 요구할 수 있고 일부는 그렇게 하고 있다. 하지만 사용료는 아주 저렴하다. 프리 소프트웨어 재단에 의하면 '프리 소프트웨어'는 가격의 문제가 아니라 자유의 문제라고 주장한다. 이 개념을 이해하기 위해서는 '무료 맥주'라고 했을 때의 free가 아니라 '자유 발언'이라는 의미의 free를 생각하면 된다. 프리 소프트웨어는 사용자가 자유롭게 작동, 복사, 배포, 연구, 변경, 개선할 수 있는 프로그램이다.

이런 선언에도 불구하고 대부분의 프리 소프트웨어는 대가를 지불하지 않고 구할 수 있다. 오픈 소스 소프트웨어는 대개 저작권법에 의해서가 아니라 '카피레프트copyleft' 개념에 의해 보호받는다. 카피레프트는 자료를 공개 도메인에 공개하는 것을 의미하지 않으며 연방 저작권법처럼 복사를 엄격하게 규제하는 것을 의미하지도 않는다. 프리 소프트웨어 재단에 의하면 카피레프트는 수정했거나 수정하지 않았거나 간에 소프트웨어를 재배포하는 사람은 이 소프트웨어를 복사할 수 있는 자유도 그대로 전달해야 한다는 것을 보증하는 형태의 보호이다.

오픈 소스는 분담, 협동, 상호 개선을 통해 진화한다. 많은 사람들은 이런 생각이 오늘날의 살벌한 소프트웨어의 기업화 속에서 필요하다고 믿고 있다.

누가 월드 와이드 웹을 발명했나?

버너스-리Tim Berners-Lee, 1955~가 월드 와이드 웹WWW의 창시자라고 인정받는다. WWW는 인터넷을 통해 전송되는 것으로 상호 연결된 브라우저를 이용하여 볼 수 있는 하이퍼텍스트의 집합이다. 인터넷은 1960년대와 1970년대에 미국 국방부 연구 프로젝트 연구원들에 의해 개발되기 시작한 전 세계적인 컴퓨터 네트워크이다. 인터넷의 아이디어는 원자폭탄의 폭발과 같은 예기치 못한 재앙이 일어날 경우에 대비하여 잉여 통신 수단을 제공하자는 것이었다. 대재앙에 의해 일부 컴퓨터가 파괴되더라도 전체 네트워크가 파괴되지는 않을 것이기 때문이다. HTML^{Hypertext Markup Language}로 작성되어 있는 하이퍼텍스트는 브라우저에 의해 번역되어 컴퓨터 스크린에서 우리가 읽을 수 있는 문서가 된다. 1990년과 1991년에 버너스－리가 하이퍼텍스트 작성 툴과 프로토콜을 인터넷에 공개하여 시작된 WWW는 구텐베르크가 발명한 인쇄술과 함께 인류 역사상 통신 분야의 가장 큰 업적으로 꼽히고 있다.

검색 엔진은 어떻게 작동하는가?

인터넷 검색 엔진은 도서관의 컴퓨터화된 카드 목록과 유사하다. 인터넷 연결을 통해 브라우저로 검색하고자 하는 단어나 단어의 형식과 일치하는 정보의 WWW에서의 위치를 알려준다. 웹 디렉토리 서비스도 비슷한 서비스를 제공하지만 정보를 수집하는 방법이 다르다. 웹 디렉토리 서비스는 사람이 웹 사이트를 찾아내 여러 가지 방법으로 분류하고 조직화한다. 그러나 검색 엔진은 '스파이더' 또는 '보츠'라고 불리는 소프트웨어를 사용하여 웹 사이트를 찾아내 자동적으로 목록과 색인을 만든다. 스파이더는 모든 웹 페이지의 단어와 단어의 빈도수를 스캔하여 그 결과를 데이터베이스에 저장한다. 사용자가 단어나 구절을 보내면 검색 엔진은 데이터베이스에서 사이트의 리스트를 찾아내고 찾고자 하는 용어와의 관련성을 기준으로 순위를 매긴다.

어떻게 그로서리 스토어 고객이 '데이터 마이닝'에 관련되게 되었나?

많은 그로서리 스토어는 플라스틱으로 만든 재사용 쿠폰처럼 즉석에서 할인할 수 있는 카드를 제공한다. 사용자가 해야 할 유일한 일은 카드에 사인을 하고 나이나 성별과 같은 통계 정보를 제공하는 것이다. 고객이 카드를 사용할 때마다 구매한 물품의 종류나 구매 시간과 같은 정보가 데이터베이스에 저장된다.

그로서리 스토어는 이 '데이터 마이닝'을 이용하여 세일 캠페인의 주목표를 정하고 물품의 진열 위치를 정한다. 데이터 마이닝은 이 말이 뜻하는 바와 같이 컴퓨터가 많은 데이터 중에서 특정한 패턴을 찾아내고, 자료 사이의 관계를 알아내며, 그것을 바탕으로 미래에 벌어질 일을 예측하는 통계적인 기술을 말한다. 예를 들면 데이터 마이닝을 통해 기저귀는 주말 오후 3시 이전에 26세에서 35세 사이의 남자들이 많이 구매하고, 포도주는 오후 3시 이후에 46세에서 55세 사이의 남자가 많이 구매한다는 것을 알게 되었다고 하자. 그러면 가게에서는 낮 동안에는 기저귀를 사람이 많이 다니고 눈에 잘 띄는 곳에 두고 주변에는 같은 연령대의 남자들이 잘 사는 물건을 진열한다. 그리고 오후 3시 이후에는 기저귀를 치우고 그 자리에 포도주를 진열하고 주변에는 46세에서 55세 남자들이 잘 사는 물건을 배치하여 매상을 올린다.

일반 과학과 기술

수

언제 그리고 어디에서 수에 대한 개념이 처음 발전했나?

어른(일부 고등 동물을 포함해서)은 훈련을 받지 않고도 하나에서 넷까지의 수를 구별할 수 있다. 넷보다 큰 수를 세기 위해서는 수를 세는 방법을 배워야 한다. 수를 세기 위해서는 수에 이름을 매길 수 있는 체계 및 수를 기록하는 방법과 같이 수를 다루는 기술 체계가 필요하다. 처음에는 수를 세는 데 손가락과 발가락을 사용했지만, 후에는 조개 껍데기나 조약돌을 사용하는 것으로 발전했다. 기원전 4,000년경 페르시아만 연안의 엘람 지방(오늘날의 이라크에 해당)에서는 조약돌 대신 굽지 않은 진흙 토큰을 이용한 계산법이 시작됐다. 이 계산법에서 막대 모양은 1, 둥근 모양은 10, 공 모양은 100을 나타냈다. 비슷한 시기에 마찬가지로 진흙에 바탕을 둔 문화인 메소포타미아 아래 지역의 수메르도 같은 체계를 발명했다.

0의 개념을 나타내는 기호는 언제부터 사용되었나?

놀랍게도 0을 나타내는 기호는 다른 수에 대한 개념보다 후에 나타났다. 예를 들면 논리와 기하학, 그리고 모든 수학의 기초를 제공하는 개념들을 생각해냈던 고대 그리스도 0에 대한 기호는 가지고 있지 않았다. 힌두의 수학자들이 '0'의 개념을 발전시킨 사람들로 인정받고 있다. 0을 나타내는 기호가 870년의 괄리오르^{Gwalior} 비문에 나타나는 것으로 보아 0의 기호를 사용하기 시작한 것은 틀림없이 이보다는 오래되었을 것이다. 캄보디아, 수마트라, 수마트라에서 조금 떨어진 방카 섬의 7세기 비문에서도 0의 기호가 발견된다. 중국에서는 1247년 이전에는 0을 나타내는 기호를 사용한 기록이 발견되지 않았지만 일부 역사학자들은 이 기호가 중국에서 발명되어 인도차이나 반도를 거쳐 인도에 유입된 것이 아닌가 하고 생각하고 있다.

완전수란 무엇인가?

완전수는 1을 포함하여 자신보다 작은 약수의 합이 자신과 같아지는 수를 말한다. 6은 가장 작은 완전수이다. 6의 약수는 1, 2, 3이어서 이를 더하면 6이 된다. 다음 완전수는 28, 496, 8128이다. 홀수 중에는 완전수가 없다. 지금까지 알려진 가장 큰 완전수는 44번째 완전수로 다음과 같다.

$$2^{32582656}(2^{32582657} - 1)$$

로마숫자는 어떻게 표기하는가?

로마숫자는 일곱 개의 기본적인 기호를 이용하여 숫자를 나타낸다. I(1), V(5), X(10), L(50), C(100), D(500), M(1000)이 그것이다. 때로는 기호 위에 작은 막대를 그어 100을 곱하는 것을 나타낸다. 큰 수보다 앞에 오는 작은 수는 큰 수에서 작은 수를 뺀 것을 의미한다. 이런 표기법은 4나 9를 나타내는 데 주로 사용되었다. 예를 들면 IV(4), IX(9), XL(40), XC(90) 등이다.

피보나치수열이란 무엇인가?

두 번째 항 이후의 수가 앞에 있는 두 수를 합한 것과 같은 수열로 1, 1, 2, 3, 5, 8, 13, 21, …(1+1=2, 1+2=3, 2+3=5, 3+5=8, 5+8=13, 8+13=21, …)을 피보나치수열이라 한다. 이 수열은 피사의 레오나르도라고도 불리는 피보나치$^{\text{Leonardo Fibonacci, 1180~1250}}$가 1202년에 출판했고 후에 자신이 수정한 《계산의 책$^{\text{Liber abaci}}$》에서 처음 설명했다.

가장 큰 소수가 존재할까?

자기 자신과 1 외의 약수를 가지지 않는 수를 소수라고 한다. 예를 들어 2, 3, 5, 7, 11, 13, 17, 19 등은 소수이다. 유클리드^{Euclid}(기원전 300년경)는 가장 큰 소수를 정의하려고 하면 모순이 생긴다는 것을 보여 가장 큰 소수가 있을 수 없다는 것을 증명했다. 만약 가장 큰 소수(p)가 존재한다고 가정하면 1에서 p까지의 소수를 모두 곱한 값에 1을 더한 수, $1+(1 \times 2 \times 3 \times 5 \times \cdots \times p)$도 다른 어떤 소수로도 나누어지지 않으므로 p보다 더 큰 소수가 된다. 2016년까지 수학계에 알려진 가장 큰 소수는 $2^{74207281}-1$이다. 이것은 2천만 자릿수로 초당 1개씩 읽는다 해도 9개월 이상 걸리는 수다. 2015년에 발견된 49번째 소수는 이 소수를 처음 연구했던 프랑스의 수도사 메르센$^{\text{Marin Mersenne}}$의 이름을 따서 메르센 소수라고 부르는 특수한 소수들의 일부이다. 메르센 소수는 2^{n-1}꼴로 나타나는 수들 중에서 소수를 가리킨다.

소수를 나타내는 수열의 형태는 없다. 유클리드 시대 이후 수학자들은 소수를 나타내는 식을 찾아내려고 노력했지만 성공하지 못했다. 30번째 소수는 1996년에 새로운 소수를 발견하기 위해 결성된 메르센 소수를 연구하는 모임인 GIMPS$^{\text{the Great Internet Mersenne Prime Search}}$의 노력의 일환으로 개인 컴퓨터를 이용하여 발견되었다. GIMPS는 전 세계에 분포하는 수천 개의 개인용 컴퓨터를 연계하여 연구하고 있다. 소수에 관심이 있는 사람은 누구나 http://www.mersenne.org/prime.htm을 클릭하여 여기에 참가할 수 있다.

미터법에서 큰 수와 작은 수는 어떻게 부르나?

미터법에서는 수의 자릿수를 나타내는 접두어를 이용하여 큰 수와 작은 수를 나타낸다. 예를 들어 센티(100분의 1)＋미터＝센티미터(100분의 1미터)가 된다.

접두어	크기	숫자
Exa	10^{18}	1,000,000,000,000,000,000
Peta	10^{15}	1,000,000,000,000,000
Tera	10^{12}	1,000,000,000,000
Giga	10^{9}	1,000,000,000
Mega	10^{6}	1,000,000
Myria	10^{5}	100,000
Kilo	10^{3}	1,000
Hecto	10^{2}	100
Deca	10^{1}	10
Deci	10^{-1}	0.1
Centi	10^{-2}	0.01
Milli	10^{-3}	0.001
Micro	10^{-6}	0.000001
Nano	10^{-9}	0.000000001
Pico	10^{-12}	0.000000000001
Femto	10^{-15}	0.000000000000001
Atto	10^{-18}	0.000000000000000001

성경에 나타나는 수 중에서 가장 큰 수는 무엇인가?

성경에 정확하게 나타낸 수 중에서 가장 큰 수는 천의 천, 즉 100만이다. 이 수는 역대하 14:9에 나온다.

왜 10을 중요하게 생각했나?

10을 중요하게 생각한 이유 중의 하나는 미터법이 10을 바탕으로 하기 때문이다. 미터법은 통치자의 선호도나 변덕에 따라 달라지던 측정을 표준화하기 위해 18세기 후반에 만들어졌다. 그러나 10은 미터법이 시행되기 이전에도 중요한 수였다. 2세기 유대의 신피타고라스주의자였던 게라사의 니코마쿠스^{Nicomachus}는 10을 완전한 수라고 주장했다. 그는 사람의 손가락과 발가락의 수를 나타내는 10에는 천지를 창조한 신의 신성이 들어 있다고 했다.

피타고라스주의자들은 10을 수 중에서 가장 먼저 생겨난 수이며, 모든 수의 어머니로 절대로 흔들리지 않으며 모든 것의 열쇠를 주는 수라고 믿었다. 서부 아프리카의 양치기들은 10을 바탕으로 색깔 있는 조개껍데기를 이용하여 양을 세었다. 10은 대부분의 수 체계의 기초로 발전했다.

일부 학자들은 10이 수 체계의 기초가 된 것은 다루기 쉽기 때문이라고 믿고 있다. 10은 손가락을 이용하여 세기가 쉽고 더하기, 빼기, 곱하기, 나누기의 계산 법칙과 자릿수를 쉽게 기억할 수 있다.

구골은 얼마나 큰 수인가?

구골은 10100을 나타내는 수이다. 다른 수의 이름과는 달리 이것은 다른 어떤 수 체계와도 관련이 없다. 미국 수학자 카스너^{Edward Kasner}가 1938년에 처음으로 이 말을 사용했다. 큰 수를 나타내는 말을 찾던 카스너는 그의 아홉 살짜리 조카, 시로타^{Milton Sirotta}에게 이름을 제안해보라고 했다. 구골플렉스는 10 다음에 0이 구골만큼 오는 수, 즉 $10^{구골}$이다. 널리 알려진 웹 검색 엔진 Google. com은 구골에서 이름을 따왔다.

아주 큰 수에는 어떤 것들이 있나?

이름	크기	0의 수
Billion(10억)	10^9	9
Trillion(1조)	10^{12}	12
Quadrillion(1000조)	10^{15}	15
Quintillion(100경)	10^{18}	18
Sextillion	10^{21}	21
Septillion	10^{24}	24
Octillion	10^{27}	27
Nonillion	10^{30}	30
Decillion	10^{33}	33
Undecillion	10^{36}	36
Duodecillion	10^{39}	39
Tredecillion	10^{42}	42
Quattuor－decillion	10^{45}	45
Quindecillion	10^{48}	48
Sexdecillion	10^{51}	51
Septen－decillion	10^{54}	54
Octodecillion	10^{57}	57
Novemdecillion	10^{60}	60
Vigintillion	10^{63}	63
Centillion	10^{303}	303

영국, 프랑스, 독일에서는 100만 이상의 수를 다른 방법으로 나타낸다. 구골^{googo} 또는 구골플렉스^{googolplex}는 미국 외에는 거의 사용되지 않는다.

무리수는 무엇인가?

비율을 이용하여 정확하게 나타낼 수 없는 수를 무리수라고 한다. 반면 비율을 이용하여 정확하게 나타낼 수 있는 수는 유리수라고 한다. 예를 들면 $\frac{1}{2}$은 유리수이고 $\pi(3.141592\cdots)$, $\sqrt{2}(1.41421\cdots)$는 무리수이다. 역사학자들은 기원전 6세기의 피타고라스가 2의 제곱근은 자연수의 비율을 이용하여 나타낼 수 없다는 것을 알게 된 후 이 말을 처음 사용했다고 주장한다.

허수는 무엇인가?

허수는 음수의 제곱근이다. 제곱은 크기가 같고 부호가 같은 수를 두 번 곱해 얻은 수여서 항상 양의 값만 갖는다. 따라서 제곱을 해서 음수가 되는 실수는 없다. 기호 i가 허수를 나타내는 데 사용된다.

π 값의 소수점 이하 30자리의 숫자는 무엇인가?

파이(π)는 원의 둘레와 지름의 비를 나타내는 수로 원의 면적(πr^2)이나 원통의 체적($\pi r^2 h$)을 계산할 때 쓰인다. 파이는 원하는 만큼 정확하게 나타낼 수는 있지만 두 자연수의 비로는 나타낼 수 없는 무리수이다. 이론적으로는 소수점 아래에 무한대의 수가 있지만 대개는 3.1416으로 계산한다. 소수점 아래 31자리에서 반올림하면 파이의 값은 3.141592653589793238462643383279이다. 1989년에 뉴욕에 있는 컬럼비아 대학의 그레고리[Gregory]와 처드노프스키[David Chudnovsky]가 파이의 값을 소수점 아래 1,011,961,691자리까지 계산했다. 그들은 이 계산을 IBM 3090 컴퓨터와 CRAY-2 슈퍼컴퓨터를 이용하여 두 번 계산했다. 그 결과는 정확하게 일치했다. 1991년에 도쿄 대학의 카나다[Yasumasa Kanada]와 다카하시[Daisuke Takahashi]가 파이의 값을 소수점 아래 206,158,430,000자리까지 계산했다. 수학자들은 파이의 값을 2진법(0과 1)으로도 계산했다. 사이먼 프레이저 대학의 퍼시벌[Colin Percival]과 25명의 수학자들은 파이의 값을 2진법으로 5조 자리까지 계산했다. 컴퓨터로 이것을 계산하는 데는 13,500시간이 걸렸다. 최근에는 소수점 아래 12조 1000억 자리까지 계산했다.

왜 7을 초자연적인 수로 간주하는가?

신비주의에서는 모든 수에 특별한 성질이나 에너지를 부여했다. 7은 위대한 힘을 가지고 있는 마술적인 수라고 생각했으며, 행운의 수, 정신적이고 신비스런 힘을 가진 수, 내재적인 진리를 찾는 수라고 생각했다. 7이라는 숫자가 갖는 힘에 대한 믿음은 달의 위상 변화와 관계가 있다. 달의 네 가지 위상은 7일 동안 계속된다. 달의 운동을 바탕으로 달력을 만들었던 수메르인들은 7일을 1주일로 정하고 1주일의 마지막인 일곱 번째 날을 신성한 날이라고 선언했다. 지구상의 생명 주기도 7로 나누어지는 위상을 가지고 있다. 게다가 인간의 성장에도 7년 주기의 단계가 있다. 무지개의 색깔도 일곱 가지이며 음악에도 일곱 가지 음정이 있다. 일곱 번째 아들의 일곱 번째 아들은 놀라운 힘과 정신적 능력을 가지고 태어난다. 숫자 7은 행운의 숫자로 널리 받아들여진다. 특히 사랑이나 돈과 관계된 일에서는 7이 행운을 뜻한다.

구약과 신약 성서에서도 7은 특별한 의미를 가지는 수이다. 몇 가지 예를 들어보면 하나님은 일곱 번째 날에 휴식을 취했고, 요셉의 이야기에서는 고대 이집트에 7년 풍년이 든 후에 7년 흉년이 들었으며, 하나님은 여호수아에게 일곱 제사장으로 하여금 트럼펫을 가지고 일곱 번째 날에 여리고성을 일곱 바퀴 돌도록 했다. 솔로몬은 7년 동안에 성전을 지었으며 주기도문에는 일곱 가지 소망이 들어 있다.

자연에 나타나는 숫자와 수학적 개념의 예에는 어떤 것이 있나?

세상은 수와 수학을 이용하여 논리정연하게 나타낼 수 있다. 일부 숫자는 특별한 의미를 가진다. 6은 어디에서나 발견된다. 눈송이는 육각형 모양이고, 꿀벌의 벌집도 변이 여섯 개인 육각기둥이다. 점점 작아지는 방으로 이루어진 앵무조개는 황금분할의 나선과 피보나치수열에 의해 만들어졌다. 솔방울의 구조를 비롯하여 많은 식물과 꽃의 씨앗과 가지의 배열도 피보나치수열을 근간으로 한다. 한편 해안선, 혈관, 산맥에는 프랙탈 구조가 숨어 있다.

수학

산수와 수학은 어떻게 다른가?

산수는 자연수를 더하고 빼고 곱하고 나누며 일상생활에서 사용하는 방법을 공부하는 것이다. 반면 수학에서는 형태, 배열, 양에 대하여 공부한다. 수학에는 전통적으로 대수학, 해석학, 기하학의 세 분야가 있다. 그러나 세 분야는 밀접하게 관련되어 있어서 각 분야를 구분하는 뚜렷한 경계선은 존재하지 않는다.

미분법은 누가 발명했는가?

독일의 수학자 라이프니츠^{Gottfried Wilhelm Leibniz}는 1684년에 미분법에 관한 최초의 논문을 발표했다. 대부분의 역사학자들은 뉴턴^{Isaac Newton}이 이보다 8년에서 10년 전에 미분법을 발명했다고 믿고 있다. 그러나 그는 그의 연구를 늦게 발표했다. 미분법의 발명은 고등수학의 시작을 알리는 것이었다. 이것은 과학자들과 수학자들에게 이전에는 너무 복잡해서 풀려고 시도하지 못했던 문제를 해결하는 새로운 도구를 제공했다.

고트프리드 빌헬름 라이프니츠는 미분법뿐만 아니라 컴퓨터 개념의 발전에도 공헌했다.

가장 오랫동안 살아남은 수학적 업적은 무엇인가?

유클리드의 《기하학 원론》(기원전 300년경)은 전체 역사를 통틀어 가장 오랫동안 사람들이 배워온 수학적 업적이다. 이 책에는 유클리드 이전 수학자들의 연구 결과와 유클리드 자신이 개선한 내용이 포함되어 있다. 《기하학 원론》은 13권의 책으로 구성되어 있다. 첫 여섯 권은 평면 기하학을 다루고 있으며, 일곱 번째에서 아홉 번째 책까지는 산수와 수론을 다루었고, 열 번째 책은 유리수, 열한 번째에서 열세 번째 책까지는 입체 기하학을 다루고 있다. 유클리드는 정리를 제시할 때 논리적 추론을 통해 아는 것으로부터 모르는 것을 이끌어내는 종합적인 접근 방법을 사용했다. 이런 방법은 여러 세기 동안 과학 연구의 표준이 되었다. 《기하학 원론》은 다른 어떤 것보다도 과학적 사고에 많은 영향을 끼쳤다.

무한대를 세는 것이 가능한가?

가능하지 않다. 아주 큰 수는 무한대가 아니다. 무한대는 끝이 없으며 한계가 없는 수라고 정의된다. 셀 수 있는 수나 어떤 수학적 방법으로 크기를 나타낼 수 있는 수는 무한대가 아니라 유한한 수이다.

주판은 언제부터 사용되어 왔는가?

주판은 판 위에 홈이 파져 있어 조약돌이나 구슬을 넣어 계산에 사용되던 계산판이 발전한 것이다. 주판에 관한 기록은 기원전 3500년경 메소포타미아의 기록에 나타난다. 막대에 꿰인 구슬을 밀어내며 계산하는 현대적인 주판은 15세기 중국에서 발견된다. 종이 위에서 연필로 쉽게 계산할 수 있는 10진법이 사용되기 이전에는 곱셈이나 나눗셈을 하기 위해 주판이 꼭 필요했다. 현

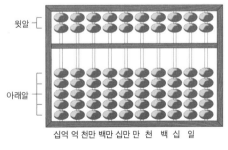

윗알

아래알

십억 억 천만 백만 십만 만 천 백 십 일

산판이라고도 불리는 중국 주판

대적인 전자계산기가 없는 곳에서는 아직도 주판이 사용되고 있다. 일본이나 중국같이 주판을 사용한 오랜 전통이 있는 나라에서도 아직 주판을 사용하고 있다. 1970년대에도 대부분의 일본 상점 주인들은 계산할 때 주판을 사용했다. 전자계산기가 널리 사용되고 있는 요즘에도 어떤 사람들은 계산 결과를 주판으로 확인한다. 전자계산기에 작은 주판이 달려 있는 제품도 생산되었다.

주판과 전자계산기 중에서 어느 것이 더 빨리 계산할 수 있을까?

1946년에 성조기지의 도쿄지국이 일본 주판 전문가와 그 당시 최신 전자계산기를 사용하는 미국 회계사 사이의 시합을 주선했다. 주판 전문가가 아주 큰 수의 나눗셈을 제외한 모든 계산에서 빨랐다. 오늘날의 전자계산기는 1946년에 사용하던 전자계산기보다는 훨씬 빠르고 사용하기 편리하지만 아직도 덧셈과 뺄셈에서는 주판을 사용하는 사람이 전자계산기를 사용하는 사람보다 빠르다. 휴대용 계산기로 할 수 없는 큰 자릿수의 곱하기와 나누기도 주판으로는 할 수 있다.

네이피어의 뼈는 무엇인가?

16세기에 스코틀랜드 메르키스톤 남작이자 수학자였던 네이피어^{John Napier, 1550~1617}는 그가 로가리듬^{Logarithms}(일반적으로는 줄여서 log)이라고 부른 10의 지수를 이용하여 곱셈과 덧셈을 간편하게 하는 방법을 고안했다. 이 체계를 이용하면 곱하기가 덧셈으로 바뀌고, 나누기는 뺄셈으로 바뀐다. 예를 들면 log100=2이고, log1000=3이므로 100 곱하기 1000, 즉 100×1000=100000은 이 수들의 로그값을 더해서 간단하게 계산할 수 있다. log(100×1000)=

'네이피어의 뼈'로 널리 알려진 스코틀랜드 수학자 네이피어는 숫자를 쓸 때 콤마를 사용하는 방법을 고안했다.

log100+log1000=2+3=5=log100000. 네이피어는 이러한 방법을 1614년에 《로그의 뛰어난 표에 대한 설명》이라는 제목의 책으로 출판했다. 1617년에는 로그의 원리를 이용해서 곱셈과 나눗셈에 사용되는 1부터 9까지의 수가 표시된 막대들로 이루어진 도구를 개발했다. 이 도구를 '네이피어의 뼈' 또는 '네이피어의 막대'라고 부른다.

퀴즈네르 막대는 무엇인가?

퀴즈네르 방법은 어린 학생들이 스스로 수학의 원리를 발견할 수 있도록 도와주는 교육 방법이다. 벨기에의 학교 교사였던 퀴즈네르[Emile-Georges Cuisenaire]에 의해 개발된 이 방법은 서로 다른 색깔을 칠한 길이가 다른 10개의 막대를 사용했다. 이 막대들은 학생들이 수학의 원리를 단순히 기억하는 것이 아니라 이해하도록 도왔다. 이것은 또한 분배법칙, 결합법칙, 교환법칙과 같은 기본적인 수학의 성질을 가르치는 데도 사용되었다.

퀴즈네르 막대

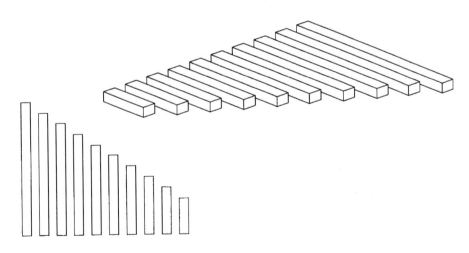

계산자는 무엇이며 누가 발명했는가?

1974년까지는 대부분의 공학 계산과 건물, 교량, 자동차, 비행기, 도로의 설계를 위한 계산에는 계산자가 사용되었다. 계산자는 1614년에 네이피어가 발표한 것으로 로그에 기초한 움직일 수 있는 눈금을 가진 도구였다. 계산자를 이용하면 빠르게 곱하고 나누고, 제곱근과 로그값을 구할 수 있었다. 1620년에 영국 런던에 있는 그레섬 칼리지의 건터Edmund Gunter, 1581~1626가 계산자의 전신이라고 할 수 있는 '수의 로그 라인'에 대해 설명했다. 영국 올즈베리 교구의 사제였던 오트레드William Oughtred, 1574~1660는 1621년에 처음으로 직선 계산자를 만들었다. 이 계산자는 계산을 위해서 함께 작동하는 두 개의 로그 스케일의 자로 이루어져 있었다. 그의 학생이었던 델라메인Richard Delamain은 오트레드가 그의 발명품에 대한 설명서를 발표하기 3년 전인 1630년에 원형 계산자에 대한 설명서를 발표했다. (그즈음에 특허도 받았다.) 어떤 사람은 델라메인이 1620년에 설명서를 발표했다고 주장하기도 한다. 오트레드는 델라메인이 그의 아이디어를 훔쳤다고 비난했다. 그러나 증거에 의하면 이들의 발명은 독립적으로 이루어진 것으로 보인다.

고정된 자와 움직일 수 있는 자를 가지고 있는 현대적인 설계를 이용한 직선 계산자는 1654년경에 나타났다. 17세기 말에는 석재나 목재의 거래와 세금 계산과 같은 특수한 목적을 위해 만들어진 다양한 계산자가 사용되었다. 《영어 어휘와 구의 보물》이라는 책으로 유명한 로젯Peter Mark Roget, 1779~1869은 1814년에 제곱근과 제곱, 세제곱과 같은 지수 값을 계산할 수 있는 계산자를 발명했다. 그러나 1967년에 휴렛 팩커드 (HP)가 휴대용 전자계산기를 생산한 후 오래지 않아 계산자는 과학 이야기나 수집가의 책에나 등장하는 주제가 되었다.

9를 이용해 어떻게 덧셈과 뺄셈의 결과를 확인할 수 있나?

숫자의 각 자릿수의 합을 9로 나누었을 때의 나머지를 이용하여 덧셈과 곱셈 결과를 확인하는 방법을 '캐스팅 아웃 나인'이라고 한다. 이 방법을 이용하기 위해서는 우선 곱하는 두 수의 각 자리 숫자의 합을 구하고 그 결과를 각각 9로 나누어 나머지를 구한다. 나머지를 곱해서 얻은 수가 9보다 작으면 그대로 두고 9보다 크면 다시 9로 나누어 나머지를 구한다. 이제 두 수를 곱한 결과의 각 자리 숫자를 모두 더해 합을 구한 다음 이것을 9로 나누어 나머지를 구한다. 이렇게 구한 나머지가 앞에서 곱하는 두 수로부터 구한 나머지와 같으면 계산이 올바른 것이고 같지 않으면 계산이 틀린 것이다. 이 방법을 이용하면 덧셈의 결과가 올바른지도 확인해볼 수 있다. 예를 들어 설명하면 다음과 같다.

$$
\begin{array}{r}
328 \rightarrow 13 \rightarrow 4 \\
\times \quad 624 \rightarrow 12 \rightarrow 3 \\
\hline
1312 \qquad 12 \rightarrow 3 \\
656 \\
1968 \\
\hline
204672 \rightarrow 21 \rightarrow 3
\end{array}
$$

중앙값과 평균은 어떻게 다른가?

숫자들을 크기 순서대로 배열했을 때 가운데 있는 값을 중앙값이라고 말한다. 만약 숫자가 짝수 개 있다면 중앙값은 가운데 있는 두 값을 더해서 둘로 나누면 된다. 흔히 평균이라고 알려져 있는 산술 평균은 모든 수를 더한 다음 전체 숫자의 개수로 나누면 얻을 수 있다. 숫자가 많지 않을 때는 쉽게 계산할 수 있지만 산술평균은 아주 큰 수와 아주 작은 수 때문에 전체 숫자의 의미를 잘못 전달할 수도 있다. 예를 들면 어떤 축구 팀 선수들의 평균 연봉은 아주 많은 연봉을 받는 스타 선수 한 사람 때문에 대부분 선수들의 연봉보다 훨씬 높은 값일 수가 있다. 한편 최빈값은 가장 여러 번 나타나는 숫자를 가리킨다.

예를 들어 111222234455667이라는 수의 배열에서 중앙값은 가운데 있는 3이고, 산술 평균은 모든 수를 합한 값 51을 15로 나눈 3.4이며 최빈값은 네 번 나타난 2이다.

계승이란 무엇인가?

계승은 1부터 그 수까지의 모든 자연수를 곱한 값을 나타내며 !의 기호를 이용하여 나타낸다. 예를 들어 5!은 $5 \times 4 \times 3 \times 2 \times 1 = 120$이다. 계산을 완성하기 위해 $0! = 1$이라고 정했다.

제곱근의 개념이 처음 나타난 것은 언제인가?

제곱근은 두 번 곱했을 때 주어진 수가 되는 수를 말한다. 예를 들면 25의 제곱근은 5이다($5 \times 5 = 25$). 제곱근의 개념은 수천 년 전에도 있었다. 이 개념이 정확히 어떻게 도입되었는지에 대해서는 알려지지 않았지만 제곱근을 구하는 여러 가지 다른 방법이 초기의 수학자들에 의해 사용되었다. 기원전 1900년에서 1600년 사이에 만들어진 바빌로니아의 점토판에 새겨진 표에는 1에서 30까지 수의 제곱과 세제곱의 값이 포함되어 있다. 초기 이집트인들은 기원전 1700년경에 제곱근을 사용했고, 고대 그리스 (B.C.600~B.C.300)에서는 더 나은 방법으로 제곱근을 구했다. 16세기에 프랑스 수학자 데카르트$^{\text{René Descartes}}$는 처음으로 제곱근을 나타내는 기호($\sqrt{\ }$)를 사용했다.

벤 다이어그램이란 무엇인가?

벤 다이어그램은 집합 이론을 그래프를 이용하여 나타내는 것으로 다른 집합의 원소 사이에 and, or, not과 같은 논리적인 관계를 원을 이용하여 표현한 것이다. 이것을 벤$^{\text{John Venn, 1834~1923}}$이 1881년에 불$^{\text{George Boole, 1815~1864}}$과 드모르간$^{\text{Augustus de Morgan, 1806~1871}}$의 연구 결과를 설명하고 오류를 찾아내는 데 처음으로 사용했다. 불의 작업에 나타난 모순과 모호함을 명확하게 하려는 그의 시도는 널리 받아들여지지 않았지만 다이어그램을 이용하는 새로운 방법은 진전이라고 인정되었다. 벤은 포함되는 것과 포함되지 않는 것을 더 잘 나타내기 위해 명암을 이용하기도 했다. 루이스 캐럴이라는 이름으로 더 잘 알려진 도지슨$^{\text{Charles Dodgson, 1832~1898}}$은 벤의 체계를 개선하였다. 특히 그는 전체 집합을 나타내기 위해 다이어그램을 포함하는 사각형을 그려 넣었다.

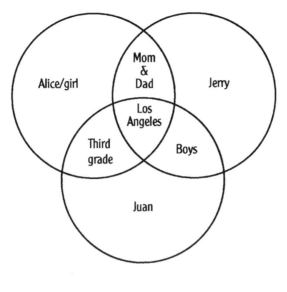

벤 다이어그램의 예

누가 삼각형의 면적 계산 공식을 발견했나?

알렉산드리아의 헤론Heron(기원전 1세기)이 삼각형의 면적을 계산하는 공식을 발견했다. 변의 길이가 각각 a, b, c이고 둘레의 반을 s라고 할 때, 헤론의 공식에 의한 삼각형의 면적은 $A = \sqrt{s(s-2)(s-b)(s-c)}$이다. 그리스의 수학을 계승하여 보존했던 아랍의 수학자들은 이 공식이 아르키메데스Archimedes, B.C.287~B.C.212이전부터 알려져 있었다고 주장했다. 하지만 지금까지 알려진 가장 오래된 증명은 헤론의 메트리카에 실려 있는 것이다.

고대 그리스의 원적 문제는 무엇이었나?

이 문제는 자와 컴퍼스만을 가지고 원과 같은 면적을 가지는 정사각형을 작도하는 문제였다. 그리스인들은 이 문제를 해결하지 못했다. 독일의 수학자 린데만Ferdinand von Lindemann, 1852~1939은 1882년에 이 문제는 풀 수 없다는 것을 증명했다.

체적을 구하는 일반적인 방법은 무엇인가?

구의 체적	체적 = $\frac{4}{3} \times \pi \times$ 반지름의 세제곱	$V = \frac{4}{3} \times \pi r^3$
피라미드의 체적	체적 = $\frac{1}{3} \times$ 밑면적 $\times$ 높이	$V = \frac{1}{3} \times bh$
기둥의 체적	체적 = 밑면적 $\times$ 높이	$V = Ah$
원통의 체적	체적 = $\pi \times$ 밑면 반지름의 제곱 $\times$ 높이	$V = \pi r^2 h$
정육면체의 체적	체적 = 변의 길이의 세제곱	$V = S^3$
원뿔의 체적	체적 = $\frac{1}{3} \times \pi \times$ 밑면 반지름의 제곱 $\times$ 높이	$V = \frac{1}{3} \times \pi r^2 h$
육면체의 체적	체적 = 길이 $\times$ 너비 $\times$ 높이	$V = lwh$

면적이 1에이커인 정사각형의 한 변의 길이는 얼마인가?

1에이커는 한 변이 64m인 정사각형의 넓이와 같다.

면적을 구하는 일반적인 식은 무엇인가?

사각형의 넓이	넓이＝밑변×높이	$A = ab$
원의 넓이	넓이＝π×반지름의 제곱	$A = \pi r^2$
삼각형의 넓이	넓이＝높이의 반×밑변	$A = \frac{1}{2} \times ab$
공 표면의 넓이	넓이＝4×π×반지름의 제곱	$A = 4\pi r^2$
정사각형의 넓이	넓이＝한 변의 제곱	$A = s^2$
정육면체의 넓이	넓이＝6×한 변의 제곱	$A = 6s^2$
타원의 넓이	넓이＝장반경×단반경×0.7854	

파스칼의 삼각형은 어떻게 이용되나?

파스칼의 삼각형은 모든 숫자가 위의 양쪽에 있는 두 수를 합한 값과 같아지도록 숫자를 배열한 것이다. 조금씩 다른 형태의 삼각형들이 존재하지만 가장 일반적인 형태는 다음과 같다.

```
                1
              1   1
            1   2   1
          1   3   3   1
        1   4   6   4   1
      1   5   10   10   5   1
```

이 삼각형은 이항정리의 계수를 정하는 데 사용된다. 이항정리의 지수가 증가하면 더 아래 행에 있는 숫자를 계수로 하여 전개하면 된다. 예를 들면 $(a+b)^1 = a^1 + b1$의 경우에는 삼각형의 두 번째 행의 숫자가 계수로 사용되었다. $(a+b)^2 = a^2 + 2ab + b^2$은 삼각형의 세 번째 행에 있는 숫자들이 전개한 항의 계수가 되었다(삼각형의 첫 번째 행은 $(a+b)$과 연관시킬 수 있다). 계수를 계산하는 것이 매우 간단하기 때문에 이 삼각형을 이용하면 높은 차수의 계수를 일일이 전개하지 않고도 알 수 있다. 이항정리의 계수는 확률을 계산할 때 유용하다. 파스칼Blaise Pascal, 1623~1662 은 확률의 법칙들을 개발하는 데 많은 공헌을 했다.

다른 많은 수학적인 발전과 마찬가지로 중국에서도 이와 비슷한 삼각형이 사용된 증거가 있다. 1100년경에 중국의 수학자 지엔Chia Hsien은 이항정리 계수를 위한 표를 만들었다. 삼각형에 대하여 처음 출판한 것은 아마도 류Liu Ju-Hsieh 가 쓴 《지수의 증가와 전개항의 계수》일 것이다.

프랑스 수학자 겸 과학자였던 블레즈 파스칼은 파스칼의 삼각형을 이루는 숫자들 사이의 관계를 발견했다.

피타고라스의 정리란 무엇인가?

직각삼각형에서 빗변은 직각인 각과 마주 보는 변이다. 피타고라스의 정리는 빗변의 제곱은 다른 두 변의 제곱의 합과 같다는 것이다($h^2 = a^2 + b^2$). 만약 변들의 길이가 $h = 5$cm, $a = 4$cm, $b = 3$cm라면 다음과 같다.

$$h = \sqrt{a^2 + b^2} = \sqrt{4^2 + 3^2} = \sqrt{16 + 9} = \sqrt{25} = 5$$

이 정리는 고대 그리스의 철학자이며 수학자였던 피타고라스Pythagoras, B.C.580~B.C.500 의 이름을 따서 피타고라스의 정리라고 부른다. 피타고라스는 세상의 구성과 운동에서 수가 중요한 역할을 한다는 이론과 음정에 대한 수학적 이론을 제시한 사람으로 알려져 있다. 그가 아무런 저서를 남기지 않았기 때문에 피타고라스의 정리는 그의 제자 중 한 사람이 알아냈을 가능성도 있다.

플라톤의 다면체는 무엇인가?

정사면체, 정육면제, 정팔면체, 정십이면체, 정이십면체의 다섯 가지 정다면체를 플라톤의 다면체라고 한다. 이 다면체들에 대해서는 피타고라스 시대(기원전 500년경)부터 연구되어 왔지만 이들을 플라톤의 다면체라고 부르는 것은 기원전 400년경에 플라톤이 이 다면체들에 대해 자세히 연구했기 때문이다. 고대 그리스인들은 플라톤의 다면체에 특별한 의미를 부여했다. 그들은 정사면체가 불을 나타내고, 정이십면체는 물, 정육면체는 흙, 정팔면체는 공기를 나타낸다고 믿었다. 정십이면체의 열두 면은 황도의 열두 별자리와 대응하여 전체 우주를 나타내도록 했다.

평면에 타일 깔기는 무엇인가?

무한히 많은 다각형으로 겹침이 없이 평면을 모두 덮는 것을 평면에 타일 깔기 또는 테셀레이션tessellation라고 부른다. 테셀레이션은 천의 문양이나 바닥 문양 또는 화장실 타일과 같은 곳에 응용된다.

황금분할이란 무엇인가?

신의 비율이라고도 부르는 황금분할은 선을 두 개로 나눌 때 전체의 길이와 긴 부분의 길이의 비와 긴 부분의 길이와 짧은 부분의 길이의 비가 같도록 나누는 것을 말한다. 이 비율은 약 1.61803이다. 1.61803이라는 숫자는 황금의 수라고도 부른다. 황금의 수는 $\frac{21}{13}$, $\frac{24}{21}$와 같은 연속적인 피보나치 수들의 극한값이다. 황금 사각형은 가로 세로의 비가 황금분할을 이루는 사각형이다. 고대 그리스인들은 이 모양이 가장 안정된 형태라고 생각했다. 많은 유명한 화가들은 그림을 그릴 때 황금 사각형을 이용했다. 그리고 건축가들은 황금분할을 건축에 응용했는데 그중에 가장 유명한 것이 그리스의 파르테논 신전이다.

뫼비우스 띠는 무엇인가?

뫼비우스 띠는 면이 하나만 있는 띠로 보통 하나의 띠의 두 끝을 반 회전시킨 다음 연결하여 만든다. 뫼비우스 띠의 중간을 잘라내면 네 번 꼬인 하나의 고리가 만들어진다. 독일의 수학자 뫼비우스 August Ferdinand Möbius, 1790~1868가 한 면만 가지고 있는 표면의 성질을 보여주기 위해 고안한 뫼비우스 띠는 그가 죽은 후에 출판된 논문에 들어 있었다. 다른 19세기의 독일 수학자인 리스팅 Johann Benedict Listing도 같은 시기에 독립적으로 이런 생각을 발전시켰다.

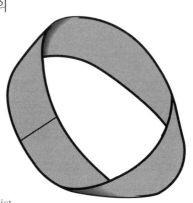

뫼비우스 띠

70의 법칙은 어떻게 사용되나?

증가율이 주어졌을 때 어떤 양이 두 배가 되는 데 걸리는 기간을 빠르게 계산하는 방법이다. 70을 증가율(%)로 나눈 값이 바로 두 배가 되는 데 걸리는 기간이다. 예를 들어 저금한 돈에 매년 6%의 이자가 붙는다면 두 배가 되는 데는 70÷6≒11.7년이 걸린다.

프랙탈은 무엇인가?

프랙탈은 너무 불규칙해서 전통적인 기하학 용어로는 설명할 수 없지만 어느 정도의 자체 유사성을 가지고 있는 점들의 집합을 말한다. 다시 말해 프랙탈은 전체 모양과 유사한 형태를 하고 있는 부분들로 만들어진다. 프랙탈은 산맥이나 해안선의 모양과 같이 자연에서 혼돈스러워 보이는 대상을 기술하거나 자료를 이용하여 형상을 만드는 과정에서 만들어진다. 과학자들은 빗방울의 낙하, 구름이나 파도가 만들어지는 패턴, 식물의 분포와 같은 것을 설명할 때 프랙탈을 사용한다. 프랙탈은 컴퓨터를 이용한 예술에서도 자주 사용된다.

증가율은 어떻게 계산하나?

증가한 비율을 %로 구하려면 증가한 양을 원래의 양으로 나눈 다음 100을 곱하면 된다. 예를 들어 월급이 100만원에서 120만원으로 올랐다면 증가율은 200,000÷1,000,000×100＝20%이다.

단리와 복리의 다른 점은 무엇인가?

단리는 원금에만 이자가 붙는 것이고, 복리는 원금과 이전 기간에 붙은 이자의 합에 이자가 붙는 것을 말한다. 예를 들어 100만원을 연이율 5%로 저축했을 때 단리로 계산하면 1년 후 5만원의 이자를 받을 수 있다. 그러나 월 단위의 복리로 계산하면 1년 후에 51,200원의 이자를 받게 된다.

30명을 무작위로 뽑았을 때 그중 적어도 두 사람의 생일이 같을 확률은 얼마나 될까?

30명 중에 생일이 같은 사람이 있을 확률은 70%이다.

아주 큰 수의 법칙이란 무엇인가?

하버드 대학의 디아코니스[Persi Diaconis, 1945~]와 모스텔러[Frederick Mosteller, 1916~]가 정리한 이 통계학의 법칙은 '표본의 크기가 크다면 어떤 비상식적인 일도 일어날 수 있다'

는 것이다. 따라서 놀라운 우연의 일치도 충분한 시간과 충분한 표본만 있으면 실제로 일어날 수 있다. 예를 들면 뉴저지의 한 여성이 네 달 동안에 두 번 복권에 당첨되었을 때, 매스컴에서는 확률이 17조 분의 1인 놀라운 사건이라고 이야기한다. 그러나 통계학자들에게 미국에서 6개월 동안에 같은 일이 일어날 확률을 계산해달라고 하면 그 결과는 놀랍게도 30분의 1이다. 연구자들에 의하면 우연의 일치는 통계적인 작업에서 자주 일어나는 일이지만, 그런 일이 일어나게 하는 숨은 이유가 있어 실제로는 우연이 전혀 아니라는 것이다.

쾨니히스베르그 다리의 문제는 무엇인가?

쾨니히스베르그^{Königsberg}는 프러시아의 프레겔 강가에 위치한 도시이다. 이 강에 있는 두 섬은 일곱 개의 다리로 연결되어 있다. 18세기에 쾨니히스베르그의 시민들은 걸어서 다리를 한 번씩만 건너면서 도시 전체를 산책하는 것을 시도하는 전통을 가지고 있었다. 그러나 아무도 성공하지 못했다. 따라서 이것이 과연 가능한가에 대한 의문이 제기되었다. 1736년에 오일러^{Leonhard Euler,}

쾨니히스베르그 다리의 문제

^{1707~1783}가 이것이 가능하지 않다는 것을 증명했다. 오일러의 해법은 선으로 연결된 점들의 네트워크에 관련된 문제를 다루는 그래프 이론과 물체의 모양을 연구하는 위상수학이라는 새로운 수학 분야로 발전했다.

제논의 역설은 무엇인가?

그리스의 철학자이며 수학자였던 엘레아의 제논(B.C.490~B.C.425)은 운동의 연속성을 다룬 역설로 유명하다. 그의 역설 중 하나는 다음과 같다. 물체가 직선을 따라 0에서 1까지 등속으로 운동하기 위해서 이 물체는 우선 전체의 반$\left(\frac{1}{2}\right)$을 지나가야 하고, 다시 그 반의 반$\left(\frac{1}{4}\right)$을 지나가야 하며, 다시 나머지 거리의 반$\left(\frac{1}{8}\right)$을 지나가야 한다. 이런 과정은 끝없이 계속돼야 하므로 절대로 1에 도달할 수 없다. 아무리 오래 달려도 아직 지나가야 할 거리가 남아 있기 때문에 운동은 가능하지 않다는 것이다.

이 역설은 다른 형태로 이야기되기도 한다. 제논은 거북이와 아킬레스(거북이보다 100배 빠르게 달릴 수 있는)의 경주를 비유로 들어 이것을 설명했다. 거북이가 아킬레스보다 앞에서 출발하면 아킬레스가 거북이가 있던 곳까지 가는 동안에 거북이는 100분의 1만큼 앞으로 나가 있다. 이 과정이 계속 반복되므로 아킬레스가 아무리 오래 달려도 이론적으로는 거북이를 따라 잡을 수 없다. 루이스 캐럴이라고도 알려진 영국의 수학자 도지슨은 아킬레스와 거북이의 경주를 무한대의 역설을 설명하는 데 사용했다.

야구 경기에서 한꺼번에 세 사람의 주자가 아웃되는 트리플 플레이가 성공할 확률은 얼마인가?

한 경기에서 트리플 플레이가 성공할 확률은 1,400분의 1이다.

용어와 이론

과학과 기술은 어떻게 다른가?

과학은 세상을 이해하는 과정이다. 에너지, 우주, 물질의 성질과 같은 것들이 과학에서 다루는 주제이다. 공학은 과학의 지식을 이용하여 목표를 달성하는 계획을 수립하는 것이고, 기술은 그러한 목표를 달성하기 위해 사용하는 도구와 수단이다.

어떤 책이 가장 영향력 있는 과학 연구서였나?

1687년에 뉴턴이 출판한 《자연 철학의 수학적 원리》(프린키피아라고 알려진)가 역사상 가장 영향력 있는 과학 연구서이다. 뉴턴은 그의 연구를 종합하여 현대 과학의 거의 모든 분야를 다룬 이 책을 18개월 동안에 저술했다. 그는 행성의 운동은 질량에 비례하고 거리의 제곱에 반비례하는 중력에 의한 것이라고 설명하면서, 중력을 모든 물체에 작용하는 보편적인 힘이라고 이야기했다. 뉴턴은 중력을 이용하여 조석작용, 행성, 달, 혜성의 운동을 설명할 수 있었다. 그는 지구와 같이 자전하는 천체는 적도 지방이 부풀어 있다는 것도 설명했다. 《프린키피아》의 첫 인쇄본은 500부만 인쇄되었다.

영어로 쓰인 최초의 기술적인 보고서는 무엇인가?

초서Geoffrey Chaucer가 1391년에 쓴 아스트롤라베(항해용의 천체 관측기)에 대한 연구 보고서가 영어로 쓰인 최초의 기술적인 보고서이다.

가장 많은 저자가 쓴 과학 논문은 무엇인가?

피직스 리뷰 레터에 실린 〈e^+e^-에 의해 생성된 Z−보존의 좌우 단면적 비대칭의 최초 측정〉이라는 제목의 논문에는 2쪽에 걸쳐 406명의 저자 이름이 실려 있다.

가장 많이 인용된 과학 논문은 무엇인가?

가장 많이 인용된 논문은 1951년에 생화학 저널에 발표한 로리$^{\text{O. H. Lowry}}$ 등이 쓴 〈포린 페놀 시약을 이용한 단백질 측정〉이라는 논문이다. 출판된 이후 1990년대까지 이 논문은 약 245,000회 이상 인용되었다.

가장 어린 노벨상 수상자와 가장 나이 많은 노벨상 수상자는 누구인가?

가장 어린 노벨상 수상자는 아버지$^{\text{William Henry Bragg}}$와 함께 1915년에 25세로 노벨 물리학상을 받은 브래그$^{\text{William Lawrence Bragg}}$이다. 80대에 노벨상을 받은 사람은 세 사람이다. 1978년 84세에 노벨 물리학상을 받은 카피차$^{\text{Leonidovich Kapitsa}}$, 1987년에 83세로 노벨 화학상을 받은 페데르센$^{\text{Charles J. Pedersen}}$, 1979년에 82세로 노벨 화학상을 받은 위팅$^{\text{Georg Witting}}$이 그들이다.

노벨상을 두 번 이상 받은 사람들은 누구인가?

네 사람이 복수의 노벨상을 받았다. 퀴리$^{\text{Marie Curie}}$는 1903년에 물리학상을, 1911년에는 화학상을 받았으며, 바딘$^{\text{John Bardeen}}$은 1956년과 1972년에 물리학상을 받았고, 폴링$^{\text{Linus Pauling}}$은 1954년에는 화학상 그리고 1962년에는 평화상을 받았다. 생어$^{\text{Frederick Sanger}}$는 1958년과 1980년에 화학상을 받았다.

하이테크놀로지란 무엇인가?

확실하지 않은 이 말은 1970년대 이후 전문지가 아닌 일반 대중 매체에서 사용하기 시작했다. 처음에는 새로운 기술을 의학 연구, 유전학, 자동화, 통신 체계, 컴퓨터와 같은 분야에 적용하는 것을 가리키는 말이었다. 후에는 사회의 정보 요구를 만족시키는 기술과 더 많은 재료를 필요로 하는 중공업을 구분하는 데 사용되었다. 1980년대 중엽부터는 전자공학(특히 컴퓨터)을 이용하는 모든 응용 분야를 가리키는 말이 되었다.

더블릭은 어떻게 정의하나?

현대 운동 연구 기술의 창시자인 길브레스^{Frank Gilbreth, 1868~1924}는 작업자의 기본적인 손의 운동을 '더블릭^{therblig}'이라고 불렀다. 이 말은 그의 이름을 반대로 대충 쓴 것이다. 그는 모든 조작은 17개의 단계로 이루어져 있다고 주장했다. 각 단계는 찾기, 선택하기, 움켜쥐기, 잡기, 옮기기, 들고 있기, 놓기, 사전 배치, 배치, 조사, 조립, 해체, 사용, 피할 수 없는 지체, 피할 수 있는 지체, 계획, 피로를 방지하기 위한 시험이다.

길브레스는 현대 관리 기술의 일부가 되는 많은 개념들을 발전시켰으며 건설 분야에서 유용하게 사용되는 많은 발명으로 특허를 받았다. 그가 운동 연구에 사용한 도구 중의 하나는 '운동 기록 장치'이다. 이 장치에서는 카메라와 작은 전구가 운동의 동선을 나타낸다. 그리고 빛의 패턴이 모든 머뭇거림과 작업자의 능률을 방해하는 습관을 보여준다.

오캄의 면도날은 무엇인가?

오캄의 면도날은 '실재는 필요 이상으로 복잡하게 생각해서는 안 된다'라는 과학적 사고 방법이다. 이것은 문제를 가장 간단하고 기초적인 용어로 설명해야 한다고 제안한다. 과학적인 면에서 볼 때 문제의 사실과 일치하는 가장 간단한 이론이 선택되어야 한다는 것이다. 이 법칙을 제안한 사람은 영국의 철학자이며 신학자였던 오캄^{William Occam, 1284?~1347?}으로, 절감의 법칙 또는 경제원리라고도 알려져 있다.

카오스 과학은 무엇인가?

카오스 또는 카오스적 행동은 마지막 상태가 처음 상태에 민감하게 의존하는 행동을 말한다. 이러한 행동은 엄격하게 수학적인 법칙에 따르더라도 예측하기 어려우며 무작위적 운동과 구분하기 힘들다. 카오스 과학은 날씨의 변화, 유체의 소용돌이 흐름, 흔들리는 진자와 같이 자연에서 발견되는 많은 체계의 복잡하고 불규칙한 행동을 연구한다. 과학자들은 한때 이러한 체계를 정확하게 예측할 수 있을 것이라고 생각했다. 그러나 초기 조건의 작은 변화가 결과에 엄청난 차이를 가져온다는 것을 알게 되었다. 결과가 초기 조건에 민감하게 의존하는 것을 나비효과라고 한다. 카오스 과학에서는 프랙탈이라고 하는 새로운 기하학을 이용하여 카오스적 행동을 이해하려고 시도한다.

참고 문헌

도서 • • • • •

Allaby, Michael. *Encyclopedia of Weather and Climate*. New York: Facts on File, 2002.

Allaby, Michael, and Derek Gjertsen. *Makers of Science*. New York: Oxford University Press, 2002.

Alsop, Fred. *Birds of North America*. New York: DK, 2001.

American Kennel Club. *The Complete Dog Book*. New York: Howell Book House, 1997.

Animal. Washington, DC: Smithsonian Institution; New York: DK Publishing, 2001.

Anzovin, Steven, and Janet Podell. *Famous First Facts: International Edition*. New York: H. W. Wilson Company, 2000.

Attenborough, David. *The Life of Birds*. Princeton, NJ: Princeton University Press, 1998.

Audesirk, Teresa, and Gerald Audesirk. *Life on Earth*. Upper Saddle River, NJ: Prentice Hall, 1997.

Bakich, Michael E. *The Cambridge Planetary Handbook*. Cambridge, UK; New York: Cambridge University Press, 2000.

Barnes-Svarney, Patricia. *The New York Public Library Science Desk Reference*. New York: Macmillan USA, 1995.

Barrow, John D. *The Book of Nothing: Vacuums, Voids, and the Latest Ideas about the Origins of the Universe*. New York: Pantheon, 2000.

Beacham's Guide to the Endangered Species of North America. Detroit: Gale Group, 2001.

Berinstein, Paula. *Alternative Energy*. Westport, CT: Oryx Press, 2001.

Berlow, Lawrence H. *The Reference Guide to Famous Engineering Landmarks of the World*. Phoenix, AZ: Oryx Press, 1998.

Biographical Dictionary of Scientists. 3rd ed. New York: Oxford University Press, 2000.

Biological and Chemical Weapons. San Diego, CA: Greenhaven Press, 2001.

Biology Data Book. 2nd ed. Bethesda, MD: Federation of American Societies for Experimental Biology, 1972-1974.

Bless, R. C. *Discovering the Cosmos*. Sausalito, CA: University Science Books, 1996.

Blocksma, Mary. *Reading the Numbers*. New York: Penguin Books, 1989.

Bloomfield, Louis A. *How Things Work: The Physics of Everyday Life*. New York: J. Wiley, 1997.

Bothamley, Jennifer. *Dictionary of Theories*. Detroit: Visible Ink Press, 2002.

Bowler, Peter J. *Evolution: The History of an Idea*. Revised ed. Berkeley, CA: University of California Press, 1989.

Brady, George S. *Materials Handbook*. 13th ed. New York: McGraw-Hill Book Co., 1991.

The Brooklyn Botanic Garden Gardener's Desk Reference. New York: Henry Holt, 1998.

Bruno, Leonard C. *On the Move*. Collingdale, PA: Diane Publishing Co., 1998.

Bruno, Leonard C. *Science & Technology Firsts*. Detroit: Gale Research, 1997.

Bush, Mark B. *Ecology of a Changing Planet*. Upper Saddle River, NJ: Prentice Hall, 1997.

Bynum, W. F., E. J. Browne, and Roy Porter. *Dictionary of the History of Science*. Princeton, NJ: Princeton University Press, 1981.

Campbell, Ann, and Ronald N. Rood. *New York Public Library Incredible Earth*. New York: Wiley, 1996.

Cazeau, Charles J. *Science Trivia: From Anteaters to Zeppelins*. New York: Plenum Press, 1986.

Cazeau, Charles J. *Test Your Science IQ*. Amherst, NY: Prometheus Books, 2000.

Claiborne, Ray C. *The New York Times Book of Science Questions & Answers*. New York: Anchor Books, 1997.

Collin, S. M. H. *Dictionary of Information Technology*. London: Peter Collin Pub., 2002.

The Complete Family Health Book. New York: St. Martin's Press, 2001.

The Complete Garden Guide. Alexandria, VA: Time-Life Books, 2000.

Concise Dictionary of Scientific Biography. 2nd ed. New York: Scribner's, 2000.

Concise Encyclopedia Biology. New York: Walter de Gruyter Berlin, 1996.

Cone, Robert J. *How the New Technology Works.* Phoenix: Oryx Press, 1998.

Consumer Drug Reference. 2002 ed. Yonkers, NY: Consumer Reports, 2001.

Cook, Theodore. *The Curves of Life: Being an Account of Spiral Formations and Their Application to Growth in Nature, to Science, and to Art.* New York: Dover Publications, 1979.

Cooper, Paulette, and Paul Noble. *277 Secrets Your Dog Wants You to Know. Revised ed.* Berkeley, CA: Ten Speed Press, 1999.

Couper, Heather, and Nigel Henbest. *DK Space Encyclopedia.* New York: DK Publishing, 1999.

Cowing, Renee D. *The Complete Book of Pet Names.* San Mateo, CA: Fireplug Press, 1990.

Cox, Jeff. *Landscape with Roses.* Newton, CT: Taunton Press, 2002.

Cox, John D. *Weather for Dummies.* Foster City, CA: IDG Books Worldwide, 2000.

CRC Handbook of Chemistry and Physics. 83rd ed. Boca Raton, FL: CRC Press, 2003.

Croddy, Eric. *Chemical and Biological Warfare.* New York: Copernicus Books, 2002.

Cunningham, Sally Jean. *Great Garden Companions.* Emmaus, PA: Rodale Press, 1998.

Current Medical Diagnosis & Treatment. 41st ed. New York: Lange Medical Books/McGraw-Hill, 2002.

Current Pediatric Diagnosis & Treatment. 12th ed. Norwalk, CT: Appleton & Lange, 1995.

The Cutting Edge: An Encyclopedia of Advanced Technologies. New York: Oxford University Press, 2000.

DeJauregui, Ruth. *100 Medical Milestones That Shaped World History.* San Mateo, CA: Bluewood Books, 1998.

Dennis, Carina, and Richard Gallagher, eds. *The Human Genome.* New York: Nature/Palgrave, 2001.

Diagram Group. *Space and Astronomy on File.* New York: Facts on File, 2001.

Diagram Group. The Facts on File *Chemistry Handbook.* New York: Facts on File, Inc., 2000.

Diagram Group. *Weather and Climate on File.* New York: Facts on File, 2001.

Dictionary of Computer and Internet Words. Boston: Houghton Mifflin, 2001.

Dictionary of Computer Science, Engineering, and Technology. Boca Raton, FL: CRC Press, 2001.

Dictionary of Mathematics. Chicago: Fitzroy Dearborn Publishers, 1999.

Dictionary of Scientific Biography. New York: Charles Scribner's Sons, 1973.

Dogs: The Ultimate Care Guide. Emmaus, PA: Rodale Press, 1998.

Dorland's Illustrated Medical Dictionary. 29th ed. Philadelphia: W.B. Saunders Co., 2000.

Earth Sciences for Students. New York: Macmillan Reference USA, 1999.

Encyclopedia of Astronomy and Astrophysics. Philadelphia: Institute of Physics Pub.; London; New York: Nature Publishing Group, 2001.

Encyclopedia of Climate and Weather. New York: Oxford University Press, 1996.

Encyclopedia of Computer Science. 4th ed. London: Nature Pub. Group, 2000.

Encyclopedia of Environmental Issues. Pasadena, CA: Salem Press, 2000.

Encyclopedia of Genetics. Pasadena, CA: Salem Press, 1999.

Encyclopedia of Genetics. Chicago: Fitzroy Dearborn, 2001.

Encyclopedia of Genetics. San Diego, CA: Academic Press, 2002.

Encyclopedia of Global Change. Oxford; New York: Oxford University Press, 2002.

The Encyclopedia of Mammals. New York: Facts on File, 2001.

Encyclopedia of Science and Technology. New York: Routledge, 2001.

Encyclopedia of Stress. San Diego: Academic Press, 2000.

Encyclopedia of the Biosphere. Detroit: Gale Group, 2000.

Endangered Animals. Danbury, CT: Grolier Educational, 2002.

Engelbert, Phillis. *Astronomy & Space.* Detroit, MI: U-X-L, 1997.

Engelbert, Phillis. *The Complete Weather Resource.* Detroit: U-X-L, 1997.

Engelbert, Phillis, and Diane L. Dupuis. *The Handy Space Answer Book.* Detroit, MI: Visible Ink Press, 1998.

The Facts on File Dictionary of Astronomy. 4th ed. New York: Facts on File, 2000.

The Facts on File Dictionary of Biology. New York: Facts on File, 1999.

The Facts on File Dictionary of Computer Science. 4th ed. New York: Facts on File, 2001.

The Facts on File Dictionary of Earth Science. New York: Facts on File, 2000.

The Facts on File Dictionary of Weather and Climate. New York: Facts on File, 2001.

The Facts on File Encyclopedia of Science. New York: Facts on File, 1999.

Farndon, John. *Dictionary of the Earth*. London; New York: Dorling Kindersley, 1994.

Ferguson, Nicola. *Take Two Plants: The Gardener's Complete Guide to Companion Planting*. Lincolnwood, IL: Contemporary Books, 1999.

Fitzpatrick, Patrick J. *Natural Disasters: Hurricanes*. Santa Barbara, CA: ABC-CLIO, 1999.

Fogle, Bruce. *The New Encyclopedia of the Cat*. New York: DK Publishing, 2001.

Fogle, Bruce. *The New Encyclopedia of the Dog*. New York: DK Publishing, 2000.

Freedman, Alan. *The Computer Glossary*. 9th ed. New York: AMACOM, 2001.

Fundamentals of Complementary and Alternative Medicine. 2nd ed. New York: Churchill Livingstone, 2001.

Gaiam Real Goods Solar Living Sourcebook. Hopland, CA: Gaiam Real Goods, 2001.

The Gale Encyclopedia of Alternative Medicine. Detroit: Gale Group, 2001.

Gale Encyclopedia of Medicine. 2nd ed. Detroit: Gale Group, 2002.

The Gale Encyclopedia of Science. 2nd ed. Detroit: Gale Group, 2001.

Gillespie, James R. *Modern Livestock & Poultry Production*. 5th ed. Albany, NY: Delmar Publishers, 1995.

Gingras, Pierre. *The Secret Lives of Birds*. Willowdale, Ont.; Buffalo, NY: Firefly Books, 1997.

Goldwyn, Martin. *How Does a Bee Make Honey & Other Curious Facts*. Secaucus, NJ: Carol Publishing Group, 1995.

Greenfield, Sheldon L. *ASPCA Complete Guide to Dogs*. San Francisco, CA: Chronicle Books, 1999.

Grzimek's Encyclopedia of Evolution. New York: Van Nostrand Reinhold Company, 1976.

Grzimek's Encyclopedia of Mammals. 2nd ed. New York: McGraw-Hill, 1990.

Guiley, Rosemary. *Moonscapes*. New York: Prentice Hall Press, 1991.

Guinness World Records. Enfield, England: Guinness Publishing, 2002.

Gundersen, P. Erik. *The Handy Physics Answer Book*. Detroit: Visible Ink Press, 1999.

Harding, Anne S. *Milestones in Health and Medicine*. Phoenix: Oryx Press, 2000.

Hargrave, Frank. *Hargrave's Communications Dictionary*. New York: IEEE Press, 2001.

Harrison, Tinsley Randolph, and Eugene Braunwald. *Harrison's Principles of Internal Medicine*. 15th ed. New York: McGraw-Hill, 2001.

Harvard Medical School Family Health Guide. New York: Simon & Schuster, 1999.

Hawley's Condensed Chemical Dictionary. 14th ed. New York: John Wiley & Sons, 2002.

Health Issues. Pasadena, CA: Salem Press, 2001.

Hopkins, Nigel J., John W. Mayne, and John R. Hudson. *The Numbers You Need*. Detroit: Gale Research Inc., 1992.

The Human Body. New York: Dorling Kindersley, 1995.

Human Diseases and Conditions. New York: Charles Scribner's Sons, 2000.

Hunt, Andrew. *Dictionary of Chemistry*. Chicago: Fitzroy Dearborn Publishers, 1999.

Ifrah, Georges. *The Universal History of Numbers: From Prehistory to the Invention of the Computer*. New York: John Wiley & Sons, 2000.

The Illustrated Encyclopedia of Birds. New York: Prentice Hall Editions, 1990.

The Illustrated Encyclopedia of Wildlife. Lakeville, CT: Grey Castle Press, 1991.

Indge, Bill. *Dictionary of Biology*. Chicago: Fitzroy Dearborn Publishers, 1999.

Innovations in Earth Sciences. Santa Barbara, CA: ABC-CLIO, 1999.

Jackson, Donald C. *Great American Bridges and Dams*. New York: John Wiley & Sons, 1995.

The International Encyclopedia of Science and Technology. New York: Oxford University Press, 1999.

James, Glenn, and Robert James. *Mathematics Dictionary*. New York: Van Nostrand Reinhold, 1992.

Jargodzki, Christopher, and Franklin Porter. *Mad about Physics*. New York: John Wiley & Sons, 2001.

Johns Hopkins Consumer Guide to Drugs. New York: Rebus Books, 2002.

Johns Hopkins Family Health Book. New York: HarperCollins, 1999.

Johnson, George B. *Biology: Visualizing Life*. New York: Holt, Rinehart and Winston, 1994.

Johnson, George B. *The Living World*. Dubuque, IA: William C. Brown Publishers, 1997.

Johnson, Ingrid. *Why Can't You Tickle Yourself?* New York: Warner Books, 1993.

Jonas, Ann Rae. *Museum of Science Book of Answers and Questions*. Holbrook, MA: Adams Media, 1996.

Kahn, Ada P. *Stress A–Z*. New York: Facts on File, 1998.

Kane, Joseph Nathan. *Famous First Facts*. 5th ed. New York: H. W. Wilson Company, 1997.

King, Robert C., and William D. Stansfield. *A Dictionary of Genetics*. Oxford; New York: Oxford University Press, 2002.

Krebs, Robert E. *The History and Use of Our Earth's Chemical Elements*. Westport, CT: Greenwood Press, 1998.

Kuttner, Paul. *Science's Trickiest Questions: 401 Questions That Will Stump, Amuse and Surprise*. New York: Henry Holt, 1994.

Langone, John. *National Geographic's How Things Work*. Washington, DC: National Geographic Society, 1999.

Larousse Dictionary of Science and Technology. Edinburgh; New York: Larousse, 1995.

Le Vine, Harry. *Genetic Engineering*. Santa Barbara, CA: ABC-CLIO, 1999.

Levin, Simon A. *Encyclopedia of Biodiversity*. San Diego: Academic Press, 2001.

Lewis, Grace Ross. *1001 Chemicals in Everyday Products*. 2nd ed. New York: Wiley, 1999.

Lewis, Ricki. *Life*. 3rd ed. Boston: WCB/McGraw-Hill, 1998.

Lewis, William M. *Wetlands Explained*. Oxford; New York: Oxford University Press, 2001.

Loewer, Peter. *Solving Weed Problems*. Guilford, CT: The Lyons Press, 2001.

Long, Kim. *The Moon Book*. Boulder, CO: Johnson Books, 1998.

Lyons, Walter A. *The Handy Weather Answer Book*. Detroit: Visible Ink Press, 1997.

Macaulay, David. *The New Way Things Work*. Boston: Houghton Mifflin, 1998.

Macmillan Encyclopedia of Energy. New York: Macmillan Reference USA, 2001.

Magill's Medical Guide. 2nd revised ed. Pasadena, CA: Salem Press, 2002.

Margolis, Philip E. *Random House Webster's Computer & Internet Dictionary*. 3rd ed. New York: Random House, 1999.

Math & Mathematicians. Detroit: U-X-L, 1999.

Mathematics Dictionary. New York: Van Nostrand Reinhold, 1992.

McGraw-Hill Dictionary of Scientific and Technical Terms. 5th ed. New York: McGraw-Hill, 1994.

McGraw-Hill Encyclopedia of Science and Technology. 9th ed. New York: McGraw-Hill, 2002.

McGrayne, Sharon Bertsch. *365 Surprising Scientific Facts, Breakthroughs, and Discoveries*. New York: Wiley, 1994.

McGrayne, Sharon Bertsch. *Blue Genes and Polyester Plants: 365 More Surprising Scientific Facts, Breakthroughs, and Discoveries*. New York: John Wiley & Sons, 1997.

Meinesz, Alexandre. *Killer Algae*. Chicago: The University of Chicago Press, 1999.

Merck Index. 13th ed. Whitehouse Station, NJ: Merck, 2001.

Merck Manual of Diagnosis and Therapy. 17th ed. Rahway, NJ: Merck, 1999.

Merck Manual of Medical Information. New York: Pocket Books, 2000.

Mertz, Leslie A. *Recent Advances and Issues in Biology*. Phoenix, AZ: Oryx Press, 2000.

Mitton, Jacqueline. *Cambridge Dictionary of Astronomy*. Cambridge, UK; New York: Cambridge University Press, 2001.

Mongillo, John, and Linda Zierdt-Warshaw. *Encyclopedia of Environmental Science*. Phoenix, AZ: Oryx Press, 2000.

Nagel, Rob. *Endangered Species*. Detroit: U-X-L, 1999.

National Safety Council. *Injury Facts*. Itasca, IL: National Safety Council, 2000.

Natural Disasters. Pasadena, CA: Salem Press, 2001.

The New Book of Popular Science. Danbury, CT: Grolier, 2000.

New York Times Almanac. New York: New York Times, 2002.

Newton, David E. *Chemical Elements*. Detroit: U-X-L, 1999.

Newton, David E. *Chemistry*. Phoenix, AZ: Oryx Press, 1999.

The Nobel Prize Winners: Chemistry. Pasadena, CA: Salem Press, 1990.

The Nobel Prize Winners: Physics. Pasadena, CA: Salem Press, 1989.

The Nobel Prize Winners: Physiology or Medicine. Pasadena, CA: Salem Press, 1991.

Notable Scientists: From 1900 to the Present. Detroit: Gale Group, 2001.

Numbers: How Many, How Far, How Long, How Much. New York: HarperPerennial, 1996.

Ochoa, George, and Melinda Corey. *The Wilson Chronology of Science and Technology*. New York: H. W. Wilson, 1997.

Odenwald, Sten F. *The Astronomy Cafe*. New York: W. H. Freeman, 1998.

Olson, Todd R. *PDR Atlas of Anatomy*. Montvale, NJ: Medical Economics Co., 1996.

The Oxford Companion to the Body. Oxford; New York: Oxford University Press, 2001.

The Oxford Companion to the Earth. Oxford; New York: Oxford University Press, 2000.

The Oxford Illustrated Companion to Medicine. Oxford; New York: Oxford University Press, 2001.

The PDR Family Guide to Natural Medicines and Healing Therapies. New York: Three Rivers Press, 1999.

Plant Sciences. New York: Macmillan Reference USA, 2001.

Science Explained: The World of Science in Everyday Life. New York: Henry Holt and Company, 1993.

Purves, William K., et al. *Life, the Science of Biology*. 5th ed. Sunderland, MA: Sinauer Associates; Salt Lake City, UT: W. H. Freeman, 1998.

Quadbeck-Seeger, Hans-Jürgen. *World Records in Chemistry*. Weinheim: Wiley, 1999.

Reader's Guide to the History of Science. London; Chicago: Fitzroy Dearborn Publishers, 2000.

Reading, Richard P., and Brian Miller. *Endangered Animals*. Westport, CT: Greenwood Press, 2000.

Richards, James R. *ASPCA Complete Guide to Cats*. San Francisco, CA: Chronicle Books, 1999.

Ridpath, Ian. *The Illustrated Encyclopedia of the Universe*. New York: Watson-Guptill Publications, 2001.

Ritchie, David, and Alexander E. Gates. *Encyclopedia of Earthquakes and Volcanoes*. New ed. New York: Facts on File, 2001.

Rodale's All-New Encyclopedia of Organic Gardening. Emmaus, PA: Rodale Press, 1992.

Royston, Angela. *You and Your Body*. New York: Facts on File, 1995.

Ryrie, Charlie. *Garden Folklore That Works*. New York: Readers Digest, 2001.

Sankaran, Neeraja. *Microbes and People*. Phoenix, AZ: Oryx Press, 2000.

Schappert, Phillip. *A World for Butterflies*. Buffalo, NY: Firefly Books, 2000.

Schlager, Neil. *When Technology Fails*. Detroit: Gale Research, 1994.

Schlosberg, Suzanne, and Liz Neporent. *Fitness for Dummies*. Foster City, CA: IDG Books Worldwide, 2000.

Science and Technology Almanac. Phoenix, AZ: Oryx Press, 2001.

Science & Technology Encyclopedia. Chicago: University of Chicago Press, 2000.

Scientific American: How Things Work Today. New York: Crown Publishers, 2000.

Scientific American Science Desk Reference. New York: J. Wiley & Sons, 1999.

Serway, Raymond. *Physics for Scientists and Engineers*. 3rd ed. Philadelphia: Saunders College Publishing, 1990.

Shafritz, Jay M., et al. *The Facts on File Dictionary of Military Science*. New York: Facts on File, 1989.

Sharks. Pleasantville, NY: The Reader's Digest Association, 1998.

Shearer, Benjamin F., and Barbara S. Shearer. *State Names, Seals, Flags, and Symbols*. Westport, CT: Greenwood Press, 1994.

The Sibley Guide to Bird Life & Behavior. New York: Alfred A. Knopf, 2001.

The Simon & Schuster Encyclopedia of Animals. New York: Simon & Schuster Editions, 1998.

The Simon & Schuster Encyclopedia of Dinosaurs & Prehistoric Creatures. New York: Simon & Schuster, 1999.

Smith, Roger. *The Solar System*. Pasadena, CA: Salem Press, 1998.

Spencer, Donald D. *The Timetable of Computers*. 2nd ed. Ormond Beach, FL: Camelot Publishing Co., 1999.

Stary, Frantisek. *Poisonous Plants*. Wigston, Leicester: Magna Books, 1995.

Stashower, Daniel. *The Boy Genius and the Mogul*. New York: Broadway Books, 2002.

Statistical Abstract of the United States. 121st ed. Washington, DC: U.S. Government Printing Office, 2001.

Stedman's Medical Dictionary. 27th ed. Philadelphia: Lippincott Williams & Wilkins, 2000.

Stein, Paul. *The Macmillan Encyclopedia of Weather*. New York: Macmillan Reference USA, 2001.

Strong, Debra L. *Recycling in America: A Reference Handbook*. 2nd ed. Santa Barbara, CA: ABC-CLIO, 1997.

Svarney, Thomas E., and Patricia Barnes-Svarney. *The Handy Dinosaur Answer Book*. Detroit: Visible Ink Press, 2000.

Svarney, Thomas E., and Patricia Barnes-Svarney. *The Handy Ocean Answer Book*. Detroit: Visible Ink Press, 2000.

Tapson, Frank. *Barron's Mathematics Study Dictionary*. Hauppauge, NY: Barron's Educational Series, 1998.

Taylor, Norman. *1001 Questions Answered about Flowers*. New York: Dover Publications, 1999

The Time Almanac. Boston: Information Please LLC, 2002.

Tobias, Russell R. *USA in Space*. 2nd ed. Pasadena, CA: 2001.

Tomajczyk, S. F. *Dictionary of the Modern United States Military*. Jefferson, NC: McFarland & Company, Inc. 1996.

Top 10 of Everything. American ed. New York: DK Publishing, 2002.

Trefil, James. *1001 Things Everyone Should Know about Science*. New York: Doubleday, 1992.

Troshynski-Thomas, Karen. *The Handy Garden Answer Book*. Detroit, MI: Visible Ink Press, 1999.

Turkington, Carol. *The Poisons and Antidotes Sourcebook*. 2nd ed. New York: Facts on File, 1999.

Tyson, Neil De Grasse. *Just Visiting This Planet*. New York: Doubleday, 1998.

Van Dulken, Stephen. *Inventing the 19th Century*. New York: New York University Press, 2001.

Van Dulken, Stephen. *Inventing the 20th Century*. New York: New York University Press, 2000.

Van Nostrand's Scientific Encyclopedia. 9th ed. New York: John Wiley & Sons, 2002.

Volti, Rudi. *The Facts on File Encyclopedia of Science, Technology, and Society*. New York: Facts on File, 1999.

von Jezierski, Dieter. *Slide Rules: A Journey through Three Centuries*. Astragal Press, 2000.

Waldbauer, Gilbert. *The Birder's Bug Book*. Cambridge, MA: Harvard University Press, 1998.

Walker, Richard D., and C. D. Hurt. *Scientific and Technical Literature*. Chicago: American Library Association, 1990.

Ward's Motor Vehicle Facts & Figures. Southfield, MI: Ward's Communications, 1999.

Watson, Lyall. *Jacobson's Organ and the Remarkable Nature of Smell*. New York: W.W. Norton, 2000.

Weapons and Warfare. Pasadena, CA: Salem Press, 2002.

Weigel, Marlene. *U–X–L Encyclopedia of Biomes*. Detroit: U-X-L, 2000.

Wells, Edward R., and Alan M. Schwartz. *Historical Dictionary of North American Environmentalism*. Lanham, MD; London: Scarecrow Press, 1997.

Wilmut, Ian, Keith Campbell, and Colin Tudge. *The Second Creation: Dolly and the Age of Biological Control*. New York: Farrar, Straus & Giroux, 2000.

Wood Engineering Handbook. 2nd ed. Englewood Cliffs, NJ: Prentice Hall, 1990.

Woodham, Anne, and David Peters. *Encyclopedia of Natural Healing*. 2nd American ed. New York: DK Publishing, 2000.

World Almanac and Book of Facts. New York: World Almanac, 2002.

World of Biology. Detroit: Gale Group, 1999.

World of Chemistry. Detroit: Gale Group, 2000.

World of Computer Science. Detroit: Gale Group, 2002.

World of Genetics. Detroit: Gale Group, 2002.

World of Health. Detroit: Gale Group, 2000.

World of Mathematics. Detroit: Gale Group, 2001.

World of Physics. Detroit: Gale Group, 2001.

Xenakis, Alan P. *Why Doesn't My Funny Bone Make Me Laugh?* New York: Villard Books, 1993.

학술지 및 정기간행물 • • • • •

American Forests

American Health

American Heritage of Invention and Technology

American Scientist

Astronomy

Audubon Magazine

Automotive Industries

Automotive News

Aviation Week and Space Technology

Biocycle

Bioscience

Buzzworm: The Environmental Journal

Cat Fancy

Cats Magazine

Chemical & Engineering News

Chilton's Automotive Industries

Country Journal

Current Health

Discover

Environment

E: The Environmental Magazine

FDA Consumer

Facts on File World News Digest

Fine Gardening

Fine Woodworking

Flower and Garden

Harvard Health Letter

Health

Home Mechanix

Horticulture

International Wildlife

Journal of the American Medical Association

Motor Trend

National Geographic

National Geographic World

National Wildlife

Natural History

Nature

New Scientist

New York Times

Nuclear News

Organic Gardening

Physics Today

Planetary Report

Popular Mechanics

Popular Science

Recycling Today

Road & Track

Safety and Health

Science

Science News

Science Teacher

Scientific American

Sky and Telescope

Smithsonian

Technology and Culture

Weatherwise

웹사이트 • • • •

과학 일반

http://scienceworld.wolfram.com

http://www.ars.usda.gov

http://www.exploratorium.edu

http://www-groups.dcs.st-and.ac.uk/~history/HistTopics/Perfect_numbers.html

http://www.guinnessworldrecords.com

http://www.howstuffworks.com

http://www.infoplease.com

http://www.lacim.uqam.ca/pi/records.html

http://www.madsci.org

http://www.mersenne.org/prime.htm

http://www.nature.com

http://www.nsf.gov

http://www.pbs.org

http://www.sciam.com

http://www.tc.cornell.edu/Edu/MathSciGateway/

http://www.thinkquest.org/library/IC_index.html

건강과 의학, 인간의 몸

http://eire.census.gov/popest/archives/national/nation2.php

http://nccam.nih.gov

http://orthoinfo.aaos.org

http://sln.fi.edu/biosci/blood/types.html

http://www.alz.org

http://www.alzheimers.org

http://www.ama-assn.org

http://www.cancer.org

http://www.cdc.gov/nchs/fastats

http://www.cryonics.org

http://www.daawat.com/resources/calorieburn.htm

http://www.diabetes.org

http://www.fda.gov

http://www.ncbi.nlm.nih.gov

http://www.nhlbi.nih.gov

http://www.nhlbisupport.com/bmi/bmicalc.htm

http://www.nidcd.nih.gov

http://www.nsc.org

http://www.redcross.org

http://www.surgeongeneral.gov

http://www.vestibular.org

건물, 다리, 그리고 다른 구조물

http://www.aisc.org

http://www.cntower.ca

http://www.iti.northwestern.edu

http://www.lehigh.edu/ctbuh/credits.html

http://www.nps.gov/jeff/ar-facts.htm

광물과 다른 재료들

http://mineral.galleries.com

http://www.czplatinum.com

http://www.diasource.com

http://www.usgs.gov

기후와 기상

http://www.almanac.com

http://www.nhc.noaa.gov

http://www.noaa.gov

동물의 세계

http://www.acfacat.com

http://www.cfainc.org

http://www.dnr.state.sc.us/water/envaff/aquatic/
zebra.html

http://www.geobop.com/Symbols/

http://www.geog.ouc.bc.ca/physgeog/home.html

http://www.lam.mus.ca.us/cats/main.htm

http://www.lrp.usace.army.mil/

http://www.mans-best-friend.org/bites.html

http://www.oar.noaa.gov/spotlite/archive/spot_
corals.html

http://www.spotsociety.org/breeds.htm

http://www.vet.cornell.edu

무게, 측정, 시간, 도구, 무기

http://aa.usno.navy.mil/

http://www.af.mil/news/indexpages/fs_index.shtml

http://www.atomicmuseum.com

http://www.chinfo.navy.mil/navpalib/factfile/ffiletop.
html

http://www.nist.gov

http://www.time.gov

물리학

http://www.aip.org

http://www.aps.org

http://www.colorado.edu/physics/2000/index.pl

http://www.physicsweb.org

http://www.physlink.com

배, 기차, 자동차, 비행기

http://www.abs-education.org

http://www.aerovironment.com/news/news-archive/
mav99.html

http://www.af.mil/news/factsheets/F_117A_
Nighthawk.html

http://www.airforce-technology.com/projects/f117/
index.html

http://www.harristechnical.com/skid11.htm

http://www.janes.com

http://www.nhtsa.dot.gov

http://www.nsc.org/lrs/statstop.htm

http://www.sprucegoose.org

생물학

http://anthro.palomar.edu/animal/default.htm

http://micro.magnet.fsu.edu

http://pubs.usgs.gov/gip/dinosaurs/

http://tolweb.org/tree/phylogeny.html

http://waynesword.palomar.edu/ww0504.htm

http://www.biology.arizona.edu

http://www.bt.cdc.gov

http://www.herb.lsa.umich.edu/kidpage/factindx1.htm

http://www.ncbi.nlm.nih.gov/About/primer/index.
html

http://www.nhgri.nih.gov

http://www.ornl.gov/hgmis/

http://www.ucmp.berkeley.edu

식물의 세계

http://www.ashs.org

http://www.botanical.com

http://www.chestnut.acf.org/Chestnut_history.htm

http://www.citygardening.net/complant/

http://www.co.mo.md.us/services/dep/Landscape/
shakespeare.htm

http://www.ea.pvt.k12.pa.us/medant/hemlock.htm

http://www.greendesign.net/understory/sumfall97/
notsotrv.htm

http://www.plainfield.com/bardgard/links.html

http://www.safnet.org/archive/sherman201.htm

에너지

http://epic.er.doe.gov/epic

http://www.ans.org

http://www.eia.doe.gov

http://www.epa.gov/swerust1/mtbe/index.htm

http://www.eren.doe.gov

http://www-formal.stanford.edu/jmc/progress/
nuclear-faq.html

http://www.ieer.org

http://www.nea.fr/

http://www.nei.org

http://www.nirs.org

http://www.nuc.umr.edu/nuclear_facts/nuclearfacts.
html

우주

http://antwrp.gsfc.nasa.gov/apod/astropix.html

http://cfa-www.harvard.edu/iau/info/OldDesDoc.html

http://hubble.stsci.edu

http://www.aas.org

http://www.amsmeteors.org

http://www.astronomy.com

http://www.cnn.com/TECH/space/

http://www.jpl.nasa.gov

http://www.ksc.nasa.gov

http://www.nasa.gov

http://www.nasm.si.edu/nasm/dsh/

http://www.noao.edu

http://www.nrao.edu

http://www.planetary.org

http://www.setileague.org

http://www.space.com

지구

http://earthquake.usgs.gov/faq

http://image.gsfc.nasa.gov/poetry/ask/amag.html

http://neic.usgs.gov/neis/eqlists/10maps_usa.html

http://nisee.berkeley.edu

http://nsidc.org/glaciers/questions/located.html

http://volcanoes.usgs.gov/update.html

http://www2.nature.nps.gov/stats

http://www.aero.org

http://www.avalanche.org/

http://www.bbc.co.uk/education/rocks

http://www.fi.edu/earth/index.html

http://www.geo.cornell.edu/geology/Galapagos.html

http://www.geology.about.com

http://www.hartrao.ac.za/geodesy/tectonics.html

http://www.lib.noaa.gov/docs/windandsea.html

http://www.neic.cr.usgs.gov/neis/plate_tectonics/rift_
man.html

http://www.phys.ocean.dal.ca/other-sites.html

http://www.uc.edu/geology/geologylist/

http://www.ucmp.berkeley.edu/geology/tectonics.html

http://www.whoi.edu/Resources/oceanography.html

http://www.yoto98.noaa.gov/oceanl.htm

통신

http://webopedia.internet.com

http://www.computer.org

http://www.computerhistory.org

http://www.obsoletecomputermuseum.org

화학

http://pearl1.lanl.gov/periodic/default.htm

http://www.acs.org

http://www.chemfinder.camsoft.com

http://www.chemicool.com

http://www.lbl.gov/Science-Articles/Archive/118-
retraction.html

http://www.iupac.org

환경

http://www.biodiversity.org

http://www.epa.gov

http://www.fws.gov

http://www.nmfs.noaa.gov/prot_res/PR3/Turtles/
turtles.html

http://www.nps.gov

http://www.nrc.gov

http://www.nrdc.org/health/pesticides/hcarson.asp

http://www.panda.org

http://www.rainforest-alliance.org

http://www.smokeybear.com

찾아 보기